国家出版基金项目
NATIONAL PUBLICATION FOUNDATION

鸭 病 学

Duck Diseases

苏敬良　黄　瑜　胡薛英　主编

中国农业大学出版社
·北 京·

内 容 简 介

本书共分为39章，图文并茂，除署名图片和部分品种鸭图片外，其余均为编著者在科研、教学过程中积累的图片。本书汇聚了作者多年来有关鸭病的实验室研究和临床工作资料，从病原学（包括病原形态学、基因组结构、分离培养、致病性、抗原性、致病机理等）、流行病学、临床症状、病理变化（包括剖检病变和组织学病变）、诊断（包括临床诊断、实验室诊断和鉴别诊断）、防治和公共卫生学等方面较详细地介绍了当前危害我国养鸭业的病毒病、细菌病、寄生虫病、营养代谢病和中毒等，其中对重要鸭病（如鸭流感、鸭甲型病毒性肝炎、鸭传染性浆膜炎等）和新发鸭病（如鸭呼肠孤病毒病、鸭坦布苏病毒病、鸭短喙侏儒综合征等）做了重点介绍，不失为从事鸭病诊治的临床兽医、鸭病研究者、兽医教育工作者、养鸭生产者、鸭产品加工者、检验检疫部门工作人员和畜牧兽医主管部门人员的一部有用参考书。

图书在版编目(CIP)数据

鸭病学 / 苏敬良，黄瑜，胡薛英主编 .—北京：中国农业大学出版社，2016. 12
ISBN 978-7-5655-1732-7

Ⅰ. ①鸭…　Ⅱ. ①苏…　②黄…　③胡…　Ⅲ. ①鸭病－防治　Ⅳ. ① S858. 32

中国版本图书馆 CIP 数据核字（2016）第 272439 号

书　　名　鸭病学

作　　者　苏敬良　黄　瑜　胡薛英　主编

策划编辑　冯雪梅　　**责任编辑**　冯雪梅
封面设计　郑　川
出版发行　中国农业大学出版社
社　　址　北京市海淀区圆明园西路 2 号　　**邮政编码**　100193
电　　话　发行部　010-62731190，2620　　读者服务部　010-62732336
　　　　　编辑部　010-62732617，2618　　出　版　部　010-62733440
网　　址　http://www.cau.edu.cn/caup　　**E-mail**　cbsszs@cau.edu.cn
经　　销　新华书店
印　　刷　涿州市星河印刷有限公司
版　　次　2016 年 12 月第 1 版　　2016 年 12 月第 1 次印刷
规　　格　889×1194　　16 开本　　27.75 印张　　750 千字
定　　价　220.00 元

图书如有质量问题本社发行部负责调换

本书由国家出版基金资助，
并被列为国家“十二五”重点图书

编 著 人 员

主　　编　苏敬良　黄瑜　胡薛英

编著人员（按姓氏拼音顺序排名）

曹艳欣	中国农业大学动物医学院
陈翠腾	福建省农业科学院畜牧兽医研究所
陈红梅	福建省农业科学院畜牧兽医研究所
陈少莺	福建省农业科学院畜牧兽医研究所
程龙飞	福建省农业科学院畜牧兽医研究所
傅光华	福建省农业科学院畜牧兽医研究所
傅秋玲	福建省农业科学院畜牧兽医研究所
胡薛英	华中农业大学动物医学院
黄　瑜	福建省农业科学院畜牧兽医研究所
江　斌	福建省农业科学院畜牧兽医研究所
李　爽	华北理工大学实验动物中心
李美霞	华中农业大学动物医学院
林　琳	福建省农业科学院畜牧兽医研究所
刘荣昌	福建省农业科学院畜牧兽医研究所
梅景良	福建农林大学动物科学学院
祁保民	福建农林大学动物科学学院
施少华	福建省农业科学院畜牧兽医研究所
苏敬良	中国农业大学动物医学院
万春和	福建省农业科学院畜牧兽医研究所
章丽娇	中国农业大学动物医学院
张清水	中国农业大学动物医学院
朱志明	福建省农业科学院畜牧兽医研究所

序 一

中国有悠久的养鸭历史，经广大鸭业相关企业、相关教学科研人员的共同努力，加之消费市场需求的推动和政府的重视，养鸭业得到持续稳定的发展，成为我国畜牧业的重要组成部分和世界上名副其实的水禽生产大国。近些年来，为适应经济的快速发展和环境保护的要求，广大养鸭生产者不断调整养鸭模式和规模，集约化程度进一步提高，造成新的鸭病不断涌现，这对我国鸭病的防控提出了更高的要求。

该书的编著者来自大专院校和研究所，长期从事兽医专业的教学、科研和技术服务工作，在水禽疾病的诊断和防治方面做了大量的科研工作，积累了大量基础资料和丰富的临床实践经验，并集成国内外相关研究成果编著了《鸭病学》一书，较系统地介绍了国内外鸭生产过程中主要疾病的发生、诊断和防治，内容包括病毒性、细菌性、真菌性传染病，寄生虫病、营养代谢病和中毒，较全面地阐述了常发传染病和寄生虫病的病原学和病理变化特征，并提供了大量的图片。同时该书较详细地介绍了实验室诊断方法和判定标准，特别是分子生物学诊断技术在鸭病诊断中的应用，是“产、学、研、用”相结合的成果体现。该书内容既有科学性又有普及性和实用性，对我国教学、科研、检验检疫及广大畜牧兽医工作者是一本很好的参考书。

中国农业大学教授
中国畜牧兽医学会禽病学分会原理事长 郭玉璞

2016年11月10日

序 二

中国是世界水禽生产大国，年饲养量多达50亿只，年总产值高达1500亿元，水禽业已成为我国畜牧业的重要组成部分和特色产业，对提高我国畜牧业总产值、农民增收致富和新农村建设发挥了重要作用。然而，我国并非水禽生产强国，饲养鸭品种的增多、饲养密度的不断加大、各种贸易活动的日益频繁等诸多原因，导致危害我国养鸭业的疫病多而复杂，出现了**“老病未除，新病不断”**的不良局面，严重制约了我国养鸭业的持续健康发展。

由苏敬良、黄瑜和胡薛英等主编的《鸭病学》，汇聚了他们20多年来从事鸭病研究和临床的工作积累，从病因、流行病学、临床症状、病理变化、诊断、防治和公共卫生学等方面系统地介绍了当前危害我国养鸭业的病毒病、细菌病、真菌病、寄生虫病、营养代谢病和中毒，并对重要鸭病（如鸭流感、鸭甲型病毒性肝炎、鸭传染性浆膜炎等）和新发鸭病（如鸭呼肠孤病毒病、鸭坦布苏病毒病、鸭短喙侏儒综合征等）做了重点详细的阐述，充分反映了鸭病学的最新研究成果、发展动态与趋势，是一本较为系统的鸭病学专著。

该书内容丰富，理论与实践并重，对我国鸭病研究者、兽医教育工作者和检验检疫部门工作人员等具有重要的参考价值，对提高我国基层临床兽医、养鸭生产者的鸭病防控理论和诊治水平具有重要的作用，为保障我国养鸭业持续健康发展提供有效的技术支撑。

中国农业大学教授
中国畜牧兽医学会禽病学分会原理事长 甘昱侯

2016年12月10日

前　言

我国是世界养鸭生产大国，年饲养量多达50亿只，占全球鸭总量的75%以上，养鸭业已成为我国畜牧业的重要组成部分，对农业产业结构调整、农民增收致富和新农村建设发挥了重要作用。随着畜牧业的发展和养殖规模的不断扩大，我国养鸭业面临着产业发展与环境保护的矛盾。要发展低碳、循环、无公害和现代智能化养殖，在饲料生产、养殖模式、疫病防控、养殖副产物高效利用、产品深加工、食品安全监控和市场营销等环节依然存在诸多问题亟待解决。另一方面，由于我国饲养鸭的品种多而杂、种鸭蛋良莠不齐、商品鸭饲养密度大、贸易活动频繁，加上不同禽类的混养、自然因素变化等诸多原因，导致危害我国养鸭业的疫病多而复杂，老的鸭病持续发生，新的鸭病不断出现，甚至跨种间传播，在很大程度上制约了我国养鸭业的发展。愈来愈复杂的鸭病不仅给我国鸭业生产一线的从业人员带来困惑，也给广大的从事疫病诊断和防治研究的科研工作者提出了更多的挑战。

针对严重危害水禽业的疾病，我们的前辈已做了大量深入而细致的工作，在小鹅瘟、鸭瘟、鸭病毒性肝炎和鸭传染性浆膜炎等疫病的诊断和防治研究中取得了丰硕的成果，为我国水禽疫病的控制奠定了扎实的基础，并先后编著了一系列有关鸭病诊断和防控的著作，其中由郭玉璞教授与蒋金书教授共同编著且由原北京农业大学出版社于1988年出版的《鸭病》一书是我国第一部全面系统介绍危害养鸭业疾病及其诊断与防治的专著，对推广鸭病的诊断与防治技术、提高我国鸭病研究和防控水平、促进我国养鸭业快速健康发展发挥了极其重要的作用。

随着时间的推移，对鸭病的发生、诊断和防治研究工作也在不断深入，新的鸭病不断被发现，特别是分子生物学技术在鸭病的研究和诊断中的广泛应用，快速推动了鸭病诊断和防治技术向前发展并极大地丰富了鸭病学研究成果。为此，我们汇聚20多年来的鸭病教学、研究和临床工作成果，并集成国内外他人最新相关研究成果，编著了《鸭病学》一书，全面、系统地介绍了鸭病诊断和防治的基础，以及危害我国养鸭业的主要病毒病、细菌病、真菌病、寄生虫病、营养代谢病和中毒的发生、诊断和防治。我们深信，该书的出版对全面了解危害我国当前养鸭业的主要和新发疫病，提高从业人员的鸭病诊断和防控水平，以及减少鸭病造成的直接和间接经济损失等将发挥重要的作用。

在本书内容的设计、编著等过程中，中国农业大学郭玉璞教授、甘孟侯教授和《中国兽医杂志》编辑部的甘立京老师给予了大量指导；国家水禽产业技术体系的岗位科学家陈国宏教授、卢立志研究员、李昂教授和北京综合试验站的胡胜强研究员，以及福建省龙海顺兴金定鸭有限公司林顺东总经理、福建省漳州昌龙农牧有限公司庄晓东总经理提供了部分品种鸭的照片；在鸭病防治用药的使用方面，江西大赣农动物药业有限公司占文良总经理给予了帮助。在此，一并致以衷心的感谢。

由于我们的水平有限，书中难免存在疏漏和不妥之处，敬请同行专家和广大读者不吝批评指正。

苏敬良　黄瑜　胡薛英

2016年12月20日

目　录

第一部分

鸭病诊断与防治基础

第1章　我国家养鸭的主要品种及饲养模式

Chapter 1　Domestic Duck Breeds and Raising Systems in China

1.1　我国鸭饲养的历史与发展过程

在我国 1976 年出土的公元前 1324—前 1266 年的历史文物中，发现了家鸭的玉雕——玉鸭，表明我国有 3 200 年以上的养鸭历史。另据《吴地记》记载“鸭城者，吴王筑城，城以养鸭，周数百里”，可见我国在公元前 500 年的春秋战国时期就开始大群养鸭。自 20 世纪 80 年代以来，我国养鸭业得到了迅速发展，尤其是最近十年，成为我国鸭业发展的黄金期，饲养量平均每年以 5%~8% 的速度增长，存栏量、出栏量、产肉量、产蛋量和产值等均获得大幅提升。养鸭业已成为我国的特色产业和农村经济发展的支柱产业之一。

1.2　家养鸭的主要品种、分布及生产性能

据国家水禽产业技术体系统计，2015 年我国鸭饲养量达 50 亿只，水禽总产值高达 1 500 多亿元，其中肉鸭出栏量为 33.1 亿只，年总产值约 890 亿元；蛋鸭存栏量近 3.7 亿只，产蛋量约 390 万吨，年总产值近 410 亿元。根据用途分类，我国家养鸭主要可以分为肉鸭、蛋鸭、兼用鸭。下面简单介绍我国肉鸭、蛋鸭、兼用鸭的几个代表品种（品系）。

1.2.1　肉鸭

1）北京鸭

产地（或分布）：原产于北京，全国各地均有饲养，其中以北京、天津、河北、河南、山东、江苏、广东、广西、辽宁和内蒙古等省（自治区、直辖市）饲养较多，年出栏量 5.7 亿只。

主要特性：属肉用型鸭种。体型硕大丰满，体躯呈长方形。全身羽毛丰满，羽色纯白并带有奶油光泽；胫、喙、蹼橙黄色或橘红色。

生产性能：初生重为 58~62 g，成年母鸭体重为 3.0~3.5 kg（图 1.1A），公鸭体重为 3.5~4.0 kg（图 1.1B）。屠宰测定：公鸭半净膛为 80.6%，母鸭为 81%，全净膛公鸭为 73.8%，母鸭为 74.1%。开产日龄 150 ～ 180 天，年产蛋 200~240 枚，蛋重 85~92 g，蛋形指数 1.41，蛋壳白色。公母配种比例

1：(7~8)，种蛋受精率为 90% 以上。

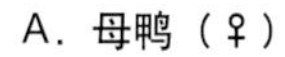

A．母鸭（♀）

B．公鸭（♂）

图 1.1　北京鸭

2）北京樱桃谷鸭

产地（或分布）：北京樱桃谷鸭源于我国北京鸭，鸦片战争时期传到了英国，经英国人优化繁育后，于 20 世纪 90 年代大规模在我国推广，目前，全国各地均有饲养，年出栏 24.3 亿只。

主要特性：属北京鸭型的大型肉鸭。北京樱桃谷鸭的体型外貌与北京鸭极相似，相比之下体躯要稍宽一些，全身羽毛白色，头大额宽，颈粗短，背宽而长。从肩到尾倾斜，胸部宽而深，胸肌发达。喙橙黄色，胫、蹼都是橘红色。

生产性能：北京樱桃谷鸭体型较大，成年体重母鸭 3.5 ～ 4.0 kg（图 1.2A），公鸭 4.0 ～ 4.5 kg（图 1.2B）。种鸭性成熟期为 182 天，母鸭开产体重 3.1 kg，父母代年平均产蛋 210 ～ 220 枚，蛋重 80~85 g。商品代肉鸭 42 日龄体重 3.2 kg，料肉比为 2.02：1。

A．母鸭（♀）

B．公鸭（♂）

图 1.2　北京樱桃谷鸭

3）番鸭

产地（或分布）：原产于中、南美洲热带地区，300 余年前引入我国，以福建、台湾、浙江、安徽、广东、广西、江苏和湖南等省（自治区）饲养较多。年出栏 1.6 亿只。

主要特性：属肉用型鸭种。体型前尖后窄，呈长椭圆形，头大，颈短，嘴甲短而狭，嘴、爪发达；胸部宽阔丰满，尾部瘦长，不似家鸭有肥大的臀部。嘴的基部和眼圈周围有红色或黑色的肉瘤，雄者展延较宽。翼羽矫健，长及尾部，尾羽长，向上微微翘起。番鸭羽毛颜色为白色和黑色，少数呈银灰色。羽色不同，体型外貌亦有一些差别。白羽番鸭（图 1.3）的羽毛为白色，嘴甲粉红色，头部肉瘤鲜红肥厚，呈链状排列，虹彩浅灰色，脚橙黄。若头顶有一撮黑毛的，嘴甲、脚则带有黑点。黑羽番鸭（图 1.4）的羽毛为黑色，带有墨绿色光泽；仅主翼羽或复翼羽中，常有少数的白羽；肉瘤颜色黑里透红，且较单薄；嘴角色红，有黑斑；虹彩浅黄色，脚多黑色。

生产性能：白羽番鸭，成年公鸭体重为 4.0~5.0 kg，母鸭体重为 2.5~3.0 kg。70 日龄屠宰测定：半净膛公鸭为 81.8%，母鸭为 80.0%；全净膛公鸭为 66.8%，母鸭为 65.6%。开产日龄 160~180 天，年产蛋 100~160 枚，蛋重 70~80g，蛋形指数 1.39，蛋壳玉白色。公母配种比例 1∶(7~9)，受精率为 85%~95%，受精蛋孵化率 80%~85%。黑羽番鸭，成年公鸭体重 2.5~3.0 kg，母鸭体重 1.6~2.3 kg；开产日龄为 180~210 天，种蛋受精率为 90.0%~95.0%，受精蛋孵化率为 80.0%~85.0%，年产蛋 100~150 枚。70 日龄屠宰测定：半净膛公鸭为 77.3%，母鸭为 76.1%；全净膛公鸭为 69.7%，母鸭为 67.4%。蛋重 77.7 g，蛋形指数 1.40，蛋壳玉白色。

A. 公鸭（♂）

B. 母鸭（♀）

图 1.3　白羽番鸭

A. 母鸭（♀）

B. 公鸭（♂）

图 1.4　黑羽番鸭

4）半番鸭

产地（或分布）：以福建、台湾、浙江、江西、广东、广西等省（自治区）饲养较多。年出栏约 2.63 亿只，其中福建年出栏约 1.32 亿只。

主要特性：公番鸭与母家鸭杂交而成，无繁殖力的骡鸭，属肉用型鸭种。具有很强的种间杂种优势，耐粗饲、抗病力强、饲料转化率高，胴体瘦肉率高，肉质细嫩、味道鲜美。

生产性能：福建省农科院自 20 世纪 90 年代即开始致力于白羽半番鸭（图 1.5）的选育，根据产业化需求培育出大、中、小型白羽半番鸭母本专门化品系。据测定，大型半番鸭 8 周龄活重 3.0 kg，饲料转化率 2.8 ∶ 1；10 周龄活重 3.3 kg，饲料转化率 3.0 ∶ 1；半净膛率 80.21%，全净膛率 74.14%，胸肌率 16.77%，瘦肉率 31.14%，皮脂率 20.96%，腹脂率 1.39%；中型白羽半番鸭 8 周龄活重 2.8 kg、饲料转化率 2.9 ∶ 1，10 周龄活重 3.1 kg、饲料转化率 3.2 ∶ 1；小型白羽半番鸭 8 周龄活重 1.8 kg、饲料转化率 3.0 ∶ 1，10 周龄活重 2.3 kg、饲料转化率 3.3 ∶ 1。

图 1.5　半番鸭

5）白改鸭

产地（或分布）：原产于我国台湾省宜兰县，主要分布于台湾、福建、广东、江西等省。年出栏台湾约 3 100 万只、福建约 530 万只。

主要特性：属肉用型鸭种。该品种由台湾本地菜鸭和北京鸭杂交而成。全身羽色纯白、嘴喙及脚胫部呈橙黄色（图 1.6）；体型大小介于北京鸭与白羽菜鸭之间；胸部宽挺，臀部丰满；公鸭尾部有 3~4 根卷曲性羽。

生产性能：成年公、母鸭体重分别为 3.2 kg 和 3.4 kg。开产日龄 150~160 天，年产蛋 230~280 枚，平均蛋重 76 g，蛋形指数 1.38，受精率为 85%~90%，受精蛋孵化率达 90%~95%。

A．公鸭（♂）

B．母鸭（♀）

图 1.6　白改鸭

1.2.2　蛋鸭

1）绍兴鸭

产地（或分布）：原产于浙江绍兴、萧山、诸暨等地，浙江省、上海市郊区及江苏的太湖地区为主要产区。目前，江西、福建、湖南、广东、黑龙江等十几个省（自治区）均有分布。年存栏量约 2 800 万只。

主要特性：属蛋用型鸭种（图 1.7）。该鸭结构均匀，紧凑结实，体躯狭长，喙长颈细，全身羽毛以深褐麻雀色为基色，喙、胫、蹼橘红色，皮肤黄色，公鸭头和颈部及尾羽为墨绿色，有光泽，分颈中间有白圈和无圈两种类型。

A. 公鸭（♂）

B. 母鸭（♀）

图 1.7　绍兴鸭

生产性能：初生重 36 ～ 40 g，成年体重：带圈白翼梢公鸭 1 450 g，母鸭 1 500 g；红毛绿翼梢公鸭 1 350 g，母鸭 1 400 g。屠宰测定：成年公鸭半净膛为 82.6%，母鸭为 84.8%；成年公鸭全净膛为 74.6%，母鸭为 74.0%。50% 产蛋日龄 140 ～ 150 天，年产蛋 250 枚，经选育后年产蛋平均近 300 枚，平均蛋重为 68 g。蛋形指数 1.4，蛋壳白色、青色。公母配种比例 1 ：（20~30），种蛋受精率为 90% 左右。

2）金定鸭

产地（或分布）：中心产区福建省龙海市紫泥乡金定村，厦门、南安、晋江、惠安、漳州、漳浦等县市均有分布。年存栏约 1 920 万只。

主要特性：属蛋用型鸭种。公鸭（图 1.8A）胸宽，体躯较长。喙黄绿色，虹彩褐色，胫、蹼橘红色，头部和颈上部羽毛具翠绿色光泽，前胸红褐色，背部灰褐色，翼羽深褐色，有镜羽；母鸭（图 1.8B）身体细长、匀称紧凑，喙古铜色，胫、蹼橘红色，羽毛纯麻黑色。

A. 公鸭（♂）

B. 母鸭（♀）

图 1.8　金定鸭

生产性能：初生重 45 ～ 50 g；成年公鸭体重为 1 760 g，母鸭为 1 730 g。屠宰测定：成年母鸭半净膛为 79.0%，全净膛为 72.0%，开产日龄 100 ～ 120 天。年产蛋 260 ～ 300 枚，蛋重为 72g。壳青色为主，蛋形指数 1.45。公母配种比例 1∶25，种蛋受精率为 89% ～ 93%。

3）山麻鸭

产地（或分布）：中心产区福建省龙岩市，福建、广东及江西为主要产区。江苏、河南、安徽等省均有分布。年存栏量 2.5 亿～ 3 亿只。

主要特性：属小型蛋用型鸭种。母鸭（图 1.9A）小而紧凑，头颈秀长，胸较浅，腹部钝圆。眼圆大，虹膜黑色，巩膜褐色。多数个体为浅麻色，少数个体为褐麻色，每根羽轴周围有一条纵向黑色条纹。前胸和腹部羽色稍浅。喙、喙豆、胫、蹼为橘黄色，爪浅黄色。公鸭（图 1.9B）头颈秀长，胸较浅，背稍窄，腹平，躯干呈长方形。虹膜黑色，巩膜褐色。头部及靠近头部的颈部羽毛黑色带孔雀绿光泽；大多数颈部有白颈环，前胸羽毛红褐色，腹羽洁白；背部羽毛灰棕色；镜羽黑色，尾羽和性卷羽为黑色；性卷羽 2 ～ 4 根。喙黄绿色，喙豆黑色；胫、蹼橘黄色，爪浅黄色。

A. 母鸭（♀）　　B. 公鸭（♂）

图 1.9　山麻鸭

生产性能：成年公鸭体重 1 300 g 左右，成年母鸭体重 1 350 g 左右。开产日龄大约 108 天，年产蛋 280~300 枚，平均蛋重 67 g，蛋形指数 1.40~1.45。产蛋壳色以白壳蛋为主，有 24%的青壳蛋。

4）荆江麻鸭

产地（或分布）：主产于湖北省，西起江陵，东至监利的荆江两岸，以江陵、监利为中心，毗邻的洪湖、公安、潜江和荆门等县市也有分布。年存栏 500 万只。

主要特性：蛋用型鸭种。头清秀，喙石青色，胫、蹼橘黄色。全身羽毛紧密。眼上方有长眉状白羽。公鸭（图 1.10A）头颈羽毛有翠绿色光泽，前胸、背腰部羽毛红褐色，尾部淡灰色。母鸭（图 1-10B）头颈羽毛多呈泥黄色，背腰部羽毛以泥黄色为底色上缀黑色条斑。

生产性能：初生重 36 ～ 44 g，成年体重公鸭为 1340 g，母鸭为 1440 g。屠宰测定：公鸭半净膛为 79.7%，全净膛为 72.2%，母鸭半净膛为 79.9%，全净膛为 72.3%。开产日龄 100 天左右，年产蛋 214 枚，蛋重为 64 g，壳色以白色居多，蛋形指数 1.4，壳厚 0.35 mm。公母配种比例 1∶(20~25)，种蛋受精率为 93% 左右。

A．公鸭（♂）　　B．母鸭（♀）

图 1.10　荆江麻鸭

1.2.3 兼用鸭

1）连城白鸭

产地（或分布）：主产于福建省连城县，分布于连城、长汀、上杭、永安和清流等县。年存栏 230 万只。

主要特性：属中国麻鸭种的白色变种，蛋用和药用兼用型。公鸭体型狭长，颈细长，全身羽毛洁白紧密，公鸭（图 1.11A）有性羽 2 ~ 4 根。喙黑色，颈、蹼灰黑色或黑红色。

生产性能：初生重为 40 ~ 44 g，成年体重公鸭为 1440 g，母鸭（图 1.11B）为 1320 g。屠宰测定：全净膛公鸭为 70.3%，母鸭为 71.7%。开产日龄 120 天左右，年产蛋为 250 ~ 270 枚，蛋重为 58 g，壳色白色居多，少数青色。蛋形指数 1.46，公母配种比例 1：(20 ~ 25)，种蛋受精率为 90% 以上。

A．公鸭（♂）　　B．母鸭（♀）

图 1.11　连城白鸭

2）高邮鸭

产地（或分布）：主产江苏苏北里下河地区。年存栏 300 万只。

主要特性：属肉蛋兼用型鸭种。公鸭（图 1.12A）呈长方形，头颈部羽毛深绿色，背、腰、胸褐色芦花羽，腹部白色。喙青绿色，胫、蹼橘红色，爪黑色。母鸭（图 1.12B）羽毛紧密，全身羽毛淡棕黑色，喙青色，爪黑色。

生产性能：成年体重公鸭为 2800 g，母鸭为 2500g。屠宰测定：半净膛为 80% 以上，全净膛为 70%。开产日龄 120～160 天，500 日龄产蛋 206 个，蛋重为 85g，蛋壳白、青两种，白色居多。蛋形指数 1.43。公母配种比例 1∶(25～30)，种蛋受精率为 92%～94%。

A．公鸭（♂）　　B．母鸭（♀）

图 1.12　高邮鸭

3）巢湖鸭

产地（或分布）：主产地安徽省巢湖周围的庐江、巢县、肥东、肥西、舒城、无为等县。年存栏 200 万只。

主要特性：属中型蛋肉兼用鸭种。体型中等大小，体躯长方，羽毛紧密，公鸭（图 1.13A）头颈上部墨绿色有光泽，前胸和背腰褐色带黑色条斑，腹部白色。母鸭（图 1.13B）全身羽毛浅褐色带黑色细花纹，翅有蓝绿色镜羽。喙黄绿色，胫、蹼橘红色，爪黑色。

生产性能：初生重为 48.9 g，成年体重公鸭为 2 420 g，母鸭为 2 130 g。屠宰测定：公鸭半净膛为 83.8%，全净膛为 72.6%；母鸭半净膛为 834.4%，全净膛为 73.4%；开产日龄 150 天，年产蛋 160 ～ 180 枚，平均蛋重为 70g 左右，蛋形指数 1.42，壳色白色居多，青色少。公母配种比例 1∶(25 ～ 30)，种蛋受精率为 92% 左右。

4）淮南麻鸭（固始鸭）

产地（或分布）：产于河南固始县及信阳市。年存栏 1 000 万只。

主要特性：属中型蛋肉兼用型麻鸭。公鸭（图 1.14A）黑头，白颈圈，颈和尾羽黑色，白胸腹。母鸭（图 1.14B）全身褐麻色。胫、蹼黄红色，喙青黄色。

生产性能：初生重为 42 g。成年体重公鸭为 1 550 g，母鸭为 1 380 g。屠宰测定：半净膛公鸭为

83.1%，母鸭为 85.1%，全净膛公鸭为 72.8%，母鸭为 71.6%。年产蛋 130 枚，平均蛋重为 61 g，蛋壳大多为白色，10% ~ 20% 为青色。

图 1.13　巢湖鸭

图 1.14　淮南麻鸭

1.3　鸭的主要饲养模式

鸭养殖作为我国水禽业生产的重要组成部分，随着养殖数量的逐年增长，养殖模式也呈现出多样化，根据环境、市场和经济等诸多影响因素，多种适宜不同特点的养殖模式应运而生。目前，我国鸭的饲养模式主要包括水面养殖、地面旱养、种养结合、网上养殖和蛋鸭笼养五大类型。

1.3.1 水面养殖

该模式是按照水禽的生活习性，依靠附近的江河湖堰、坑塘滩涂等有自然水面的地方养鸭（图1.15），也是我国最为传统的养鸭模式。目前此种模式衍生出来的养鸭模式为鱼鸭混养。

鱼鸭混养模式，多见于我国南方各大区域，一般以池塘水面养鸭、水体养鱼为主。这种模式能够充分的利用水资源，鱼池为鸭提供清洁的生活环境和丰富的天然饲料，利于增强鸭的体质、减少鸭病；鸭粪在水中被细菌分解、释放出无机盐，成为浮游生物的营养源，促进浮游生物的繁殖，为鱼类提供天然优质饵料。鸭子本身也可以在水中嬉戏交配，帮助散热，减少热应激，提高生产性能。但这种混养模式，易对环境造成污染，水中氨氮含量较高，有害细菌在潮湿温热季节能够迅速滋长，造成水体污染，降低鸭子和鱼的免疫力，易暴发疫病。

图 1.15 依邻天然水域而建的鸭场。A. 鸭群白天在水域或河堤运动和休憩，远处为鸭舍；B. 鸭舍与水面间的运动场

1.3.2 地面旱养

随着养殖规模的扩大，水资源渐渐匮乏，水面污染逐渐加重，环保问题日益严重，地面旱养的标准化模式逐步形成一定规模，目前主要有地面平养、大棚养鸭和发酵床养鸭。

1）地面平养

近年来普遍采用“鸭舍＋室外运动场＋人工水池（饮水槽）”的养殖方式，即在鸭舍一侧的地面上挖掘水池或是提供水槽供鸭洗浴。该模式在我国较为常见，多为中小型养殖场。种鸭（图 1.16A~F）和蛋鸭（图 1.17）等地面平养的优点在于设备简单、成本低廉，能充分利用空闲场地，使得鸭子在自由活动的同时可以自由觅食，节约用水，方便生产操作。但该模式的弊端较多，需要大量垫料，环境卫生条件较差，鸭粪便直接污染鸭体，增加鸭发病概率及各种病原污染概率，疫病传播风险难以得到有效控制。

2）大棚养鸭

长期以来，我国北方农村肉鸭的养殖多采取低成本、设施简陋的大棚养殖方式（图 1.18）。该模式主要是利用类似蔬菜大棚加以改造的塑料大棚，在菜地或农田地面进行集中式的鸭子养殖。鸭粪直接排到土壤中，可以增加土壤肥力，有利于作物生长，加上塑料大棚便于拆卸，可以挪动地方，实现作物和鸭子的轮作互促。该模式虽然在一定程度上减少了投入，但也带来一系列负面问题，在大棚养殖不能很好地进行通风和保温，夏季太热冬季太冷，鸭子生产性能不高。冬季为保温需要，大棚通风次数和时间均减少，进而导致大棚内严重空气污染，易导致鸭子抵抗力下降，相关疫病发生，对鸭子健康和生产性能造成较重的危害。

图 1.16　种鸭地面平养。A. 种鸭场的鸭舍建筑和分布；B. 鸭舍间的运动场；C. 种鸭饮水区；D. 运动场一侧的洗浴池；E. 采食区及料槽；F. 鸭舍内产蛋箱和垫料

图 1.17　地面平养。A. 黑番鸭；B. 蛋鸭

图 1.18 大棚养鸭

3）发酵床养鸭

该模式是在养猪、养鸡使用发酵床以后衍生的一种生产技术。

发酵床养鸭模式（图 1.19）是目前国内倡导的无冲洗作业、低排放的新型健康生态养殖模式。该模式主要是借助鸭舍内铺设的有益菌垫料（常用的垫料为稻壳、锯末、麸皮按一定比例混合后，添加微生物菌种，发酵 7 ～ 10 天制成的有机复合垫料），通过有益菌的分解，发酵鸭粪尿中的有机物质，消除氨气等臭味，改善鸭舍环境，减少污染，增强肉鸭的抗病力，降低发病率，实现鸭舍免冲洗、无异味，达到健康养殖与粪尿零排放的和谐统一。但该模式资金投入较高，菌种选择要求也高，需购买适合当地环境的菌种。此外，由于鸭具有戏水等特殊生活习性及南方高温高湿气候条件的影响，发酵床养殖模式的推广应用存在一定困难。

图 1.19 发酵床养鸭

1.3.3 种养结合

种养结合模式，主要是通过林木、果树、作物等植物种植与养鸭结合，利用鸭寻食害虫并利用鸭粪便，减少化肥农药用量，减少化学物质对环境的污染，保持稻田、林果园良好的生态环境。该模式可包括稻田养鸭、果园养鸭、林下养鸭等。

1）稻田养鸭模式

该模式也叫稻鸭共育模式（图 1.20），近年来，在我国大部分水稻主产区得到了较好的运用和推广，其主要模式就是利用水稻田饲养肉鸭，鸭子可以在田间水域活动，抑制杂草生长，促进水稻健康生长；

还可以啄食田间的虾螺和蚊虫等有害生物，从而减少农药和化肥的投入，减少作物的农药化肥残留及危害；鸭粪直接排放到稻田里，可以作为水稻的有机肥料；水稻同时也消化了鸭粪中的重金属等污染物，且不用施加化肥和农药。

图 1.20　稻田养鸭。A. 雏鸭；B. 大鸭

2）果园养鸭模式

该模式与稻鸭共育模式相似，种养结合，使果树和鸭互利共生（图 1.21），降低种养成本，提高综合经济效益。果园养鸭，控虫、除草、肥田，一举三得，大大降低了灭虫、除草、施肥所需的农药、化肥和人工费用，明显减少了果品受到的污染。不仅如此，鸭粪中含磷量较高，有提高果实甜度、增加果品着色的作用，更有效地提高了果品的质量。果园养鸭，空间大，运动多，鸭体壮，得病少，啄食量大，生长快，产蛋多；啄食害虫、杂草等天然饲料，不仅可降低饲料成本，还可提高鸭蛋的品质，经济效益和生态效益十分显著。

图 1.21　果园养鸭

3）林下养鸭模式

该模式也叫林鸭复合经营模式，主要是利用林地空间养殖肉鸭（图 1.22），是一种节约型、健康型、生态型的肉鸭养殖模式，在我国很多山区得到普遍推广。该模式一方面可以大大提高利用率，提高养殖规模，增加养殖效益；另一方面林下养鸭能降低鸭病的发生，减少防疫成本，利于肉鸭健康生长。此外，该模式可提高林木生长量，林木年均高度生长量提高 3%，直径生长量提高 4%。可以节约土地资源，还有利于生态循环。

图 1.22　林下养鸭

1.3.4　网上养殖

网上养殖模式（图 1.23）一般采用舍内网上平养技术，利用毛竹、木料等材料架设高架，上铺塑料网等设施，使肉鸭的饲养脱离水面、地面。该模式打破了长期以来养鸭离不开江河湖汉、池塘水库的传统饲养方法，在养鸭业迅速崛起，应用前景广阔。它具有不受季节、气候、生态环境的影响，饲养环境稳定，饲料标准统一，生长速度快，饲料报酬高，便于集约化管理，可减少疾病传播，减少水体污染、粪便可回收利用等优点，近年来深受肉鸭养殖大户的青睐。但与水面饲养的鸭子羽毛洁白整齐相比，网床饲养的鸭子羽毛蓬松、凌乱而肮脏。网床饲养的鸭子容易得软脚病，患鸭行动不便，影响饮食和采食而导致鸭子生长缓慢。此外，网床养殖一次性投入较高，一定程度上影响了该模式的快速推广。

图 1.23　网上平养

1.3.5　蛋鸭笼养

蛋鸭笼养模式（图 1.24）一般采用特制金属笼，根据实际生产需求可设计不同规格，通常每笼可饲养 1 ～ 2 只蛋鸭。按照建筑面积或饲养密度，可设计 3 ～ 4 层全阶梯饲养方式或层叠式饲养方式。笼养蛋鸭不需垫料，粪便可及时处理，有效地改善了舍内环境；笼养蛋鸭由于不易发生抢食现象，鸭群体重均匀、开产整齐，又因活动量小而降低了饲料消耗，同时分笼饲养可较易淘汰低产鸭，而使其群体产蛋率大幅度提高；笼养蛋鸭很少与外界环境接触，减少了病菌、病毒感染机会，发病率较小；笼养由于可多层饲养，所需占地面积小，可达 20 ～ 25 只 /m^2，还可节约劳动力，大大提高劳动生产率，适于集约化生产。

此外，笼养蛋鸭可减少蛋的破损率和蛋品污染。尽管蛋鸭笼养较地面平养有充分的优势，但仍需注意几点问题。①初期一次性资金投入较大，这制约了从平养模式到笼养模式的快速转变。②蛋鸭笼养主要通过湿帘、风机降低鸭舍内温度，如果停电或者出现电路故障易造成鸭群热应激死亡。③少数蛋鸭间有相互啄羽现象，在生产过程中，脚趾部关节肿大、卡头、卡脖等现象时有发生，可能引起蛋鸭的意外死亡。④由于得不到充分的自然光照，蛋壳较薄或产软壳蛋，因而对饲料要求较高。

图 1.24　蛋鸭笼养

参考文献

[1] 侯水生 . 我国水禽产业发展趋势与技术需求 . 中国家禽，2009，31(17):1-5.

[2] 侯水生 . 我国水禽产业发展面临的挑战 . 中国家禽，2013，35(10):36-37.

[3] 闫建伟 . 中国水禽产业区域竞争力实证研究 . 中国畜牧杂志，2015，51(18):25-30.

[4] 吴瑛，王雅鹏 . 我国水禽产业化的发展历程、趋势与对策研究 . 华中农业大学学报（社会科学版），2013，3:89-94.

[5] 徐桂芳，陈宽维 . 中国家禽地方品种资源图谱 . 2002.

[6] 张云琦，谭旭茹，李华，等 . 骡鸭和番鸭的生长及屠宰性能比较 . 安徽农业科学，2015，43(25):133-134,139.

[7] 朱志明，黄仲彬，钟志新，等 . 黑番鸭种质特性的初步研究 . 福建畜牧兽医，2011，33(4):9-10.

[8] 郑嫩珠，李盛霖，陈晖 . 福建省白羽半番鸭及其母本选育 . 中国家禽，2010，32(14):5-8.

[9] 连森阳，周晖，王光瑛，等 . 台湾白改鸭生产性能观测与分析 . 中国家禽，2010，32(24):65-66.

[10] 于观留，刘纪园，王叶，等 . 冬季大棚养鸭模式中微生物气溶胶对肉鸭应激和生产性能的影响 . 动物营养学报，2015，27(11):3402-3410.

[11] 聂书舫 . 浅谈发酵床养鸭技术 . 水禽世界，2015，4:6-8.

[12] 王爱琴．发酵床养鸭浅议．饲养管理，2011，2: 15-16.
[13] 陈岩锋，朱志明，陈冬金，等．鸭生态养殖模式的创新与发展．中国畜禽种业，2012，6:124-127.
[14] 陈桂银．鸭的生态养殖模式及其发展趋势．上海畜牧兽医通讯，2003，6:22-23.
[15] 廖晓光，李东生，廖玉英，等．我国肉鸭主要养殖模式及存在的问题．现代农业科技，2015，20：234-235.
[16] 朱永，奚立钱．蛋鸭笼养与传统平养的比较分析．安徽农学通报，2015，21(16)：113-114.
[17] 陈奕春．缙云麻鸭蛋鸭笼养技术．中国家禽，2007，29(2):34-35.

第2章　鸭病诊断与防治基础

Chapter 2　Principles of Duck Disease Diagnosis and Control

引　言

养鸭业的目标是将饲料以最为经济的方式转化为肉、蛋和羽绒制品并获得经济收益。在我国悠久的养鸭历史过程中，广大的劳动人们充分利用各种资源优势不断进行鸭的养殖和选育，培育了大量适合不同生产和消费需求的优良品种，为现代养鸭业的发展做出了巨大的贡献。其中，最具代表性的就是具有优良生产性能的北京鸭，堪称现代肉鸭的鼻祖，经过世世代代养鸭人的不懈努力，在品系选育和饲养方式等方面取得了巨大的成功，使得北京鸭系列成为全世界最为著名，也是饲养地域范围最广、生产数量最多的肉鸭品种。

近年来，我国大陆地区商品鸭饲养发展迅猛，不仅养鸭数量迅速增加，而且产业模式也在不断地发展和完善，每年饲养近 50 亿只，占全世界总量的 75% 以上。养鸭业的变化和发展一方面是由于市场内力的推动，如养鸭生产的成本，包括劳动力成本、饲料成本等的快速上升，利润空间被严重挤压，为了获取合理的经济效益，业主不断地扩大鸭场养殖规模、增加饲养密度等。另一方面，食品安全、环境污染及动物福利问题等外力也直接或间接地影响着养鸭的生产方式。由于这些因素的作用，我国养鸭业正经历着巨大的转变，从传统的鸭场依水而建、依水而养的开放式饲养转为半开放式，或者封闭式饲养，使得商品鸭的养殖基本脱离对天然河湖水源的依赖，养殖地域也从长江以南扩展至华北和西北地区。同时，养鸭生产集约化程度不断提高，企业的规模不断扩大，形成了从种鸭养殖到产品深加工等相对完整的生产体系。而生产过程相对集中，以及完善的管理体系则有利于企业根据市场需求及变化制定长远发展规划，适时调整生产环节，保证养鸭业持续稳定地发展。

虽然育种专家们在商品鸭的选育过程中已尽可能地发掘各品种的遗传潜质来保证获得最佳的饲料生物转化和经济效益，但是饲养过程中疾病的发生仍然是影响养鸭生产的关键因素之一，给广大养鸭业主、兽医保健及科研工作者带来诸多挑战。

2.1　鸭传染病的发生、流行与控制

【鸭群健康与疾病】

疾病最基本的定义是指由于遗传或发育缺陷、感染、毒物、营养缺乏、营养不平衡以及不良的环境因素引起的机体脏器功能异常和结构损伤等。当机体的正常功能受到损害时就会发生疾病，损害的

程度决定疾病的严重程度。与人类医疗和保健类似，传统的兽医保健往往比较注重于个体，或者某个群体表现有明显临床症状的疾病的发生和发展过程。那么，鸭群什么时候是“健康”的？什么时候是“病态”呢？针对这个问题，似乎很难给出一个准确的回答。参照世界卫生组织的标准，人的健康是指一个人在身体、精神和社会等方面都处于良好的状态。很显然，这一标准无法用于衡量动物的健康状态，但疾病可引起鸭群采食减少，营养代谢、呼吸和分泌等生理变化而出现明显的症状，甚至死亡。现代集约化养鸭生产追求的是最佳饲料生物学转化效率和最大经济效益，不发病和不死亡不应该是其目标，而鸭群只有在其最佳健康状态（well-being）时才能获得最佳的生产性能，所以除了有明显的发病和死亡之外，鸭群生产指标可以相对客观地反映其健康状态。某个鸭群生产指标达到预定的标准，并且没有临床病例出现的时候，被认为是健康的。应注意的是，大多数动物的生产性能指标是研究人员在实验室或特定条件下检测得到的数据，鸭群往往需要在生理、精神和无不良应激的条件下才可能发挥其最佳遗传和性能潜质，而且不同鸭的品系及实际生产条件往往与此有差异。通常情况下，可以以同一鸭场中其他鸭群作为参照，同等鸭群之间生产指标的差异直接反映了健康状态的不同。一旦鸭的正常代谢功能和生理调节能力被破坏，即可能导致生产性能下降或发病。随着集约化养鸭业的发展，对疾病预防和控制的观念和方法也需要进行相应的调整。

【传染病发生和发展过程】

病原微生物侵入机体并在组织脏器中定居、生长和繁殖，引起局部或整个机体发生一系列的病理反应过程称为感染。由病原微生物感染引起的疾病往往具有传染性，因此称为传染病。在养鸭生产中，传染性疾病主要由细菌、病毒、真菌和寄生虫等病原引起，这些疾病的发生与病原的特点、宿主（鸭）及鸭场的环境条件密切相关。

1）传染病的特点

尽管不同传染病的发生过程和临床表现多种多样，其结局也有所不同，但都具有一些共同的特性：

① 传染病是由病原微生物感染引起的，所以每种传染病都有其特定的病原体的存在，如小鸭病毒性肝炎的病原是鸭甲型肝炎病毒，而鸭传染性浆膜炎是由鸭疫里默氏菌感染所致。

② 传染病具有传染性和流行性，即疾病在一定的条件下会传染给同一鸭群内的其他个体，或者同一鸭场的其他鸭群，甚至传播到其他鸭场或地区的鸭群，引起相同或相似的症状，在一定的时间和范围内造成一定数量的鸭被感染，致使疾病蔓延和流行。

③ 病原微生物侵入鸭体并在其中繁殖可引起机体免疫系统产生一系列特异性的免疫反应，产生针对病原微生物某些组成成分的特异性抗体。采用特异性的方法可以检测这些免疫学反应或特异性的抗体，这也是感染耐过鸭在一定时期内对同一病原再感染具有抵抗力的基础。例如，鸭感染禽流感病毒后可产生针对流感病毒的免疫反应，感染后一定时间采集鸭血清，利用血凝抑制试验可检测到流感病毒特异性抗体。

④ 传染病具有一定的发病规律和临床表现。鸭群的大多数传染病都具有相对稳定的潜伏期和疾病发展过程，并伴有该病特征性的临床表现。虽然根据这些临床表现无法对疾病进行确诊，但在实际生产中，疾病早期鸭群的表现具有一定的预警作用。

2）传染病发生和流行的必备条件

鸭群传染病的发生和流行必须具备三个相互连接的条件，即传染源、传播途径及易感鸭的存在，这也是制定和实施传染病预防控制措施的出发点。

（1）传染源　即传染来源，是指有某种病原微生物（包括寄生虫）在其中寄居、生长和增殖，并能排出体外的动物机体。对于鸭群而言，传染来源主要是被感染的鸭，包括病鸭和带菌（或病毒）鸭。另外，其他被感染的动物和病原携带者也可能成为鸭群疫病的传染源，尤其是多种动物共患的传染病，如感染和携带禽流感病毒的其他家禽和鸟类、感染鹦鹉热衣原体的观赏鸟以及携带沙门氏菌的啮齿动物等均是商品鸭群传染病的重要传染源。

作为传染源的动物在感染的不同阶段排出病原体的量有所不同，在前驱期和症状明显期可排出大量的病原体，具有很强的传染性，在疫病的传播过程中起着重要作用。感染潜伏期和恢复期动物外排病原体的情况因疾病不同而有很大的差异，总体排菌（毒）量则相对较低，或呈间歇性排菌，但其传染作用不能完全被忽视。处于潜伏期和恢复期的动物，因其外表无症状但携带并排出病原体，又分别被称为潜伏期病原携带者和恢复期病原携带者。此外，在传染病的传播和流行中还有一类传染源被称为健康病原携带者，这些动物过去没有发生过某种传染病，但却能排出该疾病病原体。这些动物往往是隐性感染者，因其缺乏病史，又无临床表现，生产实践中不易被发现，通常需要借助实验室的检测才能被察觉，所以很容易成为易感鸭群的潜在传染源。

感染动物向体外排出病原体的持续时间称为传染期，这是传染病控制中确定传染病隔离期的主要依据。不同传染病的传染期有一定的差异，因此，在实际生产中，被感染群隔离时间应根据疾病的不同进行调整，原则上对感染动物隔离至传染期终了为止。除了明确作为传染源的感染动物外，还应注意动物的排菌（毒）的方式、病原体感染的宿主范围、传染方式以及鸭场的养殖模式等对传染源的影响，这样才能有效地隔离控制或消灭传染源，从源头上控制传染病的扩散。

（2）传播途径　病原体由传染源排出后，经一定的方式再侵入其他易感鸭或其他动物所经过的途径称为传播途径。传染病既可以在个体或群体之间横向传播（即水平传播），也可能从感染母鸭经种蛋或公鸭精液传给子代雏鸭（垂直传播）。

传染病的水平传播可以发生于易感鸭与被感染动物（传染源）直接接触（如戕啄、交配等），也可以通过间接接触传播，即借助外界环境因素（传播媒介）的作用将病原体传播给易感鸭。传染病的传播媒介包括带菌体（vehicle）和媒介生物（vector），前者通常是指任何被致病微生物污染从而可以传播疾病的非生命体，后者主要是指携带并传播病原体的活的媒介物，以节肢动物多见。常见的间接传播方式包括：

① 经呼吸道传播：含有病原体的微细飞沫、气溶胶、尘埃等带菌体以空气为载体，借助于空气的流动进入鸭舍环境，通过呼吸道、眼结膜等途径侵入易感鸭体引起感染。在我国大部分集约化饲养场，因为鸭的密度大和通风设施不完善，鸭群较容易发生经空气传播的呼吸道传染病。

② 经消化道传播：以消化道为主要侵染门户的病原微生物从感染动物体内排出后可直接污染饲料和饮水，易感鸭因摄入被污染的饲料和饮水而被感染。对于地面饲养和放养的鸭群，被病原体污染的土壤、植物（包括垫料）、河水等在疾病的传播中的作用也不可忽视。在这种情况下，首先是少数鸭因摄入被病原体污染的介质被感染，病原体在鸭体内繁殖后数量急剧增加成为新的传染源，从而加快和增强了疾病的传播，可导致短时间内病例数量显著增加，或出现疾病的爆发。

③ 媒介生物的传播：蚊虫、蜱、蝇等节肢动物在多种动物传染病的发生过程中起着重要的媒介作用。媒介生物可以通过机械性传播和生物性传播两种方式传播病原体。在机械性传播过程中，媒介生物对病原体只是起着机械性的携带、输送作用，病原体的数量、性状及其他生物学特性未发生显著的变化。比如苍蝇的口器或体表被病原体污染后再叮食鸭饲料和饮水将病原体直接带到饲料或饮水中。此外，鸭场的老鼠、鸟类等野生动物、宠物犬和猫，人员（饲养员、兽医和来访人员）等均可机械性

地携带病原并将其引入易感鸭群。而生物性传播是指病媒，主要是节肢动物（如蚊虫、蜱等）将病原体从一个宿主带给下一个宿主的过程。在此过程中，病原体在媒介生物体经历一个生物学发育或繁殖过程，或者完成了其生活史中的某个发育阶段出现形态变化或数量的变化而具备了感染能力。带菌（毒）的吸血昆虫通过叮咬可将疾病传染给易感动物，如蚊虫叮咬可将西尼罗病毒传播给商品鸭和鹅，这些被感染的鸭和鹅在高密度饲养环境条件中又可通过直接和间接接触将病毒传染给同群易感鸭或鹅。其他动物，如鼠等，也可作为疾病的传播媒介。

垂直传播是指种鸭体内病原体经种蛋传播给子代雏鸭。已有证据表明某些病原体，如沙门氏菌、星状病毒和坦布苏病毒等可以侵染种蛋引起垂直传播。另外，种蛋在产出过程中蛋壳被病原体污染也可能造成胚胎死亡和雏鸭感染，但这种传播方式不属于严格意义上的垂直传播。虽然在养鸭生产中垂直感染的发生率很低，但无论是在种蛋的形成过程被感染，还是在种蛋产出过程中被污染均可导致孵化中胚胎发育不良或死亡，也可能孵出一些外表健康却携带病原的雏鸭。其真正的危害是这些“少量的”被感染鸭雏可作为传染源，在出雏、运输和育雏期间可将病原水平传播给其他易感雏，能够在短时间内造成大范围的感染。

（3）鸭群的易感性　指鸭群对某种传染病病原体的感受性，是抵抗力的反面。鸭对某种病原体易感性的高低以及易感个体在鸭群中所占的比例直接影响到该传染病是否能造成流行以及疫情的严重程度。

鸭对传染病的易感性在一定程度上与其遗传特征、日龄和免疫状态密切相关。临床上，不同品种鸭对一些疾病的易感性有很大的差异，如北京鸭对番鸭细小病毒感染有较强的抵抗力，北京鸭、番鸭和麻鸭对新城疫病毒的易感性也存在差异等。随着日龄的增加，鸭群对某些传染病的抵抗力显著增强，例如5周龄以上的鸭对鸭病毒性肝炎具有明显的抵抗力。当然，鸭群的获得性免疫水平，即疫苗免疫后刺激机体产生的特异性免疫反应水平的高低及免疫持续时间是影响集约化饲养鸭群易感性的关键因素之一。

病原体的变异，包括抗原性的变异和毒力增强等也是影响鸭群易感性的重要因素。病原体抗原性变异可使其在一定程度上逃逸宿主的免疫监视和清除作用，从而在鸭体内建立感染并致病。近些年，免疫鸭群发生禽流感病毒感染就是一个很好的例证。由于禽流感病毒的不断演化变异，许多免疫鸭群仍然被感染并导致产蛋下降和死亡。

应注意的是，感染是否引发临床疾病与病原体侵入途径、数量、病原毒力强弱，以及机体的抵抗力等因素密切相关。鸭的遗传抗性、营养状况、环境应激以及采取控制对策（如及时给药和改善环境等）均在很大程度上影响疾病的发生和发展，在实际生产中必须给予重视。一些病原体单独感染引起的病理反应不明显，很少或根本就没有明显的临床表现（如鸭的圆环病毒感染），但可促发其他病原体感染，或者使其他病原体感染的症状加剧。

此外，许多与正常菌群同时存在于动物体和鸭舍环境中的条件性致病菌，在正常的生产和生理条件下不引起感染和疾病，但在饲料营养不均衡，或者抗生素使用不当引起机体菌群失调和抵抗体力下降时，这些所谓的“条件性致病性微生物”和“低致病性微生物”同样可造成严重感染。因此，在养鸭生产中应尽可能避免环境应激、饲料营养不均衡等促发感染或引起免疫抑制的因素的影响。

【鸭场传染病的预防】

疫病造成的损失是养鸭生产的主要风险之一。疾病造成的经济损失有时可能较轻微，但也可能决定养鸭的成败。鸭病防治人员必须了解有关疾病的性质，掌握控制疾病的知识。从事商品鸭养殖和饲料配制的工作人员也应该积极参与到疾病的防控工作中来。那些不重视疾病预防的养鸭人，在市场看好时可能会获得成功，但在利润极低的情况下，就没有任何竞争力。

根据动物疫病控制原则，对于某种或某些严重危害公共卫生安全，或者严重影响鸭的生产性能和产品质量安全的疾病应制定预防和控制规划进行净化和消灭，但是在养鸭生产实际中，要消灭或净化某种疾病，对养鸭业主和从业人员来说是一项艰苦而极具挑战性的任务，并且可能耗费巨大。

一个现代化的养鸭企业，拥有上等的建筑和节省人力的设备，但在鸭场规划和鸭舍建设和使用上如果没有考虑疾病控制和消灭的基本原则，可能在头几年能保持鸭群无病，随后即可能持续不断地受到某种疾病的侵扰，最后为了根除该病而采取扑杀措施将会带来巨大的经济损失，从而使企业长期背负经济负担。业主在进行生产规划时必须重视疫病的防控，从鸭场选址和建设到商品鸭的生产必须结合实际制定科学的生物安全和疫病控制规划并严格执行，保证能够采取多种有效措施防止病原体侵入清洁鸭群，且一旦某个鸭群被感染可迅速采取措施预防和控制病原体从感染点扩散。鸭场应当提供必要的设备和隔离检疫条件，以控制和消灭那些偶尔传入的疾病，使其不至于成为长期困扰鸭群的问题。

业主和兽医人员在进行养鸭生产规划时，首先要了解本地区鸭传染病发生的基本情况，评估各种传染性疾病的风险及其对养鸭经济效益的影响；其次是根据各种传染病的流行病学特征，针对疾病发生环节制定相应的控制措施，并合理安排和分配资源，包括人力、经费的投入和时间安排等，采取全面措施确保鸭群处于合适的场所并给以高质量的饲料和饮水，定期合理使用疫苗和药物，降低环境应激等，尽可能地掌握疫病控制的主动权才能获得最佳的预防效果。

如果在开始建造新的养殖场以及安排生产时认真考虑了疫病的预防并付诸实践，那么，在实际生产中就可以防止鸭群免遭许多疫病的危害。设施并不一定要全新的，但应充足。通常情况下，可以通过扩建旧的养禽场和重新规划安排生产来清除和净化疫病。许多旧养禽场、孵化场和饲料厂经重新设计改造后可以达到清除、消灭或者控制疫病的要求。虽然每个鸭场的养殖规模大小没有一个确切的上限，但实践证明不同日龄混养的养殖场的效益肯定不如“全进 / 全出”制的饲养场。

对一个养鸭场而言，业主需要从企业生产整体出发，完善风险管理。对无疫病地区要防止病原的传入，在疾病流行地区应控制疾病在养殖场和鸭群之间的传播。做好鸭场的生物安全主要应该从以下几方面着手：

1）鸭场的建设与设施安全

严格地讲，养鸭场应该建设在家禽饲养密度较低的地区，与可能带来风险的其他生产活动，包括其他家禽、鸟类养殖，养猪场和屠宰加工企业等要保持安全距离。虽然很多鸭场选址不能完全遵循这些标准，但通过合理布局和完善场内鸭舍和设施建设也可以大大提高鸭场的生物安全。

① 在鸭场内部设立饲养区。这一区域是鸭场生物安全的主要核心区，包括鸭舍及缓冲带，周边有明确的围栏。门口设立明确的标志以表明该区域为生物安全区，如“生物安全区，未经允许，禁止入内！”，标明联系方式等。入口处配备完备的清洁消毒设施用于进入的车辆和设施的清洁消毒，非必须车辆禁止进入。该区域通常被认为是鸭场的“清洁区”。淋浴、消毒室，以及种蛋贮藏室等设立在饲养区入口处。鸭舍、饲料库、垫料库和贮水池等必须能够防止野鸟、啮齿动物，以及其他野生动物的进入。鸭舍地面和墙面应光滑、平整，有利于清洗消毒。门应处于关闭状态，并设立门铃信号系统，如灯光，以便缓冲区的人员通过设立在该区域的控制装置可与舍内人员联系。

饲料和新的垫料贮存间应设立在清洁区与外围非清洁区的交界处。

② 鸭场的物流路线应设计为单向，避免清洁区与非清洁区的反向流动，包括饲料、蛋、设施运送和人员流动等。用过的垫料、粪便及死亡动物尸体等从路线的末端运出清洁区。

养殖区地面应适当硬化，最大限度降低尘埃的产生，并保持整洁，避免垃圾的乱堆乱放。定期对周边及区内的草坪进行修剪并适当喷洒杀虫剂，防止啮齿动物和昆虫的滋生。

③ 周边牧场或设施等的排水和排污系统不许进入养殖区。

④ 鸭场的生产区应该有防护围栏（墙），防止其他畜禽和野生动物进入。生产区禁止养猪、养鸡和喂养其他鸟类，包括宠物鸟。防止犬、猫和野鸟进入鸭舍。

2）鸭场生产活动管理

制定科学、合理的流程安排鸭群的引进、调动以及产品流动，最大限度降低疾病传入和扩散的风险。

① 刚孵出的雏鸭在从运输工具中卸载之前，应仔细检查和观察其健康状况。对新引进的鸭群进行隔离饲养，直至观察期结束。

② 对生产区内鸭群和蛋等流动做详细的记录，便于对鸭群的健康状况和食品安全进行追踪。

③ 每天记录和分析鸭群的产蛋和死亡等，及时发现和掌握生产中出现的异常变化。

3）人员、设备和运输工具的流动管理

① 居住在场区的员工不许接触其他鸟类、家畜，特别是猪。每天工作开始前应更换清洁的工作服。因为雨靴等最易被污染和携带病原，所以在鸭舍内穿着的雨靴不许再穿到生产区之外。由于后勤服务和设备维护人员常来往于不同的生产区，这些人员进入生产区须更换防护服装和鞋套，在进入和离开生产点必须对双手进行消毒。其工作流程是先从最小日龄的鸭群开始，顺序转至日龄最大的鸭群；从健康群到隔离检疫群，或发病群。

卫生条件差、无生物安全措施、多个日龄鸭群混养区以及发病的鸭群均为高风险区。对于分批次养殖的鸭场，应在出栏后和终末消毒前进行设备的维护和保养。

② 对进入生产区的来访人员必须有严格的准许制度并做好记录。为本场生产提供相关服务，如设备供应、维护的非本场人员进入鸭舍（包括准备进鸭的鸭舍）前必须彻底淋浴，更换工作服和鞋套，否则只能是穿上干净的衣服在住宿区进行相关活动。

非本场的饲料和燃料运输人员等不许进入鸭舍。驾驶员应穿戴防护服和鞋套，在进入生产区前后均需对手和鞋套消毒。

抓鸭工需要经过公司的生物安全和相关技术培训，只有符合进入鸭舍的条件才能进入鸭场。

③ 鸭舍入口处应设置雨靴和手消毒设施。消毒剂应严格按照产品说明和鸭场的要求配制，并定期更换，确保其含有足够浓度的消毒剂和杀菌效果。消毒前要将鞋底赃物刮干净，使得鞋底能与消毒剂充分接触。除非使用鸭舍专用雨靴，任何人员进入和离开鸭舍均需要消毒其双手和雨靴。

非本场的维护人员和来访人员携带个人用品，如电脑、相机和电话等进入生产区需确保这些用具干净整洁，无灰尘和赃物。

④ 所有车辆在进入养殖区之前应进行冲洗和消毒。车辆及相关的运输工具极易粘连带有病原微生物的污物，而且许多车辆在不同地点或场地之间频繁流动，是造成外来病原传入的主要载体。我国鸭的传染病之所以能够在不同地区快速传播，与种蛋、雏鸭、后备鸭和羽绒的跨区域调运密切相关。除了种蛋和鸭带毒外，被污染的运输工具和包装材料也可将病原微生物机械性传播到鸭场，因此养鸭场应尽可能减少车辆的进入。所有车辆在进场之前应认真做好清洁消毒。运送雏鸭的车辆每次完工后应进行清洁消毒，最好使用一次性运雏盒。装运出栏鸭的车辆和鸭笼每次离开加工厂之前应检查和消毒。运输饲料、垫料和燃料的卡车每次完工后需进行清洁消毒，在不同生产区作业后需要进行清洁消毒。外来人员的车辆应停放在鸭场的外面。

4）水的处理

水是传播疫病的主要媒介之一。完善的供水系统以及使用经过适当处理的合格水源是养鸭场主要生物安全措施之一。鸭舍用水包括饮用水、冷却降温系统（如水帘）和清洁冲洗等，使用前必须经过处理以最大限度减少水源传播的细菌、病毒、藻类和其他生物的传入。未经处理的水不能直接供给鸭舍使用。非市政管网系统供应的水，如水库、河流和钻井水需检验合格后才能使用。鸭场饮用水的细菌总数应低于 1 000 个 /100 mL，大肠杆菌数低于 100 个 /100 mL，且不应检出粪肠球菌。

对于养鸭场来说，氯化消毒应该是一种经济、有效的水处理方法，但水中有机物和固体含量对消毒效果影响极大，对于有机物含量高的水，仅通过氯化消毒处理可能达不到要求。待处理的水在进行氯化消毒前应该进行适当的过滤处理。养鸭场的水供应和氯化消毒设计最好咨询专业的供水公司，也可以参照游泳池用水消毒体系。

为了保证效果，消毒时水中有效氯浓度应达到 5 mg/L，并维持作用 2 h 后再使用。鸭场最好配备 2 个能够交替使用的水箱，以保证在消毒作业时能够正常供水。饮水槽（器）水中氯的浓度应该在 1~2 mg/L，这样就保证从水箱到饮水器的整个供水管网能有效消毒。水的 pH 为 6~7，弱酸性条件下消毒效果更好。

生产区水消毒记录直接反映了消毒效果。鸭舍饮水氯的浓度每周至少应检测 2 次，以保证供水的消毒质量。有商品化的试纸条和手提式检测盒可供使用。鸭场每年需要通过微生物学方法对水处理系统的效果进行检验。如果氯化消毒达不到标准，需要考虑其他处理方法，如反渗透处理、使用碘制剂等。

5）饲料的贮存和运输

饲料在保存和运送过程中应避免与野生动物、野鸟或啮齿动物接触造成污染。交接饲料时应检查是否有虫子、破损和污染等，遗撒的饲料要及时清理以避免将野鸟招引到养殖区。

随着自动给料系统在鸭场的逐渐推广应用，许多鸭场的饲料由饲料供应部门通过料车直接注入料塔中，之后通过管道系统注入料槽供鸭食用。该系统大大减轻了养殖人员的劳动强度，提高了工作效率，但应注意以下几点：①某个饲料加工厂同时为多个养鸭场供应饲料，同一辆运输车需要在不同场舍来回，车辆在进入每个鸭场前必须认真做好清洁消毒工作。进场时应在消毒池停留，并对车身进行喷雾消毒。在发生疫情期间，对进出发病鸭场车辆必须严格消毒并控制其运行线路，禁止进入其他鸭场，直至疫情被完全控制。②高温季节应避免饲料长时间存放在料塔中。因为高温易引起饲料变质，或者导致饲料中部分营养物质缺失，进而影响鸭的生长，甚至发病。尽可能在傍晚天气比较凉爽时灌装饲料，并根据鸭群采食量合理安排饲料贮存量。有条件的鸭场应给料塔加装防晒装置。

6）垫料

对于采用地面饲养的鸭场来说，必须根据本地资源选择和使用适宜的垫料。鸭场应将新的垫料贮存于生产区，贮存设施应防雨、防鸟以及防止被其他畜禽和动物污染。发霉的垫料极易引起鸭群呼吸道霉菌感染。应避免使用已用过的垫料。粪便要及时清运到指定区域进行堆积发酵或进行其他无害化处置，不能堆积在养殖区内。

鸭群出栏或淘汰后，必须彻底清除和更新垫料。育雏舍在每一批雏鸭转群后要及时清除和更新垫料。

鸭场应规划设计专门的垫料和粪便存放区，该区域与养殖区鸭舍之间应该有足够的缓冲带，而且从风向、地势等方面不影响鸭场的生物安全。

我国养鸭使用的垫料主要有稻壳、麦秸和稻草等。这些垫料的缺点都比较明显，如吸水性较差，易与鸭粪板结成块等，为保证鸭舍干燥，需不断补充或更新垫料，大大地增加了生产成本。建议鸭场在进行新建或改建鸭舍时要考虑应少用或不用垫料，采用网床饲养。高质量的网床不仅可以保证鸭舍的环境质量，降低鸭群的发病率，而且方便于清洗消毒，并且可最大限度地减少养殖废弃物数量，降低环境污染。

7）虫害控制

鸭场在设计和建设时应包含虫害控制项目，对鸭场及其周边的野生动物和植物种群进行监控并评估其对鸭群的潜在影响。

半开放式鸭舍应该能够防止鸟类、野生动物和其他畜禽的进入。场内地面植被的草种选择要谨慎，避免种植对野鸟有吸引力的草种。最好能在鸭舍周边设置一条宽 1~2 m 的砂石带，铺上一层碎石（图 2.1）。一方面可以防止杂草过度生长，保障鸭舍的采光、通风和排湿畅通；另一方面有利于防虫和防鼠。场边栽种的树和灌木可以分散风力，但应适当远离鸭舍以利于避开野生动物。

图 2.1　鸭舍周边环境——硬化的路面、紧挨鸭舍的砂石带及低矮的草坪（王勇月 供图）

2.2　鸭舍消毒及害虫控制

清洁卫生的环境是防止疾病发生和传播的有效保证。鸭场必须根据自身特点和养殖体系制定有效的卫生消毒计划并严格执行。在用消毒剂前，消毒对象的表面必须清洁干净。彻底的物理清洗可以把房舍和设备上的大多数病原清除掉。有积垢的表面施用消毒剂不能对脏物底下的病原发挥作用，会造成浪费。只有在清洁表面，消毒剂才能作用于残余的病原。

【鸭舍清洁卫生】

肉鸭出栏或种群淘汰后，应先将鸭舍内垫料和粪便彻底清除掉。将垫料和粪便运到远离鸭舍的地方进行堆积，并使其干燥，然后再进行适当的加工，或撒到田地并翻进土壤里。随着专业化养鸭规模的扩大，鸭场垫料和粪便造成的环境污染已引起政府及相关部门的高度重视，合理、经济地处理垫料和粪便污染是业主必须面临的挑战。遗憾的是，目前还没有一个比较实用并且经济和高效的解决办法。

垫料或粪便中的大多数病原微生物经过堆肥就会被杀死。必须强调的是，在清运垫料和粪便过程中，任何有遗撒有垫料的地方都可能成为病原窝藏之地，只是其持续时间可长可短。对于暴发过烈性传染病的鸭群，清群后要对垫料和鸭舍立即进行处理，及时喷洒适当浓度的消毒剂并延期清除，清出的垫料和粪便等应掩埋或焚烧。

规划建设鸭场时 应在鸭舍外合适的位置建设一个大的水泥台和大水池，配备一些支架和高压水龙头，定期将鸭舍内一些小型运输工具、饲料槽、饮水器、蛋收集器等可移动设施转移到此处进行清洗、消毒和晾晒。

室外运动场应刨去表面粪便或铲除一层表土，运至远离家禽的地方。清除周边有机物残余，如堆积的树叶和粪便可减少对以后各批禽类的威胁。也可充分利用一切有效措施，如日光照射杀灭病原。

一旦垫料和粪便清除完毕后，要将鸭舍网床表面、各个角落、支架和饲料槽等处明显污物再次刮扫或抽吸干净，并用高压水枪彻底冲刷鸭舍网床、笼具、地面和墙壁。只要能达到有效清洁消毒的目的，最好在不挪动设备的情况下清洁鸭舍。否则，应撤离全部可移动设备，用水浸泡，然后彻底洗涤和干燥。高压水龙头能有效地将设备清洗干净。凡是不能移动的设备，应就地清洗，随后将鸭舍内墙壁全部洗净。如果在建鸭舍时考虑了清洗的便利性，操作起来就很容易。

清扫和清洗后，要按程序进行消毒。可购买到许多品牌的好的消毒剂（见“消毒剂”部分），必须按照生产商的说明选用。鸭舍消毒后应空置2~4周，这是防止疾病留存的又一个保证，但空舍只能作为一种辅助手段，不能代替彻底清洁、洗涤和消毒措施。

集约化饲养过程中不可避免地会出现一定数量的残鸭和死亡鸭，处理这些死鸭尸体最好也是最容易的方法就是掩埋。鸭场可以在场内下风向并且比较偏僻和不易积水的地方挖一深沟，将每天收集到的死鸭投放到沟内，然后覆盖一层石灰和土壤，这样其他动物就不会吃到，到装满为止。当然，焚烧是消灭传染性物质的最可靠方法。各种类型的自制焚尸炉会造成空气污染，带来恶臭，不太适合于数量较大的尸体处理。

【鸭舍消毒】

环境中微生物无处不在，其中绝大部分微生物的存在对人类和动植物的健康是有益的，至少不造成明显的危害，但也有少部分微生物可能引起人和动植物感染、发病，甚至死亡。养鸭生产中，消毒和灭菌的目的就是清除和杀灭鸭场环境中的病原微生物，切断传染病的传播途径，预防和控制疫病的发生。

消毒（disinfection）是指采用化学或者物理的方法清除和杀灭传播媒介上的病原微生物，使其减少到不能再引起感染的数量。病原微生物包括致病性细菌繁殖体及芽孢、病毒、真菌、立克次体、衣原体等。应注意消毒与灭菌（sterilization）是不同的概念，后者是指杀灭所有微生物，包括致病的病原微生物和非致病微生物，以及细菌的芽孢和真菌孢子。灭菌是个绝对的概念，灭菌后的物品必须是无菌的。消毒并不要求杀灭或去除污染物体上所有的微生物，只是减少到不能再引起疾病的数量。

消毒剂(disinfectant)是指用于杀灭传播媒介上的微生物以达到消毒或灭菌要求的制剂。参照我国“兽用消毒剂鉴定技术规范”（试行）的要求，将某种消毒剂按照指定的方法加入到测试菌液中或者载体上，在规定条件和时间内杀灭指数达 10^3 或杀菌率达 99.9% 以上即达到了消毒要求。通常情况下，若用消毒对象上污染的自然微生物的杀灭率来评定消毒效果，一般以杀灭或清除率达到 90% 为合格。

1）常用的消毒方法

（1）物理消毒法　利用物理因子，包括热力灭菌、空气过滤、辐射灭菌（如紫外线辐射消毒）以及等离子体灭菌等。

（2）化学消毒法　利用化学消毒剂杀灭病原微生物。理想的消毒剂应具备下列条件：杀菌谱广，即对多种感染性因子有效；杀菌速度快；易溶于水；化学性质稳定；毒性低，即对人和动物安全、对容器和纤维织物无腐蚀性，消毒剂的任一成分都不会在肉或蛋里蓄积；成本较低等。

（3）生物消毒法　根据噬菌体、蛭弧菌等可特异性地侵染并裂解细菌的特点，研究人员尝试利用这些微生物对媒介中的病原微生物进行生物控制，并取得一定的成效，但应用过程中受环境因素影响较大，离实际应用尚有一定的距离。

2）选择消毒方法时应考虑的问题

清洁消毒可以减少和杀灭病原微生物、切断传播途径，是预防和控制疾病发生的重要手段之一，应纳入到鸭场正常生产管理环节之中，结合其他预防措施，达到预期的目标。鸭场在实际工作中，消毒工作应做好统一安排，根据被消毒对象与目的不同，选择使用消毒剂的种类和浓度，严格按照规定的剂量、方法与条件进行消毒操作。

（1）病原微生物的种类　不同的病原微生物对消毒处理的耐受性不一样，如细菌芽孢对普通消毒方法有较强的抵抗作用，只有用较强的热力或灭菌剂处理才能取得较好的效果。对高度传染性的病原微生物，或者微生物污染特别严重时，应加大消毒剂的使用剂量并延长消毒剂作用时间。

（2）消毒对象的性质　同样的消毒方法处理不同性质的物品，效果往往不一样。选择消毒方法时，一是要保护被消毒物品不受损坏，二是确保消毒方法容易发挥作用。

鸭场消毒时应避免消毒剂对笼具、支架等的腐蚀作用。供水网管及料槽消毒时要避免消毒药物的残留，消毒结束后要用洁净水进行冲洗。

（3）消毒环境的特点　安排和实施消毒时，首先应考虑鸭场所具备的条件，其次要考虑环境对消毒效果的影响。比如舍外地面消毒喷洒消毒药液消毒效果较好，如果无法使用消毒液，则只能选择喷洒药粉。

对于通风条件好的房舍，采用自然通风换气是清洁空气，减少舍内空气中病原微生物的有效办法。密闭性较好的鸭舍可采用熏蒸消毒，而密闭性差的只能使用液体消毒剂处理。如通风不良，污染的空气长时间滞留于舍内，应采取药物喷洒或熏蒸消毒。

3）影响消毒效果的主要因素

无论是物理消毒法还是化学消毒法，其消毒效果都受多种因素的影响。在选择消毒方法和实施消毒的过程中要加以注意，保证获得最佳的消毒效果。

（1）消毒处理的剂量　化学消毒剂的浓度和作用时间、热力消毒中的温度和作用时间，以及紫外线消毒等的辐照强度等对微生物的杀灭效率均有影响。在实际消毒中，必须明确处理所需要的强度与时间，并在实际操作中给予保证。

（2）污染程度　消毒对象病原微生物的种类及污染程度不同，以及有机物的存在等均可影响消毒剂的杀菌能力，降低杀菌效果，所以，进行消毒时要考虑消毒对象被微生物污染的种类和程度，对严重污染的消毒对象需要延长作用时间，增加消毒剂的用量。有机物污染严重时，应先进行清洁处理，尽可能降低消毒对象表面有机物的量。

（3）温度　温度变化对消毒效果的影响程度随消毒方法、药物以及微生物种类而不同。有些消毒处理需要一定的温度才能发挥效果，例如，热力消毒则完全依赖温度的作用来杀灭微生物。一般情况下，物理消毒和化学消毒温度越高越好。

（4）相对湿度　空气相对湿度对熏蒸消毒效果有显著影响。此外，直接喷洒药粉消毒时，需要较高的相对湿度使药粉潮解才能充分发挥作用，但较高的相对湿度则影响紫外线的穿透力，影响其杀菌效果。

（5）酸碱度　酸碱度（pH）对化学消毒剂的作用具有明显的影响。不同性质的化学消毒剂对酸碱度的要求不同。例如，季铵盐类化合物在碱性溶液中作用较强，在 pH 3 时杀灭微生物所需的剂量比 pH 8 大 10 倍；2% 戊二醛水溶液在 pH 3.6 时杀灭 99.9% 的细菌芽孢需时 35 min，而在 pH 7.8 时则少于 15 min。含氯消毒剂在酸性情况下杀菌作用强，当 pH 由 3 升至 8 时，杀菌作用反而减弱。

（6）化学拮抗物　在化学消毒中，消毒对象中的有机物污染不仅可以阻隔消毒剂与病原微生物的作用，其本身可通过化学反应消耗部分消毒剂。此外，其他拮抗物，如肥皂或阴离子洗涤剂可中和季铵盐类消毒剂的作用；硫代硫酸钠可中和次氯酸盐的作用；还原剂可中和过氧乙酸的消毒作用等，消毒时应避免与这些化学物质反应的存在。

4）物理消毒法及其应用

（1）热力灭菌　在所有可利用的消毒和灭菌方法中，热力消毒是一种应用最早、效果最可靠的方法，可杀灭一切微生物，包括细菌芽孢、病毒、真菌和寄生虫（卵）。热力消毒法分为干热和湿热两种。

① 干热灭菌法是利用火焰或干热的空气进行物品灭菌，主要有以下几种方法。

干烤：在可加热空气的烤箱中进行，用于小型的高温下不损坏变质、不蒸发的金属、玻璃和陶瓷制品。根据物品的性质和要求，加热到 160~180℃，作用 2 h 左右。

火焰灭菌：将灭菌物品放置于火焰中烧灼以达到灭菌的目的，适用于不会被火焰损坏的物品。如利用火焰喷灯将火焰直接喷射到笼具、金属支架、地面和墙壁等进行火焰加热。火焰接触到病原体就立即将其杀死，是一种有效的消毒方法。操作时控制好温度和时间不仅能达到消毒和灭菌的目的，还不破坏被处理的物品。在严格控制的情况下，可用火焰清除很难去掉的羽毛和绒毛的聚集物。应强调的是，鸭舍消毒时，除了水泥表面外，直接火焰消毒都有引起火灾的危险。

焚烧灭菌：这是一种彻底灭菌的方法，适合于病死动物和废弃物处理，或者用于处理兽医临床上发生重大的烈性传染病疫情。如马来西亚在暴发猪群尼帕病毒感染时即直接对猪场进行隔离和烧毁处理。一般情况下，如果被污染物品为可燃物则可直接烧毁，大量物品可能需要专门的焚化炉，或使用煤炭、柴油等助燃。在未发生明显疫情时，少数几只死亡鸭可直接放置到燃煤锅炉烧毁。

应该强调的是，无论是火焰灭菌，还是焚烧处理，尤其是进行较大范围消毒，或大量废弃物焚烧，都一定要做好充分的安全认证和准备工作，制定严格的操作计划和程序，以保证人员和环境安全。

② 湿热灭菌主要有煮沸消毒、流通蒸汽消毒和压力蒸汽灭菌，此外还有巴氏消毒、低温蒸汽消毒以及热浴灭菌等适合于特定领域的消毒方法。

煮沸消毒方法简单、方便、经济、实用，效果比较可靠。一般水沸腾以后再煮 5~10 min 即可达到消毒目的。应注意，煮沸消毒的时间应从水沸腾后计算，另外被消毒的物品应全部浸入水中。

流通蒸汽消毒又称为常压蒸汽消毒，是在 1 个大气压下（注：1 个大气压为 101.325 kPa 即 1 atm)，用 100℃左右的水蒸气进行消毒。最简单的工具是蒸笼。其基本结构包括蒸汽发生器、蒸汽回流罩和消毒室支架。该消毒方法适用于一些不耐热的物品消毒。

压力蒸汽灭菌除了具有蒸汽和高压的特点外，因处于较高的压力下，穿透力比流通蒸汽要强，温度要高得多。常用压力灭菌器有排气式压力灭菌器、预真空压力灭菌器和脉动真空压力灭菌器。

压力蒸汽灭菌器的关键技术是在灭菌前需要排除柜室内的冷空气，因为冷空气的导热性差，阻碍蒸汽接触待灭菌物品，并且还可以降低蒸汽压，不能达到应有的温度。灭菌前应将物品彻底清洗干净，洗涤后应干燥并及时包装；包装材料应允许物品内部空气的排出和蒸汽的透入；物品装载在柜内时不能过度紧密，要有利于蒸汽流动。

热水可以提高大部分消毒剂的效率。如果用沸水或高压蒸汽，不加任何化学药品也有消毒作用。若在产生和散发热水和蒸汽的系统里加入去污剂，则可增加清洁和去污效率。高压蒸汽必须直接和近距离作用于需要消毒的部分。

（2）辐射消毒　阳光辐射有消毒作用，但需要处理的物品必须很薄且处在直射光线之下，所以这种方法只限于表面不渗水的院子、混凝土和黑顶护墙以及在照射前能彻底清洗的设备。大多数鸭舍的建筑结构都妨碍有效的日光消毒，但可利用一个能被阳光充分照射的水泥平台来处理一些可移动的设备。如修建一个有排水管，还可用作洗涤的消毒台。鸭舍入口处的水泥平台可用雨水或自来水清洗，然后利用日光消毒。

紫外线是一种低能量的电离辐射，消毒用的紫外线的波长范围为200~275 nm，杀菌力最强的波段为250~270 nm。紫外线灯采用的波长为253.7 nm。

常用的紫外消毒设备有紫外线消毒灯和紫外消毒器。杀菌（紫外线）灯的种类很多，但尚无充分的科学根据证明可普遍用于孵化场或养禽场消毒。

5）化学消毒法及其应用

化学消毒法始终是养殖业首选的消毒杀菌手段之一。随着科学技术的发展，新配方的消毒剂及消毒技术层出不穷，但要注意的是，市售的许多消毒剂的商品名称不同，但其有效成分可能相似，在选择购买一种名称不熟悉的产品之前，应与熟悉的产品的类型和价格进行比较。使用消毒剂进行消毒操作应严格遵守生产商的说明进行稀释并参考各种消毒剂和消毒方法的完整资料，或参考有关消毒剂以及药理学和治疗学方面的专业书籍。生产实践中，常用的消毒剂主要包括以下几大类：

（1）醛类消毒剂　醛类消毒剂是使用最早的化学消毒剂之一，包括甲醛、聚甲醛、戊二醛等，近年来也有邻苯二甲醛用于消毒的报道。

醛类消毒剂的优点是：① 杀菌力强和杀菌谱广，对所有病原微生物具有较强的杀灭作用；② 性质稳定，易贮存和运输；③ 腐蚀性相对较小，可用于金属器械消毒。缺点是有一定的刺激性和毒性作用。

市售的甲醛溶液为含37%~40%的甲醛水溶液，又称福尔马林，其中含有8%~15%的甲醇作为稳定剂防止甲醛聚合。福尔马林为澄清的溶液，沸点为96℃，有强烈的刺激性气味，长时间放置或在低温条件下易凝聚成白色的多聚甲醛而产生白色沉淀，加热后即可再变澄清。

多聚甲醛是甲醛的聚合物，为白色固体，可为粉末、片状或颗粒状，含91%~99%甲醛。多聚甲醛分子中所含甲醛结构单位的数目不等，小于12个甲醛结构单位的多聚甲醛可溶于水，分子量大的聚合物则不溶解。加热至160~200℃时解聚，生成甲醛气体可用于熏蒸消毒。实际应用时可使用具有调温器和计时器的电热盆，在熏蒸室外面进行调节。在使用每种设备时，必须遵循厂商关于用量和放气方法的说明。

也可利用陶瓷容器，将福尔马林与高锰酸钾混合以释放甲醛。由于化学反应要产热，所以不宜用玻璃容器。因为会出现大量气泡和溢出现象，应当使用较深的容器，其容量必须为两种化学物质总量的若干倍。福尔马林液体大约是干燥高锰酸钾的2倍（2 mL福尔马林加1 g高锰酸钾）。如果加入的福尔马林过多，剩余的将留在容器里；如果加入的高锰酸钾过多，剩余的未发生反应，浪费掉了。这两种化合物都必须存放在保险的容器内，置于远离繁忙工作场所的比较安全的位置。

养禽生产中，熏蒸孵化器和种蛋已成为养禽业中的常规程序，甲醛熏蒸广泛应用于消灭种蛋表面、孵化机和出雏器内部附件潜在的致病性微生物。常用的方法：每立方米空间使用21.4 g高锰酸钾和 42.8 mL 福尔马林，相对湿度为 70%，温度为 21℃左右熏蒸 20 min。温度越高、湿度越大，熏蒸效果就越好。熏蒸结束后，要打开排气管，打开所熏蒸房舍门之前应把气体彻底排出。

甲醛对结膜和黏膜的刺激性很强，某些人对它非常敏感，必须采取预防措施防止甲醛进入工作区。其主要优点是可用气体或蒸气对孵化的种蛋进行熏蒸，在有机物存在的情况下是一种良好消毒剂，它不损坏设备并能渗透进去。熏蒸箱的附近应配备合适的防毒面具。用 30% 左右的氢氧化铵溶液，可以中和甲醛，其用量不要超过福尔马林用量的一半。当表面完全干燥后，在撤出熏蒸箱时，可在室内喷洒氨水，释放的氨气将中和甲醛。有一种比较合适的熏蒸箱，里面有热源和能使温暖、湿润的空气和熏蒸剂循环的风扇、湿气源和甲醛气的发生器。这种箱子应密封，同时必须有通向室外的排气装置。应把熏蒸装置放在室外远离人类频繁活动的地方，以保证安全。

戊二醛消毒具有广谱、高效、快速、刺激性和腐蚀性小、低毒安全和水溶性比较稳定等优点，对细菌繁殖体、芽孢、真菌和病毒均具有杀灭作用。

消毒剂戊二醛剂型比较多，大多数为无色或淡黄色油状液体，呈酸性，pH 3.1~4.5，沸点为 187~189℃。戊二醛的挥发性低，有轻度醛刺激性气味。易溶于有机溶媒，并可以任何比例与水混溶，其水溶液呈酸性，pH 3.5~5.5。戊二醛在 pH<5 时最稳定，在 pH7~8.5 时杀菌作用最强。常用的消毒产品有:

2% 碱性戊二醛：在 2% 戊二醛水溶液中加入 0.1%~0.3% 碳酸氢钠将其碱化至 pH7.5~8.5。碱化后的戊二醛具有很强的杀菌能力，但稳定性明显下降。连续使用不超过 2 周，保存期不超过 28 天。

2% 强化酸性戊二醛：在 2% 戊二醛水溶液中加入 0.25% 聚氧乙烯脂肪醇醚等非离子型表面活性剂制成。其稳定性好，对病毒的杀灭作用比碱性戊二醛稍强，但对细菌芽孢的效果比碱性戊二醛稍差，有腐蚀性。

中性戊二醛：在 2% 戊二醛中加入适量的表面活性剂和缓冲剂，将 pH 调至中性，保持了较好的稳定性和良好的杀芽孢效果。

国内使用较为广泛的是强化碱性戊二醛，其配方为戊二醛原液 + 非离子表面活性剂（聚氧乙烯脂肪醇醚或十七醇聚氧乙烯醚）+ 阳离子表面活性剂（苯扎溴铵）+ 碳酸氢钠 + 亚硝酸钠，即戊二醛 + 增效剂 + 稳定剂 + 除锈剂。

（2）含氯消毒剂　含氯消毒剂是指在水中能产生具有杀菌活性氯酸的一类化学消毒剂，主要有两大类：一类是无机氯化合物消毒剂，如次氯酸钠（10%~20%）、漂白粉（25%）、漂粉精（以次氯酸钙为主，80%~85%） 氯化磷酸三钠（3%~5%）；另一类为有机氯化合物消毒剂，如二氯异氰尿酸钠（60%~64%）、三氯异氰尿酸（87%~90%）和氯胺 T（24%）等。含氯消毒剂消毒作用的基本原理主要是通过次氯酸氧化破坏细胞壁层及胞内蛋白质使其丧失生物学活性；其次，活性氯可与蛋白质形成氮 - 氯复合物，改变蛋白质性质干扰细胞代谢；此外，次氯酸钠在水溶液中分解出新生态氧（HClO → HCl+[O]），具有极强的氧化性，可与微生物的核酸发生氧化反应而杀灭之。凡是不怕腐蚀又可以浸泡的物品均可用含氯溶液浸泡消毒。

衡量含氯消毒剂氧化能力的标志是有效氯，是指与含氯消毒剂氧化能力相当的氯量，用其含量（mg/L）或在溶液中的百分比（%）来表示。常用的剂型有：

① 液氯：含氯量＞ 99.5% （*W/W*）；

② 漂白粉：含有效氯 25% （*W/W*）；

③ 漂白粉精：含有效氯 80%（*W/W*）；

④ 次氯酸钠：工业制备的含有效氯 10%（*W/W*）；

⑤ 二氯异氰尿酸钠：含有效氯 60%（*W/W*）；

⑥ 三氯异氰尿酸：含有效氯 85%~90%（*W*/*W*）；

⑦ 氯化磷酸三钠：含有效氯 2.6%（*W*/*W*）。

次氯酸钠在消毒方面的应用已经有 100 多年的历史，具有高效、快速、广谱杀菌作用，可有效杀灭各种微生物。加之其溶解性好，使用方便以及价格低廉等，广泛应用于各行各业的消毒，其缺点是对棉布、纸张有漂白作用，对金属有一定的腐蚀性。

次氯酸盐的杀菌能力取决于溶液里有效氯的浓度和 pH（酸碱度），或者所形成次氯酸的量。pH 的影响甚至比有效氯浓度的影响要大，尤其在稀溶液里。升高 pH 会降低氯的杀灭微生物活性；降低 pH 则会增加其活性。升高温度，可提高杀菌活性。

如果能按照说明使用，次氯酸盐的杀菌效率都是很高的。在养禽生产中，主要用于洗涤和消毒种蛋，也用于有限面积的消毒，如孵化器、孵化和出雏盘，以及孵化器附近地区、种蛋破碎的地方、小育雏器、饮水器及料槽等，也可用于水泥地表面消毒。凡是要用次氯酸盐消毒的表面，必须预先洗刷干净，以保证收到最好的效果。储备的次氯酸盐应放在冷暗处，不用时必须盖紧容器。溶液必须当天配制，定期检查，以保证有效氯浓度合适。有一种用于游泳池检测的简单试剂盒也可用于这类检验。

对于一般的污物用 500 mg/L 有效氯的次氯酸水溶液浸泡 30 min 可以杀灭各种细菌繁殖体和病毒。污物表面进行含氯消毒剂喷洒时，用 400~700 mg/L 的有效氯溶液，作用 10~30 min。被致病性强的病原微生物污染，或者有明显血迹和排泄物污染的物品则用 2~5 g/L 有效氯浸泡 30~60 min。

料槽和饮水器清洗后可用 500~1 000 mg/L 浓度浸泡刷洗消毒，然后用清水冲洗干净。饮用水消毒时，一般洁净水加氯量 3~5 mg/L，作用 30 min 即可饮用。水质较差的水可先用净水剂沉淀，再加氯至 100 mg/L。鸭场供水管网系统可利用次氯酸钠发生器，根据所需量手工调节加氯量即可。

由于次氯酸钠价格低廉，使用方便，发生疫情或灾后大面积污染区消毒时可用 5 000 ~ 10 000 mg/L 有效氯次氯酸钠水溶液喷洒，必要时重复喷洒。

（3）含碘消毒剂　碘作为一种有效消毒剂由来已久，早期的产品，如碘的水溶液和醇溶液（即碘酒）。碘伏（iodophor）是碘与表面活性剂（载体）及增溶剂形成的不定性络合物，如聚乙烯吡咯烷酮碘（PVP-I）、聚乙烯醇碘（PVA-I）、聚乙二醇碘（PEG-I）、聚醇醚碘（NP-I）、氨基酸碘等。该名词最常指碘与某些具有去污作用的表面活性剂结合所形成的复合物。这些复合物能增强碘的杀菌活性，并使碘变得无毒、无刺激和无染色性（在按说明使用时）。去污剂还能使产物溶于水，在正常的条件下贮藏比较稳定。没有异味，去污剂还具有清洁作用。

商品碘种类繁多，用途广泛。其中有些产品本身还带有杀菌活性指示剂，随着溶液的消耗，正常的琥珀色也就减弱。溶液一旦成为无色，也就不再有效了。有机碘产品在养禽业的用途很广，可以用在所有表面消毒，几乎不会带来危险，也可用于孵化室和孵化器表面、孵化器盘和出雏盘、种蛋破碎的地方、料槽、饮水器、鞋和禽舍。与其他消毒剂一样，用在干净的表面时，效果最好。

（4）季铵盐类消毒剂　季铵盐类化合物是一类阳离子表面活性剂，包括单链季铵盐和双链季铵盐两类。

单链季铵盐消毒剂以苯扎溴铵（新洁尔灭）应用最为广泛，其化学名为十二烷基二甲基苯甲基溴化铵，为一种淡黄色黏稠透明胶体状，带有芳香气味，易溶解于水和乙醇。苯扎溴铵消毒液为含量 50~100 g/L 的水溶液，无色透明、无臭味、无挥发性、毒性低，对物品腐蚀性小、性质稳定，耐光、耐热、可长期储存。

单链季铵盐类消毒剂属中低效消毒剂，在水中水解时产生阳性电荷，吸附于微生物表面，形成离子微团并渗入到细胞胞浆膜的脂质层，改变胞浆膜的通透性使胞内物质外渗、使细菌蛋白变性和凝固等，从而起到杀菌作用。该类消毒剂通常只能杀灭一般细菌繁殖体和亲脂病毒，不能杀灭细菌芽孢。

双链季铵盐消毒剂以双癸基甲基氯化铵和双癸基甲基溴化铵（又称百毒杀）为代表，属于中高效消毒剂。该消毒剂可有效杀灭细菌繁殖体、真菌和病毒。

季铵盐产品按说明使用都是良好的消毒剂，这类产品无腐蚀性、无色透明、无味、含阳离子，对皮肤无刺激性，是较好的去臭剂，并有明显的去污作用。不含酚类、卤素或重金属，稳定性高，相对无毒性。季铵盐化合物也可用于种蛋和孵化室的表面、孵化器和出雏器盘、打蛋设备和场地、饲槽、饮水器和鞋等消毒。要注意，大部分季铵盐化合物不能在肥皂溶液里使用，待消毒的表面还要用水彻底冲洗，清除所有残留的肥皂或阴离子（负电荷离子）去污剂，然后再用季铵盐消毒。有些硬水中的矿物质会干扰季铵盐的作用。

（5）过氧化物类消毒剂　过氧化物类消毒剂是一类具有强大氧化能力的消毒剂，如过氧乙酸、过氧化氢、过氧戊二酸、过氧丁二酸及臭氧等。其优点是：① 可分解为无毒成分，无残留毒性，如过氧乙酸分解产物为乙酸、氧和水等，对环境危害轻；② 具有广谱、高效和快速杀菌的特点；③ 易溶于水，使用方便。缺点是：① 易分解，不稳定；② 对物品有一定的腐蚀和漂白作用；③药物未分解前有一定的刺激性。

过氧乙酸消毒剂为无色透明液体，酸性，有刺激气味，易挥发，易溶于水和有机溶剂。市售的过氧乙酸有两种剂型：

① 过氧乙酸水溶液：过氧乙酸浓度为 20% 左右，含有 0.1% 左右的稳定剂（8- 羟基喹啉）。保存于 15~20℃室温，每月分解率为 2.88%。使用前用水稀释至所需浓度。

配合剂型过氧乙酸（二元包装制剂）：A、B 两种成分平时分开存放，使用前 1 天按说明书要求的比例混合均匀，根据室温不同，放置时间不同再稀释使用。

② 固体过氧乙酸：将一种可以溶于水的含乙酰基的固态有机化合物和一种可以溶于水的含过氧基的固态化合物做成二元包装，平时单独存放，使用时按比例溶于水，两种化合物发生化学反应生成过氧乙酸，并稀释至所需要的工作浓度使用。

影响过氧乙酸对微生物的杀灭作用的因素主要有药物浓度和作用时间，有机物污染及环境温度、湿度等也影响消毒效果。一般污染物体表面的消毒可喷洒 0.2%~0.4% 的过氧乙酸溶液，作用 30~60 min。对空气消毒可以用 5 000 mg/L 过氧乙酸消毒液，按 20 ~ 30 mL/m^3 用量进行气溶胶喷雾，密闭作用 30 min，空气中自然菌降低率可达到 95% 以上。

过氧乙酸稀释液不稳定，应储存于通风阴凉处。使用前应测定有效含量，原液浓度低于 12% 不能使用。稀释液临用前配制，使用时限不超过 24 h。

过氧化氢又名双氧水，是一种常用的消毒剂，3% 以下的浓度用于消毒，6% 以上浓度可用于灭菌。过氧化氢是一种强氧化剂，水溶液呈弱酸性。过氧化氢成品性能稳定，26%~40% 浓度的成品在阴凉处存放 1 年浓度下降不超过 2.5%。但过氧化氢用水稀释后不稳定，光、热和金属离子可加速其分解。应注意，高浓度（40% 以上）过氧化氢遇热分解加速，可能发生爆炸，在储存和运输过程中需要防热和防振动。

过氧化氢消毒剂有单方过氧化氢和复方过氧化氢消毒剂。商品单方过氧化氢消毒剂有效含量为 0.5%~20% 不等。复方过氧化氢消毒剂由过氧化氢、增效剂和稳定剂配制而成，其稳定性、杀菌能力等都有相应的提高。

（6）硫酸铜　硫酸铜对藻类和真菌都有毒性，可用以防止真菌病的暴发，但不是常用的消毒剂。在真菌病暴发时，可用 0.5%溶液消毒料槽、饮水池及其周围。

家禽饮水硫酸铜含量一般不大于 1∶2 000。如果没有别的水源，浓度大于 1 ∶ 500 则可能引起中毒。

所以，在饮水中加硫酸铜时应严格控制鸭群的饮水量和时间，不能让鸭群长时间饮用。

(7) 生石灰　生石灰不是严格意义上的消毒剂，其杀菌作用是由生石灰与水接触后释放出热和氧而决定的。在养禽场，只用于潮湿而照不到日光的小片场地，或用于消毒排水沟和粪尿，以及粉刷墙壁等。生石灰有腐蚀作用，在完全干燥前应防止家禽接触。

市场上还可买到许多商品消毒剂，大多是有机化合物。其中许多都是几种有互补特性的消毒剂的混合物，有些还有较长久的残留活性。为了选择好的消毒剂，必须不断了解新产品的研制情况。

【孵化场卫生】

孵化场是养鸭生产生物安全和疫病防控的关键环节之一。良好的卫生管理是预防种蛋和出壳雏鸭不被污染，获得最佳的孵化率和雏鸭质量的保证。随着集约化养鸭业的迅速发展，孵化场的规模越来越大。孵化场出雏数量不断增多，相应的空歇和调整时间必然缩短，给卫生消毒带来极大的挑战。业主在孵化场的选址、建设布局及设施安装时必须进行科学、周密的设计，以保证孵化生产顺利进行并获得最大的经济效益。

1）孵化场的选址和建设

第一，孵化场选址应避开家禽和家畜养殖密集的区域，但要有便利的交通以确保种蛋和雏鸭的顺利运送；第二，孵化场与其他畜禽养殖场，特别是禽舍等要保持安全的距离，并且在周围建立围栏或隔离墙，防止非工作人员、车辆和动物进入；第三，孵化场必须有稳定的水、电供给，并且可进行废水和污物的处理。

孵化场的微生物污染通常来源于土壤、羽毛、垫料、蛋盒以及其他设施，如运输工具和人员服装等。为了减少刚出壳雏鸭被这些微生物污染，在建筑设计、功能区的布局和物流等方面必须进行科学的设计，以保证孵化场的生产，从种蛋引进到出雏能有序进行。

孵化场应设立一个到达区，用于种蛋运送车辆的停靠，并根据生产规模配备相应的装卸机械，保证种蛋和雏鸭能在短时间内顺利完成装卸。

孵化场的各功能建筑物的布局应该是一个整体组合，每个主要功能区应该有足够大的室内空间以保证各项工作的顺利完成，功能区之间应设立有效的隔离屏障（图 2.2）。

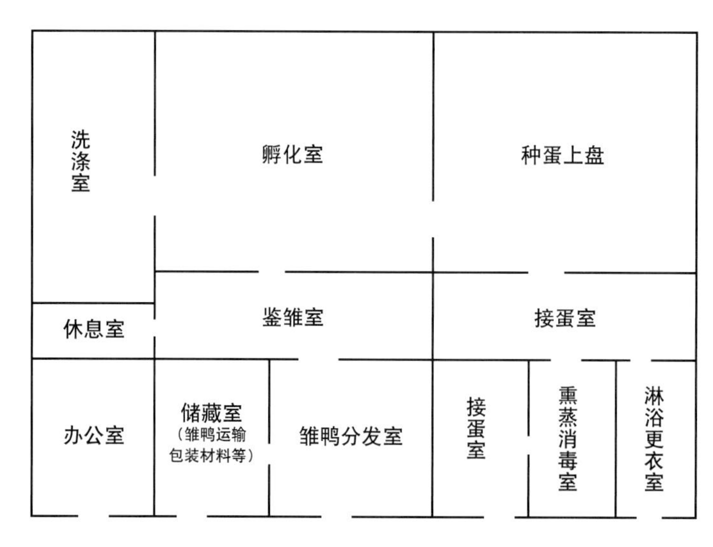

图 2.2　孵化场布局示意图（未按尺寸比例绘制）

种蛋存放室的室外和室内墙必须选用良好的隔温材料，防止因墙面出现凝聚水（俗称“出汗”）而导致细菌或真菌的繁殖。建筑的内墙面、天花板和地面都应选用防水材料，房顶的高度，特别是孵化室的高度要保证有充分的空间以方便清洁消毒。地面有一定的坡度使水能够流到周边的沟槽。

各功能区建筑内的通风相对独立，避免气流交叉，特别是孵化室排出的气流不能污染其他进气的气流。通风管道应为圆形，并设置一定数量的清洁口，以利于管道的清洁消毒。孵化室通常需要大量的新鲜空气，应安置机械通风设备，但应控制风速以保证室内的温度相对恒定。

从种蛋进入孵化场到雏鸭运出尽可能设计为单向流动。蛋盘等器具的清洗消毒，以及污物的清理应放置在孵化场的下游。

2）种蛋清洁卫生

种蛋是孵化场污染的主要来源之一，所以产蛋种鸭群的健康和卫生状况、种蛋收集和清洁在很大程度上影响着孵化场的卫生。现阶段我国大部分种鸭主要采用地面饲养，蛋巢也位于地面，产出的种蛋如不及时收集和清洁，很快就被粪便等污染。为减少种蛋污染，在种蛋生产、收集和入孵前应采取如下措施：

① 种鸭舍在引进种鸭之前必须进行彻底的清洗和消毒，将舍内垫料和舍外运动场（如果有）地表污物彻底清除和消毒，空置干燥 1 个月以上，并在进鸭之前铺上干净的新垫料。

② 产蛋鸭舍在开产前应放置足够数量的蛋巢（如 3 只母鸭配备一个蛋巢），定期更换巢内垫料以保持其干燥和清洁。

③ 凌晨第一次检蛋后还要进行第二次检蛋，以免晚产的种蛋在蛋巢中存留时间过长。

④ 将表面有污物的种蛋分开码放，并尽快将污物刮除。收集的种蛋应整齐码放并及时送往贮存室。有裂纹和破损痕迹，以及严重污染的种蛋应直接淘汰。

⑤ 避免在贮存和转运过程中种蛋表面出现水雾，尤其是在从温度较低的贮存室转到温度较高的预热室或装车运输时。遇到这种情况，应该先将种蛋放置于温度稍低且通风良好处晾干，再转到预热室。

3）种蛋入孵前消毒

（1）液体清洗消毒　先将洗蛋机灌好清水，加温并维持在（37±1）℃，加入适当浓度的消毒剂至有效浓度。将种蛋码放在蛋盘上，然后将蛋盘放入特制的筐架内，放入消毒液中浸泡 3min，取出晾干，再入孵。应注意，消毒液不能反复使用，否则效果适得其反。通常情况下每 200 枚种蛋需要约 4L 清洗消毒液。随着消毒设施的进一步完善，部分鸭场采用含氯消毒液直接喷雾消毒种蛋（图 2.3）。

（2）熏蒸消毒　熏蒸是利用气体对物体进行消毒，其优点是气体可以穿透微小的空隙获得较为理想的消毒效果，通常采用福尔马林熏蒸法。熏蒸消毒可以在专门的熏蒸室进行，小型孵化场也可以在孵化机中进行。首先应测量和计算熏蒸室或孵化机的空间大小（长度 × 宽度 × 高度），并按照每立方米空间 26.8 g 高锰酸钾加 53.6 mL 福尔马林溶液（含 37%~40% 甲醛）计算用药剂量。将种蛋码放好以后，将熏蒸室通风口和门窗关闭，工作人员穿戴好防护服和防毒气面罩后，将福尔马林溶液加入到盛有高锰酸钾的容器中，并迅速撤离，封闭熏蒸 20 min 后，即可打开换气扇，散尽福尔马林后工作人员方可进入。也可利用氨水来中和残留的福尔马林，其用量是使用福尔马林液体体积的一半，作用 10~15 min。使用福尔马林熏蒸消毒时应注意：① 高锰酸钾具有极强的腐蚀性，加入福尔马林液体后发生化学反应时产生大量的热，所以进行熏蒸消毒时应选用容积较大的陶瓷容器，将高锰酸钾粉剂先放到容器中，然后倒入福尔马林溶液，不能颠倒操作顺序。若使用专门的熏蒸消毒发生装置，必须按照使用说明进行操作。② 甲醛气体具有很强的毒性，工作人员必须做好防护，避免直接接触或吸入气体。③ 为获得最佳的消毒效果，熏蒸室必须保持相应的湿度和温度。福尔马林在 24~38℃，相对湿度为 70%~90% 消毒效果较好。

图 2.3　种蛋喷雾消毒。A. 将种蛋整齐码放于蛋架上；B. 将蛋架推送到消毒室内，开启喷雾开关后，消毒剂从两侧喷头喷向种蛋表面

种蛋熏蒸消毒时，压纸蛋盘会吸附甲醛，在以后的储存和操作期间还会继续散发异味，因此甲醛熏蒸应采用塑料盘或网篮装蛋，摆放在蛋架上通过熏蒸、运输和贮藏等过程，最后放入孵化器中。整个蛋架、小手推车或很多层密集垛起的蛋盘都可放在大型熏蒸箱里熏蒸。为了产生适当浓度的甲醛，并使其渗透到蛋架叠层的中心，使蛋壳得以消毒，应增加化学药品的用量（每立方米空间用高锰酸钾 35 g，福尔马林 53 mL）、增加湿度（90%）、提高温度（32.2℃）和延长时间（可达 30 min），在熏蒸期间要猛烈搅动甲醛气体，使其渗透到所有空间，使中心的种蛋表面也能得到有效的消毒。

排除甲醛时所送进的空气必须是干净的，否则种蛋潮湿的表面会被再次污染。在极端寒冷的天气里，外界空气在进入熏蒸室前必须加温，以避免种蛋过度受凉。虽然甲醛的消毒作用需要一定的湿度，但熏蒸时种蛋表面不能湿润到可以看出来的程度，在离开熏蒸器时必须使其干燥。

除种蛋的清洁消毒外，孵化场内环境、设施和用具的清洁消毒也是必不可少的环节。进行场内清洁时，首先要将废物和垃圾彻底清扫干净，用加有去污剂的水浸湿和软化未清扫干净的污物，之后用热水洗并冲洗干净。某些污物还需要含有去污剂的热水浸泡和冲洗，再用高效吸尘器将死角和边缘处的灰尘除尽。每个孵化场必须建立一个大型的洗涤室，用过的蛋盘以及一些可移动设施，如小型推车等，可放置于洗涤室的水池中浸泡、清洗和消毒，之后转移到专门用于存放干净器具的房间内晾干待用。

孵化机内往往存有大量的绒毛、蛋壳碎片等，可用吸尘器及时清理干净，或者先用水打湿以后再清理干净。

选择孵化场用消毒剂时应考虑：① 消毒剂的杀菌效果；② 消毒剂对种蛋的安全性以及对设备的腐蚀性等；③ 消毒剂与当地水质的匹配度。在众多种类的消毒剂中，季铵盐类消毒剂具有较高的安全性和经济性，在畜禽养殖业中得到较广泛的应用和认可。有研究表明，1% 浓度的季铵盐对种蛋无影响，而且季铵盐溶液对孵化设施包括塑料制品、镀锌制品等无明显的腐蚀作用，种蛋和设施消毒后不需要再冲洗。

【鸭场虫害防治】

节肢动物门（Arthropoda）的昆虫纲（Insecta）成员，如蚊、蝇，以及蛛形纲（Arachnida）的蜱、螨等可通过机械性或生物学方式传播疾病，也可直接叮刺骚扰人和动物，危害人和动物健康。有多种人畜共患性病原，如西尼罗病毒、东方马脑炎病毒、西方马脑炎病毒等可感染禽类，并通过吸血昆虫叮咬将病毒传染给人，引起人类脑炎等，严重威胁着公共卫生安全，因此，控制媒介昆虫也是动物传染病预防重点之一。

1）防治节肢动物和害虫的方法

（1）环境治理　根据媒介昆虫的生态和生物学特点，通过改变环境和环境处理来减少目标昆虫的滋生场所，防止媒介昆虫滋生繁殖，如基础卫生设施的改造，修建排水沟渠等。

（2）物理防治　利用各种机械、热、光、声和电等技术手段来隔离、驱赶和诱杀害虫。

（3）生物防治　利用某些生物（天敌），或其代谢产物来防治某些害虫，包括捕食性生物，如鱼、水生甲虫、捕食性蚊虫，以及昆虫的致病性病毒、细菌、真菌、原虫、线虫及寄生蜂等。

（4）化学防治　利用天然或化学合成的化合物来杀灭或驱赶昆虫。化学防治是目前防治节肢动物的主要手段，具有见效快和适合于较大范围使用等优点。

媒介昆虫的防治首先根据地区的不同，应选准防治对象；其次，根据不同媒介的季节消长，有针对性地选择杀灭时机，抓住媒介昆虫生活史与生活习性的薄弱环节，选择主导性的杀灭措施可取得事半功倍的效果。昆虫和老鼠等的繁殖速度快，在很短的时期内即可繁殖到较高的密度而引起疾病流行，所以鸭场应做好监测工作，将媒介昆虫密度控制在规定的密度指标以下。对媒介昆虫要进行综合防治，以环境治理为基础，化学防治为主要手段，采用简便、经济和快速的方法，注意人畜安全。

2）化学杀虫

（1）杀虫剂

杀虫剂（insecticide）是一类对昆虫具有毒杀作用的有毒化学制剂，可用于杀灭动物寄生虫，如虱、螨、蜱和蚤等，也能杀灭其他昆虫，如苍蝇、甲虫、蚂蚁和臭虫，其作用方式包括：

胃毒　药剂通过口器和消化系统进入虫体致其死亡；

触杀　昆虫接触到药剂时，药物通过虫体的表皮进入虫体致其中毒死亡；

熏蒸　杀虫剂呈气态或气溶胶的形式经昆虫的气门进入虫体，引起昆虫中毒死亡；

内吸　药物被宿主吸收后分布在体液内，节肢动物通过吸食宿主的体液而中毒死亡。

（2）我国生产和使用的杀虫剂种类

① 有机氯类杀虫剂：如滴滴涕（DDT）和林丹（lindane），具有杀虫谱广，残效长和毒性较低的特点，但缺点是其化学性质稳定，难于分解破坏，长期大量使用易污染环境和作物，并且在人和动物体内蓄积引起慢性毒性作用，目前已很少生产和使用。

② 有机磷类杀虫剂：主要有敌敌畏（dichlorvos）、二溴磷（dibrom）、马拉硫磷（malathion）、倍硫磷（fenthion）、辛硫磷（phoxim）、双硫磷（temephos）、杀螟松（sumithion）、地亚农（diazinon）、皮蝇磷（fenchlorphos）、甲基嘧啶磷（pirimiphos-methyl）、蝇毒磷（coumphos）、蝇硫磷（acetion）和

除害磷（lythidathion）等。这类杀虫剂具有高效广谱，作用方式多样和易分解的优点，对环境污染小，在生物体内蓄积少和残留量少。

③ 氨基甲酸酯杀虫剂：主要有噁虫威（bendiocarb）、西维因（carbaryl）、混灭威（xylycarb）、速灭威（metolcarb）、仲丁威（fenobucarb）、双乙威（fenethocarb）、丁硫克百威（carbosulfan）、残杀威（propoxur）和混杀威（trimethacarb）等。这类杀虫剂的毒力较有机磷类低，其分子结构接近天然有机物，易分解，在动植物体内以及土壤中能很快地代谢为无害物质，具有速效性能好，击倒快，持效期短的特点。

④ 拟除虫菊酯类杀虫剂：是一类模拟从除虫菊花中提取出来的天然除虫菊的结构而合成的仿生农药，具有高效、广谱、低毒、低残留等优点，但缺点是容易产生抗药性。包括除虫菊素（pyethrins）、烯丙菊酯（allethrin）、右旋烯丙菊酯（*D*-allethrin）、富右旋反式烯丙菊酯（rich-*D*-trans-allethrin）、生物烯丙菊酯（bioallethrin）、苄呋菊酯（resmethrin）、胺菊酯（tetramethrin）、甲醚菊酯（methothrin）、炔呋菊酯（furamethrin）、炔戊菊酯（S-2852）、右旋烯炔菊酯（empenthrin）、右旋炔丙菊酯（prallethrin）、右旋苯醚菊酯（*D*-phenothrin）、右旋苯氰菊酯（*D*-cyphenothrin）、氯菊酯（permethrin）、氯氰菊酯（cypermethrin）、溴氰菊酯（deltamethrin）、高效氯氟氰菊酯（lambda-cyhalothrin）、氰戊菊酯（fenvalerate）、戊菊酯（valerate）、高效氟氯氰菊酯（β-cyfluthrin）、氯烯炔菊酯（chlorempenthrin）、五氟苯菊酯（fenfluthrin）、醚菊酯（etofenprox）、四溴菊酯（tralomethrin）、戊烯氯氰菊酯（pentmethrin）、溴灭菊酯（brofenvalerte）、四氟苯菊酯（transfluthrin）、四氟甲醚菊酯（dimefluthrin）以及氟硅菊酯（silafluofen）等。

近年来，有机氟、吡啶、硫类等杀虫剂也逐渐得到开发和应用，包括氟虫胺（sulfluramid）、氟虫腈（fipronil）、氟磺酰胺（flursulamid）、杀虫环（thiocyclam）、唑蚜威（triazamate）、吡虫啉（imidacloprid）、噻虫嗪（thiamethoxam）、杀虫单（monosultap）、杀虫单胺（ammonium monosultap）、杀虫双（bissultap）和虫螨腈（chlorfenapyr）等。

杀虫剂原药（原粉或原油）浓度高，体积小，通常情况下不适合直接使用，需要经过一定的物理或化学方法加工处理配制成一定的剂型，如粉剂、可湿性粉剂、乳油和气雾剂等使用，以提高杀虫效果，降低对人和环境的毒性。

通常情况下，粉剂作用切实而持久，对人畜的毒性低，不易被皮肤吸收，可直接喷撒地面杀灭蜱、螨、蟑螂、跳蚤等，如 0.5% 高效氯氰菊酯杀虫粉。

可湿性粉剂是杀虫剂与润湿剂、助悬剂按比例混合研磨制成的粉状物，加水后易被水润湿，并均匀悬浮于水中作为水悬剂使用。特点是药物不易被处理的表面吸收，药效持久，适合于粗糙表面的滞留喷洒。常用的有 2.5% 溴氰菊酯可湿性粉剂、5% 氯氰菊酯可湿性粉剂和 20% 残杀威可湿性粉剂等。

乳油与乳剂是杀虫剂原药加入有机溶剂与乳化制剂形成的均匀透明的油状液体，使用时加水稀释即得乳剂。乳剂喷于表面具有黏附展着性好、药效持久，并且易于渗透到昆虫体内，具有杀虫作用快和效力高的特点。

烟剂是由杀虫剂与可燃物质（如锯末、炭末、面粉和硫黄），助燃剂（如氯酸钾、硝酸钾）及降温剂（如氯化铵、硫酸铵）等几种成分混合而成。烟剂燃烧产生的热使杀虫剂迅速蒸发气化，烟雾微粒扩散到空气中，使得杀虫剂能更有效地与昆虫体表接触，极大地提高杀虫效力。烟剂主要用于熏杀室内昆虫，需要将门窗关闭，点燃后熏杀 30 min 左右，然后开窗通风。

气雾剂是通过压缩空气或液化气体的压力产生高速气流，通过喷嘴小孔将杀虫剂溶液液化成气雾微粒（直径在 1~400 μm 之间的气溶胶），大大地增加了杀虫剂的表面积，在气流稳定和空气湿度合适的条件下，可维持较长时间不散失，具有用量小、作用快和使用方便的特点。

几乎所有适用于防治家禽寄生虫的杀虫剂都有现成的粉剂或呈可湿粉末、乳剂或液体混悬剂，所有这些都能喷雾。不同杀虫剂各有其优点和用途。施用杀虫剂喷雾时应搅动混合物保持浓度一致，防止水与药分离。地面和墙壁最常采用喷雾，有些杀虫剂可喷在家禽身体上。合适的杀虫剂是指那些可以用于禽类或其周围环境杀虫，并且在接触和摄入时对人和禽类没有毒性、也不会由于吞食或吸收而在可食用的组织或蛋内积聚达到有害程度的药物。

应该强调的是，没有一种方法或杀虫剂能取得 100% 的杀虫效果，通常需交替使用不同的方法和杀虫药来保证杀虫效果。例如，寄生虫虫卵很难被化学杀虫剂直接杀灭，这些卵可以发育成新一代寄生虫，应在第一次用药后 2~3 周内再用一次药。一旦有了寄生虫，应考虑重复用药。常犯的一种错误是认为一次用药就可达到杀虫目的。另外，某些杀虫剂对人和家畜有很强的毒性，仅仅用作全部卫生控制措施的一种辅助手段，将其作为专业的、综合的昆虫和啮齿动物控制服务的一个组成部分，最好由经过专业训练并持有执业许可证书的专业人员进行操作，或至少应有专业人员指导和监督完成或协助进行。

鸭场应采取综合措施防虫害，鸭舍之间的空地应种植方便刈割和修剪的绿草，定期喷洒杀虫药防止昆虫滋生。如果鸭舍出现数量较多的昆虫，可以在鸭群出栏或将其转出后，立即向地面、垫料和鸭舍喷洒杀虫药，作用几天后再进行清洁消毒，以便有效地杀死昆虫。鸭舍在清洗后，应该用具有后效作用的杀虫剂再喷洒 1 次，以防昆虫再滋生。

许多杀虫剂对人类和动物可能带来伤害，施药时最好戴上合适的防毒面具、橡皮手套，并穿上防护服。最重要的是在使用化学杀虫剂前要认真阅读容器标签上的使用说明、可能带来的危害和解毒剂等资料。使用杀虫剂最基本的规则是必须做好标记，并锁在专用的储藏室里。处理杀虫剂空瓶和剩余杀虫剂更危险，应更有责任心。如为大药桶，应送还药商，或加热至炽热持续 5~10 min。纸质和塑料容器则应烧毁。小玻璃瓶和金属容器应当打破，以免被人拣去利用。对于废弃的杀虫药，除防止危害人类外，必须避免污染湖泊或溪流。

在有条件的情况下，把杀虫工作承包给一个有专门杀虫服务资质的机构可能更加经济。当打算签订这样的服务合同时，一定要考虑受雇者及其设备的生物安全措施。

许多过去广泛应用的杀虫剂，由于可在脂肪组织和蛋内沉积，在食用动物中已禁止使用。还有一些由于昆虫群体已产生抗药性而放弃使用，因此，业主必须及时查阅和了解相关的法规条例，了解可以买到和使用的有效杀虫药。

【鸭场鼠害防治】

鸭场鼠密度的高低与环境设施密切相关。由于鸭舍中存放有大量的饲料及遗撒，对鼠具有极大的吸引力，同时，场舍内堆积废料和废旧设备的地方是大鼠、小鼠、黄鼠等藏身和繁殖的良好场所。鼠等啮齿动物能成为疾病的贮存宿主并通过其排泄物污染饮水、饲料和饲槽等，造成疾病的传播。啮齿动物长期在鸭场寄居也增加了疾病净化的难度。鸭场防鼠灭鼠不仅可以减少饲料损失，同时也是卫生防疫的重要组成部分，应加以重视，从鸭场规划和建设开始就应考虑防鼠灭鼠措施的实施。

一般来说，啮齿动物不喜欢穿过没有防护遮掩的开放空间，鸭场设置低矮的草坪和碎石地面可以适度预防啮齿动物由周围环境窜入鸭舍。定期安排和实施灭鼠是控制鸭场老鼠数量的关键。常用的灭鼠方法包括药物灭鼠法、器械灭鼠法和生物灭鼠法，其中药物灭鼠法比较适合于鸭场鼠害的控制。

灭鼠剂是指用于配制毒饵防治鼠类的肠道毒性药剂，包括急性灭鼠剂和缓效灭鼠剂两大类。急性灭鼠剂，或称为单剂量灭鼠剂，其特点是对鼠作用快，鼠类一般摄食一次毒饵即可被毒杀，投药后 24 h 内便可收到较好的灭鼠效果，但缺点是鼠容易产生拒食性，大多数对人和畜禽不安全。这类灭鼠剂主要有磷化锌和毒鼠磷，另外还有一些我国已禁用的氟乙酸钠、氟乙酰胺、甘氟、毒鼠强和毒鼠硅。缓效灭鼠剂，也称多剂量灭鼠剂，主要破坏鼠的凝血功能和损害毛细血管管壁而死于内出血，其特点是作用缓慢，鼠中毒潜伏期长（> 3 天）；鼠不易产生拒食，灭鼠效果好。此类药物对人和畜禽相对安全，经过我国许多地区多年使用证明是一类实际效果良好的灭鼠剂。主要有敌鼠钠盐、氯鼠酮、杀鼠灵、杀鼠迷和溴敌隆等。

通常是将灭鼠剂加入食物、水、粉、糊或草中制成诱饵使鼠食入后中毒致死，这种方法也称为毒饵灭鼠。毒饵的配制及其是否为鼠喜食等，直接影响灭鼠效果。在不具备专门知识和设施条件下，建议使用可靠的商品毒饵，或者将灭鼠工作承包给专门的公司来完成。毒饵的投放应由受过培训的人员来进行，做到划片承包，责任到人。

毒饵可按鼠迹投放，即投放到老鼠主要活动场所，投饵堆数应视鼠的密度而定。开阔地区、大仓库或车间灭鼠可每隔 5~20 m 按棋盘格方式投放，室内则沿墙根每 10 m 投一堆毒饵。投放毒饵时要做到：① 室内外需要投放毒饵的各个场所都应按规定投放；② 毒饵要投放于墙边、墙角、鼠洞内和鼠洞旁等鼠经常活动的位置；③ 急性灭鼠剂保留 3 天以上，慢性灭鼠剂应保留 2 周以上。鼠害重点区域可就地取材，用木板、砖块、竹筒或罐头瓶等制成毒饵盒，投放 20~50 g 毒饵进行持续性灭鼠。放盒后应勤加检查，并及时补充新鲜毒饵，若间隔 5 天左右检查仍无鼠进入，应更换地点。

熏蒸灭鼠则是利用某些药剂在常温下易汽化为有毒气体或通过化学反应产生有毒气体，鼠吸入有毒气体致死而达到灭鼠目的。该方法适用于防治密闭场所，如仓库的鼠患，或者杀灭野外洞穴的鼠类。常用的化学熏蒸剂有磷化氢（灭鼠时常用磷化铝、磷化钙和磷化锌等，遇水蒸气、水或酸作用产生磷化氢）、氯化苦、氰化氢、溴甲烷和二氧化硫等。使用化学熏蒸剂时，应将气体发生器均匀分布，保证在一定时间内空气中达到有效的致死浓度。比空气比重大的气体，如氯化苦、溴甲烷和二氧化硫等应从高处施放，而比空气轻的气体，如氰化氢则应在低处施放，这样才能使气体从上而下或从下而上充分发挥作用。大面积防鼠灭鼠时，应首先使用毒饵灭鼠，待鼠密度大幅度下降后，存活鼠对毒饵有拒食性的情况下，使用熏蒸剂可收到良好的效果。

绝大多数灭鼠药物，对人畜均具有很强的毒性作用，鸭场的任何灭鼠活动必须严格遵守安全要求，避免操作、保管和使用不当带来的安全问题：① 灭鼠工作要统一安排和协调，并由受过培训的人员来完成，明确购买、保存和施药整个流程的职责分工；② 灭鼠剂必须有明显的标签，专人、专柜保管，不得与其他药品等混放；③ 投放毒饵前应及时告知场区所有工作人员，并检查相关的准备工作，灭鼠剩余的毒饵应妥善保管，用过的容器等要集中处理；④ 投放毒饵的工作人员必须穿戴防护用具，做好个人防护。实施熏蒸灭鼠的人员一定要穿戴合格的防毒面具和防护服，施药完毕后，离开染毒区的上风向一定距离后再揭掉面具。

2.3 鸭病的诊断

在现代养鸭生产中，疾病是影响生产效益的重要因素之一，任何一种疾病都可能给养鸭场造成严重的经济损失，所以一个正规的养鸭企业对鸭场的所有生产活动应该进行动态跟踪，建立详细的档案记录。一旦出现异常，及时进行总结分析并采取必要的措施。一线饲养人员应记录每天鸭舍温度、鸭群采食量、产蛋量和死淘等。这些指标出现波动时，应立即仔细观察鸭群采食、饮水和活动变化。作为一个兽医专业人员应尽快找出引起鸭群异常的主要原因，并提出建议和提供帮助。进行鸭病诊断时，既要看到树木，又要看到森林，不能只一味地关注个别的没有代表性的症候。

【现场调查和处置】

1）临床及病史调查

多数传染性疾病的发生、发展及临床表现具有一定的规律性，临床检查可以发现一些明显的具有诊断意义的特征，获取这些信息对疾病的诊断具有很好的导向作用。业主或养鸭人员往往因为缺乏疾病专业知识或受某些因素的影响，容易忽视甚至故意回避一些细节，而这些环节可能对疾病发生和诊断具有很重要影响，因此兽医诊断人员在条件许可时，应到现场去观察发病鸭群，特别是疫情出现明显加重和扩散趋势，或者暴发严重疾病的鸭场。兽医诊断人员对病史和环境情况了解愈多，就能更快地找到解决问题的办法。当然，遇到一些特征性不明确的复杂病例，必须进行深入的调查，并结合相关的实验室检测研究才能做出诊断。

现场调查可直接掌握发病鸭的临床特征、病鸭和死亡数目、死亡时间和地点等重要的线索，并可以直接观察鸭舍通风、喂料和给水系统，了解鸭群的详细的生产记录，包括饲料消耗、饲料配方、体重增长、育雏和饲养程序、产蛋、日常用药和免疫接种、年龄、病前的历史、养禽场的位置、异常天气或养禽场的异常事态等各种管理情况。从现场饲养员、业主、服务人员或邻居的直接交流中获得的这些信息往往较为真实，对鸭群疾病做出的诊断可能与从那些有代表性或没有代表性的样品所得到的结果有所不同。不能亲临养鸭场观察发病鸭群的兽医诊断人员在进行实验室诊断和提出治疗措施之前应通过详细的问询获得尽可能多的病史信息。

（1）检查鸭舍的通风与保暖　我国大部分鸭场采用自然通风的半开放式鸭舍，为了保证鸭舍的温度，在天气比较寒冷的季节往往将窗户或卷帘关闭，而鸭舍因通风不足导致氨气等有害气体蓄积。高浓度的氨气严重刺激鸭的呼吸道并造成黏膜损伤，可引起种鸭产蛋下降，增强了商品肉鸭对呼吸道病原感染的易感性。通常情况下，工作人员从舍外进入鸭舍内，如果眼部感到有明显的刺激即表示氨气等有害气体偏高，应加强通风。其次，要注意鸭舍温度的急剧变化，如外界气温骤降或高温等可引起鸭群的强应激反应，也可导致采食和产蛋急剧下降，甚至死亡。此外，部分小型鸭场的育雏舍采用敞开或半敞开式燃煤炉供暖，由于通风不当引起煤气中毒的情况也时有发生。这种案例多发于寒冷季节的后半夜，以育雏阶段多见。幼雏在短时间内出现大量死亡，现场检查可见离火炉越近，雏鸭死亡越多。剖检死鸭有明显的血液凝固不良，鲜红。

（2）检查饲料变化　不适当地更换饲料是影响鸭群采食，导致产蛋下降的主要原因之一。随着饲料和劳动力成本的不断增加，如何平衡生产成本与经济效益是养鸭业主面临的挑战，特别是整个行业处于不太景气阶段，许多鸭场都试图通过采购一些低价饲料或原料来降低生产成本，而这些原材料或饲料往往含有较高浓度的多种霉菌毒素和重金属等毒性物质。虽然成品饲料中这些毒性物质单项检测浓度（或含量）可能低于相应的国家标准，但多种毒性物质的协同作用一方面可直接影响机体的正常生理代谢和生长发育，另一方面可严重干扰机体对其他营养物质的吸收和利用。另外，业主为了降低饲料成本，生产过程中不合理使用棉饼和酒糟（DDGS）等一些替代性原料，这些饲料成品的营养成分的理论计算和单项指标检测完全符合鸭的营养标准，但忽视了替代原料中的某些成分，如一些毒素超标等，会严重干扰和影响机体对其他营养成分的有效生物利用，鸭采食这类饲料后往往出现部分营养物质的实际吸收和利用不足，导致生长发育不良或抵抗力降低，饲养周期越长，临床表现就更加明显。种鸭则可能出现产蛋高峰延迟，或达不到预期的产蛋率，同时伴有鸭群的死淘偏高。剖检死淘鸭有时可见肝脏变硬、变脆、腹水的发生率显著增加。

2）样品采集、送检或邀请兽医人员确诊

鉴于我国目前大多数养鸭企业没有设立专门的疫病诊断实验室，对一些临床上无法诊断的疾病需要求助于相关的专业诊断室或大专院校和研究院所的实验室进行确诊。业主或管理人员必须向诊断实验室提交典型样品或邀请专业人员到现场进行采样和诊断。

一旦暴发疫病，应争取得到专业人员的诊断，而不是害怕可能被公众指控而试图掩盖某种疫病。兽医人员和管理人员应当帮助排除这一疑虑，坚守职业道德，避免同其他业主讨论某个业主的问题。应根据疾病的性质采取相应的措施，决不能以任何理由拖延，否则，等诊断结果出来之后有可能出现无法收拾的局面。

采样前，饲养管理人员应仔细检查鸭群，了解和掌握鸭群的整体情况。工作人员进入禽舍时，必须穿着保护性鞋和衣服。有些疾病（如禽流感、衣原体病等）除了能感染家禽外，对人员的健康也有潜在的威胁。如怀疑或已诊断有这些病，应告知所有工作人员对疾病可能带来的危害并采取必要的预防措施，以免感染人。

在检查发病鸭群的同时，将有明显临床症状或死亡鸭带出鸭舍，有条件的鸭场可以在剖检室，或者带到专门的实验室进行剖检取样。必要时可现场采集一些血液样品，然后间隔 2~3 周再采集 1 次血样，通过检测血清中抗某些疫病抗体的消长情况进行诊断。

鸭可从跗关节附近的隐静脉采血（图 2.4），也可从主翅静脉（图 2.5），或者直接心脏穿刺采取血样（图 2.6）。跗关节附近的血管比较明显，采血相对比较容易。将鸭保定后，用酒精棉轻轻擦拭采血部位，用食指和中指夹紧血管回流处，大拇指和无名指固定鸭趾关节部位，待酒精挥发后将注射器针头从血流的相反方向刺入血管并固定，向后抽注射器活塞柄，获取 1~2 mL 血液后，迅速将注射器针头取下，将其中血液注入离心管，或相应的容器中。隐静脉采血的缺点是抽血后不易止血，需用干棉球压紧采血部位并持续几分钟才能完全止血。现场采集血样的最简单、最好的方法是翅静脉穿刺，尤其是被采血鸭仍要放回鸭群的情况下更是如此。为了能更好地进行静脉穿刺，先将两翅向背部提起，然后用左手握住翅羽根部，压迫阻止血液回流后即可使静脉血管明显扩张，局部先用 70% 酒精棉擦拭消毒，按照上述方法抽取静脉血。需要获得较大量的血样时，可心脏采血，应将鸭只仰卧使胸骨向上，用手指将食道膨大部及其内容物压离，将注射器针头通过胸腔入口刺入并沿着中线水平向后刺入心脏，同时轻轻抽动注射器活塞柄。

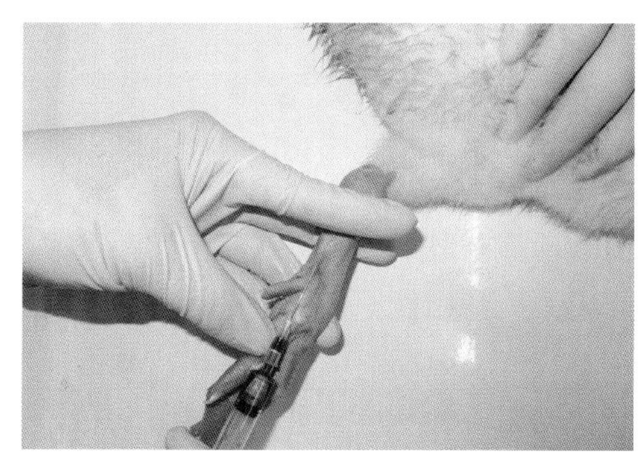

图 2.4　鸭腿部隐静脉采血

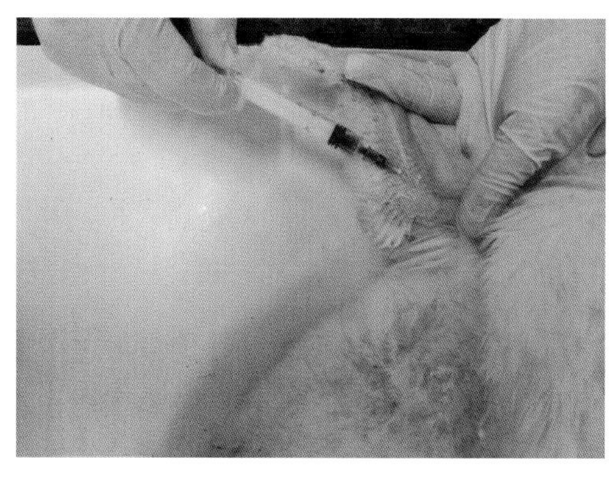

图 2.5　鸭翅静脉采血

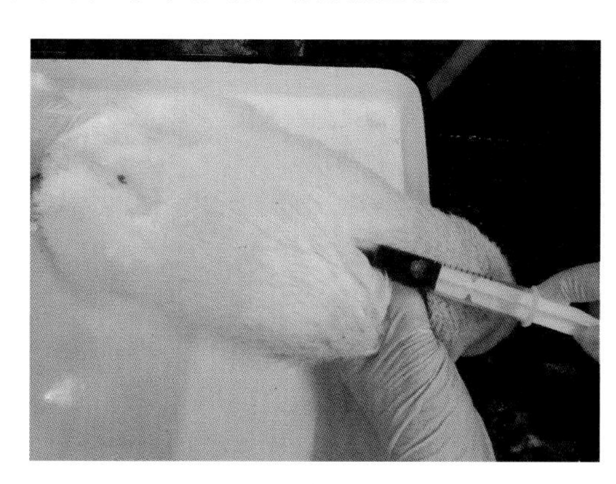

图 2.6　鸭心脏采血

静脉和心脏穿刺所用针头的大小和长短取决于鸭的大小。雏鸭静脉采血可选用 2 mL 的一次性注射器，心脏采血可选用 5 mL 的一次性注射器。成年鸭则可能需要使用较长的针头。为了迅速而准确地采血，针头必须锋利，使用前应检查针头与注射器乳头连接处是否紧固以防止漏气。抽血时应轻柔，确保针孔悬空在血管腔里。

采集血液样本时应尽可能做好无菌操作，并将血液样本置于洁净的容器中（如 1.5 mL 的干燥离心管）并做好标记，待血液凝固后离心分离血清，或者将凝固的血样放置于 4℃冰箱，使血清充分析出，并将分离出的血清转移至新的离心管中，冻存或送至实验室进行检测。没有条件做检测的鸭场，可将血液样品置于冰浴中，送至相关的实验室进行血清分离和检测。通常情况下，采取 1 mL 血液所析出的血清可满足大多数血清学检测所需。

若需要全血样本，应将采集的血液立即注入预先装有枸橼酸钠溶液的容器或试管中（每 10 mL 新鲜血液加 1.5 mL 2% 的枸橼酸钠溶液），或者装进内含枸橼酸钠粉的小瓶里（每毫升全血用 3 mg 枸橼酸钠），并快速混匀。准备无菌抗凝采血管时，可先将适量的 2% 枸橼酸钠溶液加入试管中，高压消毒灭菌处理后，置于烘箱里烘干水蒸气，而枸橼酸钠则存留于管壁。也可使用市售的含肝素或 EDTA 抗凝剂的血液采集管。但应注意，肝素和 EDTA 等对 cDNA 合成和 PCR 反应可能有一定的干扰作用，如果血样需要进行 PCR 检测，可能会影响检测结果。

如怀疑有血液寄生虫或血恶病质，应当用清洁的玻片制备全血涂片做进一步的检查。

3）适时隔离可疑鸭群，预防疾病蔓延

在初步排除了鸭群的异常与饲养管理有关之后，重点就可能转向传染性因子，此时应根据养鸭场的设计和规划，对鸭舍、养殖区或整个养鸭场采取适当的隔离措施，控制鸭舍之间人员和物流，适时消毒。当然，隔离措施应根据传染病的性质和鸭场条件而定。

4）注意鸭群的护理，控制疾病的发展

无论鸭群的大小，只有几百还是成千上万只，护理对于疾病的结局非常重要。对于那些因发病而开始挤成一堆的幼雏，应提高室温，使其能就近饮到新鲜而清洁（或加药）的饮水。患病期间还有必要在附近增设一些临时饮水器。建议在发病鸭群的饮水中添加一些高质量的可溶性维生素和微量元素制剂，适当添加少量新鲜饲料一般都可促使病鸭采食。凡是不合家禽口味的添加剂应立刻去掉。

有时病鸭的精神十分沉郁，饲养员应在它们之中经常走动，惊醒它们，以便进食或饮水。康复无望的病鸭和残鸭必须扑杀，并及时处理掉。

如发现传染病并要使用治疗药物，应严格按照用药说明给药。尽可能在获得诊断结果或请教兽医人员以后投药。若用错了药，则浪费金钱，甚至还会有害。对食用动物用的饲料用药物有严格的规定，必须停药一定的时间以便残留药物在屠宰前从组织中消散干净，此时的肉鸭或商品蛋才能上市销售。

患病鸭在康复前不应转群，除非将病群转移到一个更为合适的环境有利于治疗。完成治疗后，鸭群看来也完全健康，便可出栏或按饲养管理计划转群。这种情况往往会留下一些外表健康的带菌（毒）者。康复的鸭群如转移到饲养有不同日龄鸭的养鸭场，那么带菌（毒）者就有可能将疾病传给该场的其他易感鸭，而后期转入的易感鸭还有可能被感染。

我国江南地区的农户每年在水稻收割前后开始放养蛋鸭鸭雏，其中的很大一部分饲养于稻田、江河或者湖泊周边至 12 周龄或稍后转入圈养，或被北方地区的养殖场（户）收购进行集中圈养生产商品蛋，这些育成鸭在原产地往往没有进行过任何疫病的免疫预防，收购前若未经过严格的卫生检疫，群体中则可能混杂有一定数量的病原携带者或感染个体，经过长途运输和环境变化的应激作用，部分鸭的抵

抗力下降，病原得以迅速繁殖后引起感染或带菌鸭发病，病原随之扩散和蔓延至同一鸭场或附近鸭场的易感鸭群。这也是高致病性禽流感、鸭坦布苏病毒感染的跨地区传播的重要方式之一。此外，番鸭和鹅的细小病毒感染也可经污染的种蛋和带毒雏鸭的远距离运输而扩散。

【实验室诊断】

1）鸭的解剖检查

剖检的目的是通过检查鸭身体、脏器和组织的变化，采集合适的样本进行微生物学、免疫学、病理组织学检查或动物接种试验等，以确诊引起鸭群生产性能不良、发病或死亡的原因。剖检过程中应仔细观察和记录每一个变化，尤其要注意那些共性的和特异性病理特征。

虽然大多数侵害家鸭的病原对人无明显的致病性，但兽医和相关工作人员在处理病鸭和组织样本时都需要采取适当的个人卫生防护措施，如穿戴专门的工作服、帽子、一次性口罩和手套等。操作过程中要谨慎，注意不要划破皮肤，防止吸入组织或粪便形成的尘埃或气溶胶等。所有可能与尸体、组织或培养物发生接触的实验室人员，必须了解疾病的传染性质和相应的预防措施。不要让有传染性的材料危害人、家畜或其他禽类的健康。

鸭的剖检方法及所用器械随人员而异。日常剖检工作所需的器具包括骨剪（用以剪断粗大的骨头）、普通剪刀和医用剪刀、手术刀（用于进行组织的检查）和镊子等（图 2.7）。另外还需要一些消毒注射器、灭菌的容器和培养皿等用以收集血样和组织标本等。

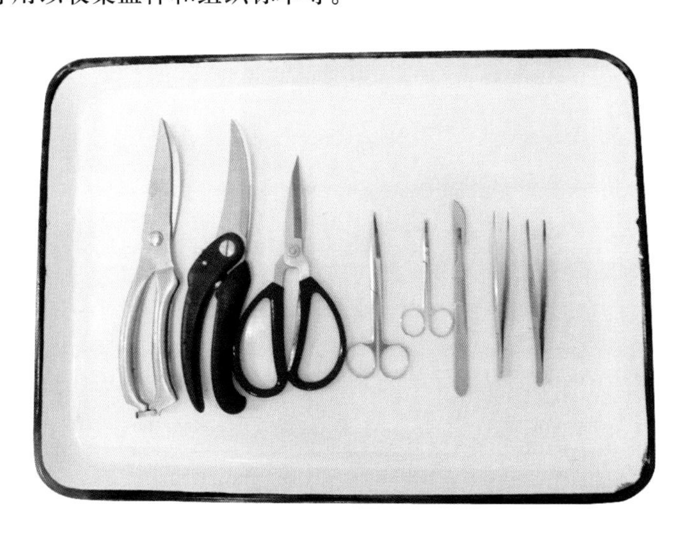

图 2.7　鸭剖检常用器械

对于待检的活鸭，应依据具体情况，如鸭个体的大小和数量、拟采集的组织或体液样本等，采取放血或血管注射空气的方法扑杀和处死，但前提条件是必须遵循相关的实验动物管理条例和动物福利条例。如果怀疑是一过性疾病（一过性麻痹）、呼吸道感染、化学物质中毒、断料或断水以及送检途中过热引起的异常，应留下几只活鸭饲养在笼子里，待其适应了周围环境并观察是否能从上述疾病表现中恢复。

（1）外表检查　活鸭在扑杀之前应将病鸭放在平坦的地面并驱赶强迫其运动，观察其运动和呼吸情况，有无运动失调、瘫软（图 2.8）和姿态异常（图 2.9）等。呼吸道严重感染的病例有时可出现张口呼吸，环境安静时可听见有明显的呼吸杂音。

死亡或处死的鸭在剖检前应用清水将身体完全浸湿，避免剖检过程中羽毛和尘屑飞扬。若怀疑是人畜共患性病原感染，应使用消毒液将待检鸭浸湿，并在负压剖检台上进行剖检操作。开始剖检之前，应进一步体表检查有无体外寄生虫、创伤、肿块、脓肿，有无互戕啄伤、腹泻、呼吸道分泌物、眼结膜分泌物、脱水等。

图 2.8 鸭坦布苏病毒感染导致运动失调和瘫软

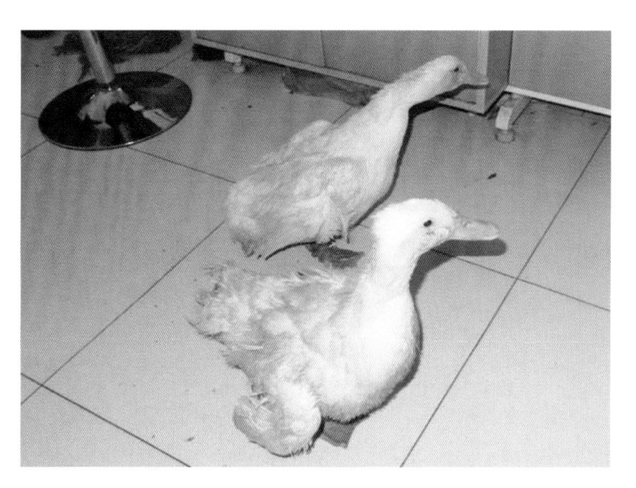

图 2.9 病鸭呈企鹅样姿势站立（病理组织学检查为非化脓性脑炎）

检查鸭头部时，应注意眼眶周围有无明显的分泌物以及喙的状态。正常北京鸭上喙外被以结缔组织，结缔组织外有一层柔软的蜡膜，呈杏黄色或淡黄色。随着日龄的增加，鸭喙明显变硬，部分鸭上喙背侧表面会出现少量黑色的斑点。若长时间饲喂喹乙醇等药物，或者摄食的饲粮中含有光过敏物质等可能导致部分鸭上喙表面起疱、破溃和变形（短喙），严重者波及脚蹼。此外，商品肉鸭营养代谢异常，例如饲料钙和磷失衡或吸收障碍可引起肉鸭喙变软，上喙很容易被扭转（图 2.10），临床检查时根据肉鸭和育成鸭喙的硬度可初步了解鸭的营养代谢情况。此外，雏鸭维生素 A 缺乏可导致眼眶周围有大量分泌物，严重者可导致眼睑粘连等。

检查完头部后，再检查后肢，包括跗关节、跗跖及趾关节等有无感染，如有肿胀，应触摸肿胀的关节是否发热、波动或变硬。由于鸭舍地面、运动场或网床有尖锐处，容易造成鸭，特别是体重较大的种鸭后肢创伤和感染，引起关节炎症和肿大（图 2.11），大部分感染鸭因为关节严重受损，无法交配而被淘汰。

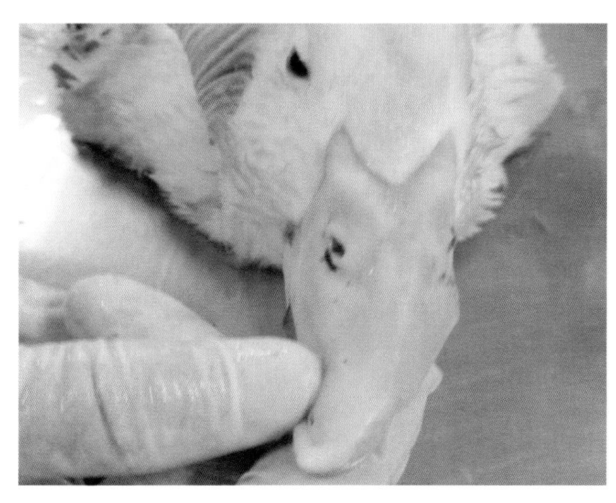

图 2.10 病鸭上喙柔软，易扭转

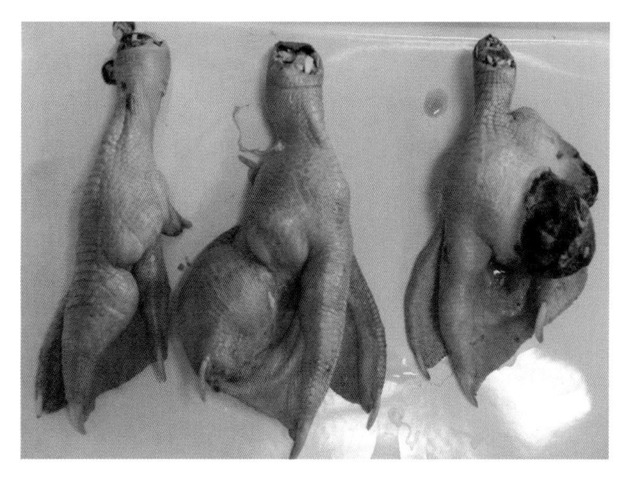

图 2.11 种鸭趾关节感染

（2）内脏检查　剖检时将鸭体背位仰卧在解剖盘中，先剪开两膝与躯干腹侧区之间的皮肤（图 2.12A），双手分别握紧两膝部向外侧用力至股骨头和髋臼完全脱离（图 2.12B），之后将鸭身体平放，左手提取腹部中线和泄殖腔之间的皮肤并剪开（图 2.12C），并沿两侧向前剪开和剥离皮肤，暴露整个腹膜和胸部肌肉（图 2.12D-E），检查胸部肌肉色泽以及有无出血等。然后在腹部近泄殖腔处剪开腹膜，并从躯干两侧朝前胸方向剪断肋骨骨架（图 2.12F），最后用骨钳切断喙突和锁骨即暴露出所有脏器。

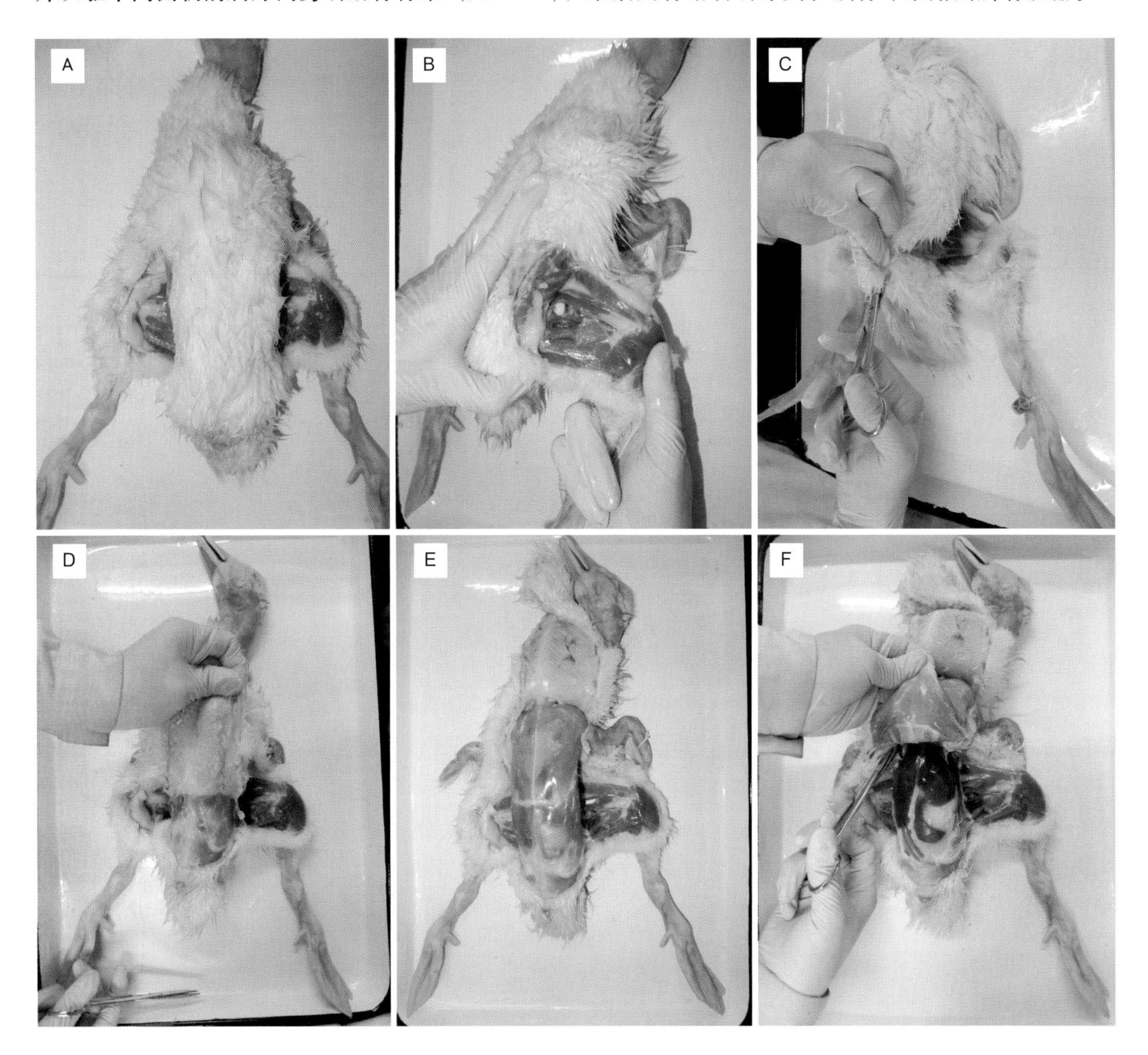

图 2.12　鸭的剖检程序。A-B. 先切开腿腹之间的皮肤和筋膜，拉开两腿，使股骨头关节和髋部断开；C. 剪开泄殖腔与腹部交界处皮肤；D. 左手向上和向前方向拉紧，剥离皮肤；E. 暴露胸肌和腹膜；F. 剪开腹膜，沿肋软骨一直向前剪开相应的肌肉和骨，直至胸腔入口，可切断胸部肌肉和胸骨放置于对侧或去掉，以便于暴露肝脏和心脏

鸭腹水病例因为腹腔有积液而使其在生前即有行动迟缓和腹部下坠的表现，触摸检查时可感觉到腹部有明显的波动，剖检则可见有大量的积液（图 2.13）。临床上，腹水病例多见于产蛋后期的种鸭群和强制换羽后的产蛋鸭群。

在充分暴露脏器后，应先检查一些实质脏器，如肝、脾、肾、卵巢等组织并取样，最后剖检消化道，最大限度地降低消化道内容物对组织样本和器械的交叉污染。操作时尽量避开粗大的血管，以免血液流出沾染其他脏器，影响观察。

心脏位于胸腔内，有心包包被。心包的腹侧接于胸骨，正常的心包膜透明，心包内间隙较大，有少量透明的液体。某些代谢性疾病，如痛风等，在心脏（心包膜和心肌），甚至肝脏表面出现大量的白色尿酸盐结晶（图2.14）。而大多数细菌败血性感染可引起鸭心包液增多，甚至呈胶冻状，如传染性浆膜炎、大肠杆菌性败血症等，病程稍长即可出现明显心包炎，表现为心包与胸骨严重粘连，心包增厚，不透明，并有大量纤维素性渗出等。鸭多杀性巴氏杆菌和鸭瘟等急性感染致死病例通常可见到冠状沟脂肪带有明显的出血点（参见本书相关章节的内容）。

图2.13　种鸭腹水综合征，腹腔内有大量胶冻样积液

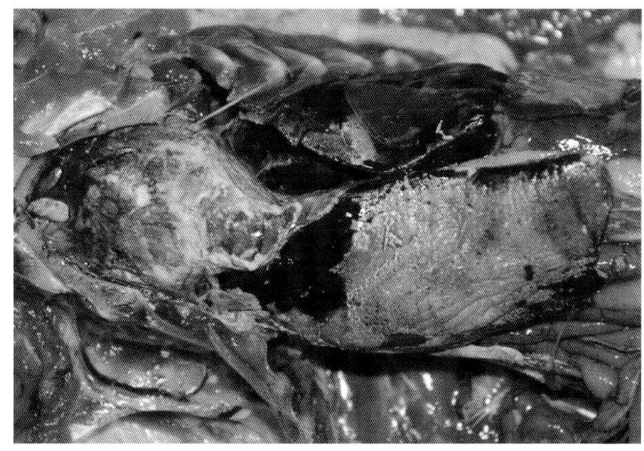

图2.14　鸭心脏和肝脏表面尿酸盐沉积

肝脏位于腹腔的中前部，分左、右两个肝叶，右肝叶比左肝叶大，正常肝呈酱红色，其壁面（邻接胸骨和下腹壁）平整，肝的脏面与肺、胃、脾、胰腺、肠管及性腺相邻。心包面则邻接心脏的背侧面和心尖。胆囊位于右肝叶脏面中部偏前背侧的胆囊窝内。多种传染病感染可引起肝脏的变化，并具有一定的病理特征和诊断意义。若怀疑是某种细菌感染引起的传染性疾病，需要通过细菌分离培养和鉴定才能确诊，最好立即采集肝脏样本并置于灭菌容器中，或直接取样接种到相应的琼脂平板进行细菌培养（见“细菌的分离”部分），之后再进一步检查其他脏器。

肺脏包括左右两部分，呈粉红色的海绵样结构（图2.15A），紧贴于胸腔的背侧壁，约有1/3深嵌于肋骨间隙中。鸭肺脏组织常见的肉眼病变主要有肺瘀血、水肿和肺组织中有小结节等。其中，鸭呼吸道真菌感染通常可引起肺脏形成结节（图2.15B）。临床上怀疑呼吸道真菌感染，可取结节组织置于洁净的载玻片上充分剪碎，然后滴加20%的氢氧化钾溶液，待组织充分溶解后，加盖玻片轻压，在显微镜下检查是否有真菌菌丝（图2.16）。确诊则需要进行真菌的分离培养和鉴定。

采集肺脏样本时，可用镊子的钝端从紧贴背侧壁处插入进行剥离。

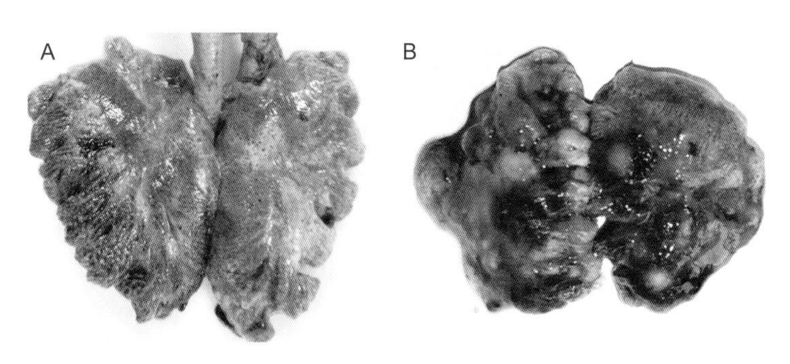

图2.15　未感染鸭正常肺脏（A）和真菌感染肺脏中的乳白色结节（B）

肾脏为稍扁的狭长形器官，紧贴于脊柱的两侧腰荐骨与髂骨的腹侧所形成陷窝内（图 2.17）。肾实质表面小圆形的凹凸不平的隆起由大量的肾小叶构成，表面覆以薄的结缔组织膜。肾脏尿酸盐沉积是机体代谢异常的一个重要指征。饲料异常、中毒及长时间断水等均可导致尿酸盐沉积。

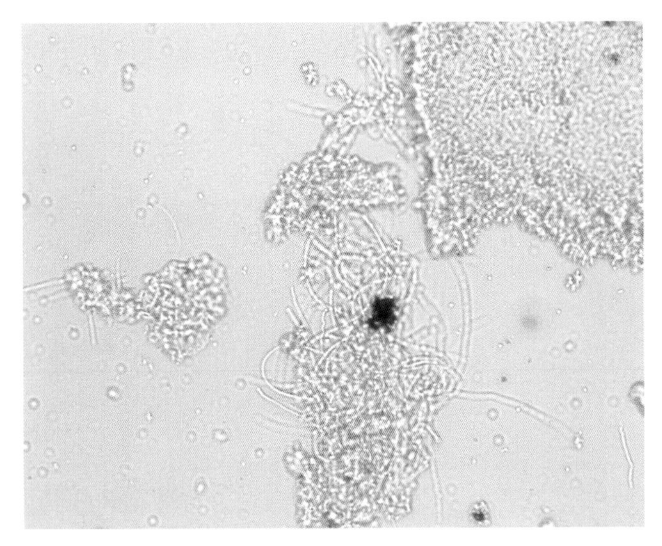

图 2.16 肺脏结节中真菌菌丝的显微镜照片（经 20% KOH 处理）

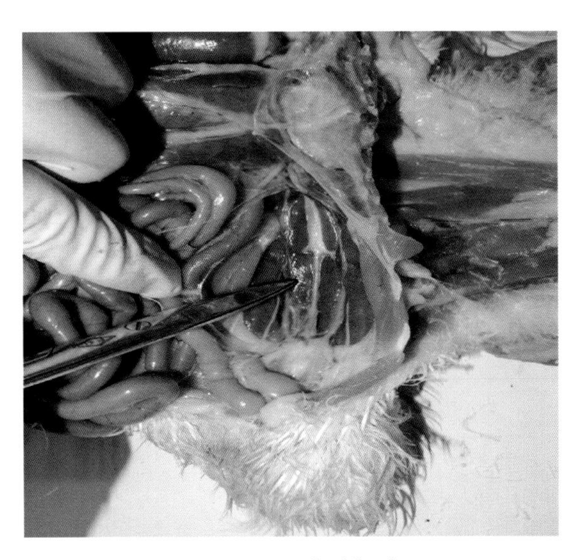

图 2.17 正常鸭肾脏

临床上鸭群出现产蛋下降或产蛋异常时，应注意检查种鸭生殖系统的变化。

母鸭的生殖器官由卵巢和输卵管两部分组成。在胚胎早期，左右各有一个卵巢和一条输卵管，但只有左侧的卵巢和输卵管发育成熟，右侧卵巢在发育过程中逐渐退化，少数鸭残留有一点痕迹。幼龄鸭的卵巢为扁平椭圆形，表面呈桑葚样，卵泡灰白色，很小。成年鸭卵巢借卵巢系膜悬吊在腰椎腹侧，呈葡萄串样，由许多大小不同的各级卵泡通过结缔组织连在一起（图 2.18A），卵泡颜色均匀鲜亮。卵巢表面覆以生殖上皮，上皮下为白膜。白膜的结缔组织深入卵巢内部形成卵巢基质。随着鸭日龄的增长，卵泡不断发育，卵巢体积逐渐增大。进入产蛋期，卵泡迅速生长并逐渐突出于卵巢表面，成熟的卵泡仅借卵泡柄与基质相连。排卵时，卵泡的游离端表面卵带裂开，卵母细胞由裂口处逸出。破裂的卵泡壁在卵排出后很快萎缩和消失。输卵管由前向后分为漏斗部、蛋白分泌部、峡部、子宫部和阴道部等五个部分组成，其组织结构由内向外依次为黏膜、肌层和外膜层。

高致病性禽流感病毒和坦布苏病毒等感染产蛋鸭引起产蛋率急剧下降均与病毒侵害生殖系统密切相关，临床剖检可见卵泡出血、萎缩和变形等（图 2.18B）。病原侵染卵巢和输卵管后，可在卵泡发育过程中侵入卵泡，引起鸭胚或雏鸭感染。卵巢或输卵管黏膜组织样品中分离和检测到病毒和细菌是病原垂直传播的最有力的证据之一。

公鸭的生殖器由睾丸、附睾、输精管和阴茎组成，没有副性腺和精索等结构。

鸭淋巴组织广泛分布于消化道、呼吸道和生殖器官内，发育完善的淋巴器官包括胸腺、腔上囊、脾脏和淋巴结等。胸腺和腔上囊为初级淋巴器官，大小随着年龄的变化。

胸腺位于胸前口偏背侧，左、右各有一组（图 2.19A），随着鸭日龄的增大，体积明显变小。剖检时应仔细观察胸腺的变化，注意是否有出血（图 2.19B）、坏死及体积的大小（与同群正常鸭相比）。

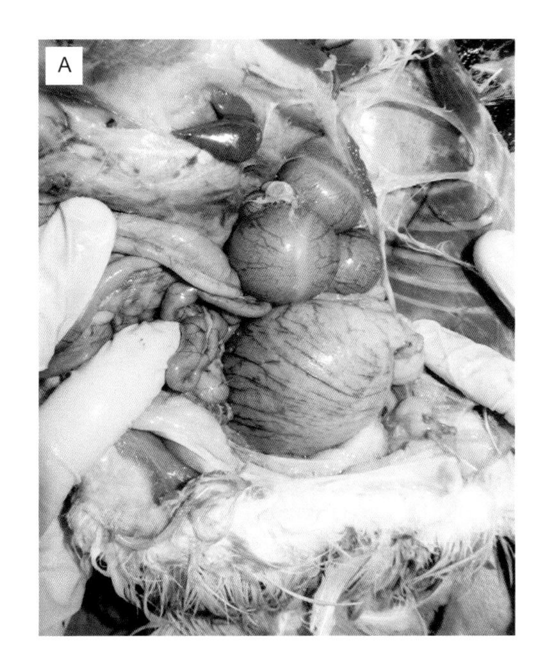

图 2.18　产蛋鸭生殖系统。A. 正常鸭卵巢可见有大小不一，颜色均匀的卵泡；B. 感染鸭卵泡瘀血、出血和变形

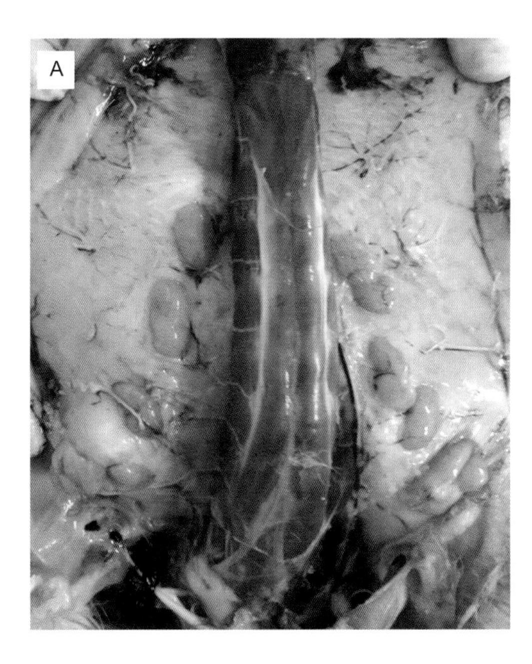

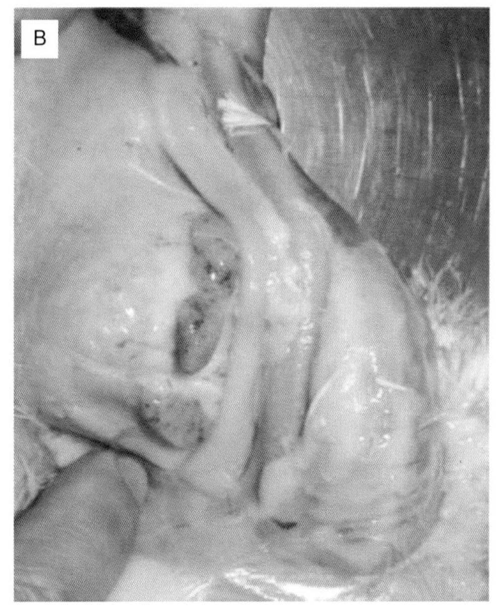

图 2.19　正常鸭胸腺 (A) 和感染鸭胸腺出血 (B)

腔上囊呈长圆柱形，紧贴于泄殖腔和直肠末端。剖检时将直肠轻轻向后和向外拉开即可暴露腔上囊（图 2.20）。成年鸭腔上囊明显萎缩变小。

脾脏位于肌胃与腺胃交界附近，呈三角锥形（图 2.21A），是鸭的主要淋巴器官之一，也是多种病原体侵害的主要靶器官之一，如鸭呼肠孤病毒感染可引起典型脾脏坏死和出血（图 2.21B），鸭疫里默氏菌感染引起脾脏肿大，外观呈大理石样等，这些特征性的变化具有一定诊断意义，剖检时应注意观察。此外，鸭脾脏是大部分病原细菌和病毒的主要靶器官之一，病原在脾脏中存留时间长，数量大，可作为病原分离培养的重点样本。

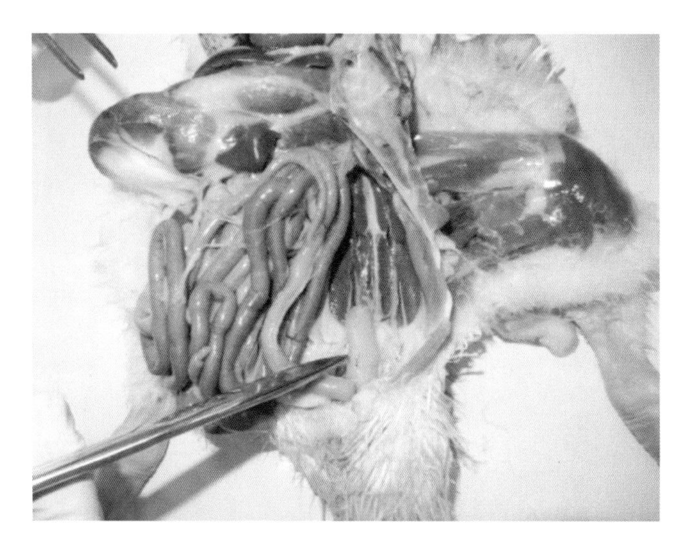

图 2.20　三周龄鸭腔上囊

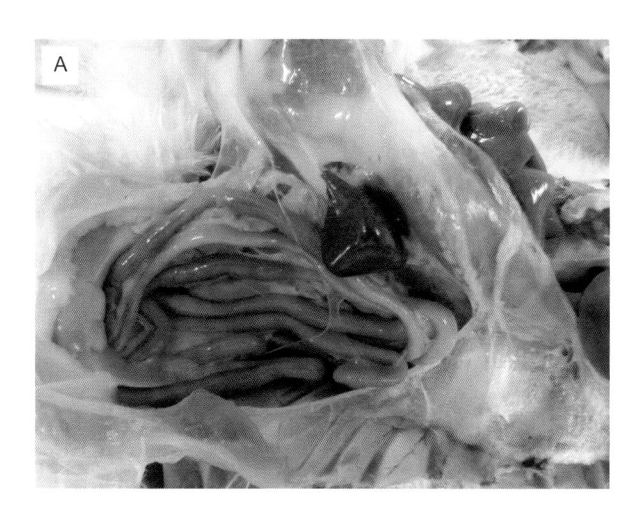

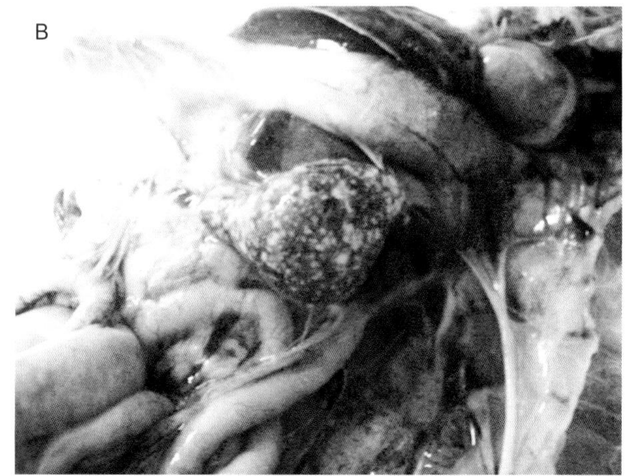

图 2.21　正常鸭的脾脏呈三角锥形 (A) 及呼肠孤病毒感染鸭脾脏肿胀和坏死（B）

北京鸭全身有为数不多的淋巴结，包括颈面淋巴结、颈淋巴结、翼淋巴结、肠系膜前动脉淋巴结、股淋巴结和腰淋巴结等，属于次级淋巴器官。

消化道检查是临床剖检过程中不可忽略的环节，尤其是怀疑鸭群疾病与营养代谢、中毒，或者消化道寄生虫感染有关时，应对口腔、咽、食道、胃、肠道、泄殖腔等进行检查。首先从颊部将口腔剪开，暴露出咽并顺着食道向后剪开，检查食道黏膜。北京鸭没有嗉囊，取而代之的是在食管的颈后段出现一纺锤形的膨大部。正常鸭食管黏膜平滑，有 8~12 条纵行的黏膜褶，又称为食管褶。饲料维生素 A 严重缺乏可引起咽部和食道坏死，另外，鸭瘟病毒感染病例的食道黏膜可见有明显的出血斑，病程稍长则形成一层坏死性伪膜。

鸭的胃包括腺胃（或称前胃）和肌胃，食道与腺胃交界处为胃的贲门。腺胃壁分为黏膜层、肌层和浆膜。在黏膜层分布有大量稍隆起的腺胃乳头，乳头中央有凹入小孔，为腺管的开口。腺胃与肌胃连接处为胃峡，很多鸭胃峡部并没有明显的缩小，而是从腺胃直接延伸为肌胃前庭。

鸭的肌胃胃壁包括黏膜、肌层和浆膜三层结构。在肌胃内腔表面黏膜为一层致密的角质膜，称为胃角质层，与肌层腱质膜紧密粘接，使得鸭角质层难于剥离。临床剖检时应注意观察腺胃黏膜及肌胃角质层的变化。腺胃黏膜层，或肌胃角质层的病变等在很大程度上与中毒和饲料品质低劣有关。临床诊断中经常可见有肌胃角质层的溃疡或糜烂的病例（图 2.22）。

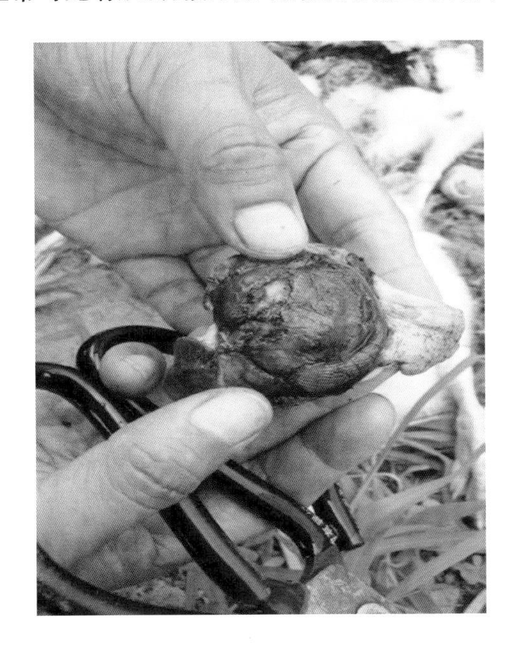

图 2.22　鸭肌胃糜烂和溃疡

从肌胃的幽门往后为鸭的肠管，分为小肠和大肠。小肠包括十二指肠、空肠和回肠，大肠包括盲肠和直肠。十二指肠肠袢分为降部和升部两部分，降部起始于胃的幽门，在肌胃的背左缘或后缘向右转为升部，升部伸延至降部的起始点附近转为空肠。在十二指肠升部的末端有胰管、胆囊小管和肝小管注入十二指肠。

鸭的胰腺与十二指肠相伴（图 2.23），分为腹侧胰叶、背侧胰叶和脾胰叶。番鸭细小病毒、禽流感病毒和鸭肝炎病毒等感染可引起鸭胰腺的损伤，表面出现大小不一的白色或透明状坏死点，剖检时应注意观察。

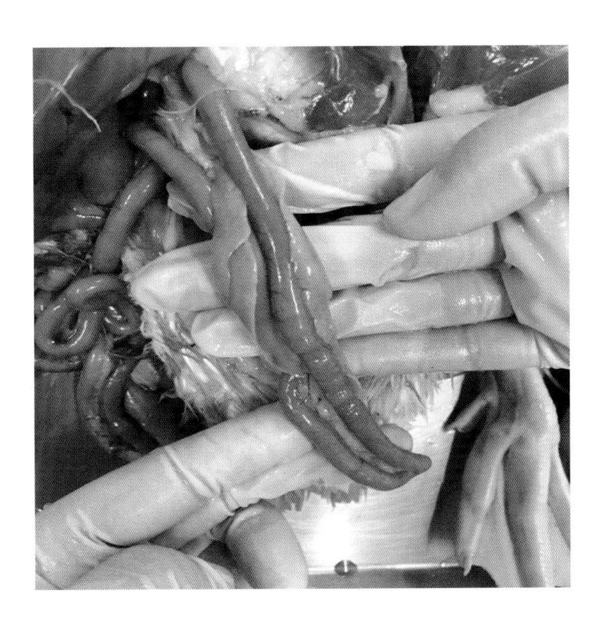

图 2.23　鸭十二指肠和胰腺

空肠是肠管中最长的一段，由 8~10 个长短不一的空肠袢组成，悬吊在较长的系膜上。回肠肠管平直，有回盲韧带附着。空肠与回肠的分界处和盲肠的盲端相对应。

盲肠有两条，借助于回盲韧带与回肠相连。回盲口即为回肠与直肠分界标志。直肠借助于直肠系膜悬挂与腰荐椎下方，向后直通泄殖腔的粪道。

除了代谢性疾病外，细菌、病毒和寄生虫感染均可引起肠道病变，如黏膜出血和坏死等。严重的病例，肠道外观即可见有出血斑、环状出血或环状肿大（可参见“鸭瘟”和“鸭霍乱”），剖开检查肠道黏膜病变更为明显。怀疑有消化道寄生虫感染时，应收集肠道粪便样本做寄生虫检查。鸭急性球虫感染病例则可轻轻去除肠内容物，然后刮取肠黏膜进行涂片检查，观察到典型的球虫的裂殖子即可确诊。

泄殖腔是消化道的最末端，其前端连接直肠，后端有泄殖孔与外界相通。是消化、生殖和泌尿三个系统的共同通路，输尿管、输卵管和输精管均开口于泄殖腔。公鸭的阴茎也藏于泄殖腔。鸭瘟病毒感染病例剖检时可见泄殖腔黏膜有明显的出血斑。

检查脑组织时，首先用将鸭脑部皮肤剥离露出额骨（图 2.24A），用骨剪将额骨从中央十字线剪开（图 2.24B），然后再将四周边缘剪开，剥离骨片即可以暴露脑组织。

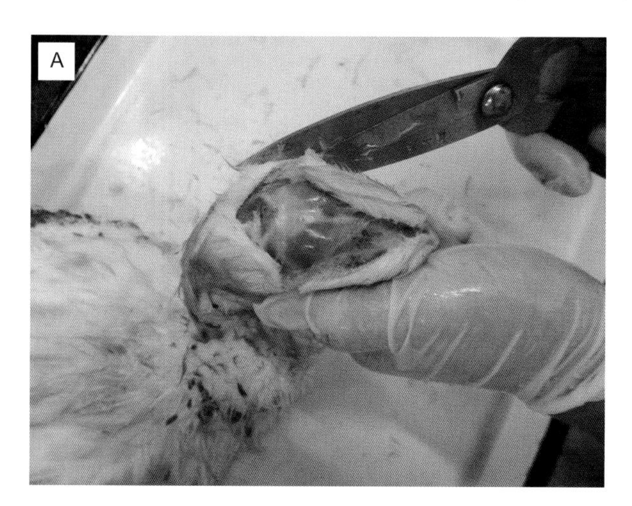

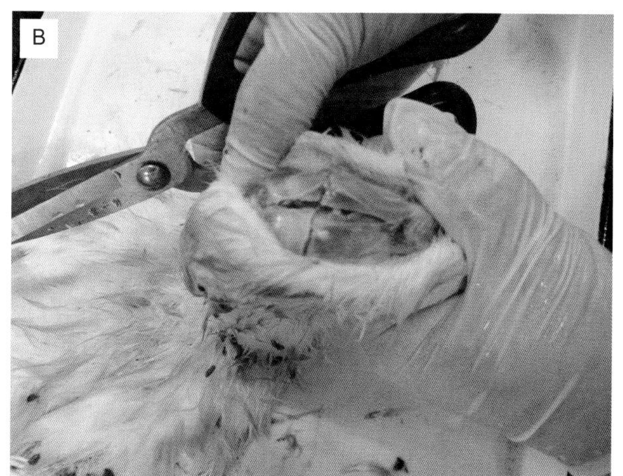

图 2.24　鸭脑组织样本的采集

2）病原分离与鉴定

临床兽医和实验研究人员所面临的挑战就是如何确诊引起鸭群发病和死亡的原因，提出相应的预防控制方案。然而，大多数疾病仅凭临床症状和肉眼观察到的病理变化却不能够做出明确的诊断，需要借助实验室的诊断方法，包括光学或电子显微镜检查，病原的分离鉴定和血清学检测等进一步查明病因。近年来，采用分子生物学技术直接从样品中检测病原特异性的基因片段或特定成分，极大地加快和简化了常规的诊断过程，丰富了鸭病诊断技术手段。当然，病原分离和鉴定仍然是确定疾病发生原因的最重要，也是最有说服力的诊断。然而，从病鸭组织样品中分离到病原菌并不能完全说明该病就是由其直接引起的，临床上还有许多细菌感染是继发于原发性病毒感染或其他疾病。有些病例在送检时其原发感染的病毒在组织样品中可能已消失，但仍然可观察到病变或症状，这一阶段的病例分离到的往往是继发感染的细菌，而非原发性病原，所以，在实际诊断中采集合适的靶组织作为病原分离的样本极为重要，应尽可能采集发病早期的病例样本以提高病原分离率。采样时尽可能采集多个组织样本，避免“先入为主”的思想，主观认为是某种疫病而选择某个特定的器官。

(1) 细菌的分离和鉴定　怀疑有细菌感染，最好在剖检暴露脏器后立即取样进行细菌分离培养，以免后续检查过程中的人为污染。以肝脏细菌分离为例，先将手术刀片或金属片（如锯条等）在酒精灯火焰上加热后，轻轻烧烙脏器表面并用刀尖轻轻划破组织，然后将接种环插入组织中取样划线接种到相应的琼脂平板中进行细菌培养（图 2.25）。

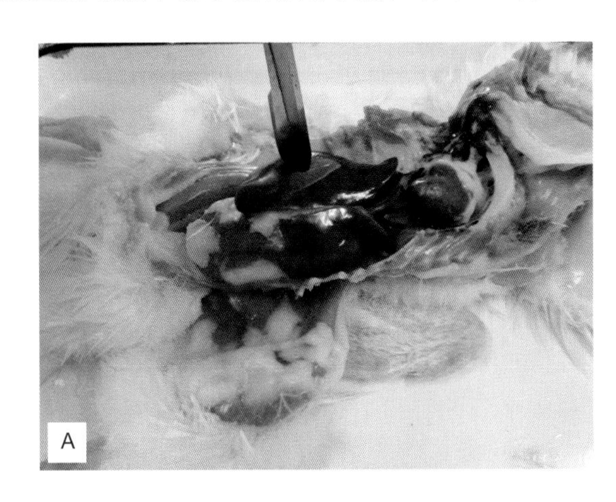

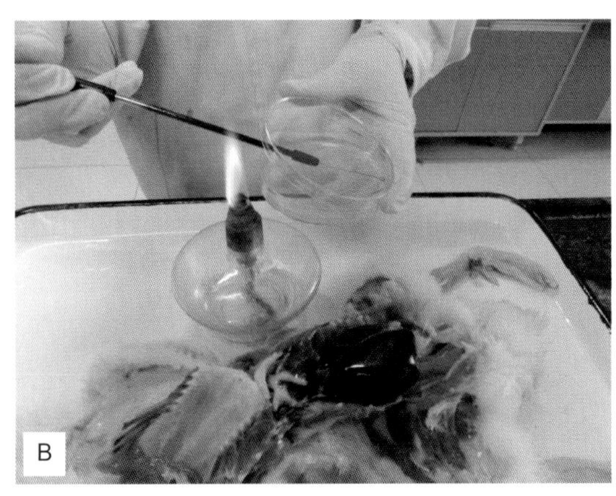

图 2.25　现场细菌分离操作示意图。A. 用热刀片烧烙脏器表面并轻轻划破组织形成一切口；B. 将接种环从切口处插入，取组织样本划线接种于琼脂平板

不同病原菌对培养基营养要求可能有很大的差异，因此在进行细菌分离培养之前需要根据鸭群的临床表现、剖检病理特点等做出初步推断。在进行细菌培养之前需充分了解相关细菌的营养需求和生长特性，选择合适的培养基和培养方法。根据作者的经验，以胰酶大豆琼脂（tryptic soy agar）为基础培养基，添加 5% 的脱纤维绵羊血或 2% 小牛血清可满足大多数常见鸭源病原菌，如鸭疫里默氏菌、多杀性巴氏杆菌、红斑丹毒丝菌、链球菌等生长的营养需求，这类培养基可作为鸭病实验室诊断的常备培养基。另外，由于商品鸭大肠杆菌和沙门氏菌等败血性感染比较常见，建议将同一组织样品分别接种到胰酶大豆琼脂和麦康凯琼脂平板进行培养，在一定程度上可加快后续细菌鉴定的进程（图 2.26）。

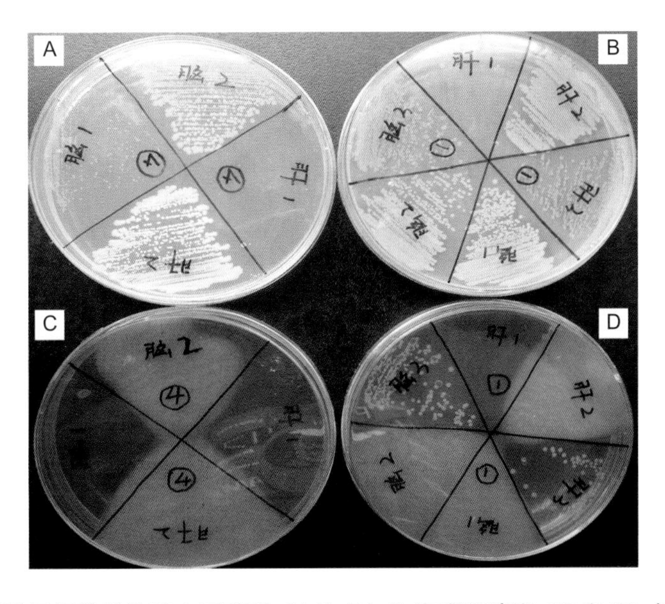

图 2.26　鸭脑和肝脏组织接种胰酶大豆琼脂（A 和 B）和麦康凯琼脂（C 和 D）培养 24 h 后的细菌生长状态，①和④表示来源于两个不同鸭群

对于有特殊营养要求的苛养菌，需要在基础培养基中添加特定的营养成分，或者购买已制备好的专用培养基进行分离培养。含有 5%~10% 二氧化碳环境条件有利于大多数需氧和兼性厌氧病原细菌的生长。通常情况下，将接种了组织样品的胰酶大豆琼脂平板置于含有 5% 二氧化碳的培养箱或烛缸中培养 24~48 h。

大部分厌氧菌对氧分子极其敏感，所以厌氧菌的采样和分离培养过程应避免样品中的细菌暴露于有氧环境中。取样时尽可能取完整的脏器，而肠道样本则可先将肠道两端结扎后再剪取相应的节段。

多数实验室不具备进行大量厌氧菌培养的设备条件，必要时可以购买商品化的厌氧培养基及相应厌氧袋进行厌氧菌的分离。商品化的厌氧袋利用其配套的化学试剂，通过化学反应消耗培养罐中的氧气形成厌氧环境，适合于常规的诊断实验。

如果怀疑样品可能被其他细菌污染，如肠道或体表部位的样品，以及死亡较长时间的动物组织样本，在进行细菌培养时尽可能使用选择性培养基，或者在培养基中添加对目标菌生长无影响，但对大部分杂菌有抑制作用的化学物质（如抗生素）以抑制杂菌的过度生长。

分离到细菌后需要做进一步的鉴定工作，以确定感染细菌的种和型。必要时，需要利用易感鸭进行人工感染实验，确定分离株的致病性。

（2）病毒的分离　要分离到病毒，首先要采集到含有足够量活病毒的标本，并且要找到敏感的病毒繁殖系统。

① 病毒分离标本的采集：为了保证采集足够量活病毒标本，必须注意：a. 选择组织样本。在诊断实践中，往往需要根据感染鸭的临床症状、流行病学特点等，初步推断可能是哪一种病，再决定采集何种标本。b. 用拭子采集到的标本，应立即浸泡于肉汤中，有的病毒不稳定，应尽可能早地接种到敏感动物和组织中。c. 有的血液样本需加抗凝剂，有的不加，若病毒主要存在于血清中，全血或血清接种均可。如果病毒主要吸附在白细胞上或红细胞上，采血时加抗凝剂可提高分离率。

② 采集标本时间：一般在发病的早期，或急性期采样，越早越好。晚期体内易产生抗体，病毒成熟释放减少，分离病毒比较困难。另外，疾病晚期可能发生交叉感染，增加判断难度。死亡尸体标本最好在死后 6 h 内采集，否则病毒容易死亡。

③ 标本的保存和运送：由于大多数病毒对热不稳定，以立即接种为好，如需运送或保存，必须冷藏并于 48 h 内送至实验室。一般在 50% 中性甘油中，4℃保存最好。反复冻融严重影响病毒的活性。如需要保存较长时间才能进行检查，最好存放在 -20℃以下，干冰或液氮保存。

④ 样本的处理：处理样本的目的主要是将组织细胞中病毒释放出来，并去除样本中潜在的细菌污染。

将采集的组织样本置于灭菌的容器中剪碎，按 10%~20%（*W*/*V*）的比例加入无菌等渗磷酸盐缓冲液悬液（PBS，pH 7.2~7.6）或 Hanks 平衡缓冲液，利用玻璃研磨器充分研磨后，取悬液冻融 2~3 次，于 4℃，5 000~10 000 r/min 离心 10 min 去除组织和细胞碎片，大部分病毒从感染细胞中释放后留存在上清液中。

虽然采集样本时要尽可能无菌操作，但实际上很难做到严格的无菌，所有的样本需要再进行除菌处理。最简便和快速的方法是过滤除菌。取上述经过离心获得的上清液通过孔径 450 nm 或 220 nm 的无菌滤膜过滤后可将绝大多数细菌去除，滤液即可用于病毒的分离。应强调的是，虽然过滤除菌是一种快速有效的除菌方法，理论上大部分病毒的直径小于 220 nm 的病毒均可通过滤膜，但实际操作过程中滤膜亦可阻隔病毒粒子的通过，病毒的损失很大，对于病毒含量较低的样品可选择抗生素处理，在上清液中加入高浓度的抗生素，如青霉素、链霉素、真菌抑制剂，4℃作用 2 h 或更长时间可抑杀样本中的细菌。

⑤ 样本的接种：因为病毒不能像细菌那样在人工培养基上进行培养，所以必须选用活的易感动物或细胞来培养，常用于鸭源病毒分离和繁殖的实验室宿主系统主要有：鸭胚或鸡胚、细胞培养和实验动物。

a. 鸭胚或鸡胚接种：鸭胚和鸡胚已广泛用于鸭源病毒的分离、繁殖、鉴定以及疫苗的生产等。胚体及其支持膜为病毒的繁殖提供了不同类型的细胞。采用胚分离病毒能否获得成功取决于多种因素，包括：样品中病毒含量及接种量、接种途径、胚龄大小，以及接种后胚的孵育时间等。在进行病毒分离时必须综合考虑这些因素。

不同接种途径对鸭源病毒分离结果具有较大的影响。最常用的接种途径是尿囊腔接种，将0.2~0.3 mL 经除菌处理的样品注射到9~12 日龄的鸡胚或鸭胚尿囊腔；其次是尿囊膜途径接种，即将样本接种到人造气室的尿囊膜上，如鸭瘟病毒初代分离采用此途径可提高分离率并缩短病毒致死胚体的时间。某些病毒，如鸭呼肠孤病毒初代分离时采用卵黄囊途径接种更容易繁殖，一般选用6 ~ 8 日龄胚进行接种。样品接种后应及时封闭注射孔，置于37℃孵化箱中孵育，每天照蛋检查两次。

引起胚体死亡是病毒繁殖的指征之一，应及时收获和检查记录死亡胚体的变化。除H5 亚型禽流感病毒外，大多数病毒在24 h 内不致死胚体，通常情况下，24 h 内死亡胚被认为是非病毒因素造成的。有些病毒可以在胚体中繁殖，但并不引起胚体死亡，或者在初始传代中不引起胚体死亡或不规律死亡。然而，大多数病毒在胚体繁殖后，胚体会出现不同程度的异常，包括胚体发育迟缓（比正常胚体小）、胚体水肿、胚胎肝脏有坏死点等，这些变化是肉眼判定病毒是否在胚体内繁殖的重要指征。

确证病毒是否在胚体繁殖主要还是依赖于实验监测。对于有血凝活性的病毒，如流感病毒、新城疫病毒、EDS-76 病毒等，通过检测感染鸭胚或鸡胚尿囊液的血凝性可判定病毒的增殖。其次，可以利用针对某种病毒基因特异性的寡核苷酸引物进行PCR 扩增，检测病毒的基因。该方法具有特异性强、简便和快速的特点，已广泛应用于病毒的检测。

酶联免疫吸附试验、血清中和试验等免疫学方法也广泛用于病毒的鉴定。

b. 细胞培养：在鸭源病毒的分离鉴定中，应用比较多的是鸭胚原代细胞培养系统，如鸭胚原代成纤维细胞、鸭胚肝细胞和鸭胚肾细胞等。目前尚未有可用于鸭源病毒分离的禽源传代细胞系。虽然某些鸭源病毒可以适应某些传代细胞系并能稳定地增殖，但这些传代细胞能否直接用于病毒的分离尚有待于进一步验证。

与胚体接种相比，细胞培养系统具有均一性好、可控性强的优点。制备好的细胞，包括继代细胞可以在液氮中冻存，随时可以复苏待用，克服了胚体需要孵化等待的缺点，节省时间。

c. 实验动物接种：实验动物可用于分离和鉴定病毒以及病毒的致病性、发病机制和免疫原性的研究，还可用于抗原和免疫血清的制备等。选择实验动物应注意：

- 易感性：不同病毒的易感动物及接种途径有很大的差异。鸭源病毒分离多选择鸭和鸡作为实验动物，接种途径包括脑内接种、皮下或肌肉注射、腹腔注射、静脉注射和鼻腔滴注等。
- 动物健康状况：应用实验动物分离病毒时，要注意动物本身的病毒被分到的可能，即应该排除动物自发性病毒的可能。在进行病毒分离前应该对实验动物的健康状况有所了解，尽量选用级别较高的实验动物，如无特定病原体（SPF）鸡和SPF 鸭。在没有SPF 动物的情况下，尽可能选用来源于无感染史，或者没有免疫接种过某种疫苗的鸭群的动物。
- 实验动物感染后应密切观察动物的临床反应，这是病毒分离和鉴定的重要环节之一。必须每天观察记录感染动物的采食、活动力和排便等情况，注意动物局部及全身的反应情况。通常情况下，病毒侵染神经系统可出现震颤、抽搐、瘫软，甚至死亡等，侵染呼吸道则可能表现呼吸紊乱症状等。对表现明显症状且濒临死亡的动物应及时捕杀、剖检并采集血液和相应的组织样品进行病理检查、病毒再分离和血清学检测等，以进一步确证病毒的致病作用。某些不引起实验动物死亡的病毒可以通过记录感染动物的精神状态、生长（如体重）和生产性能（如产蛋率）等，并且可通过检测血清抗体水平的变化来判定病毒的感染状态。

⑥ 病毒的鉴定：在确定已分离到病毒后，需要对分离的毒株做进一步的鉴定。病毒鉴定的方法包括：

a. 形态学观察：利用电镜对分离毒株或样品中的病毒进行形态学观察，根据病毒粒子的形态学特征可对病毒的种属进行初步分类。免疫电镜技术可大大提高临床样品中病毒的检出率。

b. 免疫学鉴定：利用已知的阳性血清对分离株进行血清中和试验、免疫荧光染色和免疫组化染色等。其中，血清中和试验是最经典的病毒鉴定方法，是多种病毒鉴定的金标准。

c. 病毒核酸检测和基因序列分析：利用 PCR 技术扩增病原微生物的特异性基因片段是当今传染病诊断中应用较为广泛的技术之一，具有简便快速和特异性强的优点。在对分离毒株进行鉴定时可以根据前期的初步诊断，针对不同病毒设计和合成不同的引物进行 PCR 或 RT-PCR 扩增，并对扩增产物的核酸序列进行分析。必要时，可对病毒的全基因组序列进行测定并比较分析分离株的特征。随着新的基因测序技术的发展和应用，从水禽样品中检测和鉴定出大量的新病毒或新毒株，极大地丰富了水禽疾病诊断和防疫的知识宝库。

2.4 鸭传染病免疫预防和治疗

【疫苗免疫】

鸭的免疫防御作用包括早期的固有免疫（或称天然免疫）和适应性免疫（或称获得性免疫）反应。免疫系统是由多层次细胞和分子构成的网络系统，一旦有病原微生物等异源物质入侵，该网络的不同环节即可发挥物理、化学和生物学效应，阻止和杀灭入侵的病原微生物。现代养鸭生产中，接种疫苗是增强群体抵抗力，预防或减少病原感染，提高生产效益的重要措施。

1）疫苗的类型

目前应用于鸭群传染病预防的疫苗分为灭活疫苗和减毒活疫苗两大类。

灭活疫苗，或称为死疫苗是选用免疫原性强的病原体（如细菌、病毒等），经过人工大量培养后，用化学或物理方法将其杀灭而制备的疫苗。商品鸭所用的灭活疫苗一般是全细菌或全病毒加佐剂制成的，如鸭传染性浆膜炎灭活苗、鸭霍乱疫苗和禽流感疫苗等。这类疫苗注射到鸭体后病原不能生长或繁殖，其免疫效果依赖于疫苗中病原体免疫原性成分的含量、表面抗原决定簇的完整性及佐剂的性质等。现阶段，兽用疫苗所用的佐剂主要有矿物油佐剂、氢氧化铝胶和蜂胶等。

油佐剂灭活疫苗一般由水相和油相两种成分乳化成均一的液体。抗原物质存在于水相，油相主要是增强机体对抗原的反应。不同疫苗的抗原与佐剂的比例差异较大。这种比例一般与佐剂、抗原、黏稠度、免疫反应和组织反应特性有关。矿物油佐剂作为兽医领域应用最为广泛的佐剂，其优点是油佐剂疫苗诱导免疫反应持续时间长，个体反应相对均匀，适合于种鸭或产蛋鸭群的预防免疫。但油佐剂的缺点也十分明显，如副反应较强，部分鸭注射疫苗后在局部引起强烈的炎性反应，而且吸收缓慢，因此，商品肉鸭在接种油佐剂疫苗时应注意：①选用颈部皮下注射，避免将油佐剂疫苗注射到腿部或胸部肌肉内；②接种疫苗时间与肉鸭出栏上市应间隔 3 周以上，防止油佐剂在机体内残留。

相比较而言，氢氧化铝胶佐剂和蜂胶佐剂具有黏稠度低、接种方便、易吸收和副作用小的优点，加入细菌灭活苗中可刺激机体迅速产生免疫反应，但免疫反应的持续时间显著短于相应的油佐剂疫苗，通常需要多次接种。

减毒活疫苗是通过生物学或化学的方法使某些病原微生物致病力降低或失去致病性，但疫苗株接种到动物体后仍然有一定的繁殖能力并能刺激机体产生良好的保护性免疫反应。传统的制备方法是将病原体在培养基、鸡胚或细胞培养中连续传代使其失去毒力，但保留免疫原性，如鸭瘟弱毒疫苗、鸭肝炎弱毒疫苗等。由于活疫苗的毒株可在宿主体内短暂地生长和增殖，疫苗接种类似隐性感染或轻症感染，延长了免疫系统对抗原的识别时间，有利于提高免疫能力和促进记忆免疫细胞的生成，通常只需要一次免疫即可获得较长时间的免疫保护力。其不足之处是疫苗株可能在体内有回复突变的危险，但实践中极少发生。

活疫苗，如鸭瘟疫苗等在商品鸭的饲养中已得到广泛应用，经历了实践和时间的检验，用于鸭群的免疫具有良好的免疫预防效果，而且比较经济。但活疫苗毒株的效价对免疫效果具有显著的影响，应注意其运输、贮藏、稀释和使用方法。活疫苗一般避光贮存于冰箱的冷藏区。已注册的活苗均在瓶上印有产品的有效期，如果按照标签说明进行贮存，在有效期内，可以保证达到推荐的最小剂量。活苗的稀释方法差异也较大，大部分推荐使用水溶液稳定剂，最好使用疫苗供应商提供的配套稀释液。疫苗免疫剂量与所用的疫苗毒、鸭的日龄、体内存在的抗体及所采用的免疫方法有关。临床兽医和保健人员应根据实际情况调整疫苗的使用剂量。

随着遗传工程的发展，在家禽中已研发出活病毒和细菌载体疫苗及基因缺失苗等基因工程活疫苗。这类重组疫苗利用活病毒或细菌作为载体装载编码其他病原的保护性抗原基因，免疫后可产生对这种病原的免疫力。如表达禽流感基因的重组火鸡疱疹病毒疫苗和表达禽流感病毒基因的鸭瘟病毒载体疫苗等。细菌载体疫苗包括沙门氏菌基因缺失突变株疫苗等，但这类疫苗目前尚未在养鸭生产实践中应用。

2）疫苗免疫途径

现有商品鸭疫苗主要是通过皮下或肌肉注射进行免疫接种，也是目前效果最为确实可靠的免疫途径。建议将油佐剂疫苗接种到颈部背侧的皮下，切忌将油佐剂疫苗注射到腿肌内，特别是雏鸭。弱毒疫苗可注射到股内侧与躯干腹侧区交界处的皮下。生产实际中，为了操作方便，许多鸭场在免疫成年种鸭时将疫苗注射到胸部皮下或肌肉内，但油佐剂疫苗在胸部肌肉内扩散和吸收慢，易引起局部发生较强的炎性反应。另外，鸭的胸部扁平，注射时要控制好注射器针头的角度，避免穿透刺入胸腔，特别是麻鸭。

对于产蛋鸭或种鸭，通常在开产前进行皮下和肌肉注射免疫，开产后尽量减少捕捉和注射，最大限度降低免疫对产蛋造成的不良影响。

国外曾报道过雏鸭通过喷雾免疫接种鸭传染性浆膜炎弱毒疫苗，并取得良好的免疫效果。喷雾免疫一般使用喷雾盒进行喷雾，雾滴大小非常重要，直径不超过 20 μm 的小雾滴可进入到呼吸道的深部。喷雾雾滴在鸭舍或喷雾盒空间要均匀分布，并且在空气中能够持续悬浮一定的时间，保证个体能充分吸入疫苗雾滴，以获得较好的免疫效果。舍内相对湿度低，雾滴到达体机体的颗粒大小就会发生改变，可能导致雾滴太小。

通过饮水进行疫苗免疫是商品化养鸡场普遍使用，但商品鸭中很少使用。免疫前两天，饮水系统应进行适当的准备，去除所有消毒剂，如氯。最好使用较稀的脱脂奶粉水溶液冲洗饮水系统来缓冲残余的消毒剂。免疫前停水约 2 h，使鸭群达到轻度口渴的程度，这样才会取得最好的效果。不同季节和环境的停水时间变化较大，需要根据气候的变化进行调整。小鸭病毒性肝炎弱毒疫苗试验结果表明，鸭群饮水免疫后部分小鸭可产生有效免疫保护，但保护率显著低于皮下注射免疫，因此，在疫病流行地区或鸭场，饮水免疫只能作为肌注或皮下注射免疫的补充，不能作为主要的免疫方法。

免疫效果的评价一般都涉及总体健康状况。有效的免疫应尽可能将疾病造成的危害降到最低而且尽可能发挥最大的生产效率。虽然还没有统一的用来衡量鸭群总体健康状况的参数，但可以借鉴养鸡生产中所使用的参数，例如孵化淘汰率、7 日死亡率、14 日死亡率、最终成活率、饲料转化率、增重率、淘汰率、产蛋量和蛋的质量等。对于某个品种或品系的鸭来说，这些度量参数中大部分是有标准的，各鸭场也可通过与本场历史数据进行比较分析建立自己的标准。

3）血清学监测

鸭群按照一定的免疫程序进行免疫，定期采集足够数量的血清样本由一个指定实验室使用同一个标准的检测技术进行抗体效价检测，经过一段时间和基于足够大的样品数分析就可建立标准基线。一旦基线建立，就可确定鸭群的血清学数据是分布在基线的上面还是下面。以禽流感疫苗免疫为例，种鸭在开产前应进行血清学检测，同时在整个产蛋期要进行定期监测。这样可评估疫苗免疫效力，也可监测到野毒感染。如发现种鸭抗体效价过低，可在产蛋期加强免疫。

通常情况下，家禽免疫 1~3 周后可在其血清中检测到抗体。因此，在疾病暴发中期采集血样完全有可能测不到针对病原的抗体。同一禽群，在 2 周后检测，血清抗体的效价可能会很高。在禽群发生一种未知疾病感染时，比较有效的诊断是采集急性期和康复期双份血清样本进行检测。如果疾病暴发初期采集的血清中针对所怀疑病原的抗体为阴性，而康复后不久所采血样为阳性，再结合临床症状与病变，可做出定性诊断。在解释血清学结果时应注意，一次血清学试验阳性只能说明该禽群在其生命周期中曾感染过某病原。

不同的实验室经常使用不同的试剂或采用不同的血清学检测方法。将不同实验室所测定的抗体效价进行比较，有时可能会出现一些混乱。一项检测试验，最好是用一个实验室的标准，这样，阴性、高效价、低效价的标准就会一目了然。经过培训并随着经验的积累，生产经理也可熟练地解释血清学结果。

4）免疫失败

有许多原因可引起免疫失败，常见有：

（1）疫苗使用不当　如活疫苗未能完全按照供应商的贮存、运输操作程序，病毒往往在使用前即已失活。同样，活苗饮水免疫如果操作不当或水中的消毒剂未被去除，疫苗则可能会被灭活。

（2）疫苗毒株与流行的野毒血清型不同　许多传染性病原存在多种血清型，疫苗株的血清型与生产中流行毒株的血清型不同，对野毒感染不能提供有效的保护，结果也会导致免疫失败。

（3）机体免疫抑制　某些传染性病原和霉菌毒素具有免疫抑制作用，可引起免疫失败，例如黄曲霉毒素可引起免疫抑制，导致机体对疾病抵抗力下降。

（4）管理因素　如果一个养鸭场在引进每一批新鸭之前不进行彻底清洁消毒，病原因子则会逐渐积累，当某一特定病原量达到一定程度，即使正常的有效免疫程序也不一定能提供保护作用。

（5）母源抗体的干扰　种鸭的免疫状态直接影响雏鸭的免疫效果。如果雏鸭有较高水平的母源抗体，在头两周免疫接种的疫苗，尤其是弱毒疫苗可能被中和，不能刺激机体产生有效的保护性免疫反应，因此，在确定幼雏的活苗免疫时机时应考虑母源抗体的状况。

【抗生素治疗】

虽然近年来我国养鸭业的集约化程度在不断提高，但疾病预防和控制仍然存在很大的缺陷，各种疾病，特别是细菌性传染病频繁发生，因此，药物预防和治疗仍然是我国养鸭生产控制疾病的重要手段之一。然而，任何一种抗生素的作用都是有限的，不合理的用药不仅达不到防病治病的目的，而且可能诱导病原菌产生耐药性以及食品中药物残留，严重威胁着公共卫生安全，所以，业主必须高度重视抗生素等化学药物在养鸭生产中的合理使用，否则可能给自己带来灾难性的后果。必须强调的是，在商品鸭生产中，不能把抗生素治疗作为控制疾病的主要手段，只有加强饲养管理和做好免疫预防，才能有效保证正常的生产效率，并获得合理的经济效益。合理的抗生素治疗应考虑以下几个方面：

① 进行抗生素治疗之前，应考虑有无其他的选择。因为抗生素治疗花费巨大，使用抗生素治疗疾病应谨慎。当疾病暴发时，应改善管理条件，调节环境的温度、通风和降低湿度来降低任何环境和管理条件对疾病的影响。某些疾病暴发时也可用维生素和电解质进行支持性治疗。这些先期措施有利于减少抗生素的使用。

② 应在公司的兽医或兽医顾问的指导下选择和使用抗生素。公司应对负责抗生素治疗的人员进行培训,教给他们疾病的常识和给药的方案。兽医人员负责何时开始抗生素治疗并评估抗生素治疗的效果。兽医和技术员应密切监视抗生素的治疗情况,最大限度降低抗生素的使用。治疗达到了预期的临床反应，就应避免延长抗生素的使用。可根据发病率和死亡率来判断治疗是否需要延长时间。

③ 在进行抗生素治疗之前，应根据发病和死亡情况，选择有典型症状的病例并采集病料进行细菌培养和药敏试验，这是目前养禽业中常用的方法。兽医人员根据这些信息做出决定，选择合适的抗生素治疗。这些资料将作为鸭群和鸭场历史资料的一部分进行保存，为以后确定抗生素敏感性的变化提供资料。

④ 禽类的病毒、真菌及其他非细菌性感染不应使用抗生素治疗。对无并发感染的病毒病应避免使用抗生素。兽医应特别关注正在暴发的疫病，决定是否使用抗生素治疗及治疗的时机。在开始进行抗生素治疗之前，要尽最大努力改善与疫病暴发有关的管理因素，密切监视发病率和病死率。进行抗生素治疗之前应首先进行诊断性检测来确定有细菌感染。

抗生素治疗成功与否与许多因素有关。首先是要确诊病原并根据药物敏感试验结果选择敏感的抗菌药物，所选的药物应对致病菌有良好的抗菌活性，能有效地抑制或杀灭致病菌；其次要针对细菌感染部位、药物代谢特性和有效药物浓度确定合适的剂量和给药途径。各种抗菌药物的药效学（抗菌谱和抗菌活性）和在动物体内的药物代谢动力学（吸收、分布、代谢和排出过程）特点不同，具有不同的临床适应症。抗菌药物必须在感染部位达到有效地抗菌浓度才能有效地控制感染。此外，鸭群发生的许多细菌病都是继发于其他原发感染，确定和控制原发感染可最大限度降低养鸭生产中抗生素的过度应用。

鸭群抗生素的给药途径主要有 3 种：直接注射、饮水给药和拌料饲喂。

饮水给药是将可溶性药物按照一定的浓度溶解到饮水中，使鸭群通过饮水摄入足够量的药物。该方法给药方便、快捷，是最常用的治疗途径。前提条件是所选药物的剂型具有水溶性并适合饮水给药。根据气候情况，鸭群在投药前停水 2 h 左右使其处于轻度渴饮状态，再导入加有药物的饮水，保证绝大部分个体在短时间内能摄入足量的饮水和药物，30 min 到 1 h 后，撤离剩余的加药饮水，供应正常清洁的饮水。鸭群用药量和每天给药次数应遵照药物说明书的要求，治疗期通常为3~7天。

将药物加入饲料中是集约化饲养鸭群给药的另一种简便途径，但应确保药物在饲料中均匀分布，绝大多数鸭能够摄入足量的饲料和药物才能获得预期的效果。对于饲喂成品颗粒料的鸭群来说，通过这种途径给药难于保证效果。建议在投药期间改用粉料饲喂，并根据鸭群采食量计算所需药物量。手工混合时，应首先将药物与少量饲料（比如10~20 kg粉料）混合均匀，然后再将这些饲料与更大量的饲料混合，这样可以最大限度地保证药物混合均匀。与饮水给药一样，每次采食后应及时更换和补充正常饲料。

鸭群给药后应根据临床表现和死亡率是否升高等进行评估，并决定提前停药或改变治疗。应保留所有治疗方案的准确记录，这些记录有助于将来制定抗生素治疗方案。保存记录是大型养鸭企业生产程序的一部分，如投药成本、治疗效果评价和治疗结果等，这类生产记录应保存于养鸭场的历史资料中，作为确定抗生素敏感性变化的参考资料。

抗生素的休药期主要是根据药物标签说明。如果不是按标签推荐的剂量，则可能需要延长休药期。

总之，合理的抗生素治疗包括合理的诊断、掌握抗生素的特点、投药剂量、抗菌谱、药物的相互作用及给药前所应采取的管理措施等，并不仅仅是简单将药投给病禽。可用于禽类的抗菌药物有限，需要将准确的诊断与抗生素知识结合起来，以取得疫病治疗的最佳效果。

【参考文献】

[1] 郭玉璞，蒋金书 . 鸭病 . 北京：北京农业大学出版社，1988.

[2] 陈明益，洪秀筠 . 北京鸭生产实用技术 . 北京：北京科学技术出版社，1995.

[3] Saif Y M. 禽病学 .12 版 . 苏敬良，高福，索勋，主译 . 北京：中国农业出版社，2012.

[4] 林大诚 . 北京鸭解剖 . 北京：北京农业大学出版社，1994.

[5] 钱万红，王忠灿，吴光华 . 消毒杀虫灭鼠技术 . 北京：人民卫生出版社，2008.

[6] 薛广波 . 传染病消毒技术指南 . 北京：中国质检出版社，2013.

[7] 岳荣喜，冯继贞 . 北京：人民军医出版社，2013.

[8] Cherry P , Morris T R. Domestic Duck Production Science and Practice. CAB International, 2008: 1-52.

[9] Samberg Y, Meroz M. Application of disinfectants in poultry hatcheries. Revue Scientifique et Technique-office International des Epizooties, 1995, 14 (2): 365-380.

第二部分

第3章　鸭瘟
Chapter 3　Duck Plague

引　言

鸭瘟（duck plague），又称鸭病毒性肠炎（duck virus enteritis），是由鸭瘟病毒（或称鸭肠炎病毒）引起的雁形目（Anseriformes）鸭科（Anatidae）成员，如鸭、鹅和天鹅等的一种高度致死性传染病。感染鸭的病理特征是黏膜和血管壁损伤，主要脏器有明显的出血和坏死病变。该病最早于 1923 年在荷兰发生和流行，曾被认为是鸡瘟。1942 年 Bos 通过动物实验等证明该病是一种新的鸭病毒性疾病，并命名为鸭瘟。1949 年在第 14 届国际兽医会议上，Jansen 和 Kunst 提议将“鸭瘟”作为法定名称。美国自 1967 年在纽约长岛暴发该病后陆续有多地发生家养和野生水禽感染，并根据该病的病理特征将其命名为鸭病毒性肠炎。我国早在 20 世纪 50 年代末期即有该病发生，并由黄引贤教授首先报道，之后在全国各地陆续发生，给养鸭业造成巨大的经济损失。

【病原学】

1）病毒分类

鸭瘟病毒，又称鸭肠炎病毒（duck enteritis virus，DEV）或鸭疱疹病毒 1 型（anatid herpesvirus 1），属疱疹病毒科（*Herpesviridae*）的 α 疱疹病毒亚科（*Alphaherpesvirinae*）。虽然国际病毒分类委员会尚未正式将该病毒列入具体的属，但该病毒在遗传学关系上与禽类马立克病毒属（*Mardivirus*）成员较为亲近。

2）形态特点

鸭瘟病毒粒子具有典型的疱疹病毒形态特征。在感染细胞核中球形的核衣壳直径 91~93 nm，核芯直径约 61 nm。在细胞浆和核周隙中，可能由于核膜包裹的存在，病毒粒子直径 126~129 nm。在细胞浆内质网的微管系中可见直径 156~384 nm 的更大的成熟粒子，这些粒子是由包裹于嗜锇酸基质中有囊膜的核衣壳构成的，外周由额外的一层膜包围。鸭瘟病毒的这些形态学结构使其有别于其他动物疱疹病毒。

3）基因组结构

病毒基因组为双股线性 DNA，不同地区分离的毒株基因组大小略有差异，为 158091~162175bp 不等，G+C 含量为 44.89%~44.93%。基因组结构排列从 5’至 3’端依次为：长独特区（UL）、倒置重复序列（IRS）、短独特区（US）和末端串联重复序列（TRS），即 UL-IRS-US-TRS。其中，国内分离株 CSC 与 CHv 株的核苷酸序列高度同源，与欧洲分离毒 2085 株的基因序列同源性为 98.92%，主要区别在于后者的 UL 区域的 5’端有一段 1170bp 的片段缺失。根据 GenBank 的蛋白质同源性检索分析，鸭瘟病毒基因组含有至少 78 个开放读码区（ORF），其中 74 个为单拷贝，另外 2 个 ORF（ICP4 和 US1）为双拷贝。通过对强毒 CSC 株和鸡胚传代致弱的疫苗毒 K p63 株的全基因组比对分析发现，疫苗株基因组的多个位点发生核苷酸缺失和突变，导致 13 个开放读码区编码的蛋白质出现氨基酸缺失或突变，其中最显著的是后者在 2716-6228 nt 和 115228-115755 nt 两处分别出现 3513bp 和 528 bp 核苷酸片段缺失。虽然病毒基因组核酸序列的变化与致病性的对应关系有待于进一步研究，但不同毒力的毒株核酸序列的差异为强弱毒株的鉴别和临床检测提供了很好的分子靶标。

4）实验室宿主系统

鸭瘟病毒可在 9~14 日龄鸭胚中繁殖。初代分离多采用鸭胚绒毛尿囊膜（CAM）途径接种，病毒在鸭胚中增殖 3~6 天后可致死鸭胚。死亡鸭胚体表充血并有小的出血点，肝脏有灰白色或灰黄色的坏死点，绒毛尿囊膜上有明显的痘斑（图 3.1）。也可采用尿囊腔和卵黄囊途径接种分离和繁殖病毒。经鸭胚适应传代后的鸭瘟病毒可以在鸡胚中增殖。鸭瘟病毒可以在鸭胚成纤维细胞、鸭胚肝细胞或原代肾细胞中增殖并引起明显的细胞病变（图 3.2），被感染细胞首先表现为折光性增加和局灶性脱落。经过胚体传代适应的病毒可以在鸡胚细胞培养物中增殖。根据电镜观察，感染后 12 h 在细胞核中即可发现病毒，到 24 h，除胞核中病毒外，在胞浆中可见更大的有囊膜的颗粒。对细胞培养物进行病毒滴定表明，感染后 4 h 即出现新的细胞结合性病毒，48 h 病毒滴度达到最高。感染后 6~8 h 可检测到细胞外病毒，感染后 60 h 达到最高。在易感动物体内，病毒首先在消化道黏膜，尤其是食道黏膜中增殖，随后扩散到法氏囊、胸腺、脾脏和肝脏，并在这些器官的上皮细胞和巨噬细胞内进行增殖。

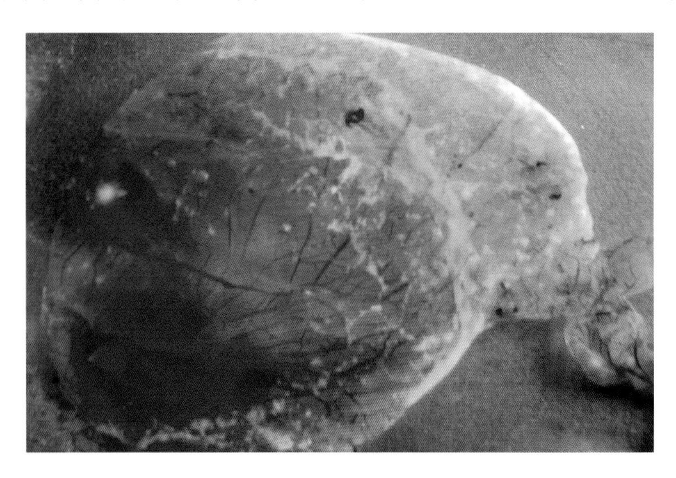

图 3.1 鸭瘟病毒经尿囊膜途径接种鸭胚后引起尿囊膜增厚并形成痘斑

5）抗原性和血清型

鸭瘟病毒只有一个血清型。虽然不同地区分离的毒株对鸭的致病性有所不同，但血清学特性似乎没有明显的区别。澳大利亚曾分离到 1 株鹅疱疹病毒，所引起的病变均与鸭瘟病毒感染相似，但其抗原性和基因结构与鸭瘟病毒不同。

病毒对乙醚和氯仿敏感。56℃加热 10 min 或 50℃加热 90~120 min 可以破坏病毒的感染性。病毒在室温（22℃）放置 30 天后感染性丧失。

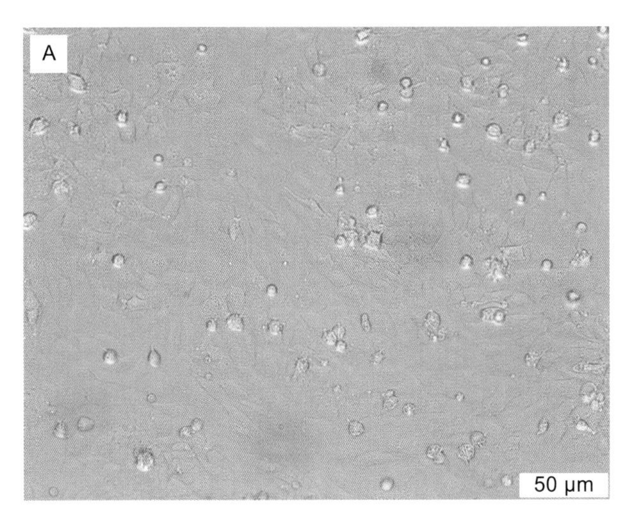

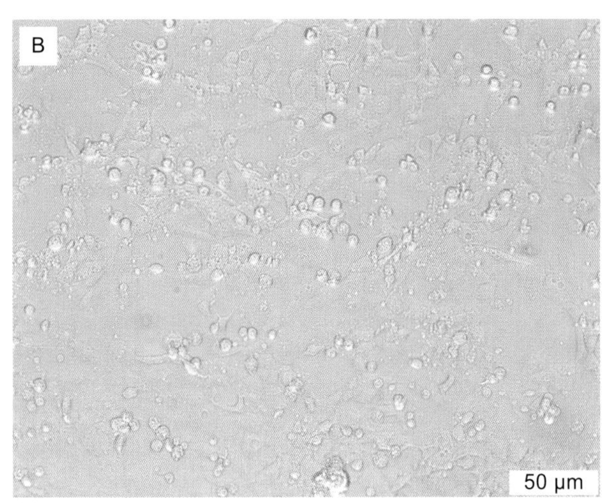

图 3.2　鸭瘟病毒感染鸭胚成纤维细胞引起的细胞病变。A. 未感染病毒的正常成纤维细胞对照；B. 感染后 5 天细胞出现圆缩和局灶性脱落

【流行病学】

鸭瘟在许多养鸭地区均有过报道，除荷兰外，法国、比利时、英格兰、匈牙利、丹麦、奥地利、美国、加拿大、印度、泰国和越南等均已确诊发生过该病。该病在我国水禽养殖地区均有不同程度的发生和流行，对养鸭业仍然具有很大的威胁。

该病的传染来源主要是病鸭、潜伏期感染鸭以及感染康复期带毒鸭。另外，多种野生水禽对鸭瘟病毒易感，这些禽类一旦被病毒感染，或发病死亡，或感染带毒，而且携带病毒时间可长达数月，甚至数年，在其觅食和迁徙过程中即可能排毒污染水源，甚至直接污染家鸭养殖场的饲料和饮水。被感染的水禽（包括野生禽类）一旦进入易感鸭群或者某个水域就可能形成新的疫点。由于我国水禽养殖和消费具有一定的区域性，长距离调运被病毒污染的种蛋、雏鸭以及初级产品（如鲜鸭蛋、鸭肉和羽绒等）极易造成包括该病在内的多种传染病的异地传播。

鸭瘟病毒可通过口腔、鼻内、静脉、腹腔、肌肉和泄殖腔等途径感染。但不同感染途径的致死剂量不同，肌肉注射的剂量最少，鼻内和结膜感染所需量较大，而经口感染所需的剂量最大。在形成病毒血症阶段，吸血昆虫也可能传播该病。实验条件下，持续感染的水禽可以发生经卵垂直传播。

易感鸭与感染鸭直接接触可以传染该病。接触被污染的环境也可间接传染，特别是能接触到开放水源的家禽，水是病毒从感染禽传播到易感禽的自然媒介。如果将易感群转入新近污染的鸭舍，即使没有开放水源和感染禽，感染也能持续存在。

鸭瘟病毒自然易感宿主仅限于雁形目的鸭科成员，包括鸭、鹅和天鹅等，从雏鸭到成年种鸭均可被感染。几乎所有的家鸭（*Anas platyrhynchos*），包括北京鸭、番鸭、康贝尔鸭、印度跑鸭、杂交鸭及多种本地鸭都发生过自然感染。家鹅（*Anser anser*）和疣鼻天鹅中亦暴发过该病。

鸭瘟的感染过程和疫情发展取决于群体密度以及感染水禽与易感水禽之间的传播率。养鸭密集地区，鸭瘟传播快而且死亡率高。种群一般饲养于一个特定的稳定的地区，所以一旦种鸭群感染鸭瘟病毒往往是自限性的。相反，商品鸭则根据不同生长阶段更换饲养场地，通常会转移到饲养过上一批鸭的场舍。易感鸭不断地迁入被污染的环境可引起商品鸭群感染不断循环。

迁徙水禽也可能暴发鸭瘟，而且死亡率高。动物园和观赏鸟养殖场的鸟群也暴发过该病。

【临床症状】

家鸭鸭瘟病毒感染的潜伏期为 2～7 天，病鸭首先表现为体温明显升高，精神委顿、羽毛松乱、食欲减少或停食，感染鸭运动失调、不能站立、双翅扑地、头下垂，驱赶病鸭可见其头、颈和身体震颤。流鼻液、眼眶周围羽毛湿染或眼睑粘连、泄殖腔黏糊、水样下痢，甚至血便（图 3.3）。一旦出现明显症状，通常在 1～5 天内发生死亡，出现持续性高死亡率。成年鸭死亡时膘情良好，死亡种鸭的阴茎脱垂明显，在死亡高峰期产蛋鸭群的产蛋量急剧下降。

2~7 周龄的商品雏鸭表现为脱水、消瘦、喙发紫、结膜炎、流泪、鼻腔有大量分泌物，以及泄殖腔周边有血染。

家鸭总体死亡率为 5%～100% 不等，发病鸭一般都会死亡，所以发病率与死亡率相近。

图 3.3　鸭瘟病毒感染的临床表现。A. 临床感染鸭头部肿大，眼分泌物增多；B. 感染鸭鼻腔有血性分泌物；C. 感染鸭精神极度沉郁；D. 实验感染雏鸭精神沉郁，眼眶周围浸湿

【病理变化】

1）大体病变

鸭瘟病理变化的重要特征是消化道黏膜及实质脏器的出血和坏死。剖检时首先可见部分感染鸭头颈部、腹部及大腿内侧皮下有大量的胶冻样渗出物（图 3.4）。心肌、其他内脏器官及肠系膜和浆膜等支持结构有出血点、出血斑或弥漫性血液外渗（图 3.5）。心外膜，特别是在冠状沟有出血点。打开心腔，可见心内膜和瓣膜出血。

肝脏肿胀，外观呈不均匀斑驳状，表面有不规则的针尖状出血点、出血斑，部分出血斑中央为黄白色的坏死灶（图 3.6）。肾表面有出血斑（图 3.7）。所有淋巴器官均受到侵害，脾脏肿大，色深并呈斑驳状（图 3.8），胸腺有明显出血斑（图 3.9），法氏囊严重充血或出血（图 3.10）。胰腺有不同程度的出血和坏死（图 3.11），气管黏膜出血（图 3.12）。

口腔、食管、十二指肠、空肠、直肠和泄殖腔等消化道出血是鸭瘟的特征性病变之一。主要表现为食道黏膜出血和坏死（图 3.13），病程稍长的病例食道有纵行排列的灰黄色伪膜，剥去伪膜后则留有溃疡；食道膨大部与腺胃交界处出血（图 3.14）；肠道外观可见有明显的环状出血带，剖开可见黏膜出血或有大量的出血斑；直肠后段及泄殖腔黏膜有明显的出血或溃疡（图 3.15）。成年产蛋鸭卵泡变形、出血或破裂（图 3.16）。病程稍长者，口腔和喉头周围有溃疡。

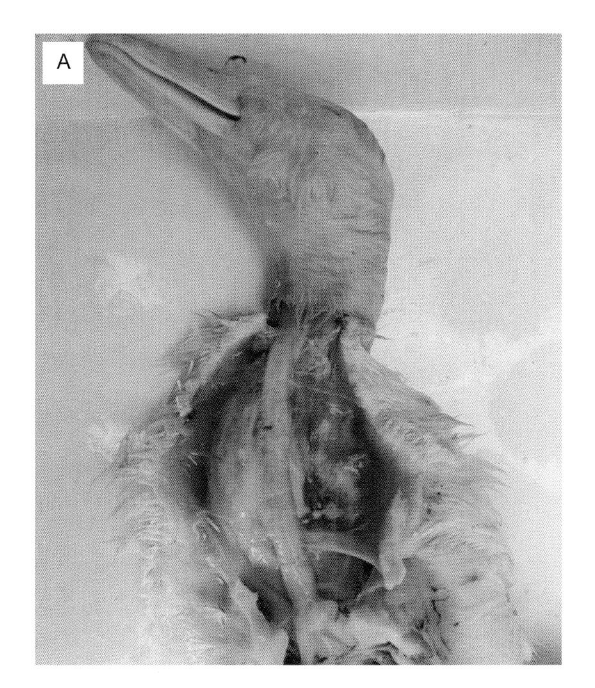

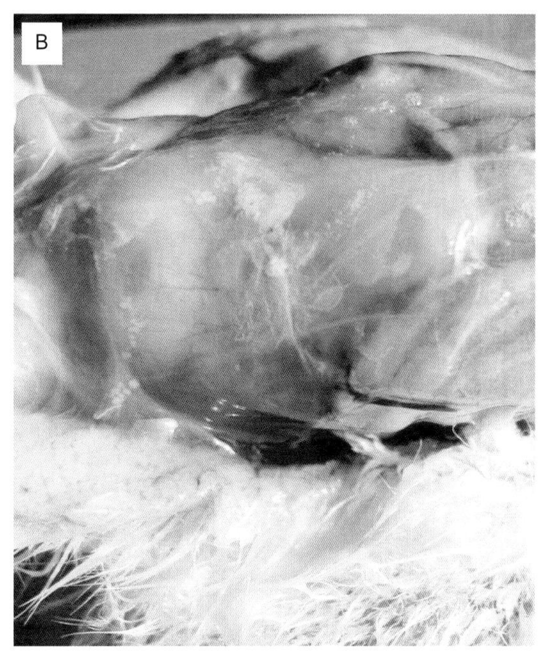

图 3.4　鸭瘟病毒实验感染鸭颈部（A）和腹部（B）皮下有大量胶冻样渗出物

图 3.5　鸭瘟病毒感染引起心肌出血

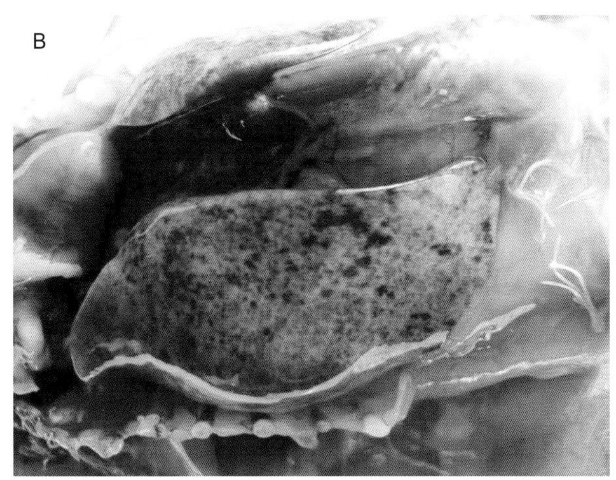

图 3.6　鸭瘟病毒感染引起的肝脏肿大、出血和坏死，外观斑驳

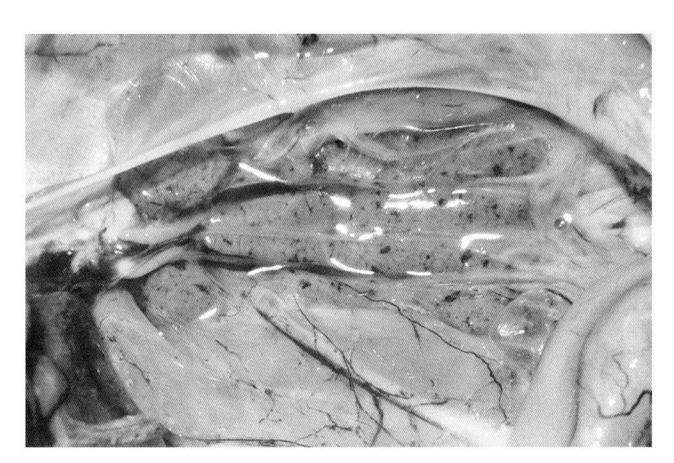

图 3.7　鸭瘟病毒感染引起的肾脏出血

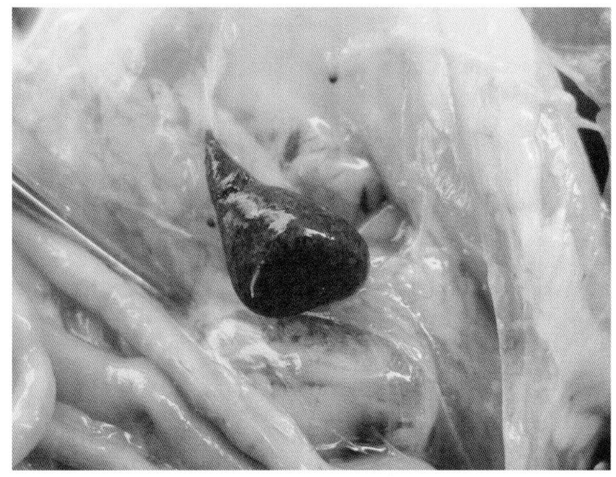

图 3.8　鸭瘟病毒感染引起的脾脏肿大、出血和坏死

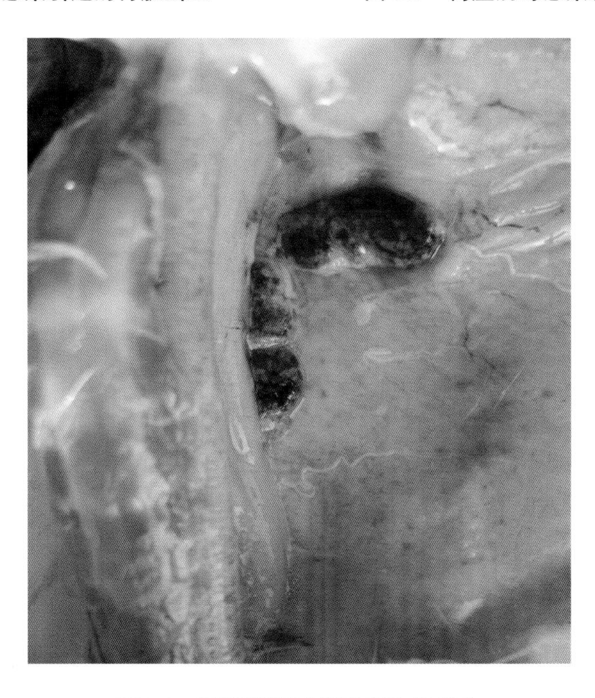

图 3.9　鸭瘟病毒感染引起胸腺出血

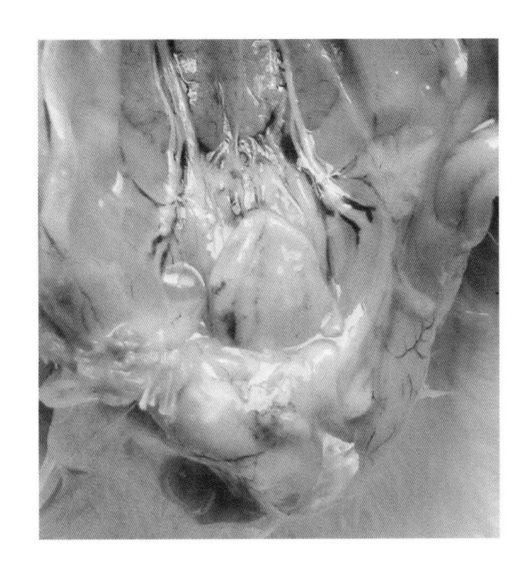

图 3.10　鸭瘟病毒感染引起法氏囊不同程度的出血

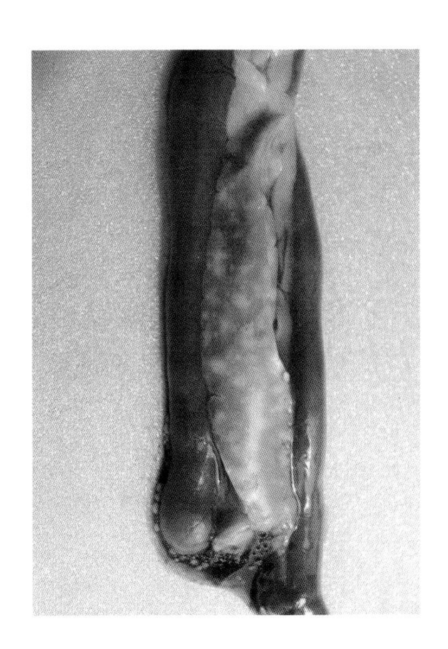

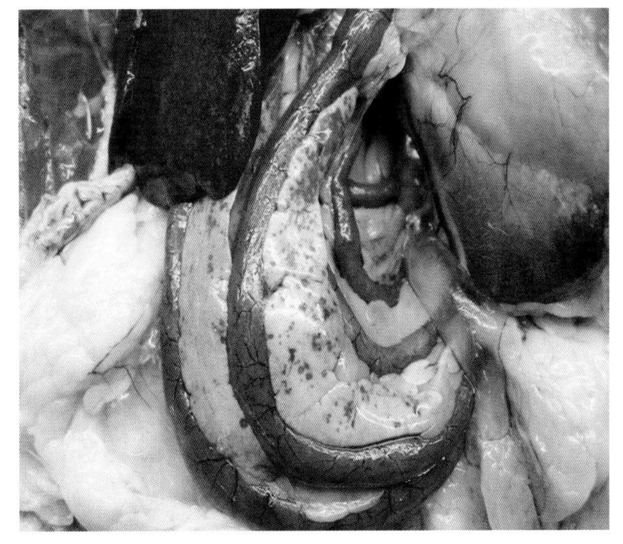

图 3.11　鸭瘟病毒感染引起胰腺不同程度的出血和坏死

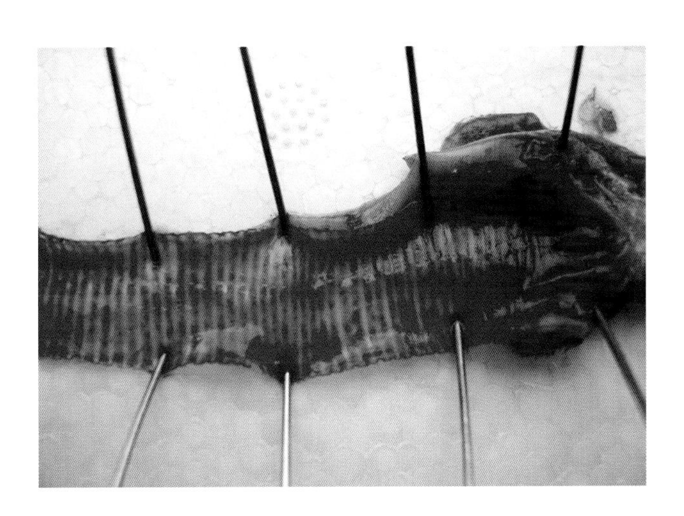

图 3.12　鸭瘟病毒感染引起的气管黏膜出血

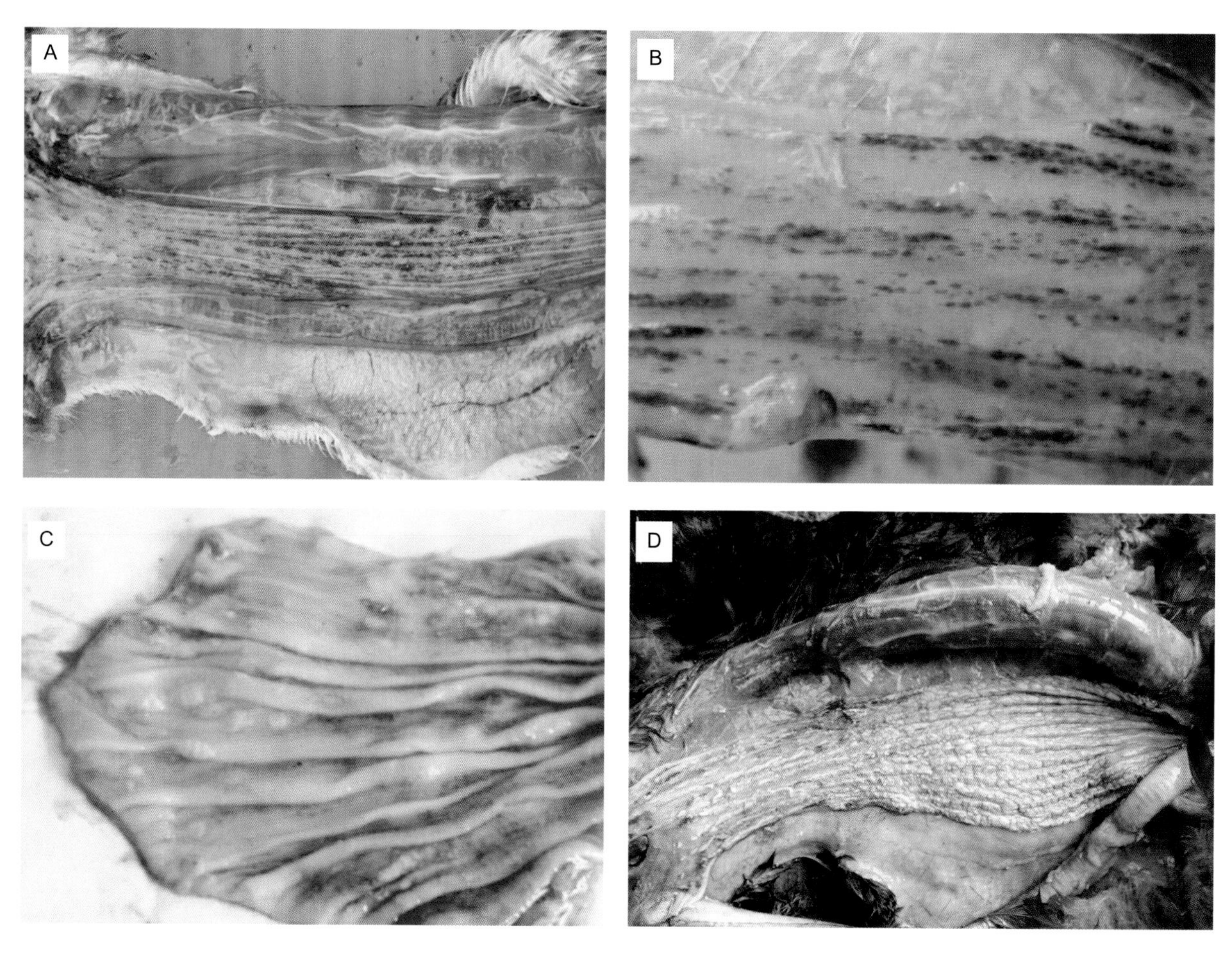

图 3.13　鸭瘟病毒感染引起食道不同程度的出血（A-B）和坏死（C-D）

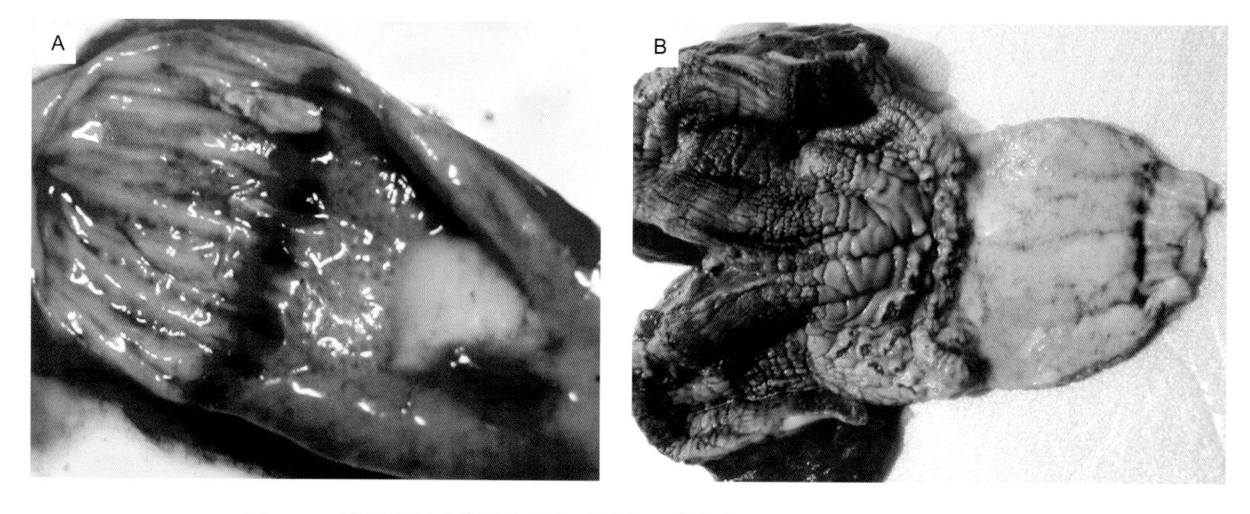

图 3.14　鸭瘟病毒感染鸭食道与腺胃交界处出血（A），肌胃角质溃疡（B）

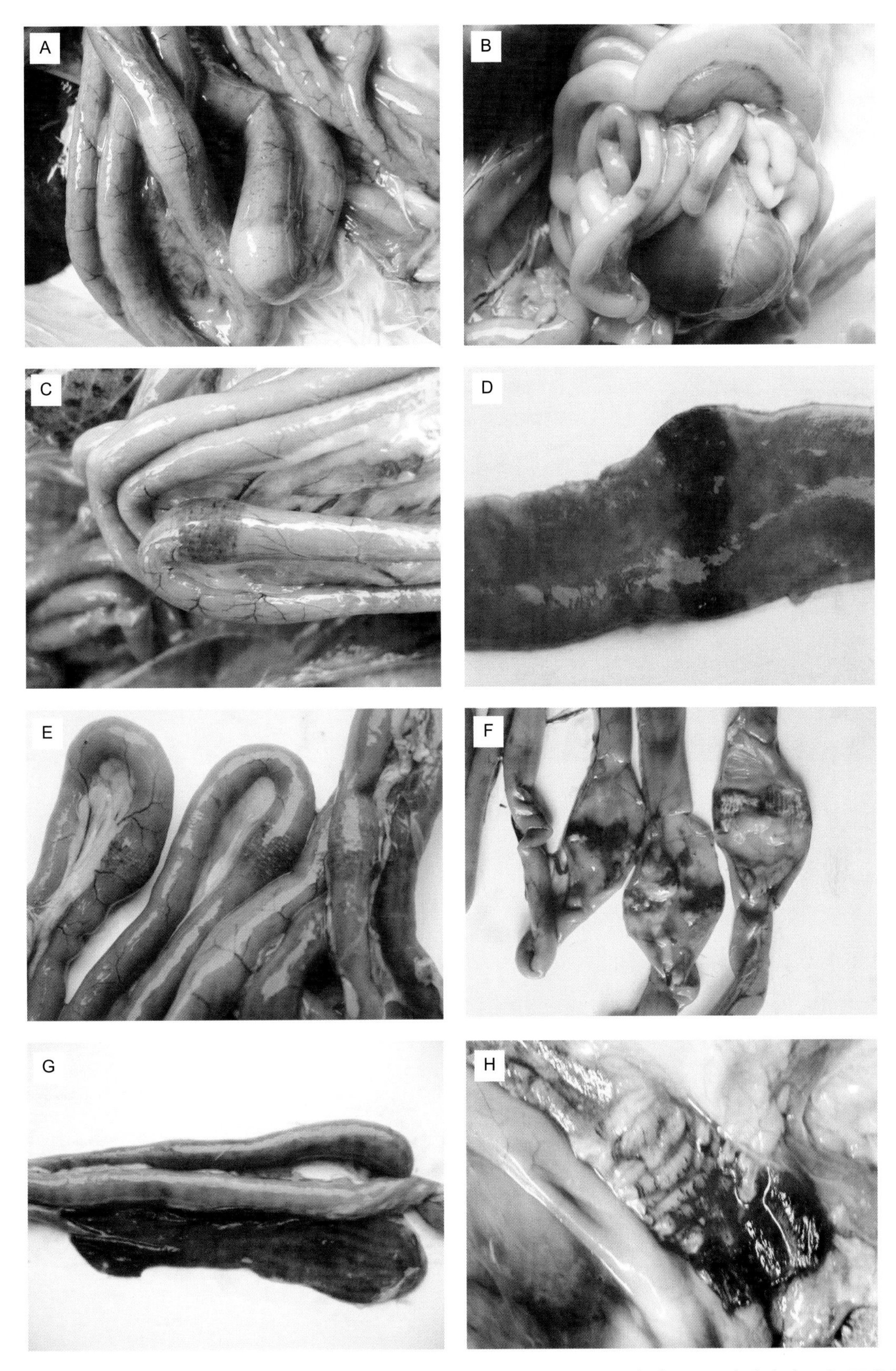

图 3.15　鸭瘟病毒感染引起的肠道出血。A. 肠道外观可见有环状肿胀； B. 肠道外观可见有出血斑；C. 肠道浆膜面可见有环状出血带；D. 肠道黏膜出血及出血带；E. 鸭肠道浆膜面可见有环状出血带和坏死点；F. 肠道黏膜的出血坏死带；G. 盲肠出血；H. 直肠和泄殖腔黏膜出血

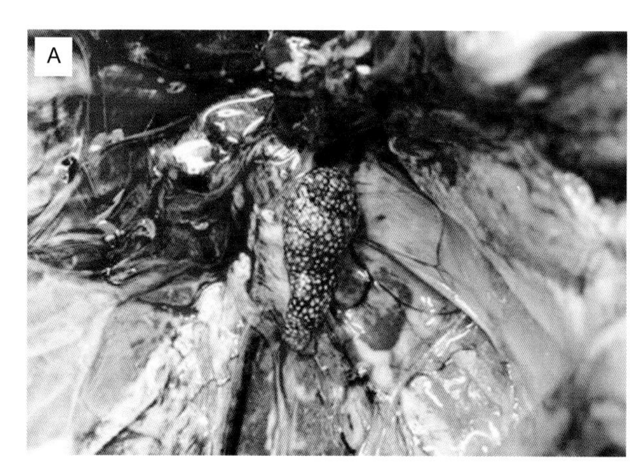

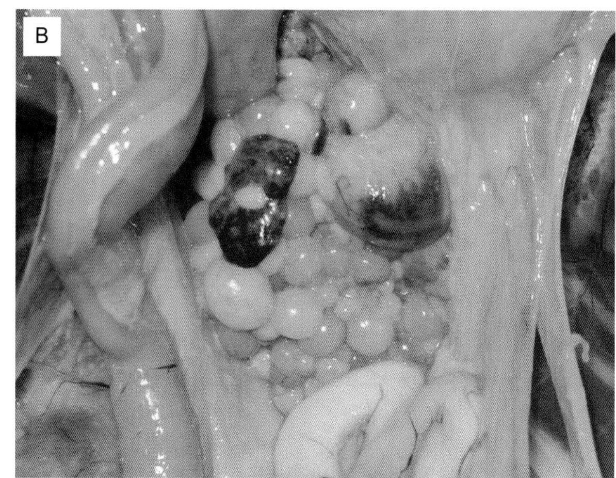

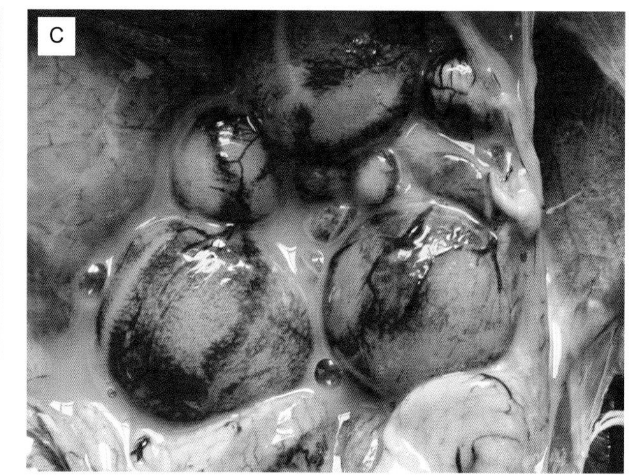

图 3.16 鸭瘟病毒感染引起的卵巢病变。A. 后备种鸭卵巢出血；B. 发育中的卵泡出血和变性；C. 卵泡破裂

2）组织学病变

（1）心脏　心肌纤维间有大量的红细胞，呈出血现象。部分心肌细胞变性、坏死，细胞核碎裂或消失。

（2）食道　食道上皮和腺体结构中散布着坏死细胞（图 3.17），黏膜表面有白喉性伪膜，伪膜内含有大量的细胞坏死碎屑、异嗜性粒细胞和纤维素。腺上皮细胞中可见有类似于肝细胞中的核内包涵体。此外，上皮细胞中还可见有嗜酸性的胞浆内包涵体。固有层有单核细胞浸润。

（3）肠道　黏膜层中的固有层和黏膜下层细胞变性坏死 （图 3.18），出现核浓缩和核消失现象。绒毛上皮变性坏死和脱落。肠道肌层的淋巴小结增生、出血和坏死。肠道和泄殖腔出血，并且有类似于食道的白喉性伪膜。上皮细胞中有大量的核内包涵体。

（4）胰腺　在胰腺的外分泌部有大小不等、形状不规则的局灶性坏死，病灶与周围组织有明显的界限。腺泡结构紊乱或消失，出现核碎裂和核溶解。部分感染鸭胰腺有多灶性坏死，伴有单核细胞浸润。腺上皮细胞中有核内包涵体。

（5）肝脏　感染鸭肝脏有不同程度的出血病变和局灶性坏死灶（图 3.19），坏死灶大小不等，形状不规则，周边有单核细胞反应带。肝细胞及胆管上皮细胞内可见两种类型的核内包涵体：一种为嗜酸性，周边有清晰的晕轮；另一种为轻度嗜碱性，占据着整个细胞核。

（6）肾脏　肾组织充血、出血和肾小管上皮浊肿、变性坏死。肾小管上皮细胞和间质细胞中可见有核内包涵体。输尿管上皮细胞内有嗜酸性胞浆包涵体。

（7）肺脏　组织严重充血和出血，呼吸毛细管管壁增厚，上皮细胞变性坏死。

（8）脾脏　感染鸭脾脏红髓和白髓结构不清，白髓内淋巴细胞减少，分布有大小不等、形状不规则的坏死灶（图 3.20），坏死灶内有大片的细胞坏死，核碎裂消失，细胞质凝固连成均质一片。脾索单核细胞中可见有核内包涵体。有的脾脏出现淀粉样变。

（9）法氏囊　淋巴细胞严重缺失和坏死，淋巴小结皮质部出血及异嗜性粒细胞浸润，髓质部淋巴细胞坏死（图 3.21）。

（10）胸腺　中央髓质部网状细胞发生凝固性坏死，大片的坏死细胞成均质一片。皮质和髓质内可有大量的红细胞，有出血病变。淋巴细胞严重缺失（图 3.22）。

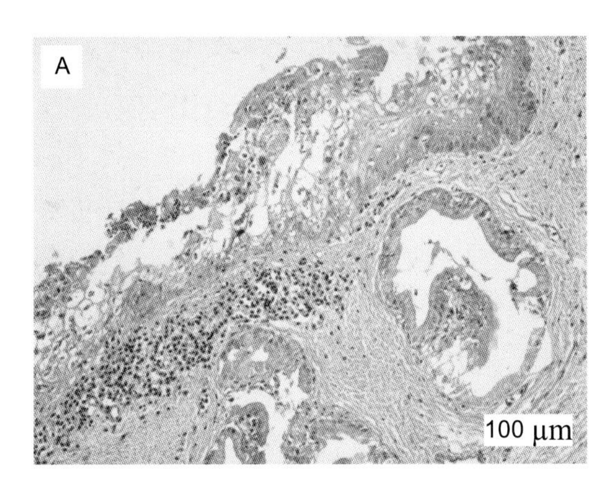

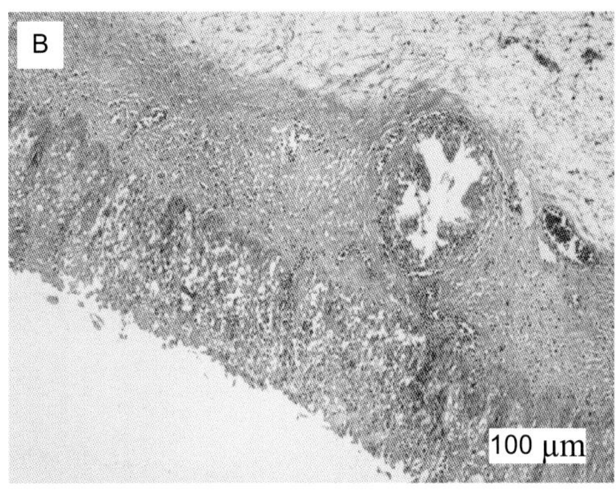

图 3.17　鸭瘟病毒感染引起食道的组织学病变。A. 食道黏膜上皮细胞坏死，固有膜出血，异嗜性粒细胞浸润；B. 食道黏膜上皮细胞和腺细胞坏死（HE）

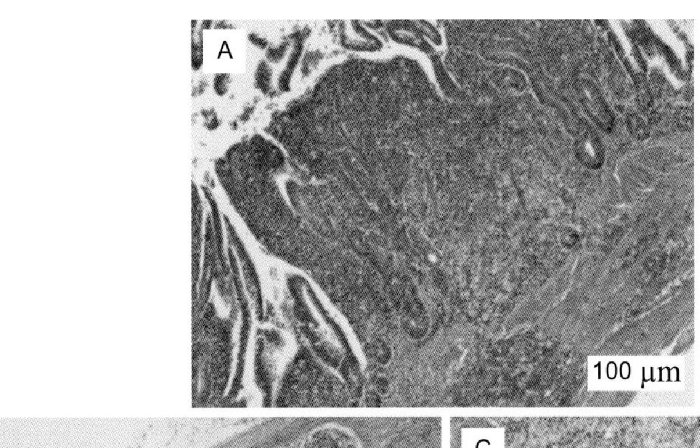

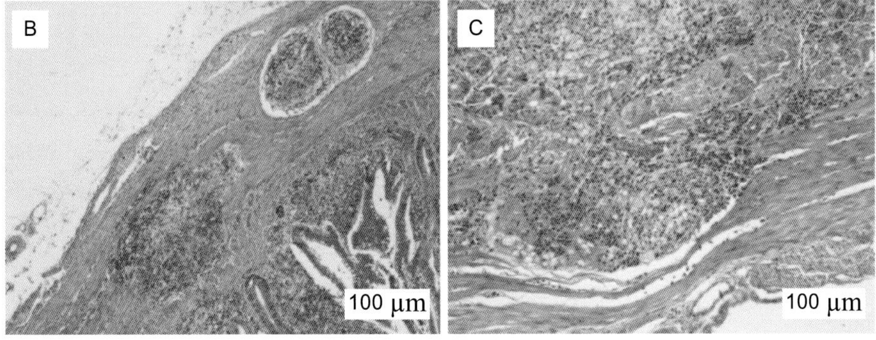

图 3.18　鸭瘟病毒感染引起肠道的组织学病变。A. 肠道黏膜上皮细胞坏死，固有膜出血；B-C. 肠道肌层淋巴小结增生，出血、坏死（HE）

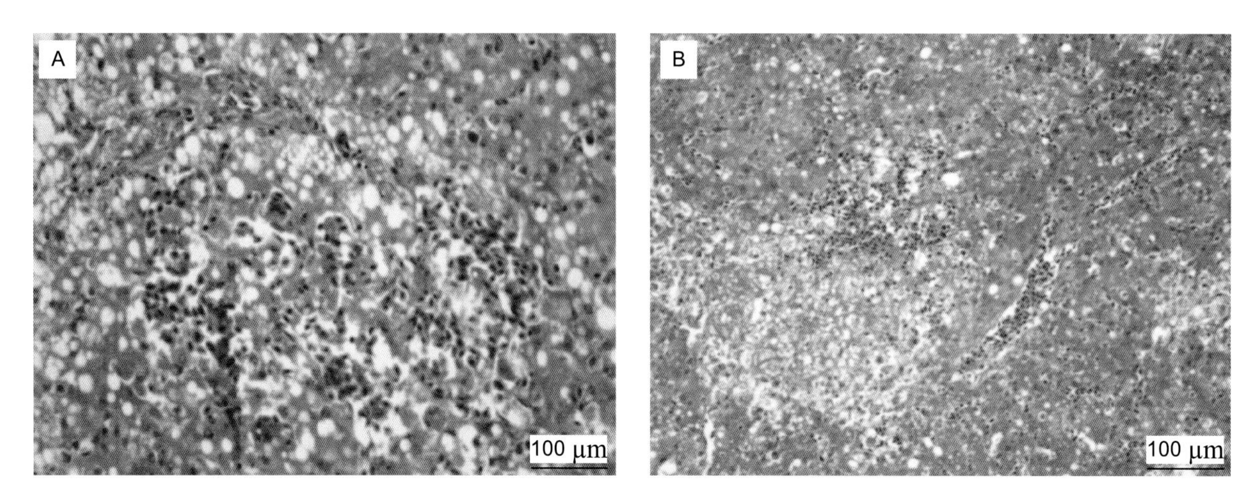

图 3.19 鸭瘟病毒感染引起肝脏的组织学病变。A. 肝细胞坏死，伴有出血；B. 肝脏局灶性坏死出血（HE）

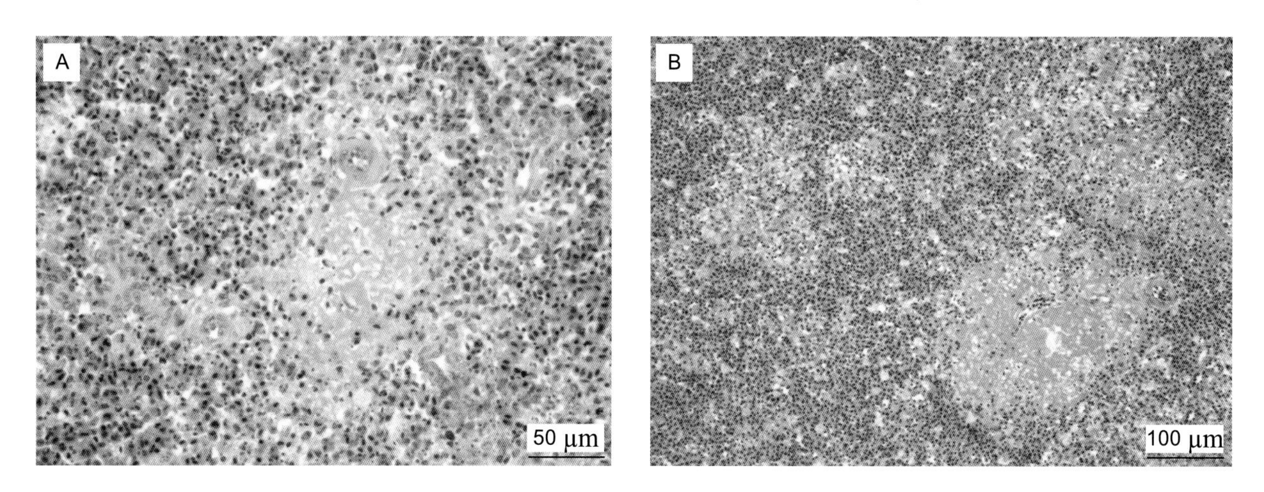

图 3.20 鸭瘟病毒感染引脾脏的组织学病变。A. 脾脏白髓减少，淋巴细胞坏死，红髓充满大量红细胞及异嗜性粒细胞浸润；B. 脾脏淀粉样变（HE）

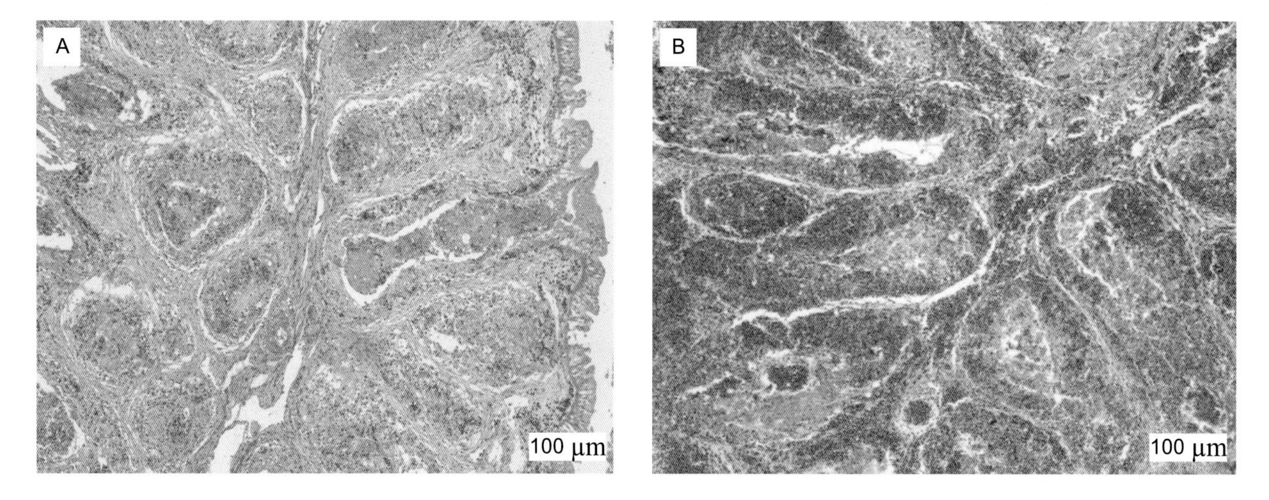

图 3.21 鸭瘟病毒感染引起法氏囊的组织学病变。A. 法氏囊淋巴小结淋巴细胞坏死；B. 法氏囊严重出血，淋巴小结坏死（HE）

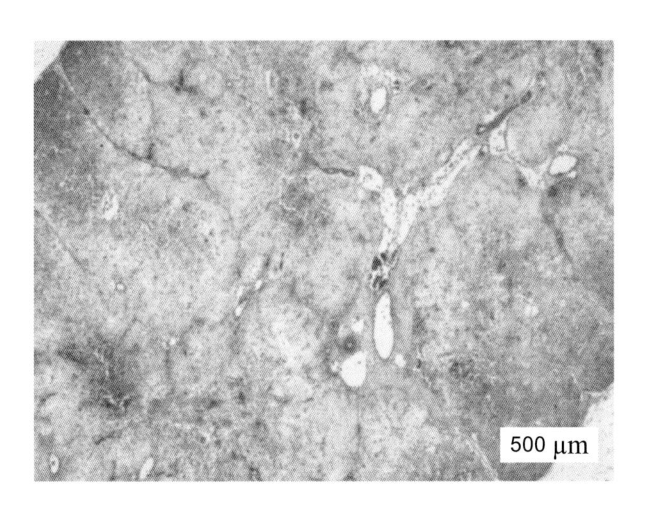

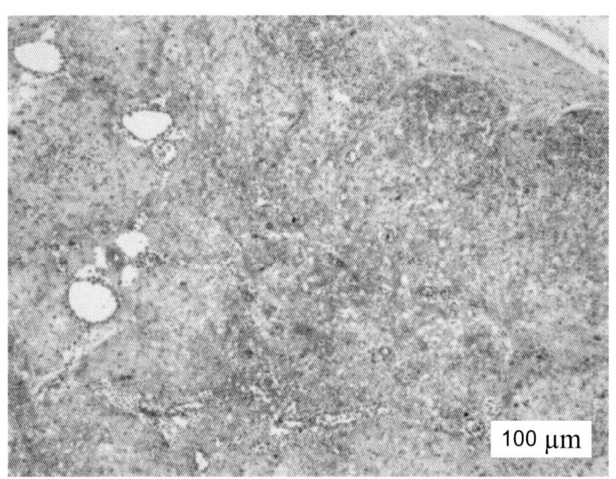

图 3.22　鸭瘟病毒感染引起胸腺组织学病变。胸腺淋巴细胞严重减少，有少量坏死淋巴细胞残留（HE）

对鸭瘟感染雏鸭的脾脏和胸腺进行透射电镜的观察，结果显示脾脏在感染后可以观察到有的淋巴细胞核膜破裂，核染色质边移，电子密度增大，有的淋巴细胞核固缩，细胞质发生溶解，细胞坏死，同时可以观察到吞噬了异物的巨噬细胞以及完整的异嗜性粒细胞。

胸腺在感染后可以观察观察到多个细胞核发生固缩或者碎裂，细胞坏死，可见异嗜性粒细胞和巨噬细胞增多，并伸出伪足吞噬坏死细胞残留的碎片，同时观察到吞噬了多个坏死细胞的巨噬细胞，并在细胞质和细胞核内观察到了病毒颗粒（图 3.23）。

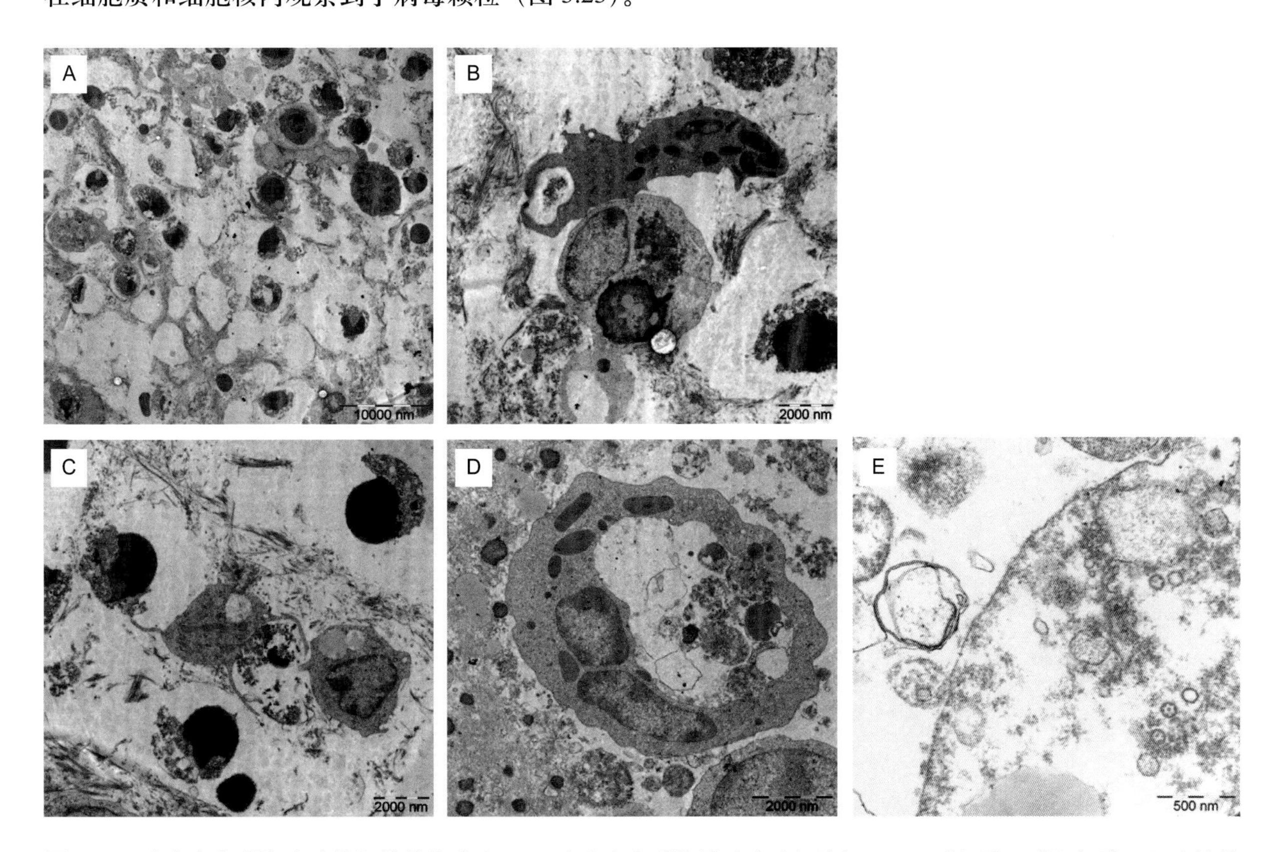

图 3.23　鸭瘟病毒感染胸腺的超微结构病变。A. 鸭瘟病毒感染雏鸭胸腺细胞坏死，巨噬细胞吞噬红细胞，异嗜性粒细胞伸出伪足；B. 巨噬细胞吞噬细胞碎片，异嗜性粒细胞伸出伪足包围细胞碎片；C. 巨噬细胞伸出伪足吞噬坏死细胞碎片；D. 异嗜性粒细胞吞噬坏死细胞碎片；E. 鸭瘟病毒感染雏鸭胸腺细胞细胞质内的病毒颗粒

【诊　断】

1）临床诊断

临床上，大多数鸭群暴发鸭瘟的特征之一就是出现高死亡率。感染鸭精神沉郁，眼半闭，厌食，但极度口渴，眼和鼻腔有分泌物，甚至血性的分泌物，排稀薄粪便，泄殖腔周边常粘有粪土等。驱赶鸭群可发现部分鸭运动失调，头颈颤抖。部分鸭头部因皮下有大量渗出物而肿大，加之羽毛蓬乱，因此也有人将其称为“大头瘟”。

剖检可观察到一些鸭瘟特征性病变，如消化道黏膜出血性变化，特别是食道和泄殖腔黏膜的出血或溃疡。另外，肝脏有明显的出血和坏死灶，大小和形状不规则。这些病理特点在水禽的其他传染病中极少见，具有很重要的诊断意义。因此，根据鸭群的发病和死亡情况，结合其典型的病理变化可做出初步诊断，但确诊则需要做进一步的病原分离和鉴定。

2）实验室诊断

（1）病毒的分离　可采集感染或死亡鸭的肝脏、脾脏、肾脏、外周血淋巴细胞和泄殖腔拭子，制成 20%（*W* / *V*）的匀浆液，离心弃沉淀，取上清过滤除菌后经绒毛尿囊膜途径接种 9~14 日龄鸭胚。也可通过接种鸭胚成纤维细胞单层分离和繁殖病毒的。通常情况下，鸭胚在接种 3~5 天后开始出现死亡，死亡胚体有明显的出血点，绒毛尿囊膜增厚并有明显的痘斑。鸭胚成纤维细胞在病毒感染后 3~4 天开始出现局灶性细胞变圆、聚集成簇和脱落。应注意，初代接种未出现鸭胚死亡或细胞病变时，应收获尿囊液或细胞培养物继续盲传 2 代，若仍未出现死亡或病变，则判为鸭瘟病毒阴性。

病毒中和试验作为病毒鉴定的经典方法之一，也是鸭瘟病毒鉴定金标准。主要利用标准的鸭瘟病毒特异性抗血清进行中和试验。试验在鸭胚或细胞培养上完成，采用固定血清 - 稀释病毒法或者固定病毒 - 稀释血清法。后者还可用于鸭群抗体水平的检测。

免疫组织化学染色是利用鸭瘟病毒特异性血清或单克隆抗体进行免疫荧光或免疫酶染色，可直接检测感染组织和细胞培养中的鸭瘟病毒（图 3.24）。

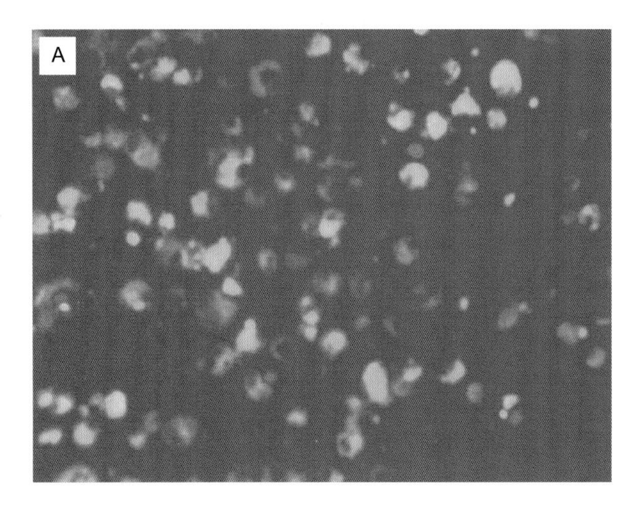

图 3.24　单克隆抗体间接免疫荧光染色检测鸭瘟病毒。图 A 显示鸭胚成纤维细胞中鸭瘟病毒抗原（蓝绿色荧光）；图 B 为未感染细胞对照（伊文氏蓝衬染）

(2) 免疫学诊断 除上述的用已知抗体检查感染组织或细胞培养中的病毒抗原外，感染鸭血清抗体的检测也是鸭瘟诊断和检疫的重要方法之一。感染鸭恢复期的病毒中和抗体效价升高表明该病在鸭群中扩散，血清中和指数为 1.75 或更高则表明鸭感染了鸭瘟病毒。中和指数计算方法参见表 3.1。在未感染该病的家鸭和野生水禽中，血清中和指数为 0 ～ 1.5。采用鸭胚成纤维细胞培养进行微量中和试验则更为简便和实用。考虑强毒株的生物安全，利用鸡胚适应毒在鸡胚或鸡胚成纤维细胞培养中进行中和试验则更为方便。

表 3.1 病毒中和试验结果及中和指数计算（举例）

血清	稀释病毒 / lg								$lgID_{50}$*	NI#
	-1	-2	-3	-4	-5	-6	-7	-8		
阴性血清（病毒对照）					5/5§	4/5	1/5	0/5	6.5	
阳性血清	5/5	5/5	0/5						2.5	4.0
待检血清 1			5/5	3/5	0/5	0/5			4.2	2.3
待检血清 2			2/5	0/5	0/5	0/5			<2.8	>3.7
待检血清 3			5/5	5/5	5/5	4/5			>6.0	<0.5

*：ID_{50} 为半数感染量，采用 Reed-Muench 法计算；#：NI（中和指数）= 对照组病毒滴度的对数（阴性血清 + 病毒）- 待检血清组病毒滴度的对数（待检阴性血清 + 病毒）；§：死亡胚数与接种胚数之比。（引自 Thayer SG and Beard CW,2006）

国内学者利用多抗或单克隆抗体建立了一系列的鸭瘟病毒抗原和抗体检测技术，包括双抗体夹心 ELISA，斑点 ELISA 以及阻断 ELISA 技术等。这些方法具有快速简便，适用于较大规模样品检测的优点，可用于鸭瘟病毒感染的流行病学研究及免疫预防效果的评价。

(3) 分子生物学检测 即利用传统的 PCR 方法检测感染组织或细胞培养物中鸭瘟病毒的基因组 DNA。该方法具有快速、简便和灵敏度高等特点，结合临床症状和剖检病变，可在较短的时间内得出诊断结果。OIE Terrestrial Manual 2012（世界动物卫生组织陆生动物诊断试验及疫苗手册）介绍的方法是采用传统的蛋白酶裂解和苯酚 / 氯仿抽提技术提取组织或泄殖腔拭子样品中的病毒基因组 DNA，以针对鸭瘟病毒 DNA 依赖 DNA 聚合酶基因片段的特异性引物（5’-GAAGGCGGGTATGTAATGTA-3’/5’-CAAGGCTCTATTCGGTAATG-3’）进行 PCR 扩增。PCR 反应是先进行第 1 个热循环：94℃ /2 min，37℃ /1 min，72℃ /2 min；接着进行 35 个热循环：94℃ /1 min，55℃ /1 min，72℃ /3 min；最后 72℃延伸 7 min，再通过凝胶电泳检测 PCR 扩增产物。若组织样品中扩增出一条 446 bp 的片段则表明存在鸭瘟病毒。检测时应设立已知阳性和阴性对照，阳性样品扩增出条带表明 PCR 系统及操作正确，阴性对照不应有扩增产物。如果阴性对照出现目的条带，则表明检测过程中出现交叉污染，必须重复检测。

实时荧光 PCR 方法也可用于急性和潜伏感染鸭瘟病毒的快速检测和诊断。

(4) 鉴别诊断 临床诊断时应注意与水禽的其他出血坏死性疾病相区别，包括小鸭病毒性肝炎、高致病性禽流感、新城疫、鸭多杀性巴氏杆菌感染（禽霍乱）、球虫病、坏死性肠炎以及某些急性中毒性疾病。

【防 治】

1）管理措施

近年来，鸭瘟在我国主要是散在的暴发，未形成大面积流行。根据我国养鸭企业的分布和免疫防治状况，应注意鸭瘟的跨地区传播。有效的管理措施是保护易感鸭群及其饲养环境不受病毒污染的第一关。这些措施包括从无感染区引种，避免与被感染或带毒鸭、被污染的材料直接或间接接触，做到：① 不从发生鸭瘟的鸭场调运种蛋和雏鸭；② 禁止在疫点或疫区收购羽毛等副产品的运输工具和包装材料进入鸭场；③ 引种时做好检疫和隔离工作，从近一年内发生过鸭瘟的鸭场和地区引进的鸭，特别是后备鸭应隔离饲养 1 个月以后再转入生产场。

养鸭场要防止自由飞翔的雁形目动物传进疾病或污染水环境，采取一切措施防止水流散毒。一旦鸭瘟病毒传入后应淘汰发病鸭并对所有易感雏鸭进行紧急免疫接种以有效控制蔓延。污染的鸭舍和周边环境要喷洒消毒药物先消毒，然后进行清洁和冲洗，清洁后再消毒和空舍。

2）免疫防治

对于有鸭瘟散发或流行的地区，接种鸭瘟疫苗是预防鸭群感染最有效的手段之一。接种弱毒活疫苗或者灭活疫苗均可刺激机体产生免疫反应，免疫鸭的体液免疫和细胞免疫均与保护作用有关。

弱毒疫苗在国内外得到广泛的应用。荷兰最早研制了对家鸭无致病性的鸡胚适应鸭瘟病毒株，并大规模应用，效果良好。美国和加拿大也使用该疫苗来预防和控制商品鸭及捕猎水禽的鸭瘟。我国南京药械厂研究人员将鸭瘟病毒通过鸭胚传 9 代后，再经 9~10 日龄鸡胚传至 28 代后毒力减弱，于 1965 年培育成功 C-KCE 弱毒株。该毒株对鸭无致病作用，可刺激机体产生良好的免疫保护反应。 2 月龄以上鸭免疫后 3~4 天即产生免疫力，免疫期为 9 个月；雏鸭的免疫期为 1 个月。徐为燕教授等将鸭瘟病毒广州株在鸭胚上传 10 代、鹅胚传 7 代，再在鸡胚成纤维细胞培养传 60 代后成功地培育了南农 64 株。该毒株皮下或肌肉接种雏鸭十分安全，并可诱导产生坚强的免疫力。目前国内使用的疫苗主要是利用鸡胚成纤维细胞培养制备的冻干弱毒疫苗。Lin 等于 1983 年利用鸭胚成纤维细胞从美国加州一次小规模暴发鸭瘟的病例中分离到 1 株鸭瘟病毒（Sheridan-83 株）。该分离株对易感鸭无致病作用，但接种后可刺激机体产生坚强的免疫力，最小免疫保护剂量低于 $10TCID_{50}$，免疫力持续 2 个月以上，而且免疫血清对易感鸭具有保护作用。Yang 等的研究表明，3 周龄鸭经口服免疫接种鸭瘟弱毒疫苗后可刺激机体产生良好的黏膜免疫和体液免疫反应。

实际生产中，非疫区且受鸭瘟威胁较小的种鸭或蛋鸭群通常在 2 月龄左右经皮下或肌肉注射接种 1 次弱毒疫苗，然后每年做一次加强免疫，这样可以在很大程度上减少鸭群被感染的风险。对于疫病流行地区受威胁的鸭群，建议在 2 周龄左右经皮下或肌肉接种弱毒苗，之后间隔 2~3 周再免疫一次。种鸭群要定期进行加强免疫。

鸭瘟病毒灭活疫苗是较早的免疫制剂，主要采用感染动物的脏器、鸭胚或鸡胚繁殖的病毒经福尔马林或其他化学方法灭活制成。接种该疫苗后能够对强毒感染产生保护力，对免疫动物比较安全，可应用于家养和捕猎水禽，而且不会引入活病毒。相对于活疫苗而言，其生产成本较高，免疫持续期短。

3）被动免疫

种鸭免疫后可将母源抗体传递给雏鸭，但雏鸭母源抗体衰减很快。免疫种鸭发生强毒株感染时，其后代在 4 日龄对强毒攻击有 100%保护，但 13 日龄时保护率低于 40%。

4）紧急免疫

一旦怀疑鸭瘟病毒感染，应及时确诊并迅速采取相应的控制措施，包括对感染群和鸭场的隔离，以及人员和物流的控制等。条件许可时，应将感染鸭群捕杀清群，并对鸭场进行彻底封锁和消毒，同时对受威胁的鸭群进行紧急免疫接种。正常情况下，皮下或肌注接种鸭瘟弱毒疫苗能够在较短时间内刺激机体产生免疫力，紧急免疫可以最大限度降低病毒感染和疫情的蔓延。应注意的是，对于处于潜伏期感染的鸭，紧急接种疫苗可能会加速其死亡，所以潜伏感染率较高的鸭群在紧急免疫接种后短时间内可能会出现死亡率迅速上升的现象。

对于鸭瘟病毒感染，目前无特异性的治疗方法，抗病毒药物在生产实践中对该病没有明显的疗效。

参考文献

[1] 郭玉璞，蒋金书．鸭病．北京：中国农业大学出版社，1988: 21-28.

[2] Saif Y M. 禽病学 .12 版．苏敬良，高福，索勋．主译．北京：中国农业出版社，2012: 444-450.

[3] 王洪海，苏敬良，曹振，等．鸭瘟病毒单克隆抗体的制备．中国兽医科技，2004，34（11）:13-17.

[4] 王洪海，胡薛英，苏敬良，等．商品肉鸭鸭瘟病毒的分离与鉴定．中国预防兽医学报，2006，28（1）:105-108.

[5] 胡薛英，谷长群，程国富，等．应用单克隆抗体的免疫组织化学法研究雏鸭体内鸭瘟病毒的分布．中国预防兽医学报，2006，28（3）:320-322.

[6] Islam M R, Khan M A. An immunocytochemical study on the sequential tissue distribution of duck plague virus. Avian Pathology, 1995, 24(1):189-194.

[7] Lam K M, Lin W Q. Antibody-mediated resistance against duck enteritis virus infection. Canadian Journal of Veterinary Research, 1986 , 50(3):380-383.

[8] Li Y, Huang B, Ma X, et al. Molecular characterization of the genome of duck enteritis virus. Virology, 2009, 391(2):151-161.

[9] Lin W, Lam K M, Clark W E. Isolation of an apathogenic immunogenic strain of duck enteritis virus from waterfowl in California. Avian Diseases, 1984, 28(3):641-650.

[10] Lin W Q, Lam K M, Clark W E. Active and passive immunization of ducks against duck viral enteritis. Avian Diseases, 1984, 28(4):968-973.

[11] Plummer P J, Alefantis T, Kaplan S, et al. Detection of duck enteritis virus by polymerase chain reaction. Avian Diseases, 1998, 42(3):554-564.

[12] Salguero F J, Sánchez-Cordón P J, Núñez A, et al. Histopathological and ultrastructural changes associated with herpesvirus infection in waterfowl. Avian Pathology, 2002, 31(2):133-140.

[13] Shawky S, Sandhu T, Shivaprasad H L. Pathogenicity of a low-virulence duck virus enteritis isolate with apparent immunosuppressive ability. Avian Diseases, 2000 , 44(3):590-599.

[14] Shawky S A, Sandhu T S. Inactivated vaccine for protection against duck virus enteritis. Avian Diseases, 1997,41(2):461-468.

[15] Thayer S G, Beard C W, Serologic Procedures. In: A laboratory manual for the isolation and identification of avian pathogens, 4th ed. Swayne D E, Glisson J R, Jackwood M W, et al.,eds International Book Distributing Co. 2006.

[16] Wang J, Höper D, Beer M, et al. Complete genome sequence of virulent duck enteritis virus (DEV) strain 2085 and comparison with genome sequences of virulent and attenuated DEV strains. Virus Research,

2011 160(1-2):316-325.

[17] Wu Y, Cheng A, Wang M, et al. Comparative genomic analysis of duck enteritis virus strains. Journal of Virology, 2012, 86(24):13841-13842.

[18] Yang C, Li J, Li Q, et al. Biological properties of a duck enteritis virus attenuated via serial passage in chick embryo fibroblasts. Archives of Virology, 2015, 160(1): 267-274.

[19] Yang C, Li Q, Li J, et al. Comparative genomic sequence analysis between a standard challenge strain and a vaccine strain of duck enteritis virus in China. Virus Genes, 2014, 48(2):296-303.

[20] Yang X, Qi X, Cheng A, et al. Intestinal mucosal immune response in ducklings following oral immunisation with an attenuated Duck enteritis virus vaccine. Veterinary Journal, 2010, 185(2):199-203.

第4章　鸭出血症

Chapter 4　Duck Hemorrhagic Disease

引　言

鸭出血症（duck hemorrhagic disease，DHD），又名鸭 2 型疱疹病毒病、鸭“黑羽病”、鸭“乌管病”和鸭“黑喙足病”等，是一种由鸭 2 型疱疹病毒引起的以双翅羽毛管瘀血呈紫黑色、断裂和脱落以及脏器（肝脏、胰腺、脾脏、肾脏等）和肠道（十二指肠、直肠和盲肠）出血为特征的传染病。

该病可侵害各日龄番鸭、樱桃谷鸭、北京鸭、半番鸭、麻鸭、野鸭、枫叶鸭、丽佳鸭和克里莫鸭等，但以 10~55 日龄番鸭最易感，给我国养鸭业（尤其是番鸭养殖业）曾造成严重经济损失。自 1990 年秋发生后直至 2001 年底，该病于福建、浙江、广东、江苏、广西等地广为流行，但 2002 年以来少有发生。

【病原学】

1）分类地位

该病病毒的核酸为双股 DNA，由于致病性和抗原性不同于鸭瘟病毒（鸭疱疹病毒 1 型，duck herpesvirus type 1），将其定名为鸭疱疹病毒 2 型（duck herpesvirus type 2），又俗称为鸭出血症病毒（duck hemorrhagic disease virus，DHDV），系疱疹病毒科、甲型疱疹病毒亚科、马立克病毒属的新成员。

2）形态特征

对纯化的病毒进行负染，电镜观察可见单一的呈球形的有囊膜病毒，病毒粒子直径大多为 80~120 nm（图 4.1），有的更大约为 150 nm，核衣壳直径为 40~70 nm。在 DHDV 致死的番鸭胚肝脏超薄切片中可见大量的病毒粒子，胞核、核膜间隙中见无囊膜、不成熟的病毒粒子，直径为 61~70 nm（图 4.2）；胞浆中见成熟的有囊膜病毒粒子，直径为 101~142 nm（图 4.3、图 4.4）。

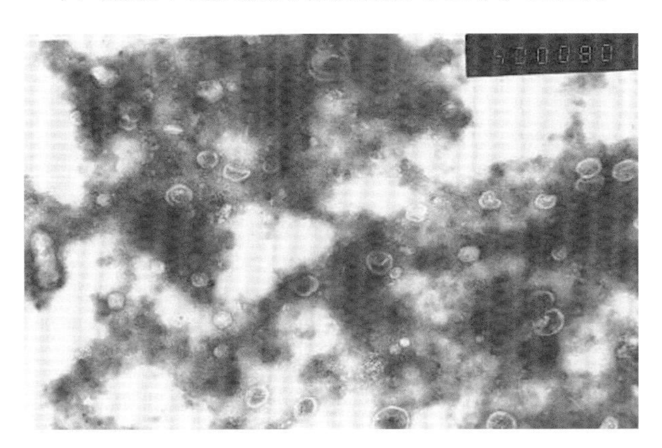

图 4.1　负染病毒粒子直径多为 80~120 nm

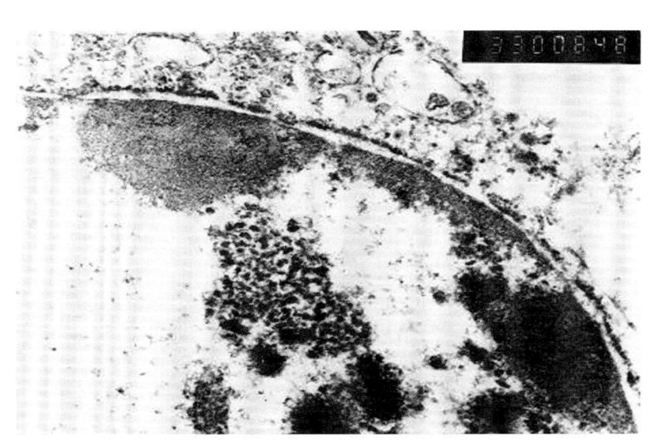

图 4.2　鸭胚肝超薄切片细胞核内不成熟的病毒粒子，直径为 61~70 nm

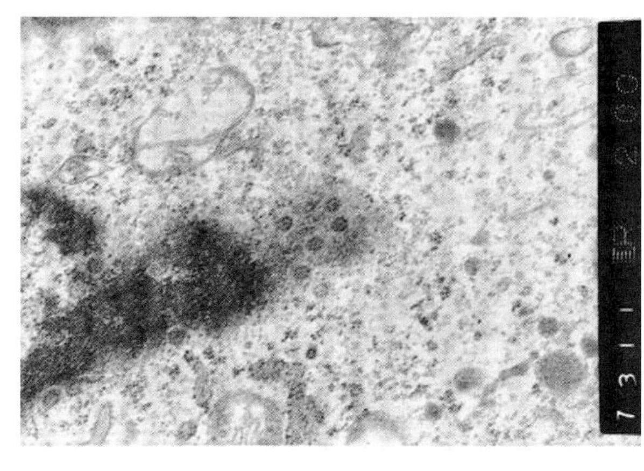

图 4.3　胞浆中成熟的有囊膜病毒粒子

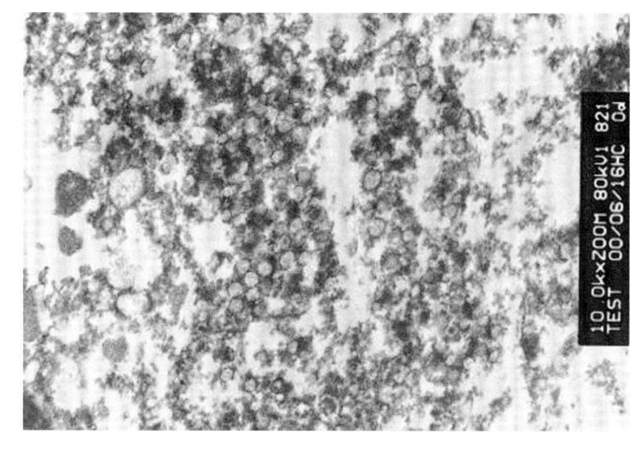

图 4.4　有囊膜的成熟病毒粒子

经对 DHDV 感染的番鸭胚成纤维细胞超薄切片进行电镜观察发现该病毒在细胞核内复制，通过核膜获得囊膜，并以芽生形式进入胞浆中而成为成熟的病毒粒子（图 4.5）。

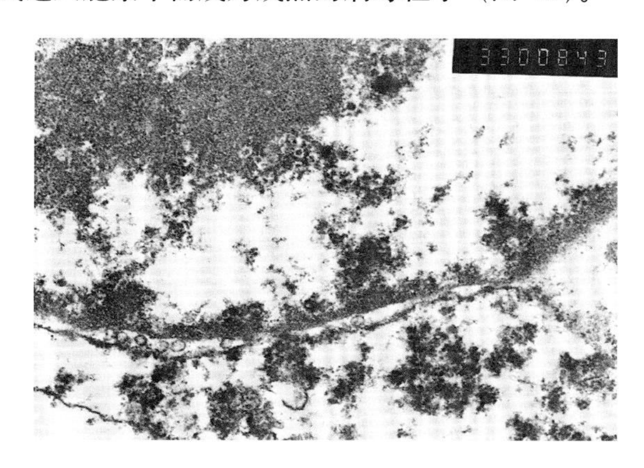

图 4.5　细胞核内病毒粒子通过核膜获得囊膜，并以芽生形式进入胞浆中而成为成熟的病毒粒子

3）实验宿主系统

DHDV 对番鸭胚、樱桃谷鸭胚及鹅胚的致死率均为 100%，不致死 SPF 鸡胚，对半番鸭胚、麻鸭胚和北京鸭胚的致死率分别为 60%、78.3% 和 82.1%，且致死的禽胚中有 21.3%~26.7% 出现上喙畸形（上翻、折转、侧翻或呈喇叭状）（图 4.6），所有死亡禽胚均表现为绒毛尿囊膜出血、水肿、增厚，胚体皮肤出血、水肿，肝肾肿大及出血等（图 4.7）。

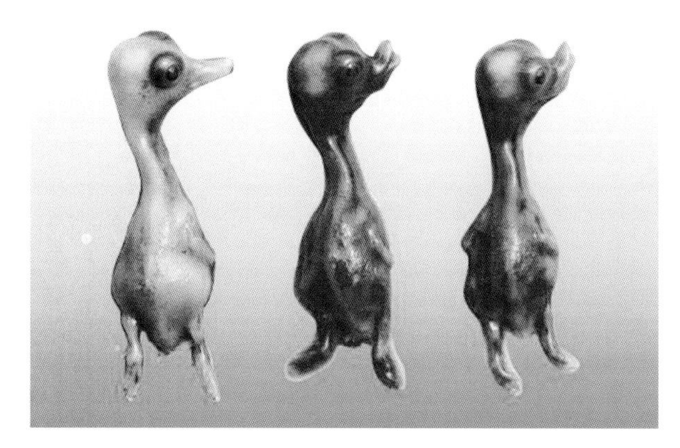

图 4.6　死亡鸭胚（中、右）上喙畸形（上翻、呈喇叭状）

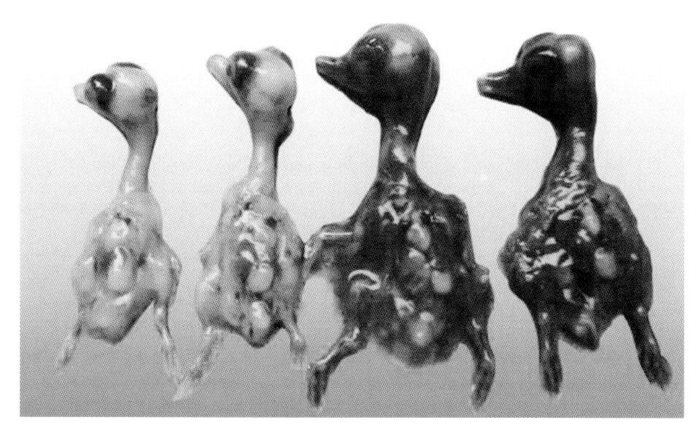

图 4.7　胚体（右侧两个）皮肤出血、水肿，肝出血

该病毒可在番鸭胚成纤维细胞生长增殖，并引起局灶性细胞圆缩、脱落、聚集成葡萄串样等细胞病变（CPE）（图 4.8，图 4.9）。但不易在其他鸭胚成纤维细胞上生长。

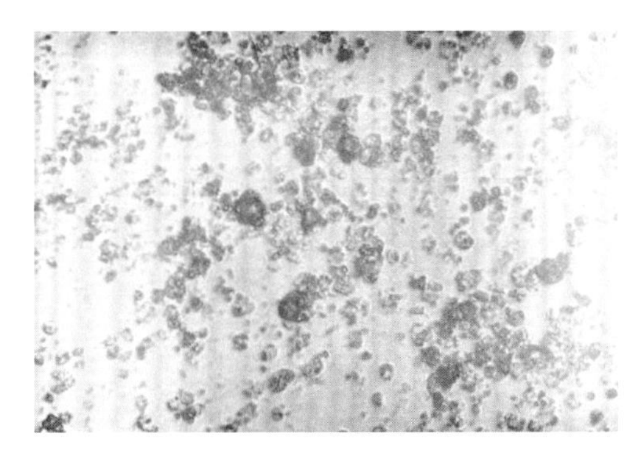

图 4.8　出现局灶性细胞圆缩、脱落、聚集成葡萄串样等细胞病变

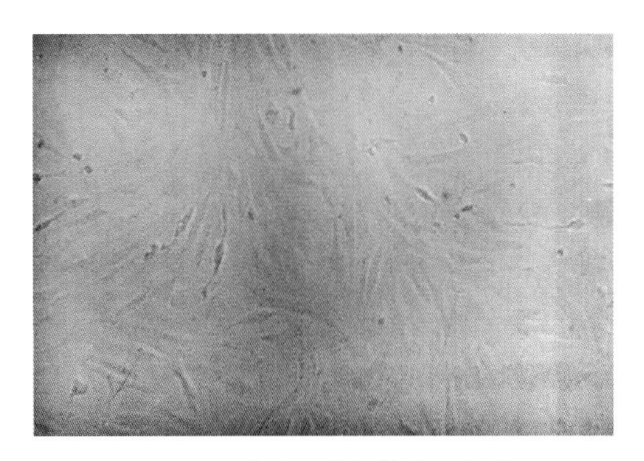

图 4.9　番鸭胚成纤维单层细胞

4）抗原性和血清型

不同 DHDV 毒株其致病力存在差异，如以 FZ01 株人工感染 23 日龄内的番鸭可复制出与自然感染病鸭相似的病变，致死率达 78%。但 30 日龄以上的人工感染番鸭于攻毒后 20 天内未出现死亡，仅在攻毒后 4~9 天部分鸭发生严重腹泻、生长发育不良、羽毛脏乱、体重明显减轻（仅为对照鸭体重的 1/2 ~ 2/3）。

虽然不同 DHDV 毒株的毒力存在差异，但抗原性相同。经试验证明该病毒与雏鸭肝炎病毒、雏番鸭细小病毒、小鹅瘟病毒无抗原相关性，而与鸭瘟病毒（DPV）的抗原相关值（R）<0.017 4，表明 DHDV 与 DPV 为不同型的病毒，由于 DPV 又称为鸭疱疹病毒 1 型，为区别起见则将 DHDV 定名为鸭疱疹病毒 2 型。

DHDV 不凝集鸭、鸡、鹅、家兔、小白鼠、猪、牛、绵羊和 O 型人红细胞，但可凝集豚鼠红细胞。

5）病毒对理化因素的抵抗力

DHDV 不耐酸（pH3、4℃下作用 2 h）、不耐碱（pH11、4℃下作用 2 h）、不甚耐热 （56℃水浴处理 30 min）、对氯仿处理极度敏感。于 −15~20℃条件下冻结保存 6 个月，其对番鸭胚的 ELD_{50} 降低近 1 000 倍。

【流行病学】

1990 年秋，在福建省福州市郊某鸭场饲养的一群 42 日龄 1 100 羽肉用番鸭首次暴发一种罕见的以双翅羽毛管瘀血呈紫黑色为特征的疫病，发病后 1 周内共病死 815 羽，病死率 74.1%。后其邻近的几家养鸭场的中、大番鸭也先后发病，病死率为 30%~50%。

经临床流行病学调查和送检病例检测发现该病自 1990 年秋发生后，直至 2001 年底于福建、浙江、广东、江苏、广西等地广为流行，但 2002 年以来少有发生。番鸭、半番鸭、麻鸭、北京鸭、樱桃谷鸭、野鸭、丽佳鸭、枫叶鸭、克里莫鸭等均可感染发病，但以番鸭最易感。该病多发于 10~55 日龄的鸭群，但其他日龄段鸭也有发病。迄今，尚未见其他禽类发生该病，亦未见国外报道类似鸭病。

经对大量自然感染病例的临床调查认为被病毒污染的水源、病鸭或病愈鸭是该病主要的传染源。该病主要通过污染的水源而传播，易感鸭主要经消化道而感染该病。此外，通过调查还发现不论肉鸭群还是种鸭群，该病的发生有自限性；而有的鸭场却存在该病的持续感染，有的种鸭群很可能存在垂直传播。在实验条件下，DHDV 可通过口服、肌肉注射、静脉注射等途径而传染。

该病的潜伏期为 4~6 天，发病率、病死率高低不一，而且与发病鸭日龄密切相关，在 55 日龄内日龄愈小的鸭，其发病率、病死率愈高，有时高达 80%。55 日龄以上单一感染该病的鸭群，随着日龄的增长，日病死率为 1.0%~1.7%。该病的病程 5~10 天。

该病的发生无明显的季节性，一年四季均有散发，但在气温骤降或阴雨寒冷天气时发病较多。发生该病的病鸭群易并发或继发细菌性疫病（如鸭传染性浆膜炎、鸭大肠杆菌病等），因而易被人们忽视。

【临床症状】

患该病的病鸭或濒死鸭体温升高，排白色或绿色稀粪。该病的特征性临床症状为病鸭或病死鸭双翅羽毛管内出血或瘀血，外观呈紫黑色（图 4.10，图 4.11 为健康鸭对照），出血或瘀血变黑的羽毛管易断裂或脱落（图 4.12、图 4.13），或病鸭被其他鸭啄后羽毛管出血更加明显（图 4.14）；病死鸭喙端、爪尖、足蹼末梢周边发绀，也呈紫黑色（图 4.15、图 4.16）；病、死鸭口、鼻中流出黄色液体，沾污上喙前端和口部周围羽毛，有的羽毛甚至染成黄色（图 4.17）。

图 4.10　双翅羽毛管呈紫黑色

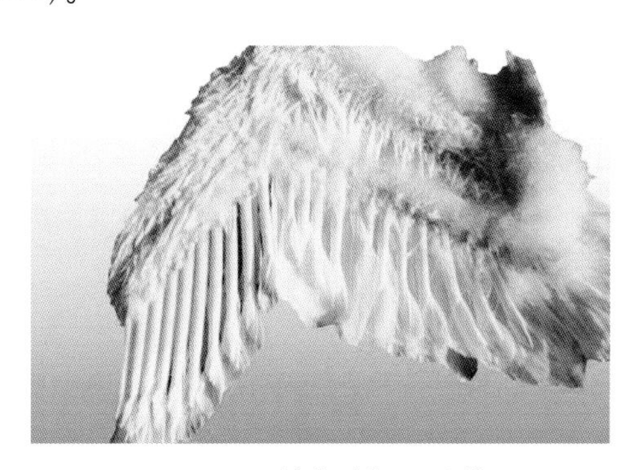

图 4.11　健康鸭翅羽毛管

图 4.12　变黑的羽毛管易断裂

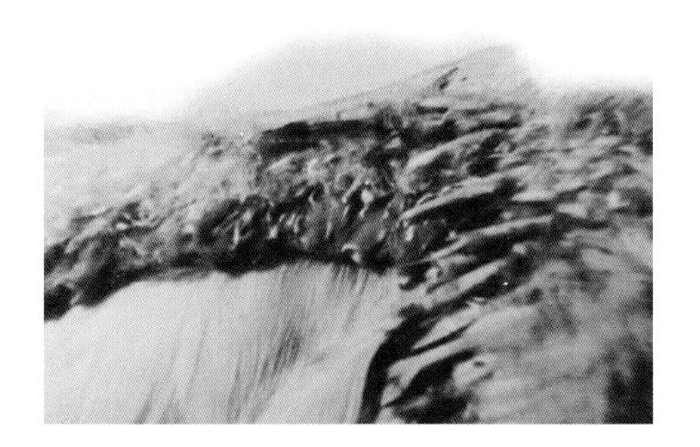

图 4.13　变黑的羽毛管易脱落

图 4.14　病鸭羽毛管出血

图 4.15　鸭上喙出血发绀

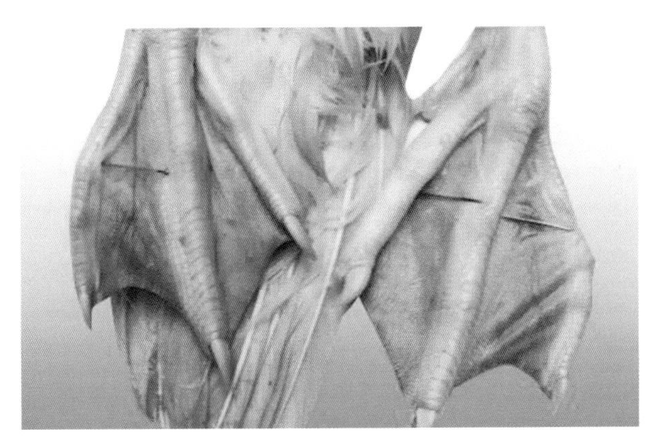

图 4.16　爪尖、足蹼周边发绀，呈紫黑色

图 4.17　口流黄水

【病理变化】

1）大体病变

不同品种、不同日龄该病病死鸭的大体病变基本一致。该病的特征性病变为组织脏器出血或瘀血，剖检可见：

（1）肝脏　稍肿大，其边缘或中心表面呈树枝样出血（图 4.18）或瘀血，并偶见个别白色坏死点（图 4.19）。

（2）胰腺　常出血，可见出血点或出血斑或整个胰腺均出血呈红色（图 4.20、图 4.21）。

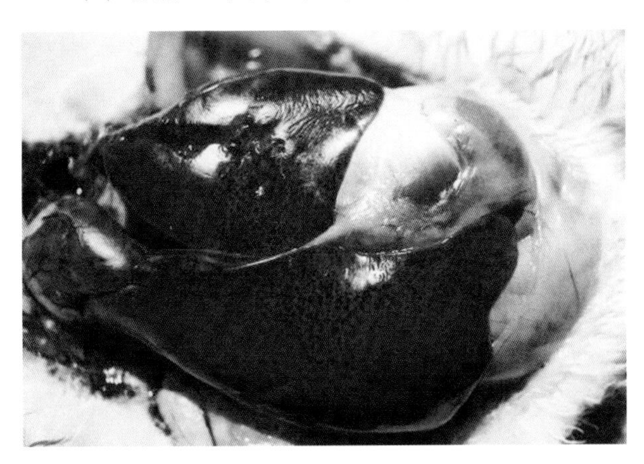

图 4.18　肝脏表面呈局灶性树枝样出血

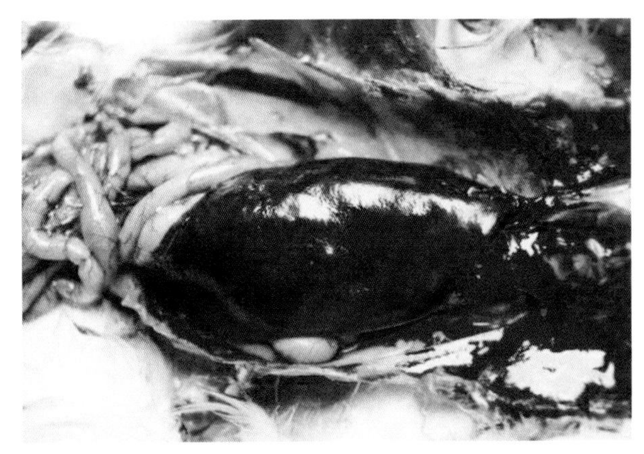

图 4.19　肝脏偶见个别白色坏死点

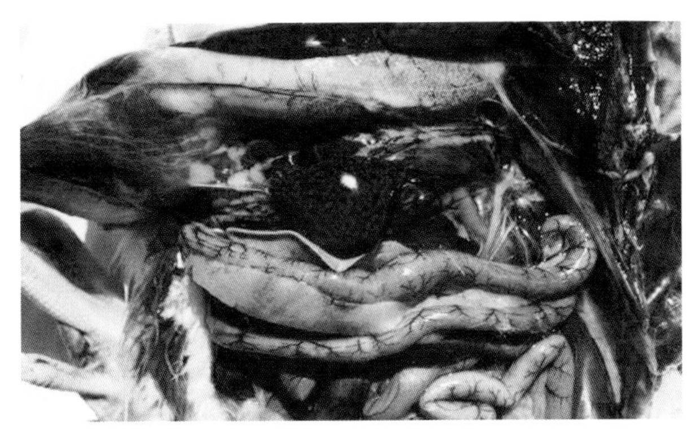

图 4.20　胰腺表面局灶性出血

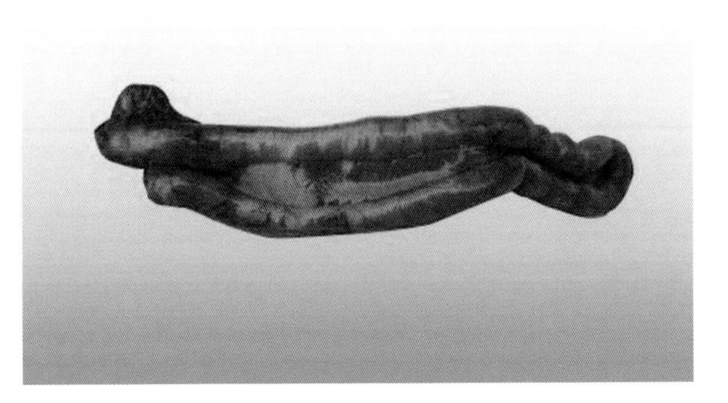

图 4.21　胰腺严重出血

（3）肠道　十二指肠、直肠、盲肠等明显出血（图 4.22、图 4.23），有时在小肠段可见出血环（图 4.24）。

（4）脾脏等　脾脏、脑壳内壁、法氏囊、肾脏等出血（图 4.25 至图 4.27）。

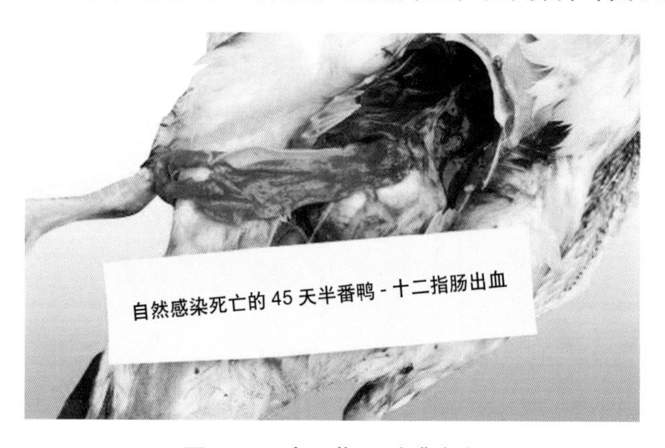

图 4.22　十二指肠黏膜出血

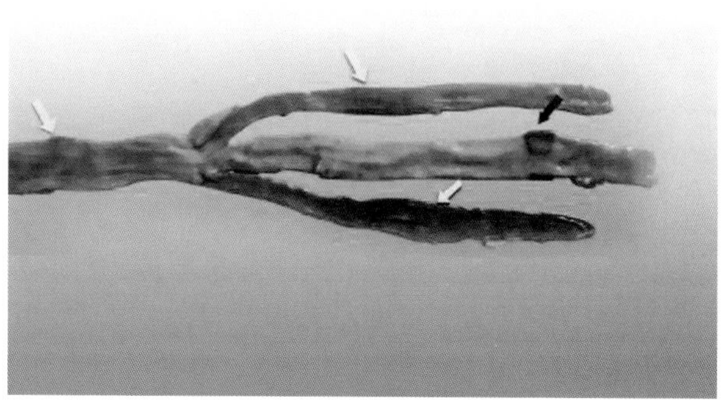

图 4.23　直肠、盲肠等黏膜出血

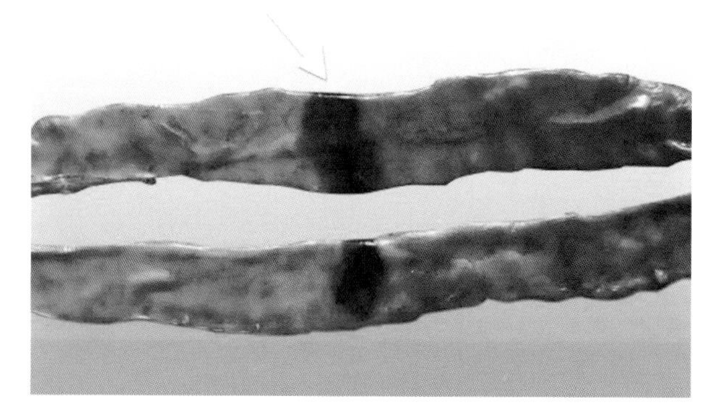

图 4.24　肠道黏膜环状出血带

图 4.25　脾脏表面出血

图 4.26　脑壳内壁出血

图 4.27　法氏囊表面出血

2）组织学病变

该病的主要组织学病变为：

（1）肝脏　肝细胞脂肪变性，间质中淋巴细胞浸润（图 4.28），特别是血管周围淋巴细胞浸润明显。肝脏窦状隙扩张，充满红细胞。

（2）肾脏　肾小管上皮细胞变性、肿胀，肾小管之间的间质中血管瘀血（图 4.29）、淋巴细胞浸润（图 4.30）。

（3）胰腺　胰腺组织中可见凝固性坏死灶（图 4.31），腺泡之间有局灶性淋巴细胞浸润。

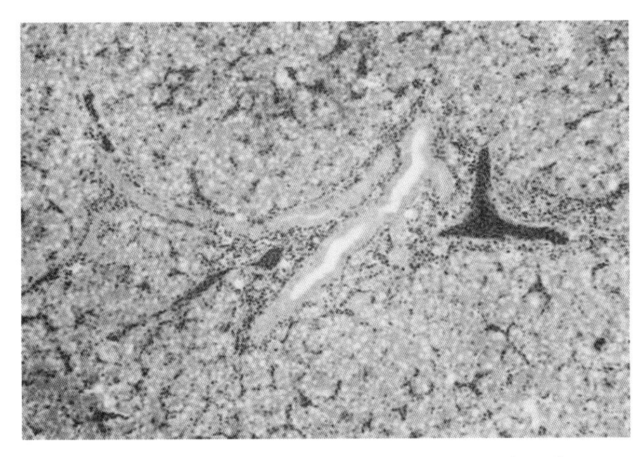

图 4.28　肝细胞脂肪变性，间质淋巴细胞浸润

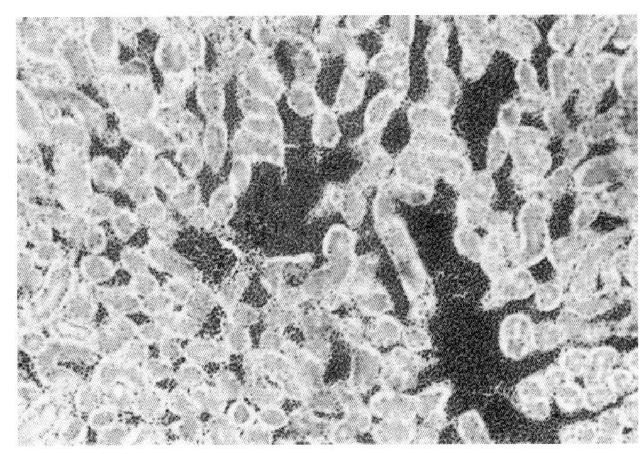

图 4.29　肾脏瘀血

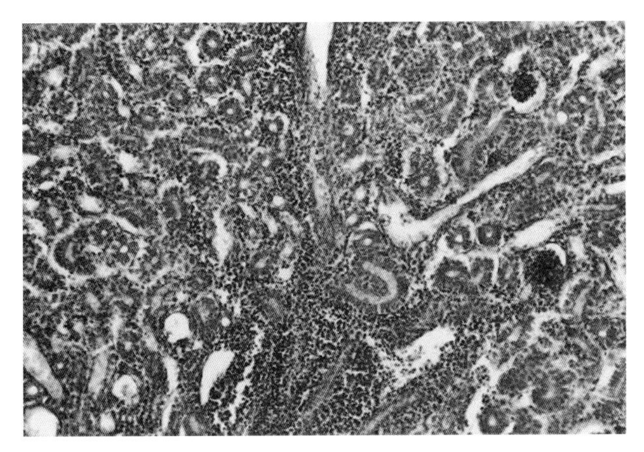

图 4.30　肾脏淋巴细胞浸润

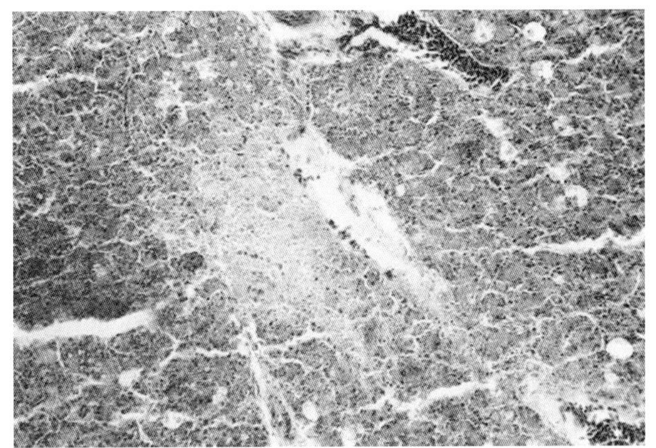

图 4.31　胰腺坏死灶

（4）法氏囊　淋巴滤泡髓质内淋巴细胞数量明显减少，有的滤泡髓质淋巴细胞几乎全部消失，使髓质呈空泡状。

（5）脾脏　瘀血、出血（图 4.32），脾白髓萎缩，淋巴细胞坏死（图 4.33）。

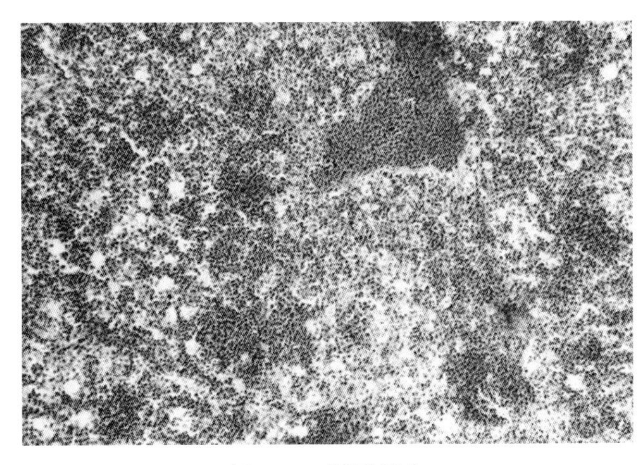

图 4.32　脾脏出血

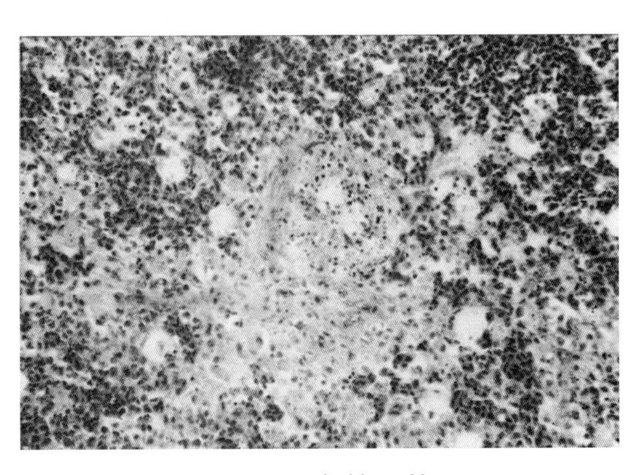

图 4.33　脾脏坏死灶

（6）小肠　黏膜固有层瘀血、出血（图 4.34），黏膜上皮脱落、坏死（图 4.35）。

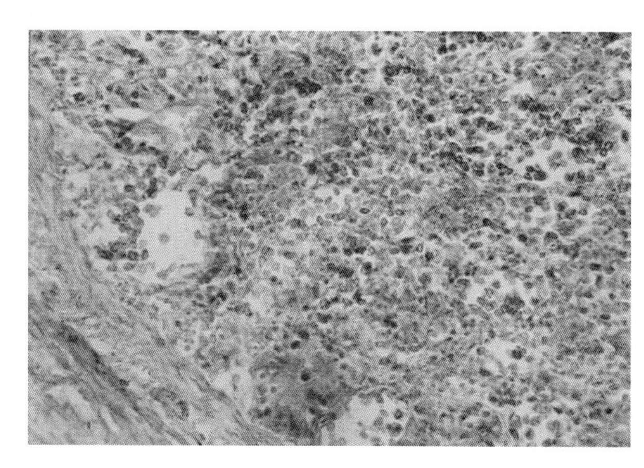

图 4.34　小肠黏膜严重出血

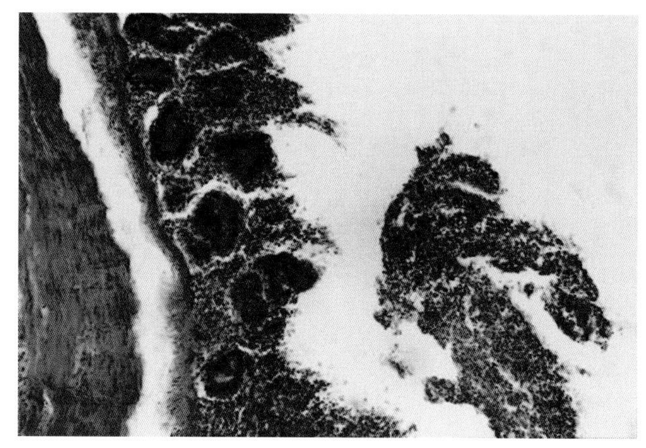

图 4.35　肠道黏膜上皮脱落、坏死

（7）肺脏　瘀血，有时可见溶血，组织中含铁血黄素沉着。

（8）大脑　神经细胞肿胀、变圆，胶质细胞弥漫性增生。小脑浦肯野氏细胞肿胀，有的核溶解消失。心肌无明显组织学病变。

通过组织病理学观察可见 DHDV 可导致机体广泛性组织损害，尤其以循环系统和淋巴组织受损更为严重，这表明 DHDV 可引起鸭免疫功能低下，出现继发性免疫缺陷。

【诊　　断】

1）临床诊断

据该病特征性临床症状和剖检病变，不难做出初步诊断。

2）实验室诊断

该病的确诊有赖于病毒的分离鉴定、血凝抑制试验、中和试验、细胞免疫荧光试验（图 4.36）及 PCR 等方法。

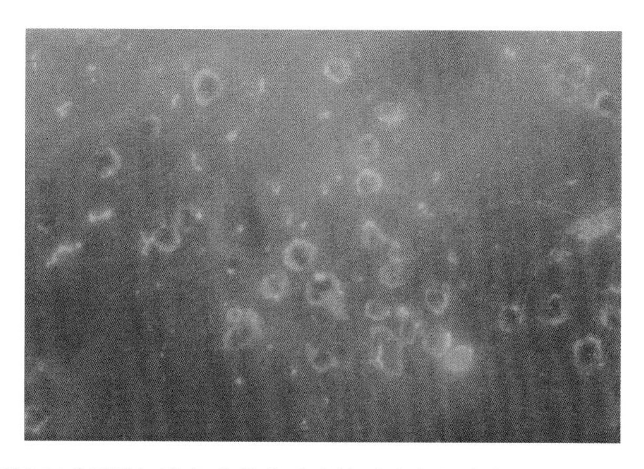

图 4.36　番鸭胚成纤维细胞免疫荧光试验检测鸭出血症病毒，感染细胞呈黄绿色

临床上，该病与鸭瘟的区别可根据鸭出血症的特征病状（双翅羽毛管瘀血呈紫黑色、肝脏呈树枝样出血）及鸭瘟的特征病状（肿头、食道和泄殖腔黏膜的病变）区分开。

鸭霍乱是由禽多杀性巴氏杆菌引起各种鸭的一种接触性传染病，又名鸭巴氏杆菌病或鸭出血性败血症，临诊上以高发病率、高病死率、死亡快、其他禽类也可感染发病死亡，皮下脂肪、心冠脂肪和心肌外膜出血，肝脏大量白色坏死点为特征，而且抗生素治疗有效。而鸭出血症仅侵害鸭，以双翅羽毛管发黑、发病率与病死率不高、肝脏一般无白色坏死点、肝脏瘀血或表面呈树枝样出血、胰脏出血等为临诊特征，抗生素治疗无效。根据两者的临诊特征不难加以区别。

鸭球虫病是由鸭球虫（泰泽属球虫、艾美耳属球虫、温扬属球虫或等孢属球虫）引起鸭高发病率、高病死率的一种寄生虫病。在临诊上有小肠型球虫病和盲肠型球虫病两种，多见于20~40日龄鸭，以排暗红色或桃红色稀粪、十二指肠或盲肠黏膜有针尖大的出血点或出血斑、并带有淡红色或深红色胶冻样血性黏液为特征，发病率30%~90%，病死率20%~70%，病鸭死亡多集中于发病后3~5天内，可用抗球虫药或磺胺类药物治疗。而鸭出血症可侵害不同日龄鸭，病死鸭除肠道出血外，肝脏、脾脏、胰腺、肾脏等均有不同程度的出血，且用药治疗无效。

种鸭坏死性肠炎是多发生于种鸭的一种疾病，临诊上以秋冬季节多发、病鸭体弱、食欲缺乏、不能站立并突然死亡和肠道黏膜坏死为特征。而该病可发生于不同日龄的鸭，种鸭发生出血症时除肠道出血外，胰脏、肝脏、肾脏等均有不同程度的出血。

【防　　治】

1）管理措施

由于该病的发生无明显的季节性，一年四季均有散发，在气温骤降或阴雨寒冷天气时发病较多，且发生该病的病鸭群易并发或继发细菌性疫病（如鸭大肠杆菌病等），因此对鸭群应加强日常的饲养管理。

2）免疫防治

DHDV自然感染康复鸭对再感染有一定抵抗力。经试验研究表明，在肉鸭、种鸭使用弱毒活疫苗、灭活疫苗可诱导产生良好的主动免疫。

不同鸭场可根据其不同的发病特点采取不同的预防措施。有的鸭场该病的发生多集中于某一日龄段（如10~55日龄），而其他日龄少见或不发病，对于这种情形，仅需于易感日龄前2~3天注射鸭出血症高免蛋黄抗体（1.0~1.5 mL/羽）即可。而有的鸭场在某一日龄（如20日龄）以上均有发病，对于这种情形则需于8~10日龄即在易感日龄前10~12天颈部背侧皮下或腿部腹股沟皮下注射鸭出血症灭活疫苗0.50~1.0 mL/羽即可预防该病。

在鸭群发生该病时，除加强管理和消毒外，应尽早注射鸭出血症高免蛋黄抗体（1.5~3.0 mL/羽），同时投用广谱抗菌药物以防继发细菌性疾病。

【参考文献】

[1] 程龙飞，黄瑜，李文杨，等．鸭出血症血凝及血凝抑制试验的建立与应用．中国预防兽医学报，2003，25(5)：393-394.

[2] 黄瑜，李文杨，程龙飞，等．鸭流行性出血症的初步调查．中国兽医杂志，1998，24(4)：14-15.

[3] 黄瑜，程龙飞，李文杨，等．鸭疱疹病毒Ⅱ型（暂定名）的分离鉴定．中国预防兽医学报，2001，23(2)：95-98.

[4] 黄瑜，苏敬良，王根芳，等．鸭病诊治彩色图谱．北京：中国农业大学出版社，2001.

[5] 黄瑜，祁保民，李文杨，等．鸭出血症自然感染鸭病理组织学研究．福建农业学报，2001，16(1)：37-42.

[6] 黄瑜，李文杨，程龙飞，等．鸭新型疱疹病毒的致病性研究．中国预防兽医学报，2003，25(2)：136-139.

[7] 黄瑜，程龙飞，李文杨，等．检测鸭出血症病毒间接免疫荧光试验的建立．中国兽医学报，2003，23(5)：450-451.

[8] 黄瑜，苏敬良，王春凤，等．鸭 2 型疱疹病毒的分子生物学依据．畜牧兽医学报，2003，34(6)：577-580.

[9] 林世棠，黄瑜，黄纪铨，等．一种新的鸭传染病研究．中国畜禽传染病，1996，4：14-17.

[10] 王根芳．番鸭流行性出血症的诊治．浙江畜牧兽医，1998，4：27-28.

[11] 殷震，刘景华．动物病毒学.2 版． 北京：科学出版社，1997.

[12] Saif Y M．禽病学.12 版．苏敬良，高福，索勋，主译．北京：中国农业出版社，2012.

第5章　鸭细小病毒病

Chapter 5　Parvovirus Infection in Ducks

鸭细小病毒感染广泛存在于全世界各地的主要养鸭地区，严重威胁着水禽养殖业的发展。自 20 世纪 80 年代中期至今，发生于鸭的细小病毒病包括番鸭细小病毒病、番鸭小鹅瘟和鸭短喙侏儒综合征，以下分别介绍。

5.1　番鸭细小病毒病

引　言

番鸭细小病毒病（parvovirus infection in muscovy ducks），俗称“番鸭三周病”，是由番鸭细小病毒（muscovy duck parvovirus，MDPV）引起的以腹泻、软脚、喘气为主要症状的一种急性病毒性传染病。该病主要侵害 1 ～ 3 周龄雏番鸭，发病率为 27%~62%，病死率为 22%~43%。病愈鸭大部分成为僵鸭，给番鸭养殖业造成严重的经济损失。

我国是发现和研究番鸭细小病毒病最早的国家，1985 年以来，在中国福建莆田、仙游、福州、福清、长乐和广东、浙江、广西、江西等省（自治区）的番鸭饲养地区，先后发生以腹泻、软脚和呼吸困难为主要症状的雏番鸭疫病。1991 年我国学者林世棠经病毒分离、电镜观察、中和试验和雏番鸭人工感染试验初步确定该病病原为细小病毒。1993 年我国学者程由铨根据病毒形态与结构、理化特性、血清学鉴定和本动物回归等试验，进一步确认该病的病原属细小病毒科细小病毒属的一个新成员（番鸭细小病毒，MDPV）。

1991 年后，广东、广西、浙江、湖南和山东等省（自治区）亦有发生该病的报道，1991 年 Jestin 报道 1989 年秋季在法国西部地区番鸭出现一种新的疫病，其死亡率高达 80%，临诊病症和肉眼病变类似 Derz’s 病（即鹅细小病毒病）。

【病原学】

1）分类地位

国际病毒分类委员会（ICTV）将番鸭细小病毒（muscovy duck parvovirus，MDPV）定为细小病毒科细小病毒亚科依赖细小病毒属雁形目依赖细小病毒 1 型（中文暂定名，anseriform dependoparvovirus 1）。

2）形态特点

在电镜下，MDPV 有实心和空心两种粒子，正二十面体对称，无囊膜，六角形，衣壳由 32 个壳粒组成。直径 20 ～ 24 nm(图 5.1)，病毒在感染细胞核内复制。病毒在氯化铯密度梯度离心中出现三条带：

Ⅰ带为无感染性的空心病毒粒子，浮密度为 1.28 ～ 1.30 g/cm^3；Ⅱ带为无感染性的实心病毒粒子，浮密度为 1.32 g/cm^3；Ⅲ带为有感染性的实心病毒粒子，浮密度为 1.42 g/cm^3。

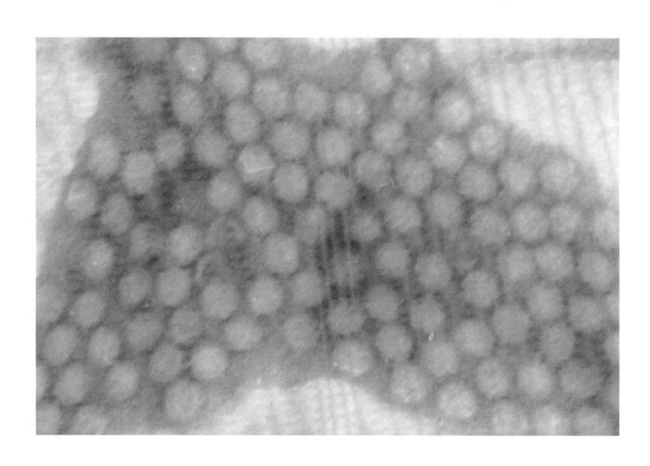

图 5.1　MDPV 负染照片

3）基因组特征

MDPV 基因组为线性、单股负链 DNA，大小为 5~6 kb。含有正链 DNA 和负链 DNA 的病毒粒子数目基本相等，即各占 50%，因而在病毒核酸提取过程中，两种极性链很容易发生退火，形成互补的双链 DNA。基因组中含有 2 个主要开放阅读框架（ORF），两个 ORF 间隔 18nt，在负链 DNA 上没有明显的 ORF。左侧 ORF 编码两个非结构蛋白 NS1 和 NS2，编码二者基因的起始密码子位置不同（位于 MDPV 基因组 548nt 的第一个 ATG 起始 NS1，位于 1 076 nt 的第二个 ATG 起始 NS2），但共用同一终止密码子（位于 2432nt 的 TAA），它们的氨基酸序列按肽链 C 端到 N 端方向完全重叠，肽链长度大小为 NS1（1884bp）>NS2（1356 bp），分别编码 627 和 451 个氨基酸。右侧 ORF 编码结构蛋白 VP1、VP2 和 VP3，VP 基因相互重叠，VP2 和 VP3 编码基因位于 VP1 基因内部，VP1 和 VP3 起始密码子为 ATG，VP2 起始密码子为 ACG，VP1、VP2 和 VP3 的起始位置分别位于 2450nt、2885nt 和 3044nt，终止密码子 (TAA) 位点相同，位于 4646 ～ 4648nt，肽链长度大小为 VP1（2199 bp）> VP2（1764 bp）> VP3（1 605 bp），分别编码 732、587 和 534 个氨基酸。病毒基因组两端各有 418nt 可折回形成双链发夹结构，MDPV 的末端发夹结构在 DNA 复制中起着重要作用。

4）实验室宿主系统

病毒对各种禽胚的致病性不同，经典 MDPV 对番鸭胚和鹅胚的致死率达 95%、对麻鸭胚约 40%，在鸡胚中不繁殖；该病毒在番鸭胚成纤维细胞和肾细胞培养中经过适应后可以增殖，并产生细胞病变和包涵体。新型 MDPV 除了致死以上禽胚外，还可致死半番鸭胚，致死率可达 100%。

5）抗原性和血清型

MDPV 只有一个血清型。MDPV 和小鹅瘟病毒（GPV）同属依赖病毒属，在形态、理化特性和基因组大小等方面均很相似，两者的高免血清存在一定程度的交叉反应。

6）抵抗力

MDPV 耐乙醚、氯仿、胰蛋白酶、酸和热，且对多种化学物质稳定。

MDPV 无血凝活性，对番鸭、鹅、麻鸭、鸡、鸽、牛、绵羊、猪等动物的红细胞均无凝集能力。

【流行病学】

该病无明显的季节性，但以冬、春季以及气温较低，育雏室内门窗紧闭，空气流通不畅，空气中氨和二氧化碳浓度较高，其发病率和病死率亦较高。该病主要侵害7~21日龄的雏番鸭，最小发生于4日龄番鸭，21日龄后发病率和病死率明显减少。但40日龄番鸭也有个别病例发生。其发病率为27%~62%，病死率22%~43%，病愈鸭大部分成为僵鸭。

该病可通过消化道和呼吸道传播，病鸭排泄物污染的饲料、水源、工具和饲养员都是传染源，污染病毒的种蛋是孵坊传播该病的主要原因之一。

【临床症状】

该病的潜伏期一般为4~9天。病程为2~7天，病程的长短与发病的日龄密切相关。根据病程长短，可分为急性和亚急性两型。

急性型：主要见于7~14日龄雏番鸭，病雏主要表现为精神委顿，羽毛蓬松、两翅下垂，尾端向下弯曲，两脚无力，懒于走动，厌食、离群，部分病雏有流泪痕迹，喙端发绀，常蹲伏，呼吸困难，常张口呼吸（图5.2）。不同程度的腹泻，排出灰白或绿色稀粪，并粘于肛门周围（图5.3）。病程一般为2~4天，濒死前两脚麻痹，倒地，最后衰竭死亡。

图5.2　张口呼吸

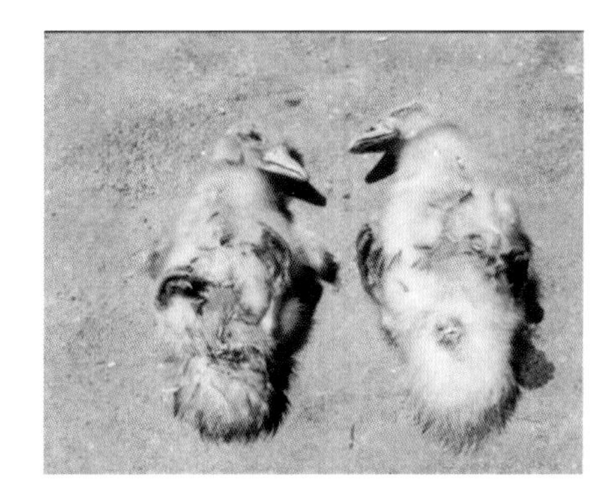

图5.3　肛周粘有灰白或绿色粪污

亚急性型：多见于发病日龄较大的雏番鸭，主要表现为精神委顿，喜蹲伏，两脚无力，行走缓慢，排黄绿色或灰白色稀粪，并黏附于肛门周围。病程多为5~7天，病死率低，大部分病愈鸭成为僵鸭。

【病理变化】

1）大体病变

该病的主要剖检病变为胰腺出血（图5.4）或（和）表面散布针尖大的灰白色坏死点（图5.5，图5.6）；心脏变圆，心肌松弛；肝脏稍肿大，胆囊充盈；肺多呈单侧性瘀血；脑壳膜充血、出血；肾充血；肠道呈卡他性炎症或黏膜不同程度充血、出血，尤以十二指肠及直肠后段黏膜明显（图5.7），少数病例盲肠黏膜也见点状出血。大部分病死鸭泄殖腔扩张，外翻。

2）组织学变化

肺脏：肺间质血管扩张充血，肺泡壁因毛细血管扩张充血而增宽，肺泡腔狭窄，部分肺泡腔见淡红色水肿液（图5.8）。

心脏：心肌纤维间有少许红细胞渗出，并见淋巴细胞浸润，肌间血管扩张充血，心肌纤维结构疏松，呈不同程度颗粒变性，个别病例肌纤维排列凌乱，肌纤维间隙扩大，镜下呈淡红色（图 5.9）。

图 5.4 胰腺出血

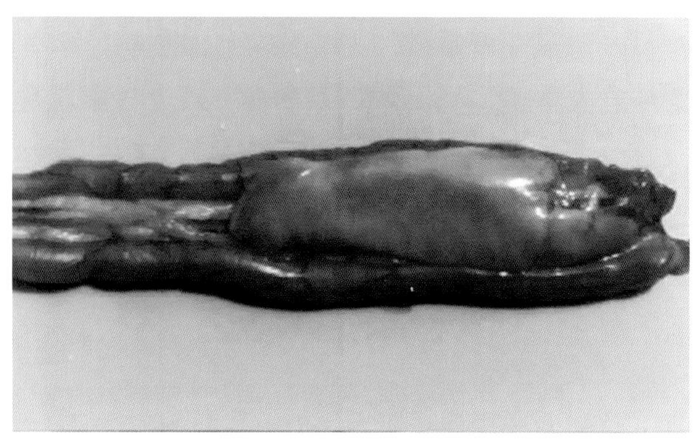

图 5.5 胰腺表面针尖大的灰白色坏死点

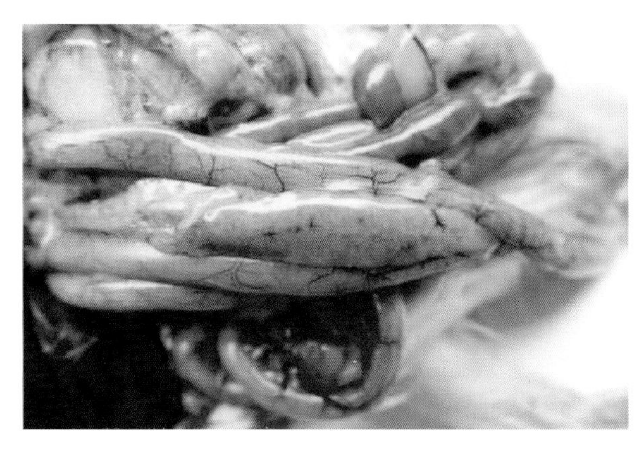

图 5.6 胰腺表面出血、针尖大的白色坏死点

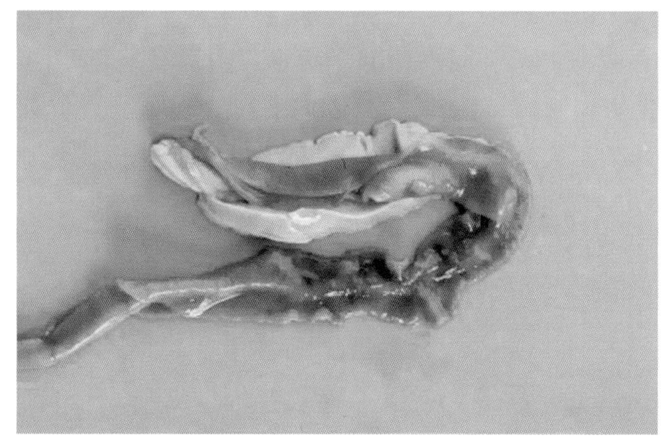

图 5.7 肠道黏膜出血

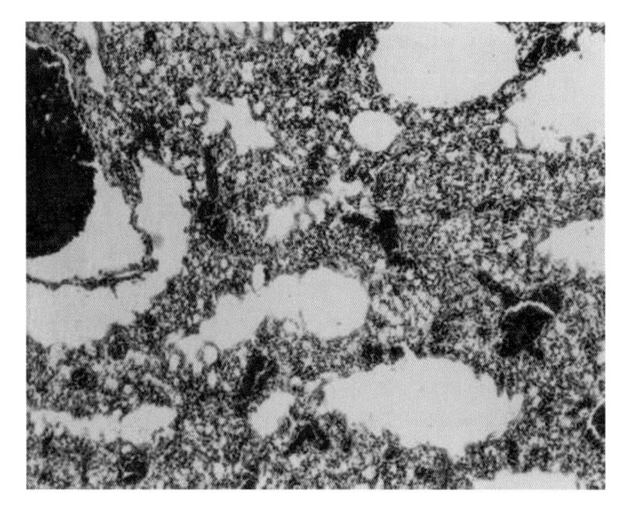

图 5.8 肺充血、肺泡壁增宽

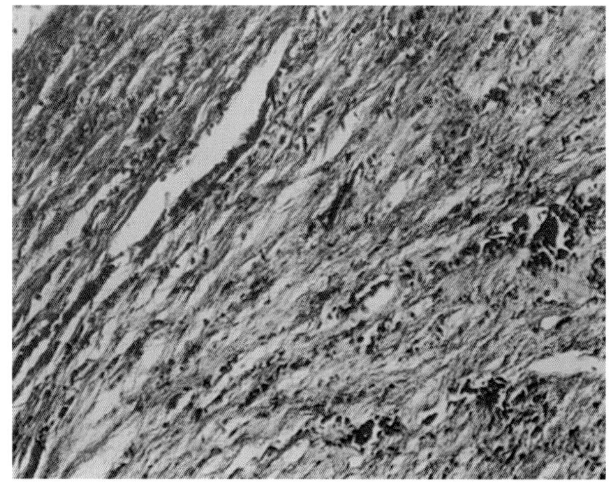

图 5.9 心肌纤维细胞渗出、细胞变性

胰腺：间质血管轻度充血，腺泡上皮变性，呈散在的局灶性坏死，淋巴细胞及单核细胞浸润(图 5.10)。

肝脏：小叶间血管扩张充血，肝细胞呈不同程度的颗粒变性和脂肪变性，淋巴细胞、单核细胞浸润，以血管周围尤为明显（图 5.11）。

肾脏：间质血管扩张充血，血管周围见淋巴细胞、单核细胞浸润，肾小管上皮细胞变性（颗粒变性为主），管腔红染；局部肾小管结构破坏，上皮脱落在管腔中形成团块（图 5.12）。

法氏囊：滤泡中淋巴细胞稀少，个别滤泡的淋巴细胞消失，由结缔组织填充（图 5.13）。

大脑：脑实质中血管扩张充血，部分脑血管周围间隙扩大，神经细胞轻度变性，胶质细胞呈弥散性增生（图 5.14）。

脾脏：脾窦充血，淋巴细胞数量减少，局部淋巴细胞变性坏死（图 5.15）。

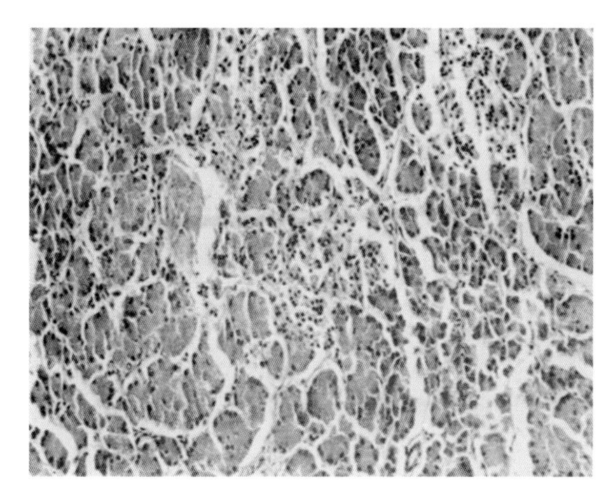

图 5.10 胰腺腺泡上皮变性、局灶性坏死

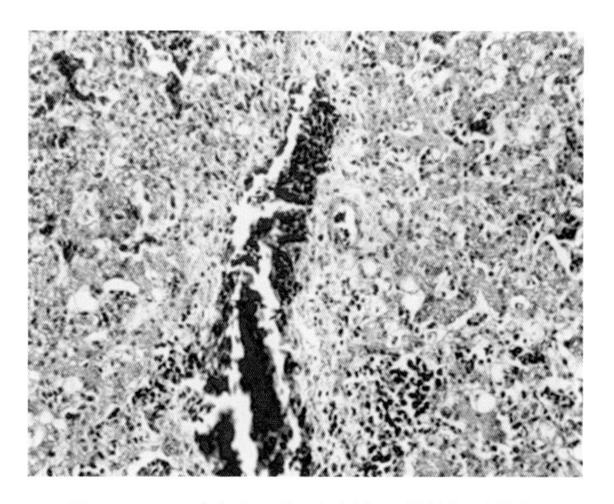

图 5.11 肝脏充血、细胞变性、单核细胞浸润

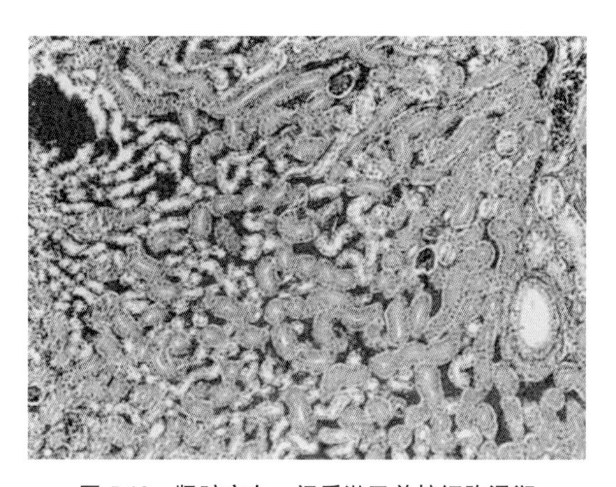

图 5.12 肾脏充血，间质淋巴单核细胞浸润

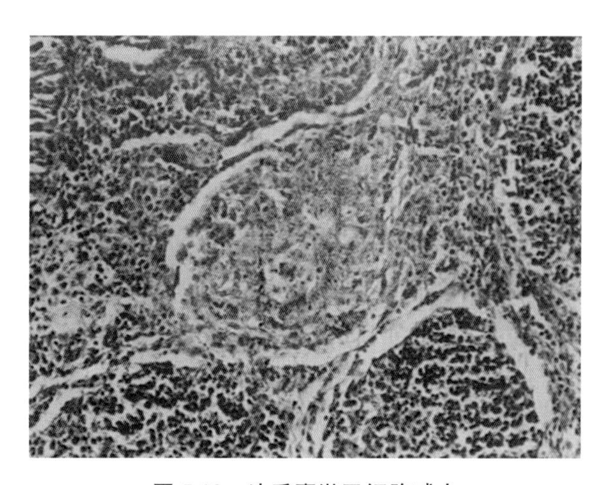

图 5.13 法氏囊淋巴细胞减少

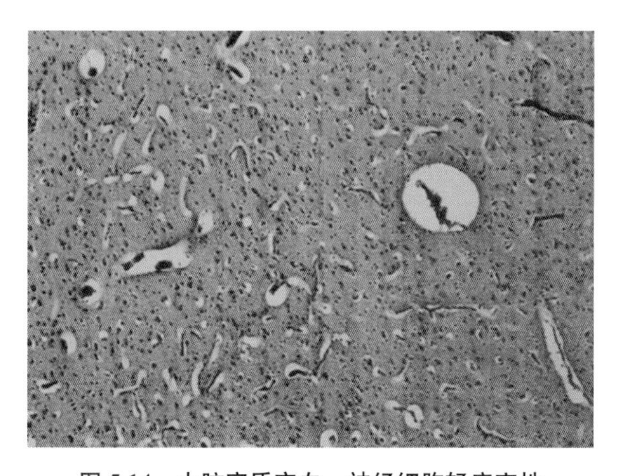

图 5.14 大脑实质充血，神经细胞轻度变性

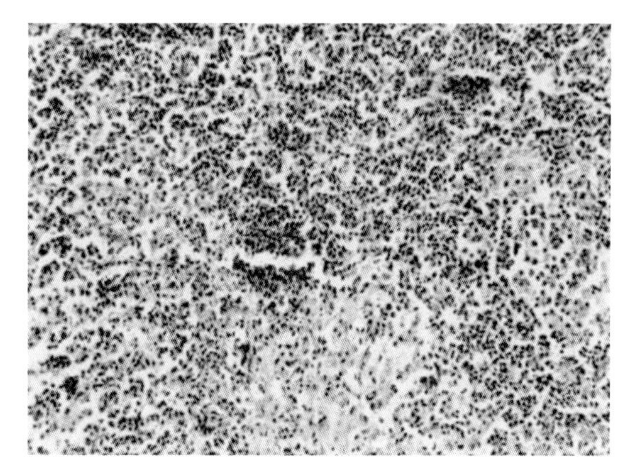

图 5.15 脾脏淋巴细胞减少

【诊　断】

1）临床诊断

可根据流行病学、临床症状和病理变化初步诊断为番鸭细小病毒病（番鸭“三周病”）。

2）实验室诊断

已报道的实验室诊断方法有病毒分离（VI）、中和试验（NT）、荧光抗体试验（FA）、酶联免疫吸附试验（ELISA）、琼脂扩散试验（AGP）、胶乳凝集试验（LPA）、胶乳凝集抑制试验（LPAI）、核酸探针、聚合酶链式反应（PCR）和环介导等温扩增（LAMP）等。

目前我国已经批准的诊断试剂仅福建省农业科学院畜牧兽医研究所研制的 LPA 和 LPAI 诊断试剂，该试剂具有快速（检查病原 30 min 内出结果，检测抗体 1.5 h 内出结果）、特异性强、操作简便和判定直观等优点，适于基层兽医防疫部门及专业户用做临床诊断、流行病学调查。

（1）免疫学诊断

①胶乳凝集试验（LPA）：

a. 样品处理：取病番鸭肝、脾、肾和胰腺等组织与生理盐水研磨成 1∶1 匀浆液，加等体积氯仿，振荡数分钟，5 000 r/min 离心 5 min，取水相为待检样品。

b. 操作方法：用稀释液（pH7.2PBS 或生理盐水）将待测样品做连续倍比稀释后，各取 10 μL 不同稀释度的待测样品与等量致敏胶乳在洁净的玻片或 96 孔细胞培养板板盖上混匀，室温（22±4）℃或 37℃水浴箱中静置 5 ～ 15 min，观察凝集反应。试验设致敏胶乳对照、抗原对照和抗原加稀释液对照。

c. 结果判定：出现如下结果，试验方可成立，否则应重试：致敏胶乳对照呈“－”；抗原加稀释液呈“－”；抗原加致敏胶乳呈“++++”。

“++++”　1 ～ 3 min 内出现粗大凝集块，液体澄清。

“+++”　形成较大的凝集块，且液体澄清。

“++”　50% 胶乳凝集，颗粒明显，液体较澄清。

“+”　少量乳胶凝集，液体较混浊。

“－”　无凝集颗粒，液体呈均匀乳状。

以出现“++”以上凝集者为阳性；“+”为可疑；“－”为阴性；以出现“++”以上凝集反应的最高稀释度作为判定终点，即为 MPV 抗原胶乳凝集效价。

② 胶乳凝集抑制试验（LPAI）：

a. 抗原凝集价测定：用稀释液将病毒抗原液连续倍比稀释后，各取 10 μL 不同稀释度的病毒液与等量致敏胶乳在洁净的玻片或 96 孔细胞培养板板盖上混匀，室温 (22±4)℃或 37℃水浴箱中静置 5 ～ 15 min，判定结果。

b. 抗原凝集价工作液配制及检验：

如果抗原 LPA 效价为 2^{-6}（举例），则 4 个凝集单位＝ 2^{-4} 即 1∶16 稀释。取稀释液 15 mL，加病毒抗原 1mL，混匀，使最终浓度为 1∶16（即 4 个凝集单位），将 1∶16 稀释的抗原液加等量稀释液即成 2 个凝集单位的病毒抗原。

检查 4 单位的凝集价是否准确，应将抗原分别以 0.1 mL 的量加入稀释液 0.1、0.2、0.3、0.4、0.5 mL 中，使最终稀释度为 1∶2、1∶3、1∶4、1∶5、1∶6，各取 10 μL 与等量致敏胶乳混匀，室温（22±4）℃或 37℃水浴箱中静置 5 ～ 15 min，如果配制的抗原液为 4 单位，则 1∶4 稀释度出现终点；如果高于 4 单位，可能 1∶5 或 1∶6 出现终点；如果低于 4 单位，可能 1∶3 或 1∶2 出现终点。应根据检验结果做适当调整，使工作液确为4单位，同理检查2单位的凝集价是否准确。

③ 胶乳凝集抑制效价测定：

a. 操作方法：按表5.1取被检血清50 μL加入第一孔(4单位抗原孔，50 μL)中，混匀后取50 μL加入第2孔，依此类推，以2单位抗原液做连续倍比稀释，并设阳性血清、阴性血清对照、致敏胶乳对照、2单位抗原对照和抗原加稀释液对照，37℃水浴箱中感作60 min；分别取上述混合液10 μL与等量致敏胶乳混匀，室温(22±4)℃或37℃水浴箱中静置5 ~ 15 min，判定结果。

表5.1　胶乳凝集抑制试验

孔　号	1	2	3	4	5	6	…
稀释倍数	2^{-1}	2^{-2}	2^{-3}	2^{-4}	2^{-5}	2^{-6}	…
4单位抗原/μL	50	0	0	0	0	0	…
2单位抗原/μL	0	50	50	50	50	50	…
被检血清/μL	50	50	50	50	50	50	
37℃感作30 min后，各取10 μL上述混合液与等量致敏胶乳混匀，室温(22±4) ℃或37℃水浴箱静置5 ~ 15 min，观察结果。							
结果	−	−	−	++	+++	+++	…

b. 结果判定：出现如下结果，试验方可成立，否则应重试：致敏胶乳对照呈“−”；抗原加致敏胶乳的凝集价为2单位；抗原加稀释液呈“−”；阳性血清呈“−”；阴性血清呈“++++”。

“++++”　1 ~ 3 min内出现粗大凝集块，液体澄清；

“+++”　形成较大的凝集块，且液体澄清；

“++”　50%胶乳凝集，颗粒明显，液体较澄清；

“+”　少量乳胶凝集，液体较混浊；

“−”　无凝集颗粒，液体呈均匀乳状。

以出现“−”为抗体阳性；以出现“−”的最高血清稀释倍数判为终点，从表5.1结果看，该被检血清的LPAI效价为2^3。

④荧光抗体试验（FA）：

a. 冰冻切片制作：采集发病或病死番鸭肝脏、脾脏、肾脏和胰腺等组织约0.5 cm^3大小，置温度达 -18 ~ -20℃冰冻切片机快速冷冻10 min后，切成5 ~ 6 μm薄片，置预冷丙酮溶液固定15 min后，自然晾干。

b. 染色：取固定好的组织切片加工作浓度的一抗（MDPV-Mab ）50 μL，置37 ℃湿盒或水浴箱中作用30 min，用生理盐水或0.01 mol/L pH 7.2 PBS洗涤3次，加工作浓度的羊抗鼠IgG-FITC 50 μL，同上作用30 min，洗涤3次，加一滴50 %甘油 -PBS缓冲液封片。同时设阳性和阴性片染色。

c. 观察：将染色好的样品置荧光显微镜下观察并拍照保存，当阴性对照片无荧光，而阳性对照片出现特异性的亮绿色荧光灶时判定阳性。

（2）分子生物学诊断　按常规方法提取病毒基因组DNA，或参照血液/细胞/组织基因组DNA提取试剂盒，目前常用的分子生物学诊断方法为PCR。

参照发表的MDPV的特异性引物（PS1/PS2）：PS1：5’-CTG AGC TCT TTG CTT CAG TTG-3’，PS2：5’-CGC TTG TGA TGG CTT GGT AC-3’，预计扩增长度为1100 bp；PCR反应体系为50 μL，其中模板DNA 5 μL，上下游引物（20 pmol/ L）各1 μL，dNTP Mixture（2.5 mmol/L）1 μL，10×Buffer 5 μL，Taq DNA酶(5 U/μL)1 μL，以ddH_2O加足体系。PCR反应条件为：95℃预变性5 min；94℃变性

20 s，52℃退火 20 s，72℃延伸 20 s，进行 35 个循环；最后 72℃延伸 5 min。同时以阳性病料和 ddH_2O 分别作阳性对照和空白对照。取 5 μL PCR 产物在 1.0% 琼脂糖凝胶电泳检测。将所扩增的目的片段回收后直接测序，通过 GenBank 登录序列进行比对，从基因水平上可证实所扩增片段为 MDPV 基因片段。

对于经典型番鸭细小病毒病，在临床上易与番鸭副黏病毒病、鸭流感、鸭呼肠孤病毒病相混淆，可结合各病其他脏器的剖解病变加以区别。

【防　治】

1）管理措施

加强饲养管理，搞好环境卫生消毒和减少应激对该病的防控具有一定作用。

2）免疫防治

疫苗免疫是预防和控制番鸭细小病毒病的有效措施，雏番鸭出壳时免疫注射疫苗一次番鸭细小病毒病活疫苗可有效预防番鸭细小病毒病，疫区雏番鸭成活率由未注射前的 60%~65% 提高到 95% 以上，可有效地控制该病的发生。

免疫种鸭可以给雏番鸭提供一定的母源抗体保护；发生该病时应隔离病鸭并肌肉注射高免血清或卵黄抗体，每天 1 次，连续 2~3 天，可起到一定的治疗效果；同时配合肠道广谱抗生素或抗病毒中药等进行拌料或饮水，提高疗效。

5.2　番鸭小鹅瘟

引　言

小鹅瘟（goose plague）是由鹅细小病毒（goose parvovirus，GPV）引起的雏鹅和雏番鸭以急性肠炎以及肝肾等实质器官的炎症为特征的一种急性病毒性传染病。我国是发现和研究鹅细小病毒最早的国家，早在 1965 年我国学者方定一在国内外首次从发病雏鹅中发现并分离鉴定了 GPV，GPV 不仅危害雏鹅也能感染雏番鸭，但鲜见雏番鸭临床发病的报道。自 1997 年以来，在中国福建等番鸭饲养区，先后发生雏番鸭出现不同程度的以腹泻、部分病鸭肠黏膜脱落形成栓塞为主要特征的疫病，经病原分离、鉴定，确认该病原为番鸭源鹅细小病毒（muscovy duck-derived goose parvovirus, MD-GPV）。

【病原学】

1）分类地位

与番鸭细小病毒（muscovy duck parvovirus）一样，当前，国际病毒分类委员会（ICTV）将 GPV 定为细小病毒科细小病毒亚科依赖细小病毒属雁形目依赖细小病毒 1 型（中文暂定名，anseriform dependoparvovirus 1）。

在电镜下，GPV 有实心和空心两种粒子，呈圆形等轴立体对称的二十面体，无囊膜，直径 20~24 nm，具有典型的细小病毒外形特征。病毒在感染细胞核内复制。

2）基因组结构

番鸭小鹅瘟病毒基因组为线性、单股负链 DNA 病毒，基因组大小为 5~6 kb，两端由相同的回文 ITR 序列折叠形成发卡结构，中间为编码区，含有两个主要开放阅读框架（open read frame，ORF），两个 ORF 之间间隔 18 bp。左侧 ORF（LORF）编码 2 种非结构蛋白（Rep），即调节蛋白 NS1、NS2；右侧 ORF（RORF）编码 3 种结构蛋白（VP），即 VP1、VP2、VP3。各编码区内基因相互重叠，非结构基因和结构基因分别终止于同一个终止密码子，右侧 ITR 前有一个（Poly）A。已确定福建省番鸭小鹅瘟代表株（MD-GPV-PT）全长约 5073 bp，其中 NS 基因长 1884 bp，VP 基因长 2199 bp，5’端及 3’端的 ITR 长度均为 425 bp。

番鸭小鹅瘟病毒代表株（MD-GPV-PT 株）为一种新基因型 GPV 强毒株，具有如下特征：在非编码区 MDGPV-PT 与 GPV-B（GPV 标准强毒），MDPV-FM（MDPV 标准强毒）核苷酸同源性分别为 85.5% 和 99.5%；在非结构蛋白编码区 MDGPV-PT 与 GPV-B，MDPV-FM 核苷酸同源性分别为 82.9% 和 99.4%；在结构蛋白主要免疫功能区 MD-GPV-PT 与 GPV-B，MDPV-FM 核苷酸同源性分别为 92.1% 和 85.9%。

3）实验室宿主系统

MD-GPV 对各种禽胚的致病性不同，对番鸭胚和鹅胚致死率达 90% 以上，麻鸭胚约 30%。病毒在番鸭胚成纤维细胞（MDEF）培养中经过适应后可以增殖，并产生细胞病变和包涵体。但不能在鸡胚和 CEF 中增殖。

4）抵抗力

同 MDPV 一样，MD-GPV 能耐乙醚、氯仿、胰蛋白酶、酸和热，有研究者发现经 65℃加热处理 30 min 滴度不受影响；还发现病毒在 pH3.0 溶液中，37℃条件下作用 1 h 仍然稳定；对紫外线敏感。GPV 无血凝活性，对番鸭、鹅、麻鸭、鸡、鸽、牛、绵羊、猪等动物红细胞均无凝集能力。

【流行病学】

该病毒主要侵害 1 ~ 4 周龄雏番鸭，最早发病见于 4 日龄，其易感性随日龄增长逐渐降低，4 周龄以上雏番鸭较少发病。发病率 50%~70%、病死率 40%~65%，病愈鸭大部分成为僵鸭且羽毛生长不良，给番鸭养殖业造成严重经济损失。过去，麻鸭、半番鸭、北京鸭、樱桃谷鸭和鸡未见发病报道，即使与病鸭混养或人工接种病毒也不出现临床症状。该病一年四季均可发生，无明显的季节性，但以冬、春季发病率为高。传播途径为消化道和呼吸道，病鸭排泄物污染的饲料、水源、工具和饲养员都是传染源，污染病毒的种蛋是孵坊传播该病的主要原因之一。

【临床症状】

主要表现为精神委顿，饮食欲减少或废绝，排黄白色或淡黄绿色水样稀便，最后衰竭而死亡，但无呼吸道张口呼吸症状，发病日龄要比番鸭细小病毒病略早些，病死率可高达 70%~90%，病程可持续 7~10 天以上。大日龄番鸭感染或病程长的常出现断羽毛现象而影响羽毛外观（图 5.16，图 5.17）。

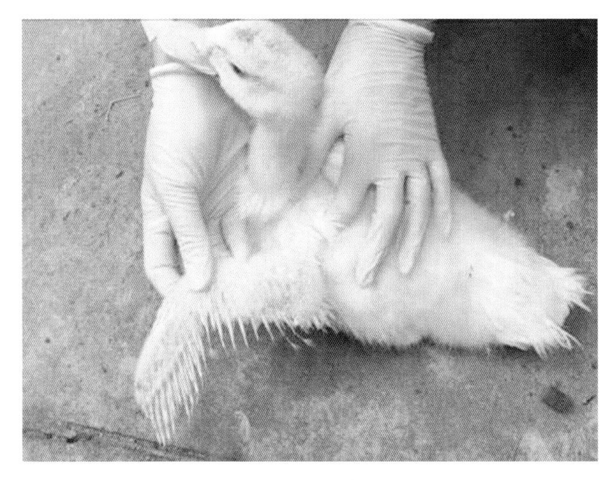

图 5.16　GPV 感染番鸭断毛

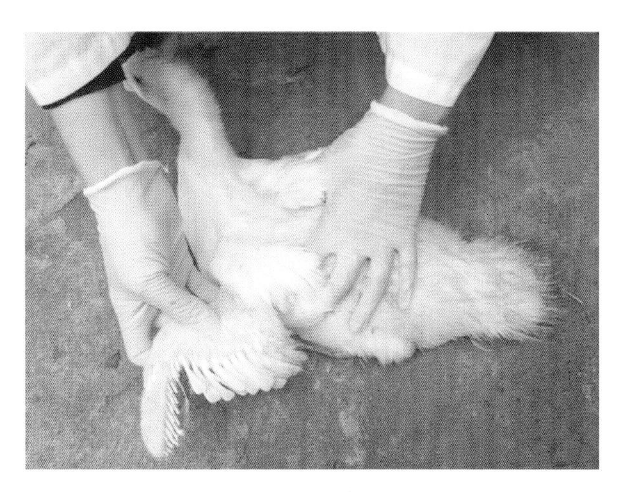

图 5.17　健康番鸭

【病理变化】

病死番鸭的特征性病变表现为肠道外观发红、十二指肠黏膜出血明显（图 5.18、图 5.19），肠道外观肿胀、触压有硬感（图 5.20），且在小肠和盲肠可见肠黏膜脱落与肠纤维素性渗出物凝固形成状如腊肠样的特征性肠栓塞而阻塞肠道（图 5.21）；小日龄感染番鸭脾脏明显萎缩，心包积液，肝脏稍肿大，胆囊充盈；肾充血。

图 5.18　肠道外观发红

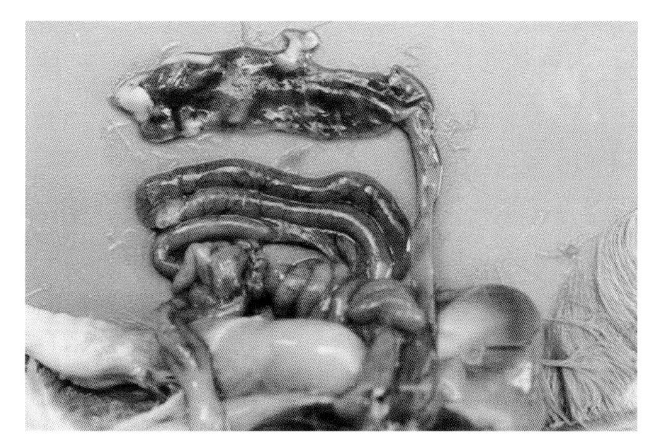

图 5.19　十二指肠黏膜明显出血

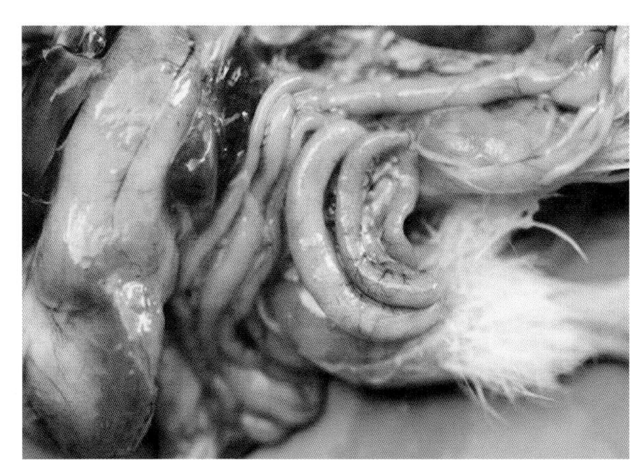

图 5.20　肠道外观肿胀、触压有硬感

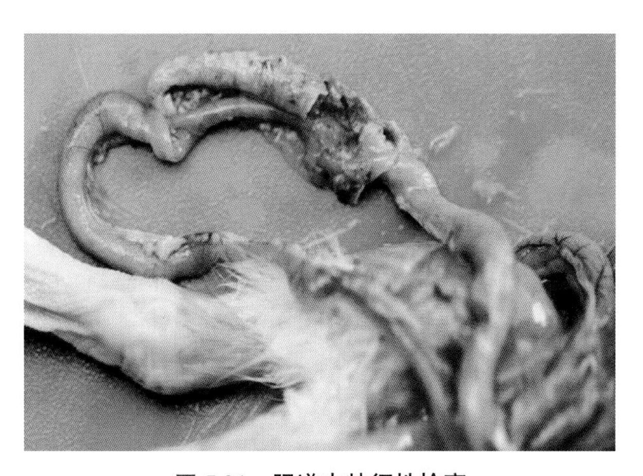

图 5.21　肠道内特征性栓塞

【诊　　断】

1）临床诊断

临床上可根据临床症状、流行病学、肠栓塞和脾脏明显萎缩的特征性病变做出初步诊断。必要时可取病死鸭的肝脏、胰腺、脾脏、肾脏等进行病毒分离鉴定、聚合酶链反应以及用单克隆荧光抗体切片进行确诊。在临床上该病要注意与番鸭细小病毒病进行鉴别诊断，同时临床上也应注意排除与番鸭细小病毒病的混合感染。

2）实验室诊断

已报道的实验室诊断方法有病毒分离（VI）、中和试验（NT）、荧光抗体试验（FA）、酶联免疫吸附试验（ELISA）、琼脂扩散试验（AGP）、胶乳凝集试验（LPA）、胶乳凝集抑制试验（LPAI）和聚合酶链式反应（PCR）等。

（1）免疫学诊断　用于该病免疫学诊断的方法主要有：

① 胶乳凝集试验（LPA）：操作参照番鸭细小病毒，试剂为抗番鸭小鹅瘟单抗致敏胶乳。

② 胶乳凝集抑制试验（LPAI）：操作参照番鸭细小病毒，试剂为抗番鸭小鹅瘟单抗致敏胶乳和番鸭小鹅瘟病毒。

③ 荧光抗体试验（FA）：操作参照番鸭细小病毒，一抗为抗番鸭小鹅瘟单抗。

④ 中和试验：最常用的方法是利用鸭胚或原代细胞培养检测番鸭小鹅瘟中和抗体。交叉中和试验可以鉴别 GPV-MD 和 MDPV 抗体。中和效价为 1∶16 或更高可判定为 GPV-MD 抗体阳性。

⑤ 琼脂扩散试验（AGP）：AGP 虽然比病毒中和试验敏感性低，但该方法简便，特别适合于临床血清样本的 GPV 抗体检测。

⑥ ELISA 方法：该方法快速、简便和通量检测。

（2）分子生物学诊断　目前多采用聚合酶链式反应检测该病。按常规方法提取病毒基因组 DNA，或参照血液 / 细胞 / 组织基因组 DNA 提取试剂盒。

陈少莺等在 GPV、MDPV 与 MD-GPV 基因组的非同源区设计一对 MDGPV 特异性检测引物（WS1/WS2）：WS1：5’-GTT AAC TGG ACT AAT GAG AAC TTT CCT T-3’， WS2：5’-TTC TTC AGA TAA TTT AGG CTT CTT-3’，预计扩增长度为 1300 bp；PCR 反应体系为 50 μL，其中模板 DNA 5 μL，上下游引物（20 pmol/ L） 各 1 μL，dNTP Mixture（2.5 mmol/L）1 μL，10×Buffer 5 μL，Taq DNA 酶 (5 U/μL)1 μL，以 ddH_2O 加足体系。PCR 反应条件为：95℃预变性 5 min；94℃变性 20 s，52℃退火 20 s，72℃延伸 20 s，进行 35 个循环；最后 72℃延伸 5 min。同时以阳性病料和 ddH_2O 分别作阳性对照和空白对照。取 5 μL PCR 产物在 1.0% 琼脂糖凝胶电泳检测。将所扩增的目的片段回收后直接测序，通过 GenBank 登录序列进行比对，从基因水平上可证实所扩增片段为 MDGPV 基因片段。

从临床上表现腹泻的角度看，番鸭小鹅瘟与番鸭细小病毒病、副黏病毒病、流感难以区别，可结合各病其他脏器的剖检病变和病毒检测或分离鉴定加以区别。

【防　　治】

1）管理措施

加强饲养管理，搞好环境卫生消毒和减少应激对该病的预防和控制有一定作用。

2）免疫防治

疫苗免疫是预防和控制番鸭小鹅瘟病的有效措施，目前我国已获临床试验批件的番鸭细小病毒病和番鸭小鹅瘟二联活疫苗，于雏番鸭出壳时免疫注射一次，即可有效预防番鸭小鹅瘟和番鸭细小病毒病。番鸭细小病毒病活疫苗免疫能产生一定的交叉抗体，但不能有效抵抗番鸭小鹅瘟强毒的感染。

免疫种鸭可以给雏番鸭提供一定的母源抗体保护；发生本病时应隔离病鸭并肌肉注射高免血清或卵黄抗体，每天 1 次，连续 2 ～ 3 天，可起到一定的治疗效果；同时配合肠道广谱抗生素或抗病毒中药等进行拌料或饮水，提高疗效。

5.3 鸭短喙侏儒综合征

引　言

20 世纪 70 年代初，在法国西南部出现的半番鸭以上喙变短和生长不良 （short beak and dwarf syndrome, SBDS）为主要症状的疫病，且怀疑其致病病原为鹅细小病毒（goose parvovirus, GPV），但未分离到病毒。90 年代末匈牙利 Vilmos Palya 等经病毒分离鉴定该病原为 GPV，且通过动物试验复制出 SBDS 表现的病例。

于 2008 年下半年以来，我国闽、浙、苏等省的部分鸭场或养鸭户的雏半番鸭和台湾白鸭出现软脚、低病死率、翅脚易折断、上喙变短占近 30%，生长迟缓（表现侏儒、矮小），体重仅为同群正常鸭体重的 1/3~1/2，至出栏时残次鸭高达 60%；我国闽、浙、皖、沪等省的部分鸭场或养鸭户免疫接种了细小病毒弱毒活疫苗的雏番鸭依然发生类雏番鸭“三周病”，除出现死亡外，幸存鸭的中（大）番鸭翅脚易断、上喙变短，大多成为侏儒鸭或僵鸭，对我国养鸭业造成了较大的直接经济损失。我国学者黄瑜对该类病例开展了广泛的流行病学调查、病原学检测、病毒分离鉴定和实验室人工感染试验，确定其病原为新型番鸭细小病毒（new genotype muscovy duck parvovirus, NG-MDPV）。陈浩等报道自 2015 年 3 月以来，我国山东、江苏和安徽等地肉鸭群出现了一种疾病，该病以鸭喙发育不良，舌头外伸（duck beak atrophy and dwarfish syndrome,BADS）为特征，感染后期胫骨和翅骨易发生骨折鸭，发病日龄在 14 天直至出栏。鸭群发病率为 5%~20% 不等，严重时可达 50% 左右；患鸭出栏体重较正常鸭轻 20%~30%，病程较长患鸭出栏时体质量仅为健康鸭的 50%，经鉴定病原为重组 GPV。陈翠腾等报道山东兖州某鸭场 32 日龄樱桃谷肉鸭临床上表现为喙变短、舌头伸出为特征的疫病，经鉴定其病原亦为 GPV。陈仕龙等报道了半番鸭、樱桃谷鸭以上喙变短和生长不良症状为主要特征的疫病，与陈浩报道的病例相似，经鉴定亦为 GPV 感染，且与匈牙利 Vilmos Palya 报道的 SBDS 病原处于同一进化分支上。

【病原学】

1）分类地位

迄今，引起鸭短喙侏儒综合征的病原有新型 MDPV 和新型 GPV。

2）基因组结构

对新型 MDPV 分离毒株全基因组序列测定与分析表明，新型 MDPV 分离毒株与我国已报道的 SAAS-SHNH 株番鸭细小病毒(MDPV)(GenBank 号: KC171936)的核苷酸同源性在 99.7% ～ 99.9%之间、与匈牙利番鸭细小病毒 FM 强毒标准株（GenBank 号：U22967）的核苷酸同源性在 93.5% ~ 93.7% 之间，与匈牙利鹅细小病毒（GPV）B 株（GenBank 号: U25749）的核苷酸同源性在 86.3% ~ 86.4% 之间、与我国 SYG61v 鹅细小病毒弱毒疫苗株（GenBank 号：KC996729）的核苷酸同源性在 85.3% ~ 85.4%，新型 MDPV 分离毒株相互之间的核苷酸同源性在 99.7% ~ 99.9% 之间。以 MEGA6 绘制新型 MDPV 分离毒株和其他水禽细小病毒（MDPVs 和 GPVs）代表株的遗传进化树，并用 Bootstrap 对进化树进行可靠性评价，重复计算 1000 次。从遗传进化关系可以看出，GPV 在遗传进化上呈现独立遗传分支进化，而 MDPV 在遗传进化上呈现两个明显不同的分支，即经典型 MDPV 为一个分支，而新型 MDPV 为另一独立分支（图 5.22），表明新型 MDPV 的基因组与经典型 MDPV 差异较大。基因重组分析表明，新型 MDPV 分离毒株存在 GPV 和 MDPV 自然重组现象。从新型 MDPV 福建分离株（NM100 株）可见，其在基因组 5’ - 末端和 NS 编码区 5’ - 前端存在约 200 nt 的基因重组组，在 VP 基因编码区存在约 1 100 nt 的基因重组区（图 5.23）。

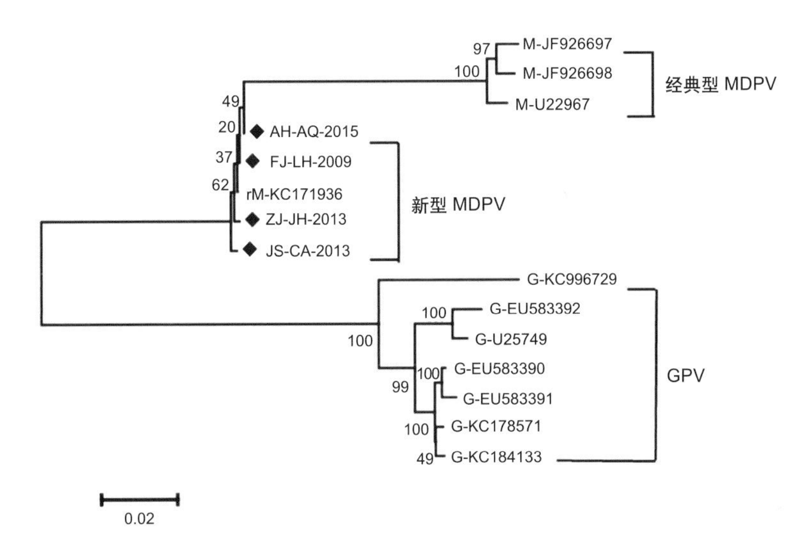

图 5.22　新型 MDPV 毒株基因组遗传进化树

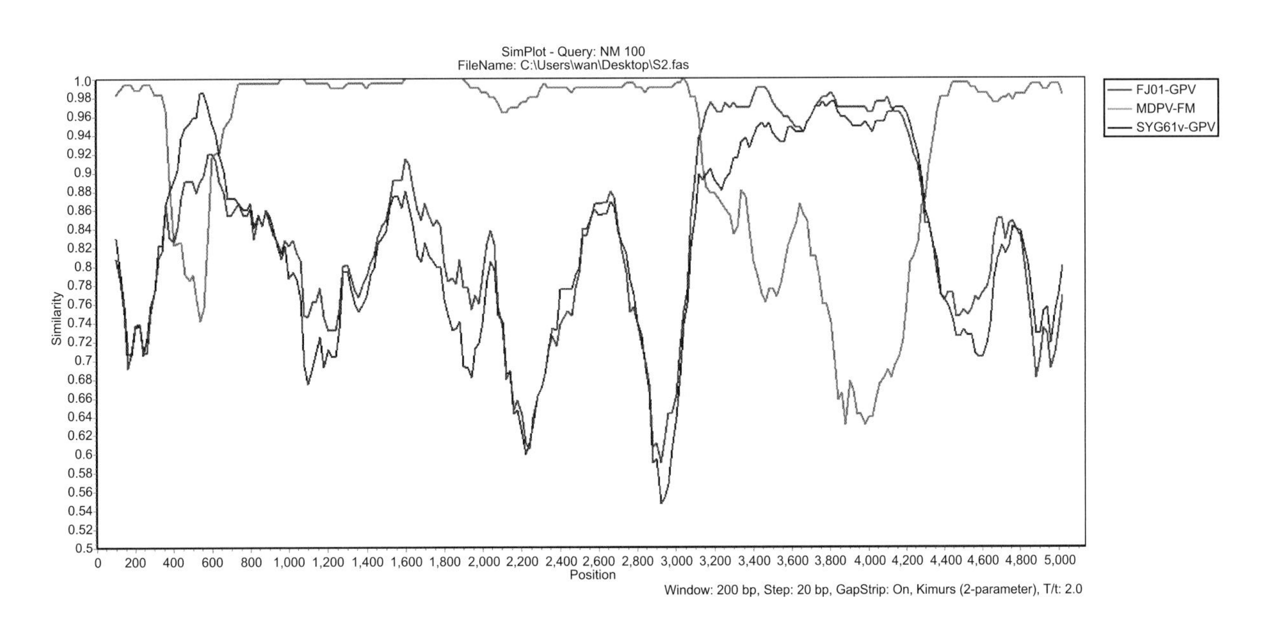

图 5.23　新型 MDPV 基因重组分析（引自 Wan, et al. 2016）

陈浩等报道引起 BADS 的重组 GPV 的全基因组大小为 5 006 nt，其基因组 5 端和 3’ 端均含有相同的末端倒置重复序列（inverted terminal repeats，ITR），ITR 全长为 366 nt 该基因组由左右两侧两个开放阅读框组成，左侧编码非结构蛋白（non-structure，NS）NS1 和 NS2，右侧编码 3 种结构蛋白（viral structural protein，VP）VP1、VP2 和 VP3。NS 基因全长为 1884 nt（497 ～ 2 380 nt），其中 NS2 全长为 1 356 nt（1 065 ～ 2 420 nt）；VP 基因全长为 2199 nt（2399 ～ 4597 nt），其中 VP2 全长为 2834 nt，VP3 全长为 2993 nt（3033 ～ 4637 nt），在其右侧的 ITR 前有一个 Poly(A) 的尾。比较该毒株的全基因组核苷酸序列和经典型 GPV、经典型 MDPV 全基因组核苷酸序列发现，与 GPV 疫苗株 82-0321v 株同源性最近达 96.8%，与经典型 GPV 同源性为 90.8%~94.6%；而与经典型 MDPV 同源性较低，仅为 78.6%~81.6%（图 5.24）。分析该毒株的 NS 基因核苷酸序列分析发现，与 GPV 疫苗株 82-0321v 最近，与经典型 GPV 同源性 93.6%~97.8%；与经典型 MDPV 同源性在 82.1%~83.5% 之间。比较其与经典型 GPV、经典型 MDPV 的 VP1 进化分析发现，与 82-0321v、VG32/1 和 GPV 经典毒株 B 株处于同一进化分支，而与中国以往报道的 GPV 处于不同的分支上。比较 A 部分核苷酸 443 nt 进化分析发现，该毒株与匈牙利 Vilmos Palya 报道的 SBDS 毒株（D146/02）同源性最高，处于同一进化分支，但与亚洲经典型 GPV 分离株处于不同的进化分支（图 5.25）。分析该毒株的 ITR 基因发现，ITR 在 160~176 nt 和 306~322 nt 分成两部分，一部分来源于经典型 GPV，而另一部分来源于经典型 MDPV。由此推断该毒株为重组毒株，且处于 GPV 大分支上，但又不同于经典型 GPV，因此将引起 BADS 的病原定为新型 GPV。

比较该毒株 NS 和 VP1 与经典型 GPV、经典型 MDPV 的氨基酸序列发现，其 NS 的氨基酸序列与经典型 GPV、经典型 MDPV 的同源性分别为 96.2%~97.6% 和 89.3%~89.8%，其 VP1 的氨基酸序列与经典型 GPV、经典型 MDPV 的同源性分别为 96.3~98.2% 和 87.7~92.6%。

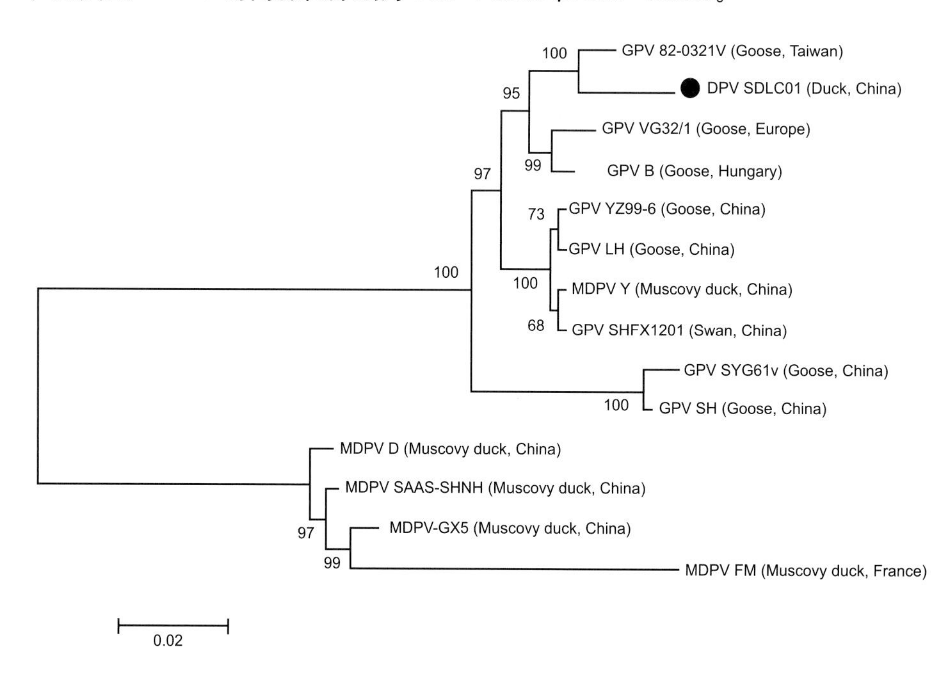

图 5.24　SDLC01 基因组遗传进化树（引自陈浩，2015）

图 5.25　SDLC01 的 A 部分遗传进化树（引自陈浩，2015）

【流行病学】

2008 年之前，番鸭为番鸭细小病毒的唯一易感动物，麻鸭、半番鸭、北京鸭、樱桃谷鸭、鹅和鸡未见发病报道，即使与病鸭混养或人工接种病毒也不出现临床任何症状。2015 年前，鹅细小病毒只引起鹅和番鸭发病、死亡。

然而，自 2008 年下半年以来，我国闽、浙、苏、皖、沪等省的部分鸭场或养鸭户的雏半番鸭、台湾白鸭有感染番鸭细小病毒，其发病率、病死率随感染鸭品种、日龄的不同而存在较大差异，且感染鸭日龄愈小其发病率、病死率愈高，如 7 天内半番鸭感染时发病率高达 50%、病死率近 4%，而 20 天半番鸭发病率近 20%、病死率仅 1% 甚至未见死亡。

对于雏番鸭，未免疫甚至于 1~2 日龄免疫接种了现商品化的雏番鸭细小病毒活疫苗的 5~20 日龄雏番鸭，感染新型番鸭细小病毒后依然发生类雏番鸭“三周病”，其发病率为 30%~65%，病死率高达 50%。

2015 年 3 月以来，山东省高唐、新泰、邹城以及江苏省沛县等地区的樱桃谷肉鸭养殖场陆续出现了短喙长舌特征性症状，鸭发病日龄在 14 天直至出栏。鸭群发病率为 5%~20% 不等，严重时可达 50% 左右。患鸭日龄在 13~40 天不等，患鸭死亡率较低。出栏肉鸭体重较正常出栏肉鸭体重轻 20%~30%，严重者仅为正常鸭体重的 50%。部分患鸭出现单侧行走困难、瘫痪等症状。发病鸭群日龄越小，大群的发病率越高。此外，该病可造成鸭采食困难，导致料肉比增高，降低养殖经济效益。

【临床症状】

新型 MDPV 或新型 GPV 所致的鸭短喙侏儒综合征，其临床表现不同于原经典型番鸭细小病毒病和番鸭小鹅瘟所致的临床症状，主要表现为：

1）番鸭

感染新型 MDPV 的番鸭表现张口呼吸（图 5.26）、软脚、腹泻、不愿活动和较高病死率，幸存的番鸭继续饲养后表现生长迟缓、体重轻仅为同群正常鸭体重的 1/2~1/3（即侏儒），上喙变短鸭多达 53%（图 5.27、图 5.28），腿骨、翅易断（图 5.29），至出栏时僵鸭率高达 83%（图 5.30）。

2）半番鸭

感染新型 MDPV 或（和）新型 GPV 的半番鸭或台湾白改鸭，表现软脚、轻度腹泻、不愿活动，生长迟缓、体重轻（即侏儒）（图 5.31），上喙变短的鸭占 20%~50% 不等（图 5.32、图 5.33）、翅脚易断，至出栏时残次鸭比例高达 65%（图 5.34）。

图 5.26　番鸭张口呼吸

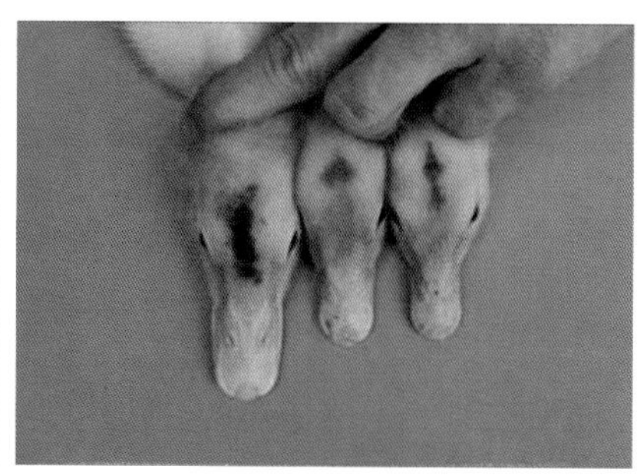

图 5.27　雏番鸭喙变短（右）

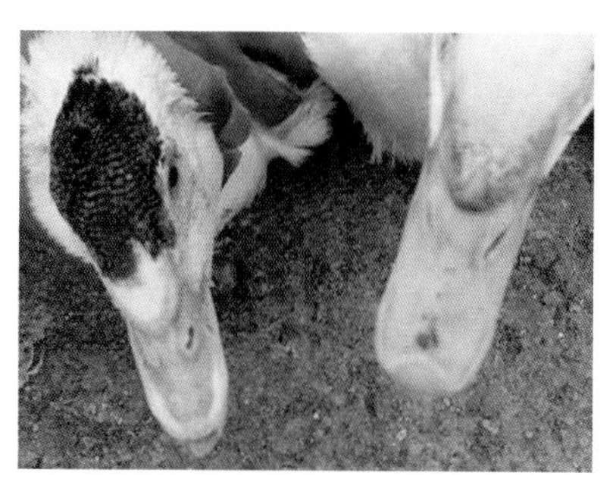

图 5.28　大番鸭短喙（左）

图 5.29　番鸭腿骨、翅折断

图 5.30　侏儒番鸭（番鸭群中个体小者）

图 5.31　半番侏儒鸭（中）

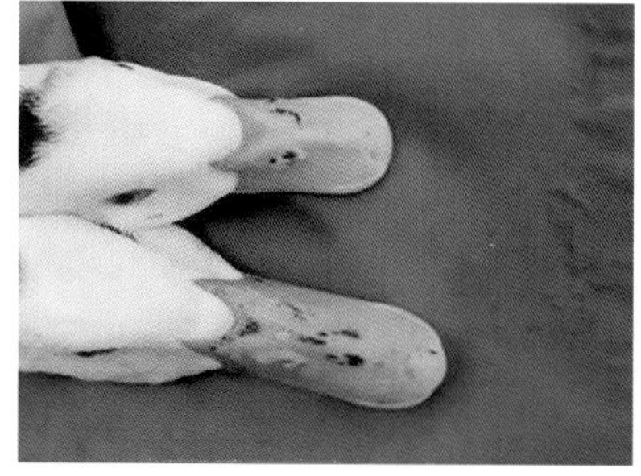

图 5.32　半番鸭短喙（上）

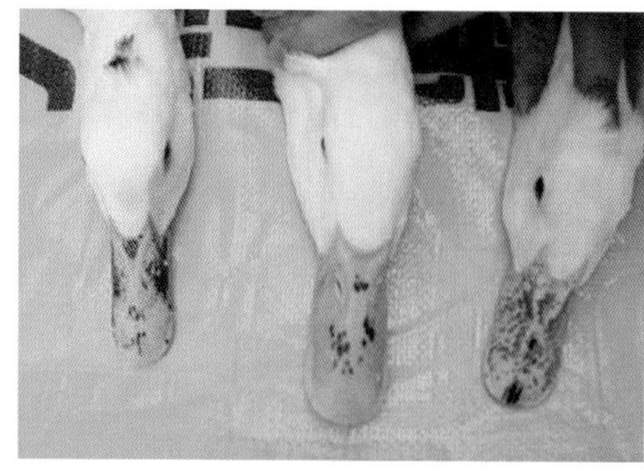

图 5.33　感染台湾白改种鸭上喙变短（左、右）

图 5.34　大量半番侏儒鸭

3）北京鸭

感染新型 GPV 的樱桃谷鸭也表现生长迟缓、体重变轻，上喙变短（图 5.35）、舌头伸出（图 5.36、图 5.37）、翅脚易折断，最后成为残次鸭（僵鸭）。

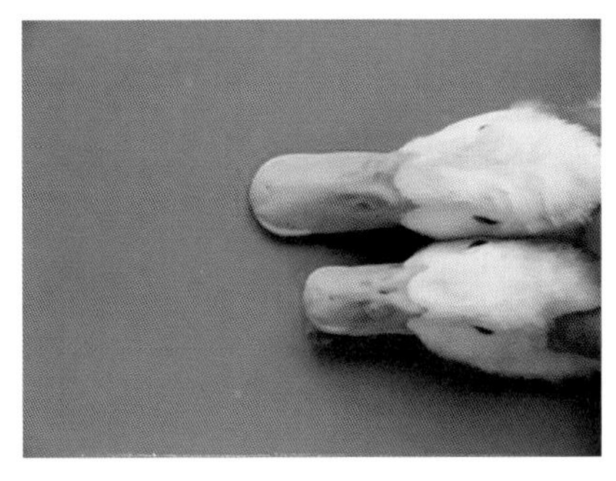

图 5.35　樱桃谷鸭短喙（下）

图 5.36　樱桃谷鸭舌头外伸（中）

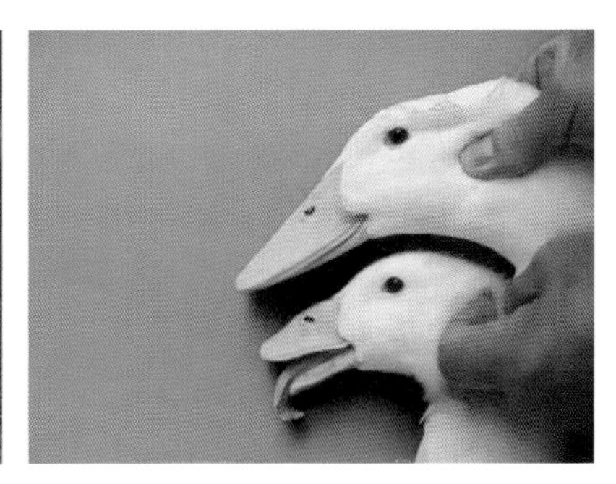

图 5.37　樱桃谷鸭舌头外伸（下）

【病理变化】

1）大体病变

感染新型 MDPV 后死亡的雏番鸭，除表现与经典型 MDPV 相同的胰腺表面有针尖大小的白色坏死点（图 5.38）和十二指肠黏膜出血（图 5.39）外，还表现有胸腺出血（图 5.40）；幸存者多表现胸腺出血和胫骨断裂（图 5.41）。

感染新型 MDPV 的半番鸭或台湾白改鸭，病死率低，扑杀侏儒鸭，多见胸腺出血（图 5.42）、卵巢萎缩（图 5.43）和胫骨断裂，其他脏器无肉眼可见病变。

感染新型 GPV 的樱桃谷鸭，其主要剖检病变为舌短小、肿胀，胸腺肿大出血，骨质较为疏松。

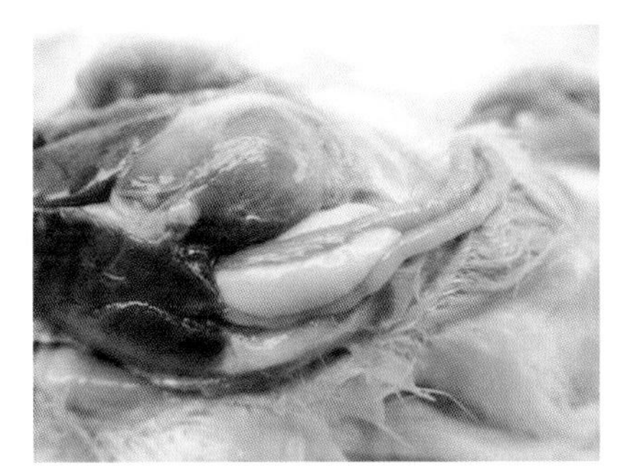

图 5.38　胰腺白色坏死点

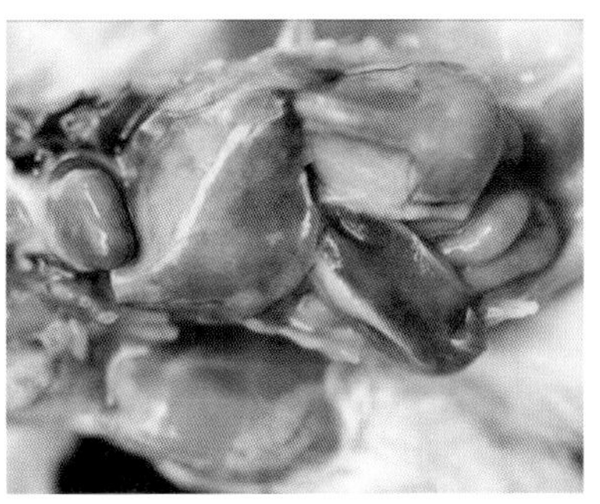

图 5.39　雏番鸭十二指肠黏膜出血

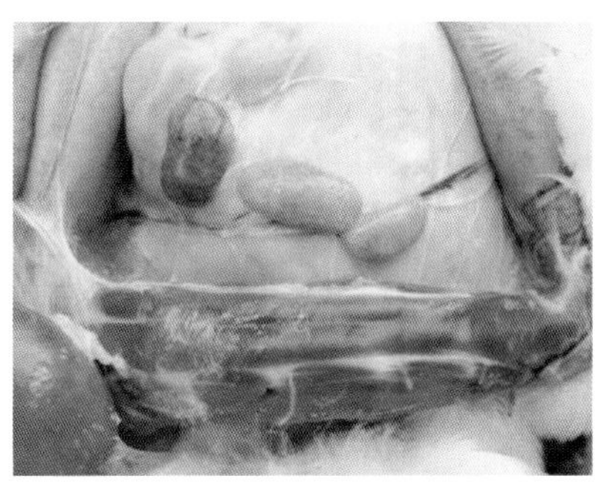

图 5.40　胸腺出血

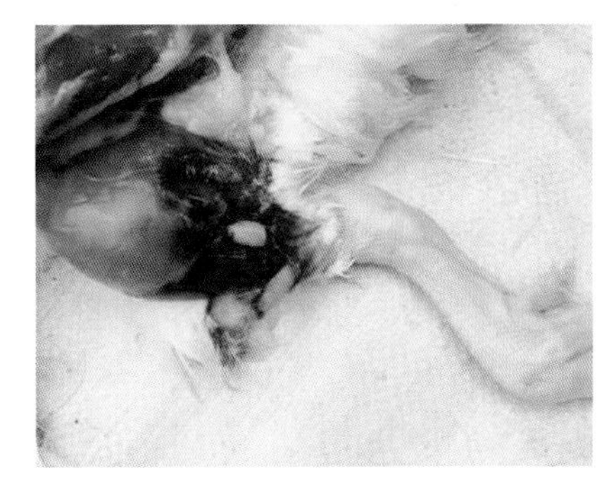

图 5.41　胫骨折断

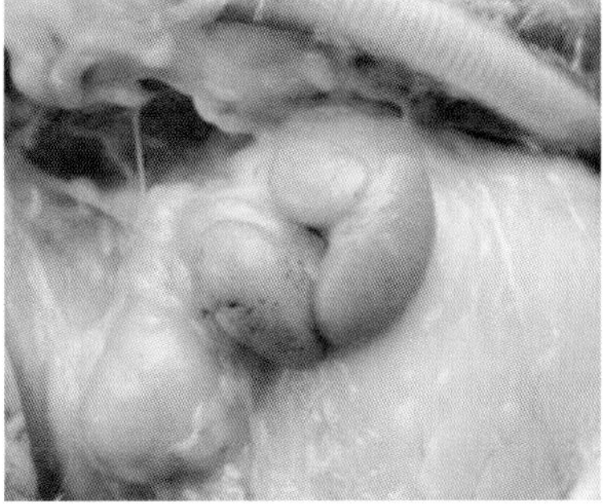

图 5.42　半番鸭胸腺出血

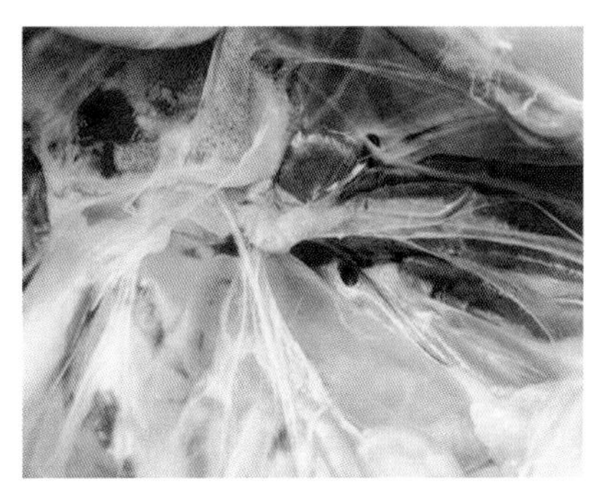

图 5.43　白改种鸭卵巢萎缩

2）组织学病变

感染新型 MDPV 的番鸭、半番鸭、台湾白改鸭，组织病理学特点主要为腿肌出血、坏死（图 5.44），肌纤维断裂、呈团块状或竹节状（图 5.45），胸腺出血、坏死（图 5.46）。

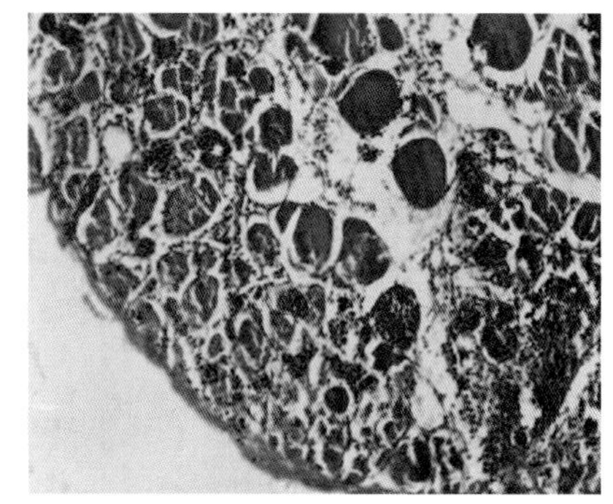
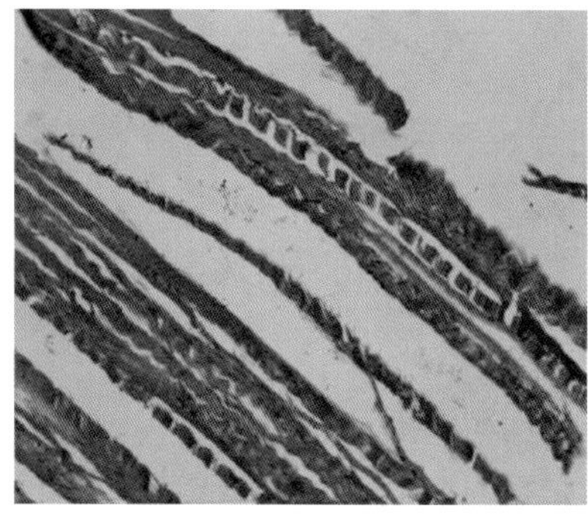
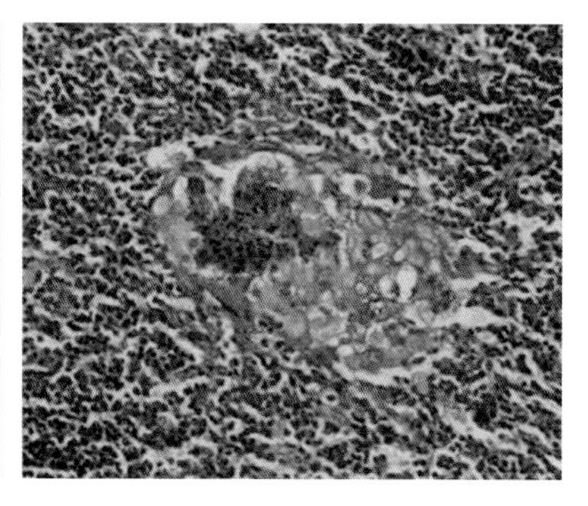

图 5.44　腿肌出血、坏死

图 5.45　腿肌纤维断裂、呈团块状或竹节状

图 5.46　胸腺出血、坏死

感染新型 GPV 的樱桃谷鸭，组织病理学特点主要为，患鸭舌呈间质性炎症，结缔组织基质疏松、水肿；胸腺髓质淋巴细胞与网状细胞呈散在性坏死，炎性细胞浸润，组织间质明显出血，胸腺组织水肿；肾小管间质出血，并伴有大量炎性细胞浸润，肾小管上皮细胞崩解凋亡，肾小管管腔狭小水肿。

【诊　断】

1）临床诊断

可根据该病的特征性的临床症状及剖检病变可做出初步诊断。

2）实验室诊断

关于该病的实验室诊断，由于引起该病的病原包括新型 MDPV（N-MDPV）和新型 GPV（N-GPV），目前已有 PCR 方法和限制性片段长度多态性聚合酶链反应（PCR-RFLP）。

根据 N-GPV 和 N-MDPV 基因组编码区的非结构蛋白 *NS* 基因保守区特征设计特异性引物，引物序列为，上游引物 F：5' - CAATGGGCTTTTACCAATATGC-3' 和下游引物 R：5' - ATTTTTCCCTCCTCCCACCA3′，用于扩增目的条带约 641 nt 大小的 *NS*1 基因片段。

PCR 反应体系为 50 μL，每个反应管的反应液配置为：依次加入 5 μL 10×PCR 缓冲液，上下游引物（引物浓度均为 20 μ mol/L）各 1 μL，4μL dNTP Mixture(各 2.5 mmol/L)，1 μL 提取的核酸 DNA，37.5 μL 灭菌双蒸水，0.5 μL Taq 聚合酶。2 000 r/min 离心 15 s，使反应混合液都沉降到 PCR 管底。将上述反应混合液按照以下步骤进行 PCR 扩增，94 ℃预变性 5 min；循环参数为 94 ℃变性 50 s，54 ℃退火 30 s，72 ℃延伸 35 s，循环 35 次；第三步 72 ℃再延伸 7 min 结束。反应结束后，分别取 20 μL PCR 产物，3 μL 10×H 缓冲液，5 μL 灭菌双蒸水，2 μL *Eco*R Ⅰ酶，37 ℃水浴 1 h。

分别取 5 μL 酶切产物与 0.5 μL 10× 加样缓冲液混合，然后加入到 1.0% 琼脂糖凝胶板的加样孔中，加上 DNA 分子量标准 5 μL，以 5 V/cm 的电压进行电泳，30 min 后在紫外凝胶成像系统观察结果。当阳性对照出现约 640 nt 特异性条带（图 5.47 1 号和 2 号泳道）、阴性对照无扩增条带（图 5.47 6 号泳道），空白对照无扩增条带（图 5.47 7 号泳道）本次实验结果成立且有效。

将 PCR 产物经 *Eco*R Ⅰ酶切后，可见 N-MDPV 的 PCR 扩增产物经 *Eco*R Ⅰ酶切后电泳条带为两条，其大小约分别为 460 nt 和 180 nt(图 5.47 3 号泳道)。N-GPV 的 PCR 扩增产物经 *Eco*R Ⅰ酶切后电泳条带大小不变，还是 640 nt（图 5.47 4 号泳道）。若经 *Eco*R Ⅰ酶切后电泳条带为三条，且分别为 640 nt 、460 nt 和 180 nt（图 5.47 5 号泳道），则表明存在 N-GPV 和 N-MDPV 的共感染。

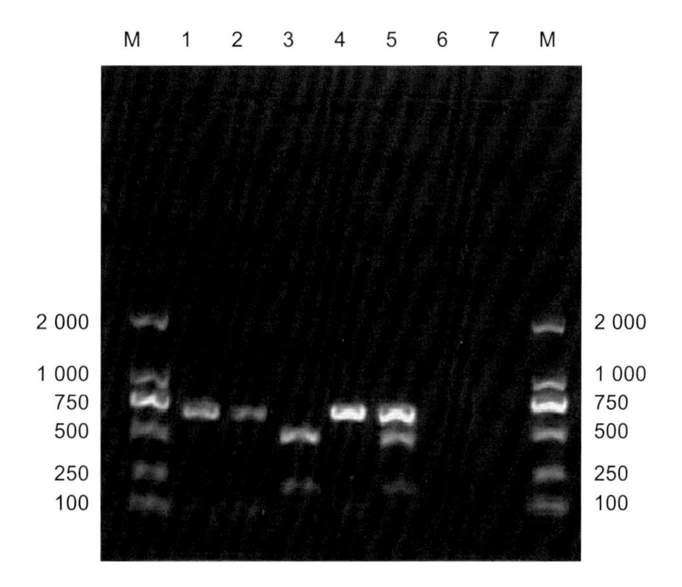

图 5.47　PCR-RFLP 检测结果电泳图。M. DNA 分子量标准；1. 阳性对照（N-MDPV）；2. 阳性对照（N-GPV）；3. 待检样品（N-MDPV 阳性）；4. 待检样品（N-GPV 阳性）；5. 待检样品（N-MDPV 和 N-GPV 共感染）；6. 阴性对照（灭活鸭瘟病毒核酸提取物）；7. 空白对照

在临诊中，新型番鸭细小病毒、新型鹅细小病毒引起的鸭短喙侏儒综合征难以区别，可通过病毒分离鉴定及基因组测序加以鉴别。此外，也应注意与鸭圆环病毒感染引起的鸭生长迟缓相区分。

【防　　治】

对于鸭短喙侏儒综合征的防控，由于其病原为新型 MDPV 或（和）新型 GPV，因此在明确病原的基础上，加强种鸭的饲养管理、雏鸭选用番鸭细小病毒活疫苗或鹅细小病毒活疫苗进行预防和加强鸭场消毒，有一定效果。

【参考文献】

[1] 林世棠，郁晓岚，陈炳铀，等. 一种新的雏番鸭病毒性传染病的诊断. 中国畜禽传染病，1991, 57(2): 25-26.

[2] 程由铨，林天龙，胡奇林，等 . 雏番鸭细小病毒的分离和鉴定 . 病毒学报 ,1993,9(3): 228-235.

[3] 胡奇林，吴振宪，周文谟，等 . 雏番鸭细小病毒流行病学调查 . 中国兽医杂志 ,1993,19(6): 7-8.

[4] 程由铨 . 雏番鸭细小病毒病 . 福建畜牧兽医 , 1995.4:1-3.

[5] 甘孟侯 . 中国禽病学 . 北京：中国农业出版社 , 1999.

[6] 程由铨，胡奇林，李怡英，等 . 番鸭细小病毒弱毒疫苗的研究 . 福建省农科院学报，1996(2): 31-35.

[7] 程由铨，胡奇林，陈少莺，等 . 番鸭细小病毒和鹅细小病毒生化及基因组特性比较 . 中国兽医学报 ,2001, 21(5): 429-433.

[8] 张云，耿宏伟，郭东春，等 . 鹅和番鸭细小病毒全基因克隆与序列分析 . 中国预防兽医学报 ,2008, 30(6): 415-419.

[9] 阮二垒，杨丽云，陈芳艳，等．番鸭细小病毒 NS2 原核表达载体的构建．中国畜牧兽医，2010, 37(4): 88-90.

[10] 陈少莺，胡奇林，程晓霞，等．雏番鸭细小病毒病显微和超微结构研究．中国预防兽医学报，2001, 23(2): 105-107.

[11] 程由铨，胡奇林，李怡英，等．雏番鸭细小病毒病诊断技术和试剂的研究．中国兽医学报，1997 (5): 434-436.

[12] 胡奇林，陈少莺，林天龙，等．应用 PCR 快速鉴别番鸭和鹅细小病毒．中国预防兽医学报，2001,23 (6) : 447-450.

[13] 张洪勇，金宁一．细小病毒基因工程载体的研究进展．中国兽医学报，2003, 23(4): 416-416.

[14] 江斌，林琳，吴胜会，等．鸡鸭疾病速诊快治．福州：福建科学技术出版社，2013.

[15] 娄华，白挨泉，顾万军，等．番鸭细小病毒强、弱毒株 VP2 基因的序列测定比较．病毒学报，2001, 11(2): 176-179.

[16] 陈晓月，章金刚，李雪梅，等．番鸭细小病毒 MDPV YZ 株 VP2 和 VP3 蛋白基因的克隆和序列测定．中国兽医科技，2001,31(10):3-5.

[17] 陈晓月，李雪梅，向华，等．番鸭细小病毒国内分离株主要结构蛋白基因的克隆和序列分析．中国兽医学报，2002,22(3):225-227.

[18] 方定一．小鹅瘟的介绍．中国兽医杂志，1962, (8):19-20.

[19] 陈少莺，胡奇林，程晓霞，等．鹅细小病毒弱毒株选育的研究．中国预防兽医学报，2002, 24(4) : 286-288.

[20] 陈少莺，胡奇林，程晓霞，等．番鸭细小病毒和鹅细小病毒二联弱毒细胞苗的研究．中国兽医学报，2003, 23(3): 226-228.

[21] 程晓霞，陈少莺，朱小丽，等．番鸭小鹅瘟病毒的分离与鉴定．福建农业学报，2008, 23(4): 355-358.

[22] 郭玉璞，王惠民．鸭病防治．4 版．北京：金盾出版社，2009.

[23] 朱小丽，陈少莺，程晓霞，等．小鹅瘟病毒单克隆抗体的制备及特性鉴定．中国动物传染病学报，2011, 19(6): 20-24.

[24] 程晓霞，陈仕龙，陈少莺，等．番鸭细小病毒和鹅细小病毒的抗原相关性研究．福建农业学报，2013, 28(9): 869-871.

[25] 朱小丽，陈少莺，林锋强，等．应用胶乳凝集技术诊断番鸭小鹅瘟病．中国预防兽医学报，2012, 34(9): 715-718.

[26] 朱小丽，陈少莺，程晓霞，等．番鸭小鹅瘟病直接荧光诊断试剂的研制．畜牧兽医杂志，2012, 31(4): 1-3.

[27] 王劭，程晓霞，陈少莺，等．番鸭小鹅瘟弱毒 D 株 NS 蛋白抗原位点特征分析．福建农业学报，2013, 28(4) : 301-308.

[28] 黄瑜，万春和，傅秋玲，等．新型番鸭细小病毒的发现及其感染的临床表现．福建农业学报，2015(5):442-445.

[29] 陈浩，窦砚国，唐熠，等．樱桃谷肉鸭短喙长舌综合征病原的分离鉴定．中国兽医学报，2015, 35(10):1600-1604.

[30] 陈翠腾，万春和，傅秋玲，等. 樱桃谷肉鸭源鹅细小病毒的分离与鉴定. 中国家禽，2015, 37(23):47-49.

[31] Chen H, Dou Y, Tang Y, et al. Isolation and Genomic Characterization of a Duck-Origin GPV-Related Parvovirus from Cherry Valley Ducklings in China. Plos One, 2015: 10.

[32] Chen S, Shao W, Cheng X, et al. Isolation and characterization of a distinct duck-origin goose parvovirus causing an outbreak of duckling short beak and dwarfism syndrome in China. Archives of Virology, 2016:1-10.

[33] Ji J, Xie Q M, Chen C Y, et al. Molecular detection of Muscovy duck parvovirus by loop-mediated isothermal amplification assay. Poultry Science, 2010 ,9(3):477-483.

[34] Le Gall-Reculé G, Jestin V, Chagnaud P, et al. Expression of muscovy duck parvovirus capsid proteins (VP2 and VP3) in a baculovirus expression system and demonstration of immunity induced by the recombinant proteins. Journal of General Virology, 1996 ,77 (9):2159-2163.

[35] Lu Y S, Lin D F, Lee Y L, et al. Infectious bill atrophy syndrome caused by parvovirus in a co-outbreak with duck viral hepatitis in ducklings in Taiwan. Avian Diseases, 1993, 37:591-596.

[36] Le Gall-Recule G, Jestin V. Production of digoxigeninlabeled DNA probe for detection of Muscovy duck parvovirus. Molecular and Celluar Probes, 1995, 9: 39-44.

[37] Palya V, Zolnai A, Benyeda Z, et al. Short beak and dwarfism syndrome of mule duck is caused by a distinct lineage of goose parvovirus. Avian Pathology Journal of the WVPA, 2009, 38:175-80.

[38] Samoreksalamonowicz E, Budzyk J, Tomczyk G. Syndrom karlowatosci i skroconego dzioba u kaczek mulard. Zycie Weterynaryjne, 1995, 2(70): 56-57.

[39] Takehara K, Hyakutake K, Imamura T, et al. Isolation, identification, and plaque titration of parvovirus from Muscovy ducks in Japan. Avian Diseases, 1994,38(4):810-815.

[40] Woolcock P R, Jestin V, Shivaprasad H L, et al. Evidence of Muscovy duck parvovirus in Muscovy ducklings in California. Veterinary Record, 2000 ,146(3):68-72.

[41] Wang C Y,Shieh H K,Shien J H,et al. Expression of capsid proteins and non- structural proteins of waterfowl parvoviruses in Escherichia coli and their use in serological assays. Avian Pathology, 2005, 34(5):32-36.

[42] Wang S, Cheng X X, Chen S Y, et al. Genetic characterization of a potentially novel goose parvovirus circulating in Muscovy duck flocks in Fujian Province, China. Journal of Veterinary Medical Science, 2013, 75(8): 1127-1130.

[43] Wan C, Fu Qiu-ling, Chen C, et al. Complete genome sequence of a novel duck parvovirus isolated in Fujian,China. Kafkas Universitesi Veteriner Fakultesi Dergisi, 2016, 22(6): 971-975.

[44] Wan C, Chen H, Fu Q, et al. Development of a restriction length polymorphism combined with direct PCR technique to differentiate goose and Muscovy duck parvoviruses. Journal of Veterinary Medical Science, 2016,78(5):855-858.

[45] Zado ri Z, Stefarsik R, Rauch T, et al. Analysis of the complete nucleotide sequence of goose and muscovy duck parvoviruses indicates common ancestral origin with adeno-associated virus. Virology, 1995, 212(2) :562-573.

第6章　鸭圆环病毒病

Chapter 6　Duck Circovirus Infection

引　言

鸭圆环病毒病（duck circovirus disease）是近些年来新发现的由鸭圆环病毒（duck circovirus，DuCV）引起的一种疫病，各品种鸭均见有感染，主要侵害鸭体免疫系统，导致机体免疫功能下降，易遭受其他疫病并发或继发感染，从而造成更大的经济损失。

鸭感染圆环病毒最早由德国学者 Hattermann 等于 2003 年报道，随后我国台湾学者 Chen 等于 2006 年首次报道台湾地区鸭群中检测到鸭圆环病毒感染，2008 年傅光华等首次在我国大陆地区鸭群中检测到鸭圆环病毒感染。

【病原学】

1）分类地位

根据国际病毒委员会 (ICTV) 的最先分类，圆环病毒科（*Circoviridae*）包括两个属：圆圈病毒属（*Gyrovirus*）和圆环病毒属（*Circovirus*）。前者目前只有鸡贫血病毒（CAV） 一个成员，基因只由基因组正股链编码；而后者具有双向转录方式，该属目前包括猪圆环病毒 I 型和 II 型（PCV1 、PCV2） 、鹦鹉喙羽病毒（BFDV）、鹅圆环病毒（ GoCV）和鸭圆环病毒（DuCV）等成员。近年来，还在家鸽、塞内加尔鸽、金丝雀、雀、鸵鸟、鸥、八哥和天鹅等动物中发现圆环病毒。鸭圆环病毒无囊膜，呈圆形或二十面体对称，直径为 15 nm 左右，是目前已知最小的鸭病毒。

2）基因组结构

傅光华等运用反向 PCR 技术获得鸭圆环病毒 MH 株基因，该病毒基因组为环形，全长 1995 nt，包含 6 个 200 nt 以上的 ORF（图 6.1）：V1（49~927 nt）、V2（1370~1585 nt）、V3（1661~1918 nt）、C1（1932~1159 nt）、C2（1741~1379 nt）、C3（400~164 nt）。ORF V1 编码氨基酸推导序列为 292aa 的 Rep 蛋白，可能与病毒的复制有关，在 ORF V1 的下游有 1 个 TATA 盒，可能在 Rep 蛋白表达的控制和调节过程中发挥作用；ORF C1 编码 257aa 的 Cap 蛋白，为病毒的核衣壳蛋白，其氨基端为精氨酸富集的强碱性氨基酸区域，这与其他圆环病毒类似，在该基因的下游发现 1 个多聚腺苷信号。通过对我国流行的鸭圆环病毒与已发表的鸭圆环病毒基因组序列进行差异性分析表明，其核苷酸序列同源性在 83.3% ~ 99.8% 之间。

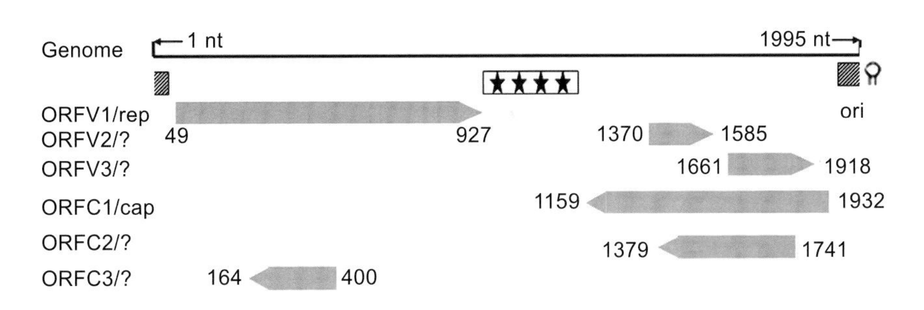

图 6.1 鸭圆环病毒基因组线性结构模式图

施少华等从番鸭法氏囊组织匀浆液中扩增到鸭圆环病毒 PT07 全基因组，并获得了全基因组序列。经分析该病毒基因组为环形、全长为 1 988 nt，这与鸭圆环病毒 TC1/2002~ TC4/2002 长度相等。病毒 DNA 有 3 个 200 nt 以上的 ORF 分布于病毒基因组链及其复制的中间产物 cDNA 链中，它们分别为：V1/*rep*（48~926 nt）、C1/*cap*（1 924~1 151 nt）和 C2（399~103 nt）。其中 V1/*rep* 编码氨基酸长度为 292 aa 的 Rep 蛋白，可能与病毒的复制有关，Rep 蛋白存在具有滚环复制特征的保守基序：[50]TPHLQGF[56]，而 [91]YCAKE[95] 则被替代成 [91]YCSKE[95]，这有别于鸭圆环病毒 Ger、33753-52 和 MH25。DuCV PT07 还存在可启动滚环复制过程中酶促反应的 dNTP 结合域 [167]GPPGTGKSR[175]，[206]DDFYGW[211]，另一 [14]FTINNP[19] 基序中 P 被 L 所代替而形成基序 [14]FTINNL[19]，这有别于其他鸭圆环病毒；C1/*cap* 编码 257 aa 的 Cap 蛋白，为病毒的核衣壳蛋白，是圆环病毒的主要结构蛋白之一，具有较好的免疫原性；另外 1 个 ORF 编码的蛋白及其功能尚未清楚。在 V1/*rep* 和 C1/*cap* 两个编码区之外存在 2 个与病毒复制、增殖相关的非编码区，其中 1 个是在病毒基因组 V1/*rep* 和 C1/*cap* 的 5′ 起始端之间（位于 1 965~26 nt），可构成一茎环结构（图 6.2），在其顶部有一保守的 9 碱基序列：TATTATTAC，茎环结构附近仅含 1 个正向的 6 碱基序列 ACTCCG，这与 FJ0601 和台湾鸭圆环病毒（TC1/2002~TC4/2002）序列相一致，但数目仍有别于其他鸭圆环病毒。6 碱基正向序列的存在揭示了该病毒基因组正是通过滚环模式进行复制的，但鸭圆环病毒 6 碱基正向重复序列数目不同是否与复制效率有必然的联系尚需进一步的研究加以确定；另一个基因间区位于 V1/*rep* 和 C1/*cap* 的 3′ 端之间的区域（927~1 150 nt），它包含 4 个均含有 10 个和 11 个碱基（以下画线标记）的正向重复序列：CACTTGGGCAGCTGG CACTCGAAAGGGATATA，其生物学功能尚未明朗，据推测该序列为可能是病毒包装的信号，可通过 4 次重复有效地启动这个包装过程。

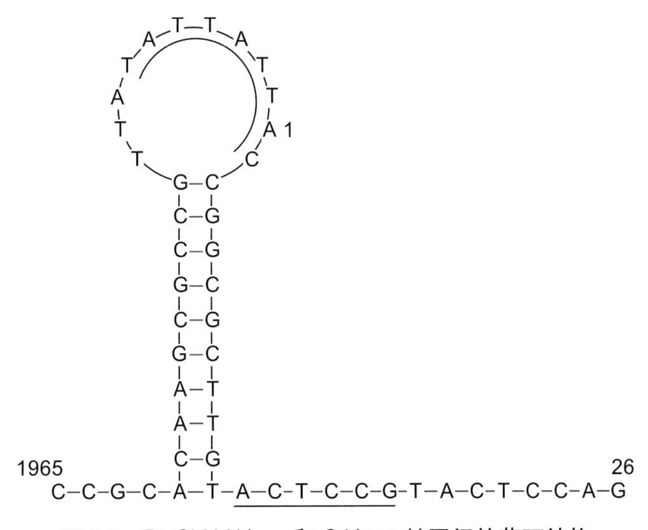

图 6.2 DuCV V1/*rep* 和 C1/*cap* 基因间的茎环结构

施少华等构建了去除核定位信号的C1截短基因的原核表达载体，诱导表达后经SDS-PAGE和Western-blotting分析，表明C1截短基因已成功地在大肠杆菌中表达出Cap截短蛋白并具有良好的生物学活性。姜世金等发明一种用于检测鸭圆环病毒抗体的间接ELISA方法，即利用pET-32a(+)原核表达载体，构建了能表达鸭圆环病毒部分衣壳蛋白(Cap)的基因工程菌BLpET-32a-Cap，并将表达的重组蛋白纯化复性后包被ELISA板，以检测鸭血清中DuCV的抗体水平。结果表明该方法具有重复性好、特异性高的特点，可用于DuCV血清学调查。

张超通过对DuCV-AQ0901株cap基因的保守区域进行分析，将N末端影响外源蛋白表达的稀有密码子截去后，将其克隆到原核表达载体PET-28a中，并对其进行诱导表达。利用NI纯化树脂对His-dcap蛋白进行纯化后进行生物学活性鉴定发现，重组蛋白在大肠杆菌中得到了高效表达，并以包涵体的形式表达；用NI纯化树脂对His-dcap蛋白进行纯化后，蛋白浓度可达1.285 mg/mL，且表达蛋白保留了部分天然Cap蛋白的抗原性；利用纯化蛋白乳化后制备多克隆抗体血清经琼扩试验测定抗体效价可达1：128。用纯化Cap蛋白包被酶标板，建立特异性检测Cap抗体的间接ELISA方法。确定该方法蛋白最佳包被量为6.57 μg/mL，血清最佳稀释度为1：80，阴阳性临界值为0.391。抗原最佳包被时间为4℃过夜，一抗孵育、二抗反应、底物显色最佳时间分别为1 h，1 h，15 min。并用建立的间接ELISA方法，对安徽部分地区收集的338份鸭血清样品进行Cap抗体检测，结果检出阳性率为26.9%，证明了安徽部分地区鸭场中DuCV的感染普遍存在。用生物统计学方法对结果进行分析，显示安徽省部分地区鸭群中以樱桃谷肉鸭的DuCV感染率较高；不同日龄段的鸭群中DuCV的感染情况，以30～60日龄段高于其他日龄段；不同地区间DuCV阳性检出率也存在着一定程度的差异。

Wang D等对2008—2010年间来自我国北京、河北、江苏等地的病死鸭样品进行鸭圆环病毒的检测及36份鸭圆环病毒基因序列分析，发现9株与美国株、德国株具有相近的遗传进化关系，而与我国台湾4株之间存在较高的变异性。并通过ORFC1序列分析研究，发现我国鸭群中流行的圆环病毒存在两个基因型，即基因1型和2型。目前1型在德国和美国流行，而2型在中国台湾流行。

傅光华等于2011年建立了鸭圆环病毒的基因分型方法，并对我国鸭圆环病毒进行基因分型研究，发现在我国鸭群中流行的圆环病毒存在两个大的进化谱系（DuCV1和DuCV2）（图6.3），这两个进化谱系又可进一步细分为5个基因型（DuCV1a、DuCV1b、DuCV2a、DuCV2b和DuCV2c）（图6.4）。研究结果表明，在我国大陆鸭群中流行的鸭圆环病毒呈现生态多样性，且病毒基因型分析有助于今后建立基因组分子特征与病毒致病性相关联系及寻找致病性与非致病性病毒的分子标记，为鸭圆环感染的临床快速诊断、分子流行病学研究奠定了基础。

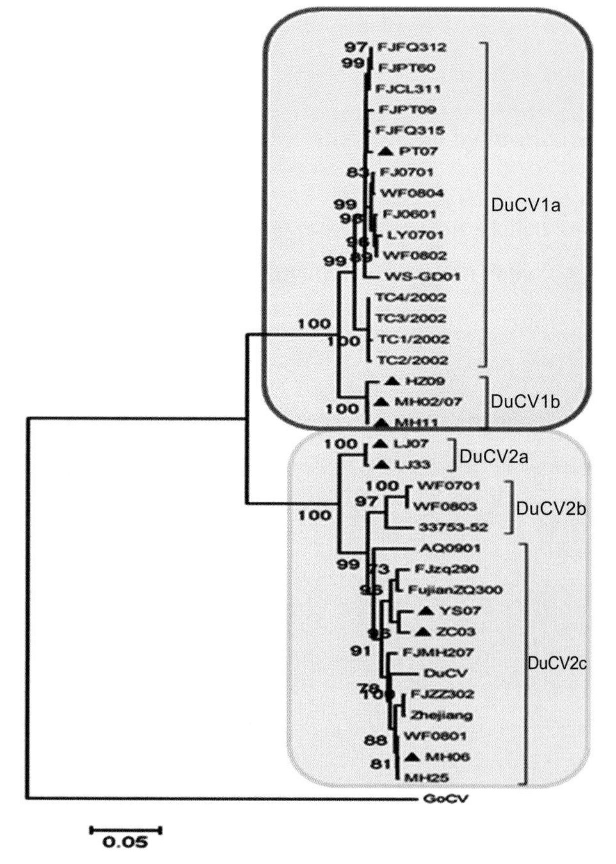

图6.3 鸭圆环病毒的进化谱系

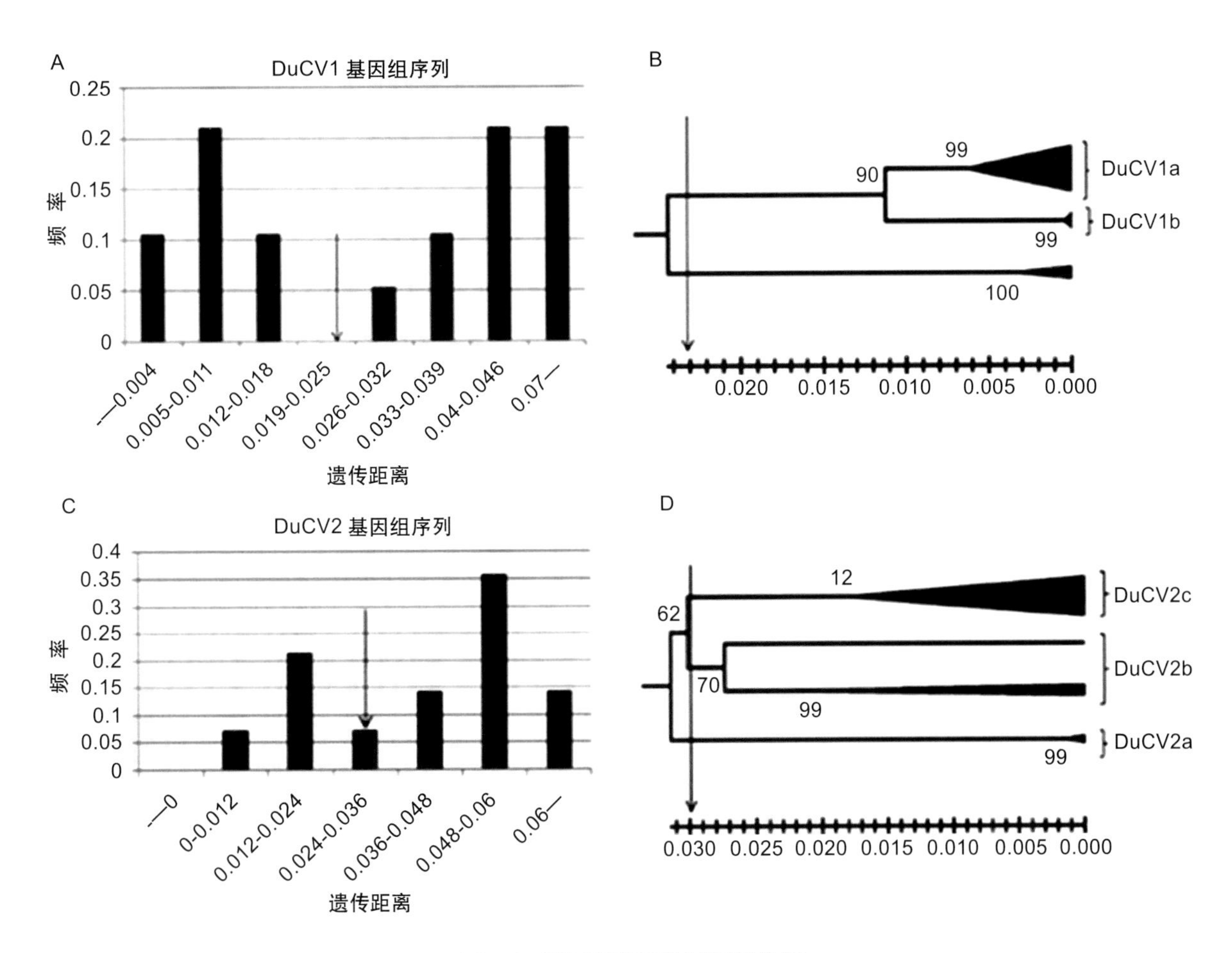

图 6.4　鸭圆环病毒的基因型分析

万春和等根据 GenBank 中所登录的鸭圆环序列设计引物并对设计的引物 5’末端进行磷酸化处理，通过引物设计替换碱基，以突变形成 *Eco*R I 酶切位点。利用 PCR 方法扩增鸭圆环病毒的基因，经胶回收后以 T4 DNA 连接酶进行环化，以获得鸭圆环病毒具有感染性的核酸。在含有分子标记的两端设计引物，进行 PCR 扩增，对 PCR 产物进行胶回收，连 T 载体后测序，对胶回收产物进行 *Eco*R I 酶切鉴定，均证明在第 587 位成功插入 *Eco*R I 酶切位点。成功构建了带有分子标记的鸭圆环病毒感染性核酸，为进一步开展该病毒的分子调控机制、致病性和开发基因工程疫苗的研究奠定基础。

Li P 和张志龙等均报道利用 PCR 扩增鸭圆环病毒 GH01 株全基因组，将 2 个基因组 IC-1、IC-2 顺式连接插入到 pUC19 载体中获得串连双拷贝重组质粒 pIC-2DuCV，并通过同义突变引入酶切标记位点 *Xho* I 获得 pIC-Mu2DuCV。重组质粒 pIC-Mu2DuCV 经过 *Eco*R I 线性化，以 100 μg/kg 的 DNA 和 200 μL/kg 的脂质体肌肉注射 10 日龄 DuCV 阴性雏鸭，成功构建含有分子标记 *Xho* I 的串连双拷贝重组质粒 pIC-Mu2DuCV（图 6.5）。经肌肉注射雏鸭转染 21 天后检出血清阳性，并通过测序经 *Xho* I 标记位点将拯救出的病毒与野生毒株进行区分。

邹金峰通过真核表达完整的 Cap 蛋白与原核表达 Cap 蛋白免疫小鼠采集的血清具有良好的反应原性。通过软件 PROSITE 分析发现 DuCV Cap 蛋白编码区存在两个二分裂核定位信号，分别位于 Cap 蛋白 N 端的第 2 ～ 17 位 aa 和第 21 ～ 36 位 aa。通过构建系列 Cap 相关的融合表达质粒，对其核定位信号区进行了研究发现 PROSITE 软件预测的 DuCV Cap 中的核定位信号为功能性核定位信号。

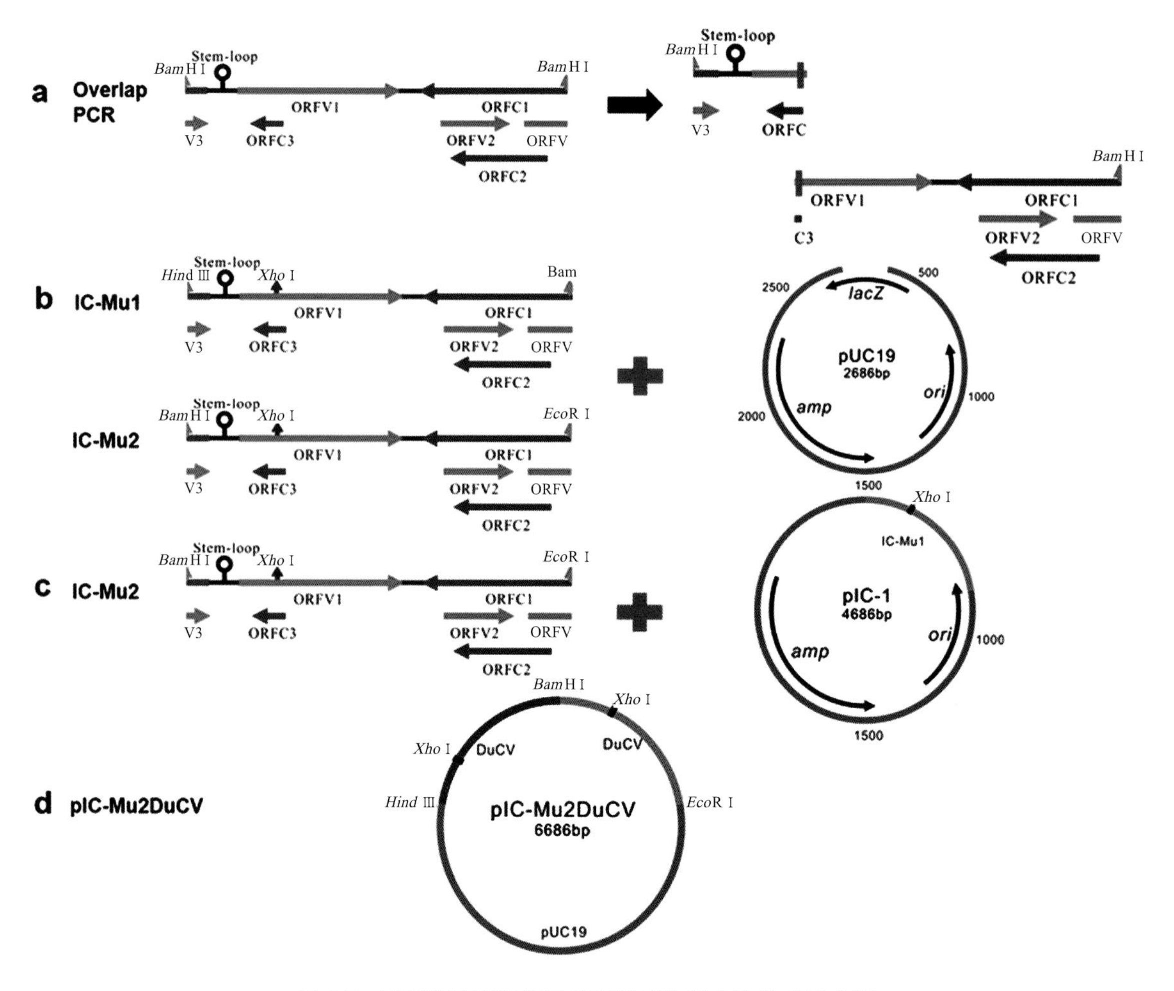

图 6.5 鸭圆环病毒双拷贝基因组感染性克隆构建示意图

相琪旺发现 DuCV 基因中还存在一个保守的 ORF，命名为 ORF3，它位于 ORF1 互补链上将 DuCV 的 ORF3 基因借助杆状病毒表达系统后通过 IFA 和 Western blot 分析发现，ORF3 蛋白存在于感染 DuCV 的阳性鸭体内。通过流式细胞术检测发现 DuCV 的 ORF3 为一个功能性 ORF，在 DuCV 的致病性方面可能发挥着促进宿主细胞凋亡的作用，并进一步对邹金峰利用软件分析发现 DuCV 的 Cap 蛋白 N 端有两个典型的核定位信号（NLS）进行基因敲除研究，发现敲除其中的任意一个 NLS，剩下的另一个 NLS 均能促使 Cap 蛋白进入细胞核，而敲除位于 N 端 36 个氨基酸内的两个 NLS 之后，该蛋白则完全丧失了进入细胞核的能力，表明这两个假定的 NLS 均为功能性 NLS，并均能单独促使 Cap 蛋白进入细胞核。并进一步发现 Cap 蛋白的 DNA 绑定区域与 NLS 区域重叠，并且两个 NLS 分别具有 DNA 绑定能力，通过电子扫描显微镜进行观察发现 DuCV 的 ORF2 编码的 32 ku 大小的完整 Cap 蛋白可以自我组装成内部中空的类病毒粒子（VLP）。

王鑫在邹金峰和相琪旺研究基础上进一步对 DuCV Rep 蛋白的促细胞凋亡活性进行研究，发现 Rep1 具有两个非典型的核定位信号,NLS1 位于 N 端“10KRWVFTINNPTFEDYVHVLEFCTLDNCK37”，NLS2 位于 C 端“244ITSNKEPRDWYKSEFDLSALYRRINKYLVYN274”，而在 Rep2 中只预测到了核定位信号 NLS1。并分别构建了与 RFP 融合表达的野生型 Rep1 和 Rep2 表达质粒、NLS1 缺失型表达质粒、NLS2 缺失型表达质粒、NLS1 和 NLS2 双缺失表达质粒。转染 H1299 细胞 48 h 后，通过在激光共聚焦显微镜下观察发现，C 端 NLS2 的缺失没有改变 Rep1 和 Rep2 的核定位能力，而 NLS1 缺失后，Rep1

和 Rep2 分布于胞浆中，失去了胞核转位的能力，证实了 N 端核定位信号是 Rep 进入细胞核所必需的。随后通过构建，带 flag 标签的两种基因型 Rep 蛋白的表达质粒和带 EGFP 标签的表达质粒，研究发现 DuCV 两种基因型的 Rep 蛋白均存在一定的促细胞凋亡活性。进一步对 DuCV 两种基因型 ORF3 蛋白的凋亡活性差异发现 DuCV 两种基因型 ORF3 蛋白均存在一定的促细胞凋亡活性，其中 2 型 ORF3 蛋白在转染早期表现较为明显的促细胞凋亡活性，并且随着时间的推移呈现先上升后下降的趋势；而 1 型 ORF3 蛋白发挥促细胞凋亡活性相对滞后，表现为随着时间的推移逐渐上升的趋势，并在转染后期其细胞凋亡活性显著高于 2 型 ORF3。并还发现两种基因型 DuCV ORF3 蛋白转染后会在不同时间引起细胞中 caspase3 和 caspase8 m RNA 表达水平的上调，推测 DuCV 的 Rep 蛋白和 ORF3 蛋白发挥促细胞凋亡活性可能还存在其他非 caspase 凋亡途径。

3）实验室宿主系统

到目前为止，除 PCV 可以在 PK-15 等细胞中繁殖外，其余圆环病毒均尚未能在细胞系中培养成功。

【流行病学】

关于鸭圆环病毒感染鸭的流行病学报道不一。Hattermann 等对送检的 13 份鸭病料进行电镜和 PCR 检测，发现有 6 份病料含有圆环病毒，其中 4 份来自半番鸭，另外 2 份分别来自北京鸭和番鸭。Fringuelli 等运用传统 PCR 方法从患病或死亡鸭的法氏囊中检出圆环病毒的阳性率为 84%，而 Banda 等研究显示圆环病毒在长岛地区饲养的鸭群中检出率很低。

我国台湾学者 Chen 等对 2002—2003 年间采集的样品检测表明，圆环病毒检出率为 38.2 %。我国傅光华等于 2008 年对 17 份采自 10-90 日龄鸭的法氏囊及脾脏样品的检测表明，圆环病毒的阳性率为 58.8 %；2009 年 Jiang 等有从鸭体内检测到鸭圆环病毒的报道，其阳性率为 33.29%，并伴有鸭 1 型甲肝病毒感染（DHAV-1）、鸭传染性浆膜炎（RA）和鸭大肠杆菌病（*E. coli*）共感染；施少华等于 2010 年也报道了我国南方部分地区鸭圆环病毒感染的检测情况。研究还发现，鸭圆环病毒可垂直传播。

刘少宁等从我国养鸭业比较集中的山东、江苏、四川、福建、广东 5 个省份 36 个鸭群采集临床有发病表现的 343 只病、死鸭的病理组织样品，以提取的组织 DNA 为模板通过特异性斑点杂交和 PCR 方法检测 DuCV 的感染情况。结果显示上述 5 个省份的鸭均检出了 DuCV 感染，病、死鸭中 DuCV 的个体阳性率为 81.63%(280/343)，群体阳性率为 94.44%(34/36)，指出我国鸭群中已普遍存在 DuCV 的感染。

李志国建立了快速对鸭圆环病毒的分型的双重 PCR 和针对 Cap 蛋白差异的 ELISA 检测方法，发现两型 DuCV 的 Cap 基因核酸序列同源性在 78% 左右，二者之间的 Cap 蛋白序列的同源性只有 77.6% 左右。通过对 56 株 DuCV 序列进行同源性分析，结合两个基因型 Du CV Cap 基因比对结果，设计了四条特异性引物，并对 PCR 反应条件进行了优化，建立了双重 PCR 检测方法。该方法不受组织 DNA 和其他病原的影响、灵敏度高、最低可检测到 10 个拷贝的鸭圆环病毒 DNA，能够用于 Du CV 的分型检测和分子流行病学调查。并利用双重 PCR 方法对山东潍坊地区的 8 个鸭群共 120 只龄病死弱雏，进行 DuCV 分型检测发现 3 个鸭群（37.5%）检出 DuCV-1 和 DuCV-2 的混合感染，3 个鸭群 (37.5%) 检出 DuCV-2 的单独感染。该团队还在对鸭圆环病毒是否垂直传播的初步探究中发现种蛋中 DuCV-2 单独感染阳性率为 2.50%；两型 DuCV 混合感染率为 1.25%；死胚中 DuCV-1 单独感染率为 3.33%，DuCV-2 单独感染率为 6.67%，两型 DuCV 混合感染率为 3.33%；刚出壳雏鸭中 DuCV-1 单独感染率为 2.50%，DuCV-2 单独感染率为 6.67%, 两型 DuCV 混合感染率为 3.33%。

黄瑜等报道我国鸭圆环病毒感染呈现地域、品种和日龄差异性特点。自 2006 年以来从福建、浙江、江西、广东、广西、山东、安徽、海南、河南等九省（自治区）的番鸭、半番鸭、樱桃谷鸭、麻鸭、杂交鸭、野鸭等病鸭、病死鸭和同群中活的消瘦鸭采集样品共 1 207 份（表 6.1），经 PCR 方法对不同品种、不同地区、不同日龄、不同临床类别样品分别进行鸭圆环病毒感染检测，结果不同地区阳性率为 0~59.4% 不等，其中江西省样品阳性率最高为 59.4%，依次为山东、广东、福建，其阳性率分别为 50.6%、38.1% 和 29.2%，而海南省的鸭样品未检出阳性（表 6.2）。九省（自治区）病鸭、病死鸭和同群中活的消瘦鸭三类临床类别样品，鸭圆环病毒感染的阳性率分别为 19.1%、25.2% 和 81.2%，总阳性率为 29.7%（表 6.3）。在不同品种鸭样品，番鸭样品的阳性率最高为 40.1%，其次是樱桃谷鸭为 38.2%，野鸭最低为 8.7%（表 6.4）。在不同日龄样品中，21 天以内样品、20~70 天样品、70 天以上样品 DuCV 的阳性率分别为 28.9%、41.6% 和 13.2%，可见以 20~70 天日龄段鸭圆环病毒阳性感染率最高，详见表 6.5。

表 6.1　采集样品信息表

项　目	样品数量									合计
采样地点	福建	浙江	江西	广东	广西	山东	安徽	海南	河南	
	370	306	64	155	159	77	25	22	29	1 207
鸭品种	番鸭	半番鸭	樱桃谷鸭		麻鸭		杂交鸭	野鸭		
	506	213	241		183		41	23		1 207
日龄 X / 天	$X \leqslant 21$		$21 < X \leqslant 70$				$X > 70$			
	277		551				379			1 207
鸭体状况	消瘦鸭		患病鸭				病死鸭			
	133		319				755			1 207

表 6.2　不同省份鸭样品 DuCV 的 PCR 检测结果

项　目	样品数量									合计
采样地点	福建	浙江	江西	广东	广西	山东	安徽	海南	河南	
	370	306	64	155	159	77	25	22	29	1 207
阳性份数	108	72	38	59	34	39	6	0	3	359
阳性率样品分样 / %	29.2	23.5	59.4	38.1	21.4	50.6	24	0	10.3	29.7

表 6.3　DuCV 阳性率及其感染鸭状况

项　目	鸭体状况			总体
	发病鸭	病死鸭	同群中活的消瘦鸭	
样品总数 / 份	319	755	133	1 207
阳性样品 / 份	61	190	108	359
阳性率 / %	19.1	25.2	81.2	29.7

表 6.4　不同品种鸭样品 DuCV 的 PCR 检测结果

项　目	样品数量						合计
鸭品种	番鸭	半番鸭	樱桃谷鸭	麻鸭	杂交鸭	野鸭	
	506	213	241	183	41	23	1 207
阳性份数	203	34	92	21	7	2	359
阳性率 / %	40.1	16	38.2	11.5	17.1	8.7	29.7

表 6.5　不同日龄鸭圆环病毒感染的 PCR 检测结果

项目	日龄 X / 天			
	$X \leqslant 21$	$21 < X \leqslant 70$	$X > 70$	总计
样品总数 / 份	277	551	379	1 207
阳性样品 / 份	80	229	50	359
阳性率 / %	28.9	41.6	13.2	29.7

【临床症状】

目前，鸭圆环病毒感染鸭尚无十分明显的典型症状，一般认为患病鸭主要表现为生长迟缓、器官萎缩和继发或并发感染严重等。

1）鸭只生长迟缓

黄瑜等对采集的 133 份同群中活的消瘦鸭样品、319 份病鸭样品、755 份病死鸭样品分别进行临床诊断疑似疫病的检测或分离鉴定和鸭圆环病毒感染的检测，结果 133 份活的消瘦鸭样品中鸭圆环病毒检出阳性 108 份，阳性率为 81.2%；319 份病鸭样品中，鸭圆环病毒检出阳性 61 份，阳性率为 19.1%；755 份病死鸭样品中，鸭圆环病毒检出阳性 190 份，阳性率为 25.2%。可见，在我国养鸭生产中，鸭圆环病毒感染的阳性率较高，尤其是生长不良、羽毛紊乱、体况消瘦鸭（其体重只有同群同日龄未感染的健康鸭体重的 1/2 ～ 1/3，图 6.6）其圆环病毒感染的阳性率高达 81.2%，表明鸭生长不良、消瘦与鸭圆环病毒感染有关。

图 6.6　同群中生长不良消瘦鸭（后者）

2）鸭体器官萎缩

黄瑜等对 133 份同群中活的消瘦鸭样品、319 份病鸭样品、755 份病死鸭样品中检出圆环病毒阳性的种鸭、蛋鸭样品共有 181 份，结合病例记录结果发现有 63.5%（115/181）的病例卵巢、脾脏或胸腺出现不同程度的萎缩，有的伴发生产性能不同程度下降。可见，种鸭、蛋鸭卵巢、脾脏或胸腺出现不同程度的萎缩和（或）生产性能下降很可能与感染鸭圆环病毒相关。

3）共感染严重

在从 319 份病鸭样品中检出的 61 份鸭圆环病毒阳性病例和 755 份病死鸭样品中检出的 190 份鸭圆

环病毒病例共 251 份样品中，确诊的共感染情况明显复杂于鸭圆环病毒检测阴性的病例，表现出双重（如鸭疫里默氏菌、番鸭细小病毒和 H9 亚型禽流感病毒等）共感染的有 172 份，占 68.5%；表现为三重（如鸭呼肠孤病毒和甲肝病毒等）共感染的有 56 份，占 22.3%。关于鸭圆环病毒感染病例的共感染情况详见表 6.6。

表 6.6 鸭圆环病毒感染病例的混合感染情况

项目	共感染类型	
	双 重	三 重
共感染情况	DuCV+RA/EC/DHAV/MDPV /MGPV/DRV/H5-AIV/H9-AIV/DTV	DuCV+RA+EC DuCV+DHAV+DRV DuCV+MGPV+ MDPV DuCV+DRV+H9-AIV DuCV+H5-AIV+H9-AIV DuCV+DTV+EDSV/H9-AIV
所占比例	68.5%	22.3%

注：RA －鸭疫里默氏菌、EC －鸭大肠杆菌、MDPV －番鸭细小病毒、MGPV －番鸭小鹅瘟病毒、DRV －鸭呼肠孤病毒、DHAV －鸭甲肝病毒、H5-AIV － H5 亚型禽流感病毒、H9-AIV － H9 亚型禽流感病毒、EDSV －产蛋下降综合征病毒、DTV －鸭坦布苏病毒。

【病理变化】

对临床上表现羽毛紊乱、生长迟缓、体况消瘦的鸭圆环病毒感染鸭，经组织病理学研究显示鸭法氏囊内淋巴细胞减少、法氏囊出现坏死和组织细胞增多症，这与其他动物圆环病毒引起的病毒诱导性淋巴组织损伤类似，由此推测鸭圆环病毒可能会导致免疫抑制作用。

到目前为止，对于鸭圆环病毒的发病机理还不十分清楚，主要认为与鸭圆环病毒引起鸭体淋巴组织损伤从而导致免疫抑制有关。自 2006 年以来，黄瑜等通过对大量的临床诊断疑似疫病的实验室病原学确诊和实验室条件下对鸭免疫抑制作用的相关研究，发现鸭圆环病毒感染可影响鸭的免疫器官指数、抑制鸭的体液免疫功能，提出鸭的免疫抑制病，并认为当前我国鸭群中圆环病毒感染率较高，是我国重要的鸭免疫抑制病，为我国深入开展鸭免疫抑制病研究及鸭用疫苗免疫效果的评价提供了依据。

【诊 断】

1）临床诊断

根据该病的临床表现可做出临床诊断，其确诊有赖于以下实验室诊断。

2）实验室诊断

由于 DuCV 没有合适的培养系统，故诊断方法相对较少。至今，已建立的诊断方法有电镜法、核酸探针技术、聚合酶链式反应法（PCR）、实时荧光定量 PCR 技术、环介导等温扩增技术（LAMP）和血清学检测法等。

（1）电镜法 在电镜下可以看到鹅圆环病毒特有的直径大约为 15 nm 的球形结构。

（2）分子生物学诊断

① PCR 检测：Chen 等根据鹅圆环病毒（GoCV）和 DuCV 共同的保守序列，设计了一对通

用引物，既能够检测出两种病毒的特异性片段，又能够根据扩增片段长度的不同来区别 GoCV 和 DuCV。其样品核酸的提取如下，取鸭组织匀浆于 12 000 r/min，4℃离心 5 min，取 540 μL 上清沸水浴 5 min 后冰浴 5 min，加入 15 μL 20 mg/mL 的蛋白酶 K 和 60 μL 0.35 mol/LSDS。混匀后 56℃水浴 2 h，加入 615 μL Tris 饱和苯酚，混匀后 12 000 r/min 4℃离心 15 min，取上清加入等体积 V(酚)：V(氯仿)：V(异戊醇)=25 ：24 ：1 混合液，用力振匀后 12 000 r/min 4℃离心 15 min，取上清加入 1/10 体积的 3 mol/ L pH5.2 的醋酸钠溶液、2.5 倍体积的无水乙醇，混匀后于 −20℃过夜沉淀，12 000 r/min 4℃离心 15 min，倒掉上清后加入 1 mL75% 乙醇，12 000 r/min 4℃离心 5 min，吸去上清，瞬间离心后吸尽残液，沉淀用 20 μL ddH_2O 重悬，于 −20℃保存备用。

参照发表的 DuCV 的特异性引物：DuCV1F: 5′-CCCGCCGAAAACAAGTATTA-3′，DuCV1R: 5′-TCGCTCTTGTACCAATCACG-3′，预计扩增长度为 230 bp；引物由上海英骏生物技术有限公司合成。PCR 反应体系为 25 μL，其中模板 DNA 2 μL，上下游引物（20 mmol/ L）各 1 μL，dNTP Mixture (2.5 mmol/L) 2 μL，10×Buffer 2.5 μL，*Taq* DNA 酶 (5 U/μL) 0.25 μL，以 ddH_2O 加足体系。PCR 反应条件为：94℃预变性 5 min；94℃变性 30 s，45℃退火 30 s，72℃延伸 30 s，进行 35 个循环；最后 72℃延伸 7 min。同时以阳性病料和 ddH_2O 分别作阳性对照和空白对照。取 5 μL PCR 产物在 1.0% 琼脂糖凝胶电泳检测。

从鸭组织匀浆液中提取总病毒基因组 DNA 后，以特异性引物进行 PCR 扩增，获得与阳性样品一致的 230 bp 目的片段，而空白对照无目的条带（图 6.7）。将其中 2 个病料所扩增的目的片段回收后直接测序，通过 GenBank 登录序列进行比对，从基因水平上可证实所扩增片段为鸭圆环病毒基因片段。

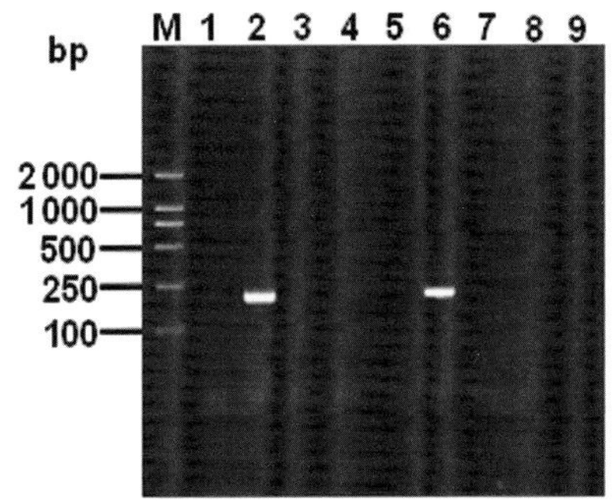

图 6.7　鸭圆环病毒 PCR 检测结果。M：Marker DL2000；1：空白对照；2：阳性对照；3-5：阴性样品；6：阳性样品；7-9：阴性样品

② 实时荧光定量 PCR 检测：目前，国内学者还建立了检测鸭圆环病毒的实时荧光定量 PCR 检测方法，且其特异性更强、敏感性更高。万春和等根据鸭圆环病毒 Rep 基因序列特征设计引物，建立基于 SYBR Green Ⅰ检测模式的实时荧光定量 PCR（real-time PCR），该方法检测 DuCV Rep 基因 1.31×10^2 ～ 1.31×10^7 拷贝 /μL 反应范围内有很好的线性关系。扩增产物的溶解曲线分析只出现 1 个单特异峰，无引物二聚体，对禽流感病毒、鸭肝炎病毒、鸭源禽 1 型副黏病毒、鸭减蛋综合征病毒、番鸭呼肠孤病毒核酸均无阳性信号扩增，可重复性好，组内变异系数为 0.16%~1.89%，组间变异系数 0.19%~1.26%。检测速度快，从样本处理到报告结果仅需 4 h。该方法的建立为 DuCV 的早期诊断、定量分析 DuCV 感染程度及靶器官提供了新的有效手段。

③ 核酸探针技术：Zhang 等利用 PCR 方法扩增出鸭圆环病毒基因片段约 228 bp，然后用地高辛标记，建立斑点杂交方法（dot-blot hybridisation）最小可检测 13.2pg 鸭圆环病毒目的基因片段。

邹金峰建立了核酸探针检测鸭圆环病毒的方法，并用此方法对鸭圆环病毒的流行病学进行了调查，还借助杆状病毒 - 昆虫细胞表达系统对 DuCV Cap 基因进行表达并对其核定位信号进行了研究。建立的核酸探针检测鸭圆环病毒方法表明该探针特异性强，只能与 DuCV 核酸发生特异性杂交，而与对照的鸭 1 型肝炎病毒（DHV-1）、鸭瘟病毒（DPV）的核酸杂交反应为阴性；灵敏度高，最低检出量为 5pg；使用方便，适合于批量检测。

在临诊中，该病易与新近发生于番鸭、半番鸭和樱桃谷鸭的短喙侏儒综合征相混淆，可通过实验室诊断加以鉴别。

【防　　治】

1）管理措施

目前，对鸭圆环病毒感染尚无特异性防治措施，在养鸭生产中可通过加强日常的饲养管理、维持场内卫生清洁和加强消毒等措施，可减少鸭群感染圆环病毒的机会。

2）免疫防治

随着对鸭圆环病毒的生物学特性、病毒对动物免疫系统的影响、致病机理等研究的不断深入，有望研制出鸭圆环病毒基因工程活载体疫苗、基因工程亚单位和DNA疫苗等新型疫苗来预防和控制该病毒引发的多种临床疫病，以减少其对养鸭业带来的危害和损失。

3）药物防治

对于鸭圆环病毒感染的鸭群，可经饮水或拌料途径使用抗病毒药物3~5天，有一定效果。

【参考文献】

[1] Saif Y M. 禽病学 . 12版 . 苏敬良，高福，索勋，主译 . 北京：中国农业出版社，2012.

[2] 傅光华，程龙飞，黄瑜，等. 鸭圆环病毒全基因组克隆与序列分析. 病毒学报，2008，24（2）：138-143.

[3] 施少华，陈珍，杨维星，等 . 鸭圆环病毒全基因组序列分析及其C1截短基因的原核表达 . 中国兽医学报，2009（10）：1269-1273.

[4] 刘少宁，张兴晓，陈智，等 . 我国自然发病鸭群中鸭圆环病毒的流行病学调查 . 中国兽医学报，2009, 29(11):1402-1405.

[5] 柴同杰 . 山东省樱桃谷鸭群鸭圆环病毒及其混合感染的调查 . 中国家禽，2009, 31(06):4-7.

[6] 万春和，黄瑜，傅光华，等 . 应用巢式PCR检测鸭圆环病毒浙江株及其全基因序列分析 . 福建农业学报，2009，24（5）：390-395.

[7] 黄瑜，祁保民，彭春香，等. 鸭的免疫抑制病 . 中国兽医杂志，2010，46（7）：48-50.

[8] 施少华，陈珍，黄瑜，等 . 鸭圆环病毒感染的检测 . 中国家禽，2010，30（1）：31-33.

[9] 施少华，傅光华，程龙飞等 . 鸭圆环病毒PT07基因组序列测定与分析 . 中国预防兽医学报2010（3）：235-237.

[10] 王丹，谢小雨，张冬冬，等 . 鸭圆环病毒的检测和分型 . 南方农业学报，2016（01）：133.

[11] 万春和，傅光华，黄瑜，等 . 分子标记株鸭圆环病毒感染性核酸的构建 . 中国畜牧兽医，2010，37（9）：91-94.

[12] 赵光远，谢芝勋，谢丽基，等 . 鸭圆环病毒LAMP可视化检测方法的建立 . 中国动物检疫，2012, 29(3):24-26.

[13] 王鑫，相琪旺，朱岩丽，等 . 山东部分地区肉鸭群鸭圆环病毒血清学调查 . 中国预防兽医学报，2012, 34(07):527-529.

[14] 黄瑜，万春和，彭春香，等. 鸭圆环病毒感染的临床表现. 中国家禽，2013，35（5）：47-48.

[15] 张兴晓，刘少宁，孔义波，等 . 樱桃谷鸭鸭圆环病毒的全基因序列分析 . 中国病毒学，2012, 27(3):154-164.

[16] 徐雨，张志龙，卢燕燕，等．鸭圆环病毒Cap基因酵母双杂交诱饵载体的构建及鉴定．病毒学报，2015(03):282-286.

[17] Chen C, Wang P, Lee M, et al . Development of a polymerase chain reaction procedure for detection and differentiation of duck and goose circovirus. Avian Diseases, 2006, 50(1): 92-95.

[18] Cha S Y, Kang M, Cho J G, et al. Genetic analysis of duck circovirus in Pekin ducks from South Korea. Poultry Science, 2013, 92(11):2886-2891.

[19] Fringuelli E, Scott A N, Beckett A, et al. Diagnosis of duck circovirus infections by conventional and real-time polymerase chain reaction tests. Avian Pathology, 2005, 34(6):495-500.

[20] Guanghua Fu, Shaohua Shi, Yu Huang, et al. Genetic Diversity and Genotype Analysis of Duck Circovirus. Avian Diseases, 2011， 55(2):311-318.

[21] Hattermann K, Schmitt C, Soike D, et al. Cloning and sequencing of duck circovirus (DuCV). Archives of Virology, 2003, 148(12): 2471-2480.

[22] Liu S N, Zhang X X, Zou J F, et al. Development of an indirect ELISA for the detection of duck circovirus infection in duck flocks. Veterinary Microbiology, 2010, 145(1-2):41-46.

[23] Li Z, Wang X, Zhang R, et al. Evidence of possible vertical transmission of duck circovirus. Veterinary Microbiology, 2014,174（1-2）:229-232.

[24] Lu Y, Jia R, Zhang Z, et al. In vitro expression and development of indirect ELISA for Capsid protein of duck circovirus without nuclear localization signal. International Journal of Experimental Pathology, 2014, 7(8): 4938-4944.

[25] Matczuk A K, Krawiec M, Wieliczko A. A new duck circovirus sequence, detected in velvet scoter (Melanitta fusca) supports great diversity among this species of virus. Virology Journal, 2015, 12(1):1-7.

[26] Soike D, Albrecht K, Hattermann K, et al. Novel circovirus in Mulard ducks with developmental and feathering disorders. Veterinary Record, 2004, 154(25):792-793.

[27] Wan C, Huang Y, Cheng L, et al. Epidemiological investigation and genome analysis of duck circovirus in Southern China. Virologica Sinica，2011，26（5）：289-296.

[28] Wan C, Huang Y, Cheng L, et al. The development of a rapid SYBR Green I-based quantitative PCR for detection of Duck circovirus. Virology Journal, 2011, 8:465.

[29] Wang D, Xie X, Zhang D, et al. Detection of duck circovirus in China: A proposal on genotype classification. Veterinary Microbiology, 2011, 147(3-4):410-415.

[30] Wen H, Wu Y, Yang C, et al. Comments on duck circovirus (DuCV) genotype definition. Gene, 2014, 538(1):207-208.

[31] Xiang Q W, Wang X, Xie Z J, et al. ORF3 of duck circovirus: A novel protein with apoptotic activity. Veterinary Microbiology, 2012, 159(1-2):251-256.

[32] Xie L, Xie Z, Zhao G, et al. A loop-mediated isothermal amplification assay for the visual detection of duck circovirus. Virology Journal, 2014, 11: 76.

[33] Zhang X, Jiang S, Wu J, et al. An investigation of duck circovirus and co-infection in Cherry Valley ducks in Shandong Province, China. Veterinary Microbiology, 2009, 113(3):252-256.

[34] Zhang Z, Jia R, Lu Y, et al. Identification, genotyping, and molecular evolution analysis of duck circovirus. Gene, 2013, 529(2):288-295.

第7章　鸭腺病毒病
Chapter 7　Duck Adenovirus Infection

引　言

禽腺病毒（fowl adenovirus, FAV）是一类存在于禽类上呼吸道、眼黏膜和消化道内的病毒，大部分呈无症状的隐性感染，仅部分病毒感染后可引起禽类发病。根据 FAV 抗原特性分为 3 群：即 I 群禽腺病毒（禽腺病毒属，*Aviadenovirus*）、II 群禽腺病毒 (唾液腺病毒属，*Siadenovirus*) 和 III 群腺病毒（腺胸腺病毒属，*Atadenovirus*）。感染鸭的腺病毒主要为 I 群腺病毒属的鸭腺病毒 2 型（DAdV-2）及 III 群腺病毒属的鸭腺病毒 1 型（DAdV-1）(即产蛋下降综合征病毒（egg drop syndrome virus，EDSV))。本文主要描述由 EDSV 感染种（蛋）鸭引起的一种以产蛋禽产蛋率下降、产异常蛋为特征的鸭腺病毒感染。该病最早由 Van Eck 于 1976 年在荷兰首次报道，李刚等于 1992 年首次在我国家禽中检测到 EDSV 的存在。鸭被普遍认为是 EDSV 的天然贮存宿主之一，该病原对鸭致病性较弱，但是自从 Bartha 等 1984 年首次从产蛋下降的鸭群中分离到该病毒以来，越来越多的国内外研究证实在一定的条件下，鸭感染 EDSV 后可引起严重的产蛋下降，现已成为危害养禽业最严重的病毒性传染病之一。

【病原学】

1）分类地位

产蛋下降综合征病毒（EDSV）属于腺病毒科腺胸腺病毒属（*Atadenovirus*），EDSV 病毒粒子呈二十面体对称，直径为 70 ～ 80 nm，无囊膜，衣壳由中空壳粒构成，病毒壳粒数目和衣壳结构等具有典型的腺病毒特征。

2）基因组结构

EDSV 基因组为双股线性 DNA，全长约为 33kb，(G+C) % 约为 43.3%，病毒基因组结构特点与其他腺胸病毒类似（图 7.1）至少含有 29 个蛋白的编码基因，病毒基因组中部区域为所有腺病毒保守区域，基因组两端的区域与其他腺病毒属的对应区域差异较大，其中基因组左手区域（left-hand region, LH）为 p32K 蛋白基因和右手区域（right-hand region, RH）为腺胸腺病毒属病毒特有的蛋白基因。虽然 EDSV 最早是从鸡中分离获得，但 EDSV 与禽腺病毒属即 I 群腺病毒基因组差异显著，EDSV 的基因组比后者小（约 44kb）且（G+C）% 低，已鉴定的编码蛋白基因与已知的其他腺病毒蛋白基因同源性较低。序列分析表明，EDSV 基因组与羊 D 型腺病毒（278 株）和牛 D 型腺病毒相似性很高。

腺病毒基因组含有早期转录基因 (E1-E4) 和晚期转录基因，E 区与病毒复制、代谢有关，E1 区是病毒基因组的重要功能区，调控病毒基因组的复制、转录及病毒与宿主细胞相互作用。E2 区编码 DNA 聚合酶等与病毒复制相关的蛋白质，这些蛋白质在鸭腺病毒 DNA 复制之前就转移到细胞核内。不同群的禽腺病毒 E3 区的结构和功能不同。EDSV 跟其他禽类腺病毒不同的是它没有 E3 区样结构。E4 区与病毒的降解和致病性有关。晚期转录单位主要编码结构蛋白和部分晚期调节蛋白。金奇等对 EDSV 中国分离株 AAV-2 的基因组分析表明，AAV-2 株基因组中没有明显的 E1 区、E3 区和 E4 区样结构，其中位于基因组两端的 2 个长度分别为 1.1 kb 和 8.3 kb 的片段与其他腺病毒基因组无任何同源性。此外，AAV-2 株基因组中缺失编码 E1A，pV 和 pIX 等腺病毒共有的编码早、晚期蛋白的 ORFs。

在 EDSV 编码的蛋白中，五邻体蛋白 (Penton) 是减蛋综合征病毒主要的结构蛋白之一，五邻体蛋白具有良好的免疫原性和抗原性，并且含有中和抗原表位，其与细胞表面的整联蛋白作用，有助于病毒对宿主细胞的吸附结合、侵入和内化。六邻体蛋白含有主要的属和亚属特异抗原决定簇和次要的种特异性抗原决定簇。

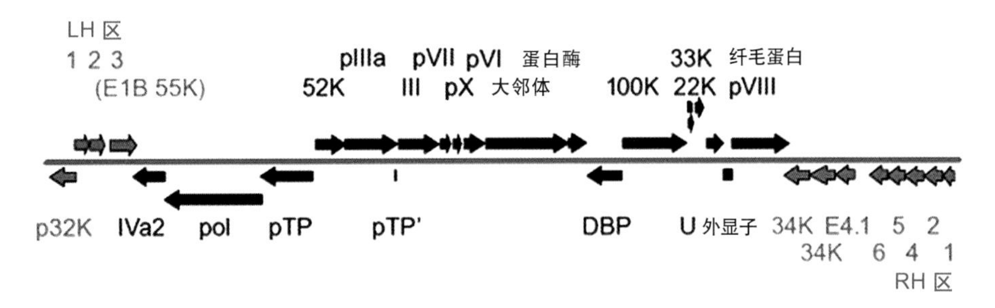

图 7.1　腺胸腺病毒属病毒基因组成模式图（King, 2012）。注：黑色箭头是所有腺病毒都具有的基因，灰色箭头表示至少有两个病毒属病毒具有的基因，绿色箭头表示腺胸腺病毒属病毒特有的基因

Darbyshire 等目前仅研究发现有一个血清型，推测减蛋综合征病毒来源于鸭，Todd 等通过限制性核酸内切酶分析将不同分离株分为三种基因型，第一种基因型的毒株主要为欧洲鸡源分离株，第二种为英国鸭源分离毒株，而从澳大利亚获得的鸡源分离株则为第三种基因型的病毒。韩丽珍等选用 *Eco*R Ⅰ、*Bam*H Ⅰ、*Eco*R Ⅴ、*Bgl* Ⅰ、*Pst* Ⅰ、*Pvu* Ⅱ、*Hin*d Ⅲ、*Sma* Ⅰ等 8 种限制性内切酶对不同地区分离的 3 株 EDSV 进行酶切图谱比较，结果证实不同 EDSV 分离株用前 6 种酶切割后产生的片段数及各片段的大小均相同，而用 *Pst* Ⅰ和 *Sma* Ⅰ酶切后，贵州分离株 HS-1 比国际标准毒 AV-127 和南京分离株 GC2 多出 1 个片段，表明不同地区 EDSV 分离株的核酸结构基本相同而又略有差异，作者推测这些差异可能与不同毒株在血清学、对鸭胚的致死率等方面的微小差异有一定的相关性。

目前，关于 EDSV 感染特性以及病毒进入细胞的途径还不是很清楚。已有研究表明，EDSV 通过其表面纤突与细胞上的特异性受体结合，通过细胞的吞饮作用进入细胞或直接侵入细胞。病毒进入细胞浆后，五邻体发生解离，衣壳的稳定性降低，六邻体及其相关蛋白发生分离。暴露的病毒核心，或直接释放 DNA 进入细胞核内，或通过核膜的空隙进入核内，入核过程在 1 ~ 2 h 完成，感染 6 h 左右病毒开始复制。黄晶晶等证实 EDSV 能够通过 Clathrin 介导的内吞作用进入细胞，该内吞过程受 pH 变化的影响。EDSV 在感染鸭胚成纤维细胞 10 min 后即可触发 DEF 细胞膜内陷，在 20 min 时即可形成完整的包裹病毒的内吞囊泡，随后向细胞内部运输，感染后 72 h 时细胞内聚集大量的病毒粒子，最后导致细胞发生破裂并向外扩散病毒。

3）实验宿主系统

EDSV 最适于在鸭胚、鸭胚成纤维细胞、鸭胚肾细胞上生长繁殖，在鸭胚上生长良好并可致死鸭胚；在鸡胚肾细胞和火鸡细胞中生长不良，在哺乳动物细胞中不能生长。分离 EDSV 最好是用无 EDSV 抗体的 7~10 日龄鸭胚和鹅胚及其细胞培养物，EDSV 易感染鸭胚和鹅胚，而且可以不受鸡的其他多种病毒因素的干扰。病毒经细胞培养可出现细胞病变和核内包涵体。鸭胚尿囊液中病毒的 HA 滴度可达到 1：32 000，甚至更高。

4）抵抗力

EDSV 无囊膜，对外界因素有较强的抵抗力，对乙醚、氯仿不敏感，对热和酸也具有一定的抵抗力，50℃可存活 3 h，病毒仍然具有抗原性，但 60℃以上温度加热 0.5 h 能使病毒灭活，pH3~7 环境能正常生存。在 0.5% 福尔马林或 0.5% 戊二酸中处理 48 h，则可使病毒失去抗原性。

【流行病学】

感染的母鸭在性成熟之前，EDSV 一直处于潜伏状态，而且不表现出感染性，不易检测。鸭开产后，产蛋初期的应激致使病毒活化而使产蛋鸭表现出致病症状。人工口服感染产蛋鸡，结果表明 EDSV 能在鼻腔的上皮细胞中复制；在感染后 8 天病毒在输卵管峡部的蛋壳分泌腺中大量复制，在消化道中检测不到病毒，产蛋鸡排泄物检测到的病毒可能是子宫渗出液污染的原因。异常蛋和被污染的蛋也是重要的感染源之一。番鸭、天鹅、珍珠鸡、家鸭、家鹅、白鹭、猫头鹰、麻雀、鹳、鸽子等感染后在体内产生抗体并排毒。Gulka 等研究表示野鸭中含有 HI 抗体阳性率很高，而黑鸭中相对较少，并指出野生水禽可能是 EDSV 的天然宿主。

鸭减蛋综合征病毒主要是通过垂直传播，鸭 EDSV 还可在蛋壳腺中繁殖，使蛋内外都有病毒，传播给后代雏鸭，在产蛋高峰期开始排毒，形成垂直传播。另外，感染 EDSV 的种蛋鸭，在进入产蛋高峰后突然出现产蛋下降等症状，并向体外排毒，在病鸭的输卵管、泄殖腔、粪便中均能分离到病毒，形成水平传播。水禽、野鸟也是该病的传播者。

该病的最易感动物是鸡，所有日龄的鸡均易感，除此之外，种番鸭、鹅、野鸡、鹌鹑、珍珠鸡等也可感染并带毒排毒。鸭感染 EDSV 非常普遍，一度认为鸭是 EDSV 病毒的天然宿主。然而研究表明，虽然鸡是临床症状最明显的禽类，鸭和鹅同样会感染 EDSV 引起发病。越来越多的研究显示，有些鸭产蛋下降也与 EDSV 感染有关，所以鸭不仅是 EDSV 的天然宿主，在鸡产蛋下降综合征的发生和流行过程中具有重要的意义，同时产蛋鸭一定条件下感染也会引起发病，导致产蛋率下降。

【临床症状】

在鸭产蛋高峰前，病毒一直处于潜伏状态。发病初期多数鸭无明显症状，采食量正常。少数鸭出现精神沉郁，采食量减少，冯柳柳等证实 62 周龄种鸭感染 EDSV 后会出现轻微的呼吸道症状。有的轻度下痢，个别鸭肛口污秽，出现泄殖腔脱垂，出现零星死亡，但死亡率在正常范围内。鸭减蛋综合征主要表现为发病急，该病的特征性变化是在产蛋量达到高峰时突然发病，产蛋量急剧下降，产蛋率从发病前的 90% 以上下降到 15% 左右，多维持在 30% ～ 40% 之间。在发病期间除产蛋总数减少外，还出现大量的薄壳蛋、软壳蛋或无壳蛋（图 7.2）；壳蛋蛋白混浊稀薄。同时出现蛋壳颜色变浅变白，蛋型变小、蛋壳破裂（图 7.3），蛋重变轻，蛋壳表面粗糙，产生畸形蛋（图 7.4）。种蛋合格率明显下降，发病后四天的种蛋合格率从 95.2% 下降到 75.4%。流行期过后，产蛋量不能完全恢复到发病前的水平。

【病理变化】

1）大体病变

剖检时可见输卵管水肿，黏膜有卡他性炎症（图 7.5），腺体水肿，输卵管蛋白分泌部缩小，蛋白分泌腺缩小，有渗出物。卵巢萎缩变小，卵泡发育不成熟。卵黄松散，严重病例出现卵黄性腹膜炎。心、肝、脾、肺、肾等器官无明显异常变化。

2）组织学病变

主要为输卵管上皮细胞肿胀脱落、变性坏死，输卵管腔有炎性分泌物；结缔组织水肿，淋巴细胞、巨噬细胞及异嗜细胞浸润；病变细胞可见核内包涵体。冯柳柳等研究发现 62 周龄种鸭感染 EDSV 后，大脑、肾脏、脾脏、肺脏、卵泡等器官内出血以及淋巴细胞浸润，输卵管水肿、肝细胞肿胀。

图 7.2 薄壳蛋、软壳蛋（右列为正常蛋）

图 7.3 破蛋、小蛋等（左列为正常种蛋）

图 7.4 蛋壳表面粗糙（右列为正常蛋）

图 7.5 输卵管黏膜出血、水肿

【诊 断】

1）临床诊断

产蛋鸭因感染鸭腺病毒而导致的产蛋量急剧下降，产软壳蛋、畸形蛋、小个蛋，有的蛋蛋清稀薄如水样。而采食、精神状况与正常鸭无差别，所以根据临床及剖检症状只能怀疑是感染鸭腺病毒，确诊还须进行实验室诊断。

2）实验室诊断

（1）病毒分离鉴定　从疑似感染鸭腺病毒的鸭粪便、泄殖腔或肠内容物取样，加双抗做无菌处理后，接种到 9 ～ 12 日龄无禽腺病毒抗体的鸭胚。24 h 后观察鸭胚活性，如死亡取尿囊液，如不死亡 96 h 后取尿囊液。然后做 HA 和 HI 进行检测。

（2）免疫学诊断　血凝抑制试验（HI），根据 EDSV 抗原具有凝集鸡红细胞的特性，故可用血凝试验和血凝抑制试验检测 EDSV 抗原。鸭感染 EDSV 后，会产生不同滴度的抗体。以 HI 试验检测鸭血清中抗 EDSV 的抗体效价，若血清 HI 效价为 1∶8，即可怀疑感染 EDSV；若血清 HI 效价≥ 1：16，则可确定此鸭群已感染 EDSV。此外，其他免疫学检测方法还有琼脂扩散试验（AGP）、斑点免疫金测定法、中和试验（SN）、酶联免疫吸附试验（ELISA）等。

（3）分子生物学诊断　目前检测禽腺病毒的分子生物学方法有常规 PCR、套式 PCR、环介导等温扩增（LAMP）、限制性内切酶分析法、分子探针、荧光定量 PCR 和免疫胶体金技术等。100 kd 蛋白基因是 EDSV 极为保守的基因，傅光华等参照 GenBank 上发表的 EDSV 参考毒株 AV-127（Y09598）的 100kd 蛋白基因即可建立常规 PCR 检测方法，检测引物为上游引物 P1：5’ CCATTTCTCACGCCGGAGT 3’，下游引物 P2：5’ TTGTCATTCCAAGAGCCTTGC3’，扩增产物大小为 286bp，能对临床样品中的 EDSV 核酸进行快速检测。随着分子生物学技术的发展，研究者又建立了多种针对病毒核酸的快速检测方法，马震原等根据 GenBank 公布的 EDSV 六邻体蛋白基因的高度保守序列建立了特异性检测该病毒的 TaqMan 荧光实时定量 PCR 检测方法，杜冬华等针对病毒 Hexon 基因保守片段建立了 SYBR Green Ⅰ实时荧光定量 PCR 检测方法，这些方法最小检出量均可达 10 copies/μL，与常规 PCR 相比，具有较好的敏感性、特异性、稳定性和重复性。

在临诊中，该病易与鸭大肠杆菌病、鸭坦布苏病毒病、H9 亚型禽流感、鸭沙门氏菌病等相混淆，可根据各病的临床特征、病原分离鉴定和检测加以鉴别。

【防　　治】

1）管理措施

鸭减蛋综合征的发生不分季节，一年四季均可发生，在生产上凡出现无壳蛋、软壳蛋、破蛋等产蛋异常，即可怀疑减蛋综合征，确诊需经实验室诊断。该病无特效治疗方法，预防措施主要有：

（1）该病主要是经胚垂直感染，所以必须从非疫区引种。

（2）加强鸭场和孵化场的消毒工作，加强饲养管理，供应充足清洁饮水，同时加入电解多维。注意营养平衡，进行营养调控，日粮中添加脂肪可提高饲粮浓度，调整蛋白质、氨基酸水平，添加蛋氨酸、赖氨酸可补充因应激引起的机体免疫器官、免疫细胞蛋白质分解。调整钙、磷比例，增强机体的抗病能力。

2）免疫防治

对于种鸭、蛋鸭，在开产前 2~3 周接种鸭减蛋综合征病毒灭活油乳剂疫苗，每只经颈背部皮下或肌肉途径注射 l~1.5 mL，可获得良好保护。

【参考文献】

[1] 殷震，刘景华．动物病毒学．2版．北京：科学出版社，1997.

[2] 郭玉璞，王惠民．鸭病防治．4版．北京：金盾出版社，2009.

[3] Saif Y M．禽病学．12版．苏敬良，高福，索勋主译．北京：中国农业出版社，2012.

[4] 甘孟侯．中国禽病学．北京：中国农业出版社，1999.

[5] 陈伯伦．鸭病．北京：中国农业出版社，2008.

[6] 李刚，郑明球，蔡宝祥，等．某鸡场暴发EDS76的研究．中国兽医杂志，1992,18(5):3.

[7] 曹洪敬，徐学孟，王文志，等．光敏生物素标记EDSV-DNA探针检测鸡减蛋综合征(EDS)的研究．中国动物检疫，1994(1):7-8.

[8] 王泽霖，陈红英，张龙星，等．斑点免疫金测定法检测鸡减蛋综合征抗体的研究．中国预防兽医学报，1995(03):6-10.

[9] 孔德迎，蓝乃洪，辛朝安，等．减蛋综合征1976病毒单克隆抗体的制备及其初步鉴定．华南农业大学学报，1995(02):1-4.

[10] 李刚，周锦屏．鸭源和鸡源减蛋综合征病毒(EDSV)酶切图谱的分析．中国兽医学报，1997(06):551-554.

[11] 曾力宇，金奇．鸡减蛋综合征病毒(EDSV-76)末端前体蛋白的基因结构分析．病毒学报，1997(04):351-356.

[12] 曾力宇，金奇，章金钢，等．鸡减蛋综合征病毒(EDSV)的基因组特点．科学通报，1998(05):524-527.

[13] 金奇，曾力宇，李茂祥，等．鸡减蛋综合征病毒(EDSV-76)基因组E1区结构特点分析．病毒学报，1998(03):253-256.

[14] 金奇，曾力宇，杨帆，等．禽减蛋综合征病毒AAV-2株全基因组文库的构建及核苷酸序列分析．中国科学：生命科学，1999, 29(5):543-548.

[15] 韩丽珍，李永明．3株减蛋综合征病毒毒株核酸酶切谱分析．中国兽医科技，2000, 30(8):11-14.

[16] 傅光华，施少华，程龙飞，等．种番鸭产蛋下降综合征病毒的分离及其PCR鉴定．福建农业学报，2007, 22(01):43-45.

[17] 陈红梅，傅光华，程龙飞，等．种番鸭减蛋综合征病毒六邻体蛋白基因的克隆与序列分析．福建农林大学学报(自然科学版)，2008, 37(03):303-306.

[18] 董春娜，李刚，李伟，等．减蛋综合征病毒环介导等温扩增检测方法的建立．甘肃农业大学学报，2011, 46(02):1-5.

[19] 马震原．荧光定量PCR检测EDSV方法的建立与应用及NE44毒株感染特性的研究．四川农业大学，2012.

[20] 罗念．鸭减蛋综合征PCR检测方法建立及西南地区血清流行病学调查．四川农业大学，2013.

[21] 纪凤仙．鸭腺病毒蜂胶灭活疫苗的研制及其免疫原性研究．四川农业大学，2014.

[22] 魏志刚．检测鸭腺病毒的夹心间接ELISA方法建立与应用．四川农业大学，2014.

[23] 杜冬华，周静，王爱华，等．鸡减蛋综合征病毒Hexon基因SYBR Green Ⅰ实时荧光定量PCR检测方法的建立．中国兽医学报，2014, 34(08):1231-1234.

[24] 冯柳柳，程冰花，刁有祥，等．鸡源减蛋综合征病毒SD01株对种鸭致病性的研究．中国预防兽

医学报，2015, 37(11):821-824.

[25] 黄晶晶．减蛋综合征病毒进入宿主细胞途径的研究．西北农林科技大学，2015.

[26] Bartha A. Dropped egg production in ducks associated with adenovirus infection. Avian pathology, 1984, 13:119-126.

[27] Bartha A, Meszaros J. Experimental infection of laying hens with an adenovirus isolated from ducks showing EDS symptoms. Acta Veterinaria Hungarica, 1985, (33): 125-127.

[28] Cha S Y, Kang M, Moon O K,et al. Respiratory disease due to current egg drop syndrome virus in pekins ducks.Veterinary Microbiology, 2013,165(3):305-311.

[29] Cha S Y, Kang M, Park C K, et al. Epidemiology of egg drop syndrome virus in ducks from South Korea. Poultry Science, 2013,92(7):1783-1789.

[30] Darbyshire J H, Peters R W. Studies on EDS-76 virus infection in laying chickens. Avian Pathology, 1980, 9(3):277-290.

[31] Das B B, Pradhan H K. Outbreaks of egg drop syndrome due to EDS-76 virus in quail (Coturnix coturnix japonica). Veterinary Record, 1992, 131(12):264-265.

[32] Fu G, Chen H, Huang Y, et al. Full Genome Sequence of Egg Drop Syndrome Virus Strain FJ12025 Isolated from Muscovy Duckling. Genome Announcement,2013, 22:1(4).

[33] Gulka C M, Piela T H, Yates V J, et al. Evidence of exposure of waterfowl and other aquatic birds to the hemagglutinating duck adenovirus identical to EDS-76 virus.Journal of Wildlife Diseases, 1984, (20): 1-5.

[34] Harrach B, Benkö M, Both G W, et al. Adenoviridea. In: King A M Q. Virus taxonomy: classification and nomenclature of viruses: ninth report of the International Committee on Taxonomy of Viruses. Elsevier Academic Press, 2012.

[35] Todd D, Mcnulty M S, Smyth J A. Differentiation of egg drop syndrome virus isolates by restriction endonuclease analysis of virus DNA. Avian Pathology, 1988, 17(4):909-919.

[36] Van Eck J, Davelaar F, Van Den Heuvel-Plesman T A, et al. Dropped egg production, soft shelled and shell-less eggs associated with appearance of precipitins to adenovirus in flocks of laying fowls. Avian Pathology. 1976, (5): 261-272.

[37] Yamaguchi S, Imada T, Kawamura H, et al. Outbreaks of egg-drop syndrome-1976 in Japan and its etiological agent. Avian Diseases, 1981, 25(3):628-641.

第8章　鸭乙型病毒性肝炎

Chapter 8　Duck Hepatitis B

引　言

鸭乙型病毒性肝炎（duck hepatitis B）是由鸭乙型肝炎病毒（duck hepatitis B virus，DHBV）引起的鸭的慢性非显性感染。1980 年，我国学者周翊钟等报道从鸭血清样品中检测到直径 40~50 nm 的 DNA 病毒粒子，病毒颗粒表面具有一些与人乙型肝炎病毒表面抗原相似的抗原决定簇，指出该病毒可能是乙肝病毒的新成员。几乎与此同时，美国学者 Mason 等在美国的北京鸭血清样品中检测和观察到结构和生物学特性与人乙型肝炎病毒极其相似的病毒 DHBV。由于 DHBV 与人类乙型肝炎病毒（HBV）类似，二者的基因组结构、复制和生物学特性极其相似，而 DHBV 可以在体外感染原代鸭肝细胞，也可以体内感染雏鸭，因此用于人类 HBV 复制、致病机制、免疫防治和药物筛选的动物模型，在生物医学领域得到广泛和深入的研究。

虽然国内首次报道该病毒时发现血清中含有病毒颗粒的鸭肝组织有不同程度的炎症病变、纤维化、灶性坏死、幼稚细胞大量增生和癌变等，但目前尚无充分的证据表明 DHBV 感染与鸭肝癌直接相关，绝大多数为无症状感染。

【病原学】

1）分类地位

鸭乙型肝炎病毒属嗜肝 DNA 病毒科（*Hepadnaviridae*），禽嗜肝 DNA 病毒属（*Avihepadnavirus*）。该属已确定两个种：鸭乙型肝炎病毒和鹤乙型肝炎病毒（crane hepatitis B virus）。前者包括鸭乙型肝炎病毒和细嘴雁乙型肝炎病毒（Ross goose hepatitis B virus）分离株；鹤乙型肝炎病毒，包括鹭乙型肝炎病毒（heron hepatitis B virus）和鹳乙型肝炎病毒（stork hepatitis B virus）分离株。

2）形态特征

鸭乙型肝炎病毒呈球形，大小为 40~60 nm，有脂质囊膜，核衣壳直径约 30 nm，主要由核芯蛋白构成，包裹有病毒基因组 DNA，病毒 DNA 聚合酶，以及一些可能与启动病毒 DNA 合成有关的蛋白激酶和伴侣分子等细胞成分。空心的病毒粒子主要由囊膜成分构成，呈多形性，直径可达到 60 nm。

在感染鸭血清中可检测到 2 种球形的病毒粒子：传染性病毒粒子（virions），直径 40~60 nm，以及亚病毒粒子（subviral particles, SVPs），直径为 30~60 nm，没有核衣壳。在体外试验转染的细胞培养上清中，还可以检测到第 3 种粒子，即缺少病毒囊膜的“裸衣壳”。

3）基因组结构

鸭乙型肝炎病毒基因组结构比较特别，是一个长约 3 000 bp，带有部分单链区的环状双链的 DNA 分子。长链（负链）为完整的基因编码链，约 3 000 bp，有一个短的末端冗余，不形成共价闭环，但 5’端共价连接着病毒聚合酶 P。短链为正链，3’端有缺失，约为基因组全长的 40% ~ 85%。不同嗜肝 DNA 病毒的缺失的差异比较大，以 DHBV 的缺失最小。正链 5’端附着有一个短的核糖寡核苷酸，为前基因组 RNA（pregenomic RNA, pgRNA）的残余。两条链的 5’末端结构均可作为病毒复制过程中的引物。尽管嗜肝 DNA 病毒正链的 3’端有不同程度的缺失，即 3’端长度可长可短，但通过正负链 5’端的黏性末端（~250 bp）互补，能使病毒基因组 DNA 形成部分环形结构。在正负链 5’端互补区的两侧各有一个 11bp 的同向重复序列（direct repeat）,分别称为 DR1 和 DR2,在病毒复制过程起着重要作用。

DHBV 基因组结构非常紧凑，包含 4 个开放读码区（ORF），所有的核苷酸在至少 1 个 ORF 中具有编码功能。调控序列，如增强子和启动子，以及几个顺式调控元件均与编码区重叠。第 1 个 ORF 编码表面蛋白 L 和 S，第 2 个 ORF 编码表面蛋白衣壳蛋白（C 蛋白）和核心抗原（DHBe Ag）蛋白，第 3 个 ORF 编码聚合酶，第 4 个隐性 ORF 编码 X 蛋白。

DHBV 囊膜蛋白包括病毒 L 蛋白（36 ku）和 S 蛋白（18 ku），分别占囊膜蛋白的 20% 和 80%，是由一个包括 PreS 和 S 功能域的 ORF 编码，二者的羧基端相同，但 L 蛋白（也称 $PreS_1$ 蛋白）的氨基端比 S 蛋白多 161 个氨基酸。与其他病毒表面蛋白相比，DHBV 的表面蛋白较为独特，具有更复杂的结构和拓扑学。病毒表面蛋白共翻译并镶嵌到感染细胞的内质网膜中，其拓扑结构发生变化，有利于病毒粒子的组装和释放。L 蛋白的另一个功能是调控共价闭合环状 DNA（cccDNA）的扩增，而 cccDNA 作为嗜肝 DNA 病毒基因组复制的模板，是病毒在肝细胞中维持慢性感染的先决条件，也是抗病毒治疗的主要障碍之一，很难从细胞中完全清除。L 蛋白还具有排除二次感染，防止已感染的肝细胞再次被嗜肝 DNA 病毒感染的功能。此外，L 蛋白对宿主细胞基因表达及信号通路有调控作用。

鸭乙型肝炎病毒的核衣壳是由病毒核心蛋白（DHBc）二聚体构成。DHBc 的分子量为 32 ku，氨基端氨基酸被酰基化，而羧基端也称为 C- 端功能域（CTD）极度偏碱，并与核酸结合，这有利于将前基因组 RNA 包装到核衣壳中并在其中进行反转录。此外，在 184 位和 226 位氨基酸之间有核定位和核输出信号。磷酸化位点主要位于富含精氨酸的 C 末端，该区域含有不同细胞激酶的共有序列。

病毒的衣壳蛋白在病毒增殖周期的不同阶段执行着不同甚至相反的功能，如结合核酸、病毒组装、病毒解体和核酸释放等。这些功能的实现部分是通过以下途径来进行调节：①亚细胞定位；②立体结构；③翻译后 C- 端的磷酸化和去磷酸化修饰等。

DHBV 的聚合酶（P 蛋白）大小约 90 ku，是一个多功能蛋白：①具有 DNA 依赖 DNA 聚合酶活性 / 功能域，位于蛋白质的中央区域，在病毒复制过程中可填补 DNA 缺失；②具有 RNaseH 活性 / 功能域，位于蛋白质的羧基端，可选择性消化 RNA-DNA 杂交分子；③具有反转录（RT）酶活性，可将 RNA 前体基因组转录成 DNA 基因组。

在病毒基因组复制过程中（在此期间，前基因组 RNA 转录成基因组 DNA），P 蛋白的不同功能域发挥着不同的功能。在细胞聚合酶 II 作用下，病毒 cccDNA 转录为 pgRNA，该 RNA 被转运到胞浆中并与病毒聚合酶和核心蛋白结合，聚合酶识别病毒 RNA 的 ε 和另一下游区域，在细胞 HSP90 蛋白的协助下与其结合。病毒聚合酶以第 96 位酪氨酸为引物， RT 功能域将 RNA 反转录为负链 DNA。新合成的 DNA 链共价连接在多聚酶的末端。

随着负链 DNA 的延伸，P 蛋白的 RNaseH 活性发挥作用将模板 RNA 降解，最终形成负链 DNA，并有一个约 8 个核苷酸的末端冗余。新合成的 DNA 链共价连接在多聚酶的末端。

以往认为禽类嗜肝 DNA 病毒与哺乳动物嗜肝 DNA 病毒的一个主要差别是后者有一个编码 X 蛋白的开放读码区，该蛋白可增强感染的人乙型肝炎病毒的基因组复制。近年的研究发现，鸭乙型肝炎病毒也有一个隐性的 X 开放读码区。

鸭乙型肝炎病毒通过表面 L 蛋白的 preS 功能域与宿主细胞表面结合后，通过受体介导的内吞作用进入胞内，在内吞体中将核衣壳释放入胞浆，胞浆中的核衣壳借助微管蛋白的作用被转运至细胞核。在抵达核膜后，核心蛋白被磷酸化并露出核定位信号，引起核因子与核衣壳的结合，将病毒基因组释放进入到核内（也有可能是核衣壳复合体进入核内再释放出病毒基因组）。在核内，松弛型病毒基因组（relaxed circular DNA, rcDNA）在 DNA 聚合酶的作用下填补缺口形成共价闭合环形 DNA（cccDNA）。通常情况下，cccDNA 不掺入到宿主的基因组中，但以一种游离基因的形式存在于核小体中。在宿主细胞 RNA 聚合酶 II 作用下，以病毒 cccDNA 为转录模板合成全长基因组和亚基因组转录本。转录的 RNA 分子被输送到胞浆中，翻译合成蛋白质，其中，结构蛋白可直接嵌入内质网膜。一旦嵌入内质网膜，可自发形成亚病毒粒子或与核衣壳作用形成完整的病毒粒子。核心蛋白二聚体相互作用，与病毒聚合酶和 pgRNA 等进行自我组装形成核糖核蛋白体复合物。pgRNA 是在伴侣分子的介导下，通过 ε 茎环结构与聚合酶作用进行包装，该 ε 茎环结构也是反转录的复制起始区。在进包装前，核心蛋白被磷酸化。目前尚不清楚反转录过程是在核糖核蛋白体复合物形成过程开始的，还是在衣壳组装之后开始的。然而，只要 pgRNA 在衣壳内，病毒粒子就成熟了，这就意味着 RNA 已反转录成病毒 DNA 基因组，而且核衣壳蛋白已去磷酸化。成熟的核衣壳与内质网中的病毒表面蛋白相互作用，出芽至内质网室，即形成完整的病毒粒子。有囊膜的病毒通过细胞固有的分泌途径运输到细胞表面并释放至胞外。此外，成熟的核衣壳也可被转运至细胞核内，加入到 cccDNA 库中。

在缺乏成熟的核衣壳和病毒表面蛋白没有自发出芽活力的情况下，S 蛋白及 L 蛋白可在内质网膜中积聚到一定的临界密度后，出芽至内质网腔中，形成亚病毒粒子。

4）实验宿主系统

鸭乙型肝炎病毒可以在鸭胚、鸭胚原代肝细胞培养以及成年鸭肝细胞繁殖。将克隆的病毒基因组转染到人肝癌细胞系的核内可以产生子代病毒，但病毒直接感染这些细胞系却不能建立感染。

【流行病学】

自 1980 年中国和美国学者从鸭的血清样品中检测到鸭乙型肝炎病毒以来，加拿大、欧洲、印度和南非等许多国家和地区陆续有该病毒感染的报道。Omata 等（1983 年）报道我国启东县鸭血清样本的检出率为 50%（12/24）、长春和日本千叶的样本检出率为 0（0/20 和 0/17）。瞿涤等（1986 年）检测了从各地引入上海的饲养时间和品种不同的成年鸭血清各 20 份，结果显示，在我国不同品种鸭中 DHBV 自然感染率有明显的差异。引自江苏、浙江的昆山麻鸭、高邮麻鸭及绍兴麻鸭的血清阳性率分别为 35%、50% 和 55%，而引自四川凉山的建昌鸭和北京的北京鸭则未检出，由荷兰引进在上海饲养了 6 年的康贝尔鸭检出率为 5%，从英国引进在上海饲养了 2 年的樱桃谷鸭未检出。宋万敏等（1988 年）用核酸杂交方法检测了采自河北、安徽、上海、北京、浙江和福建等地 10 种鸭、2 种鹅和 1 种鸳鸯的 705 份血清，其中巢湖麻鸭感染率为 56.7%、绍兴麻鸭为 44.2%、莆田黑鸭为 23.3%、鸳鸯为 16.7%、北京鸭为 3.3%、中国鹅为 3.2%。邓学龙等对广州地区 3 个主要鸭种 1 日龄雏鸭携带鸭乙型肝炎病毒进行了调查发现 1 日龄麻鸭阳性率为 28%（14/50）、樱桃谷鸭为 20%（2/10），而驯养的野水鸭的阳性率高达 80%（8/10），显示野水鸭的垂直感染率很高。研究结果显示，不同地区以及不同品种鸭乙型肝炎病毒自然感染率有较大的差异。同一地区不同饲养场以及同一地区不同时间也有很大的变化，表明鸭的品种、养殖方式和环境条件对鸭乙型肝炎病毒感染可能有不同程度的影响。

野生鸟类可能是鸭乙型肝炎病毒的自然储存宿主之一。Lambert 等收集了法国野生鸟类保护区1984—1990 年的 531 份绿头鸭（*Anas platyrynchos*）血清样本，结果 54 份（10.2%）DHBV DNA 阳性，不同年份的阳性率为 1% ～ 20% 不等；对美国东北部狩猎的 130 份野鸭肝脏样本检测，结果 2 份（1.8%）为阳性。

鸭乙型肝炎病毒在自然条件下主要经卵垂直传播，引起慢性无症状感染和免疫耐受。病毒存在于鸭胚卵黄囊中，首先在卵黄囊上皮细胞中增殖，在 6 日龄左右可转移到胚胎肝细胞中。亲代病毒阳性鸭，无论雌雄均可将病毒垂直传给子代。当母鸭和公鸭均为阳性时，传播效率最高，而与 DHBV 阳性鸭长期共同饲养并不发生水平传播。

在实验条件下，病毒感染阴性鸭胚经尿囊腔或静脉注射病毒感染阳性血清后孵出的雏鸭病毒阳性率极高。经静脉、腹腔、肌肉注射感染雏鸭和大鸭后，病毒可以在鸭体内繁殖并形成持续性感染，其中以静脉和腹腔接种感染成功率最高。随着鸭日龄的增大，病毒的繁殖及持续感染有所降低。垂直感染和出壳后头几天人工感染最易引起持续性病毒血症。

鸭乙型肝炎病毒感染的宿主范围较小，自然感染仅发生于某些品种的鸭和鹅，不感染其他动物和人。

【临床症状】

鸭乙型肝炎病毒感染与日龄、感染剂量和毒株相关。实验研究表明，幼龄鸭易发展为持续性感染。病毒主要在感染鸭肝细胞中繁殖，并能达到很高的滴度，大部分肝细胞被感染并表达病毒抗原。血流中也有大量的病毒抗原，每毫升血清中感染性病毒粒子和亚病毒粒子分别能达到 10^{10} 和 10^{13} 个。感染剂量越大，越容易引发持续性感染。而成年鸭多为一过性，并能将病毒清除，原因可能与鸭产生抗病毒中和抗体有关。大鸭感染后能很快产生中和抗体并有效地抑制病毒在肝脏的扩散。

【病理变化】

对鸭乙型肝炎病毒感染能否引起鸭肝组织特异性病变以及病变程度如何，国内外学者报道的结果有一定的差异。朱万孚等以双盲法进行家鸭的血清学和肝组织病理学检查，发现按血清中 DHBV 感染标志等条件配对感染组的 9 只鸭肝组织标本中有 5 只（占 55.6%）呈肝组织肿胀、脂肪变性及灶状坏死伴局部炎症细胞浸润、汇管区炎症细胞浸润，其中 2 只还见中央静脉周围纤维化、汇管区小胆管增生、结缔组织增生并向肝小叶内伸展等肝脏纤维化病变，其余 4 只仅见肝细胞肿胀及脂肪变性等非特异性改变。在 9 只对照组鸭中，除 1 只（占 11.1%）脂肪变性极严重并伴有点、灶状坏死外，其余均未出现肝炎的特异性病变。之后，该课题组又通过实验进一步证明鸭乙型肝炎病毒感染与肝组织点灶状坏死有关，并指出肝小叶内点灶状坏死是较为特异的肝脏炎症病变。

超微结构检查发现，病毒 DNA 阳性鸭肝细胞线粒体普遍肿胀，无定形致密颗粒明显增多，游离核蛋白体增多，胞质空泡及自噬泡多见；部分肝细胞内质网扩张，池内有大量 40 ～ 60 nm 的圆球形颗粒，少数肝窦间隙及肝细胞之间有成束胶原纤维。

Cullen 等在实验条件下对 1 日龄北京雏鸭肌肉注射进行感染试验，试验期除了 1 只在 88 周时死于肝细胞癌之外，其余鸭未出现异常。前 16 周感染鸭增重和血清谷草转氨酶（AST）水平与对照组无差异。病理学追踪检查发现感染后 3 周肝脏出现明显的炎症反应，轻者表现为门脉区轻度淋巴细胞浸润并有和少量异嗜细胞。中度炎症则可见门脉区中度淋巴细胞浸润，并沿胆管和血管分支扩展，但并未扩展到邻近的实质部。出现中度炎症鸭肝脏实质部可见弥散性分布有少量被称之为嗜酸性小体的单个坏死肝细胞，并伴有小簇的枯否细胞。感染后6周的炎性反应与3周时类似，至感染后16周消退。实验感染组鸭肝门脉区的细胞浸润轻微，至92周试验结束，与未感染对照组门脉区非特异性细胞浸润无明显的区别。然而，本次试验中平行的先天（垂直）感染组鸭在试验期内未出现明显的炎症反应。

在该次试验中，1只试验感染鸭出现肝细胞癌并死亡。肝脏肿大和变形，表面有一个6 cm×8 cm的结节和多个1~3 cm浅黄褐色至淡奶油色软结节。组织学检查可见结节中有多个融合性肿瘤细胞索包裹于一薄层纤维素性荚膜中，有不规则的小梁和薄纤维束分隔的初始腺泡。肿瘤细胞有大的泡状核，核仁明显，胞浆丰富，淡嗜伊红。

大部分研究未能证明鸭乙型肝炎病毒与肝癌的发生直接相关，推测我国某些鸭群偶尔出现肝癌高发可能与通过饲料等途径摄入毒素，如黄曲霉毒素B_1有关。

【诊　断】

鸭乙型肝炎病毒与人类乙型肝炎病毒类似，而前者可以在体外感染细胞培养，也可体内感染雏鸭，作为嗜肝DNA病毒的良好模式病毒被广泛用于病毒复制、致病机制、药物筛选和疫苗评价的研究模型。与人乙型肝炎病毒一样，鸭血清中DHBV-DNA的浓度是病毒复制最直接和最可靠的标志，因此，针对该病毒建立的检测方法以定量检测病毒基因组DNA为主，包括Southern blot、斑点杂交、液相杂交、同位素渗入PCR和实时荧光PCR技术等。免疫组化技术广泛应用于组织样本中病毒抗原的检测和定位。

目前尚无鸭乙型肝炎病毒感染对家鸭养殖造成经济损失的报道，所以仅从养殖业方面考虑，该病的检测和诊断意义不大。

【参考文献】

[1] 郝友华，李安意，丁红辉，等．不同种雏鸭建立乙肝病毒感染模型及抗病毒效果的实验．中国比较医学杂志，2012, 222（11）：24-26

[2] 李秋香，郑玉廷，李东田，等．鸭肝炎病毒感染和垂直传播的研究．病毒学杂志，1991, 6（1）：15-20.

[3] 瞿涤，闻玉梅，林飞卿，等．七个亚种携带鸭乙型肝炎病毒的研究．中华传染病杂志 1986, 4（3）：133-144

[4] 谈博，张奉学，操红缨，等．鸭乙型肝炎病毒感染模型及其方法学研究进展．热带医学，2005, 5（1）：111-117

[5] 席与萍，刘荻，邢翠芝，等．经垂直传播自然感染DHBV幼鸭的肝组织病理学研究，北京医科大学学报，1989, 21（4）: 301-302

[6] 周翊钟，寇平原，邵龙琪．一种可能与鸭肝炎和肝癌相关的病毒．上海医学，1980, 3（11）：1-3.

[7] 朱万孚，郝娃，李凡，等．鸭乙型肝炎病毒感染与肝组织学病变关系的研究．北京医科大学学报，1988, 20（2）：87-88.

[8] 朱万孚，庄 辉，郝 娃，等．鸭乙型肝炎动物模型的研究．北京医科大学学报，1987, 19（4）：223-226.

[9] Cova L, Wild C P, Mehrotra R, et al. Contribution of aflatoxin B1 and hepatitis B virus infection in the induction of liver tumors in ducks. Cancer Research, 1990, 50(7):2156-2163.

[10] Cullen J M, Marion P L, Newbold J E. A sequential histologic and immunohistochemical study of duck hepatitis B virus infection in Pekin ducks. Veterinary Pathology, 1989, 26(2): 164-172.

[11] Funk A, Mhamdi M, Will H, et al. Avian hepatitis B viruses: molecular and cellular biology, phylogenesis, and host tropism. World Journal of Gastroenterology, 2007, 13(1):91-103.

[12] Lambert V, Cova L, Chevallier P, et al. Natural and experimental infection of wild mallard ducks with duck hepatitis B virus. Journal of General Virology. 1991, 72:417-420.

[13] Omata M, Uchiumi K, Ito Y, et al. Duck hepatitis B virus and liver diseases. Gastroenterology, 1983,85(2):260-267.

第9章　鸭流感
Chapter 9　Duck Influenza

引　言

禽流感（avian influenza，AI）是指由A型流感病毒感染引起禽类的一种疫病综合征，在临床上因感染宿主种类、免疫状态、病毒毒力及环境因素等不同而表现为无症状带毒的隐性感染、亚临床症状、轻度呼吸系统症状、产蛋量下降或急性全身性高度致死性感染。据致病性的不同可将禽流感病毒（avian influenza virus，AIV）分为高致病性禽流感病毒（highly pathogenic avian influenza virus，HPAIV）、低致病性禽流感病毒（low pathogenic avian influenza virus，LPAIV）和无致病性禽流感病毒（non-pathogenic avian influenza virus, NPAIV）。世界动物卫生组织（World Organisation for Animal Health, OIE）已将高致病性禽流感归为必须报告的动物疫病，我国将其列入一类动物疫病。

在过去，水禽（包括家养水禽和野生水禽）是A型流感病毒的贮存宿主，感染后一般不发病或仅出现轻微临床症状，大多呈隐性感染。然而，1996年我国广东省的鹅发生H5N1亚型高致病性禽流感并引起大量死亡的事实，打破了人们对家养水禽仅感染禽流感病毒但不发病死亡的传统认识。1999年冬，我国粤闽浙等省鸭（尤其是番鸭）发生H5N1亚型高致病性禽流感，患病鸭出现明显的临床症状，发病率和病死率均很高。2002年，香港自然公园大量野鸭、家鸭发生H5N1亚型高致病性禽流感，随后又传给人并导致死亡。以上情况揭示鸭不再只是AIV的贮存宿主，而是已表现出高度的易感性和发生严重的死亡。

鸭流感，是由禽流感病毒引起各品种肉鸭表现出呼吸系统症状、明显神经症状、高发病率、高病死率、脏器出血、胰腺坏死或出血等的综合征；种（蛋）鸭则以呼吸困难、发病率和病死率高低不一、产蛋量骤降为特征。目前该病已成为危害我国养鸭业的头号大敌。

【病原学】

1）分类地位

禽流感病毒属于正黏病毒科（*Orthomyxoviridae*）流感病毒属。病毒粒子形态呈典型的球形或多形性，球形结构的直径大小为80~120 nm（图9.1），初始培养物多呈丝状。病毒基因组为单股负链RNA，包含8个长度不同的基因片段，以片段1、2、3、4、5、6、7和8来命名，依次编码病毒聚合酶复合体中的PB2、PB1、PA亚单位、血凝素（HA）蛋白、核衣壳蛋白（NP）、神经氨酸酶（NA）、基质蛋白（M1和M2）和非结构蛋白（NS1和NEP）（图9.2）。成熟的病毒粒子外有囊膜，囊膜表面镶嵌大量呈放射状排列的纤突，主要是由三聚体构成的棒状血凝素纤突和由四聚体构成的蘑菇状神经氨酸酶纤突，这两种纤突具有抗原性和亚型特异性，在膜上的数量比例约为 75∶20，此外囊膜上还有少量 M2 突起；中间层是基质蛋白（M1），是维持病毒形态的结构蛋白；里层则是螺旋对称的核衣壳（vRNP），包括核蛋白（NP）、三种聚合酶蛋白（PB2、PB1 和 PA）及病毒 RNA。病毒的非结构蛋白有 NS1 和 NEP 两种，其中 NS1 蛋白被认为是真正的非结构蛋白，不存在于病毒粒子中，但可在宿主细胞中大量表达。依据流感病毒 HA 和 NA 结构及特性的不同，可将 A 型流感病毒分为若干亚型，迄今共发现 18 种 HA 亚型和 11 种 NA 亚型，其中 AIV 有 16 种 HA 亚型、9 种 NA 亚型。不同的 HA 和 NA 之间可发生多种形式的组合，产生不同亚型的病毒。AIV 在不同家禽品种之间可相互传播，在同一群禽类中往往同时存在两种以上亚型的感染，即双重感染或多重感染，极易发生基因重组。

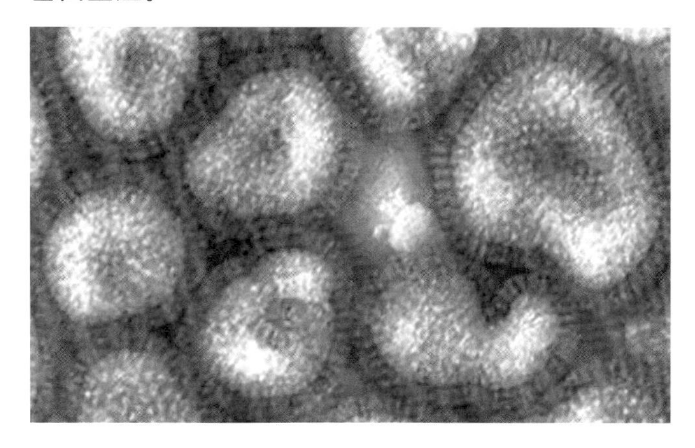

图 9.1　病毒电镜负染图片（自 WHO，2011）

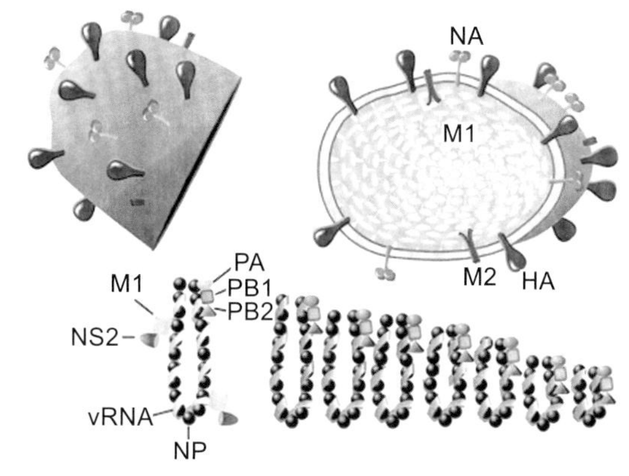

图 9.2　流感病毒病原模式图（自 Horimoto，2001）

2001 年，Guan 等对香港分离的鸡、鸭、鹅、鹌鹑和鸽子等禽源 H5N1 亚型病毒进行序列分析发现，病毒 HA 和 NA 基因虽均来源于 GS/GD/96-like，但内部基因呈现出多样性，可细分为 A、B、C、D 和 E 等 5 个基因型。在这 5 个基因型中，A 基因型的分离株的 NA 颈部有一 20 aa（aa49~68）的缺失，这个缺失与 H5N1/97 病毒的 19 aa（aa54~72）有明显的不同；而其他基因型尚未发现这种缺失。2002 年，出现了 X、Y、Z 和 Z+ 等基因型，其中 X、Y 和 Z 这 3 个基因型与 A 基因型一样在 NA 颈部也存在 20 aa 的缺失。基因型 B、Y、Z 和 Z^+ 的 NS 基因来源于同一供体，编码的 NS1 蛋白有一 5 aa（aa 80 ～ 84）的缺失。2003 年，出现新基因型 V，这时 Z 基因型逐渐占据优势地位；直到 2005 年底，这个基因型在我国南方地区才逐渐被 V 基因型（Fujian-like 变异株）代替（图 9.3）。由于从祖源病毒 GS/GD/96 进化出多个谱系且命名不统一，为此 WHO、FAO 和 OIE 联合制定了 H5N1 HPAIV 统一分类准则：HA 基因核酸序列平均距离小于 1.5% 者为同一 clade，平均距离大于 1.5% 者为不同的 clade 成员。基于这个标准可将 H5N1 HPAIV 分为 0~9 共计 10 个不同 clade。其中 clade 0 主要为早期分离的、与 GS/GD/96 亲缘关系最近的病毒株，代表株有 A/Goose/Guangdong/1/96，A/Hong Kong/156/97；clade 1 主要是 2002—2005 年间流行于香港、越南、泰国、柬埔寨、老挝和马来西亚等地的病毒株，代表株是 A/Vietnam/1203/2004；clade 2.1 为 2003—2007 年间流行于印度尼西亚的禽流感病毒株，代表株有 A/Indonesia/5/2005；clade 2.2 为 2005—2007 年间流行于我国青海湖、蒙古、欧洲、中东和非洲等地区流行的病毒株，代表株有 A/Bar-headed goose/Qinghai/65/2005；clade 2.3 主要是 2003—2006 年间流行于中国、越南、泰国、老挝和马来西亚等地的病毒株，代表株 A/Duck/Fujian/1734/2005 现归属于 2.3.4 分支，最近又出现新的小分支 clade 2.3.4.4；clade 2.4 为 2002—2005 年间分离自我国云南与广西等地的禽流感病毒，代表株为 A/Chicken/Yunnan/115/2004；clade 2.5 则为 2003—2006 年间流行于中国、韩国和日本的禽流感分离株，代表株为 A/Chicken/Korea/ES/2003；clade 3 为 2000—2001 年间流行于香港的病毒株，代表株为 A/Chicken/Hong Kong/YU562/2001；clade 4 为 2002—2006 年间流行于香港、贵州等地的病毒株，代表株为 A/Goose/Guiyang/337/2006；clade 5 为 2000—2004 年间流行于中国、越南等地的病毒株，代表株为 A/Goose/Guangxi/914/2004；clade 6 为 2002—2004 年间分离自我国的病毒株，代表株为 A/Chicken/Hunan/01/2004；clade 7 为 2002—2006 年间分离株，代表株 A/Chicken/Shanxi/2/2006；clade 8 为分离自 2001—2004 年间香港的病毒株，代表株为 A/Chicken/Hong Kong/YU777/2002；clade 9 为 2003—2005 年间分离自中国的病毒株，代表株为 A/Duck/Guangxi/2775/2005（图 9.4）。

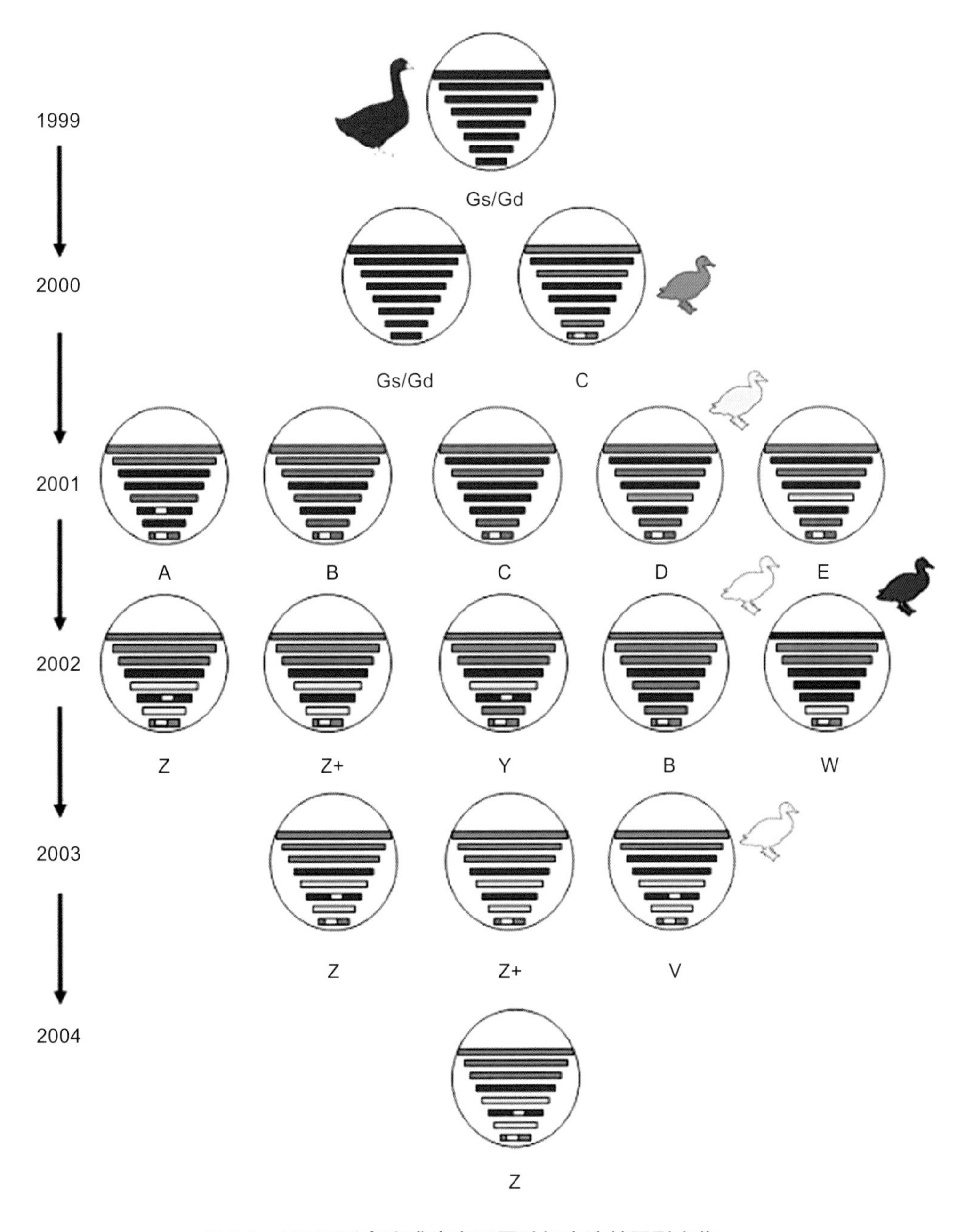

图 9.3　H5 亚型禽流感病毒不同重组方法基因型变化
（引自 Li K，2004）

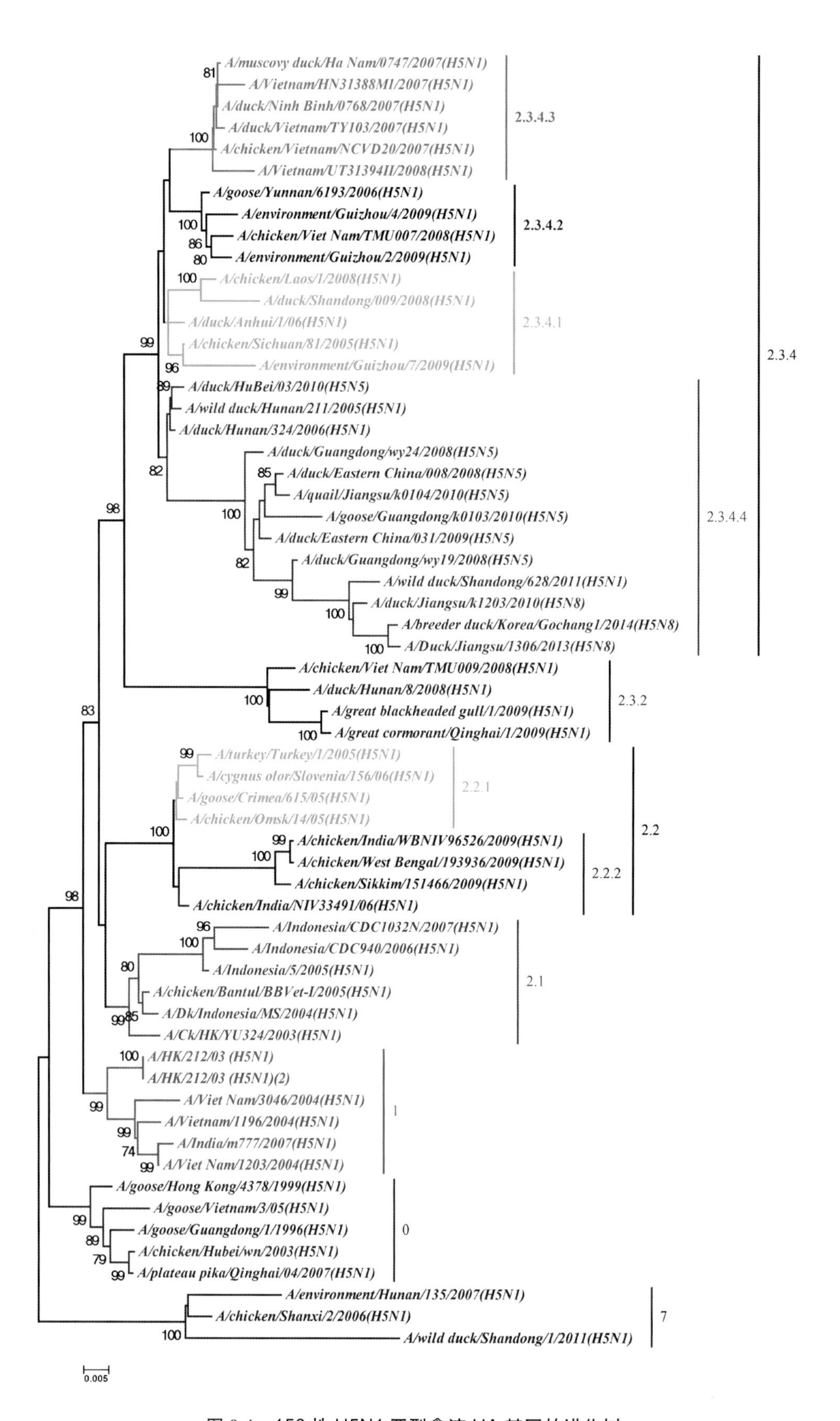

图 9.4　158 株 H5N1 亚型禽流 HA 基因的进化树

（引自 WHO/OIE/FAO HNEvolution Working Group, 2008）

2）致病的分子基础

现有研究表明，A 型流感病毒的致病性是由多个基因或多种因素共同决定的。流感病毒感染后，其 HA 蛋白须经蛋白酶切割成 HA1 和 HA2 而发挥致病作用，因此病毒 HA 对蛋白酶切割的敏感性可直接影响到病毒的毒力。低致病性 AIV 的 HA 携带对胰蛋白酶敏感的单个碱性氨基酸裂解位点，仅可在呼吸道中得以裂解；而高致病性 AIV 的 HA 蛋白裂解位点处的多碱性氨基酸序列可被宿主体内广泛存在的弗林蛋白酶所裂解，这是高致病性 AIV 发挥其致病性的重要分子基础。另外，比较高致病性 H5 和 H7 亚型病毒 HA 裂解位点附近的氨基酸残基表明，这些位点对不同哺乳动物的致病作用不同，对小鼠和豚鼠的作用显著，而对灵长类非洲绿猴则没有明显的致病作用，说明这些位点对致病性的影响和宿主也有很大关系。

除了多碱性氨基酸裂解位点的 HA 蛋白外，NA 蛋白在 AIV 对宿主的致病过程中起着重要作用。Hinshaw 等发现将人流感 H3N2 病毒的 NA 基因替换鸭流感 H2N2 病毒的 NA 基因，所获得的重组病毒在鸭体内的增殖能力减弱。Hulse 等将高致病性禽流感 H5N1 病毒的 NA 基因替代低致病性 H5N1 病毒的 NA 基因，获得的重组病毒对鸡致病性显著增强。研究表明，NA 蛋白茎部的缺失也同病毒的致病性增强有关。Castrucci 等发现病毒的 NA 颈部长度对病毒的感染性起了十分重要的作用，不同病毒在不同研究中表现出来的NA长短颈对复制能力的影响都不尽相同,可能的原因是缺失和增加氨基酸的位置、数量和组成影响了病毒 NA 蛋白的空间结构，从而影响了病毒的复制能力。这些研究均表明 NA 基因对流感病毒的致病性有很大影响。

禽流感病毒的聚合酶复合物在病毒从禽到人的跨种间感染致病过程中发挥着重要作用。如 PB2 蛋白第 627 位从谷氨酸（E）到赖氨酸（K）的单一突变可增强病毒对哺乳动物的致病性和适应性，而第 701 位氨基酸残基的变化则与病毒在鸭体内的复制能力与致死性有关。PB1 对于 1918 H1N1、1957 H2N2 和 1968 H3N2 的高致病性都有作用。部分流感病毒在强烈的选择压力下还可表达 PB1-F2 蛋白，它是由 PB1 基因中不同阅读框转录而来的一个 87 aa 蛋白体，可能与宿主细胞的凋亡有关，还可导致比较严重的肺免疫损伤，易引起继发性细菌性肺炎。PA 对于 H5N1 病毒的致病性也起着一定的作用，可影响 PB1 和 PA 在病毒所感染细胞核中的积累。PA 基因在转录翻译时因移码生成一种与 PA 蛋白完全不同的肽链——PA-X，它可切碎宿主细胞的 RNA 片段，阻止宿主细胞激活自身基因，这一名为宿主细胞关闭（host-cell shut-off）的过程可阻止细胞做出过于剧烈的炎症反应,从而降低感染的严重程度。

M1 蛋白主要功能是维持病毒形态，还参与 vRNP 的核输出，以及子代病毒粒子的装配。M2 具有离子通道活性，酸化病毒粒子的内部环境，并能控制高尔基体内的酸碱度，以利于在病毒脱壳。M2 与 M1 蛋白作用，参与病毒基因组的包装及病毒粒子的形成，并且与病毒对金刚烷胺的耐药性有关。

NS1 蛋白是一个多功能蛋白，包含两个功能结构域（氨基端 aa1~73 为 RNA 结合域及 aa74~230 的效应结构域）。该蛋白是 A 型流感病毒中发现的第一个与先天免疫活动相关的蛋白，在流感病毒感染过程发挥着多种重要的调节功能。NS1 蛋白主要影响细胞抗病毒应答中所涉及的不同途径的信号通路的进程及参与感染细胞的凋亡，包括病毒特异性的 mRNA 及病毒基因组的合成，宿主细胞生理合成及通过与干扰素及干扰素诱导蛋白的相互作用来抑制宿主的免疫应答，通过这些作用调节病毒对感染宿主的致病性。

3）鸡和鸭感染禽流感病毒的免疫应答差异

尽管鸭和鸡都是 AIV 的宿主，禽流感病对二者的致病性不一样，鸭感染禽流感病多不发病或轻微临床症状，甚至可抵抗对鸡表现高致病性的 AIV（H5 或 H7 亚型）的攻击，研究发现这可能与鸭和鸡的先天性免疫系统差异有关。如鸭的先天性免疫系统中存在一种模式识别受体—视黄酸诱导基因 I (retinoic-acid-inducible gene I, RIG-I)，该受体在宿主识别高致病性 AIV 入侵及病毒清除过程中发挥着重要作用，而鸡体内无此受体的表达，因而二者在 AIV 感染后的免疫应答方式也不同。Barber 等发现鸭体内的 RIG-I 受体在病毒入侵的早期高效表达，识别入侵的高致病性 AIV 释放宿主细胞胞浆中的核酸分子片段，从而激发宿主后续的免疫应答级联反应。

研究表明,“细胞因子风暴”（hypercytokinemia）在 H5N1 亚型高致病性 AIV 对鸡的致病过程中发挥着重要的作用。Burggraaf 等发现高致病性 AIV 感染鸡后可在鸡体内多个脏器中有效增殖，在病毒感染后 24 h 快速诱导产生大量的原炎性分子等，包括 IL-6 和急性期蛋白血清淀粉样蛋白 A；而病毒感染鸭仅在感染后期出现低水平的细胞因子表达，这也可能是鸭能抵抗高致病性 AIV 感染的原因之一。Smith 等分析发现，导致鸭和鸡对流感病毒易感性差异的原因在于二者在病毒感染后的免疫应答不同。在病毒感染后，鸭体内具有抗病毒活性及限制病毒膜融合的干扰素诱导跨膜蛋白（IFITM）家族进行高水平表达，而鸡体内该家族基因仅少量表达，另外，鸭体内特有的模式识别受体 RIG-I 在 AIV 感染早期高效表达，在鸭抵抗不同致病性 AIV 感染中发挥着极为重要的作用。

除以上外，其他细胞因子在鸭和鸡感染 AIV 时也呈现差异表达。Cornelissen 等发现鸡感染低致病性 H7N1 AIV 主要引起 IFN-α 和 IFN-β mRNA 的上调表达,肺脏中 TLR7 和 MDA-5 mRNA 的表达显著上升，TLR3、TLR 和 MDA-5 的表达与 IFN-α 和 IFN-β 的表达呈正相关；而鸭感染后主要表现为肺脏和法氏囊中 IFN-γ mRNA 表达的显著上调，其 IFN-α mRNA 的表达则与 TLR7、RIG-I 和 MDA-5 的表达无正相关性。Huang 等发现 H9N2 AIV 感染鸡和鸭所诱导的白细胞介素和干扰素动态转录水平存在显著差异，在鸭体内诱导的 T 细胞，尤其是 $CD8^+$、$CD8^+CD25^+$ 和 $CD4^+CD25^+$ 等 T 细胞免疫应答更活跃、更明显。

4）鸭在禽流感流行病学中的意义

A 型流感病毒最复杂的生态系统在于水禽，尤其是鸭（包括家鸭和野鸭等）为 A 型流感病毒的重要贮存宿主，在所有禽流感病毒的 16 种 HA 亚型及 9 种 NA 亚型均可在野鸭中分离到，流感病毒可通过其传染给其他家禽、哺乳动物甚至是人（图 9.5），现有资料表明鸭群中的禽流感病毒是嗜肠道型的，其复制的主要场所在肠道而非呼吸道，因此鸭体内的 AIV 能以较高滴度从粪便中排出而污染水域及饲养场所，这表明鸭具有传播 AIV 非常方便的途径。在世界许多地区，存在鸡（或火鸡）与鸭混养或鸡（或火鸡）与鸭同场分隔饲养的习惯，导致鸭源禽流感病毒极易水平传播给鸡或火鸡等陆生禽类，而成为流感发生的主要传染来源。因此，要控制和消灭禽流感首先要控制和消灭鸭流感。

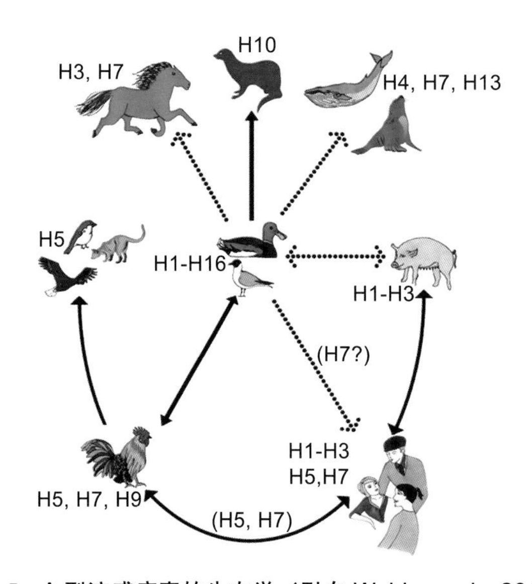

图 9.5　A 型流感病毒的生态学（引自 Wahlgren J，2011）

随着 AIV 在家禽及其他禽类中的遗传演化，尤其是 AIV 亚型的多样性及其在公共卫生学的重要性，鸭流感不仅是危害养鸭业健康发展的重要疫病之一，更是关系到禽流感和公共安全防控成败的关键。因此，全面了解和掌握鸭流感发生流行规律，分析其病毒的遗传演化、生物学特性及其变异特征对禽流感的防控和公共安全具有十分重要的作用和意义。

5）实验宿主系统

分离和增殖 AIV 最好的方法是通过尿囊腔接种 9~10 天的 SPF 鸡胚，从而获得较高滴度的病毒液，因此许多灭活疫苗常用鸡胚培养病毒制备。病毒也在鸡胚成纤维细胞或鸡胚肾细胞、MDCK 细胞和 Vero 细胞等中分离和增殖。低致病性 AIV 在 CEF 和其他细胞培养时常需添加外源性胰酶（如 TPCK- 胰酶）以增强裂解 HA 的能力，从而有效提高病毒的增殖和形成蚀斑的能力。

在动物感染试验中，鸡是评价病毒的致病力和揭示其致病机理的最常用的实验动物；而哺乳动物实验模型多用小鼠、大鼠、仓鼠、雪貂、猴和猪等，其中小鼠常用于 H5N1 高致病性病毒的研究，而雪貂因其对人源 H1N1 和 H3N2 病毒易感，且发病情况与人自然感染相似，也常用作为 AIV 从禽到哺乳动物种间传播的风险评估模型。

6）抵抗力

禽流感病毒是有脂质囊膜的病毒，因此对乙醚、氯仿、丙酮等有机溶剂敏感。常用的灭活剂如福尔马林、戊二醛、β - 丙内酯、脱氧胆酸钠、二乙基亚胺、十二烷基硫酸钠、酚类、氧化剂（如次氯酸钠）、稀酸和羟胺等能破坏流感病毒，其传染性迅速下降。AIV 对热比较敏感，在 65℃加热 30 min 或煮沸状态下 2 min 以上可灭活。对低温抵抗力较强，在有甘油保护的情况下可保持活力 1 年以上，在粪便等分泌物中的流感病毒粒子在 4℃可保持感染性 30 ～ 35 天，20℃保持 7 天。特别是在低温的水中，病毒可以长期保存。病毒在直射阳光下 40 ～ 48 h 即可灭活，如果用紫外线直接照射，可迅速破坏其传染性。

【流行病学】

水禽包括鸭、鹅及野生水禽是该病毒的贮存宿主，感染鸭、发病鸭、病死鸭是重要的传染来源。此外，鹌鹑、鹧鸪等陆禽及迁徙鸟类在病毒的跨种传播及大范围散布中发挥重要作用。被病毒污染的水源、饲料、车辆设备以及禽类副产品等都会成为病毒的传染来源。

1）传播途径

禽流感的传播方式比较复杂，许多因素都影响病毒的传播，如宿主分布的地理特性、周边气候、温度及湿度情况、不同动物间的接触情况、禽的日龄、免疫状况、饲养密度等。

有大量证据表明禽流感可水平传播，病毒可通过感染禽与易感禽的直接接触传播，或通过气溶胶与带有病毒污染物接触而间接传播。由于病毒在水禽的消化道中滴度相对较高，因而水禽的粪便污染是一个重要的传播媒介。与病禽接触的鸟类、哺乳动物、饲料、饮水、设备、笼子、衣服、运输车、昆虫、共用设备、运输的人、活禽市场等都可能成为携带者。

尽管 AIV 感染产蛋鸭可引起严重的产蛋异常及产蛋量下降，但迄今尚无证据表明禽流感病毒可垂直传播。然而，已有研究报道在蛋的表面和内部可检测到禽流感病毒。

2）易感动物

现有研究表明，禽流感病毒的宿主范围十分广泛，包括野禽、家禽、珍禽、猪、马以及人。家禽中的鸡、火鸡、鸭是自然条件下最常受到感染的，野禽包括野鸭、海岸鸟、沙鸥、燕鸥和海鸟等；

鹌鹑、雉鸡、鸽、鹧鸪、鹦鹉等珍禽也较易感。另外，还从燕八哥、石鸡、麻雀、乌鸦、寒鸦、燕子、苍鹭、加拿大鹅等鸟类中分离到流感病毒。水禽中各品种鸭及鹅均可感染发病，在鸭以番鸭易感性更强，其发病率、病死率较其他品种鸭更高。

患病鸭群易并发或继发其他疫病，如鸭细菌性疫病（鸭致病性大肠杆菌病、鸭沙门氏菌病等）、病毒性疫病（如坦布苏病毒病）或鸭球虫病等。该病一年四季均有发生，但以每年的 11 月至次年的 4 月发病较多。

【临床症状】

患病鸭采食量下降、体温升高，表现精神萎靡、神经症状（头部姿势异常、扭颈呈“S”状、仰翻、侧翻、运动失调、(类）角弓反张、双脚呈划水样或横冲直撞等）（图 9.6 至图 9.9）、呼吸困难（张口呼吸或喘气）（图 9.10）、腹泻（排白色或青绿色稀粪），有时可见病鸭头部和脸部水肿（图 9.11），流泪（湿眼圈）（图 9.12）、眼睛发红（图 9.13）、上喙和脚蹼出血（图 9.14、图 9.15）。

图 9.6 扭颈呈“S”状

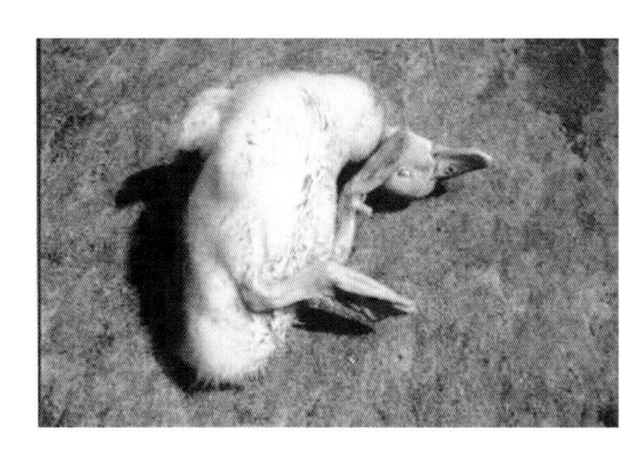

图 9.7 侧翻

图 9.8 角弓反张

图 9.9 雏麻鸭类角弓反张

图 9.10 张口呼吸、肿头

图 9.11 头部、颈部肿胀

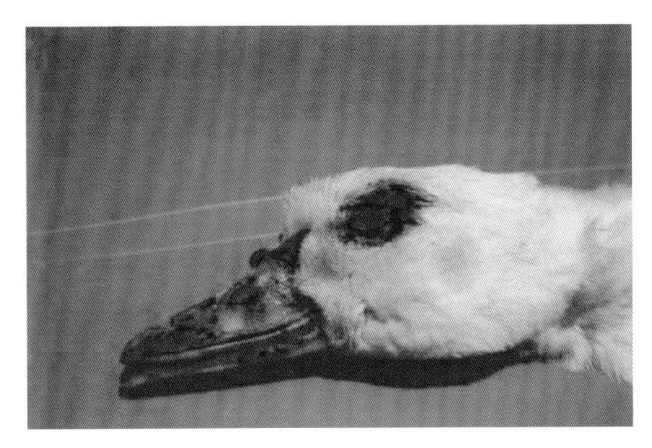

图 9.12　湿眼圈

图 9.13　眼睛发红

图 9.14　上喙出血发红

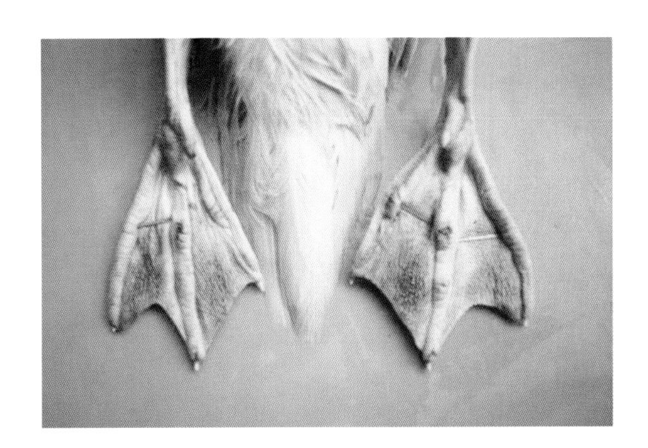

图 9.15　脚蹼出血发紫

鸭流感的发病率、病死率与鸭的日龄、病毒的亚型（毒力）及有无并发或继发症有关。各种日龄鸭均可感染发病，但临床上以 20 日龄以上的鸭群多见发病。雏鸭发病率高达 100%，而病死率为 30%~95%，感染鸭在出现症状后 3~5 天内出现死亡。

蛋用鸭或开产种鸭群发病后，产蛋率急剧下降（如从 95% 降至 10% 左右或停产）或（和）产异常蛋（产软壳蛋、粗壳蛋、薄壳蛋、无壳蛋、畸形蛋等）或（和）无产蛋高峰或持续低产蛋率或（和）低死亡率（日死亡率 0.1%~1.3% 不等）或无死亡；有的鸭群表现为持续低产蛋率。

【病理变化】

1）大体病变

（1）出血　病死肉鸭剖检病变主要为组织脏器出血，具体表现为气管、支气管和肺出血或积血，心冠脂肪出血（图 9.16），肝脏肿大、瘀血或出血（图 9.17），胰腺出血（图 9.18），脑膜出血（图 9.19），肺出血（图 9.20），脾脏肿大、瘀血或出血（图 9.21），肠道（十二指肠、空肠、直肠等）黏膜出血（严重者见多量血凝块）、淋巴集结出血，偶见出血环（图 9.22、图 9.23）。

病死蛋用鸭或开产种鸭的主要剖检病变除肉鸭病变外，还表现卵泡膜严重充血、出血（图 9.24），甚至有的个别病（死）鸭卵泡破裂于腹腔中（图 9.25）；卵巢充血、萎缩。

（2）坏死　病死鸭胰脏表面大量针尖大小的白色坏死点（图 9.26），或透明样或液化样坏死点或坏死灶（图 9.27）；心肌表面见条纹样坏死（图 9.28），脑组织局灶性坏死（图 9.29）。

（3）心包炎　病死鸭心包炎（图 9.30），偶见心包积液。

图 9.16　心冠脂肪出血

图 9.17　肝脏出血

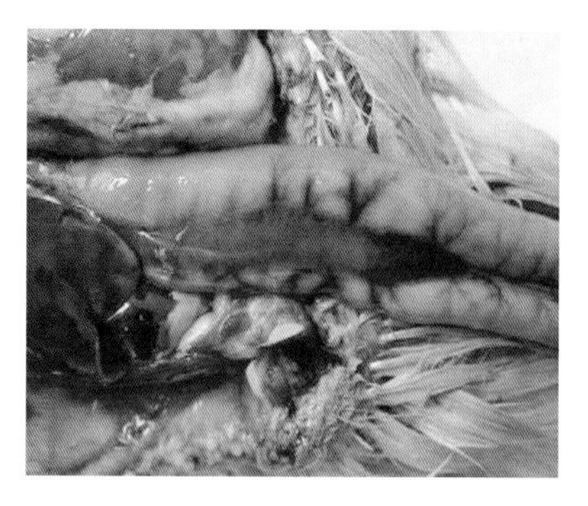

图 9.18　胰腺出血

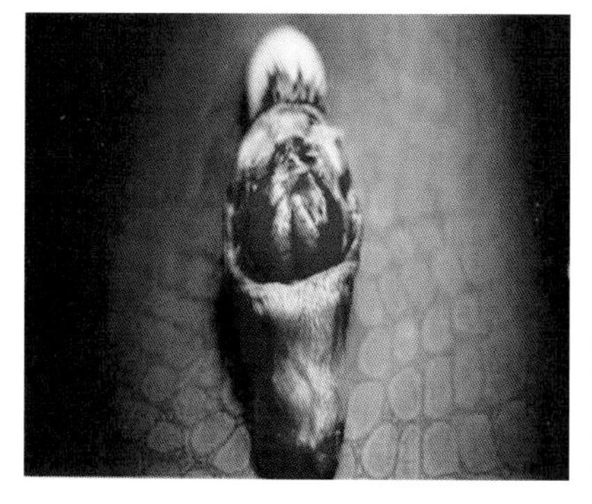

图 9.19　脑膜出血

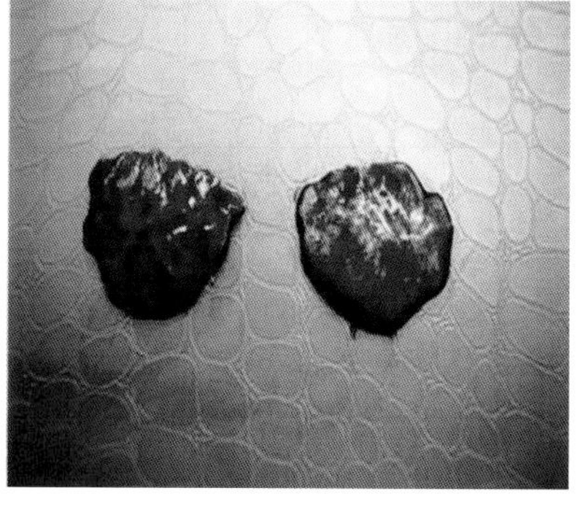

图 9.20　肺脏出血

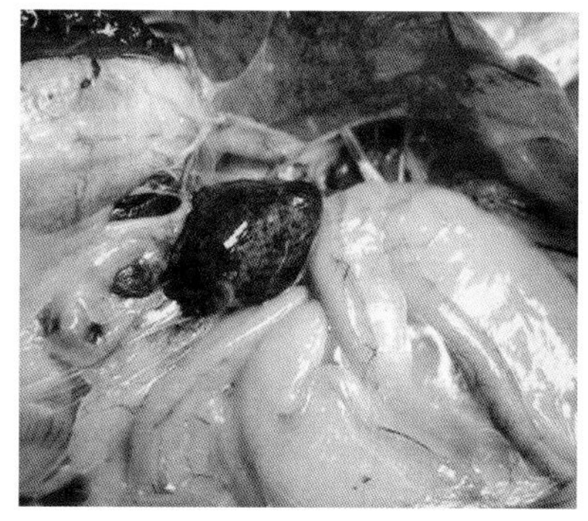

图 9.21　脾脏出血

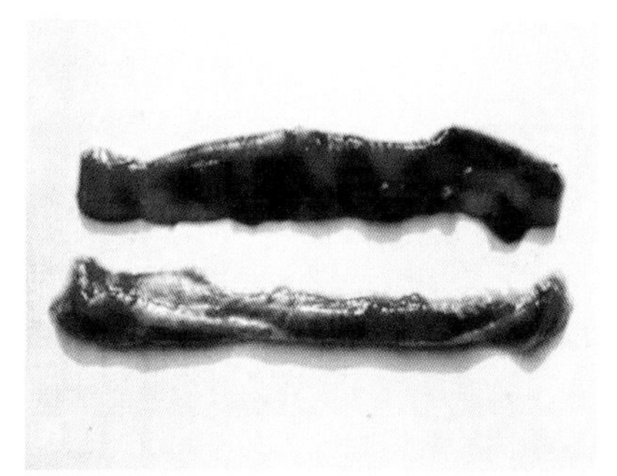

图 9.22　肠道黏膜出血、有血凝块

图 9.23　淋巴集结出血

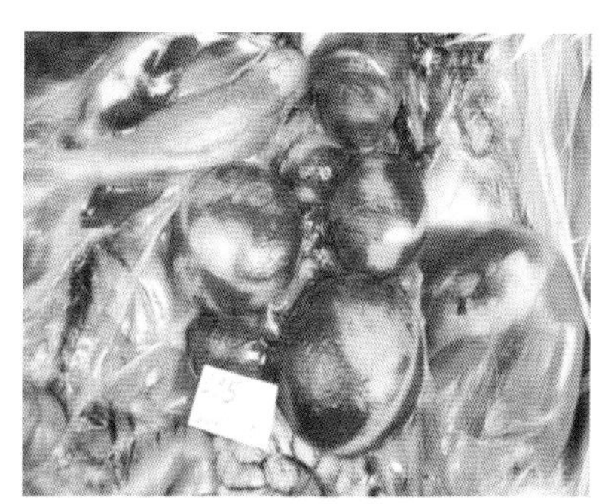

图 9.24　卵泡严重出血

图 9.25　卵泡破裂

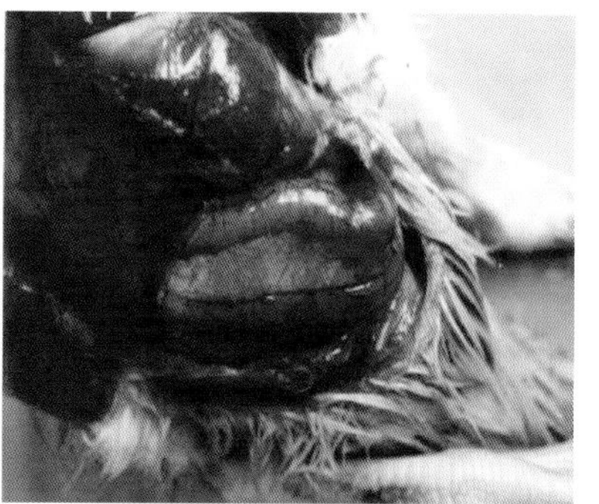

图 9.26　胰腺白色坏死点

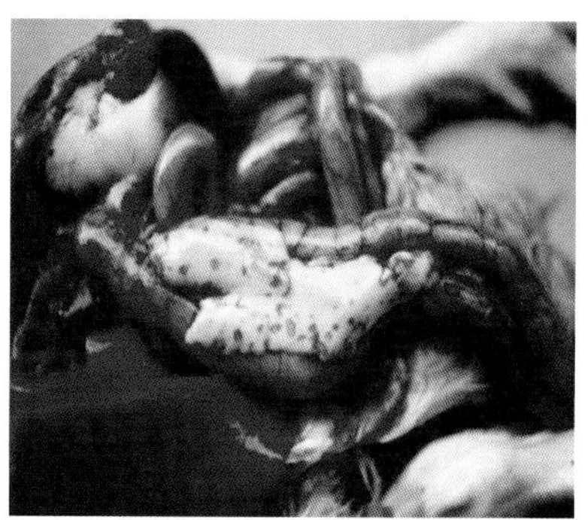

图 9.27　胰腺透明样坏死

图 9.28　心肌条纹样坏死

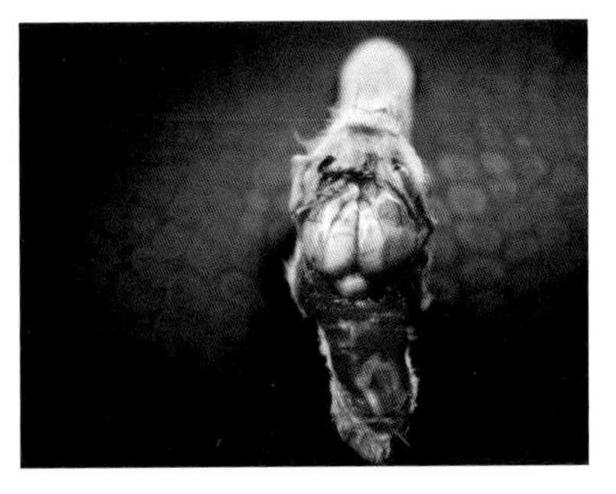

图 9.29　脑组织坏死

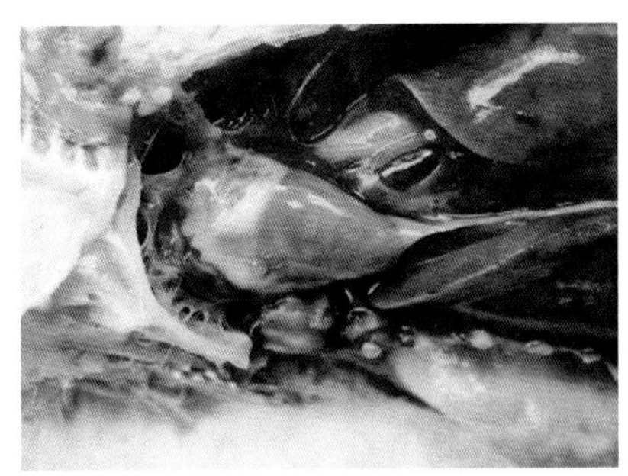

图 9.30　心包炎

2）组织学病变

自然感染病死鸭、人工感染病死鸭的组织学病变相同，主要表现为大脑呈非化脓性脑炎、脑膜炎、血管套（图 9.31）；胰脏局灶性坏死（图 9.32）；脾脏淋巴细胞减少，局灶性坏死（图 9.33）；肝脏局灶性出血、坏死（图 9.34），血管周围淋巴细胞呈局灶性浸润；法氏囊淋巴细胞数量明显减少（图 9.35），结缔组织增生，淋巴滤泡内形成多量较大的空泡；腺胃腺泡内淋巴细胞局灶性增生；心肌颗粒变性和脂肪变性（图 9.36）；肺瘀血；肠道呈轻度卡他性炎；肾脏偶见肾小管上皮细胞颗粒变性。可见流感病毒对鸭具有明显免疫抑制作用，这解释了自然感染流感的病鸭极易继发细菌性或其他病毒性传染病的现象。

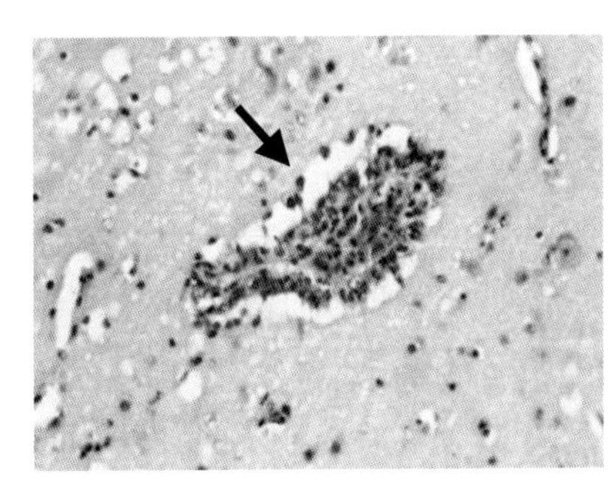

图 9.31　脑血管套

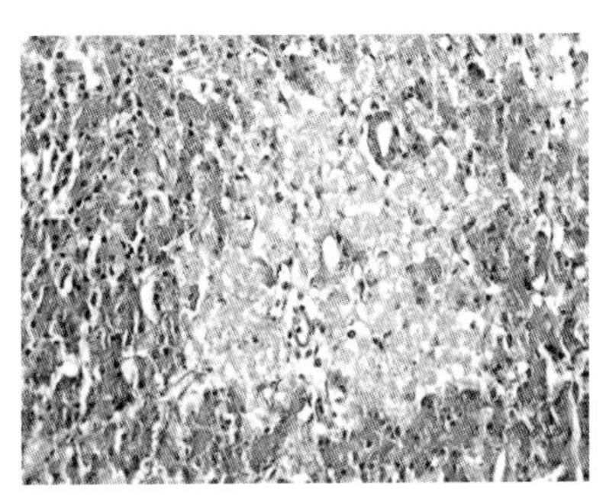

图 9.32　胰脏局灶性坏死

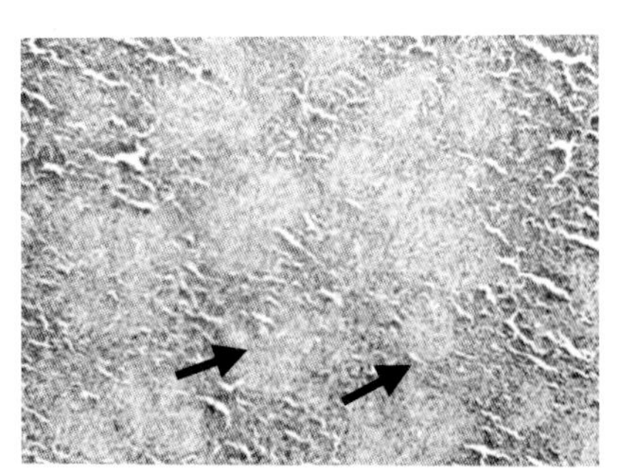

图 9.33　脾脏局灶性坏死

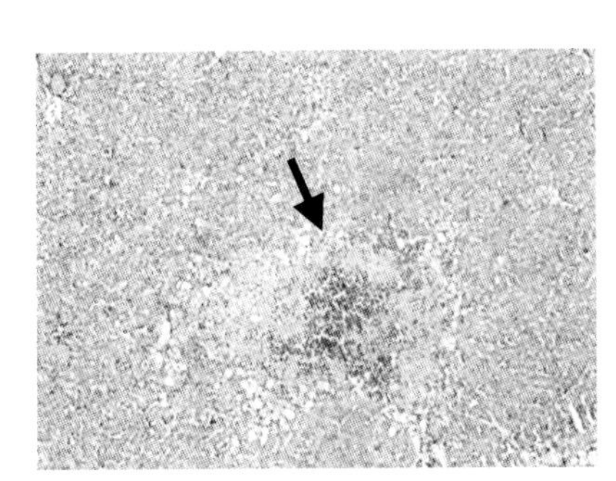

图 9.34　肝出血、坏死

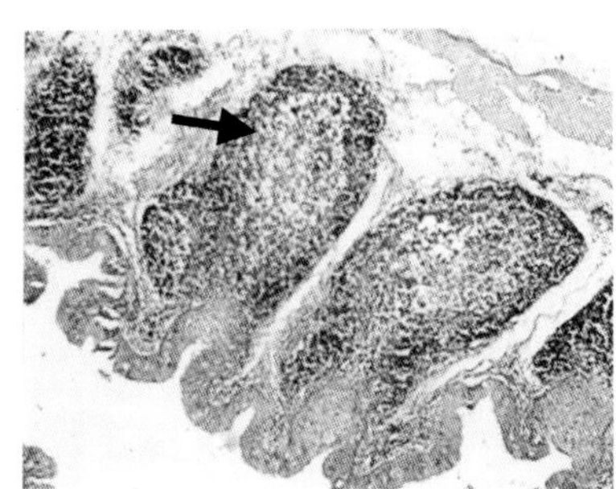

图 9.35　法氏囊淋巴细胞减少

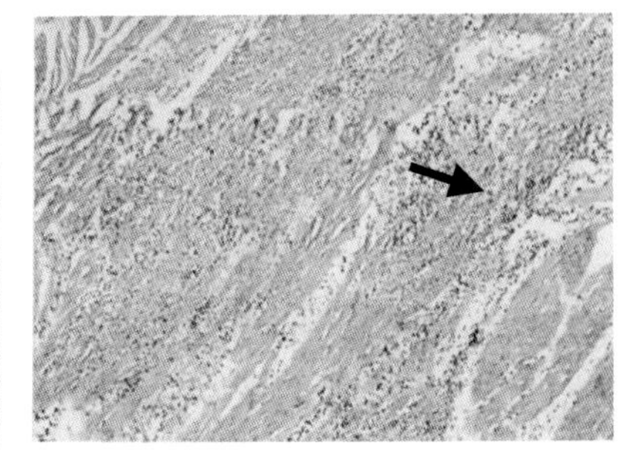

图 9.36　心肌纤维变性、断裂、坏死

【诊　断】

1）临床诊断

据以上临床表现和剖检病变可做出该病的临床诊断，其确诊有赖于以下实验室诊断。

2）实验室诊断

（1）病毒分离与鉴定

①禽胚接种：禽流感病毒多采用禽胚来分离，如 SPF 鸡胚、不同品种的鸭胚。当涉及高致病性 AIV 的分离时，需在生物安全 3 级（BSL-3）实验室进行，严格按照国家病原微生物生物安全实验室及农业部关于高致病性禽流感诊断技术规范的相关操作要求进行。通常情况下，采集发病鸭只咽喉棉拭子和泄殖腔棉拭子或新鲜粪便，棉拭子则置于 2 mL 含抗生素的 PBS 中充分振荡，棉拭子在反复挤压后弃去；对于病死鸭，则采集胰腺、脾脏及脑组织置于样品保存液中，采集的组织或粪便与含抗生素的 PBS 按 1/4 的比例制成悬浮液，于 37 ℃作用 60 min 或 4 ℃作用 12 h，冻融 2 次后，4℃，5 000 ～ 8 000 r/min 离心 20 min，上清液经尿囊腔或绒毛尿囊膜途径接种 9 ～ 11 天 SPF 鸡胚分离病毒。通常在 2~5 天内可致死鸡胚，死亡胚体有明显的出血，部分胚体出现水肿。收集死亡或濒死胚的尿囊液，采用血凝试验（HA）检测收集的尿囊液中是否有具血凝活性的病毒，无血凝活性的尿囊液在鸭胚中再传 2 代，有血凝活性的病毒保存。

②细胞分离：禽流感病毒可在 MDCK 细胞中繁殖并引起 MDCK 细胞圆缩、脱落。用 MDCK 细胞株分离培养，结合 HA 试验及 HI 试验分型鉴定，可判断有无禽流感病毒感染。野外采集的标本采用鸡胚接种时样品处理方式处理后，取 0.5 ～ 1.0 mL（接种量要根据瓶的大小）单层培养的 MDCK 细胞。置 35℃吸附 1 h 后，弃感染液，用 PBS 等渗液洗 2 遍，加入适量不含血清的维持液（含终浓度为 2 μg/mLTPCK- 胰酶的 Eagle’s 液），置 35℃培养，随后每天观察有无细胞病变（CPE）。当 75% ～ 100% 细胞出现病变时进行收获，收获之前可将细胞冻融 2 次。通过 HA 测定细胞培养上清是否具有血凝活性。出现红细胞凝集的为禽流感病毒阳性样品，收获所有的细胞培养物进行病毒鉴定。如 HA 阴性，应在 MDCK 细胞上再盲传 2 代，细胞培养物上清仍无血凝活性，可认为是禽流感病毒阴性样品。

（2）免疫学方法诊断　目前，禽流感的免疫学诊断方法有琼脂扩散试验（AGID）、HA 与血凝抑制试验（HI）、血清中和试验（SN）、酶联免疫吸附试验（ELISA）、免疫荧光抗体染色（IF）、免疫组化染色（IH）、补体结合试验（CF）、免疫过氧化物酶染色法、放射免疫测定（RIA）等。在病原检测过程中，HA 与 HI 作为禽流感检测的经典方法而广泛使用。在病毒分离后可用 HA 和 HI 进行分型。由于我国对 H5 亚型高致病性禽流感进行强制免疫，鸭群的血清一般都有抗体，但出现抗体水平参差不齐时即可初步判断鸭群发生 AIV 感染；而对于低致病性 AIV 的血清学检查结果则视免疫情况而定。目前已建立的用于检测鸭群血清中特异性抗体的方法较多，临床上较多使用 HI 方法测定动物血清中的抗体效价，也可用病毒中和试验进一步验证；AGID 在早期感染检测时比其他抗体检测方法更有优势，因为它检测 IgM 代替免疫球蛋白。但在推行强制 H5 亚型免疫的中国，这种优势的价值需打折扣，仅可在其他亚型禽流感感染检测工作中推行；而 ELISA 因其敏感性、高通量等特点，越来越受到临床工作者的青睐。另外，免疫荧光抗体染色、免疫组化染色等方法也对动物体内的病毒分布进行分析。

目前，临床上测定家禽血清中禽流感抗体水平的监测通常参照我国现行的国家标准 GB/T 18936—2003《高致病性禽流感诊断标准技术》所描述的 HI 检测方法进行检测，现简述如下：

① 配制 4 个血凝单位（HAU）的病毒抗原。以完全血凝时病毒的最高稀释倍数除以 4 即为配制含 4 HAU 病毒抗原的稀释倍数。例如，如果完全血凝时的最高稀释倍数为 128，则配制 4 HAU 病毒抗原的稀释倍数应是 32（128 除以 4）。

② 在 V 形孔微量反应板的 1 ～ 11 孔加入 0.025 mL 生理盐水（浓度为 0.85%），第 12 孔加入 0.05 mL 生理盐水。

③ 吸取 0.025 mL 待检血清加入第 1 孔内，充分混匀后吸 0.025 mL 于第 2 孔，依次倍稀释至第 10 孔，从第 10 孔吸取 0.025 mL 弃去。

④ 1 ～ 11 孔均加入含 4 HAU 混匀的病毒抗原液 0.025 mL，室温（约 20℃）静置至少 30 min。

⑤每孔加入 0.025 mL 的鸡红细胞悬液（1%）轻轻混匀，静置约 40 min（室温约 20℃，若环境温度太高可置 4℃条件下 1 h），对照红细胞将呈钮扣状沉于孔底。

⑥ 结果判定：以完全抑制 4 个 HAU 抗原的血清最高稀释倍数作为 HI 滴度。只有阴性对照孔血清滴度不大于 $2\log_2$，阳性对照孔血清误差不超过 1 个滴度，试验结果才有效。HI 价小于或等于 $3\log_2$ 判定 HI 试验阴性；HI 价等于 $4\log_2$ 为阳性。

（3）分子生物学方法诊断　目前，禽流感的分子生物学诊断方法有 RT-PCR、实时荧光定量 RT-PCR、核酸探针、基因芯片等技术。常用诊断筛选方法是从采集的动物样品中检测流感病毒的 RNA，实时荧光定量 RT-PCR 检测技术快速敏感，只需 3 h 即可得到报告，且其敏感性和特异性与病毒分离相当，该技术为禽流感的临床诊断与监测提供便利。我国已公布了《禽流感病毒通用荧光 RT-PCR 检测方法》、《H5 亚型禽流感病毒荧光 RT-PCR 检测方法》、《H7 亚型禽流感病毒荧光 RT-PCR 检测方法》和《H9 亚型禽流感病毒荧光 RT － PCR 检测方法》等相关标准，同时也公布了《H5 亚型禽流感病毒 NASBA 检测方法》可为禽流感的快速诊断提供规范。临床检测时可使用商品化的禽流感病毒荧光定量 RT-PCR 试剂盒，参照使用说明书检测病毒并对确定病毒的亚型。在美国，针对 M 蛋白基因的实时荧光定量 RT-PCR 技术已用于泄殖腔和咽样本的筛选中，如果检测结果阳性，再用 H5 或 H7 亚型特异性实时荧光定量 RT-PCR 进行检测。

鸭流感依感染的品种、日龄、并发感染程度、病毒毒力和环境因素等而表现出不同的临床症状和病理变化，在临床诊断时易与类似病症的其他疫病相混淆。在雏番鸭，高致病性禽流感病毒感染可引起大量死亡，神经症状明显，剖检主要以全身性脏器出血、心肌坏死及胰腺白色或透明样坏死为主，在临诊中易与细小病毒病、禽 1 型副黏病毒强毒株感染、鸭呼肠孤病毒病及鸭病毒性肝炎相混淆，可根据各自的病变特点加以区别。其他品种肉鸭感染高致病性禽流感时，应与禽霍乱、鸭瘟、鸭呼肠孤病毒感染、禽 1 型副黏病毒强毒株感染相区别。注意鸭流感常引起心包炎，在临诊中应与表现“三炎”（心包炎、肝周炎和气囊炎）的鸭大肠杆菌病和鸭传染性浆膜炎等相区别。

此外，种（蛋）鸭感染禽流感时多以产蛋异常为主，如表现为产蛋量下降、产畸形蛋、沙壳蛋及软壳蛋等，应与引起种（蛋）鸭产蛋下降的病原，如禽坦布苏病毒病、鸭产蛋下降综合征、禽 1 型副黏病毒感染、鸭瘟及鸭呼肠孤病毒感染等区别诊断。

【防　治】

1）管理措施

鸭场必须采取严格的生物安全措施预防该病的传入。各养殖场在平时应制定完善的消毒和卫生管理措施，有效控制进出人员和车辆的卫生消毒及养殖场内环境卫生，密切关注周边疫病发生情况。在出现该病的流行时，应严格控制人员和物流的流动，并执行严格的消毒措施，特别是运输工具，杜绝与发病鸭场来往。控制本病的传入是关键措施，做好引进种鸭、种蛋的检疫工作，坚持全进全出的饲养方式，平时加强消毒，做好一般疫病的免疫，提高机体的抵抗力。

世界动物卫生组织已将高致病性禽流感归为必须报告的动物疫病，我国也将该病列入一类动物疫病，一旦发现高致病力 AIV 毒株引起的流感时，应及时上报、扑灭，对与发病鸭群接触的人员、车辆及发病栏舍进行最严格的消毒处理，同时立即将周边的易感鸭群转移并进行紧急免疫接种。

2）免疫预防

灭活疫苗具有良好的免疫保护性，是预防该病的主要措施和关键环节，应选择与本地流行的 AIV 毒株亚型相同的灭活疫苗免疫。在鸭，免疫程序为 5~10 日龄首免（剂量 0.3~0.5 mL/ 羽）、35~40 日龄二免（剂量 0.5~1.0 mL/ 羽）、70~80 日龄三免（剂量 1.0~1.5 mL/ 羽）、开产前 10~14 天四免（剂量 1.5~2.0 mL/ 羽）、产蛋中期加免（剂量同四免），免疫途径均为颈背部皮下注射。

【公共卫生】

鸭（包括野鸭、家鸭等）群中的流感病毒主要是通过粪便排出而污染水域及其饲养场所，这可能是病毒在水禽之间以及其他可感染动物之间有效传播的重要因素。哺乳动物如海豹、水貂、鲸鱼感染禽类流感病毒事实就表明自然界中哺乳动物和禽类之间就存在 AIV 的传播。如 Scholtissek 等对猪源和鸭源 H1N1 亚型流感病毒血凝素（HA）基因分析表明流感病毒可在鸭与猪之间相互传播。Austin 等研究表明水禽（鸭）与哺乳动物类流感病毒 HA 基因可发生相互转移。Ito 等根据大量研究结果指出几乎所有的哺乳动物流感病毒都很可能衍化于野生水禽流感病毒。近几年来又发现野生水禽流感病毒可直接传播给哺乳动物或家禽，引起流感暴发。对我国广西的调查监测结果表明鸭群中流感抗体的阳性率和特异性在一定程度上反映了人流感的流行程度和抗原性；北京、上海等地自鸭饮水缸的水样中及鸭体内分离到与当时流行的人流感病毒亚型相同的 H2 亚型 AIV（分离率为 31.2%），从貌似健康的鸭血清中也检出相应型别 AIV 的特异性抗体。

越来越多的人感染禽流感事件，尤其是 1997 年香港 H5 亚型 AIV 跨越种间屏障，直接感染人类的事件，使得人们对禽流感的公共卫生学意义愈来愈重视。2013 年 3 月底在上海和安徽两地发生人感染 H7N9 亚型甲型流感，同年 7 月在江西省首次发现一种新型的 H10N8 亚型禽流感病毒感染人的病例，这也是全球首次报告人感染 H10N8 亚型禽流感病例，引起各方关注。2014 年 4 月在四川报道首例由一种新亚型高致病性禽流感病毒 H5N6 亚型感染人的病例，随后广东和云南省各出现 2 例。目前证实能感染人的 AIV 有 H5N1、H5N6、H7N1、H7N2、H7N3、H7N7、H7N9、H9N2 和 H10N8 等不同亚型，这些病例的患者中，60% 以上有与禽类直接接触或到活禽交易市场。值得注意的是，研究表明到目前为止这些病毒还不具备在人群中传播的能力。可见，鸭源及其环境（主要是水体）中 AIV 具有重要的公共卫生学意义。

【参考文献】

[1] 甘孟侯 . 禽流感 . 2 版 . 北京 : 中国农业出版社 , 2002.
[2] 殷震 , 刘景华 . 动物病毒学 . 2 版 . 北京 : 科学出版社 , 1997.
[3] Saif Y M. 禽病学 . 12 版 . 苏敬良，高福，索勋主译 . 北京：中国农业出版社，2012.
[4] 甘孟侯 . 中国禽病学 . 北京：中国农业出版社 , 1999.
[5] 黄瑜 , 苏敬良 . 鸭病诊治彩色图谱 . 北京：中国农业大学出版社 , 2001.
[6] 陈伯伦 . 鸭病 . 北京：中国农业出版社，2008.
[7] 王永坤 . 水禽禽流感防制探讨 . 中国动物保健 , 2004 (3):12 - 14.

[8] 郑明球．应重视水禽的禽流感的防制．畜牧与兽医，2004, 36 (10): 1.

[9] 刘秀梵．家养水禽在我国高致病性禽流感流行中的作用．中国家禽，2004，26（12）:1 - 5

[10] 黄瑜，程龙飞，傅光华，等．鸭流感的临床病型．福建畜牧兽医，2006, 28 (3):54 - 55.

[11] 黄瑜．我国如何防控水禽流感．中国家禽，2006, 28 (20):41 - 43.

[12] 罗开健．当前水禽流感防疫的主要问题及策略．北方牧业，2014 (10): 16.

[13] 陈化兰，于康震，步志高．一株鹅源高致病力禽流感病毒分离株血凝素基因的分析．中国农业科学，1999, 32 (2):87 - 92.

[14] GB/T18936—2003. 高致病性禽流感诊断技术．北京：中国标准出版社，2003.

[15] GB 19438.1—2004. 禽流感病毒通用荧光 RT-PCR 检测方法．北京：中国标准出版社，2004.

[16]GB19438.2—2004. H5 亚型禽流感病毒荧光 RT-PCR 检测方法．北京：中国标准出版社，2004.

[17] GBT19438.3—2004. H7 亚型禽流感病毒荧光 RT-PCR 检测方法．北京：中国标准出版社，2004.

[18] GBT19438.4—2004. H9 亚型禽流感病毒荧光 RT － PCR 检测方法．北京：中国标准出版社，2004.

[19] GBT19439—2004. H5 亚型禽流感病毒 NASBA 检测方法．北京：中国标准出版社，2004.

[20] 农业部 1125 号公告《一、二、三类动物疫病名录》(2008.12)

[21] Barber M R, Jr A J, Webster R G, et al. Association of RIG-I with innate immunity of ducks to influenza. Proceedings of the National Academy of Sciences USA, 2010, 107 (13): 5913 - 5918.

[22] Burggraaf S, Karpala A J, Bingham J, et al. H5N1 infection causes rapid mortality and high cytokine levels in chickens compared to ducks. Virus Research, 2014, 185 (7): 23 - 31.

[23] Baas T, Baskin C R, Diamond D L, et al. Integrated molecular signature of disease: analysis of influenza virus-infected macaques through functional genomics and proteomics. Journal of Virology, 2006, 80: 10813 - 10828.

[24] Baskin C R, Garcia-Sastre A, Tumpey T M, et al. Integration of clinical data, pathology, and cDNA microarrays in influenza virus-infected pigtailed macaques (*Macaca nemestrina*) . Journal of Virology, 2004, 78: 10420 - 10432.

[25] Cornelissen J B, Post J, Peeters B, et al. Differential innate responses of chickens and ducks to low-pathogenic avian influenza . Avian Pathology, 2012, 41(6): 519 - 529.

[26] Chen W, Calvo P A, Malide D, et al. A novel influenza A virus mitochondrial protein that induces cell death. Nature Medicine, 2001, 7: 1306 - 1312.

[27] Choi Y K, Nguyen T D, Ozaki H, et al. Studies of H5N1 influenza virus infection of pigs by using viruses isolated in Vietnam and Thailand in 2004. Journal of Virology, 2005, 79: 10821 - 10825.

[28] Dybing J K, Schultz-Cherry S, Swayne DE, et al. Distinct pathogenesis of Hong Kong-origin H5N1 viruses in mice compared with that of other highly pathogenic H5 avian influenza viruses. Journal of Virology, 2000, 74: 1443-1450.

[29] Geiss, G K, García-Sastre A. Cellular transcriptional profiling in influenza A virus-infected lung epithelial cells: the role of the nonstructural NS1 protein in the evasion of the host innate defense and its potential contribution to pandemic influenza. Proceedings of the National Academy of Sciences USA, 2002, 99(16): p. 10736.

[30] Gambaryan A, Webster R, Matrosovich M. Differences between influenza virus receptors on target cells of duck and chicken . Archives of Virology, 2002, 147 (6): 1197 - 1208.

[31] Gambaryan A S, Matrosovich M N. Differences between influenza virus receptors on target cells of duck and chicken and receptor specificity of the 1997 H5N1 chicken and human influenza viruses from Hong Kong. Avian Diseases, 2003, 47(3 Suppl): 1154 - 1160.

[32] Govorkova E A, Rehg J E, Krauss S, et al. Lethality to ferrets of H5N1 influenza viruses isolated from humans and poultry in 2004. Journal of Virology, 2005, 79: 2191 - 2198.

[33] Huang Z, Dong F, Peng L, et al. Differential cellular immune responses between chickens and ducks to H9N2 avian influenza virus infection. Veterinary Immunology and Immunopathology, 2012, 150 (3 - 4): 169 - 180.

[34] Hulse-Post D J, Sturm-Ramirez K M, Humberd J, et al. Role of domestic ducks in the propagation and biological evolution of highly pathogenic H5N1 influenza viruses in Asia . Proceedings of the National Academy of Sciences USA, 2005, 102(30):10682 - 10687.

[35] Hayashi T, MacDonald L A, Takimoto T. Influenza A virus Protein PA-X contributes to viral growth and suppression of the host antiviral and immune responses. Journal of Virology, 2015, 89: 6442 - 6452.

[36] http://www.cdc.gov/flu/avianflu/influenza-a-virus-subtypes.htm.

[37] Hinshaw V S, Webster R G, Easterday B C, et al. Replication of avian influenza A viruses in mammals. Infection and Immunity, 1981, 34: 354 - 361.

[38] Jr S A, Matsuoka Y, Lau Y F, et al. The multibasic cleavage site of the hemagglutinin of highly pathogenic A/Vietnam/1203/2004 (H5N1) avian influenza virus acts as a virulence factor in a host-specific manner in mammals. Journal of Virology, 2011, 86 (5):2706 - 2714.

[39] Jagger B W, Wise H M, Kash J C, et al. An overlapping protein-coding region in influenza A virus segment 3 modulates the host response. Science, 2012, 337: 199 - 204.

[40] Kawaoka Y, Krauss S, Webster R G. Avian-to-human transmission of the PB1 gene of influenza A viruses in the 1957 and 1968 pandemics. Journal of Virology, 1989, 63(11): 4603 - 4608.

[41] Kim J K, Negovetich N J, Forrest H L, et al. Ducks: The "Trojan Horses" of H5N1 influenza. Influenza and Other Respiratory Viruses, 2009, 3(4):121 - 128.

[42] Khaperskyy D A, Schmaling S, Larkins-Ford J, et al. Selective degradation of host RNA polymerase II transcripts by influenza A virus PA-X host shutoff protein. PLoS Pathogens, 2016, 12: e1005427.

[43] Kida H, Ito T, Yasuda J, et al. Potential for transmission of avian influenza viruses to pigs . Journal of General Virology, 1994, 75: 2183 - 2188.

[44] Li K, Guan Y, Wang J, et al. Genesis of a highly pathogenic and potentially pandemic H5N1 influenza virus in eastern Asia. Nature, 2004, 430:209 - 213.

[45] Lu X, Tumpey T M, Morken T, et al. A mouse model for the evaluation of pathogenesis and immunity to influenza A (H5N1) viruses isolated from humans. Journal of Virology, 1999, 73: 5903 - 5911.

[46] OIE World Organization For Animal Health E. Manual for the laboratory diagnosis and virological surveillance of influenza. Paris, France: OIE; 2015. http://www.Oie.Int/International Standard Setting/Terrestrial Manual/Access Online.

[47] O'Neill R E, Talon J, Palese P. The influenza virus NEP (NS2 protein) mediates the nuclear export of viral ribonucleoproteins. EMBO Journal, 1998, 17: 288 - 296.

[48] Oishi K, Yamayoshi S, Kawaoka Y. Mapping of a region of the PA-X protein of influenza A virus that is important for its shutoff activity. Journal of Virology, 2015, 89: 8661 - 8665.

[49] Perkins L E L, Swayne D E. Comparative susceptibility of selected avian and mammalian species to a Hong Kong-origin H5N1 high-pathogenicity avian influenza virus. Avian Diseases, 2003, 47(3 Suppl):956 - 967.

[50] Pappas C, Aguilar P V, Basler C F, et al. Single gene reassortants identify a critical role for PB1, HA, and NA in the high virulence of the 1918 pandemic influenza virus. Proceedings of the National Academy of Sciences USA, 2008, 105(8): 3064 - 3069.

[51] Palese P, Shaw M L. Orthomyxoviridae:The viruses and their replication, In: KnipeandD M, Howley PM, Fields Virology. Philadelphia: Lippincott Williams&Wilkins, p. 1647 - 1689.

[52] Swayne D E, Senne D A, Beard C W. Avian influenza. In: Swayne D E, Glisson J R, Jackwood M W, et al. A Laboratory Manual for the Isolation and Identification of Avian Pathogens. 4th, American Association of Avian Pathologists: Kennett Square, P A, 1998.

[53] Schmolke M, Manicassamy B, Pena L, et al. Differential contribution of PB1-F2 to the virulence of highly pathogenic H5N1 influenza A virus in mammalian and avian species. PLoS Pathogens, 2011, 7 (8): e1002186.

[54] Salomon R, Franks J, Govorkova E A, et al. The polymerase complex genes contribute to the high virulence of the human H5N1 influenza virus isolate A/Vietnam/1203/04. Clinical and Experimental Medicine, 2006, 203(3): 689 - 697.

[55] Scholtissek C, Rohde W, Hoyningen V V, et al. On the origin of the human influenza virus subtypes H2N2 and H3N2. Virology, 1978, 87(1): 13 - 20.

[56] Song J, Feng H, Xu J, et al. The PA protein directly contributes to the virulence of H5N1 avian influenza viruses in domestic ducks. Journal of Virology, 2011, 85(5):2180 - 2188.

[57] Smith J, Smith N, Le Y, et al. A comparative analysis of host responses to avian influenza infection in ducks and chickens highlights a role for the interferon-induced transmembrane proteins in viral resistance. BMC Genomics, 2015, 16(1):1 - 19.

[58] Shortridge K F, Zhou N N, Guan Y, et al. Characterization of avian H5N1 influenza viruses from poultry in Hong Kong. Virology, 1998, 252:331 - 342

[59] Tumpey T M, Alvarez R, Swayne DE, et al. Diagnostic approach for differentiating infected from vaccinated poultry on the basis of antibodies to NS1, the nonstructural protein of influenza A virus. Journal of Clinical Microbiology, 2005, 43: 676 - 683.

[60] Tong S, Zhu X, Li Y, et al. New world bats harbor diverse influenza A viruses. PLoS Pathogens, 2013, 9: e1003657.

[61] Wahlgren J. Influenza A viruses: an ecology review. Epidemiology and Infection, 2011, 1: 6004.

[62] Yewdell J W, Ince W L. Virology. Frame shifting to PA-X influenza. Science, 2012, 337: 164 - 165.

[63] Zhang Y, Sun Y, Sun H, et al. A Single Amino Acid at the Hemagglutinin cleavage site contributes to the pathogenicity and neurovirulence of H5N1 Influenza virus in mice. Journal of Virology, 2012, 86 (12): 6924 - 6931.

[64] Zitzow L A, Rowe T, Morken T, et al. Pathogenesis of avian influenza A (H5N1) viruses in ferrets. Journal of Virology, 2002, 76: 4420 - 4429.

第10章　鸭甲型病毒性肝炎

Chapter 10　Duck Viral Hepatitis A

引　言

鸭甲型病毒性肝炎（duck viral hepatitis A）是由小 RNA 病毒科的鸭甲型肝炎病毒（duck hepatitis A virus, DHAV）引起的一种急性、高度致死性传染病。临床上主要发生于 1 月龄以内的雏鸭，以发病急、病死率高、肝脏肿大和出血为主要特征。早在 1949 年，Levine 和 Fabricant 就对发生在纽约长岛的北京鸭雏的一种高度致死性疫病进行了研究，首次通过鸡胚接种分离出鸭肝炎病毒（duck hepatitis virus, DHV），并证实该病毒与引起鸭瘟的病毒无血清学关系，同时也不与人或犬的病毒性肝炎康复血清发生中和反应。之后，欧洲和亚洲等许多国家和地区陆续报道了该病的发生和流行。

在我国，黄均建等于 1963 年报道过上海地区鸭场于 1958 年和 1962 年发生该病。王平、潘文石、郭玉璞等于 1980s 初期在北京某鸭场分离到病毒，确定当时流行的毒株为血清 1 型鸭肝炎病毒，并开展了该病的免疫防治研究工作，为控制该病的流行奠定了扎实基础。

【病原学】

1）病毒分类

鸭甲型肝炎病毒在分类学上属小 RNA 病毒科（*Picornaviridae*），禽肝病毒属（*Avihepatovirus*）。

2）形态特征

病毒粒子呈球形，直径为 22~30 nm，无囊膜，主要由蛋白衣壳和核酸构成。目前，国内外对 DHAV 的形态结构尚无深入的研究报道。典型的小 RNA 病毒衣壳由 60 个相同的原聚体 (protomer) 组成，而每个原聚体则由 3 个表面蛋白（1B、1C 和 1D）和内在蛋白 1A 构成，某些病毒粒子的 1AB 蛋白（VP0）可能是非裂解状态。通常情况下，病毒蛋白 1A、1B、1C 和 1D 被分别称为 VP4、VP2、VP3 和 VP1。

3）基因组结构

鸭甲型肝炎病毒的基因组为单股正链 RNA，长约 7.8 kb，G+C mol% 为 43.5%~43.7%，基因组具有典型的小 RNA 病毒特征（图 10.1），包括一个大的开放读码区 (ORF)、两侧非编码区（UTR）以及 3’ UTR 末端的 poly(A) 尾，而 5’ 端是否共价连接有 VPg 蛋白尚未得到验证。5’ 端非编码区含有病毒翻译起始所必需的内部核糖体结合元件 (IRES)，能够内部起始下游蛋白的翻译。DHAV 的 3’ 端非编码区序列在小 RNA 病毒中最长，含有多个发夹结构。基因组开放读码区编码一个含 2 249~2 251 个氨基酸的多聚蛋白，该多聚蛋白经过病毒和宿主蛋白酶的作用裂解为成熟的病毒多肽。编码区从 5’ 端至

3’端依次为：P1 区编码病毒衣壳蛋白 VP0、VP3 和 VP1，另外，在 VP0/VP4 蛋白的 N 端可能还编码有一个含有 30 个氨基酸的前导蛋白 (leader protein，L)；P2 区编码病毒非结构蛋白 2A1、2A2/2A3、2B 和 2C，这些蛋白主要参与病毒多聚蛋白的初级加工、抑制细胞生长、膜结合及 ATPase；P3 区编码非结构蛋白 VPg 前体（3AB）、病毒主要蛋白酶（$3C^{pro}$）以及 RNA 依赖 RNA 聚合酶（$3D^{pol}$）。病毒结构蛋白 VP1~VP4 是成熟病毒粒子的主要成分，与病毒的血清学反应密切相关，其中 VP1 蛋白被认为是小 RNA 病毒最主要的免疫原性蛋白，有多个中和抗原表位。

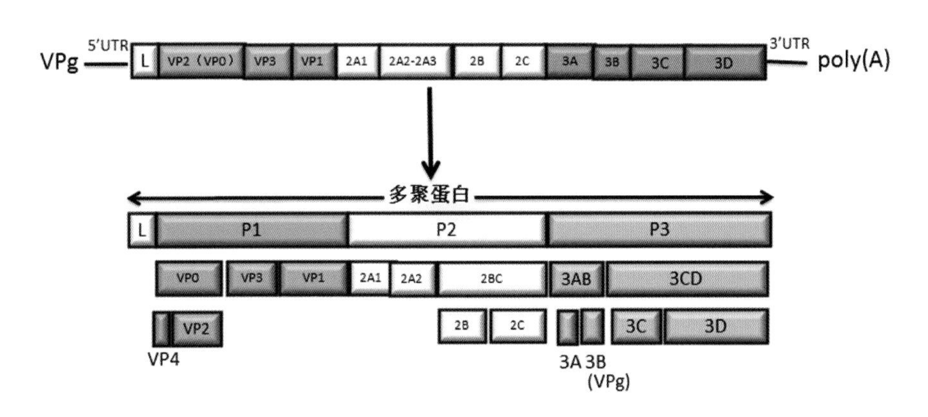

图 10.1 鸭甲型肝炎病毒的基因组结构。上图为病毒 RNA 基因组，下图为病毒多聚蛋白的裂解加工方式

4）实验室宿主系统

鸭甲型肝炎病毒可以在鸭胚或鸡胚中繁殖。病毒经尿囊腔途径接种 8~10 日龄胚 3~5 天后可引起部分或全部胚胎死亡，死亡胚体表有明显的出血、水肿，部分死胚可见肝脏有黄色的坏死点或坏死斑（图 10.2）。分离毒株通过鸡胚或鸭胚连续传代后对胚的致死率可达到 100%，而且死亡时间趋于集中，通常在接毒后 48 ～ 96 h 致死胚。随着传代次数的增加，部分毒株对雏鸭的致病力逐渐降低，但病毒仍保持良好的免疫原性。通过这种方法，国内外已成功地培育出多株可用于制备弱毒疫苗的候选毒株和商品化弱毒疫苗。然而，大部分血清 3 型鸭肝炎分离株在鸡胚中繁殖滴度较低，需要经过连续传代适应后才能够致死鸡胚。鸭甲型肝炎病毒经绒毛尿囊膜途径接种也可致死胚并引起尿囊膜显著增生（图 10.3）。

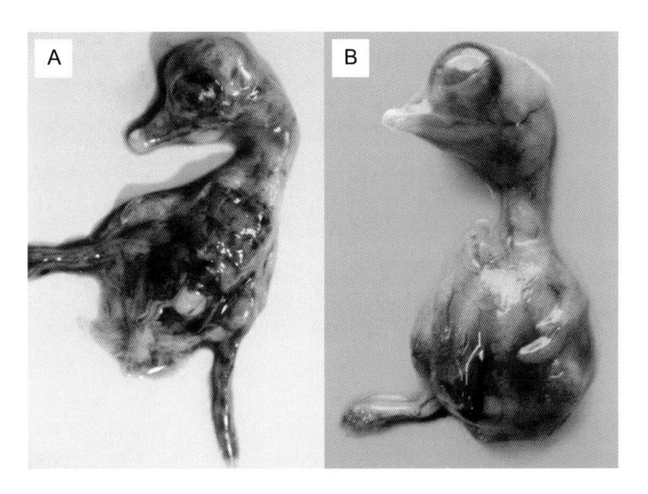

图 10.2 鸭胚和鸡胚感染鸭甲型肝炎病毒的病变。A. 感染鸭胚胚体出血，肝脏有黄白色坏死灶；B. 感染鸡胚出现明显的水肿

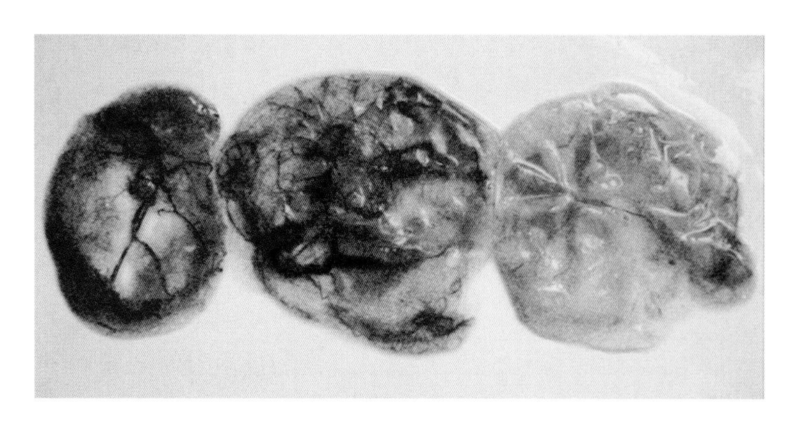

图 10.3 鸭甲型肝炎病毒感染鸭胚引起尿囊膜增厚

鹅胚对鸭甲型肝炎病毒敏感，病毒经尿囊腔途径接种后 2~3 天可致死胚。

许多学者曾尝试用原代或继代细胞培养繁殖鸭甲型肝炎病毒。其中，鸭胚肝细胞比较适合于病毒的繁殖，其次是鸭胚肾细胞培养。部分毒株可以在鸭胚或鸡胚成纤维细胞培养中繁殖，但病毒在细胞培养中繁殖滴度不高。与鸡胚或鸭胚中和试验相比，利用细胞培养进行微量中和试验进行免疫学鉴定和疫苗免疫评价具有相对简便和重复性好的优势。

5）抗原性和血清型

已报道的鸭甲型肝炎病毒可分为 3 个不同的血清型，分别为甲型肝炎病毒 1 型（DHAV-1）、2 型（DHAV-2）和 3 型（DHAV-3），其中中国大陆地区和韩国报道了大量的 1 型和 3 型鸭肝炎病毒感染，而 DHAV-2 仅在台湾地区报道过。

全基因组序列分析结果表明，不同血清型 DHAV 毒株的基因组核苷酸序列差异较大，例如 DHAV-1 与 DNHAV-3 的同源性低于 72%，而同一血清型的毒株核苷酸序列和氨基酸同源性较高(>90%)。血清中和以及交叉保护试验表明，1 型和 3 型病毒无明显的交叉中和或交叉保护作用；2 型和 1 型之间也无明显的交叉反应，但 2 型和 3 型病毒的血清学关系目前尚不清楚。

美国学者 Sandhu 等发现一种 1 型鸭肝炎病毒的变异株，称为 1a 型鸭肝炎。鸡胚交叉中和试验表明，1 型和 1a 型之间有部分交叉反应。雏鸭感染保护试验显示二者产生部分交叉保护。

应注意，鸭甲型肝炎病毒除血清型不同之外，不同分离株的致病性也可能存在差异。在实验条件下感染鸭的发病率和死亡率通常具有显著的差异，部分毒株甚至难以复制出类似于临床的病例。

6）抵抗力

鸭肝炎病毒对外界环境及化学因素具有较强的抵抗力，可耐受乙醚和碳氟化合物、氯仿、pH3、胰酶的处理。大部分病毒 56℃加热 30 min 后失活，但在有 1 mol/L Mg^{2+} 的条件下，鸭肝炎病毒对 56℃可耐受 90 min 以上。1 型鸭肝炎病毒在 37℃条件下可存活 21 天。在自然环境中，病毒可在未清洗的污染孵化器内至少存活 10 周，在阴凉处的湿粪中可存活 37 天以上。

【流行病学】

该病的主要传染源为发病鸭和病毒携带者。康复鸭到感染后 8 周仍可从粪便排毒。Asplin 认为野生鸟类在短距离内可作为机械带毒者，很远的地方出现新的暴发可能是由一种未知的宿主作为健康带毒者引起的。然而，通过病毒中和试验，从 6 个品种共 520 份野生水禽的血清中未检测到 1 型鸭肝炎病毒抗体。Ulbrich 等在发生过家鸭 1 型鸭肝炎的池塘中活动的野鸭（4 个品种）中采集了 36 份血清进行检测，结果未检测到抗鸭肝炎病毒的中和抗体。施少华等从鸽体内分离到 1 株 1 型鸭肝炎病毒，通过动物感染实验证实了该病毒对樱桃谷鸭雏和番鸭雏有一定的致病性，但其流行病学意义尚待进一步研究。

Demakov 等报道褐家鼠（*Rattus norvegicus*）可作为 1 型鸭肝炎病毒的储存宿主，这对于该病的流行病学有重要意义。经口摄入的病毒可在其体内存活长达 35 天，感染后 18~22 天可排毒，感染后 12~24 天血清中产生抗体。台湾学者曾从鸭肝炎疫区池塘人工养殖鱼的肠道内容物中发现有大量的鸭肝炎病毒，并认为与该病的流行病学有重大关联。

自然条件下，鸭肝炎病毒主要通过消化道和呼吸道途径感染，在易感雏鸭群中具有高度的接触传染性，传播迅速。Priz 发现，1 型鸭肝炎病毒 Yagotinski 株可通过气雾感染并致雏鸭死亡。Hanson 和 Tripathy 报道 1 型鸭肝炎病毒弱毒可以经口感染，但 Toth 和 Norcross 认为在这种情况下病毒侵入的真正门户是咽或上呼吸道，因为用胶囊包裹的病毒未能引起感染。尚无证据显示该病能通过种蛋垂直传播。

在实验条件下，肌肉注射胚毒及感染组织最易发生传染。

自然条件下，鸭甲型肝炎病毒感染主要发生于鸭，偶尔见于鹅，而且一年四季均有发生。临床发病和死亡主要见于 5 周龄以内的雏鸭和中鸭。死亡率从 10%~90% 不等，其中 2 周龄以内死亡率高，而 3 周龄以上鸭死亡率相对较低。

【临床症状】

鸭甲型肝炎病毒感染的潜伏期短，在实验条件下，人工感染最快可在 24 h 内发病和死亡。临床上，鸭肝炎的发生和传播很快，死亡几乎都发生在 3~4 天内。感染雏鸭首先表现为跟不上群，此后短时间内就停止运动、蹲伏并半闭眼，或身体侧卧，两腿痉挛性后踢，头向后背雏鸭在出现症状后短时间内很快死亡并呈角弓反张姿势（图 10.4）。在疾病严重暴发时，雏鸭的死亡速度惊人，而且主要发生于 3 周龄以内的雏鸭。鸭群一旦出现死亡，如果不进行干预性治疗，死亡率在 1~3 天内迅速攀升至高峰，之后很快下降或停息。1 周龄内雏鸭群的病死率可达 95%，而 1~3 周龄雏鸭的死亡率为 50% 或更低，4~5 周龄雏鸭的发病率和病死率相对较低。

图 10.4　鸭肝炎病毒感染引起雏鸭角弓反张及大量死亡

鹅的自然感染发病和死亡的报道相对较少。Liu 等报道我国东北地区有 60 和 90 日龄 2 个鹅群发生该病，其发病率为 20% ~ 40%，但死亡率低于 5%。实验感染 3 日龄雏鹅表现为蹲卧和半闭眼，但未引起死亡，感染后 7 天病理学检查有出血性肝炎，并从肝脏分离到病毒。

【病理变化】

1）大体病变

鸭甲型肝炎病毒感染雏鸭病变主要见于肝脏和肾脏，表现为肝脏肿大，质脆易碎，表面见有出血点和出血斑（图 10.5）。肝脏表面的颜色变化与日龄有关，一般 7~8 日龄内的病雏鸭肝脏呈土黄色，而日龄较大的，多呈暗红色。肾肿大、出血（图 10.6），表面血管明显易见，切面隆起。胆囊肿大，充满墨绿色胆汁。心肌柔软，呈暗红色，心房扩张，充满不凝固的血液。其他脏器未见明显肉眼病变。

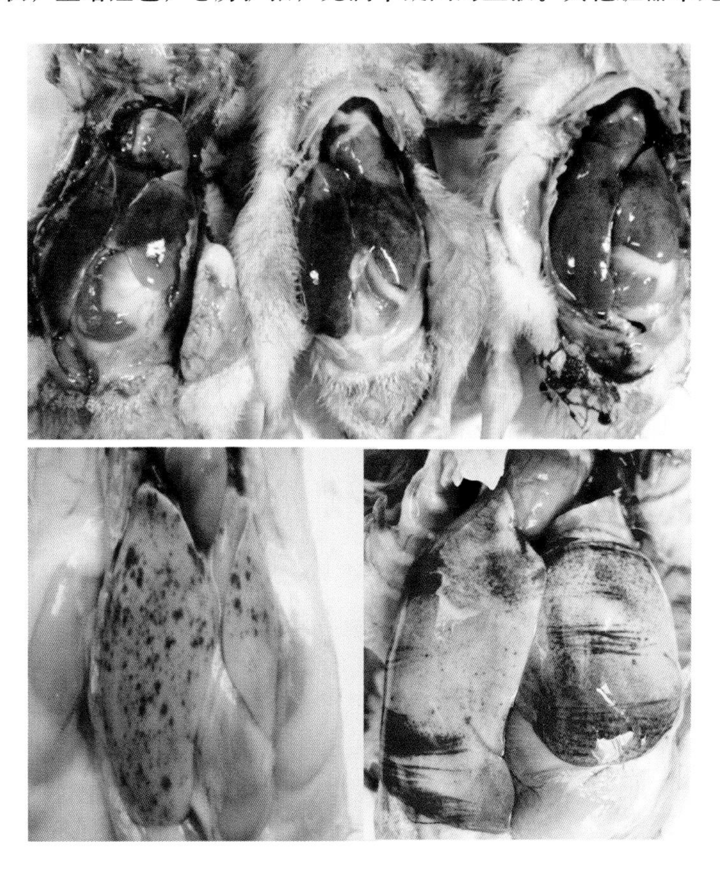

图 10.5　鸭肝炎病毒感染引起雏鸭肝脏肿大，表面有不同程度出血点、出血斑以及条状出血

图 10.6　鸭肝炎病毒感染雏鸭引起肾脏肿大、出血

3 型鸭甲肝病毒感染除引起与 1 型鸭肝炎病毒相似的肝脏出血等病变外，还可能引起胰脏局灶性白色坏死和瘀血（图 10.7）。

鹅甲型肝炎病毒感染的病变与鸭相似，表现为肝脏肿大，表面有出血斑。

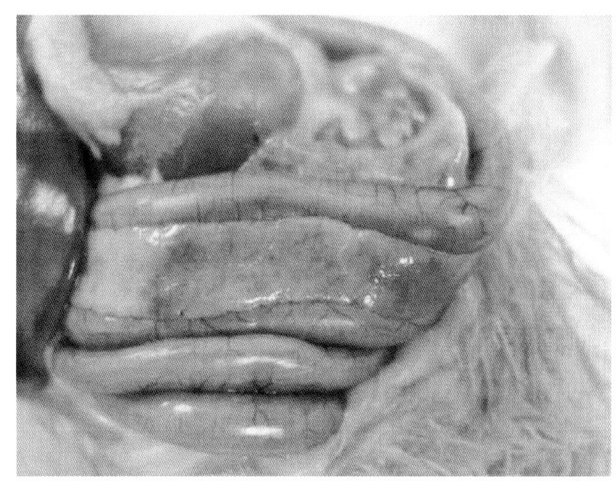

图 10.7　鸭肝炎病毒感染雏鸭胰脏出现坏死点（A）和瘀血（B）

2）组织学病变

鸭肝炎病毒急性感染的组织学病变主要表现为肝细胞坏死，幸存鸭则有许多慢性病变，表现为肝脏的广泛性胆管增生，有不同程度的炎性细胞反应及出血。

鸭甲型肝炎病毒感染雏鸭可引起典型肝脏出血性坏死性炎症，表现为肝细胞广泛性坏死，细胞核碎裂或固缩，细胞质溶解呈气球样变，有些区域坏死肝细胞间有大量的红细胞，其间散布有炎性细胞，主要是淋巴细胞、中性粒细胞，尤其以汇管区明显。对其他组织器官的病理学检查表明脾脏呈坏死性脾炎，镜下可见红白髓结构模糊或消失，网状细胞脂肪变性、坏死，呈均质红染团块。肾脏主要出现肾小管上皮细胞的变性坏死。心肌细胞颗粒变性。此外，也有报道在胸腺、法氏囊等组织中观察到了坏死灶。

程国富和胡薛英等对 DHAV-1 感染雏鸭的组织病理学变化进行了系统的动态观察，研究结果表明，感染鸭肝炎病毒雏鸭的组织病理学变化在不同阶段呈现较明显的差异，感染后 12 h，肝脏、脾脏、肾脏和胰腺等器官组织主要表现为变性性变化；感染后 24 h，则呈现明显的出血性坏死性变化（图 10.8）；感染后 72 ～ 168 h，则出现较为明显的增生性反应（图 10.9）。Farmer 等通过人工感染方法对鸭病毒性肝炎的病理研究表明，鸭肾脂肪综合征及胰脏局灶性坏死也是鸭病毒性肝炎的另一方面的典型病理变化，其肾脏的变化为肾小管上皮细胞脂肪变性，胰脏表现为外分泌腺的局灶性坏死，感染 7 天后出现炎性细胞浸润，并且随着病程延长，坏死区逐渐被增生的纤维组织取代。

鸭病毒性肝炎脑组织病变的观察结果则略有不同，部分研究发现有病毒性脑炎的变化，而有部分研究并未观察到脑炎病变。

3 型鸭甲型肝炎病毒的组织病理学变化与 1 型鸭甲型肝炎病毒感染相似，主要导致肝脏损伤。胡薛英和苏敬良等对 3 型鸭甲型肝炎病毒感染雏鸭的病理变化进行了系统研究，发现人工感染雏鸭在接毒后 12 h，可见胰腺细胞间隙增大，有轻度水肿；组织细胞间散在分布有少量空泡，空泡边缘清楚，空泡内含有红色的细胞质残留碎片，有的空泡内有细胞或是红色嗜酸性团块。感染后 24 h，胰脏组织水肿，胰腺细胞间分布有较多空泡，内有细胞或是红色嗜酸性团块（图 10.10）。感染后 48 h，胰腺细胞间分布的空泡数量明显增多，有的呈局灶性分布，有的散在分布；多数空泡内含有细胞或者是红色嗜酸性玻璃样圆形团块，有些细胞细胞膜破裂，细胞核溶解消失，呈局灶性坏死。毛细血管和小血管扩张，充满红细胞，小血管周围出现少量的淋巴细胞。接毒后 72 ～ 168 h，胰腺外分泌细胞间的空泡数量逐渐减少，但可见胰腺血管壁增厚，血管内皮细胞肿胀，突出于管腔，血管周围和胰腺细胞间也出现淋巴细胞浸润（图 10.11），数量逐渐增多。接毒后 14 天，胰腺细胞间空泡消失，但细胞及血管周围有明显炎性细胞浸润。此研究结果表明胰脏的局灶性坏死是 3 型鸭肝炎病毒感染雏鸭的典型病理变化之一，且在接毒后 48 h 病变表现最严重。

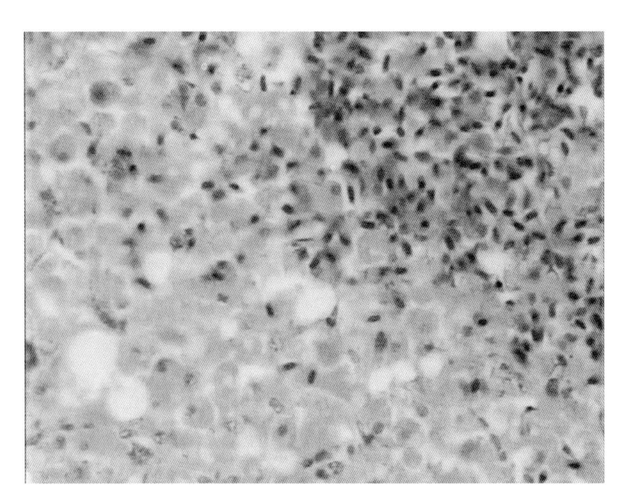

图 10.8　鸭肝炎病毒感染雏鸭引起肝脏出血

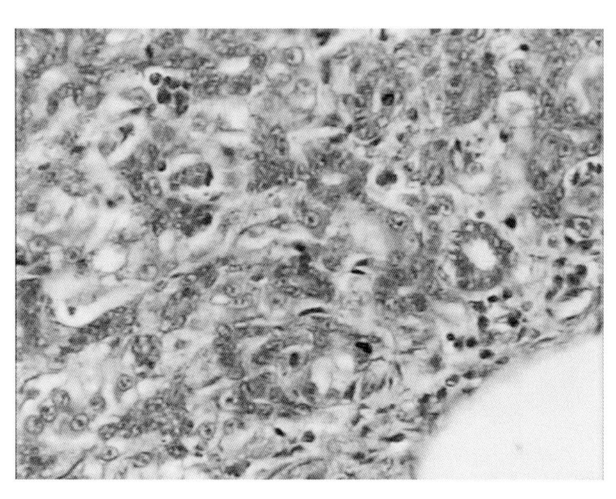

图 10.9　鸭肝炎病毒感染雏鸭引起肝脏小胆管增生

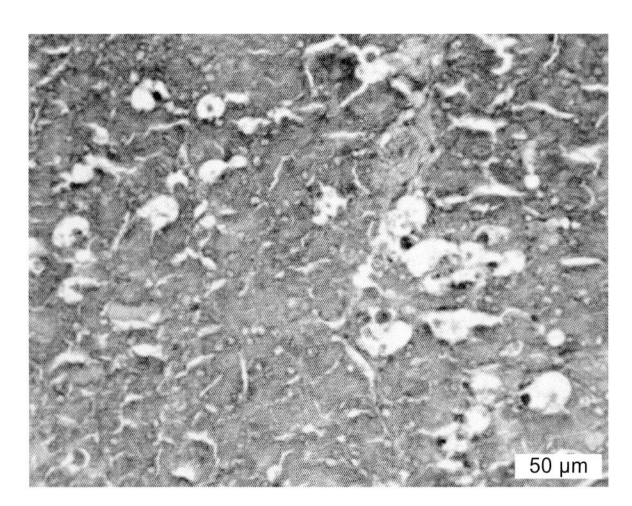

图 10.10　鸭肝炎病毒感染雏鸭引起胰脏局灶性坏死

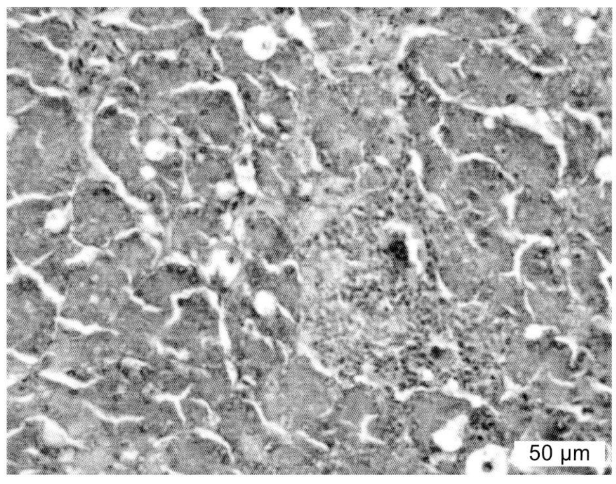

图 10.11　鸭肝炎病毒感染雏鸭引起胰脏炎性细胞浸润

Adamiker 等采用鼻内和肌肉接种 1 型鸭肝炎病毒的方法人工感染 6 日龄雏鸭，对肝脏的电镜观察发现，急性病例的病变表现为变性性变化，18~20 h 后可观察到病毒样颗粒，24 h 后出现广泛的细胞坏死。对脾脏和肌肉的电镜观察发现，脾脏从感染后 6 h 出现退行性变化，24 h 开始坏死，未发现病毒颗粒，肌肉只表现出轻微的变化。徐福南等用电镜观察了感染雏鸭的肝脏，除观察到肝细胞变性坏死外，还在间质或吞噬细胞内观察到病毒性肝炎所特有的嗜酸性小体。禹旺盛等也在电镜观察中看到了这一结构，并且发现直径 40 nm 的病毒样粒子。胡薛英等通过肌肉接种 1 型鸭肝炎病毒感染敏感雏鸭，对感染雏鸭的肝肾脾及胰的超微结构研究表明，主要是组织细胞的膜系统及核结构的损伤，在肾小管上皮细胞细胞浆中有晶格状的病毒样颗粒。在对 3 型鸭肝炎病毒感染雏鸭胰脏的研究发现，胰脏的大部分胰腺细胞形态规则，细胞质内质网丰富，分布有酶原颗粒。在正常的胰腺细胞间，分布有一些异常细胞。有些细胞发生坏死，细胞膜不完整或消失，内质网扩张，线粒体肿胀，嵴断裂或溶解消失，细胞核碎裂，溶解，细胞内容物包括细胞器和酶原颗粒外溢。有些细胞皱缩，与周围细胞之间出现很大的间隙，细胞的电子密度增加，内质网扩张，电子密度增加，形成板层状结构，细胞核浓缩，核染色质固缩聚集于核膜，呈逗号状或半月形；细胞核与细胞器被细胞膜分隔，形成凋亡小体。有些细胞内出现空泡，细胞膜破裂不完整，细胞器溶解，有的细胞核分裂成若干块。此研究结果初步说明3型鸭肝炎病毒感染可诱导胰腺细胞发生细胞凋亡。

胡薛英等对1型鸭肝炎病毒感染雏鸭的血清谷丙转氨酶、谷草转氨酶、血糖、总脂进行了动态研究，结果表明，感染后24 h的变化最明显，表现为低血糖、高血脂和高转氨酶，此血清生化指标与组织病理变化密切相关。彭南秀对感染雏鸭的血清酶的动态研究表明，γ-谷氨酰转移酶明显升高，此酶的检测可以显示病变和复原的动态过程。

Hwang等运用组织匀浆结合病毒滴定法研究表明，病毒存在于感染鸭的脑、肺、心、肝、脾、胰等器官及腿部肌肉中，其中肝、脾含毒量最高，心、脑、肺次之。Vertinskii等应用荧光抗体技术检测了病鸭的肝、脑，在感染1 h后偶尔可见含病毒的细胞，随着疾病的发展，含病毒的细胞及病毒的数量均增加，且病毒存在于细胞浆。Malboroda也应用免疫荧光抗体技术检测了鸭胚肾细胞的单层培养物，证实病毒存在于细胞浆内。何启盖、汪铭书等应用Dot-ELISA技术检查了人工感染鸭肝炎病毒雏鸭体内的病毒分布，在感染后12 h，心、肺、肾、气管、脑组织中均检出病毒抗原。

胡薛英等应用单克隆抗体PAP法，对人工感染鸭肝炎病毒雏鸭的组织切片进行免疫组织化学原位染色观察，动态研究病毒在雏鸭体内分布与组织病理变化的关系，结果表明，感染后3 h，雏鸭心、肝、脾、肾、胰、腿部肌肉、脑组织细胞的细胞浆内均出现有病毒抗原，并且感染后168 h，胰脏组织中仍有病毒存在。结合胰脏的组织病理变化，作者认为胰脏是疾病中后期鸭肝炎病毒定居和增殖的主要场所。

从鸭病毒性肝炎的病理变化和病毒的动态分布研究结果可以认为鸭病毒性肝炎是一种雏鸭的急性败血症。鸭肝炎病毒进入机体后，很快（3 h内）分布到全身器官组织，在组织细胞中大量增殖，造成组织细胞损伤，主要表现为肝脏的出血性坏死性炎症，胰脏的局灶性坏死，脾脏的坏死性脾炎，肾小管上皮细胞的变性坏死等，同时机体的代谢功能异常，表现为低血糖、高血脂、高转氨酶、低蛋白等变化，结构和功能障碍导致动物机体最终死亡。在疾病发生发展过程中，由于病毒的刺激，机体产生非特异性和特异性免疫反应，抑制病毒增殖，受损组织修复，代谢功能恢复，感染雏鸭耐过而存活。在耐过雏鸭的组织如胰脏中还存在有病毒，并且向体外排毒，成为疾病传染源。

感染DHAV的雏鸭死亡时临床表现为角弓反张的神经症状姿势，但从组织学观察中，并不是所有病鸭都有脑组织损伤，那么是什么导致了神经症状的出现呢？徐福南等研究认为，神经症状的出现可能是病毒直接损伤的结果，也可能是由于肝代谢障碍、氨成分增多所引起的肝脑综合征。胡薛英等通过对人工感染雏鸭的血液生化指标、组织病理学、病毒的分布进行研究，认为神经症状的出现可能是低血糖引起的低血糖性昏迷。

Ahmed等报道，罹患1型鸭肝炎的鸭血清中总蛋白和白蛋白的水平降低，碱性磷酸酶、谷丙转氨酶（GPT）、胆红素和肌酸酐的水平升高。Mennella和Mandelli认为，血清中谷丙转氨酶和谷草转氨酶水平升高与感染的严重程度有关。

研究结果表明，不同日龄的雏鸭对肝炎病毒感染的反应有明显的差异。病毒在1日龄北京鸭雏鸭肝脏的增殖明显高于3周龄鸭，其病毒的载量与肝脏免疫相关细胞因子的表达水平呈负相关。鸭肝炎病毒感染可诱导 Toll 样 -7 受体 (TLR-7)、视黄酸诱导基因蛋白 I（RIG-I)、黑色素瘤分化相关基因 -5 (MAD-5)、白介素 -6（IL-6)、α - 干扰素（IFN-α）等一系列基因的表达显著升高，这些与抗病毒免疫相关的因子的高水平表达可能是抵抗病毒感染后发病和死亡的重要因素。

【诊　　断】

1）临床诊断

雏鸭病毒性肝炎根据临床表现和剖检变化比较容易做出初步诊断：① 该病多发生于 3 周龄以内的雏鸭。我国广大养鸭地区以北京鸭（包括樱桃谷鸭）及其杂交后代（如半番鸭等）感染最为多见。② 多数病例为急性暴发性，表现为发病急、病程短、死亡率高和持续时间较短。③ 剖检病死鸭可见有典型的肝脏肿大和出血。

2）实验室诊断

（1）病毒分离与鉴定

① 病料的采集和处理：通常采集死亡鸭的肝脏组织置于灭菌平皿或小烧杯中，剪碎，按组织量加入 5~10 倍体积的灭菌磷酸盐缓冲液研磨制成 10%~20%（*W/V*）悬液，冻融 1~2 次后，5 000 r/min 离心 10 min,取上清用 220 nm 孔径的无菌针头式滤器过滤除菌,收集滤液待用。也可取上清液加入抗生素(青霉素和链霉素）至终浓度≥ 2 000 IU/mL，4℃作用 4 h 或过夜杀灭样品中细菌，但抗生素处理除菌的效果不如过滤除菌确实可靠。

② 鸭胚接种：将肝匀浆滤液经尿囊腔途径接种 5 枚 9 ～ 12 日龄来源于未免疫过鸭肝炎疫苗的种鸭的鸭胚，接种剂量为 0.2~0.3 mL/ 胚。将接种的胚置于 37℃继续孵化，每天照胚检查 2 次，及时收获死亡胚的尿囊液，将收获的尿囊液经无菌检查后，分装，冻存用于进一步鉴定。若接种后第 5 天鸭胚仍存活，可将胚取出并置于 4℃保存 12 h，然后无菌操作收获尿囊液，按上述方法再次接种鸭胚。通常情况下，连续在鸭胚传 3 代后鸭胚未出现死亡或者胚体没有明显的病变则判为阴性。

大多数鸭甲型肝炎病毒分离株对鸭胚具有很强的致病作用，初次接种在 72 h 后即可出现死亡，经鸭胚传代后，死亡率明显增加，死亡时间更加集中于 48~96 h。死亡胚体表有明显的出血或水肿，部分胚体的肝脏有明显的黄色坏死灶。

③ 鸡胚接种：血清 1 型鸭甲型肝炎病毒可以在鸡胚中繁殖，因此也可以通过鸡胚接种分离病毒。可按照上述方法，将病料经尿囊腔途径接种 9~12 日龄的 SPF 鸡胚或非免疫鸡胚。应注意的是，大部分血清 3 型鸭甲型肝炎病毒对鸡胚的适应性较差，需要在实验条件下，连续多代次盲传后才能够引起鸡胚出现病变或死亡，因此不建议用鸡胚作为 3 型鸭肝炎病毒的初代分离。

④ 细胞培养：鸭甲型肝炎病毒可以在原代鸭胚肝细胞和肾细胞培养中繁殖并引起明显的细胞病变。原代细胞培养作为鸭肝炎病毒增殖的实验室宿主系统在鸭肝炎病毒血清学检测中具有一些独特的优势，如细胞培养中和试验具有重复性好、成本低等特点，但细胞单层的制备有较高的实验技术要求，在临床诊断中不易推广。

（2）免疫学诊断　通常情况下，可采用固定血清 - 稀释病毒法对分离的病毒进行免疫学鉴定。将分离毒做 10 倍系列稀释，与 1∶10 稀释的高免血清等量混合，37℃作用 1 h，每个稀释度的混合液经尿囊腔途径接种 5 枚 9~12 日龄鸭胚（0.2 mL/ 枚）或鸭胚肝细胞单层，同时每组设立病毒与阴性血清混合液作为对照，观察 1 周，记录鸭胚死亡或出现细胞病变数，按照 Reed-Muench 法分别计算阴性血清对照组和高免血清组的鸭胚半数致死量（ELD_{50}）或组织培养半数感染量（$TCID_{50}$）。对照组 ELD_{50}（$TCID_{50}$）减去试验组 ELD_{50}（$TCID_{50}$）差数的反对数为被检标本的中和指数。中和指数 <10 判为阴性，10~50 为可疑，>50 判为阳性。

也可利用易感雏鸭进行中和保护试验，用 1~2 mL 特异性高免血清或卵黄抗体经皮下接种 1~7 日龄易感雏鸭进行被动免疫。24 h 后，用至少 10^3LD_{50}（雏鸭半数致死量）的病毒分离物经皮下或肌肉接种感染，未免疫对照组同样攻毒。若对照鸭死亡率为 80%~100%，而被动免疫组鸭 80%~100% 存活，即可证明分离毒为相应的血清型。如果病毒毒力弱，或者雏鸭易感性低，可能出现感染雏鸭的致死率不稳定或偏低，试验结果则难于判定。

血清学检测在鸭肝炎病毒的免疫效果评价和流行病学研究中具有重要意义。其中，血清中和试验是鸭肝炎病毒抗体检测最为经典和可靠的方法。血清抗体水平检测则主要采用固定病毒 - 稀释血清的方法。鸭胚或者鸡胚中和试验具有重复性好，技术操作相对简单的优点，在鸭肝炎病毒抗体检测中应用较为广泛。而利用鸭胚肝细胞和肾细胞培养进行微量中和试验或空斑减数试验则具有实用、快速和经济的优点，可用于临床或实验室试验中疫苗免疫后抗体反应监测。

曾报道过应用琼脂凝胶扩散（AGDP）和酶联免疫吸附试验（ELISA）检测鸭肝炎病毒抗体，但研究人员对其结果的特异性及可重复性提出了质疑。近年来，国内学者对大肠杆菌表达甲型肝炎病毒结构蛋白的免疫原性及其在抗体检测方面的研究取得了一定的进展，显示了一定的应用前景。

（3）分子生物学诊断　随着鸭肝炎病毒基因组序列信息的不断丰富，核酸检测技术在鸭甲型肝炎病毒诊断中的应用逐渐增多，其中，RT-PCR 检测技术具有经济、快速、稳定和特异性强的特点，已成为该病快速诊断的主要手段之一。

根据鸭甲型肝炎病毒 3 个血清型的基因组结构特点，Kim 等建立了多重 PCR 技术可同时检测和鉴别肝脏组织样品或鸭胚尿囊液繁殖的鸭甲型肝炎病毒 1 型和 3 型。检测体系设计了 3 对引物，包括 1 对鸭甲型肝炎病毒的共用引物 [DHV comF: 5’-AAG AAG GAG AAA ATY(C/T)AAG GAA GG-3’ 和 DHV comR: 5’-TTG ATG TCA TAG CCCAAS(C/ G) ACA GC-3’]，扩增产物片段长度为 467 bp；1 对鸭甲型肝炎病毒血清 1 型的特异性引物 [DHV-1s F: 5’-GTT CCAAAT GAT GAT TAT TAT G-3’ 和 DHV-1 R 5’-GGA TCT GATTAG TAC CAG ATA AG-3’]，扩增产物片段长度为 229 bp；1 对鸭甲型肝炎病毒血清 3 型的特异性引物 [rkDHV F 5’-CCC AY(C/ T)G TCT AAG TCT TAA TGGAT-3’ 和 rkDHV R 5’-CTA AAG GTG TCT GTA TCC AAG C-3’]，扩增产物片段长度为 311 bp。其反应体系是以反转录合成病毒 cDNA 为模板，热循环条件为：94℃变性 5 min，随后，94℃变性 20 s，48℃退火 20 s、72℃延伸 20 s，共 40 个循环，最后 72℃延伸 5 min。PCR 产物经 1.5% 琼脂糖凝胶电泳，用紫外灯观察相应的条带。根据产物条带可对样品进行快速诊断和鉴别。Chen 等通过比较了大量的 1 和 3 型鸭甲型肝炎病毒开放读码区基因结构，建立了用于鉴别 2 个血清型的双重 RT-PCR 方法，可用于样品的快速检测。

此外，国内学者也建立了实时荧光 RT-PCR、反转录环介导等温扩增技术（reverse transcription loop-mediated isothermal amplification，RT-LAMP）等检测鸭甲型肝炎病毒。

3）鉴别诊断

临床上，鸭甲型肝炎的特征是发病突然、传播快和病程急，3 周龄以下雏鸭的肝脏出血具有实际诊断意义。不同血清型病毒所引起的临床表现和大体病变类似，在临床上还有不同血清型混合感染的情况，所以鉴别诊断需要经实验室进行详细的病原学检测。

商品肉鸭群暴发鸭呼肠孤病毒感染和 H5 亚型禽流感病毒感染时也可能导致短时间内出现高发病

率和死亡率。前者剖检时，脾脏通常可见有典型的出血斑或坏死斑，部分鸭肝脏有坏死点。高致病性禽流感病毒 H5 亚型感染雏鸭通常表现为明显的采食减少，精神沉郁，趴卧，驱赶时表现运动失调、抽搐等明显的神经症状。现阶段，由于大多数商品肉鸭具有较高水平的母源抗体，禽流感多发生于 3 周龄前后，死亡率为 20%~70%，剖检可见胰腺出血或坏死点、肠道黏膜出血等病变，需要通过病原学检测进行确诊。

其他可能引起雏鸭急性死亡的因素有沙门氏菌病和黄曲霉毒素中毒，后一种疫病可引起共济失调、抽搐和角弓反张，以及胆管增生等与肝炎相似的组织学病变，但不引起肝脏出血。

【防　　治】

1）管理措施

执行严格的生物安全措施是预防雏鸭肝炎的首要环节。新疫情的发生往往是起因于从疫区或发病鸭场引进雏鸭，所以商品鸭场应控制好种蛋和雏鸭的来源，避免将不同鸭场的种蛋一起孵化，或同时从不同种鸭场引进雏鸭，有条件的鸭场尽量做到自繁自养。人员、车辆和垫料等也可能导致病毒在鸭场之间传播，应切实做好平时人流和物流的管理以及清洁消毒工作。

在该病流行的地区，隔离和消毒有时也不能完全防止该病的发生，需要结合鸭场情况进行免疫预防。

种鸭抗体可通过蛋黄传给孵出的雏鸭，使其获得一定程度的保护。自然感染鸭肝炎病毒后康复鸭可产生高水平中和抗体，对病毒再感染具有坚强的免疫力。给成年鸭接种某些病毒株可使其产生主动免疫。雏鸭注射康复鸭血清或免疫鸭的血清可获得被动免疫。

2）免疫防治

雏鸭接种鸭肝炎弱毒疫苗是疫区预防鸭病毒性肝炎最有效的措施。已报道的弱毒疫苗有鸡胚和鸭胚传代致弱的血清 1 型和 3 型弱毒疫苗，免疫雏鸭可有效地抵抗强毒感染，预防肝炎的发生。

无母源抗体雏鸭（通常来源于未免疫过肝炎疫苗的种鸭群）在 1~3 日龄经颈部皮下接种 1 个剂量的弱毒疫苗后可刺激机体迅速产生抗病毒免疫反应。Kim 等报道雏鸭免疫接种 3 型肝炎病毒弱毒疫苗后 2 天即可产生较强的免疫力。作者所在实验室对 1 型鸡胚化弱毒和 3 型肝炎鸭胚化弱毒进行的免疫试验表明，雏鸭免疫后 5 天对高剂量强毒攻击的保护率达到 80% 以上，免疫后 7 天可检测到高水平的中和抗体，持续时间达到 35 天以上，可以保护商品肉鸭安全渡过易感期。

对于有母源抗体的雏鸭，建议在 10 日龄以后进行疫苗接种，以降低母源抗体对疫苗免疫效果的影响。

对 DHAV-1 灭活疫苗的应用也有不少研究。Gough 和 Spackman 认为种鸭免疫 3 次灭活油乳剂苗后，其后代可获得有效保护。他们还发现种鸭在 2~3 日龄时用 DHAV-1 的活毒疫苗免疫，22 周龄时再用灭活苗免疫，比免疫 3 次灭活苗产生的中和抗体水平更高。用鸭胚繁殖病毒制备的灭活疫苗比用鸡胚繁殖病毒制备的灭活疫苗引起更强的免疫反应。Woolcock 对 DHAV-1 灭活苗在种鸭中的应用进行了研究，认为必须先接种 1 型鸭肝炎的弱毒苗活毒才能确保灭活苗的免疫效果。种鸭在 12 周龄时首免弱毒疫苗，在 18 周龄时用 DHAV-1 灭活疫苗加强免疫，其中和抗体滴度比仅用弱毒疫苗首免的鸭高 16 倍。利用 DHAV-1 强毒攻毒实验证明，这种免疫水平可以使整个产蛋期（8 个月）内孵化的雏鸭获得足够的保护。

高免卵黄抗体是预防和治疗鸭病毒性肝炎有效的免疫制剂之一，在我国商品肉鸭养殖地区得到广泛的应用。在实际生产中，鸭群一旦出现鸭病毒性肝炎，立即注射高免卵黄抗体可有效地控制疫情的发展和蔓延，而且对大部分潜伏期感染鸭具有免疫治疗作用。

疫区无法获得有效疫苗的鸭场，可通过注射高免卵黄抗体进行免疫预防。由于卵黄抗体在鸭体内持续时间较短，应根据以往发病情况，初步判定该鸭群的最敏感时期，然后提前 1~2 天注射抗体，或者间隔 7~10 天进行多次注射。

值得注意的是，我国大部分商品鸭养殖地区同时存在血清 1 和 3 型鸭甲型肝炎病毒感染，而 2 个不同血清型的弱毒疫苗和卵黄抗体相互之间无交叉保护作用，因此必须根据鸭场病毒流行情况针对性地使用单价或双价疫苗。使用的卵黄抗体制品须含有针对 2 个血清型病毒的高水平抗体。

【参考文献】

[1] 陈建红，梁发朝，卢玉葵，等．鸭肝炎自然病例与鸭肝炎病毒人工发病病例组织病理学观察．中国预防兽医学报，2001, 23（3）：204-205．

[2] 程国富，胡薛英，周诗其，等．单克隆抗体 PAP 法对实验感染雏鸭体内鸭肝炎病毒的定位检测．华中农业大学学报，1996, 15（6）：568-572．

[3] 程国富，周诗其．鸭病毒性肝炎自然病例的病理学观察．华中农业大学学报，1995，14（6）：568-570．

[4] 郭玉璞，潘文石．北京鸭病毒性肝炎血清型的初步鉴定．中国兽医杂志， 1984, 11(11): 2-3.

[5] 郭玉璞，潘文石．北京鸭病毒性肝炎血清型的初步鉴定．中国兽医杂志，1984，10（11）：2-3．

[6] 郭玉璞．我国鸭病毒性肝炎的研究概况．中国兽医杂志，1997，23（6）：46-48．

[7] 何启盖．应用斑点酶联免疫吸附试验检测鸭肝炎病毒的研究．四川：四川农业大学，1993．

[8] 胡薛英，蔡双双，谷长勤，等．新型鸭肝炎病毒感染雏鸭血液生化指标的动态变化．中国兽医学报，2005，25（6）：628-630.

[9] 胡薛英，程国富，谷长勤，等．鸭病毒性肝炎的病理学研究进展．动物医学进展，2005，26（6）：130-133

[10] 胡薛英，程国富，周诗其，等．试验感染鸭病毒性肝炎雏鸭的组织病理学研究．华中农业大学学报，2000，19（1）：48-50．

[11] 胡薛英，程国富，周诗其，等．鸭病毒性肝炎发病机理的研究 Ⅲ．实验感染雏鸭血清生化指标的测定．华中农业大学学报，1996，15（3）：254-257．

[12] 胡薛英，谷长勤，王德海，等．雏鸭胰脏组织损伤在新型鸭肝炎病毒感染过程中的变化特点．中国兽医学报，2006，26（2）：186-191.

[13] 胡薛英，苏敬良，程国富，等．新型鸭肝炎病毒试验感染雏鸭的组织病理学．中国兽医学报，2002，22（6）：549-551.

[14] 胡薛英，郑艳华，王德海，等．NO、TNF 和 IL-2 与新型鸭肝炎病毒感染雏鸭肝脑组织损伤的关系．中国兽医学报，2006，26（4）：420-423.

[15] 林世棠，黄瑜，黄纪铨，等．一种新的鸭传染病研究 1．流行情况与初步诊断．中国畜禽传染病，1996，4：14-17．

[16] 刘建，苏敬良，张克新，等．2006 新型鸭肝炎病毒流行病学调查及免疫防治试验．中国兽医杂志，2006,42（2）：3-6.

[17] 潘文石．鸭病毒性肝炎的研究,(二)(II)－鸭肝炎的病毒的鸡胚化弱毒株（DHV-41）．北京大学自然科学学报，1980, 4：83-90.

[18] 祁保民,姚金水,卢惠明．鸭病毒性肝炎的病理形态学观察．福建农业大学学报,1999,28（3）：350-352.

[19] 施少华,程龙飞,傅光华,等．鸭肝炎病毒新血清型基因组序列分析．微生物学报,2009, 49（3）：309-315.

[20] 施少华,陈红梅,陈珍,等．鸽源鸭甲肝病毒 1 型的分离与鉴定．福建农业学报，2012,27（11）：1151-1154.

[21] 苏敬良，黄瑜，贺荣莲，等.2002 新型鸭肝炎病毒的分离及初步鉴定 中国兽医科技，2002, 32（1）：15-16.

[22] 苏敬良，张国中，黄瑜，等．血清 3 型鸭甲型肝炎病毒弱毒疫苗培育及免疫原性研究．中国兽医杂志，2009，45（12）：120-123

[23] 汪铭书，程安春，陈孝跃．鸭病毒性肝炎研究——强毒在雏鸭和成年鸭体内的分布和排泄．中国兽医学报，1997，17（3）：254-257.

[24] 王平，潘文石，等．北京小鸭病毒性肝炎的研究．北京大学自然科学学报，1980, 1：55-67

[25] 徐福南，周芳．鸭病毒性肝炎的组织病理学研究．中国兽医科技，1990，2：6-7.

[26] 禹旺盛，赵振华，佟程浩．鸭病毒性肝炎的发生和病理形态学观察．内蒙古农牧学院学报，1991，12(11)：12-13

[27] 张卫红，郭玉璞．雏鸭病毒性肝炎弱毒疫苗的研究．畜牧兽医学报，1992，23（1）：66-72.

[28] 朱方伟，谷长勤，程国富，等．新型鸭肝炎病毒感染雏鸭组织内病毒抗原的分布．华中农业大学学报，2007，26（4）：511-513.

[29] Chen L L, Xu Q, Zhang R H, et al. Improved duplex RT-PCR assay for differential diagnosis of mixed infection of duck hepatitis A virus type 1 and type 3 in ducklings. Journal of Virological Methods. 2013 .192(1-2):12-17.

[30] Farmer H, Chalmers W, Woolcock P R. The Duck Fatty Kidney Syndrome-An aspect of DVH. Avian Pathology，1987, 16：227-236.

[31] Gu C Q, Xie C Q, Hu X Y, et al. Cytokine gene expression in the livers of ducklings infected with duck hepatitis virus-1 JX strain. Poult Science. 2012, 91(3):583-591.

[32] Hwang J, Dougherty E. Distribution and concertion of Duck Hepatitis Virus in inoculated ducklings and chicken embryos. Avian Diseases，1964, 8：263-268.

[33] Jin X, Zhang W, Zhang W, et al. Identification and molecular analysis of the highly pathogenic duck hepatitis virus type 1 in Hubei province of China. Research in Veterinary Science, 2008,85(3):595 –598.

[34] Kim M C, Kim M J, Kwon Y K, et al. Development of duck hepatitis A virus type 3 vaccine and its use to protect ducklings against infections. Vaccine, 2009 ,12;27(48): 6688-6694.

[35] Liu M, M Meng F, Li X J, et al. Goose haemorrhagic hepatitis caused by new subtype duck hepatitis type 1 virus. Veterinary Microbiology, 2011, 152(3-4): 280-283.

[36] Sandhu T S，Calnek B W，Zeman L. Pathologic and serologic characterization of a variant of duck hepatitis type 1 virus. Avian Diseases，1992，36：932-936.

[37] Song C, Yu S, Duan Y, et al. Effect of age on the pathogenesis of DHV-1 in Pekin ducks and on the

innate immune responses of ducks to infection. Archives of Virology, 2014, 159(5):905-914.

[38] Woolcock P R, Tsai H J. Duck hepatitis, In: Diseases of Poultry, 13th ed, Swayne DE ed, Wiley-Blackwell, 2013, 422-431.

附：

鸭 1 型甲肝病毒亚型引起的鸭胰腺炎

引　言

2005 年法国学者 Guérin 等发现 DHAV-1 感染的雏番鸭胰腺发黄、脑膜出血，但其肝脏无出血等肉眼病变。此后，未见类似病例报道。直至 2011 年 9 月，我国浙江省金华等地区和福建省莆田等地区 7~30 日龄雏番鸭发生以胰腺发黄（暂称为胰腺炎）为特征的疫病，发病率 10%~30%、病死率 25%~40%。至今，浙江、福建、广东等六省（市、自治区）的雏番鸭和雏半番鸭均有发生此病，对我国养鸭业构成了极大危害。

【病原学】

傅光华等对采集的典型样品进行了病原分离纯化鉴定、病毒全基因组序列测定与分析和致病性试验，确定其病原为鸭 1 型甲肝病毒，但所致特征病变却为胰腺发黄、胰腺上皮细胞严重变性和坏死，完全不同于引起典型肝炎的 DHAV-1（称为肝炎型 DHAV-1）所致的肝脏严重出血、肝细胞严重变性和坏死的特征病变。为区别起见，将新流行的致胰腺发黄的鸭 1 型甲肝病毒暂定名为胰腺炎型鸭 1 型甲肝病毒（胰腺炎型 DHAV-1）。

傅光华等报道该病毒基因组全长为 7703 nt，G+C 为 43.05%，包含一个大小为 6750 nt 的开放阅读框（ORF），编码一个 2249 氨基酸（amino acid, aa）的多聚蛋白，5' 末端非编码区（5' UTR）为 627 nt，3' UTR 为 326 nt，包含一个 12 碱基序列的 PolyA 尾。比较 DHAV 病毒基因组 5' UTR 序列表明，该病毒代表株 MPZJ1206 与 DHAV-2（90D 株）和 DHAV-3（AP-03337 株）序列差异明显，序列同源性在 71.3% ~ 72.5% 之间，与其他 DHAV-1 分离株间的序列同源性在 96.2% ~ 99.7% 之间，差异位点主要分布在嘧啶富集区（pyrimidine-rich region,124-230 nt）（附图 1A）和超螺旋结构域 Ie 区（domain Ie）（附图 1），内部核糖体进入位点（IRES）序列区域 8 个核苷酸残基的差异。

将分离株所编码的多聚蛋白氨基酸与同科其他病毒多聚蛋白氨基酸进行比对分析发现，该病毒编码的多聚蛋白存在 11 个切割位点，在不同蛋白酶作用下产生 12 种蛋白（附表 1）。该病毒代表株 MPZJ1206 多聚蛋白的 N 端存在一个豆蔻酰基化识别位点，^{31}GAVES^{35}，该位点的存在预示着该病毒可能存在一个短的引导蛋白（L 蛋白），在 2A 蛋白内部还发现了将 2A 蛋白切割成 2A1 和 2A2 蛋白的 ^{749}NPGP^{752} 基序，但不存在将 VP0 切割为 VP4 和 VP2 的切割位点。病毒基因组编码的多聚蛋白中，结构蛋白 VP1 的差异最大，与 DHAV-1 其他参考毒株 VP1 的同源性在 95.8%~97.5% 之间，其中 672~716aa（多聚蛋白氨基酸数）为高变区，而 2A1、3C、3D 等蛋白较为保守。

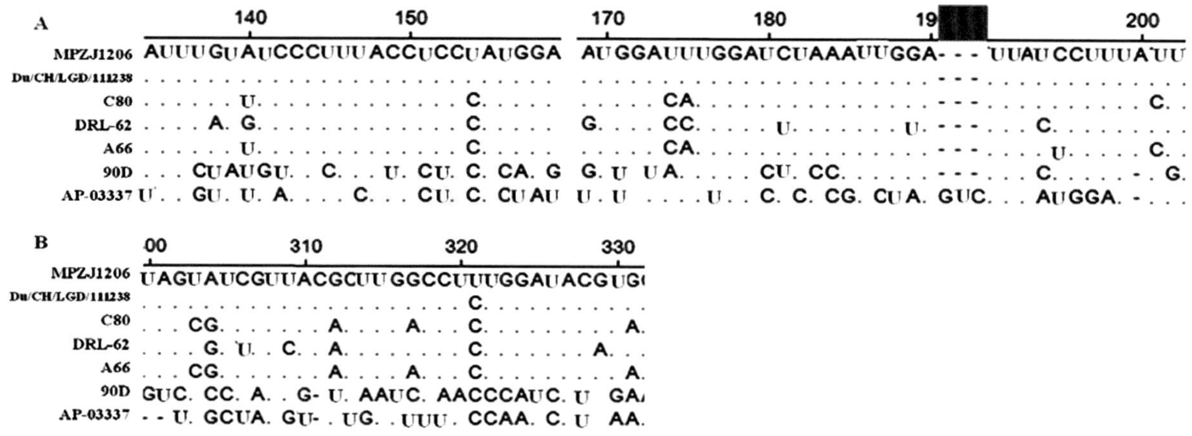

附图 1　鸭甲肝病毒 5' UTR 序列分析

附表 1　鸭甲肝病毒多聚蛋白及序列同源性比对结果

蛋白名称	位置 (aa)	裂解位点序列	同源性 / %		
			DHAV-1	DHAV-2	DHAV-3
Polyprotein	1-2249	-	97.9~99.6	82.1~82.3	83.6~83.8
L	1-30	-	97.3~99.7	80.7~81.1	84.2~84.7
VP0	31-256	L/G	97.6~99.3	75.9~76.4	78.7~80.1
VP3	257-493	Q/G	98.5~99.2	78.4~78.9	79.6~80.4
VP1	494-731	Q/G	95.8~97.5	70.9~72.1	75.3~77.0
2A1	732-751	E/S	99.8~100	81.9~86.3	91.6~92.2
2A2	752-1036	G/P	98.1~99.5	62.7~63.2	65.9~66.7
2B	1037-1155	Q/S	97.5~100	92.3~93.0	91.8~92.7
2C	1156-1488	Q/S	98.9~100	92.7~93.1	92.7~94.2
3A	1489-1581	Q/S	98.4~100	73.7~75.0	74.3~76.4
3B	1582-1609	Q/S	97.8~100	76.4~77.6	80.1~84.3
3C	1610-1796	Q/S	99.3~100	92.1~93.6	90.4~91.1
3D	1797-2249	Q/G	98.7~99.5	88.0~88.7	89.3~89.7

该病毒代表株 MPZJ1206 与 DHAV-1 参考株全长核苷酸序列同源性在 93.5% 以上，多聚蛋白氨基酸序列同源性在 97.9% 以上，遗传距离（genetic distance, GD）均在 7% 以下，与 2011 年分离的 Du/CH/LGD/111238（JQ804521）和 Du/CH/LGD/111239（JQ804522）的同源性最高，全基因组核苷酸及推导氨基酸序列同源性均为 99.6%，遗传距离仅为 0.4%；与 DHAV-2 的病毒全基因核苷酸及推导氨基酸序列同源性分别为 72.5% 和 82.1% ～ 82.3% 之间，与 DHAV-3 的病毒核苷酸及氨基酸序列同源性分别为 73.1% ～ 73.4% 和 83.6% ～ 83.8% 之间，该病毒代表株 MPZJ1206 与这 2 种基因型病毒的遗传距离均在 33% 以上（附表 2）。

附表 2　鸭甲肝病毒全基因组序列信息及与 MPZJ1206 毒株序列同源性

名称	登录号	时间	分离地	基因型	比对结果 / %		
					NT	AA	GD
G	EU755009	1999	中国福建	DHAV-3	73.1	83.7	33.5
AP-03337	DQ256132	2004	韩国	DHAV-3	73.4	83.7	33.1
AP-04114	DQ812093	2003	韩国	DHAV-3	73.4	83.8	33.1
SD02	GQ485311	2009	中国山东	DHAV-3	73.3	83.8	33.3
1v	GU250782	2009*	中国	DHAV-3	73.3	83.6	33.3
FS	EU877916	2008	中国广东	DHAV-3	73.4	83.8	33
90D	EF067924	2006*	中国	DHAV-2	72.5	82.3	34.4
04G	EF067923	2006*	中国	DHAV-2	72.5	82.1	34.4
DRL-62	DQ219396	2005*	韩国	DHAV-1	95.3	98.9	4.9
5886	DQ249301	2005*	中国	DHAV-1	94.4	97.9	5.9
FZ05	JX390983	2005	中国福建	DHAV-1	93.5	97.9	6.9
YZ	EF427900	2007*	中国	DHAV-1	94.8	98.6	5.5
R85952	DQ226541	2005*	美国	DHAV-1	95.5	98.9	4.6
HP-1	EF151312	2006*	中国	DHAV-1	95.3	98.4	4.9
FZ86	JX390982	1986	中国福建	DHAV-1	95.7	98.3	4.4
ZZ	EU395439	2008*	中国山东	DHAV-1	95.3	98.4	4.9
Vaccine strain	EU395440	2008*	中国	DHAV-1	95.5	98.6	4.7
JH1	EU395436	2008*	中国山东	DHAV-1	95.4	98.6	4.9
FS	EU395438	2008	中国山东	DHAV-1	95.4	98.5	4.8
GZ	EU888310	2003	中国广东	DHAV-1	95.6	98.6	4.6
ZJ	EF382778	2007*	中国浙江	DHAV-1	95.4	98.4	4.8
HDHV1ZJ	FJ157176	2008*	中国甘肃	DHAV-1	95.3	98.2	4.9
CL	EF427899	2007*	中国山东	DHAV-1	95.2	98.3	5.0
Du/CH/LGD/111238	JQ804521	2011	中国黑龙江	DHAV-1	99.6	99.6	0.4
Du/CH/LGD/111239	JQ804522	2011	中国黑龙江	DHAV-1	99.6	99.6	0.4
03D	DQ249299	2005*	中国	DHAV-1	96.6	99.4	3.2
FZ99	JX390984	1999	中国福建	DHAV-1	96.3	98.8	3.8
NA	GQ130377	2008	中国福建	DHAV-1	95.8	98.7	4.3
ZJ	EU841005	2007	中国浙江	DHAV-1	96.1	98.7	4.1
MY	GU9446771	2006	中国四川	DHAV-1	96.1	98.6	4.0
C80	DQ864514	2006*	中国	DHAV-1	96.2	98.7	4.0
H	JQ301467	1993	中国四川	DHAV-1	96.0	98.5	4.1
X	JQ316452	2011*	中国四川	DHAV-1	96.0	98.5	4.2
A66	DQ886445	2007*	中国	DHAV-1	96.0	98.4	4.1

注：NT 指核苷酸序列；AA 指氨基酸序列；GD 即 genetic distance，指遗传距离；* 指序列上传至 GenBank 数据库的年份。

该病毒代表株 MPZJ1206 与 2011 年分离的 2 株 DHAV-1 构成一个小的进化分支，与 FZ99 及鸡胚传代弱化株 A66 及 C80 等参考毒株处于同一个大的进化分支（group Ⅱ），而 CL 株、Vaccine strain 株及 DRL-62 等参考毒株则构成另外一个进化分支（group Ⅰ），各分离毒株间无明显地域或时间性差异，这与基于该病毒 VP1 基因的遗传进化分析结果类似[17]（附图 2）。Group Ⅰ 进化分支内各毒株间的平均遗传距离为 2.9%，Group Ⅱ 进化分支内各毒株间的平均遗传距离为 3.1%，Group Ⅰ 与 Group Ⅱ 分支间的遗传距离为 4.7%。

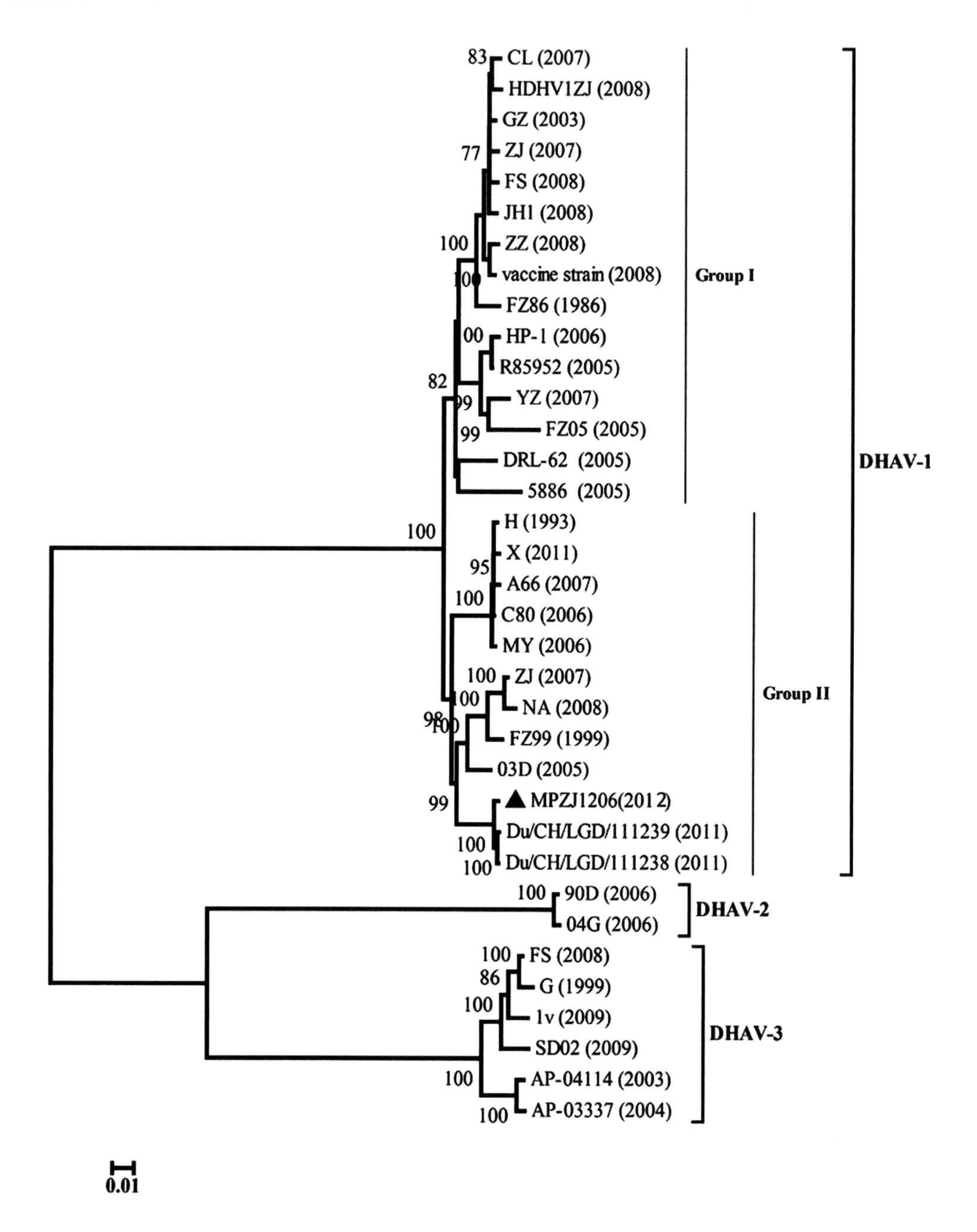

附图 2 鸭甲肝病毒基因组分子进化分析

黑三角（▲）标注的毒株为本实验分离的毒株；图中树结处的阿拉伯数字为自举检验置信值（1 000 次重复），低于 70 的数值未显示

傅秋玲等通过鸭胚血清交叉中和试验测定并分析其与经典的肝炎型 DHAV-1 的抗原相关性。经血清交叉中和试验测得抗胰腺炎型 DHAV-1 阳性血清对胰腺炎型 DHAV-1、经典的肝炎型 DHAV-1 的中和效价分别为 1:169.8、1:91.2，而抗肝炎型 DHAV-1 阳性血清对经典的肝炎型 DHAV-1、胰腺炎型 DHAV-1 的中和效价分别为 1:125.9、1:89.1。参照同属小 RNA 病毒科的口蹄疫病毒血清型、亚型的划分标准，计算得出胰腺炎型 DHAV-1 与经典的肝炎型 DHAV-1 间的抗原亲源值（*R*）为 0.62，介于 0.32~0.7 之间，表明胰腺炎型 DHAV-1 与经典的肝炎型 DHAV-1 相比其抗原性发生了较大变异，定名为鸭 1 型甲肝病毒亚型（DHAV-1a）。

胰腺炎型 DHAV-1 能引起鸭胚死亡。该病毒也能在鸭胚成纤维细胞上繁殖，并引起细胞病变（附图 3、附图 4），而不能在 BHK-21、Vero 和 DF1 细胞上繁殖。

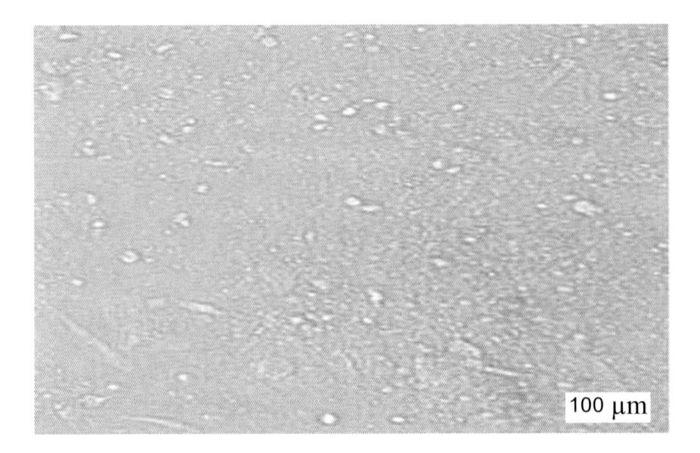

附图 3　胰腺炎型 DHAV-1 引起鸭胚成纤维细胞病变

附图 4　正常的鸭胚成纤维细胞

【流行病学】

自 2011 年 9 月我国福建、浙江两省饲养的雏番鸭发生以胰腺发黄（暂称为胰腺炎）为特征的疫病后，我们对以上两省及其邻近的江西、广东、上海、江苏、安徽、湖南、广西等主要养鸭区开展了流行病学调查（涉及鸭场 71 个、135 批次鸭，覆盖鸭 118.3 万羽），发现除福建、浙江两省雏番鸭有发生该病外，江西、广东、上海、广西也有发生。除雏番鸭发生该病外，雏半番鸭也有发生，其他品种雏鸭未见发生。发生该病的雏（半）番鸭多为 10~30 日龄，发病率 10%~30%、病死率 25%~40%。发病多集中于冬春两季，且在气温骤降时发病率、病死率明显增高。陈珍等研究发现雏番鸭、雏半番鸭对其较易感，而樱桃谷雏鸭、雏麻鸭对其不易感而樱桃谷雏鸭明显表现出对胰腺炎型 DHAV-1 的感染惰性，致死率仅 10%。且随着雏番鸭日龄的增长其对胰腺炎型鸭 1 型甲肝病毒的易感性明显降低，即雏番鸭日龄的增长，病毒对雏番鸭的致死率明显降低，从 40% 降为 0。

【临床症状】

临床上，胰腺炎型鸭 1 型甲肝病毒感染的发病雏鸭无明显的临床症状。

1）剖检病变

该病的特征性剖检病变为胰腺明显泛黄、局灶性出血（附图 5），肝脏无出血病变，其他组织器官无明显肉眼可见病变。

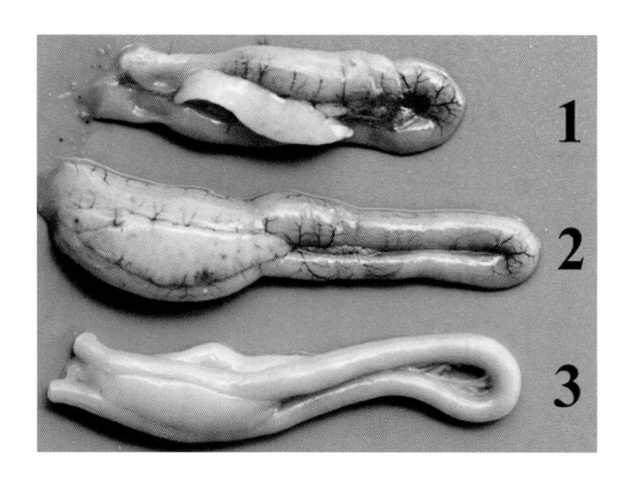

附图 5　胰腺炎型 DHAV-1 致死的雏鸭胰腺病变。1、2 为人工感染病死鸭胰腺泛黄、局灶性出血，3 为健康对照鸭胰腺

2）组织学病变

胰腺上皮细胞高度肿胀，发生弥漫性颗粒变性、水泡变性，并形成坏死灶（附图 6）；胰腺内淋巴细胞浸润。明显不同于经典型 DHAV-1 所致的鸭胰腺上皮细胞轻度肿胀的组织学病变。

肝细胞局灶性变性、偶尔出现坏死(附图7)，肝细胞发生凋亡，表现为凋亡的肝细胞脱离周围肝细胞，核致密浓染；肝细胞可形成腺管状结构，但未见出血，明显不同于经典型 DHAV-1 所致的鸭肝组织中严重出血和肝细胞严重变性、坏死的组织学病变。

神经细胞空泡变性、坏死。脾脏白髓淋巴细胞减少、异嗜性白细胞浸润。肾小管上皮细胞水泡变性。

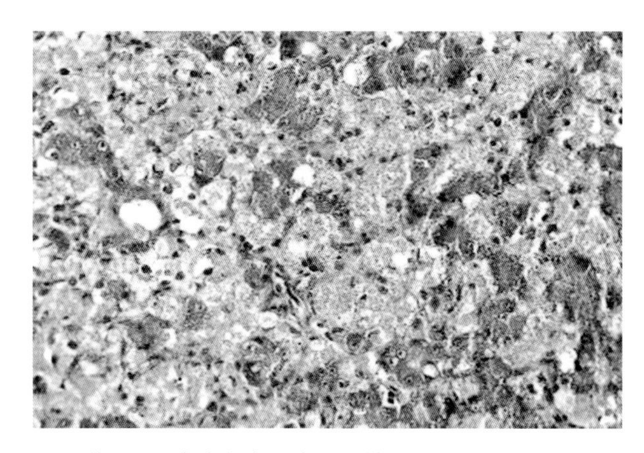

附图 6　胰腺上皮细胞弥漫性严重变性、坏死灶

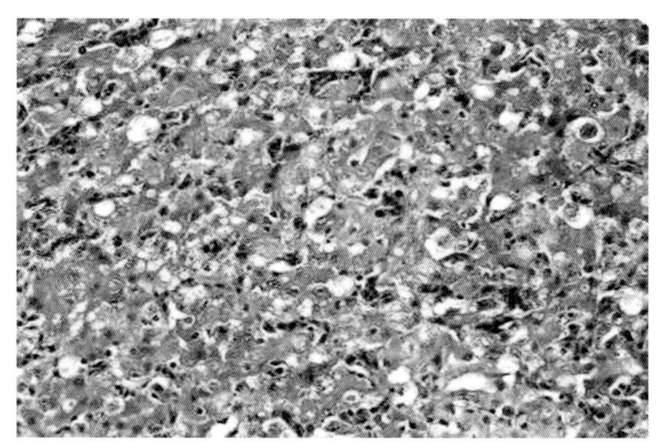

附图 7　肝细胞变性、偶见坏死

【诊　断】

1）临床诊断

可根据临床剖检肉眼特征病变初步诊断为胰腺炎型 DHAV-1。

2）实验室诊断

按常规方法提取病毒基因组 RNA，或参照血液 / 细胞 / 组织基因组 RNA 提取试剂盒，目前常用的分子生物学诊断方法为 RT-PCR。

参照发表的胰腺炎型 DHAV-1 的特异性引物上游引物 VP1F：5’-GGTGATTCCAACCAGTTAGGGGAT-3’，下游引物 VP1R：5’-TTCAATTTCCAGGTTGAGTTCA-3’，该对引物间的理论跨幅为 714bp，取 cDNA 模板进行 PCR 扩增，反应体系 50 μL，反应体系为：10×Buffer 5 μL，dNTP (2.5 m mol/L) 2 μL，Fast PFU DNA polymerase (Transgen 公司) 1 μL（2.5 u/μL），引物各 0.5 μL，模板 2 μL，用去离子水补充体积为 50 μL，应条件如下：94℃预变性 5 min，按 94 ℃ 30 s，57 ~ 53 ℃ 30 s，72℃ 1 min 进行 30 个循环，最后 72 ℃延伸 10 min 结束反应，同时以阳性病料和 ddH_2O 分别作阳性对照和空白对照。取产物 5 μL 经 1.0% 琼脂糖凝胶电泳检测扩增结果。将扩增产物经琼脂凝胶纯化回收后，将目的片段克隆进平端克隆载体 pEASY-Blunt，筛选阳性克隆送测序公司进行测序，通过 GenBank 登录序列进行比对，从基因水平上可确定所扩增片段为胰腺炎型 DHAV-1 基因片段。

【参考文献】

[1] 傅光华，陈红梅，黄瑜，等．雏番鸭胰腺型鸭 1 型甲肝病毒分离鉴定及 VP1 基因分析．福建农业学报，2012, 27(09):945-950.

[2] 陈红梅，施少华，程龙飞，等．鹅源鸭 1 型甲肝病毒的分离与鉴定．福建农业学报，2012, 27(11):1165-1168.

[1] 陈珍，傅秋玲，陈红梅，等．胰腺型、经典型鸭 1 型甲肝病毒对雏鸭的致病性差异．福建农业学报，2013(10):939-942.

[3] 傅秋玲，傅光华，陈红梅，等．胰腺炎型鸭 1 型甲肝病毒结构蛋白 VP1 基因的克隆和表达．福建农业学报，2014(05):409-412.

[4] 傅光华，黄瑜，傅秋玲，等．致胰腺泛黄鸭 1 型甲肝病毒全基因组分子特征．微生物学报，2014, 54(09):1082-1089.

[5] 傅秋玲，陈珍，黄瑜，等．鸭 1 型甲肝病毒亚型的鉴定．中国兽医杂志，2015,51(7):36-38.

[6] 刘伟，傅秋玲，黄瑜，等．检测鸭 1 型甲肝病毒抗体间接 ELISA 方法的建立．中国兽医杂志，2015,51(6):10-13.

[7] 黄剑梅，傅秋玲，傅光华，等．鸭 1 型甲肝病毒亚型 VP3 基因的克隆与原核表达．福建农业学报，2015,30(5):425-429.

[8] 陈珍，陈红梅，傅光华，等．种鹅源鸭 1 型甲肝病毒的分离鉴定及其 VP1 基因分析．畜牧与兽医 2015,47(8):81-84.

[9] 陈红梅，陈珍，程龙飞，等．樱桃谷种鸭鸭 1 型甲肝病毒的分离鉴定及其 VP1 基因的序列分析．福建农业学报，2014(11):1066-1069.

[10] 陈珍，祁保民，傅秋玲，等．胰腺型鸭 1 型甲肝病毒人工感染雏半番鸭的组织病理学观察．福建农业学报，2015, 30(12):1133-1137.

第11章　鸭星状病毒病

Chapter 11　Duck Astrovirus Infection

引　言

鸭星状病毒感染（duck astrovirus infection）最早由英国的学者 Asplin 于 1965 年发现和报道。该病例发生于免疫过 1 型鸭肝炎病毒疫苗的雏鸭群，主要引起致死性肝炎。由于该病毒分离株不能被 1 型鸭肝炎病毒（即鸭甲型肝炎病毒血清 1 型）抗血清中和，而且交叉免疫保护作用很低，所以认为是一种新血清型的鸭肝炎病毒，命名为 2 型鸭肝炎病毒（DHV-2）。Gough 等于 1984 年报道了英国暴发另一起雏鸭致死性肝炎病例，从感染鸭肝脏中检测到星状病毒样粒子，而且用 Asplin 报道的 2 型肝炎病毒疫苗免疫雏鸭对新分离的毒株有保护作用，因此确定 2 型肝炎病毒是一种星状病毒，并建议将其命名为鸭星状病毒 1 型（DAstV-1）。在英国报道 2 型鸭肝炎病毒感染病例之后不久，美国学者 Toth 报道了纽约长岛地区的商品雏鸭发生 3 型鸭肝炎病毒感染，该病毒与 1 型和 2 型肝炎病毒均无明显的血清学交叉反应。后来，对病毒基因序列分析的结果表明该病毒为星状病毒，命名为鸭星状病毒 2 型（DAstV-2）。

近年来，随着分子生物学技术在临床检测中的广泛应用，从许多外表健康或具有不同临床表现的鸭群中检测到星状病毒的基因核酸片段，而且遗传特征复杂多样，表明星状病毒可能广泛存在于家禽和野生鸟类中。星状病毒感染除了引起鸭致死性肝炎外，还可能与家禽的多种临床疾病有关，例如，星状病毒感染可引起或促发鸡和火鸡消化道损伤、吸收不良综合征、胚胎发育障碍和死胚等。

【病原学】

1）分类地位

鸭星状病毒属星状病毒科（*Astroviridae*），禽星状病毒属（*Avastrovirus*）。该属的代表种为火鸡星状病毒（turkey astrovirus，TAstV），其成员除了鸭星状病毒外，主要有鸡星状病毒和火鸡星状病毒等。

2）形态特点

星状病毒粒子无囊膜结构，呈球形，直径为 28~30 nm。

3）病毒基因组结构

鸭星状病毒的基因组为单股正链 RNA，长度为 6.4~7.9 kb，基因结构和复制方式相对保守，其基因结构排列顺序依次为：5’端非编码区（UTR）、开放读码区 1a（ORF1a）、ORF1b、ORF2、3’端非编码区及 Poly(A) 尾。不同种属星状病毒的 UTR 长短不同，在基因组的 5’ 端可能连接有一个与小 RNA 病毒和嵌杯病毒相似的小蛋白 VPg。在病毒感染的细胞中可检测到全长的基因组 RNA（gRNA）和一段亚基因组 RNA（sgRNA）。

已报道的鸭星状病毒的基因组长度为 7.2~7.75 kb，其 ORF1a 和 ORF1b 主要编码非结构蛋白，参与病毒 RNA 转录和复制，ORF2 编码病毒衣壳蛋白。应注意，目前对于禽类星状病毒的复制，基因组编码的非结构蛋白和结构蛋白主要是依据人类星状病毒的相关研究结果进行生物信息学分析和预测而得到的结果，尚缺乏深入的实验验证。

因为早期主要依据宿主来源而非遗传演化关系来区分星状病毒的种，所以禽星状病毒属成员被划分为不同禽类的星状病毒种，如火鸡星状病毒、鸡星状病毒和鸭星状病毒等。随着病毒基因组测序技术的应用和普及，病毒分子遗传特征分析逐渐成为禽类星状病毒分类的主要参考指标，例如，根据病毒衣壳蛋白氨基酸序列的同源性将禽星状病毒分为 2 个主要的基因群（genogroup），即基因群 I 和基因群 II。一个基因群可能包括感染不同宿主的星状病毒种，并参照病毒的遗传相关性及宿主标准再进一步分为不同基因型（genotype species）。两个基因群之间平均氨基酸遗传距离（p-dist）为 0.704 ± 0.013，同一基因群内的两个基因型间的遗传距离为 0.576~0.741。

星状病毒的血清型主要与其结构蛋白羧基端高变区的抗原性有关。根据血清中和试验可将星状病毒分为不同的血清型，如鸭星状病毒 1 型（DAstV-1）和鸭星状病毒 2 型（DAstV-2）之间的交叉中和或者交叉免疫保护作用极低。

4）实验室宿主系统

已报道有多个鸭源星状病毒分离株可以在鸭胚或鸭胚原代细胞中繁殖。

5）抵抗力

星状病毒对脂溶剂、氯仿等有抵抗力，耐酸（pH 3.0），并且对非离子型、离子型以及两性离子去污剂有抗性。

【流行病学】

禽类星状病毒广泛存在于世界各地的家禽和野生鸟类中，既可引起严重的致死性感染，如鸭星状病毒可引起雏鸭的高致死性肝炎，也有外表健康成年家禽的亚临床感染。目前在家禽中至少有 6 个不同遗传特征的星状病毒种得到比较广泛的认可，分别为：禽肾炎病毒（avian nephritis virus, ANV）、鸡星状病毒（chicken astrovirus, CAstV）、火鸡星状病毒 1 型（TAstV1）、火鸡星状病毒 2 型（TAstV2）、鸭星状病毒 1 型（DAstV1）和鸭星状病毒 2 型（DAstV2）。近几年国内外对水禽样本的检测表明，家养鸭和鹅群中星状病毒具有复杂的遗传多样性，可能与多种临床疾病有关。除了引起致死性肝炎的 DAstV1 和 DAstV2 外，在鸭群或鸭胚中还检测到 ANV、TAstV1 和 CAstV 等。当然这些毒株真实的致病性还需要做更多的实验研究加以验证。

值得注意的是，野生水禽星状病毒感染及毒株遗传特征的高度多样性可能使得禽类星状病毒的流行病学变得更加复杂。Chu 等对香港米铺湿地自然保护区水鸟粪便样本进行了星状病毒检测，结果阳性率为 7.1%（47/658）。调查期间，每隔两周进行采样检测结果阳性率为 2.8% 到 14.7% 不等。这些水鸟包括针尾鸭（*Anas acuta*）、琵嘴鸭（*A. clypeata*）、绿翅鸭（*A. crecca*）、赤颈鸭（*A. penelope*）、青脚鹬 (*Tringe nebularia*) 和黑脸琵鹭（*Platalea minor*）。与此同时，对柬埔寨的池鹭（*Ardeala* spp.）和栗树鸭（*Dendrocygna javanica*）的泄殖腔拭子样本也进行了星状病毒检测，结果阳性率分别为 2.4%（3/123）和 3%（1/33）。通过病毒核酸序列分析和氨基酸比对发现这些水鸟携带的绝大部分毒株与已报道的毒株不同，但从针尾鸭和赤颈鸭中检测到的星状病毒与鸭星状病毒 1 型，即早期的 2 型鸭肝炎病毒密切相关，病毒 RNA 依赖 RNA 聚合酶基因的同源性为 83.4% ~ 92.9%，表明鸭星状病毒的宿主较为广泛，其传染源不仅仅局限于家养水禽，因此，野生水鸟也可携带星状病毒并通过粪便排毒污染水源或饲料。

从鸭群中检出禽肾炎病毒和火鸡星状病毒，同时发现部分鸭源星状病毒的遗传学特征与火鸡星状病毒高度相似，表明禽类星状病毒可以发生种间传播。

禽类星状病毒可通过粪 - 口途径水平传播。实验条件下，雏鸭通过皮下注射鸭星状病毒 1 型和 2 型毒株可成功复制出致死性肝炎病例。此外，有报道指出从孵化过程中发育不良和死胚中可以检出星状病毒，表明病毒可能在种蛋形成过程中侵入蛋内引起垂直传播，或者是由于存在于泄殖腔中的病毒在产蛋阶段引起种蛋污染。

从已有的报道可以推断，不同日龄的鸭均可被星状病毒感染，但绝大部分星状病毒感染的临床病例都发生于雏鸭群，部分感染群有明显临床症状或死亡，且以 2 周龄以内的雏鸭最为严重。

【临床症状】

由于禽类星状病毒具有复杂的遗传多样性，病毒感染引起的临床表现也呈多样化，如雏火鸡肠炎和死亡综合征（poult enteritis and mortality syndrome）和鸡矮小综合征（runting and stunting syndrome）表现为腹泻、消化不良、营养不良和消瘦等。另外，星状病毒还可引起幼龄雏鸡肾小管肾病、内脏痛风、腹泻和发育迟缓等。虽然类似的疾病在养鸭生产中也有发生，但是否与星状病毒感染有关尚缺乏有说服力的研究。

与其他家禽星状病毒不同的是，DAstV-1 和 DAstV-2 等感染雏鸭可引起严重的致死性肝炎，且主要发生于 1~6 周龄鸭，日龄越小，死亡率越高。2 周龄内雏鸭死亡率可高达 50%，3~6 周龄鸭感染死亡率为 10%~25% 不等，通常在感染后 1~4 天内发病和死亡。鸭群往往在没有任何前兆的情况下突然发病，被感染雏鸭表现出行动迟缓，趴伏或侧卧，抽搐和角弓反张等症状。部分雏鸭排黄白色含有类似尿酸盐的稀粪，大部分在出现症状后几小时内死亡。

【病理变化】

剖检死亡鸭可见肝脏肿胀，肝边缘变钝，表面有大量的出血点或出血斑，严重者表面呈带状出血。组织学检查可见肝细胞广泛性坏死以及胆管增生。肾脏轻度肿胀，血管充盈。部分雏鸭胰腺可见有针尖大小的白色坏死点。

【诊　断】

1）临床诊断

星状病毒感染引起雏鸭肝炎的临床症状和大体病变与小 RNA 病毒科的鸭肝炎病毒感染极为相似（参见“第 10 章 鸭甲型病毒性肝炎”），仅凭肉眼观察和剖检病变不能做出准确的诊断，通常需要借助专业实验室进行病原学检测，或通过分子生物学技术检查病毒特异性的基因片段。

2）实验室诊断

（1）电镜检查　早期对禽类星状病毒感染的诊断普遍采用电镜检查的方法，即采集感染禽的肠道内容物或相应的组织，如肝组织匀浆，经过处理和染色后，在透射电镜下观察到典型的病毒颗粒后可做出初步判断。如果样品中病毒含量低，或者病毒结构特征不明显则很难进行诊断。随后，许多学者采用免疫电镜技术，病料经过阳性血清或康复动物血清处理，病毒发生凝聚后再进行电镜检查，大大提高病毒的检出率，但前提条件是阳性血清能够识别待检样品中的病毒抗原。该方法的缺点是阳性抗体与病毒结合后可能掩盖病毒的某些形态特征，不利于观察。

（2）病毒分离和鉴定　部分鸭星状病毒，如 DAstV-1 和 DAstV-2 等可以在鸭胚和原代鸭胚肝细胞中繁殖，通过接种鸭胚可分离到病毒并进行血清学鉴定。采集感染鸭的肝脏或其他组织，经研磨匀浆处理后用灭菌磷酸盐缓冲液制成 10%~20% 悬液，反复冻融 2 次，之后在 4℃条件下经 8000~10000 r/min 离心 10 min，收集上清液（注意避开表面脂肪层）用 450 nm 孔径的无菌滤器过滤，取过滤液经绒毛尿囊膜途径接种 9~11 日龄非免疫鸭胚。鸭胚在 37℃继续孵育，每天照胚 2 次，弃掉 24 h 内死亡胚，经孵育 5 天后收获死亡或存活胚尿囊膜和尿囊液，混合研磨处理后按上述方法接种鸭胚连续传代。通常情况下，经过 2~3 代鸭胚传代适应后，鸭星状病毒可引起鸭胚绒毛尿囊膜增厚和肝脏坏死，并可引起鸭胚死亡。死亡胚体明显充血和出血，肝脏肿大并有坏死斑。收集感染胚的尿囊液或组织样本，经处理后采用 RT-PCR 技术可扩增出病毒特异性的基因片段。某些鸭星状病毒，如 DAstV-2 分离株经过连续传代适应后可稳定致死鸭胚，在此基础上可利用已知病毒的阳性血清进行病毒中和试验鉴定分离株的血清型。

英国和美国的学者分别报道过 DAstV-1 和 DAstV-2 可以在原代鸭胚肝细胞培养中繁殖，并利用间接免疫荧光抗体技术对感染细胞中的病毒抗原检测，该方法可以在一定程度上鉴定病毒的血清型，或者毒株之间的血清学交叉反应性。

（3）免疫学诊断　对于能适应细胞培养或鸭胚的星状病毒，如 DAstV-2 等，血清中和试验和免疫荧光检测不失为一种可靠的诊断方法，尤其是中和试验结果对于临床疾病的免疫预防具有重要的指导意义。近年来，陆续有研究利用重组表达的病毒蛋白为基础建立的 ELISA 方法检测家禽星状病毒抗体，但仅限于实验阶段，是否适用于家禽感染和疾病的诊断则值得期待。

（4）分子生物学诊断　病毒核酸的分子生物学检测已成为禽星状病毒检测和诊断的最常用的方法之一，具有方便、快速和灵敏性高的特点，在一定程度上可避开星状病毒难于分离培养的缺点，可以直接检测粪便、泄殖腔拭子或组织样本中的病毒核酸。Chu 等针对星状病毒 RNA 聚合酶基因（ORF1b）中最保守的片段合成一组简并引物，通过半巢式 PCR 成功地从哺乳动物和水鸟中样本中扩增出大量的星状病毒基因片段，且多数为此前未报道过的新毒株。该方法针对星状病毒最为保守的基因区段，采用了多条简并引物进行两轮 PCR 扩增，检测对象覆盖哺乳动物星状病毒和禽类星状病毒，大大提高了未知星状病毒的检出率，适合于星状病毒的流行病学和生态学调查研究，其检测过程如下：

① 病毒 RNA 提取和 cDNA 合成：首先利用商品化的病毒 RNA 提取试剂盒从泄殖腔拭子或粪便样本中提取病毒 RNA，以此 RNA 为模板利用 Superscript III 反转录酶和随机引物合成 cDNA（反应体系和条件：在总体积为 20 μL 的体系中加入 150 ng 随机六聚体，10 mmol/L 二巯基乙醇，0.5 mmol/L 三磷酸脱氧核苷混合物，1×First-Strand buffer，200 U 反转录酶，混匀，25℃作用 5 min，随后于 50℃作用 60 min，最后于 70℃加热 15 min 终止酶反应）。

② 目的基因的 PCR 扩增：首先进行第一轮 PCR 扩增。在该轮 PCR 反应中加入两条正向简并引物

（5’-GARTTYGATTGGRCKCGKTAYGA-3’以及 5’-GARTTYGATTGGRCKAGGTAYGA-3’）和 1 条反向简并引物（5’-GGYTTKACCCACATNCCRAA-3’）。总反应体系为 50 μL，其中，cDNA 模板 2 μL，引物浓度各为 2 μ mol/L、*Taq*DNA 聚合酶 1U 及 1× 反应缓冲液，混匀后 94℃作用 1 min 后进 30 个热循环反应（94℃变性 30 s，50℃退火 30 s，68℃延伸 30 s）。热循环结束后，取 1μL PCR 扩增产物为模板进行第 2 轮半巢式 PCR 扩增。在该轮 PCR 反应体系中也需要加入两条正向简并引物(5’-CGKTAYGATGGKACKATHCC-3’和 5’-AGGTAYGATGGKACKATHCC-3’），以及与前一轮 PCR 反应相同的反向引物，而且反应体系和反应条件与上一轮相同，但进行 40 个热循环。该方法扩增出的目的片段大小预期为 422 bp。反应结束后进行琼脂糖凝胶电泳检查和纯化扩增片段，并对扩增产物进行序列测定和分析，可初步确定病毒所属的基因群。

需要注意的是，由于星状病毒广泛存在，家禽在其饲养周期中不同阶段均可被感染，仅仅检出星状病毒阳性很难做出明确的诊断，所以 ORF1b 基因检测阳性病例应对病毒核衣壳蛋白编码基因做进一步 PCR 检测，以确定该病毒为该基因群中的何种基因型毒株。

国内外学者也建立了一系列针对鸭源星状病毒的 PCR 方法，例如可同时检测鸭肝炎病毒 1 型和 3 型以及鸭星状病毒 1 型的三重 PCR 技术。该方法的针对性强，具有快速、简便的特点，适用于临床病例诊断。

【防　　治】

1）管理措施

禽类星状病毒可以跨品种传播，对环境不利因素及常用的消毒剂具有较强的抵抗力，在禽舍中存活较长时间，鸭群一旦被感染，短期内很难被清除，因此，预防病毒的传入极为关键。鸭场应采取相应的生物安全措施防止野鸟传播，发生过星状病毒感染的鸭场应采取全进 / 全出饲养方式，清群后彻底清洗消毒并延长空舍时间。

2）免疫防治

研究表明，1 型和 2 型鸭星状病毒经过鸭胚适应传代后毒力可显著减弱。该弱毒株接种雏鸭可诱导产生良好的保护性免疫反应，适用于雏鸭星状病毒感染的免疫预防。此外，特异性的卵黄抗体对星状病毒感染具有一定的免疫控制作用，适用于急性暴发病例。

【参考文献】

[1] Biđin M, Biđin Z, Majnarić D, et al, Lojkić I. Circulation and phylogenetic relationship of chicken and turkey-origin astroviruses detected in domestic ducks (Anas platyrhynchos domesticus). Avian Pathology, 2012, 41(6):555-562.

[2] Biđin M, Lojkić I, Tišljar M, et al. Astroviruses associated with stunting and pre-hatching mortality in duck and goose embryos. Avian Pathology, 2012, 41(1):91-97.

[3] Chen L, Ma M, Zhang R, et al. Simultaneous detection of duck hepatitis A virus types 1 and 3, and of duck astrovirus type 1, by multiplex RT-PCR. Virologica Sinica, 2014, 29(3):196-198.

[4] Chen L, Xu Q, Zhang R, et al. Complete genome sequence of a duck astrovirus discovered in eastern

China. Journal of Virology. 2012, 86 (24):13833-13834.

[5] Chu D K, Leung C Y, Perera H K, et al. A novel group of avian astroviruses in wild aquatic birds. Journal of Virology, 2012 , 86(24):13772-13778.

[6] Chu D K, Poon L L, Guan Y, Peiris J S. Novel astroviruses in insectivorous bats. Journal of Virology, 2008, 82(18):9107-9114.

[7] Fu Y, Pan M, Wang X, et al. Complete sequence of a duck astrovirus associated with fatal hepatitis in ducklings. Journal of General Virology. 2009, 90 (Pt 5):1104-1108.

[8] Koci M D, Schultz-Cherry S. Avian astroviruses. Avian Pathology, 2002, 31(3):213-227.

[9] Lee A, Wylie M, Smyth V J, et al. Chicken astrovirus capsid proteins produced by recombinant baculoviruses: potential use for diagnosis and vaccination. Avian Pathology, 2013, 42(5):434-442.

[10] Liu N, Wang F, Zhang D. Complete sequence of a novel duck astrovirus. Archives of Virology, 2014, 159(10):2823-2827.

[11] Pantin-Jackwood M J, Strother K O, Mundt E, et al. Molecular characterization of avian astroviruses. Archives of Virology, 2011 156(2):235-44.

[12] Skibinska A, Lee A, Wylie M, et al. Development of an indirect enzyme-linked immunosorbent assay test for detecting antibodies to chicken astrovirus in chicken sera. Avian Pathology, 2015;44(6):436-442.

[13] Todd D, Trudgett J, McNeilly F, et al. Development and application of an RT-PCR test for detecting avian nephritis virus. Avian Pathology, 2010, 39(3):207-213.

第12章　鸭坦布苏病毒病

Chapter 12　Duck Tembusu Virus Infection

引　言

自 2010 年 4 月开始，在我国东南部地区的部分鸭场发生一种以产蛋严重下降为主要特征的传染病，并迅速蔓延至各养鸭地区，包括浙江、福建、广东、广西、江西、江苏、山东、安徽、上海、河南、河北和北京等，给种鸭和蛋鸭养殖造成了巨大的经济损失。被感染鸭，包括北京鸭、北京樱桃谷鸭、麻鸭、连城白鸭、白改鸭等多个品种（系），最明显的临床症状为采食量骤降、产蛋率骤降，感染鸭群产蛋率于 5 ～ 7 天内可从高峰降至 10% 以下，直至完全停产。剖检发病鸭可见产蛋鸭卵泡出血、破裂、萎缩和卵黄液化等。随后，在鹅和商品肉鸭中也出现大规模感染，个别地区也有鸡群感染的报道。通过系统的流行病学调查、病原分离鉴定、动物回归试验、病理学研究等，确定该病为一种新发生的病毒病，其病原在遗传学上与马来西亚蚊源性坦布苏病毒（Tembusu virus，TMUV）密切相关，曾命名为“鸭 BYD 病毒”、“鸭新型黄病毒”、“鸭坦布苏病毒样病毒” 等，之后定名为“鸭坦布苏病毒”。目前该病在我国绝大部分养鸭地区均有流行，已成为危害水禽养殖的重要传染病之一

【病原学】

1）分类地位

鸭坦布苏病毒（duck Tembusu virus）属黄病毒科（*Flaviviridae*），黄病毒属（*Flavivirus*）的恩塔亚病毒群（Ntaya virus group）。

2）形态特征

坦布苏病毒粒子呈球形，大小约 50 nm，有一直径约 30 nm 的电子致密的核芯和包裹核芯的脂质囊膜，病毒粒子主要存在于感染细胞的胞浆内（图 12.1）。

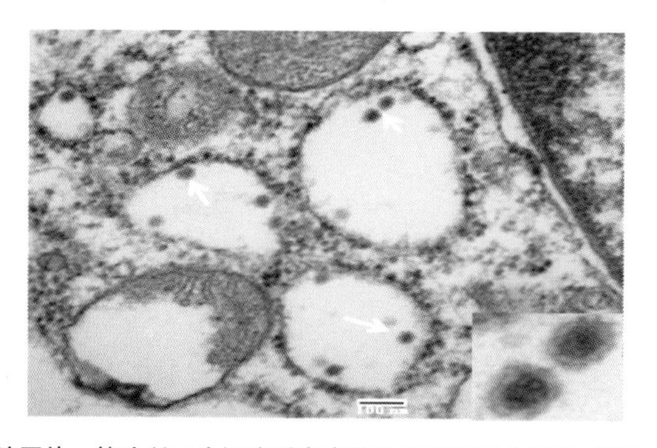

图 12.1　感染细胞内鸭坦布苏病毒电镜图片。箭头所示为细胞质内完整的病毒粒子（标尺 =100 nm），右下角插图为放大的病毒形态

3）基因组结构

病毒基因组为单股正链 RNA，大小为 10990 nt。包含一个长为 10278 nt 的开放读码区（ORF），编码 3 种主要病毒结构蛋白和 7 种非结构蛋白。基因组 5’ 和 3’ 端各有一段非编码区（NCR）。整个基因的编码顺序为 5’-NCR-C-prM-E-NS1-NS2A2B-NS3-NS4A4B-NS5-NCR-3’（图 12.2）。鸭源坦布苏病毒与马来西亚蚊源坦布苏病毒 TMUV MM175 株和鸡源司提阿万病毒（Sitiawan virus，STWV）的核苷酸同源性分别为 88.8% 和 87.4%，所编码蛋白氨基酸的同源性为 92.1%~98.7%。

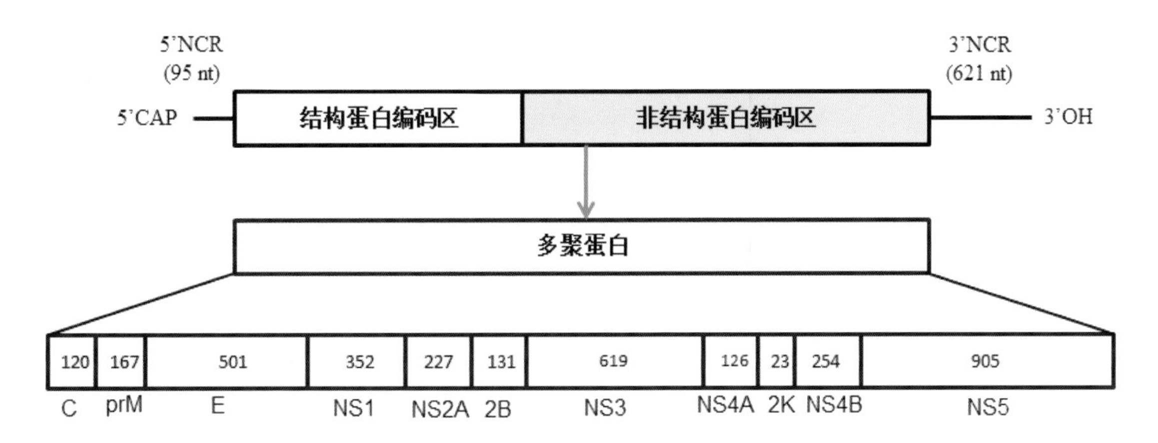

图 12.2　鸭坦布苏病毒基因结构和多聚蛋白加工示意图。病毒基因组全长为 10990 bp。顶端为病毒基因组结构，下图为多聚蛋白经过裂解加工后形成的病毒蛋白（框内数字为氨基酸数量）。注：本图未严格按比例绘制

4）实验室宿主系统

鸭坦布苏病毒经尿囊腔途径接种鸭胚或鸡胚后 3~5 天可致死鸭胚，死亡胚体表有明显的充血和出血，肝脏可见有大量的坏死灶（图 12.3），但并非所有分离毒都可以稳定地致鸡胚死亡。

坦布苏病毒可以在鸭胚、鸡胚、鸭胚原代成纤维细胞以及部分传代细胞系，如鸡胚成纤维细胞系（DF-1）、幼仓鼠肾细胞（BHK-21）以及白纹按蚊细胞（C6/36）中繁殖。病毒感染成纤维细胞可引起明显的细胞病变，表现为细胞圆缩和脱落。感染细胞单层用苏木素 - 伊红染色（HE）可见细胞破碎，并有大量红染颗粒（图 12.4）。

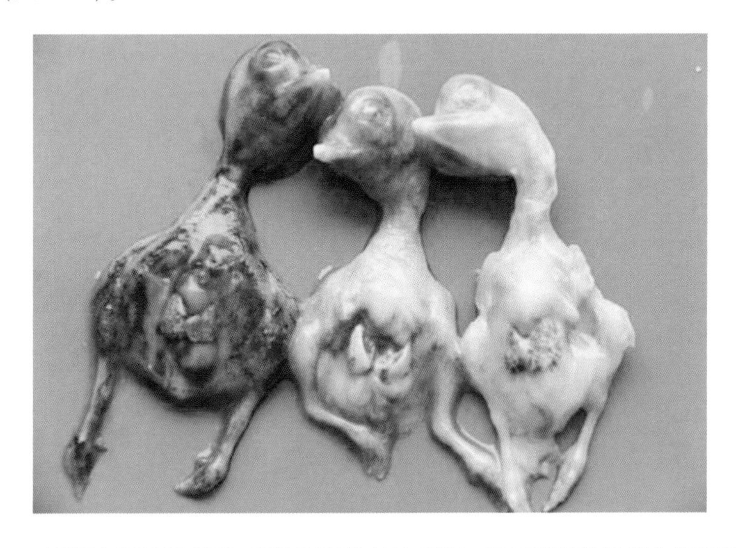

图 12.3　鸭坦布苏病毒接种 SPF 鸡胚的剖检病变，显示鸡胚体表出血和肝脏坏死

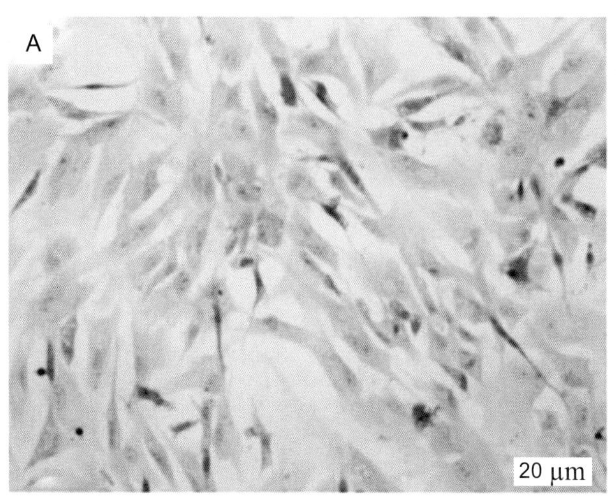

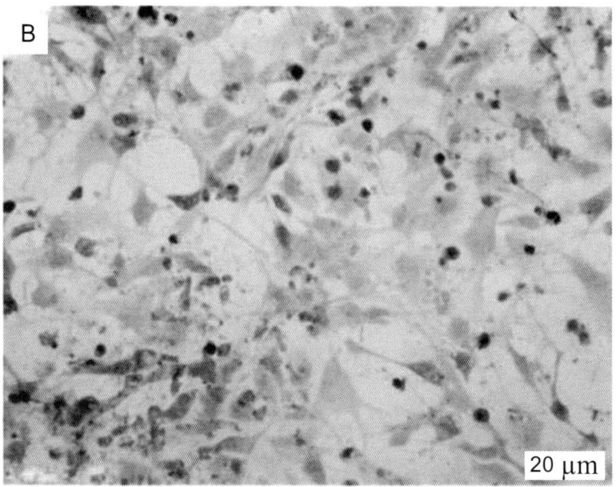

图 12.4　鸭坦布苏病毒感染鸭胚成纤维细胞引起细胞病变。A 为未感染的正常细胞对照；B 为病毒感染后 60 h 可见细胞破碎和大量红染颗粒（H.E 染色）

鸭坦布苏病毒在实验条件下经脑内接种雏鸭和鹅可引起明显的发病和死亡，而皮下或肌肉注射感染引发的疾病的报道不一致，随着日龄的增加，发病率和临床表现明显减缓。产蛋鸭经皮下注射或滴鼻感染均可引起产蛋严重下降，无特定病原体（SPF）雏鸡感染后通常无明显的临床症状，但部分感染雏鸡表现为生长发育受阻。

坦布苏病毒经脑内接种乳鼠可引起 100% 的发病和死亡，其中，3~5 周龄 BALB/c 小鼠对脑内接种敏感，感染 3~4 天表现为食欲下降、精神沉郁，6 天左右出现明显的神经症状，表现为瘫痪、抽搐和失明等，死亡率为 30%~80% 不等，部分康复小鼠出现后肢瘫痪。6~8 周龄鼠感染后临床表现则不明显。

5）抗原性和血清型

鸭坦布苏病毒具有黄病毒群特异性抗原，针对黄病毒群共同抗原的单克隆体 HB112 可以检出感染组织中的鸭坦布苏病毒抗原，而且抗鸭坦布苏病毒抗体可阻断 HB112 与该病毒的结合。抗登革热病毒的单抗 2A10G61 也可与坦布苏病毒结合，但对病毒没有明显的中和作用。到目前为止，未发现鸭坦布苏病毒有不同的血清型，或者出现明显的抗原变异。 与日本乙型脑炎病毒相似，乳鼠脑组织繁殖的鸭坦布苏病毒抗原经过有机溶剂处理后（如蔗糖 - 丙酮法），在一定的 pH 范围内可凝集 1 日龄雏鸡、鹅和鸽的红细胞，这种血凝作用可以被相应的抗血清抑制，以此为基础建立的血凝抑制试验可以用于检测病毒感染康复鸭血清抗体。

【流行病学】

坦布苏病毒最早于 1955 年分离自马来西亚吉隆坡的蚊虫样品中。随后于 1970 和 1980 s，从马来西亚的沙捞越和泰国北部的蚊虫样品中又先后分离到该病毒。1992 年从泰国清迈的三带库蚊中分离到与坦布苏病毒遗传学相关的 ThCAr 病毒。虽然这些毒株的贮存宿主及其在当地所引发的其他感染尚不清楚，但有调查结果显示某些鸡群的血清中和抗体的检出率极高，提示鸡和鸟类可能作为其贮存宿主或扩增宿主（amplifying host）。Kono 等于 2000 年报道了一起由 Sitiawan 病毒引起的雏鸡脑炎、生长迟缓和高血糖。虽然该病毒与坦布苏病毒遗传学关系密切，但坦布苏病毒阳性血清对该病毒无中和作用。

我国自 2010 年 4 月暴发鸭坦布苏病毒感染以来，该病已蔓延到江苏、浙江、福建、山东、安徽、江西、广东、广西、湖南、上海、河南、河北和北京等地，造成大范围的鸭群感染。已报道从麻鸭、北京鸭、番鸭、半番鸭及鹅中分离到病毒，并在实验条件下成功复制出该病。也有报道从发病的产蛋鸡群中分离到坦布苏病毒。此外，从发病鸭场附近的麻雀和死亡鸽体内也分离到病毒，表明野鸟和其他禽类亦可能被感染，或者携带病毒成为坦布苏病毒的传染源。

与黄病毒属的大部分成员一样，坦布苏病毒最早分离自蚊虫样品，并且通过 SPF 雏鸡感染实验已证明可经蚊虫叮咬传播，可以推测鸭坦布苏病毒也可能通过蚊虫等吸血节肢动物在易感鸭群中传播。正如黄病毒属的西尼罗病毒，虽然以虫媒传播为主，但在鸭群和鹅群中也可发生水平传播。因此，鸭坦布苏病毒可经多种途径传播（图 12.5）。

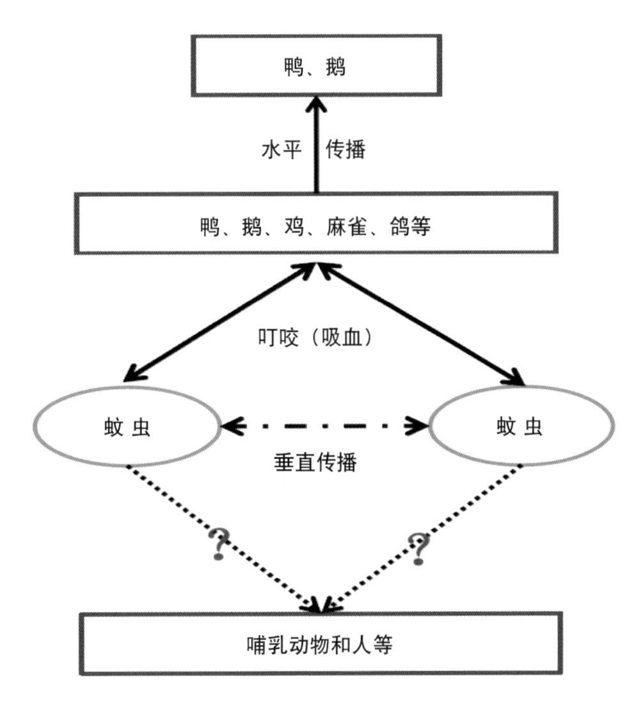

图 12.5　鸭坦布苏病毒传播示意图，“？”表示可能的传播途径，需进一步证实

临床上，鸭坦布苏病毒在产蛋鸭群主要以水平传播为主。通常是鸭舍中的一栏或少数几栏鸭首先出现采食和产蛋量下降，1~2 天后发展到整栋鸭舍，并迅速蔓延至鸭场的其他栋舍。实验条件下，通过皮下注射、滴鼻和口服途径接种病毒培养物可复制出与自然感染相似的发病过程和病理变化。被污染的种蛋、运输工具、饲料、饮水和人员流动均可成为重要的传播载体。卵巢作为病毒的主要靶器官，在感染期间所产种蛋极易被病毒污染，造成病毒垂直传播。

黄瑜等从福建、江西、广东、广西等地的北京鸭种鸭、白改鸭、麻鸭和番鸭种鸭孵化场收集了 476 份入孵后不同时间死亡的受精鸭胚，应用鸭坦布苏病毒特异性检测引物检出 31 份阳性样品，阳性率为 6.51%。经鸭胚成纤维细胞连续连传 3 代后分离到 11 株病毒。任选 3 株不同鸭胚来源的分离病毒 PT15-27（种番鸭）、PT15-4（白改种鸭）和 FJFQLL36（种麻鸭）进行蚀斑纯化，获得的 3 株纯化病毒的 $TCID_{50}$ 分别为 $10^{2.86}$/0.1 mL、$10^{3.2}$/0.1 mL、$10^{3.75}$/0.1 mL。对病毒囊膜蛋白（E）基因分析表明，3 株离毒与 GenBank 中已发布鸭坦布苏病毒 E 蛋白的核苷酸及氨基酸序列同源性分别在 97.2% ~ 99.8% 及 97.1% ~ 99.4% 之间，亲缘关系密切。以 3 株细胞传代毒对 160 日龄产蛋麻鸭（产蛋率约 63%）进行人工感染表明，3 株病毒对开产麻鸭表现出不同的致病性，其中 PT15-4 株和 PT15-27 株引起麻鸭产蛋量急剧降低（分别降低 42.6% 和 43.8%）及卵巢的出血病变，而 FJFQLL36 株病毒对麻鸭产蛋影响不明显，且未引起蛋鸭卵巢明显出血或卵黄液化病变。以上结果表明，在我国种鸭蛋胚中检测到鸭坦布苏病毒的感染，尽管不同鸭坦布苏病毒分离株间存在毒力差异，但可从种鸭经卵传播到种蛋而成为新的传染源。

自然发病和实验感染研究结果已证明鸭和鹅对该病毒高度易感，鸡次之，其他禽类的易感性尚需进一步确定。

实验证明 BALB/c 小鼠经脑内接种鸭坦布苏病毒可引起明显的发病和死亡。另外，在马来西亚婆罗洲的猩猩和人的血清中检测到坦布苏病毒中和抗体，预示该病毒对哺乳动物和人具有潜在的感染性。

【临床症状】

临床上发病鸭群主要以产蛋鸭为主，包括肉用种鸭（如北京鸭系列的北京鸭和樱桃谷鸭等、白改种鸭）、蛋用鸭（如金定鸭、绍兴鸭、山麻鸭、攸县麻鸭等）。鸭群前期主要表现为突然出现采食量下降，产蛋量随之急速下降，严重感染鸭群的产蛋率通常在 5~7 天之内下降至 10% 以下，直至停产（图 12.6）。现场可见部分感染鸭排绿色稀粪、趴卧或不愿行走，驱赶时出现共济失调（图 12.7）。发病前期很少出现死亡，但进入中后期，出现行动障碍的鸭逐渐增多，这部分鸭被淘汰或死亡。根据鸭群的状态及饲养管理条件不同，感染鸭群的死亡和淘汰率为 5% ~ 28% 不等。随着疫病的流行和蔓延，老疫区鸭群感染的临床表现相对轻缓，采食量略有下降或不明显，产蛋率下降 30% 至 50% 不等，死淘率往往无明显的增加。

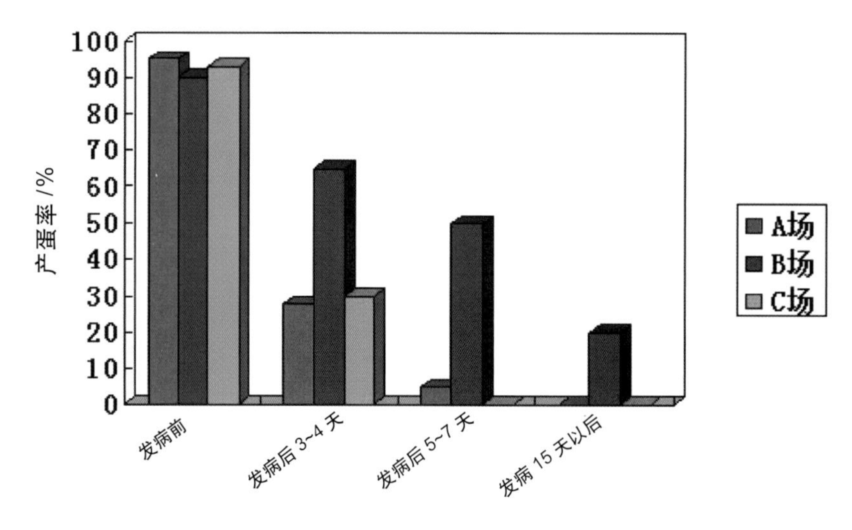

图 12.6　发生鸭坦布苏病毒感染的三个鸭场鸭群产蛋率变化

临床上偶尔可见 2 ~ 3 周龄的商品肉鸭感染和发病，主要以神经症状为主，患鸭站立不稳、运动失调、仰翻或倒地不起（图 12.8）。病鸭虽然仍有饮食欲，但往往因为行动困难无法采食，因饥饿或被践踏而死，淘汰率为 10%~30%，个别群可高达 70%。

鹅群感染后的临床表现与鸭相似，出现采食量下降，一般为 20%~30%。种鹅产蛋率下降 20%~50% 不等，病死率 2% 左右。肉鹅 18~56 日龄开始发病，病死率一般在 10% 左右，高的可达 21%。日龄越小发病越严重，死亡率越高。发病后 8~10 天达高峰，病程 3~4 周。发病后体温升高，羽毛沾水，不爱下水或下水后浮在水面不动，有的出现腿瘫、仰卧、转圈、摇头等神经症状（图 12.9）。

马来西亚曾报道过与坦布苏病毒相关的 Sitiawan 病毒引起的肉仔鸡脑炎和生长发育迟缓。雏鸡在实验感染后 9~12 天出现神经症状，表现为抽搐、转圈、颤抖和运动失衡等。感染 13 天后平均体重与对照组有明显的差异。病毒感染可引起雏鸡一过性的高血糖，在感染的头 1 周血糖水平明显高于对照组。

图 12.7 成年鸭感染坦布苏病毒引起运动障碍，瘫卧和行走困难

图 12.8 肉鸭坦布苏病毒感染引起的运动障碍，表现为仰翻、卧地不起

图 12.9 鹅坦布苏病毒感染病引起的共济失调、头顶地面

【病理变化】

1）剖检病变

开产种（蛋）鸭、后备种（蛋）鸭、肉用鸭和公鸭感染坦布病毒后可呈现不同的剖检病变。

感染开产种（蛋）鸭剖检最典型的病变主要见于卵巢，初期可见部分卵泡充血和出血，中后期则可见卵泡严重出血、变性和萎缩（图 12.10）。部分鸭可见脾脏肿大（图 12.11）和卵黄液化、卵黄性腹膜炎（图 12.12）。

图 12.10　鸭坦布苏病毒感染鸭病剖检变化 A ~ C 显示不同程度的卵巢和卵泡出血；D 为正常卵巢和卵泡

图 12.11　坦布苏病毒感染引起鸭脾脏肿大，右侧为正常对照

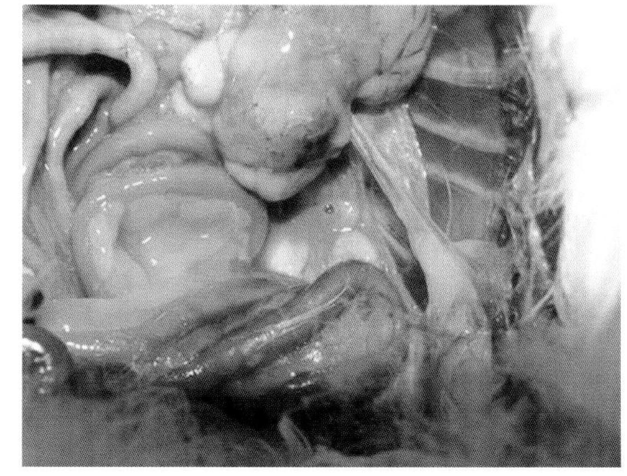

图 12.12　坦布苏病毒感染鸭引起的卵黄性腹膜炎，腹腔有卵黄性渗出液

未开产后备种(蛋)鸭感染坦布苏病毒后多无明显临床症状,但其卵泡表现不同程度的出血(图 12.13)，表现为不能正常开产、迟开产，整个鸭群开产严重参差不齐、无产蛋高峰、产蛋高峰出现迟或产蛋高峰持续时间短等。种公鸭感染坦布苏病毒后主要表现睾丸出血（图 12.14)、萎缩,精子质量下降、受精率低。

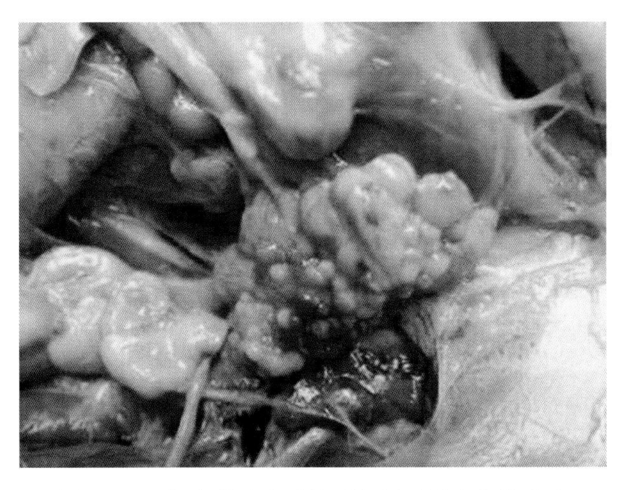

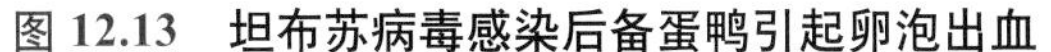

图 12.13　坦布苏病毒感染后备蛋鸭引起卵泡出血

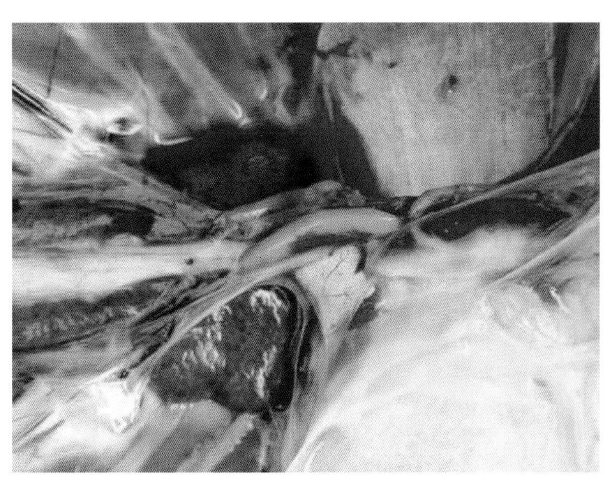

图 12.14　坦布苏病毒感染后备公鸭引起睾丸出血

商品肉鸭感染坦布苏病毒后，剖检偶尔可见肝脏局灶性出血（图 12.15）、脑组织轻度出血（图 12.16），其他脏器无明显的肉眼可见病变。

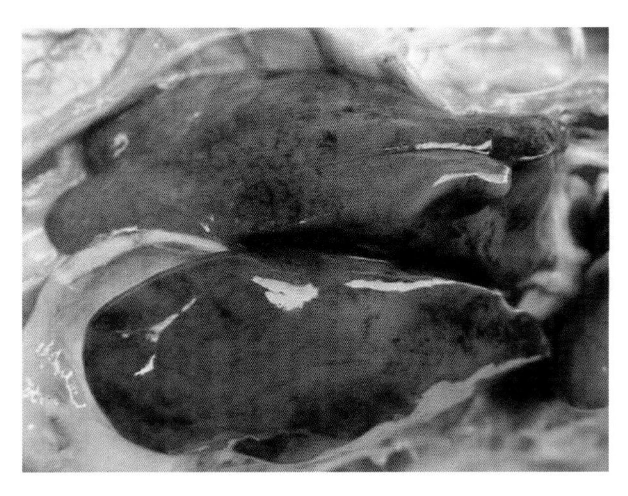

图 12.15　坦布苏病毒感染肉鸭引起肝脏局灶性出血

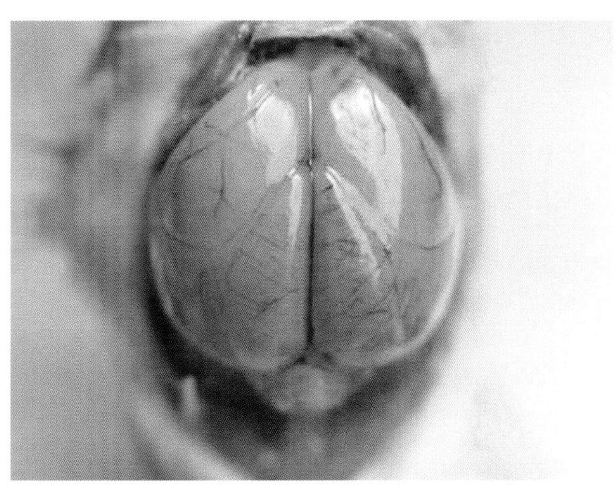

图 12.16　坦布苏病毒感染肉鸭引起脑组织轻度出血

2）组织学病变

组织学检查可见病鸭卵巢出血，卵泡发育停止、闭锁或崩解，并有大量大小不等的圆形或颗粒状嗜伊红小体，充满已崩解的卵泡或间质（图 12.17A、B）。多个脏器浆膜面可见与卵巢所见相同的嗜伊红小体，在部分脏器组织中亦可见此变化。部分病例可见脑蛛网膜下充血、炎性细胞浸润，脑组织小胶质细胞浸润（图 12.17C、D）。

傅光华等以麻鸭为动物模型，利用建立的 SYBR Green Ⅰ实时荧光定量 PCR 方法对坦布苏病毒感染鸭后肝脏、脾脏、肺脏、肾脏、卵巢、胸腺、法氏囊 7 种组织中 RIG-I （retinoic-acid-inducible gene I）、MDA5、IFN-α 和 IFN-γ mRNA 的相对表达量进行了测定和分析，结果表明，攻毒组鸭在病毒感染早期 7 种组织中以上 4 种免疫相关分子 mRNA 表达量呈上调趋势，且在攻毒后 6~24 h 出现峰值，随后出现不同程度的下调，其中卵巢下调的程度最明显，这与临床上鸭坦布苏病毒主要侵害卵巢并引起病变的现象相一致，揭示卵巢为鸭坦布苏病毒侵害的主要靶器官。

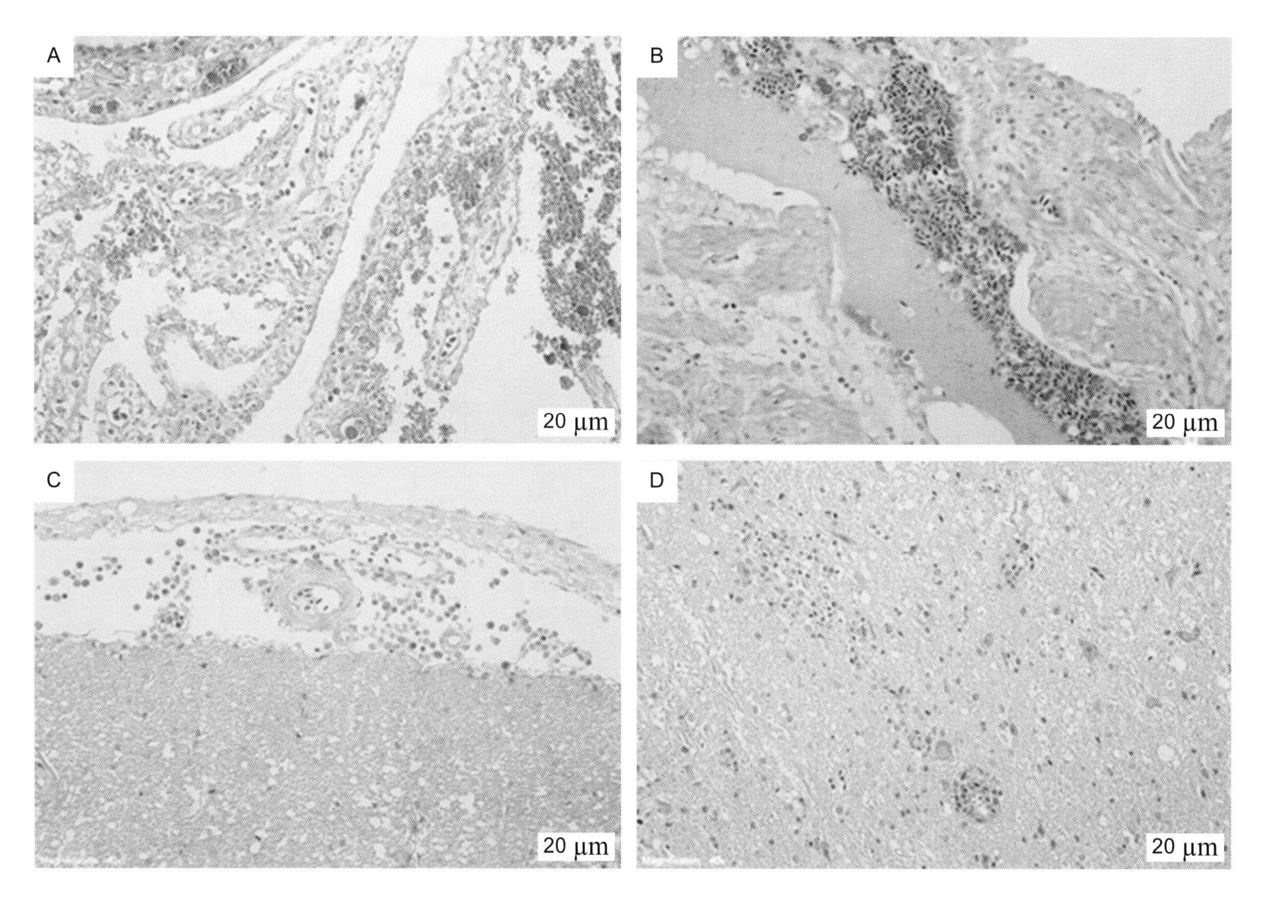

图 12.17　鸭坦布苏病毒感染引起的组织病理学变化。A 和 B 显示感染鸭卵巢组织出血、崩解，并有大小不一圆形或颗粒状嗜伊红小体；C 和 D 分别显示感染鸭脑组织蛛网膜下腔炎性细胞浸润和脑组织胶质细胞增生

陈翠腾等测定了坦布苏病毒感染鸭对免疫接种 H5 亚型禽流感灭活疫苗和新城疫活疫苗后抗体的产生情况，结果显示感染组鸭的抗体产生时间比未感染对照组晚 2~3 天，且诱导产生的抗体水平均比对照组鸭低 2 个滴度以上，表明坦布苏病毒感染影响鸭的体液免疫。

【诊　　断】

1）临床诊断

坦布苏病毒感染多发生于产蛋鸭群，主要临床特点是鸭群突然出现采食下降，随之出现产蛋量急剧下降，严重时 1 周之内产蛋率可降至 10% 以下甚至停产。发病或死亡鸭剖检可见明显的卵泡出血和变性。商品肉鸭感染临床上主要以神经症状为主，表现为运动障碍或抽搐，剖检无明显的肉眼病变。应注意的是，在鸭群出现采食和产蛋下降时，首先需要排除饲料、药物、环境以及其他饲养管理因素的影响，并排除其他可引起鸭产蛋量急剧下降的传染性疾病，如高致病性禽流感等。

2）实验室诊断

该病可以依据其临床特征及剖检病变做出初步诊断，确诊则需要依据实验室的检测，包括病毒分离、免疫学检测和分子生物学鉴定等。

（1）病毒分离　可采集感染鸭的脑、卵巢、脾脏和肝脏组织作为分离病毒的样本。将组织材料剪碎后，加入灭菌的磷酸盐缓冲液（pH7.2）制成 20% 悬液（*W/V*），研磨并冻融 2 次后，4℃，5 000~

8 000 r/min 离心 20 min，取上清液过滤除菌后，再经尿囊腔或绒毛尿囊膜途径接种 9~12 日龄鸭胚，或者直接接种鸭胚成纤维细胞（DEF）培养物分离病毒。采用鸭胚接种分离病毒时，病料中的病毒通常在 3~5 天内可致死鸭胚，死亡胚体有明显的出血，部分胚体肝脏可见有坏死灶。接种 DEF 通常在感染后 72 h 左右出现细胞病变，表现为细胞间隙增大，细胞逐渐脱落。

（2）免疫学诊断　鸭坦布苏病毒的血清学检测方法有 ELISA、中和试验和乳胶凝集试验等。

① 血清中和试验：可利用鸭胚或细胞培养系统，采用固定病毒 - 稀释血清的方法对分离病毒进行中和试验，也可采用噬斑减数中和试验检测感染鸭血清中和抗体的效价（参见本章附“病毒噬斑减数中和试验检测抗坦布苏病毒抗体”）。

② 酶联免疫吸附试验（ELISA）：以酶标抗鸭坦布苏病毒特异性单克隆抗体为基础的阻断 ELISA 方法可用于鸭坦布苏病毒抗体的检测，该方法的特异性强，具有很好的稳定性和重复性，与噬斑减数中和试验结果的符合率在 96% 以上。因其采用了酶标抗鸭坦布苏病毒特异性单克隆抗体，检测的血清样品不受动物品种的限制，可用于不同动物，如鸡、鸭、鹅，以及哺乳动物血清抗坦布苏病毒抗体检测。姬希文和施少华等建立了检测鸭坦布苏病毒抗体的间接 ELISA 方法，并应用于临床流行病学检测。

③ 乳胶凝集试验：以抗鸭坦布苏病毒单克隆抗体致敏乳胶建立检测鸭坦布苏病毒抗原的乳胶凝集方法具有快速和简便的优点，适合于基层应用。对 73 份自然感染病例检测结果与 RT-PCR 阳性符合率为 87.1%。

（3）分子生物学诊断　针对鸭坦布苏病毒的结构蛋白 E 蛋白及非结构蛋白基因等已成功建立了一系列 RT-PCR 方法，并应用于临床样品的检测。此外，还建立了敏感性更高、特异性更强的检测鸭坦布苏病毒的荧光定量 RT-PCR、巢式 RT-PCR、连接酶依赖 RT-PCR 和 RT-LAMP 等方法。

RT-PCR 可直接检测感染鸭组织，如脑组织样品中病毒特异性的基因片段，该方法特异性强、敏感性好，是目前快速诊断本病的主要手段之一。基本的操作过程如下：采集感染鸭的脑组织，利用病毒 RNA 提取试剂盒提取病毒 RNA，之后再利用 cDNA 合成试剂盒以坦布苏病毒基因特异性引物或随机寡核苷酸引物反转录合成第一链 cDNA,以此为模板,利用针对坦布苏病毒 E 基因片段的特异性引物对（如 TV-3(f)：5’-GCCACGGAATTAGCGGTTGT-3’/TV-3(r):5’-TAATCCTCCATCTCAGCGGTGTAG-3’）进行 PCR 扩增，然后通过凝胶电泳检查是否有目的条带，可在较短时间内获得诊断结果。必要时可对 PCR 扩增产物进行基因序列测定做进一步确诊。

在临床诊断中，对于开产种（蛋）鸭发生坦布苏病毒感染时，应与禽流感、副黏病毒感染、呼肠孤病毒感染等相区别。而对于肉用鸭坦布苏病毒感染，应主要与禽流感、鸭传染性浆膜炎等区别开。

【防　　治】

1）管理措施

根据现场的流行病学观察，该病具有高度的传染性，鸭场必须采取严格的生物安全措施防止疾病的传入。种鸭场要严格控制人员和物流的流动，并执行严格的消毒措施，特别是运输工具。杜绝与发病鸭场来往，包括种蛋的交流。孵化场应停止使用来源不清楚的种蛋，严格控制和杜绝种蛋及包装运输工具的机械性传播。

发生疫病的鸭场应注意改善鸭舍的饲养环境，降低饲养密度，保证鸭舍的温度、湿度和合理通风，为其康复创造有利的条件。感染鸭群经过适当的支持性治疗后，采食量会慢慢恢复，随后产蛋量也会逐渐恢复，但恢复期的种蛋的受精率和孵化率均可能低于正常水平。

2）免疫防治

研究结果表明，种鸭或蛋鸭在开产前间隔 2 ～ 3 周免疫接种 2 次油佐剂灭活疫苗后，对强毒感染具有明显的保护作用。雏鸭在 5 ～ 7 日龄接种 1 次油佐剂疫苗后 3 周对实验感染具有良好的保护作用。

3）药物防治

对已经感染和发病的鸭群，目前尚无有效的治疗方法。针对发病鸭群可采取适当的支持性治疗，在饮水中添加一定量高品质复合维生素添加剂，并通过饮水适当给予一定量的抗生素防治鸭群继发细菌感染，在很大程度上可降低死淘率。

【参考文献】

[1] 陈翠腾，傅光华，黄瑜，等．鸭坦布苏病毒感染对鸭免疫器官指数和体液免疫的影响．福建农业学报，2014，29(7)：613-617.

[2] 陈翠腾，苏荣茂，黄瑜，等．鸭坦布苏病毒感染对鸭 T 淋巴细胞转化功能的影响．福建农业学报，2014，29(11)：1062-1065.

[3] 陈雷，傅光华，黄瑜，等．鸭坦布苏病毒在雏麻鸭体内的分布及排毒．中国动物传染病学报，2013，21(2)：20-24.

[4] 陈雷，傅光华，祈保民，等．鸭坦布苏病毒试验感染麻鸭的组织病理学研究．福建农业学报，2013，28(5)：423-426.

[5] 陈仕龙，陈少莺，王劭，等．一种引起蛋鸡产蛋下降的新型黄病毒的分离与初步鉴定．福建农业学报，2011，26（2）：170-174.

[6] 傅光华，陈红梅，黄瑜，等．白羽半番肉鸭坦布苏病毒的分离鉴定及结构基因分析．福建农业学报，2012，27（10）：1027-1031.

[7] 傅光华，陈红梅，黄瑜，等．种番鸭源禽坦布苏病毒分离鉴定及基因组序列分析．福建农业学报，2014，29(4)：301-305.

[8] 傅光华，黄 瑜，施少华，等．鸡黄病毒的分离与初步鉴定．福建畜牧兽医，2011, 33(3):1-2.

[9] 傅光华，黄瑜，陈红梅，等．樱桃谷肉鸭坦布苏病毒感染的诊断．中国家禽，2012,34(20):43-44.

[10] 傅光华，黄瑜，程龙飞，等．禽坦布苏病毒连接酶依赖 RT-PCR 检测方法的建立及应用．福建农业学报，2013, 28(7): 639-643，2013，28(7)：639-643.

[11] 傅光华，危斌勇，陈翠腾，等．入孵种鸭胚病毒性感染的检测及禽坦布苏病毒的分离鉴定．中国兽医杂志，2015，(12)：89-92.

[12] 傅秋玲，施少华，陈珍，等．鸭感染禽坦布苏病毒血清学检测与分析．中国农学通报，2014，30（20）:21-25.

[13] 胡旭东，路 浩，刘培培，等．我国发现的一种引起鸭产蛋下降综合征的新型黄病毒．中国兽医杂志，2011, 47(7）: 43-46.

[14] 黄欣梅，李 银，赵冬敏，等．新型鹅黄病毒 JS8O4 毒株的分离与鉴定．江苏农业学报，2011，27(2)：354-360.

[15] 姬希文，闫丽萍，颜丕熙，等．鸭坦布苏病毒抗体间接 ELISA 检测方法的建立．中国预防兽医

学报，2011,33(8):630-634.

[16] 李玉峰，马秀丽，于可响，等，一种新病原一鸭黄病毒的分离与初步鉴定．家禽科学，2011,5: 12-14.

[17] 刘友生，彭春香，傅光华，等.2010—2011 年中国部分地区禽坦布苏病毒感染调查及分子变异分析. 中国动物传染病学报，2012,20(1): 47-53.

[18] 彭珊，闫丽萍，李国新，等．鸭坦布苏病毒 TaqMan 荧光定量 PCR 方法的优化．中国预防兽医学报，2013,35(4):294-298.

[19] 施少华，傅光华，万春和，等．鹅坦布苏病毒的分离与初步鉴定．中国兽医杂志，2012，48（12）: 37-39.

[20] 施少华，傅光华，万春和，等．检测鸭坦布苏病毒卵黄抗体间接 ELISA 方法的建立．养禽与禽病防治，2012,2:2-4.

[21] 施少华，万春和，傅光华，等．检测鸭坦布苏病毒乳胶凝集试验的建立及初步应用．福建农业学报，2014, (04):306-309.

[22] 滕巧泱，颜丕熙，张旭，等．一种新的黄病毒导致蛋鸭产蛋下降及死亡．中国动物传染病学报，2010，18（6）：1-4.

[23] 万春和，施少华，程龙飞，等．鸭出血性卵巢炎病毒 RT-PCR 检测方法的建立．福建农业学报，2011,1:10-12.

[24] 万春和，施少华，程龙飞，等．一种引起种（蛋）鸭产蛋骤降新病毒的分离与初步鉴定．福建农业学报，2010，25（6）：663-666.

[25] 颜丕熙，李国新，吴晓刚，等．应用套式 RT-PCR 快速检测鸭坦布苏病毒．中国动物传染病学报，2011，19 (3)：34-37.

[26] Andrew M Q K, Michael J A, Eric B C, et al. Virus taxonomy: Ninth report of the International Committee on Taxonomy of Viruses. USA, CA: Elsevier Academic Press; 2011，1003-1010.

[27] Cao Z, Zhang C, Liu Y, et al. Tembusu virus in ducks, China. Emerging Infectious Diseases, 2011, 17(10):1873-1875.

[28] Fu G，Chen C，Huang Y，et al，Comparative analysis of transcriptional profiles of retinoic-acid-induced gene I-like receptors and interferons in seven tissues from ducks infected with avian Tembusu virus，Archives of Virology，2016，161(1)：11-18.

[29] Gubler D J, Kuno G, Markoff L. Flaviviruses. In: Knipe DM, Howley PM, editors. Fields Virology. 5th ed. Philadelphia: Lippincott,Williams, and Wilkins; 2007, 1153-1252.

[30] Hurrebrink RJ, McMinn PC. Molecular determinants of virulence: the structural and functional basis for flavivirus attenuation. Advances in Virus Research, 2003, 60 (1): 41-42.

[31] Kono Y, Tsukamoto K, Abd Hamid M, et al. Encephalitis and retarded growth of chicks caused by Sitiawan virus, a new isolate belonging to the genus Flavivirus. The American Journal of Tropical Medicine and Hygiene, 2000, (63):94-101

[32] Liu P, Lu H, Li S, et al. Genomic and antigenic characterization of the newly emerging Chinese duck egg-drop syndrome flavivirus: genomic comparison with Tembusu and Sitiawan viruses. Journal of General Virology, 2012, 93, 2158–2170.

[33] Mackenzie J S, Gubler D J, Petersen LR. Emerging flaviviruses: the spread and resurgence of Japanese

encephalitis, West Nile and dengue viruses. Nature Medicine, 2004,(10):S98-109.

[34] Mukhopadhyay S, Kuhn R J, Rossmann M G. A structural perspective of the flavivirus life cycle. Nature Review of Microbiology,2005,3(1):13-22.

[35] Su J, Li S, Hu X, et al. Duck Egg-Drop Syndrome Caused by BYD Virus, a New Tembusu-Related Flavivirus. PloS ONE, 2011,6(3): e18106.

[36] Tang Y, Diao Y, Yu C, et al. Rapid detection of Tembusu virus by reverse-transcription, Loop-mediated isothermal amplification (RT-LAMP). Transboundary Emerging Diseases, 2012,59 (3) 208-213.

[37] Tang Y, Diao Y, Yu C,et al. Characterization of a Tembusu Virus Isolated from Naturally Infected House Sparrows (Passer domesticus) in Northern China. Transboundary Emerging Diseases, 2013 , 60(2):152-158.

[38] Wolfe N D, Kilbourn A M, Karesh W B, et al. Sylvatic transmission of arboviruses among Bornean orangutans. The American Journal of Tropical Medicine and Hygiene, 2001.64: 310-316.

[39] Yan L, Yan P, Zhou J, et al. Establishing a Taq-Man-based real-time PCR assay for the rapid detection and quantification of the newly emerged duck Tembusu virus. Virology Journal, 2011, 8: 464.

[40] Yan P, Zhao Y, Zhang X, et al. An infectious disease of ducks caused by a newly emerged Tembusu virus strain in mainland China. Virology. 2011.417: 1-8.

附：

噬斑减数中和试验检测抗坦布苏病毒抗体

1）实验材料

（1）主要试剂

新生牛血清
HEPES
硫酸链霉素 / 青霉素钠
DMEM 高糖培养基
胰酶
低熔点琼脂糖

（2）试剂配制

① DMEM（高糖）培养基：

DMEM 粉末	13.5 g
$NaHCO_3$	3.7 g
HEPES	3.0 g

加超纯水定容至 1 L，0.22 μm 过滤除菌，4℃保存。临用前按 1% 的体积加硫酸链霉素 / 青霉素钠双抗溶液

② 硫酸链霉素 / 青霉素钠双抗溶液：青霉素 80 万单位、链霉素 100 万单位溶于 8 mL 灭菌 PBS 中，

充分溶解，分装于-20℃冻存备用。

③ PBS（0.1 mol/L，pH7.4）：

NaCl	8.0 g
$Na_2HPO_4.12H_2O$	2.9 g
KH_2PO_4	0.2 g
KCl	0.2 g

加超纯水至 1 L，121℃高压 20 min 灭菌，4℃保存。

④ 0.25% 胰酶（含 0.02%EDTA）：

胰酶	0.25 g
EDTA	0.02 g
PBS	100 mL

将胰酶放入 PBS 中搅拌均匀，4℃过夜，完全溶解后过滤除菌，分装 -20℃保存。

⑤ 200 mmol/L *L*- 谷氨酰胺 (100 倍浓缩液)：

L- 谷氨酰胺	2.922 g
超纯水	100 mL

充分搅拌后 30℃溶解，用 0.22 μm 的微孔滤膜除菌，分装，-20℃保存备用。

⑥ DMEM 生长液：

DMEM 基础培养基	89 mL
新生牛血清	10 mL
L- 谷氨酰胺	1 mL

⑦ DMEM 维持液：

DMEM 基础培养基	98 mL
新生牛血清	1 mL
L- 谷氨酰胺	1 mL

⑧ 2% 低熔点琼脂糖：

低熔点琼脂糖	2 g
超纯水	100 mL
121℃高压灭菌	20 min

⑨ 1% 中性红：

中性红	0.2 g
PBS	20 mL

搅拌均匀，过滤除菌，避光保存。

2）操作步骤

（1）病毒蚀斑测定

① 准备细胞：根据实际情况制备 6 孔、12 孔或者 24 孔板细胞，置 37℃、5% CO_2 培养箱培养 24 h，使细胞均匀铺满单层。

② 稀释病毒：用预冷的 DMEM 基础培养基对待检病毒进行 10 倍稀释的倍比稀释（10^{-1}~10^{-6}），冰浴操作以便更好保持病毒活性。

③ 接种病毒：小心弃去细胞孔内生长液，用无菌 PBS 轻轻洗涤 1 次，加入稀释的病毒液（6 孔板

接种剂量为 400 μL/ 孔、12 孔板与 24 孔板均为 200 μL/ 孔)，每个稀释度作 3 个平行孔，轻轻晃动细胞培养板使病毒分布均匀，置 37℃、5% CO_2 培养箱中孵育 1 h，期间每隔 15 min 摇动一次，使病毒均匀吸附同时避免细胞干燥脱落。

④ 准备琼脂培养基：将含 4% 胎牛血清的 2×DMEM 培养基与微波炉加热融化的 2% 无菌低熔点琼脂糖等体积混合后，置 37℃水浴锅待用。

⑤ 培养：待病毒吸附 1 h 后，吸弃病毒液，将步骤 4 中准备的琼脂培养液加入到细胞孔中（6 孔板每孔 2.5 mL、12 孔板 1.5 mL、24 孔板 1 mL)，4℃ 放置 10 min，使低熔点琼脂冷却，放入 37℃、5% CO_2 细胞培养箱培养 72 h。

⑥ 染色：将 2×DMEM 培养基与 2% 无菌低熔点琼脂糖等体积混合后，加入 1% 中性红染液至其终浓度为 0.03%，混匀并加入各细胞孔（6 孔板每孔 1 mL、12 孔板与 24 孔板均加 500 μL）4℃放置 10 min，待低熔点琼脂冷却后转入 37℃培养箱放置 12 h 后观察结果，计录蚀斑数（PFU)，计算病毒滴度（PFU/mL)。

（2）病毒噬斑中和减数试验

① 待检血清处理：取待检、阴性、阳性血清，置 56℃水浴中处理 30 min，以破坏补体和其他不耐热的非特异性杀病毒因子。

② 按试验目的将血清进行适当倍数稀释。

③ 血清除菌：用 2 000 单位 /mL 的双抗 4℃处理 1h 或者用 0.22 μm 的滤膜过滤除菌。若血清无菌则此步骤可省略。

④ 根据病毒噬斑试验的结果将病毒适当稀释，使最终加入细胞孔中的 PFU 成一定数量（6 孔板约为 100PFU/ 孔，12 孔板约为 50PFU/ 孔，24 孔板约为 30PFU/ 孔)。

⑤ 分别将等量病毒液和不同稀释度的血清置小管内，充分混匀后在 37℃条件下作用 90 min。(6 孔板加入总体积 400 μL 的混合液，12 孔板与 24 孔板均加入 200 μL 混合液)

⑥ 对照：

病毒对照：即加等量病毒液和低倍稀释的正常对照血清作用 90 min；

血清对照：等量最低稀释倍数的血清加 DMEM 基础培养基作用 90 min；

阴性血清对照：将阴性血清做如上的倍比稀释分别与病毒作用 90 min；

阳性血清对照：将阳性血清做如上的倍比稀释分别与病毒作用 90 min。

⑦ 接种：待反应完毕后，迅速将上述的混合液接种到细胞上（6 孔板加入总体积 400 μL 的混合液，12 孔板与 24 孔板均加入 200 μL 混合液)。操作时间不宜过长，病毒对照可以最后接种，37℃反应 1 h。

⑧ 与病毒噬斑试验步骤一样加入维持液，一定时间后进行中性红染色，观察结果。

第13章　西尼罗病毒病

Chapter 13　West Nile Virus Infection

西尼罗病毒感染（West Nile virus infection) 是一种可引起人和多种动物致死性脑炎和脑膜脑炎的虫媒性人畜共患传染病。西尼罗病毒 （WNV）最早于 1937 年 12 月从非洲乌干达西尼罗地区 1 例发热女患者的血液标本中分离到，并因此而得名。在最初分离到该病毒的十来年，该病毒在某些地区的马中流行，并引起很高的死亡率，而儿童感染主要表现为无症状的自限性感染。直到 1957 年以色列暴发西尼罗病毒性脑膜脑炎后，人们才真正认识到该病毒的危害。之后，法国、南非也相继报道有该病的发生和流行。20 世纪 90 年代以后，西尼罗病毒感染的流行地区逐渐扩大，阿尔及利亚、罗马尼亚、捷克、俄罗斯、以色列和美国等先后发现西尼罗病毒感染病例。

该病在 1999 年以前主要在东半球出现，感染者一般无明显的临床症状，仅有轻微的发热，称之为西尼罗热（West Nile fever，WNF)。引起广泛关注的是 1999 年美国纽约暴发西尼罗病毒感染。这是北半球首次发生和报道人和动物感染西尼罗病毒，随后几年几乎全美国均有该病发生，导致人、鸟以及马感染和死亡，并且迅速蔓延至其他北美和中美洲地区。到目前为止，仅美国已累计有 300 多万人感染该病毒，其中西尼罗热病例 78 万多，引起神经症状病例 16 000 多例，死亡 1500 多人，许多幸存者留有神经系统后遗症。另外还引起多种动物感染和死亡，包括家养鹅和鸭感染发病。自 1999—2006 年累计报道马和鸟类发病病例分别为 17 628 和 42 457 例。

【病原学】

1）分类地位

西尼罗病毒属于黄病毒科（*Flaviviridae*）的黄病毒属（*Flavivirus*)，与日本乙型脑炎病毒、圣路易斯病毒、默累谷脑炎病毒等同属一个血清群。

2）形态特征

病毒粒子为球形，有囊膜，直径约 50 nm。

3）基因组结构

西尼罗病毒基因组为单股正链 RNA，全长 10 842 到 11 057 bp，5’端有帽子结构，3’端无 polyA 尾。基因组大小差异主要是因为不同毒株 3’端非编码区的长度不同，而 5’端和开放读码区则基本相同。西尼罗病毒基因组编码一个大的多聚蛋白前体，前体蛋白在宿主细胞蛋白酶的作用下裂解为结构蛋白（C、prM/M 和 E)，以及非结构蛋白 (NS1、NS2A、NS2B、NS3、NS4A、NS4B 和 NS5)。非结构蛋白主要参与病毒 RNA 的复制。NS1 在感染细胞内含量很高，可能参与调节宿主天然免疫反应的信号通路，并且可能是决定乙型脑炎病毒血清群病毒神经侵袭力的关键因素。NS3 蛋白是一种病毒的酶，从氨基端到羧基端的结构域分别具有丝氨酸蛋白酶、ATP 酶和螺旋酶活性。NS5 基因编码 RNA 依赖 RNA 聚合酶。NS3 和 NS5 是病毒 RNA 复制酶复合体（RC）的主要成分。实验表明，RC 可诱导细胞内膜的重排。

对西尼罗病毒基因组序列的遗传进化分析表明，来自于 6 大洲（除南极洲外）的病毒分离株可分为至少 5 个遗传谱系（genetic lineage）。1 系毒株地理分布广泛，覆盖非洲、印度、中东、欧洲、澳大利亚和西半球，包括近期分离到的引起人、马和鸟类感染的毒株。该谱系内毒株又可进一步分为 2 个分支（clade），即 1a 和 1b 分支。1 系的大部分毒株归属于 1a 分支，并可以根据病毒保守的基因型标记进一步细分为 6 个不同的群；澳洲流行的 Kunjin 病毒属于 1b 分支。在撒哈拉以南非洲地区和马达加斯加局部流行的毒株属于 2 系，这些毒株对人的致病性似乎更弱些，或者分自于无症状和温和感染的病例。但是，近年来在希腊、意大利、罗马尼亚和南非流行并引起人严重神经症状的西尼罗病毒分离株亦归属于 2 系。3 系仅含有 1 个毒株，即 1997 年从奥地利蚊虫分离的 Rabensberg 病毒。该毒株与 1 系和 2 系毒株核酸序列和氨基酸同源性分别为 75%~77% 和 85%~90%。4 系为俄罗斯 1988 年分离的几个毒株。5 系为印度 1955—1982 年分离的 13 个毒株，与 1-4 系毒株基因组核酸序列差异为 22%~26%。

【流行病学】

西尼罗病毒几乎是无处不在，除南极之外，各大洲均分离到病毒。1990 年之前，在该病毒的起源地非洲很少暴发流行。1957 年秋天以色列暴发了西尼罗热，南非在 1974 年发生过一次大流行。之后病毒随鸟类迁徙向北和向南扩散，在欧洲引起几次小的暴发。但早期病毒感染引起的疾病比较温和，极少出现神经性疾病和死亡。

20 世纪 90 年代中期，该病的流行方式发生变化。首先是人和马感染暴发的频率增加，其次是侵害神经的病例和死亡率增加，而且在以色列和美国禽鸟死亡率高，与人类感染暴发同步。自 1996 年以来，阿尔及利亚、罗马尼亚、突尼斯、以色列和俄罗斯等国家已多次暴发西尼罗病毒性脑炎并引起人死亡。1999 年 8 月末该病首次在美国纽约暴发，这是首次在西半球发现西尼罗病毒。此次暴发确诊感染病例 62 个，死亡 7 人。但根据后来的研究推算此次感染暴发至少有 8 200 人隐性感染，发病人数约 1 700 人。随后病毒在美国各地迅速扩散并蔓延至加拿大、墨西哥、加热比地区及南美。病原分析结果显示，北美地区的西尼罗病毒可能起源于以色列，但如何进入美国尚不清楚。

鸟类可能是西尼罗病毒的主要自然宿主，在病毒的扩增、传播和维持循环中起着关键作用。美国疾病预防与控制中心（CDC）已从 80 多个科的 300 多种鸟体内检测到西尼罗病毒感染，而且大部分是检测到抗体和病毒或病毒 RNA，只有 37 种仅检测到抗体。鸟类对疾病的易感性、病毒在其体内的繁殖能力、病毒血症持续时间等在很大程度上影响着贮主的病毒储积能力（reservoir-competence）。实验研究表明，多种鸟类初次感染病毒血症可持续 7 天，其中有 3~4 天病毒滴度足以引起吸血蚊虫感染。许多雀鸟，包括家麻雀（*Passer domesticus*）、家朱雀（*Haemorhous mexicanus*）、拟八哥（*Quiscalus quiscula*）及多种鸦科鸟类对西尼罗病毒具有较高的储积指数。幼鸟病毒血症的滴度往往比成年鸟更高，持续时间更长，而且幼鸟活动能力低、被毛少或无羽毛、皮肤暴露，更容易被蚊虫叮咬，可成为蚊虫媒介的宿主，在疾病传染过程中可能起着更重要的作用。

其他脊椎动物也可能成为西尼罗病毒的宿主。美国疾病预防与控制中心已报道了 29 种哺乳动物可感染西尼罗病毒，包括东美花鼠（*Timias striatus*）、加拿大臭鼬（*Mephitis mephitis*）、盘羊（*Ovis domesticus*)、石山羊 (*Oceamnos americanus*)、大棕蝠 (*Eptesicus fuscus*)、家兔、狼、家猫和犬等，也有鳄鱼感染该病毒的报道。俄罗斯学者还从蛙中也分离到西尼罗病毒。

现有资料表明，嗜鸟血的蚊虫是西尼罗病毒的主要传播媒介。已从至少 75 种蚊中检测到西尼罗病毒，其中大部分为库蚊属。病毒在自然界中的传播循环为鸟 - 蚊 - 鸟，人和马可作为该病毒的偶尔宿主（终末宿主），因蚊虫叮咬而感染（图 13.1）。

吸血媒介的生活习性是病毒成功传播和维持的关键。学者们调查美国加州、伊利诺伊州、马里兰州、田纳西州和华盛顿特区西尼罗病毒的流行情况后，发现这些地区美洲知更鸟（*Turdus migratorius*）是易感性极高的病毒扩增宿主 (amplifier host)，而一些感受性高的吸血蚊虫对这种鸟具有明显的亲嗜性，即使其他鸟类宿主密度和数量远远高于这种鸟。

西尼罗病毒在北美地区能够大面积快速蔓延在很大程度上与媒介生物及鸟类的迁徙有关，同时也与病毒对多种媒介生物和扩增宿主的适应性密不可分。除蚊虫外，鸟类的体外寄生虫，软蜱（Argasidae）和硬蜱（Ixodidae）也可传播该病毒。实验证明卡佩纳败蜱（*Carios capensis*）可在北京鸭之间传播西尼罗病毒。臭虫（*Oeciacus vicarious*）和厩螫蝇（*Stomoxys calcitrans*）摄入含有病毒的血液后并未将病毒传播给其他昆虫和鸟类。

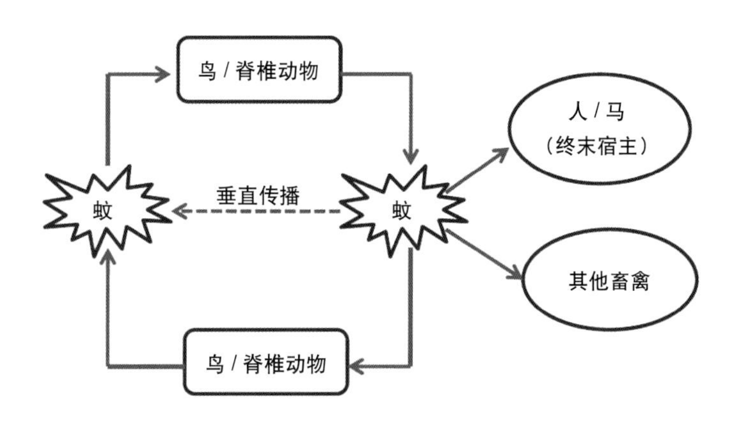

图 13.1　西尼罗病毒的循环传播示意图

西尼罗病毒在北美地区的流行与蚊虫吸血习性的转换有密切关系。在夏季，嗜鸟血的蚊虫通过吸食鸟血使病毒不断在鸟 - 蚊间得以传播和扩增。到了夏末和秋季，由于蚊虫亲嗜的鸟类迁徙离开，蚊虫转向吸食哺乳动物血 (包括人)，从而将病毒传播给人，在人群中引起暴发和流行。

鸟与鸟之间的紧密接触可引起病毒的水平传播。摄食含有传染性病毒的液体、蚊虫，猛禽捕食被感染的鸟类等均可能被传染。虽然野禽水平传播发生的频率尚不清楚，但感染鸟的咽喉和泄殖腔的高滴度病毒表明成鸟喙对喙哺喂幼鸟可能会引起水平传播。幼鸟间亲密接触也有可能导致水平传播。

实验研究表明，密集饲养的商品鹅和鸭群可以发生水平传播。Banet-Noach 等通过皮下接种实验感染 10 只 20 日龄鹅，结果 8 只出现病毒血症，其中 5 只感染后 7~10 天死亡，死前 24 h 均出现侧卧不起的症状，存活鹅最早在感染后 5 天即检测到中和抗体，2 只未检测到病毒血症的鹅在感染后 8 天和 13 天也检测到抗体。在同居的 20 只同龄试验鹅中，有 2 只分别在第 10 天和 17 天死亡，其余 18 只未见有任何临床症状，但有 3 只分离到病毒。

从感染鸟的性腺组织中检出病毒表明病毒有发生垂直传播的可能性。

曾经有数例人经非蚊媒传染西尼罗病毒的报道，其中两例由器官移植引起。一例是婴儿经母乳感染，未出现明显的症状；一例是经胎盘感染，因而发生严重疾病，还有一例通过结膜接触病鸟的脑组织导致感染的病例，但总体来说，这种传播模式较为罕见。

西尼罗病毒自1999年进入美国后，对一些野生鸟类已构成严重的威胁，有些地区原来比较常见的鸟类种群的数量出现下降，如黄嘴喜鹊、美洲白鹈鹕等。已报道过多种人工饲养的鸭科动物被西尼罗病毒感染或引起死亡，包括家鹅（*Anser anser domesticus*）、绿头鸭（*Anas platyrhynchos*）、家鸭（*A. platyrhynchos* var. *domesticus*）、蓝翅鸭（*A. discors*）、针尾鸭（*A. acuta*）、美洲绿翅鸭（*A. carolinensis*）、罗纹鸭（*A. falcate*）、琵嘴鸭（*A. clypeata*）、赤颈鸭（*A. penelope*）、绿眉鸭（*A. amaricana*）、林鸳鸯（*Aix sponsa*）、巴西鹊鸭（*Bucephala islandica*）、加拿大黑雁（*Branta canadensis*）、短嘴黑雁（*B. hutchinsii*）和红胸黑雁（*B. ruficollis*）等。

中国疾病预防与控制中心梁国栋教授课题组已报道我国新疆地区有人群感染西尼罗病毒并且从蚊虫样品中分离到病毒。上海交通大学华修国教授课题组从上海采集的鸳鸯（*Aix galericulata*）、黑嘴鸥（*Larus saundersi*）、丹顶鹤（*Grus japonensis*）和绿孔雀（*Pavo muticus*）血清样本中检出抗西尼罗病毒抗体。韩国和日本对迁徙鸟的监测结果显示部分野生鸟类抗西尼罗病毒中和抗体阳性，提示从事野生动物保护和兽医工作的人员应加以重视。另外，美国暴发西尼罗病毒感染的经历表明该病的流行严重威胁着公共卫生安全，因此及早发现和确诊对控制疾病的传播具有重要的实际意义。

该病的发生和传播有较明显的季节性，多始发于吸血蚊虫比较活跃的8月中旬，在中东地区可持续至12月底。

【临床症状】

鹅可能是家禽中最易感，发病和死亡最严重的品种。自然感染的商品鹅群的发病率可高达60%，以3~8周龄鹅最易感，但日龄大的鹅也可感染发病。Austin等报道2002年在加拿大曼尼托巴南部的一个大型鹅场爆发西尼罗病毒感染。该场有2个成年种鹅群和4周龄、10周龄和17周龄的3个后备鹅群，感染主要发生于后备群，死淘率分别为31.1% (913/2932)、3.9% (125/3218) 和1.5%（55/3717）。Glavits等报道位于匈牙利多瑙河冲积平原的一个养鹅场一个6周龄鹅群发生西尼罗病毒感染，持续约6周，每天死亡5~15只，总计死亡504只，死亡率为14%，该鹅群还被检出有圆环病毒并发感染。

感染鹅的临床表现以中枢神经症状为主，首先表现为精神沉郁、采食减少，随后出现“眩晕”症状，头颈和翅膀下垂，不愿行走或不能行走，动作不协调或腿瘫痪，有时可见颈扭曲和角弓反张等。皮下注射实验感染2周龄的雏鹅表现为精神沉郁、消瘦，部分鹅出现间歇性抽搐、角弓反张和转圈。感染后5天左右开始出现死亡。

美国威斯康星的一个水禽养殖场于2005年发生西尼罗病毒感染时，大部分水禽（雁和野鸭）在死亡前均有明显的中枢神经系统症状。加拿大首例商品鸭西尼罗病毒感染于2007年发生在一个17周龄的卢昂鸭（Rouen duck）群，病鸭表现为运动失衡，不能站立，挣扎着用翅膀支撑身体平衡，头和颈无目的地旋转并不时后仰。母鸭失声，但不停地张嘴发出很微弱的嘶哑声。鸭群最终死亡率为38.6%（17/44）。

【病理变化】

大部分感染鹅剖检时无明显的肉眼病变，少数病例可见心肌有苍白的条纹，偶尔可见肝脏、脾脏肿大。组织学病变主要为轻度到中度的非化脓性脑炎，脑血管周围淋巴细胞袖套、局灶性胶质细胞增生和弥散性淋巴细胞变性等，以及神经细胞变性。心肌可见有中度或严重的非化脓性心肌炎，主要特点是间质性淋巴细胞浸润，多灶性心肌纤维坏死和缺失。部分雏鹅感染可见急性多灶性脾脏坏死、淋巴细胞缺失。肝脏有少量弥散性、急性凝固性坏死灶。胰腺可见有急性多灶性坏死，胰管周围淋巴细胞浸润。

其他鸟类感染西尼罗病毒的病理学变化请参阅 Gamino 和 Hofle 的综述。

人感染西尼罗病毒的病理学变化主要为弥散性和血管周炎性反应、神经细胞变性、出现胶质细胞结节和神经细胞吞噬现象。脑干、灰质深层和脊髓前角的病变最严重。

【诊 断】

1）临床诊断

在疫病流行地区，家禽出现神经症状和死亡时应将西尼罗病毒感染作为怀疑对象之一，感染的确诊主要依靠病毒的分离和检测。

2）实验室诊断

（1）病毒分离和鉴定　最好是采集脑组织、肝脏、脾脏和肾脏等组织，也有从血液中分离病毒的报道，但不同禽类的病毒血症发生和持续的时间不一致。病料经过处理后接种 Vero 细胞、白纹伊蚊细胞（C6/36）或乳鼠脑内接种分离病毒。

流行病学监测时，可捕捉一定数量的蚊虫样本，经过处理后接种 C6/36 细胞或 Vero 细胞（非洲绿猴肾细胞），或直接从样品中提取病毒核酸，采用 RT-PCR 检测病毒特异性的基因片段。

（2）免疫学诊断　国外已报道过多种方法用于抗西尼罗病毒抗体的检测，包括血清中和试验、间接 ELISA 和竞争 ELISA 等，其中血清中和试验被认为是诊断的金标准。由于西尼罗病毒可以在多种动物细胞培养中繁殖并引起细胞病变，因此细胞培养中和试验被广泛用于病毒抗体的检测和免疫效果评价等，特别是噬斑减数中和试验（PRNT）。

到目前为止，西尼罗病毒感染主要发生于中东、欧洲和美洲。人感染早期可采集血清和脑脊髓液，利用 IgM 捕获 ELISA 检测 IgM 抗体，阳性样本需要通过噬斑减数中和试验进行确诊。西尼罗病毒特异性抗体可持续 12 个月以上。在疫病流行地区的流行季节，出现发热、四肢无力、头痛、肌痛、意识障碍等脑炎症状，而且有蚊虫叮咬史的患者应进行实验室诊断。实验室确诊需要结合病毒学方法与血清学方法。

此外，可采用免疫组化染色的方法，利用西尼罗病毒特异性抗体对组织样本中病毒抗原进行检测。

（3）分子生物学诊断　采用 RT-PCR 直接检测样本中的病毒 RNA 是一种比较快速和敏感的诊断方法，包括实时荧光PCR在内的多种分子生物学技术已广泛用于西尼罗病毒的检测。该方法的优点是快速、安全。

【防 治】

因为家禽西尼罗病毒感染的最初来源为野生鸟类，并且首先是通过吸血昆虫的叮咬传播，所以在养殖场的选址方面应注意远离和避开野生鸟类活动频繁的湿地和林带。条件许可时，在吸血昆虫活动季节尽量采取防虫措施和定期驱虫，减少禽舍环境吸血昆虫的数量。

受疾病威胁的地区，对易感群可进行疫苗免疫接种。以色列已研制了可用于鹅预防免疫的西尼罗病毒油佐剂灭活疫苗。在实验条件下雏鹅间隔 2 周免疫两次后，对脑内接种强毒攻击的保护率为 83%。连续 4 年临床应用试验表明疫苗对鹅群具有良好的保护作用。美国科研人员已研制出可用于预防西尼罗病毒感染的重组亚单位疫苗，3 周龄雏鹅免疫 2 次后对强毒攻击具有良好的保护作用。

【公共卫生学】

人感染西尼罗病毒的潜伏期为2~14天。80%以上的感染者无症状表现，或症状极轻微，约20%的感染者有轻度到严重的临床表现，不到1%的感染者神经系统受侵害。典型的病例表现为发热、头痛、背痛、全身肌痛、呕吐、腹泻和厌食。发热可能呈双相热型。约有半数患者在发热期或发热末期出现皮疹，为玫瑰样疹或斑丘疹，不痒，主要见于胸部、背部和上肢，并持续1周左右，消退后不脱屑。通常出现全身淋巴腺病。可发生咽炎和胃肠道症状。还报道过出现肝炎、胰腺炎、心肌炎、心脏节律障碍、横纹肌溶解、睾丸炎、玻璃体眼色素层炎、眼神经炎和脉络膜视网膜炎等。在中非共和国，西尼罗病毒还引起类似于肝炎，包括类似于黄热病的致死性感染。病程一般为3~6天，之后迅速康复。儿童的临床表现一般较成年人轻。

侵害神经的感染主要引起无菌性脑膜炎、脑炎或脊髓灰质炎样软瘫，特别是年老患者，可导致定向障碍和死亡。此外，病人还可能出现精神状态的变化、疲劳、脖子僵硬、运动障碍和颤抖等。50岁以上及器官移植等免疫抑制病患者更容易出现严重的神经症状。

马感染的潜伏期为3~14天，虽然大部分感染马无临床表现，但在疾病暴发期间，有20%到43%的感染马出现急性神经症状，其中约1/3出现严重疾病和死亡。典型的表现为肌肉震颤、皮肤抽搐、运动失调和瘫痪。病情逐渐发展，出现嗜睡、反应迟钝。有些马出现排尿和排粪困难，不能站立等。有些马（少于25%）有轻度发热、惊厥等其他症状。

由于该病毒对人和动物均具有很强的致病性，严重威胁公共卫生安全，接触和处理可能被该病毒污染的组织样本，或者活病毒时应严格遵守我国病原微生物实验室生物安全相关的法律、法规和标准，不具备实验室安全资质和未经过专业培训的人员不得接触活病毒及从事相关的实验操作。

【参考文献】

[1] Cox S L, Campbell G D, Nemeth N M. Outbreaks of West Nile virus in captive waterfowl in Ontario, Canada. Avian Pathology, 2015, 44(2):135-141.

[2] Gamino V, Höfle U. Pathology and tissue tropism of natural West Nile virus infection in birds: a review. Veterinary Research. 2013, 44:39. doi: 10.1186/1297-9716-44-39.

[3] Hofmeister E, Porter R E, Franson J C. Experimental suceptibility of wood ducks for West nile virus. Journal of Wildlife Diseases, 2015, 51(2): 411-418.

[4] Hofmeister E K, Jankowski M D, Goldberg D, et al. Survey for West Nile virus antibodies in wild ducks, 2004-06, USA. Journal of Wildlife Diseases, 2016, 52(2):354-563.

[5] Hutcheson H J, Gorham C H, Machain-Williams C, et al. Experimental transmission of West Nile virus (Flaviviridae: Flavivirus) by Carios capensis ticks from North America. Vector Borne Zoonotic Diseases, 2005, 5(3):293-295.

[6] Lan D L, Wang C S, Deng B, et al. Serological investigations on West Nile virus in birds and horses in Shanghai, China. Epidemiology and Infection, 2013, 141(3):596-600.

[7] Li X L, Fu S H, Liu W B, et al. West nile virus infection in Xinjiang, China Vector Borne Zoonotic Diseases, 2013 13(2):131-133.

[8] Lu Z, Fu S H, Cao L, et al. Human infection with West Nile Virus, Xinjiang, China, 2011. Emerging Infectious Diseases, 2014 , 20(8):1421-1423.

[9] Meece J K, Kronenwetter-Koepel T A, Vandermause M F, et al. West Nile virus infection in commercial waterfowl operation, Wisconsin. Emerging Infectious Diseases, 2006, 12(9):1451-1453.

[10] Mishra N, Kalaiyarasu S, Nagarajan S, et al. Serological evidence of West Nile virus infection in wild migratory and resident water birds in Eastern and Northern India. Comparative Immunology, Microbiology and Infectious Diseases. 2012, 35(6):591-598.

[11] Nemrth N M, Oesterle P T. West Nile virus from an avian conservation perspective. International Zoo Yearbook 2014, 24: 101-115

[12] Oesterle P, Nemeth N, Doherty P, et al. Experimental exposure of swallow bugs (Hemiptera: Cimicidae) to West Nile virus. Journal of Medical Entomology. 2010, 47(5):897-901.

[13] Sá E Silva M, Ellis A, Karaca K, et al. Domestic goose as a model for West Nile virus vaccine efficacy. Vaccine, 2013, 31(7):1045-1050.

[14] Saito M, Osa Y, Asakawa M. Antibodies to flaviviruses in wild ducks captured in Hokkaido, Japan: risk assessment of invasive flaviviruses. Vector Borne Zoonotic Diseases, 2009, 9(3):253-258.

[15] Samina I, Khinich Y, Simanov M, et al. An inactivated West Nile virus vaccine for domestic geese-efficacy study and a summary of 4 years of field application. Vaccine, 2005, 23(41):4955-4958.

[16] Shirafuji H, Kanehira K, Kubo M, et al. Experimental West Nile virus infection in aigamo ducks, a cross between wild ducks (Anas platyrhynchos) and domestic ducks (Anas platyrhynchos var. domesticus). Avian Diseases, 2009, 53(2):239-244.

[17] Wojnarowicz C, Olkowski A, Schwean-Lardner K. First Canadian outbreak of West Nile virus disease in farmed domestic ducks in Saskatchewan. Canadian Veterinary Journal, 2007 48(12):1270-1271

[18] Yeh J Y, Park J Y, Ostlund E N. Serologic evidence of West Nile Virus in wild ducks captured in major inland resting sites for migratory waterfowl in South Korea. Veterinary Microbiology, 2011, 154(1-2):96-103.

第14章　鸭呼肠孤病毒病

Chapter 14　Duck Reovirus Infection

引　言

呼肠孤病毒广泛存在于家禽中，以鸡群感染的报道最为多见。根据病毒毒株、感染鸡的年龄、免疫状态不同，临床上可引起鸡的肠炎、肝炎、神经症状、心肌炎、呼吸系统疾病和关节炎、腱鞘炎等多种疾病形式，鸡群往往因增重缓慢、饲料转化效率低、发病率和死亡率增加而造成巨大的经济损失。早在1950年，Kaschula等在南非即观察到番鸭呼肠孤病毒感染的病例，到20世纪70年代，该病在法国流行并成为番鸭的主要病毒病之一。Malkinson等于1981年对该病进行了详细的报道，并确定病原为呼肠孤病毒，患病番鸭表现拉稀、软脚的症状，剖检变化以肝、脾出现针尖大坏死点为特征。1997年，在中国广州、福建、浙江等番鸭养殖地区出现了类似的疾病，俗称"番鸭肝白点病"或"花肝病"。胡奇林等于2000年首次分离并初步鉴定该病原为一种新的RNA病毒。吴宝成等于2001年根据病毒特点、血清学及生物学特性等确定该病毒为呼肠孤病毒。2002年黄瑜等报道了福建等地半番鸭发生呼肠孤病毒病，2003年程安春等报道川黔等地家鸭发生以脏器出血为特征的呼肠孤病毒病，2005年在福建莆田、福州、长乐、福清、漳浦，广东省佛山和浙江等地番鸭、半番鸭和麻鸭群出现了一种以肝脏不规则坏死和出血混杂、心肌出血、脾脏肿大斑块状坏死、肾脏和法氏囊出血为主要特征的被称为"鸭出血性坏死性肝炎"或"鸭坏死性肝炎"的传染病。陈少莺、黄瑜等经病原学研究确定其为一种新型鸭呼肠孤病毒(NDRV)或新致病型鸭呼肠孤病毒所致。苏敬良等报道了2006年前后，我国部分地区北京鸭（含樱桃谷鸭）商品代肉鸭群发生一种以脾脏斑块样坏死为主要特征的传染性疫病，死亡率为5%～15%。鸭群感染早期无明显特异性症状，剖检特征性病变为脾脏表面有出血斑或坏死灶，后期主要为脾脏坏死、变硬和萎缩，被称"脾坏死症"。有的感染鸭群死亡情况可持续到30日龄左右。通过系统的实验室诊断，证实北京鸭"脾坏死症"是由一种与番鸭呼肠孤病毒相关的新型呼肠孤病毒引起。现阶段该病毒感染已广泛存在于我国水禽饲养地区。

【病原学】

1）分类地位

国际病毒分类委员会（ICTV）在第九次分类报告中将呼肠孤病毒科（*Reoviridae*）分为刺突呼肠孤病毒亚科（*Spinareovirinae*）和平滑呼肠孤病毒亚科（*Sedoreovirinae*），分别包含9和6个属。鸭呼肠孤病毒归属于呼肠孤病毒科的正呼肠孤病毒属（*Orthoreovirus*）。正呼肠孤病毒属包括禽正呼肠孤病毒(arthoreovirus, ARV)、狒狒正呼肠孤病毒(baboon orthoreovirus, BRV)、哺乳动物正呼肠孤病毒(mammalian orthoreovirus, MRV)、纳尔逊海湾正呼肠孤病毒（Nelson Bay orthoreovirus, NBV）、爬行动物正呼肠孤病毒（reptilian orthoreovirus, RRV），其中 MRV 不能诱导细胞产生合胞体，ARV、BRV、NBV、RRV 均可以引起细胞融合。

2）形态特征

鸭呼肠孤病毒颗粒为无囊膜，呈二十面体对称且具有双层衣壳结构，平均直径接近 72 nm（图 14.1）。内层衣壳包裹着病毒的基因组片段。完整的正呼肠孤病毒粒子表面覆盖有 600 个手指样纤突，形成 60 个六聚体和 60 个四聚体簇，围绕溶剂通道呈放射状深入外层衣壳。

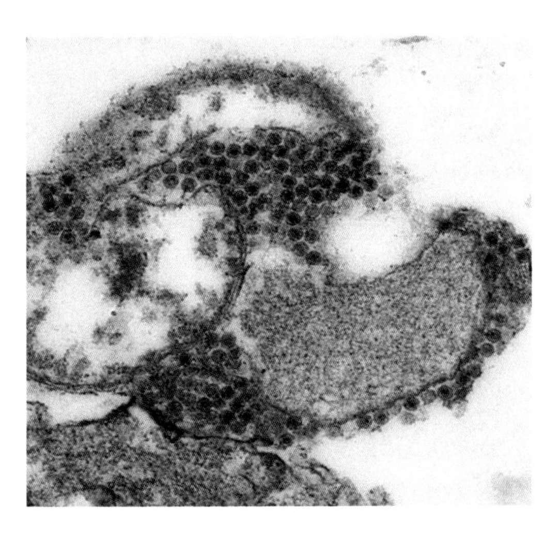

图 14.1　呼肠孤病毒感染细胞超薄切片，显示胞浆内病毒颗粒

3）基因组结构

鸭呼肠孤病毒的基因组为双链 RNA，由分节段的 10 个基因片段组成。根据其在凝胶电泳上的迁移率大小可以分为大（L1-L3）、中（M1-M3）、小（S1-S4）三个基因节段组。每个基因片段的 5' 和 3' 末端具有 5 ~ 8 个碱基的保守序列，不同分离株的保守序列略有不同，最常见的为正义链 5'-GCUUUUU…UCAUC-3'，推测这些序列可能是病毒转录、复制和组装的靶信号。禽呼肠孤病毒基因组可编码至少 10 种结构蛋白：μB、μBN、μBC、σB 和 σC 为外衣壳蛋白，λC 为贯穿内外衣壳蛋白，λA、λB、μA 和 σA 为内衣壳蛋白，以及 4 种非结构蛋白 μNS、σNS、p10 和 p17（经典番鸭呼肠孤病毒不编码此蛋白）。预测的病毒粒子结构及各蛋白质功能见表 14.1。

表 14.1　禽呼肠孤病毒基因组编码蛋白及其功能

基因节段	蛋白	分布	功能
L1	λA	内衣壳	内衣壳支架蛋白
L2	λB	内衣壳	推测为转录酶
L3	λC	贯穿内外衣壳	加帽酶
M1	μA	内衣壳	具有 NTPase 和 RTPase 活性， 并参与 RNA 合成
M2	μB、μBN 和 μBC	外衣壳	参与病毒入侵细胞
M3	μNS	非结构蛋白	形成病毒工厂（包涵体）， 并募集 σNS 和 λA 蛋白
S1（S4）#	σC	外衣壳	介导细胞附着， 并诱导型特异性中和抗体产生
	p10	非结构蛋白	诱导细胞融合

续表 14.1

基因节段	蛋白	分布	功能
	p17	非结构蛋白	诱导细胞自噬，并参与病毒增殖
S2（S1）#	σA	内衣壳	结合 dsRNA，抗干扰素，并具有 NTPase 活性
S3（S2）#	σB	外衣壳	产生群特异性抗体
S4（S3）#	σNS	非结构蛋白	结合 ssRNA

#：括号内为经典番鸭呼肠孤病毒编码蛋白顺序，该病毒不编码 p17 蛋白。

L1、L2 和 L3 基因片段分别编码 λA、λB、λC 蛋白； M1、M2 和 M3 基因分别编码 μA、μB、μNS 蛋白， 但 S1-S4 基因编码蛋白则因分离株不同而有所差异，依据多顺反子的编码蛋白情况大致可以分为以下三种：禽呼肠孤病毒（如 S1133 分离株）S1-S4 基因分别编码 p10+p17+σC、σA、σB、σNS 蛋白。经典番鸭呼肠孤病毒（如 ZJ2000M、815-12 分离株）S1-S4 基因分别编码 σA、σB、σNS、p10+σC 蛋白。匈牙利分离的欧洲鹅源呼肠孤病毒（如 20/99 分离株）S 组基因蛋白编码情况与此相同。我国近年流行的新型鸭呼肠孤病毒，如 ZJ00M（番鸭）、SD-12（野鸭）、HC（北京鸭）、091（北京鸭）分离株，以及引起鹅出血性坏死性肝炎的鹅呼肠孤病毒（03G 分离株）的 S1-S4 基因分别编码 p10+p18+σC、σA、σB、σNS 蛋白。

国内外学者已陆续完成了水禽源呼肠孤病毒的全基因组序列测定，例如引起“肝白点病”的经典番鸭呼肠孤病毒（ARV-Md）浙江分离株（ZJ2000M 和 815-12）、法国分离株（D1546 和 D20440）；鹅呼肠孤病毒（ARV-Go）匈牙利分离株 D20/99；引起“新肝病”的新型番鸭呼肠孤病毒（N-MDRV）福建分离株 NP03、浙江分离株（ZJ00M 和 J18）；引起“脾坏死症”的新型鸭呼肠孤病毒（NDRV）北京鸭分离株（091 和 TH11）、山东野鸭源分离株 SD-12；新型鹅呼肠孤病毒（GRV）浙江分离株 03G 等。在外衣壳蛋白 μB、σB 和 σC 基因核苷酸进化树中，水禽源呼肠孤病毒分成两个分支，有学者将其分为两个基因型（ARV-Md 和 ARV-Go 为基因 1 型；NMDRV、NDRV 和 GRV 为基因 2 型）；依据宿主的不同，水禽源与其他禽源呼肠孤病毒的聚类可分为两个不同的分支，但是在 *μB* 基因核苷酸进化树中基因 2 型水禽源呼肠孤病毒的聚类与禽源呼肠孤病毒却位于同一分支，推测基因 2 型水禽源呼肠孤病毒的 M2 基因可能来源于禽源呼肠孤病毒。

另外，对不同毒株间同源性分析（除 p10、p17 和 p18 蛋白外）发现 σC 蛋白的差异性最大。禽源呼肠孤病毒与水禽源呼肠孤病毒的 σC 蛋白核苷酸（氨基酸）同源性仅为 23.8%-38.8%（21.5%-29.7%），基因 1 型与基因 2 型水禽源呼肠孤病毒 σC 蛋白核苷酸(氨基酸)同源性为 36.0%-53.1%(40.7%-41.6%)；基因 1 型与基因 2 型水禽源呼肠孤病毒的内衣壳蛋白和非结构蛋白的核苷酸同源性较低（70% 左右），但是其氨基酸同源性却高于 90%。

4）实验室宿主系统

鸭呼肠孤病毒可以在鸭胚、鸡胚、鸭胚原代成纤维细胞以及部分传代细胞系中生长。病毒经卵黄囊、尿囊腔和绒毛尿囊膜接种鸭胚或鸡胚均可以增殖，其中以卵黄囊和绒毛尿囊膜途径接种禽胚病毒的增殖效果较好，一般卵黄囊接种 2 ～ 3 天鸭胚死亡，死亡鸭胚胚体广泛性出血，呈紫红色，肝脏有坏死点（图 14.2），尿囊膜混浊增厚，尿囊液清澈。

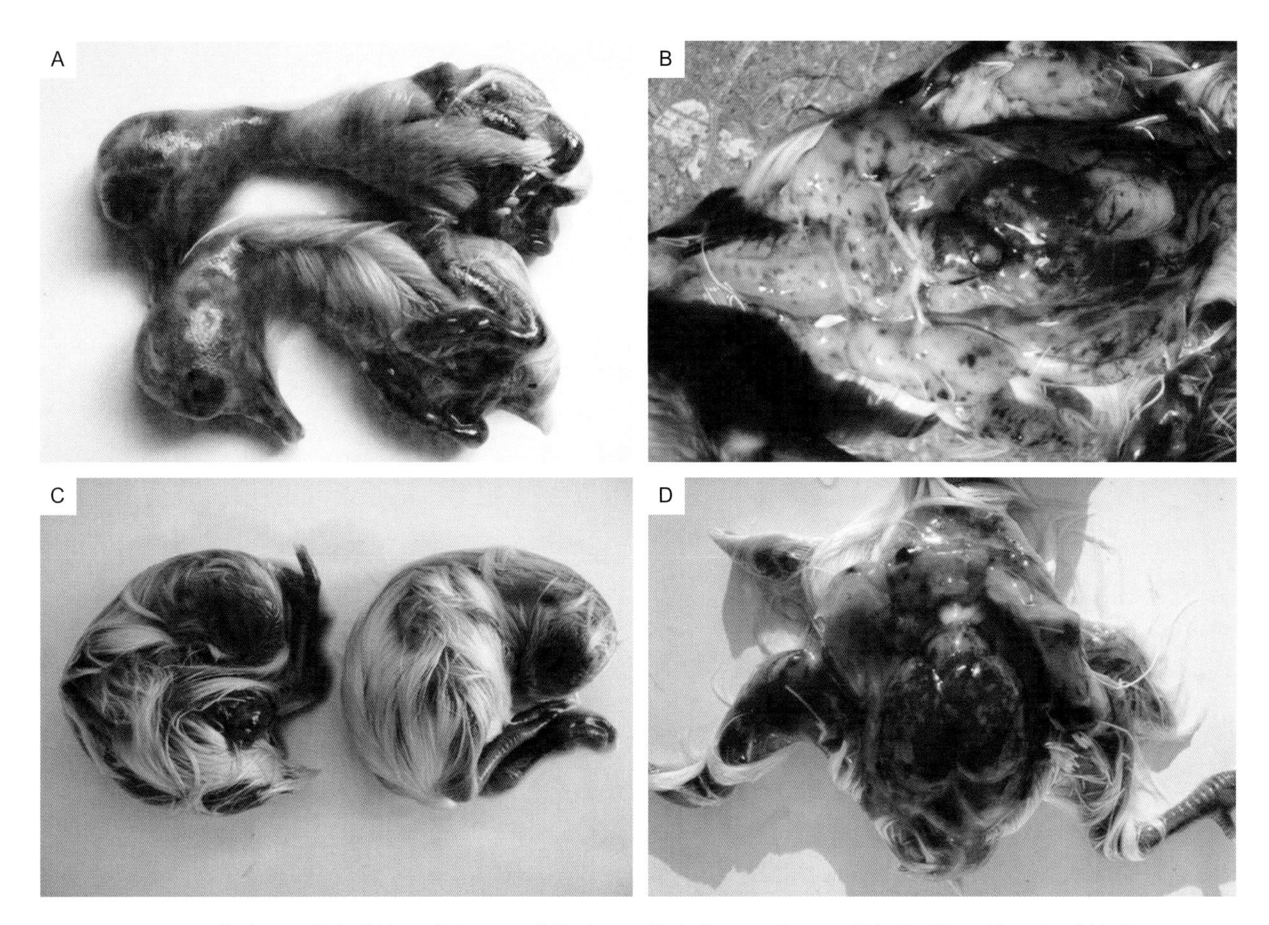

图 14.2　鸭呼肠孤病毒感染胚病变。A. 感染鸭胚胚体出血；B. 鸭胚肝脏有大量坏死灶；C. 感染 SPF 鸡胚胚体出血；D. 鸡胚肝脏肿大和坏死

鸭呼肠孤病毒可以诱导细胞融合，在培养细胞上形成的合胞体增加病毒对细胞的致病力和病毒的释放量。鸭胚成纤维细胞感染呼肠孤病毒后的主要特征性病变就是形成合胞体（图 14.3），这种合胞体最早可在感染后 12~24 h 出现，随后可见单层细胞变性所留下的空洞和悬浮于培养液中的巨大细胞。病毒也可以在许多细胞系上增殖（但需要传代适应）。目前已报道的细胞有：绿猴肾细胞（Vero）（图 14.4）、乳地鼠肾细胞 (BHK-21)、猫肾细胞（CRFK）、佐治亚牛肾细胞（GBK）、兔肾细胞（RK）、猪肾细胞（PK）、源于诱发性纤维肉瘤的日本鹌鹑细胞系（QT35）以及鸡淋巴母细胞和鸡淋巴细胞亚群等。

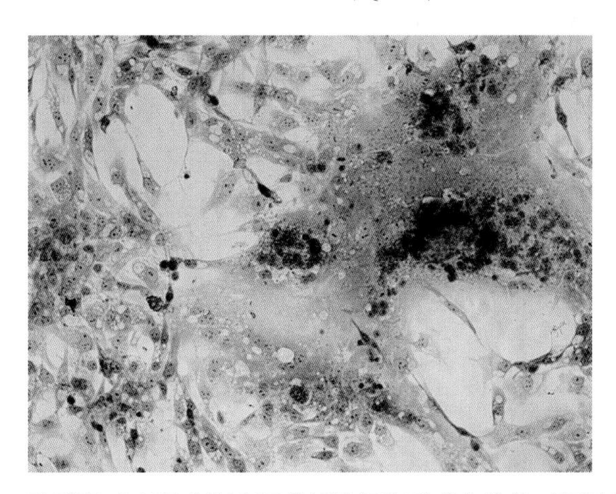

图 14.3　鸭呼肠孤病毒感染鸭胚成纤维细胞形成合胞体（姬姆萨染色）

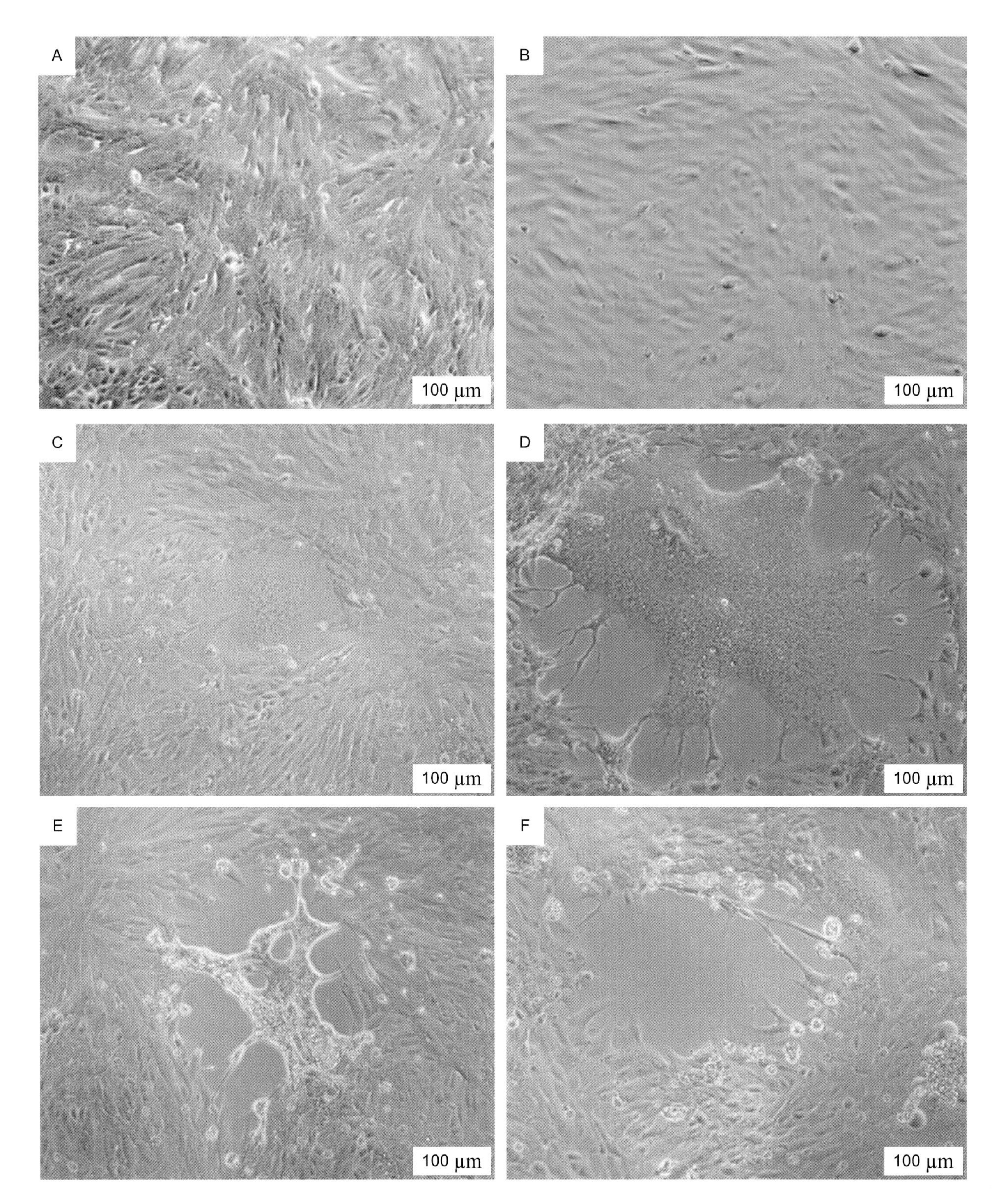

图 14.4　鸭呼肠孤病毒感染 Vero 细胞的细胞病变动态过程。A. 未感染的正常细胞；B. 病毒接种早期，细胞单层无明显的变化；C. 早期细胞融合；D-F. 融合细胞逐渐变性脱落

鸭呼肠孤病毒有别于哺乳动物呼肠孤病毒，不具有血凝活性，不能凝集鸡、火鸡、鸭、鹅、人 O 型、牛、绵羊、兔、豚鼠、小鼠或大鼠的红细胞。

5）抵抗力

鸭呼肠孤病毒对热有抵抗力，半纯化病毒于 60℃条件下放置 5 h 后，其滴度降低，但并不能完全使病毒失活。鸭呼肠孤病毒对乙醚不敏感，对氯仿轻度敏感，对紫外线、温度和 pH 敏感。70%乙醇、0.5%有机碘和 5%过氧化氢溶液可灭活病毒。鸭呼肠孤病毒对胰蛋白酶的敏感性不同，但与抗原结构和动物来源无关。

【流行病学】

鸭呼肠孤病毒感染病例最早见于南非，之后在法国和美国均有报道，我国自 1997 年以来，在广东、福建、河南、广西、四川、江苏、浙江、江西、贵州和云南等省（自治区）的鸭场患鸭体内分离到番鸭呼肠孤病毒。该病最多见于 10 ～ 45 天的番鸭，潜伏期为 3 ～ 10 天，病程根据个体差异而略有不同。发病率为 30% ～ 90%，死亡率为 10% ～ 30%。

黄瑜等报道 2001 年福州北郊和闽侯地区的半番鸭场发生与“番鸭花肝病”类似的疫病，12 ～ 43 日龄的雏半番鸭群发病，发病率 20% ～ 60%，病死率 5.2% ～ 46.7%，而且日龄愈小病死率愈高，耐过鸭生长发育明显迟缓。他们从这些病例中分离到病毒，经形态、理化特性及血清中和试验等确定其病原为鸭呼肠孤病毒。

2003 年程安春等报道 1998 年始至 2001 年，四川、贵州等地养鸭地区发生一种以鸭头肿胀、眼结膜充血出血、全身皮肤广泛出血、肝脏肿大呈土黄色并伴有出血斑点、体温 43℃以上、排草绿色稀粪等为特征的急性传染病，发病率在 50% ～ 100%，死亡率 40% ～ 80%，甚至 100%，经病原学研究确定该病病原为呼肠孤病毒。

2005 年以来在福建、广东和浙江等地番鸭、半番鸭和麻鸭群发生一种以肝脏不规则坏死和出血混杂、心肌出血、脾脏肿大斑块状坏死、肾脏和法氏囊出血为主要特征的新型鸭呼肠孤病毒病，各种品种鸭均可发生，并有逐年增加的趋势；发病日龄为 3 ～ 25 日龄，其中以 5 ～ 10 日龄居多，病程 5 ～ 7 天，发病率 5% ～ 20%，死亡率 2% ～ 15%，日龄愈小或并发感染时其发病率、死亡率愈高；临床调查中发现本病与种鸭有一定关系，有些种鸭场培育的鸭苗发病率明显偏高。

北京鸭呼肠孤病毒感染发生于 2006 年前后，雏鸭以脾脏出现大的白色坏死斑块为特征，多发于 7~22 日龄，雏鸭最早死亡出现在 5 日龄，死亡率为 10% ～ 15%，有的感染鸭群死亡可持续到 30 日龄以上。

2011 年太湖流域的许多养鸭场陆续发生一种新的鸭病毒性传染病，临床主要表现为发病雏鸭软脚，排白色稀粪，发病率 20%~60%，病死率在 80% 以上。该类病例的临床病变主要为：肝脏呈土黄色，质脆，有点状、斑块状出血，或黄白色坏死灶。脾脏肿大、出血，呈暗红色，有多处大小不等的淡黄色坏死灶。其他脏器也表现出不同程度的肿大或出血等。陈宗艳等对其进行研究发现该病原为一株新型的呼肠孤病毒 (TH11)。

鸭呼肠孤病毒可感染番鸭、半番鸭、麻鸭、北京鸭等多个品种鸭，该病的发生无明显季节性，同时鸭呼肠孤病毒感染所致的临床疫病呈现出多样性。对于不同宿主的病毒分离株的相关性还需进一步研究。

黄瑜等从多个典型病例样品中分离到病毒，取其中两株病毒参照胡奇林等建立的检测雏番鸭呼肠孤病毒 S1 基因的 RT-PCR 方法进行检测，可扩增出特异性目的条带，经序列分析表明为鸭呼肠孤病毒。两株病毒 S1 基因与引起鸭脾坏死病的鸭呼肠孤病毒 HC 株同源性最高，分别为 97.1% 和 93.2%；与分离自福建、浙江表现多脏器坏死症的雏番鸭呼肠孤病毒株（MW9710、ZJ99、CX2004、SY2004、

YY2004、C4、S12 和 S14 株）的同源性分别为 93%、90%，92%、89%，92%、88%，92%、89%，92%、89%，92%、90%，93%、89%，92%、89%；而两株病毒之间的同源性为 91.3%。据以上结果可见，目前流行于我国福建、浙江等省的引起雏番鸭、雏半番鸭、雏麻鸭肝坏死症的鸭呼肠孤病毒与发生于我国河南、山东等省的引起北京雏鸭、樱桃谷雏鸭脾坏死症的鸭呼肠孤病毒 S1 基因的同源性高，而与以前发生于福建、浙江、广东、广西等地引起雏番鸭、雏半番鸭多脏器坏死症的鸭呼肠孤病毒的同源性更低，表明目前我国养鸭生产中流行的鸭呼肠孤病毒 S1 基因序列发生了变异。

鸭呼肠孤病毒主要通过水平传播。皮下及肌内注射感染雏鸭可复制出与自然感染相似的发病过程和病理变化。感染后 3 天可在感染鸭的肝、脾、法氏囊及泄殖腔棉拭子样品中检测到病毒 RNA，说明病毒进入机体后很快就可以在机体内定居和繁殖，其增殖的高峰期出现在接种后的 7~14 天，此时也是感染雏鸭死亡的高峰期。对我国部分地区种鸭的血清学检查结果显示，后备种鸭随着日龄的增加，抗鸭呼肠孤病毒抗体阳性率显著升高，部分鸭群在产蛋后期的阳性率在 80% 以上，表明这些鸭群中有病毒感染，已有学者证实鸡呼肠孤病毒可以垂直传播，病毒感染 SPF 蛋鸡后 5~17 天所产的蛋可检测到病毒，且从感染蛋孵化的小鸡肝脏、肠道和跗趾关节内能分离到病毒，因此，不排除鸭呼肠孤病毒也可通过垂直感染的可能。

雏鸭及 SPF 雏鸡对鸭呼肠孤病毒具有较高的易感性。番鸭、半番鸭、麻鸭、北京鸭（包括樱桃谷鸭）等多个品种鸭均可感染鸭呼肠孤病毒。种番鸭、野生绿头鸭也有感染鸭呼肠孤病毒发病的报道。

【临床症状】

在我国，鸭呼肠孤病毒感染引起鸭的临床表现因品种及日龄的不同而呈现明显的差异，以软脚、排白色稀粪和耐过鸭生长发育明显迟缓为多见。

北京鸭雏自然感染呼肠孤病毒的临床症状主要表现为精神沉郁、不愿走动，采食量降低，部分患鸭也可表现出流泪及拉稀，死亡率在 5% ~ 15%。发病日龄多在 4 ~ 22 日龄。感染鸭日龄愈小，发病率和病死率愈高。有的感染鸭群死亡可持续到 30 日龄以上。

番鸭及半番鸭感染番鸭呼肠孤病毒后，临床表现为精神沉郁，拥挤成群，鸣叫，少食或不食，少饮，羽毛蓬松且无光泽，眼分泌物增多（图 14.5），全身乏力，脚软，呼吸急促，下白痢、绿痢，喜蹲伏，头颈无力下垂。病程一般为 2~14 天，死亡高峰为发病后 5~7 天，死前以头部触地，部分鸭头向后扭转。两周龄以内患病番鸭能耐过的很少，病鸭耐过后生长发育不良，成为僵鸭，影响养殖效益。

大多数成年鸭感染后无明显的临床症状，但也有部分鸭群出现产蛋率下降并且持续性波动。

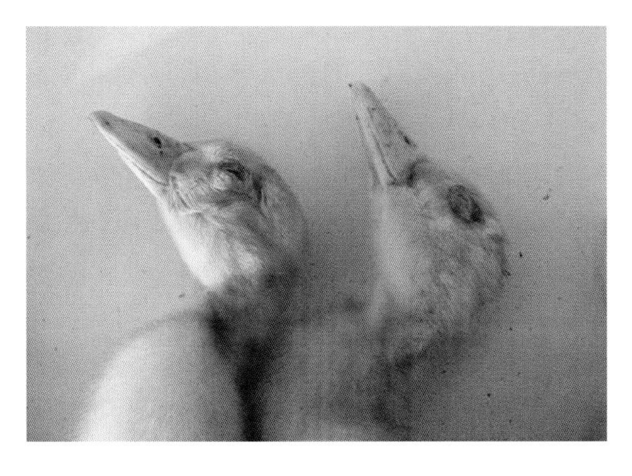

图 14.5　呼肠孤病毒感染致死雏鸭出现眼分泌物增多

【病理变化】

我国养鸭生产中与鸭呼肠孤病毒感染相关的疫病呈现的病变主要有以下四种：

1）鸭多脏器坏死症

该病型主要发生于雏番鸭和半番鸭。剖检呼肠孤病毒感染的病死番鸭或半番鸭可见肝、脾、心肌、肾、腔上囊、腺胃、肠黏膜下层等组织局灶性坏死，其中以肝、脾脏病变最为严重，表现为肝脏肿大、出血呈淡褐红色，质脆，表面及实质有大量肉眼可见灰白色、针尖大小的坏死点或坏死灶（图 14.6）。脾脏肿大呈暗红色，表面及实质有许多大小不等的灰白色坏死点（图 14.7），有时连成一片，形成花斑状。胰腺表面有白色细小的坏死点（图 14.8）。肾脏肿大、出血，表面有黄白色条斑或出血斑，部分病例可见针尖大小的白色坏死点或尿酸盐沉积（图 14.9）。肠道外壁可见有大量针尖大小的白色坏死点（图 14.10）。脑水肿，脑膜有点状或斑块状出血。法氏囊有不同程度的炎性变化，囊腔内有胶冻样或干酪样物。在雏半番鸭，还见有法氏囊出血病变。部分病例伴有心包炎。

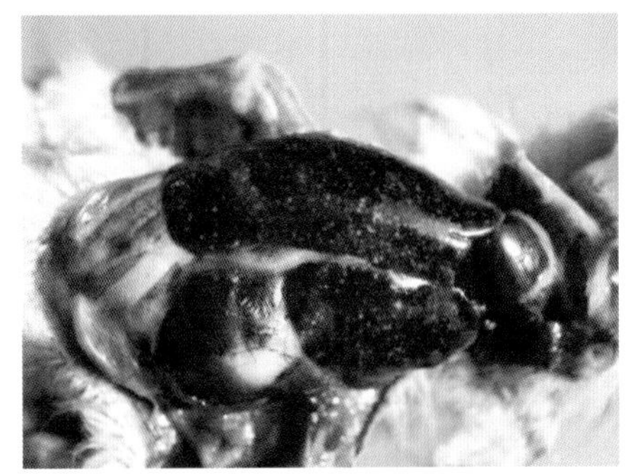

图 14.6　呼肠孤病毒感染鸭肝脏灰白色坏死点

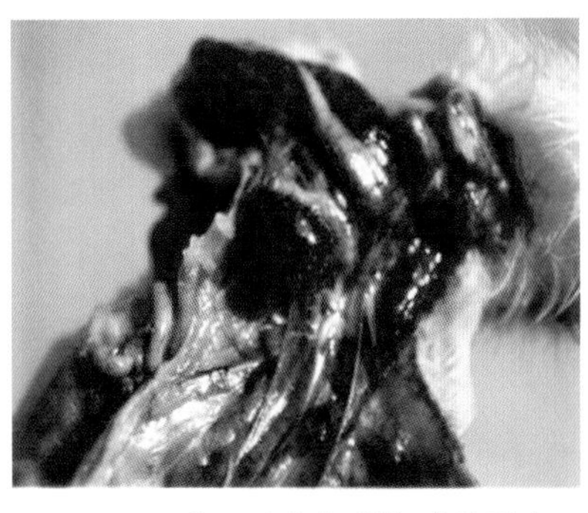

图 14.7　呼肠孤病毒感染鸭脾脏灰白色坏死点

图 14.8　呼肠孤病毒感染鸭胰腺坏死点

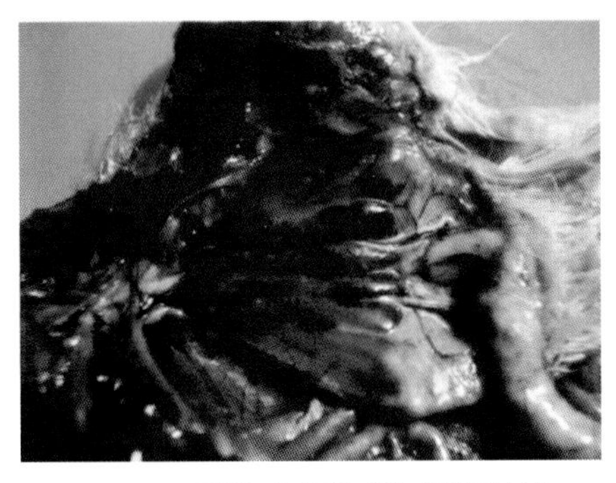

图 14.9　呼肠孤病毒感染鸭肾脏尿酸盐沉积

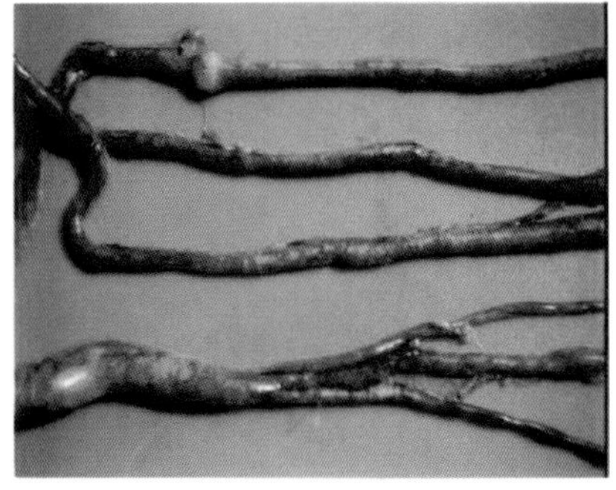

图 14.10　呼肠孤病毒感染鸭肠道外壁白色坏死点

2）鸭多脏器出血症

该病型可发生于多个品种鸭，根据其临床症状和特征性出血病变，又被称为鸭病毒性肿头出血症。主要表现为雏鸭皮肤出现弥漫性大小不等的出血点，眼睑结膜充血、出血，头、颈部皮下水肿，有黄色胶冻样渗出物，心肌出现弥漫性出血点（图 14.11），肝脏肿胀出血，表面有弥漫性、大小不一的出血斑，脾肿胀、出血（图 14.12），肾脏肿胀、出血（图 14.13），肺出血（图 14.14），胸腺严重出血，肠道黏膜出血（图 14.15），产蛋鸭卵巢严重充血、出血。

图 14.11 呼肠孤病毒感染鸭心肝出血点（斑）

图 14.12 呼肠孤病毒感染鸭脾肿胀、出血

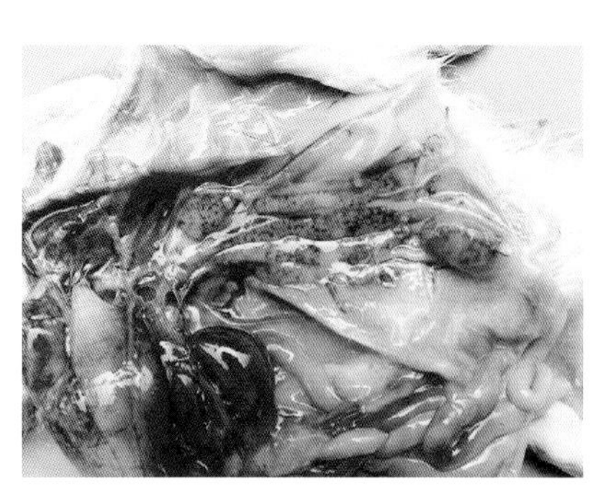

图 14.13 呼肠孤病毒感染鸭肾脏、法氏囊出血

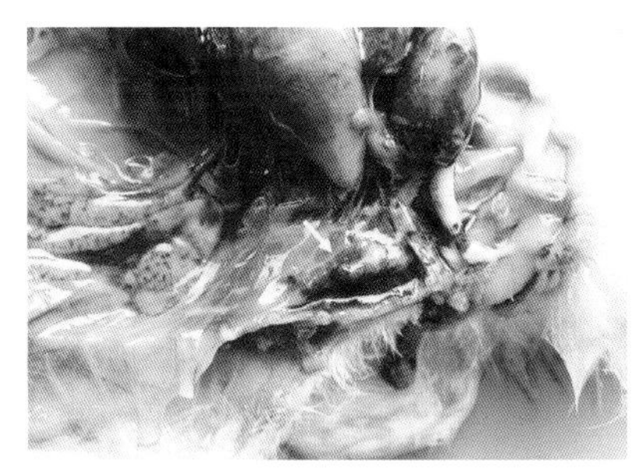

图 14.14 呼肠孤病毒感染鸭肺出血

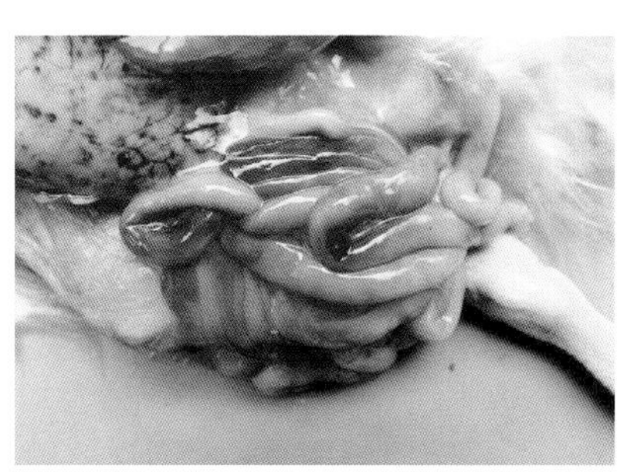

图 14.15 呼肠孤病毒感染鸭肠道黏膜出血

3）鸭肝坏死症

该病型可发生于雏番鸭、半番鸭、麻鸭和北京鸭等，剖检主要病变为肝脏略肿大，表面有不同程度点、斑状出血和坏死灶（图 14.16）；心肌点状或斑状出血（图 14.17）；脾脏肿大、点状或斑块状坏死（图 14.18）；法氏囊、肾脏出血（图 14.19）。病理组织学变化为肝细胞不同程度变性或坏死，局灶性崩解，其间夹杂出血灶并见大量炎性细胞浸润；肾脏充血、出血和水肿，肾小管上皮细胞变性并与基底膜脱离；心脏呈间质性心肌炎，心肌纤维萎缩，间隙增大，并见炎性细胞和出血灶；脾脏充血、出血，淋巴细胞减少、崩解形成坏死灶；法氏囊黏膜下出血，黏膜上皮坏死脱落，淋巴滤泡和淋巴细胞减少。

4）鸭脾坏死症

该病型主要发生于北京鸭，其特征性病变为脾脏表面有出血斑或坏死灶（图 14.20A ～ D），脾脏病变随病程的发展而变得更加明显，后期主要脾脏坏死、变硬和萎缩。部分雏鸭可见肝脏肿大、表面出现黄白色坏死点（图 14.20E），法氏囊出血（图 14.20F），并伴有胸腺肿大。

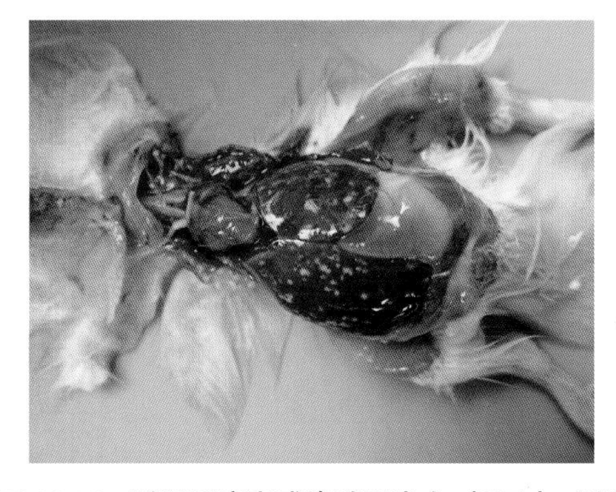

图 14.16 呼肠孤病毒感染鸭肝出血、坏死点（斑）

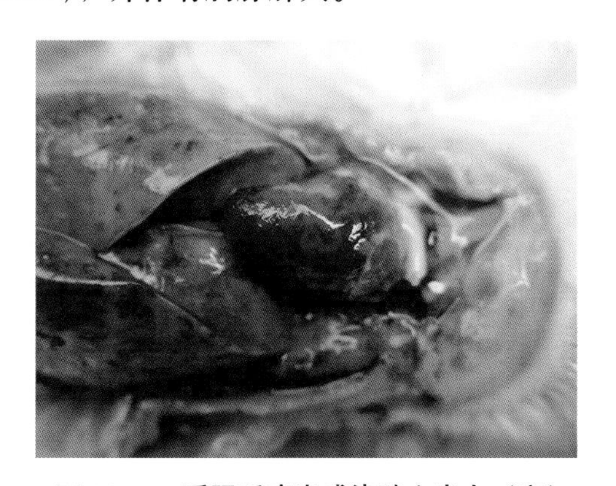

图 14.17 呼肠孤病毒感染鸭心出血（斑）

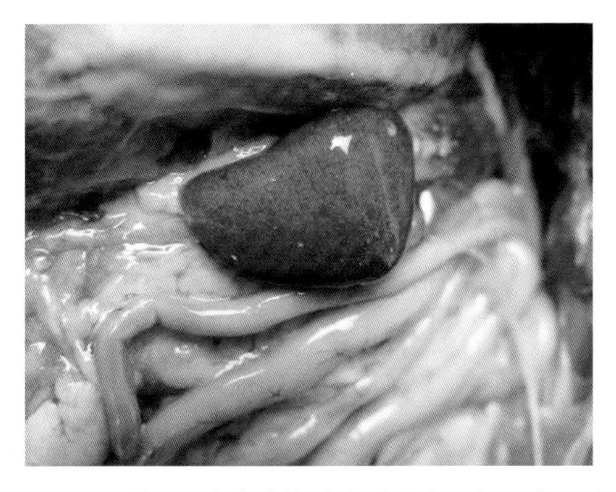

图 14.18　呼肠孤病毒感染鸭脾脏肿大、坏死点（斑）

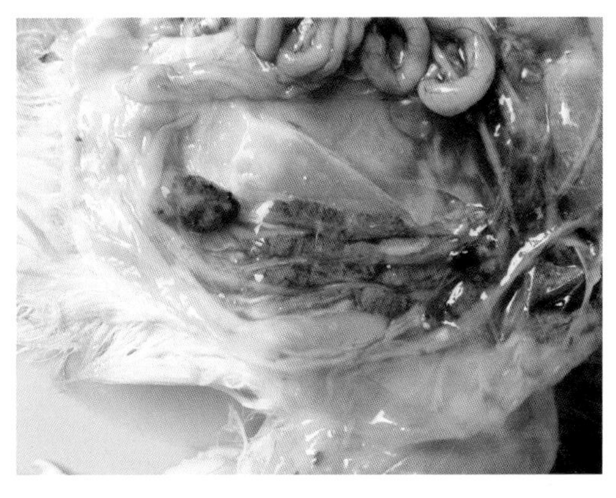

图 14.19　呼肠孤病毒感染鸭法氏囊、肾脏出血

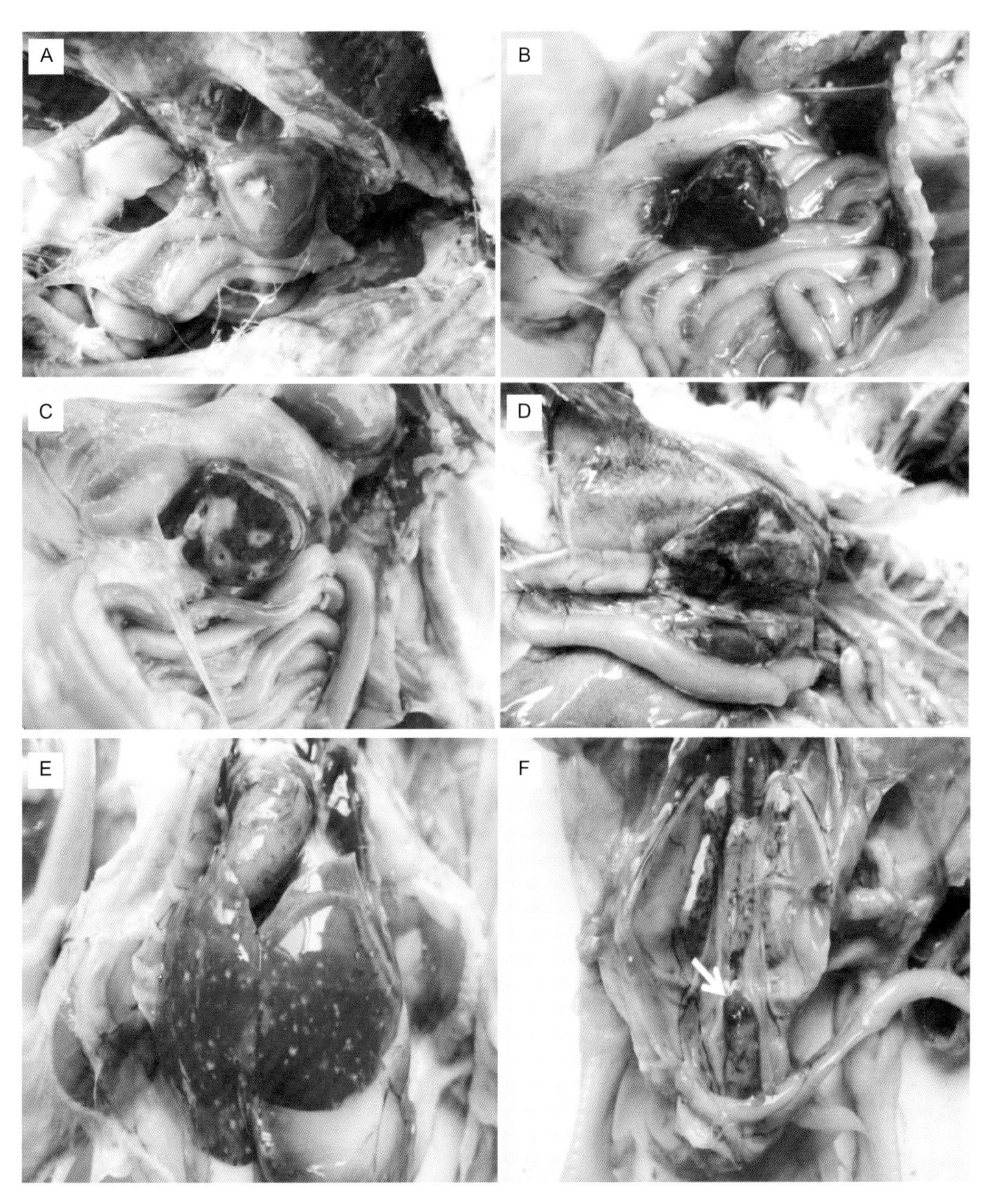

图 14.20　鸭呼肠孤病毒感染大体病变。A-D. 为脾脏坏死灶；E-F. 为肝脏和法氏囊病变

组织病理学显示，雏鸭感染鸭呼肠孤病毒后，脾脏出现明显局灶性坏死（图 14.21A），之后坏死灶进一步增大，并形成肉芽肿结构（图 14.21B），感染后期，坏死区域被增生的网状细胞及内皮细胞替代。肝脏组织出现水泡变性，并在肝脏内出现坏死细胞组成的局灶性坏死（图 14.21C）。感染后期，肝脏出现弥漫性变性，多呈脂肪变性，汇管区胆小管增生。另外，法氏囊固有层淋巴滤泡数量明显减少，并出现大量空洞（图 14.21D、E）。心脏间质水肿，有少量淋巴细胞浸润。

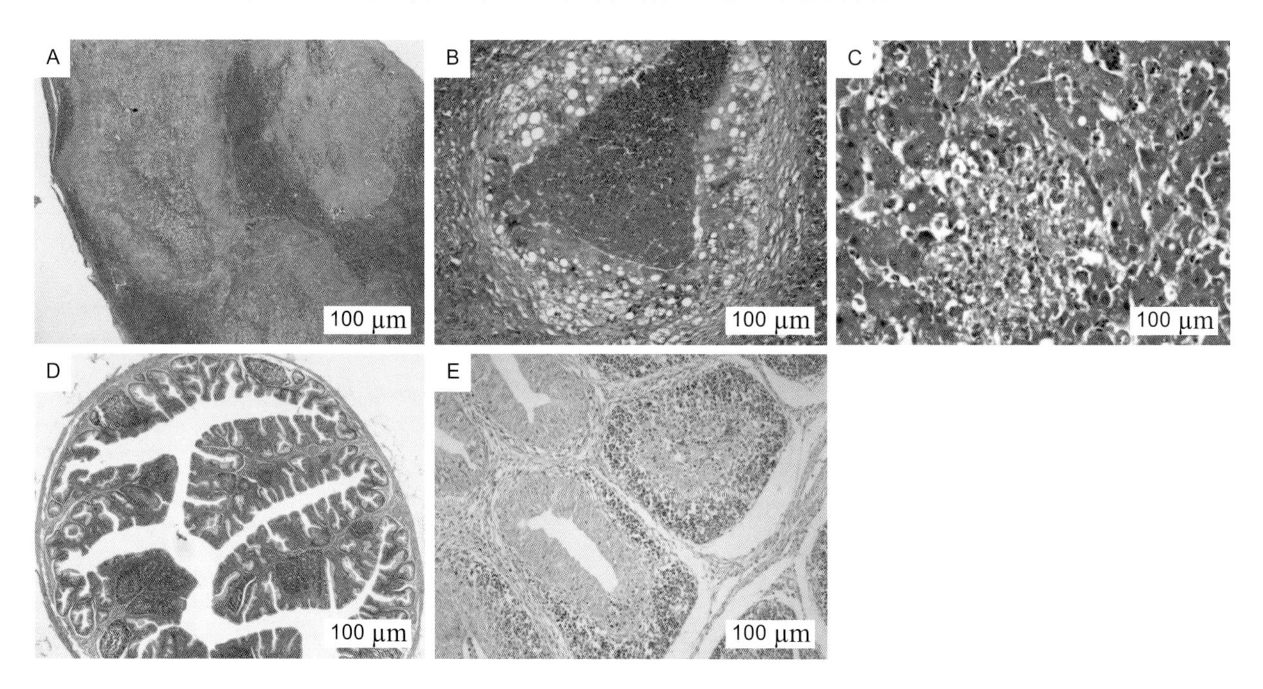

图 14.21　鸭呼肠孤病毒感染引起的病理组织学变化（HE 染色）。A. 脾脏局灶性凝固性坏死；B. 脾脏肉芽肿形成；C. 肝脏局灶性凝固性坏死；D. 法氏囊淋巴滤泡减少，出现空洞；E. 法氏囊淋巴滤泡坏死，淋巴细胞减少

鸭呼肠孤病毒在实验条件下经皮下接种雏鸭和 SPF 鸡均可引起明显的发病和死亡。人工感染 1 日龄北京鸭雏鸭，能引起死亡或导致与自然感染相似的临床症状。感染 SPF 雏鸡亦可出现明显的临床症状，包括腹泻、精神沉郁及采食量降低。感染后 7 天出现死亡，在感染 11 天后病死率为 100%。剖检可见脾和肝肿胀并出现多个黄色坏死灶（图 14.22）。病理组织学检查显示脾组织结构模糊不清，有明显的坏死灶。肝细胞大量坏死并且出现明显的坏死灶，并有大量淋巴细胞浸润。

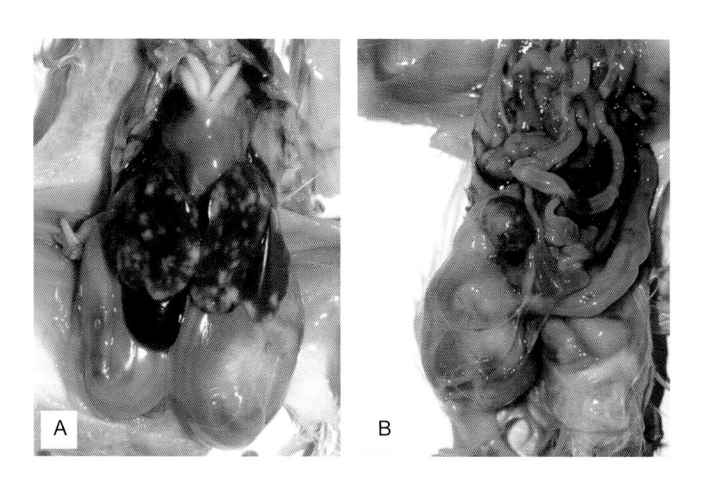

图 14.22　1 日龄 SPF 鸡感染鸭呼肠孤病毒 HC 株引起肝脏肿大和坏死（A），脾脏肿大并有多个坏死灶（B）

我国不同地区养鸭生产中流行的鸭呼肠孤病毒的血清型（亚型）、基因型（亚型）、抗原性、致病性（型）、组织亲嗜性或毒力等方面可能有所不同，与临床病型之间的对应关系等均有待进一步研究。

对鸭呼肠孤病毒病的发病机理进行的一系列研究发现，感染番鸭呼肠孤病毒番鸭的免疫器官都有细胞凋亡现象，推测该病毒会诱导免疫抑制。黄瑜等以番鸭呼肠孤病毒人工感染番鸭后，经组织病理学观察发现脾脏白髓区淋巴细胞坏死、数量明显减少甚至消失、红髓明显充血，感染后 84 h 出现明显的坏死灶，坏死灶多位于白髓；胸腺淋巴细胞减少、坏死，且皮质多于髓质、皮质和髓质交界处淋巴细胞减少最为明显；法氏囊于攻毒后 84 h 大部分滤泡淋巴细胞坏死、数量明显减少，出现很多空腔，于 164 h 法氏囊坏死严重。通过电镜观察可见脾、法氏囊、胸腺等组织除坏死病变外，还可见典型的细胞凋亡的形态学特征：凋亡早期细胞核发生边集，在细胞核膜周边聚集形成团块或新月形；随后染色质固缩、凝聚成团，集于核膜旁；胞质浓缩，细胞体积缩小，核膜皱缩，凋亡细胞逐渐与其他细胞分离和脱落，细胞膜保持完整；晚期见凋亡小体形成，内有被膜包裹的染色质及较完整的细胞器，凋亡小体被吞噬降解，无炎症反应。经原位末端标记法检测发现，番鸭呼肠孤病毒实验感染番鸭脾脏、胸腺和法氏囊中均检测到大量 TUNEL 染色阳性细胞，表明脾脏、胸腺、法氏囊均发生明显的凋亡，且凋亡率显著高于正常对照组。研究结果表明番鸭呼肠孤病毒可引起淋巴细胞大量丢失、数量减少和免疫功能的降低，这不但直接影响到细胞免疫应答，而且还使体液免疫反应受到影响，造成机体免疫机能低下。

祁保民等运用原位末端标记技术及免疫组织化学方法，发现番鸭呼肠孤病毒诱导细胞凋亡的机制与 FasL 的表达密切相关，推测 Fas-FasL 途径可能是细胞凋亡发生的机制之一。林锋强等应用 RT-PCR 技术检测番鸭呼肠孤病毒在人工感染番鸭体内的动态分布和排毒规律，发现病毒首先入侵免疫器官，可能引起免疫抑制，并且病毒感染后在免疫器官中迅速分布且持续较长时间，这可在一定程度上解释番鸭呼肠孤病毒能够引起番鸭免疫抑制。计慧琴等在探究番鸭呼肠孤病毒致病机理的过程中发现，该病毒感染后引起免疫器官损伤；感染鸭血浆中的 MAD 和 NO 均高于正常鸭，提示自由基的含量增加也是发病因素之一。

【诊　　断】

1）临床诊断

临床上，根据发病鸭群的日龄、临床症状，以及剖检时肝脏、脾脏等脏器的特征性病变可作出初步的诊断，确诊则需要进行病原分离鉴定或其他实验室诊断。

2）实验室诊断

（1）病毒分离与鉴定　鸭呼肠孤病毒可以在鸭胚中繁殖，分离病毒时可采集感染鸭的脾脏和肝脏组织作为样本，将组织材料剪碎后，加入灭菌的磷酸盐缓冲液（pH 7.2）制成 20% 悬液（*W/V*），研磨并冻融 2 次后，4℃，5 000 ～ 8 000 r/min 离心 20 min，上清液过滤除菌后，再经卵黄囊接种或绒毛尿囊膜途径接种 9~12 日龄鸭胚，或者直接接种鸭胚成纤维细胞（DEF）单层培养物分离病毒。采用鸭胚接种分离病毒时，通常在 5~6 天内可致死鸭胚，死亡胚体有明显的出血，部分胚体肝脏、脾脏可见有坏死灶。接种 DEF 通常在感染后 48 h 左右出现细胞病变，形成典型的合胞体。

鸭呼肠孤病毒具有比较典型的形态学特征，可通过形态学进行初步鉴定。在电镜下，呼肠孤病毒为直径 70~80 nm，双衣壳病毒粒子。也可利用病毒特异性抗体进行免疫组化和免疫荧光染色来鉴定感染细胞中的病毒（图 14.23）。

（2）免疫学诊断　禽呼肠孤病毒具有共同的群特异性抗原，鉴定群特异性抗原可以将鸭呼肠孤病毒与其他病毒区分开。琼脂凝胶扩散试验中鸭呼肠孤病毒可与禽鸡呼肠孤病毒 S1133 毒株抗体形成沉淀线，表现出阳性反应，但两种病毒不属于同一血清型，相互之间无交叉中和作用。可利用鸭胚或细胞培养系统，采用固定病毒 - 稀释血清的方法对分离病毒进行中和试验，也可采用噬斑减数中和试验检测感染鸭血清中和抗体的效价。

目前已有商业化的禽呼肠孤病毒 ELISA 检测系统，且已广泛运用于鸡群呼肠孤病毒抗体水平的检测和疫苗免疫评价，但是否对鸭呼肠孤病毒同样适用还需进一步认证。有学者报道了利用鸭呼肠孤病毒的 σC 和 σB 蛋白作为 ELISA 包被抗原检测评价鸭群免疫水平状况。另外也有基于单克隆抗体的间接 ELISA 的报道。

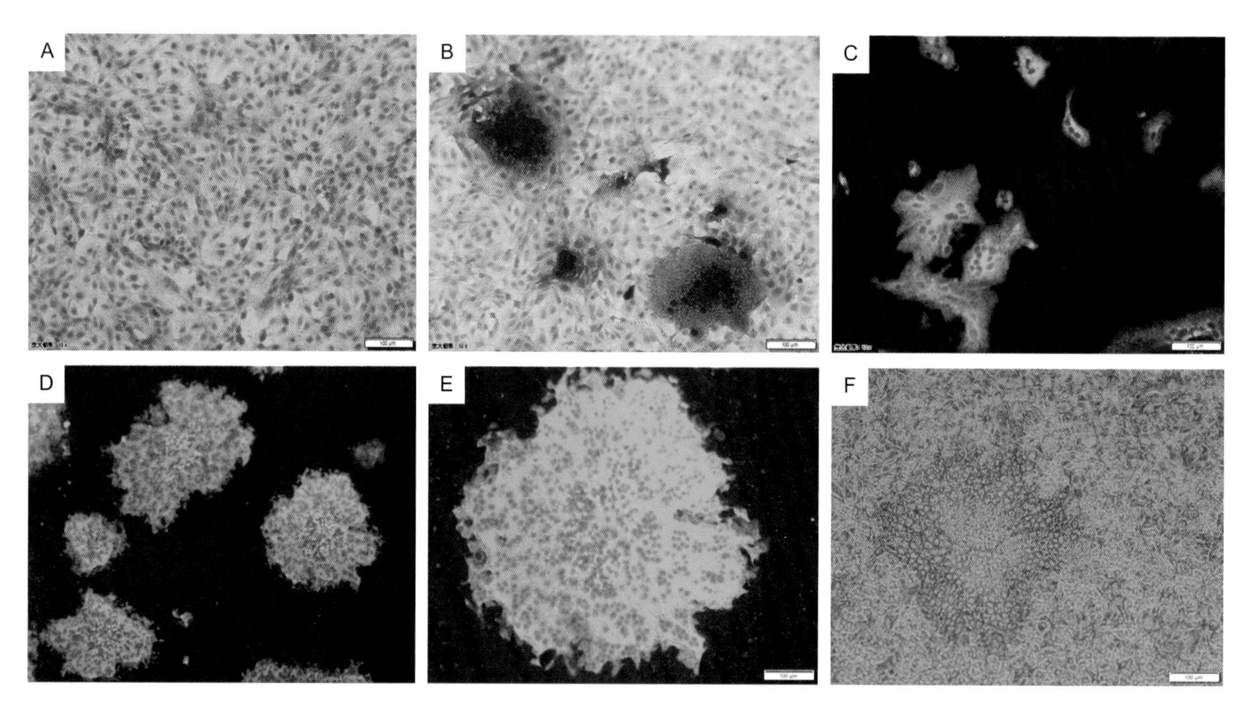

图 14.23　感染鸭呼肠孤病毒细胞培养的免疫化学染色。A. 未感染细胞对照；B. 感染细胞合胞体免疫组化染色；C-E：病毒感染细胞形成不同形态的合胞体（免疫荧光染色）；F：与 E 对应的感染细胞合胞体（普通光镜）

（3）分子生物学诊断　目前报道鸭呼肠孤病毒的分子生物学诊断方法主要有反转录多聚酶链反应技术（RT-PCR）、套式 RT-PCR、SYBR Green Ⅰ实时荧光定量 RT-PCR、TaqMan 探针实时荧光定量 RT-PCR 以及 NDRV 和 MDRV 双重 RT-PCR 等，其中 RT-PCR 被诊断室广泛采用。采集感染鸭的肝、脾组织，利用组织 / 病毒 RNA 提取试剂盒提取病毒 RNA，之后再利用 cDNA 合成试剂盒，以针对鸭呼肠孤病毒的特异性引物反转录合成第一链 cDNA，再以此为模板，利用针对 σA 编码基因设计的引物进行 PCR 扩增。鉴于鸭呼肠孤病毒 σA 编码基因相对保守，该方法具有较高的特异性及敏感性，可用于分子流行病学调查。袁远华等建立了新型鸭呼肠孤病毒 SYBR Green Ⅰ实时荧光定量 RT-PCR 检测方法，对 NDRV 的最小检出量为 29 拷贝 /μL，敏感性比普通 PCR 高 100 倍，为 NDRV 早期快速检测及定量分析提供新的方法。卿柯香等建立了检测 NDRV 和 MDRV 的双重 RT-PCR，能够同时快速检测新型鸭呼肠孤病毒（NDRV）和番鸭呼肠孤病毒（MDRV），该方法具有良好的特异性和敏感性。

目前，最常用的检测鸭呼肠孤病毒的方法是基于 σA 基因的 RT-PCR 方法，其特异性片段大小为 600 bp（图 14.24）。

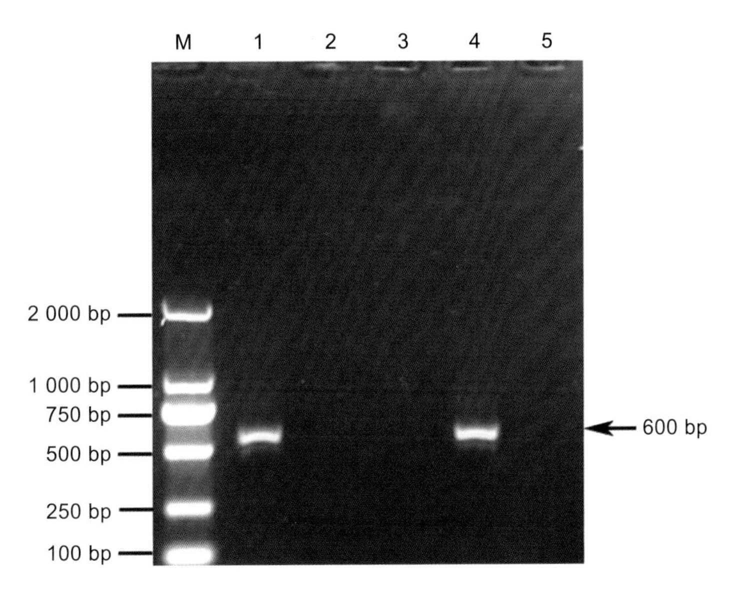

图 14.24　鸭呼肠孤病毒 σA 基因 RT-PCR 检测结果（1、4 泳道为阳性）

在临床诊断中，鸭呼肠孤病毒感染易与沙门氏菌病、鸭霍乱以及鸭瘟等混淆，应结合各种疾病的流行病学和临床特点，通过病原学检测加以鉴别。此外，鸭霉菌毒素中毒也可能引起肝脏和脾脏的坏死，应加以注意。

【防　　治】

1）管理措施

鸭呼肠孤病毒具有极强的水平传播能力，且可垂直传播，在对体外消毒具有一定的抵抗力。鉴于以上特性，在现代高密度饲养条件下，要完全消除病毒感染比较困难。淘汰感染鸭群后，对鸭舍进行彻底清洗消毒可防止致病性病毒感染下一批鸭。使用商品消毒剂前要对其有效性进行检测。碱溶液和 0.5% 有机碘液可有效地灭活病毒。

2）免疫防治

灭活铝胶苗、油乳剂灭活苗及弱毒活疫苗免疫对鸭群具有较好的保护效果。有学者报道预防该病的发生需在雏鸭 7 日龄之前进行免疫，且免疫后鸭体血清中可能检测不到中和抗体，这可能是由于其免疫应答以细胞免疫为主，但免疫持续期达 30 天以上，可有效控制本病的发生。还有研究表明，鸭呼肠孤病毒的 σC 基因的自杀性 DNA 疫苗也可以诱导雏鸭保护性免疫反应。

番鸭呼肠孤病毒病活疫苗具有安全性好、免疫原性强、免疫持续期长，疫苗质量稳定、保存期长的特点。临床试验表明疫区未使用该疫苗前雏番鸭的成活率仅为 65%，疫苗免疫后成活率提高到 95% 以上，上市率 93% 以上。该疫苗的成功研制、推广应用可有效控制番鸭多脏器坏死型呼肠孤病毒病的发生。

【参考文献】

[1] 陈少莺，陈仕龙，林锋强，等．新型鸭呼肠孤病毒的分离与鉴定．病毒学报，2012，28(3)：224-230.

[2] 陈少莺，陈仕龙，林锋强，等．一种新的鸭病（暂名鸭出血性坏死性肝炎）病原学研究初报．中国农学通报，2009，25(16):28-31.

[3] 程安春，汪铭书，陈孝跃，等．一种新发现的鸭病毒性肿头出血症的研究．中国兽医科技，2003，33（10），33-39.

[4] 程安春．养鸭与鸭病防治．2 版．北京：中国农业大学出版社，2004.

[5] 胡奇林，陈少莺，林锋强，等．番鸭呼肠孤病毒的鉴定．病毒学报，2004，20（3）：242-248.

[6] 胡奇林，陈少莺．一种新的番鸭疫病（暂名番鸭肝白点病）病原的发现．福建畜牧兽医，2000，22(6):1-3.

[7] 胡奇林，林锋强，陈少莺，等．应用 RT-PCR 技术检测番鸭呼肠孤病毒．中国兽医学报，2004，24（3）：231-232.

[8] 黄瑜，程龙飞，李文杨，等．维半番鸭呼肠孤病毒的分离与鉴定．中国兽医学报，2004，24（1）：14-15.

[9] 黄瑜，傅光华，施少华，等．新致病型鸭呼肠孤病毒的分离鉴定．中国兽医杂志，2009，45（12）：29-31.

[10] 黄瑜，李文杨，程龙飞，等．维半番鸭“花肝病”简报．福建畜牧兽医，2002，24（6）：17.

[11] 黄瑜，祁保民，彭春香，等．鸭的免疫抑制病．中国兽医杂志，2010，46(7)：48-49.

[12] 黄瑜，施少华，李文杨，程龙飞．维半番鸭呼肠孤病毒的致病性．中国兽医学报，2004，24(4)：326-328.

[13] 黄瑜，苏敬良，施少华，等．我国鸭呼肠孤病毒感染相关的疫病．中国兽医杂志，2009，45（7）：57-59.

[14] 计慧琴，卢玉葵，王丙云，等．番鸭白点病发病机理的研究．中国兽医科技，2004，34(11)：18-21.

[15] 林锋强，朱小丽，陈少莺，等．番鸭呼肠孤病毒在番鸭体内的动态分布和排毒规律．福建农业学报，2011，26(3): 335- 337.

[16] 祁保民，陈晓燕，吴宝成，等．番鸭呼肠孤病毒诱导的细胞凋亡观察．畜牧兽医学报，2010，41(4): 495-499.

[17] 秦宇，韦平，谢芝勋．禽呼肠病毒主要蛋白的研究进展．动物医学进展，2005，26(2)：18-21.

[18] 卿柯香，袁远华，周飞，等．NDRV 和 MDRV 双重 RT-PCR 检测方法的建立．中国兽医杂志，2014，50(4)：12-15.

[19] 吴宝成，陈家祥，姚金水，等．番鸭呼肠孤病毒的分离与鉴定．福建农业大学学报，2001，30(2): 227-230.

[20] 吴宝成，姚金水，陈家祥，等．番鸭呼肠孤病毒 B3 分离株的致病性研究．中国预防兽医学报，2001，23（6）：422-425.

[21] 许秀梅，苏敬良，黄瑜，等．两株鸭源禽呼肠孤病毒 S3 基因序列分析．中国兽医杂志，2008，

44 (1): 12-13.

[22] 袁远华，吴志新，王俊峰，等．新型鸭呼肠孤病毒 SYBR Green Ⅰ实时荧光定量 RT-PCR 检测方法的建立．中国预防兽医学报，2013，35(9)：738-741.

[23] 张云，欧阳岁东，刘明，等． 番鸭呼肠孤病毒非结构基因的克隆和序列分析．中国预防兽医学报，2005，27 (2)，139-143.

[24] 王永坤，钱钟，严维巍，等．鹅出血性坏死性肝炎的初步研究．中国禽业导刊．2004,21(11):36-37.

[25] Adair B M, Burns K, McKillop E R. Serological studies with reoviruses in chickens, turkeys and ducks. Journal of Comparative Pathology, 1987, 97(5): 495-501.

[26] Benavente, J, Martnez Costas, J. Avian reovirus: structure and biology. Virus Research, 2007, 123, 105-119.

[27] Bodelon, Labrada, Martmez-Costas, et al. Modification of late membrane permeability in avian reovirus-infected cells viroporin activity of the S1-encoded nonstructural P10 protein. Journal of Biological Chemistry，2002，277(20): 17789-17796.

[28] Brandariz-Nunez A, Menaya-Vargas R, Benavente J, et al. Avian Reovirus μNS Protein Forms Homo-Oligomeric Inclusions in a Microtubule-Independent Fashion, Which Involves Specific Regions of Its C-Terminal Domain. Journal of Virology, 2010,84(9):4289-4301.

[29] Dandár E, Farkas S L, Marton S, et al. The complete genome sequence of a European goose reovirus strain. Archives of Virology, 2014,159(8):2165-2169.

[30] Day J M. The diversity of the orthoreoviruses: Molecular taxonomy and phylogentic divides. Infection, Genetics and Evolution, 2009. 9(4): p. 390-400.

[31] Ducan R. The low pH-dependent entry of avian reovirus is accompanied by two specific cleavages of the major outer capsid protein μ2C. Virology, 1996,219(1):179-189.

[32] Farkas S L, Dandár E, Marton S, et al. Detection of shared genes among Asian and European waterfowl reoviruses in the whole genome constellations. Infection, Genetics and Evolution, 2014, 28:55-57.

[33] Guardado Calvo P, Fox G C, Hermo Parrado X L, et al. Structure of the carboxy-terminal receptorbinding domain of avian reovirus fibre sigmaC. Journal of Molecular Biology, 2005,354(1):137-149.

[34] Guardado-Calvo P, Vazquez-Iglesias L, Martinez-Costas J, et al. Crystal structure of the avian reovirus inner capsid protein sigmaA. Journal of Virology, 2008, 82(22): 11208-11216.

[35] Guo D，Liu M，Zhang Y，et al. Muscovy duck reovirus p10.8 protein localizes to the nucleus via a nonconventional nuclear localization signal. Virology Journal，2014, 11:37.

[36] Gustavo Bodelo N L A L J. The Avian reovirus genome segment S1 i a functionally tricistronic gene that expresses one structural and two nonstructural proteins in infected cells. Virology, 2001, 290:181-191.

[37] Heffels-Redmann U, Muller H, Kaleta E F. Structural and biological characteristics of reoviruses isolated from Muscovy ducks (Cairina moschata). Avian Pathology, 1992,21(3):481-491.

[38] Hsiao J, Martinez-Costas J, Benavente J, et al. Cloning, Expression, and Characterization of Avian Reovirus Guanylyltransferase. Virology, 2002,296(2):288-299.

[39] Kaschula V R. A new virus disease of the Muscovyduck [Cairina moschiat(Linn.)] present in Natal. Journal South African Veterinary Medicine Association, 1950, 21: 18-26.

[40] Key T, Read J, Nibert M L, et al. Piscine reovirus encodes a cytotoxic, non-fusogenic, integral

membrane protein and previously unrecognized virion outer-capsid proteins. Journal of General Virology, 2013. 94(Pt_5): p. 1039-1050.

[41] Kuntz-Simon G, Blanchard P, Cherbonnel M, et al. Baculovirus-expressed muscovy duck reovirus sigmaC protein induces serum neutralizing antibodies and protection against challenge. Vaccine, 2002, 20(25-26): 3113-3122.

[42] Li C, Wei H, Yu L, et al. Nuclear localization of the P17 protein of avian reovirus is correlated with autophagy induction and an increase in viral replication. Archives of Virology, 2015,160(12):3001-3010.

[43] Li Y, Yin X, Chen X, et al. Antigenic analysis monoclonal antibodies against different epitopes of σB protein of Muscovy duck reovirus. Virus Research, 2012,163(2):546-551.

[44] Liu Q, Zhang G, Huang Y, et al. Isolation and characterization of a reovirus causing spleen necrosis in Pekin ducklings. Veterinary Microbiology, 2011, 148(2): 200-206.

[45] Malkinson M, Perk K, Weisman. Reovirus infection of young Muscovy ducks (Cairina moschata). Avian Pathology, 1981, 10: 433-440.

[46] Martinez-Costas J, Grande A, Varela R, et al. Protein Architecture of Avian Reovirus S1133 and Identification of the Cell Attachment Protein. Journal of Virology, 1997,71(1):59-64.

[47] O' hara D, Patrick M, Cepica D, et al. Avian reovirus major μ-class outer capsid protein influences efficiency of productive macrophage infection in a virus strain-specific manner. Journal of Virology, 2001,75(11):5027-5035.

[48] Spandidos, D A, Graham, AF. Physical and chemical characterization of an avian reovirus. Journal of Virology. 1976.19, 968-976.

[49] Su Y P, Shien J H, Liu H J, et al. Avian reovirus core protein A expressed in Escherichia coli possesses both NTPase and RTPase activities. Journal of General Virology, 2007,88(6):1797-1805.

[50] Touris-Otero F, Martinez-Costas J, Vakharia V N, et al. Characterization of the nucleic acid-binding activity of the avian reovirus non-structural protein sigma NS. The Journal of General Virology, 2005, 86(4): 1159-1169.

[51] Wang D, Shi J, Yuan Y, et al. Complete sequence of a reovirus associated with necrotic focus formation in the liver and spleen of Muscovy ducklings. Veterinary Microbiology, 2013, 166: 109-122.

[52] Wang S, Chen S, Cheng X, et al. Sequence and phylogenetic analysis of M-class genome segments of novel duck reovirus NP03. The Canadian Journal of Veterinary Research, 2015(79):147-150.

[53] Xu W, Coombs K M. Avian reovirus L2 genome segment sequences and predicted structure/function of the encoded RNA-dependent RNA polymerase protein. Virology Journal, 2008,5:153.

[54] Yin H S, Su Y P, Lee L H. Evidence of nucleotidyl phosphatase activity associated with core protein sigma A of avian reovirus S1133. Virology, 2002, 293(2): 379-385.

第15章　鸭副黏病毒病
Chapter 15　Duck Paramyxovirus Infection

引　言

禽副黏病毒（avian paramyxovirus）有 9 个血清型，其中感染鸭的包括血清 1 型、4 型、6 型和 9 型的病毒，本章主要描述由禽 1 型副黏病毒（avian paramyxovirus type 1, APMV-1）引起鸭的副黏病毒病。

过去，水禽一直被视为 APMV-1 的贮存宿主，大多数的毒株呈隐性感染，即使感染对鸡表现强毒力的毒株都不发病或仅出现轻微临床症状。然而，1997 年后我国饲养的水禽（包括鹅和鸭等）相继暴发该病，患病水禽出现明显的临床症状，发病率和病死率均较高，发病急、病程快，这提示水禽不再仅是 APMV-1 的贮存宿主，目前 APMV-1 基因型呈现多样性，在我国绝大部分水禽养殖地区均有流行，其中部分基因型（如基因Ⅶ型和基因Ⅸ型）病毒分离株已表现出对水禽极强的致病性，已成为危害我国水禽业，尤其番鸭、鹅养殖业的重要传染病之一。

【病原学】

1）分类地位、形态及基因组结构

禽 1 型副黏病毒（APMV-1）为副黏病毒科（*Paramyxoviridae*）禽腮腺炎病毒属（*Avulavirus*）成员，又被称为新城疫病毒（Newcastle disease virus, NDV）。病毒粒子多呈不规则形体，直径为 100~250 nm，表面有囊膜，镶嵌有大量纤突（图 15.1）。病毒基因组为不分节段的、单股负链 RNA，全长约 15 kb，基因组结构为 3'-NP-P-M-F-HN-L-5'。病毒基因组 3' 端含有一个启动子，六种主要信使 RNA（mRNA）由病毒相关 RNA 聚合酶指导顺序转录，然后由病毒蛋白使之甲基化、帽化和 poly A 化。各 mRNA 之前均有一个保守的起始信号 N1，序列为 3'–UGCCCAUCUU-5'（只有 L 基因的起始信号有所不同，为 3' –UUCAUUGUUA-5'），终止时又都有一个保守的 poly A 信号 N2，序列为 3' –AUUCUUUUUU-5'。编码 6 个主要蛋白：核衣壳蛋白（nucleoprotein, NP），磷蛋白（phosphoprotein, P），基质蛋白（matrix, M），融合蛋白（fusion, F），血凝素神经氨酸酶蛋白（hemagglutinin-neuraminidase, HN）及巨蛋白（large protein, L）。此外研究发现病毒在转录过程中，通过 RNA 编辑作用在 P 基因 mRNA 插入非模板性碱基产生 V 或 W 两个蛋白（图 15.2）。

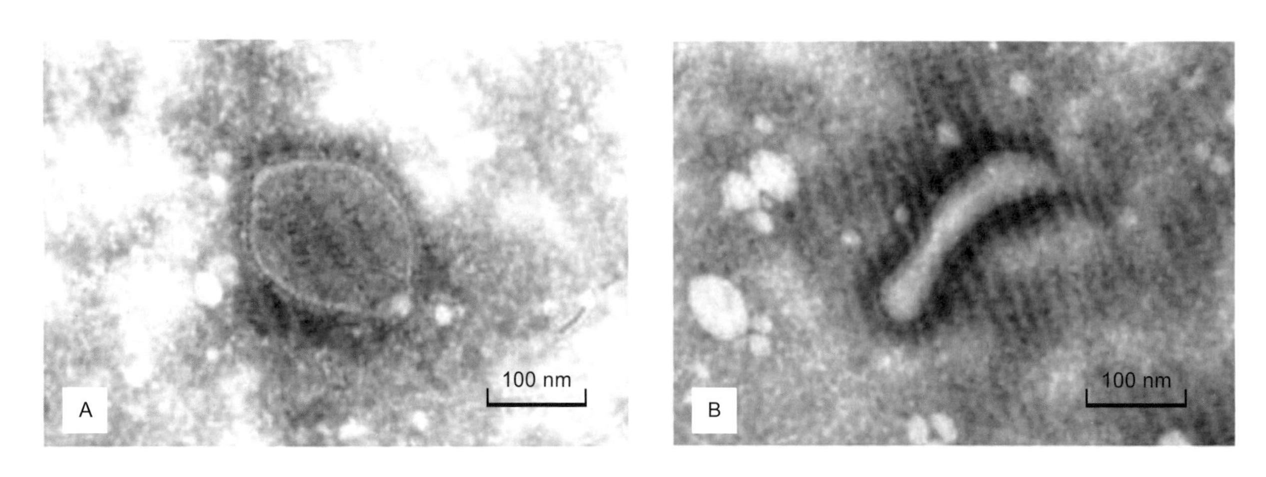

图 15.1　鸭副黏病毒负染照片（×80K）。A 中病毒粒子呈球形、B 中病毒粒子呈杆状，表面均有纤突

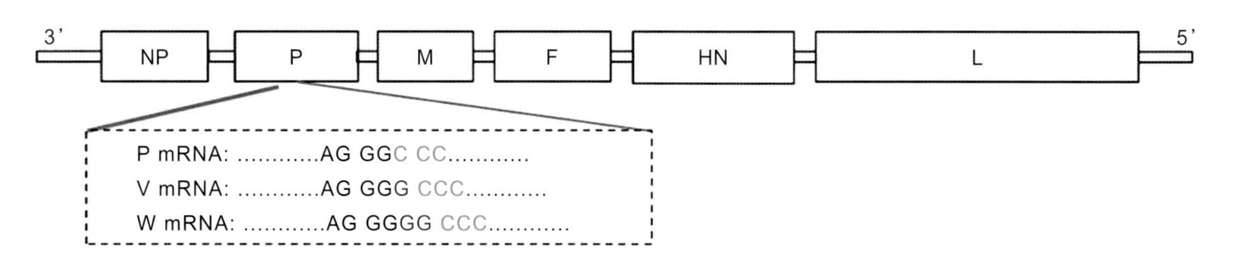

图 15.2　禽 1 型副黏病毒基因结构示意图。病毒基因组 RNA 全长为 15 186~15 192 nt。下图为 P 蛋白编码基因经过插入非模板性碱基产生 V 或 W 两个蛋白（框内红色核苷酸为插入的非模板性碱基）

2）病毒结构蛋白及其功能

（1）核衣壳蛋白（NP 蛋白）　NP 蛋白又称为 N 蛋白，共由 489 个氨基酸（aa）残基组成，相对分子质量约为 56 ku，是病毒粒子中含量最多的蛋白。NP 蛋白具有很高的保守性，氨基端约占蛋白三分之二的区域是蛋白的 RNA 结合区，它包裹着基因组 RNA 形成螺旋形核衣壳，以保护其不被核酶降解。基因组 RNA 与 NP、P、L 蛋白形成核蛋白复合物，并作为病毒基因组转录和复制的模板。NP 蛋白羧基端变异性较高，该区域未参与病毒核衣壳的组装，而是裸露于装配好的核衣壳表面。NP 蛋白与基因组 RNA 结合时，每个单体同时与 RNA 链的 6 个核苷酸碱基结合，这可能是病毒基因组长度是 6 的倍数及病毒基因组遵循“六碱基复制原则”的分子基础。

（2）磷蛋白（P 蛋白）　P 蛋白是由病毒 P 基因编码 3 个蛋白中唯一的一个结构蛋白，在病毒复制转录的整个过程中发挥着至关重要的作用，因其肽链上一些特殊的丝氨酸和苏氨酸上会被高度磷酸化而得名。该蛋白由 395 个氨基酸组成，分子质量约为 53 ku。P 蛋白包含 3 个主要的功能结构域，即氨基端的 P-NP 蛋白结合区，参与基因组 RNA 的衣壳化过程；P-P 蛋白结合区，主要通过 P 蛋白单体该功能结构域中的螺旋卷曲基序的相互作用形成 P 蛋白同源四聚体，磷酸化的四聚体 P 蛋白参与调节巨蛋白（L）与 N-RNA 复合体之间的相互作用，阻止 NP 蛋白包装非病毒 RNA；P-L 蛋白结合区，P 蛋白与 L 蛋白的结合将启动病毒 RNA 聚合酶的合成。当病毒复制时，P 蛋白羧基端参与 P-P 和 P-N 复合体的相互作用。另外，P 蛋白与未组装的 NP 蛋白形成的复合体，在病毒基因组的转录过程复制过程的转换发挥重要作用。

（3）基质蛋白（M 蛋白）　M 蛋白由 364 个氨基酸组成，分子质量约为 40 ku。M 蛋白是糖蛋白，

镶嵌于病毒囊膜内侧，构成病毒囊膜的支架，M 蛋白高度保守，对维持病毒核衣壳的球形结构起到重要作用。M 蛋白参与病毒 RNA 合成，控制宿主细胞 RNA 的转录和蛋白质合成；介导核衣壳蛋白复合物与细胞膜间的相互作用，协助病毒在细胞膜上的组装形成有生物活性的病毒粒子及病毒的出芽释放。

（4）融合蛋白（F 蛋白）　F 蛋白是病毒的表面糖蛋白，是以三聚体的形式镶嵌于病毒囊膜外侧。F 蛋白单体由 553 个氨基酸组成，蛋白大小约为 60 ku。蛋白先以 553 个氨基酸残基的无活性前体 F0 形式存在，被特异性的蛋白酶切裂解修饰后，形成由二硫键连接的 F1 和 F2 两个片段，最后形成具有生物学活性的 F 蛋白三聚体，介导病毒囊膜与宿主细胞膜的融合，进而使病毒完成入侵细胞过程。对不同毒力的 APMV-1 F 蛋白裂解位点氨基酸序列分析表明，多数强毒株 F 蛋白裂解位点附近的氨基酸序列为 112-R(K)RQR(K)RF-117，弱毒株多为 112-G(E)R(K)QG(E)RL-117，裂解位点附近碱性氨基酸的数量决定了识别裂解 F 蛋白的宿主蛋白酶种类。强毒株 F 蛋白裂解位点附近存在两对碱性氨基酸，这样的结构使 F 蛋白能被宿主体内广泛存在的多种蛋白酶所识别、裂解及修饰，使病毒粒子非常容易获得膜融合活性和感染性；而弱毒株的 F 蛋白裂解位点附近缺少成对的碱性氨基酸，只能被胰酶样蛋白酶识别、裂解和修饰，使 F0 不易裂解，病毒只能在宿主的呼吸道和肠道细胞中复制增殖，引起局部感染。因此，F 蛋白裂解位点氨基酸序列的组成是新城疫病毒毒力强弱的基础。另外，F 蛋白第 117 位氨基酸与融合活性有关，强毒株 117 位为苯丙氨酸（F），弱毒株为亮氨酸（L），而弱毒株亮氨酸（L）却能抑制F蛋白的裂解，进而影响病毒的融合活性。由此可见，F蛋白裂解能力是病毒毒力的主要决定因素之一。

（5）血凝素 - 神经氨酸酶蛋白（HN 蛋白）　HN 蛋白是病毒的另外一个表面糖蛋白，以二硫键连接的二聚体，最后形成四聚体，通过茎部镶嵌于病毒囊膜外侧，HA 蛋白四聚体的球部由 6 个 β 片段组成，分布了病毒的受体识别位点、神经氨酸酶活性位点和抗原位点。因不同病毒分离株 HN 基因的终止密码子位置存在差异，副黏病毒存在三种类型的 HN 蛋白：一类为编码无活性的 HN0 前体，由 616 个氨基酸组成，翻译后须被蛋白裂解酶裂解才能获得神经氨酸酶活性，这种类型的蛋白多见于低毒力毒株，如 Queensland V4/66 和 Ulster/67；第二类 HN 蛋白由 577 个氨基酸残基组成，如 La Sota 和 B1 等，第三类 HN 蛋白包含 571 个氨基酸残基，多见于强毒株，如 HER/33 和 SF02 等，第二类和第三类均为有生物学活性的 HN 蛋白。HN 蛋白具有多种生物学功能，如介导病毒与宿主细胞表面的唾液酸受体结合，使病毒成功吸附于细胞表面；协同 F 蛋白促进病毒囊膜与细胞膜、细胞膜与细胞膜之间的膜融合；在子代病毒粒子包装出芽时发挥神经氨酸酶活性，催化病毒粒子与宿主细胞表面的唾液酸受体水解，促进子代病毒的释放与扩散。由此可见，HN 蛋白在病毒感染的入侵、释放等过程中发挥重要作用。

（6）聚合酶蛋白（L 蛋白）　L 蛋白是 APMV-1 基因组编码的蛋白中最大的蛋白，是一种 RNA 依赖性聚合酶。该蛋白由 2 204 个氨基酸组成，其分子量约为 250 ku。L 蛋白与 P 蛋白结合构成异源多聚体，形成具有多种活性的病毒聚合酶复合物。该复合物参与病毒 RNA 转录和复制的整个过程，L 蛋白参与病毒 mRNA 催化合成并且协助基因组 RNA 的复制，为病毒 RNA 进行加帽、甲基化、磷酸化及 poly A 聚合等修饰，以形成完整的 mRNA。另外，研究发现 L 蛋白还与病毒毒力相关，这可能是 L 蛋白聚合酶活性提高增加了病毒基因组 RNA 的合成，从而调节病毒的毒力。

（7）V 蛋白和 W 蛋白　APMV-1 与其他副黏病毒一样，在 P 基因内都存在一个 RNA 编辑位点（UUUUUCCC）。该位点的存在使得病毒在 P 基因转录过程中，RNA 聚合酶会在编辑位点上插入若干个非模板鸟嘌呤（G），导致 mRNA 移码，产生新的 mRNA，翻译出新的蛋白。APMV-1 在合成 P 基因 mRNA 过程中因 RNA 编辑作用产生三种 mRNA，一种是原有 P 基因 mRNA，一种是插入一个 G，翻译形成 V 蛋白的 mRNA，还有一种是插入 2 个 G 编码 W 蛋白的 mRNA。研究表明，这三个蛋白具有相同的氨基端，在编辑位点后的羧基端的长度和氨基酸组成各不相同，且各蛋白的产生频率也差异明显，

P/V/W 三种蛋白的量大致为 68%、29% 和 2%。研究发现，V 蛋白是非结构蛋白，具有多生物学功能，如参与拮抗 IFN 的抗病毒作用，而且在病毒的致病性和宿主嗜性等方面也发挥了重要作用，关于 W 蛋白的生物学功能目前还不清楚。

3）病毒致病性

禽 1 型副黏病毒只有一个血清型，但是不同毒株的致病性存在着很大的差异。临床上，根据病毒感染后引起的临床症状及剖检病变特征，定性的将病毒分为速发型（强毒株，velogenic）、中发型（中毒株，mesogenic）和缓发型（低毒株，lentongenic）等 3 种类型。速发型常会造成很高的死亡率，临床上又包含两种，一种是以消化道大面积出血性病变为主要特征的嗜内脏速发型，另外一种是以呼吸道和神经症状为主要特征的嗜神经速发型。中发型常引起家禽中度呼吸道和神经症状感染，死亡率低，而缓发型通常只能引起轻微的或者无症状的呼吸道和肠道感染，死亡率极低。 为更准确地描述临床病毒分离株的毒力，国际兽医局及各国农业主管部门相继建立了对病毒毒力的量化型判定标准。如比较常见的是通过测定病毒的三个致病指数，即①最少致死剂量的鸡胚平均死亡时间（MDT）；② 1 日龄雏鸡脑内接种致病指数 (ICPI)；③ 6 周龄鸡静脉接种致病指数（IVPI)，依据这 3 个或者其中 2 个来共同评价 NDV 的毒力。2012 年国际兽医局将引起 1 日龄 SPF 鸡脑内接种致病指数大于 0.7 以上的毒株或病毒 F 蛋白裂解位点 113 ～ 116 之间的氨基酸序列含有 3 个碱性氨基酸且第 117 个氨基酸为脯氨酸 (F) 的分离毒株均被归为强毒株。

禽 1 型副黏病毒可感染鸟目中大多数的物种，其中以火鸡、鸡及鸽子最易感。APMV-1 强毒株可在鸡和火鸡中快速传播和流行，并表现出很高的致病性，而水禽的易感性较低，即使感染了对鸡致死性毒株都不发病或仅呈现轻微的一过性感染。然而，1997 年辛朝安及王永坤等率先报道了鹅感染 APMV-1 的病例，发病鹅呈明显的神经症状并出现大量死亡，随后不断出现水禽（包括鹅和鸭）因感染 APMV-1 而发病死亡的病例报道。苏敬良及黄瑜等 2000 年首次报道了企鹅感染 APMV-1 后发病并死亡，所分离的毒株经静脉接种感染北京雏鸭可引起 100% 死亡，张训海等在 2001 年从发病肉鸭分离获得禽 1 型副黏病毒，这些报道表明水禽已不再仅是 APMV-1 的自然宿主，该病毒系统进化过程中出现了可引起水禽感染发病的变异株。

病原学分析表明，现已报道的引起鸭发病并死亡的毒株几乎都属于基因Ⅶ、Ⅸ型两个基因型，程龙飞、刘梅等分别报道了番鸭和种蛋鸭因感染Ⅶ型的 APMV-1 而发病死亡，孙杰等分析发现，造成发病鸭死亡的 APMV-1 分离株多为Ⅶ d 型的 APMV-1 毒株。除了基因Ⅶ型的毒株外，Zhang 和傅光华等从发病鸭分离到基因Ⅸ型 APMV-1 强毒株，动物回归实验表明所分离毒株均可引起鸡和鸭的死亡。另外，Shi 等在测定基因Ⅶ型强毒株对不同品种雏鸭致病性时发现，尽管各品种的鸭在感染基因Ⅶ型的毒株后都出现了死亡，但不同品种鸭的死亡率差异明显，其中以番鸭的死亡率最高。傅光华等在分析 APMV-1 对鸭致病性时发现，流行于鸭群的 Class Ⅱ 系基因Ⅰ、Ⅱ、Ⅶ和Ⅸ等 4 种基因型的毒株中，仅基因Ⅶ型和基因Ⅸ型的毒株对鸭表现出致病性，且不同品种的雏鸭对这两种基因型的 APMV-1 的易感性也存在差异，基因Ⅶ毒株致病性要稍强于基因Ⅸ型毒株。

4）病毒致病的分子基础

现有研究表明，APMV-1 的致病性是由病毒多个基因共同决定的，其中 F、HN 两种糖蛋白是 NDV 致病的分子基础。HN 蛋白通过识别，吸附于细胞表面的受体来启动病毒粒子感染，而 F 蛋白则通过释放融合多肽，与细胞膜融合，完成病毒入侵而发挥致病作用。F 蛋白裂解位点的氨基酸序列直接影响了F蛋白的前体蛋白被裂解的效率，对病毒的毒力起主要决定作用。序列分析表明所有强毒株裂解区域112～117位氨基酸残基为^{112}K/RRQR(K)RF^{117}，弱毒株的相应区为^{112}GR(K)QGRL^{117}，多碱性氨基酸残基的存在，使病毒的F蛋白能被宿主体内广泛分布的多种蛋白酶裂解修饰，发挥致病作用，而如果裂解位点附近117位为亮氨酸（L），会减弱F蛋白裂解的裂解效率，F蛋白以前体蛋白的形式组装入子代病毒粒子中，无法发挥膜融合活性，导致病毒感染性很低。

HN蛋白具有受体识别和神经氨酸酶活性，同样影响着病毒的毒力。HN蛋白220位的苯丙氨酸(F)、222位的丝氨酸（S）及224位的亮氨酸（L）是病毒的受体识别位点，这些位点的变异会减弱病毒与细胞唾液酸受体结合的能力。HN蛋白通过茎部与F蛋白的相互作用，促进F蛋白发挥融合作用，茎部49位的亮氨酸（L）变异会阻碍HN蛋白与F蛋白的相互作用，进而影响病毒与细胞的融合。

V蛋白在协助病毒逃避宿主免疫、拮抗干扰素的抗病毒作用及病毒的致病性和宿主嗜性等方面也发挥了重要作用。Mebatsion等通过构建V蛋白缺失的重组NDV研究发现，V蛋白的缺失将导致病毒的感染性急剧降低。Park等对V蛋白结构与功能的关系进行了分析，研究表明NDV疫苗毒株的V蛋白是通过其羧基端富含半胱氨酸（Cys）区域发挥拮抗IFN抑制病毒复制、延缓细胞的凋亡过程的功能，而且其IFN拮抗作用具有种属特异性。Huang等研究发现NDV疫苗毒株V蛋白的羧基端通过降解信号转导激活因子来阻断α/β-IFN的抗病毒功能，为NDV在宿主细胞内的有效复制提供可能；其致病性实验还表明缺失V蛋白表达的突变病毒对SPF鸡的ICPI及IVPI等致病指数明显低于原毒。

除了以上的因素外，作为糖蛋白的F蛋白和HN蛋白，其糖基化位点的改变也影响病毒的毒力和致病性。M蛋白也可通过抑制宿主细胞蛋白的合成而协同F、HN蛋白的致病作用。研究表明有些F基因裂解区序列相同的毒株在毒力上也有较大差异。Takakuwa等分析一株温敏变异株的致弱机理时发现，致弱株F蛋白具有与其亲代毒株F蛋白相同的裂解区序列，都可形成强毒力的融合蛋白，但两者的毒力却有显著差异，推测其毒力减弱机制可能与HN糖蛋白的细胞内转运缺陷有关。Collins等对15株鸽源禽副黏病毒Ⅰ型（PPMV-1）研究发现，两株具有典型的强毒株F蛋白裂解位点序列特征分离毒株，测定的其毒力致病指数却显示为中弱毒株，随后的HN基因编码区分析显示两株病毒均具有生物学活性的HN蛋白（含571个氨基酸）。以上这些提示我们在APMV-1的致病过程中还有其他因素起作用。

5）病毒的基因分型

目前所有的APMV-1分离株为同一血清型，根据病毒基因组长度及核酸序列可将现有的APMV-1分成两大类（Class Ⅰ和Class Ⅱ）；基于病毒F基因序列差异系统发育进化分析，这两类病毒又可以进一步分为不同基因型。其中Ⅰ类APMV-1可分为9种基因型，Ⅱ类病毒可分为11种基因型（基因Ⅰ—Ⅺ型）。Diel等于2012年提出一种新的病毒分型方法，该方法是基于APMV-1 F基因完整序列计算种群间的平均进化距离，将核苷酸水平上差异10%或以上的病毒群可定义为新的基因型，毒株间的平均距离在3%～10%之间时，则被定义为不同基因亚型。根据这种分型方法，Class Ⅰ类APMV-1所有分离株均被视为同一个基因型，而Class Ⅱ类的病毒则被分为18个基因型（基因Ⅰ型至基因XⅧ型）。随着APMV-1研究的不断深入及新的病毒变异株的出现，研究者可能还会建立更加完善的病毒基因型定义方法。

禽1型副黏病毒不同基因型的毒株在不同时期的疫情中扮演着不同的角色。如基因Ⅱ，Ⅲ和Ⅳ型病毒是引起1920—1960年间第一次新城疫大流行的毒株，基因Ⅴ型的病毒可能是造成欧洲1970年第二次新城疫大流行的主要元凶；基因ⅡⅩ和Ⅹ型的毒株虽与基因Ⅱ型的毒株亲缘关系最近，但这些基因型的毒株未造成流行，仅呈地方性流行。基因Ⅵb亚型毒株最早在中东发现，是造成1980年后前后第三次新城疫暴发的主要病原，这次疫情主要引起不同品种的鸽子出现大面积的发病和死亡。基因Ⅶ型和Ⅷ型的病毒自1894年后在亚洲和欧洲的不同地方暴发，其中基因Ⅶ型已经在亚洲、非洲及欧洲广泛流行，是引起第四次新城疫大流行的主要病原，是南亚地区目前流行的优势病毒基因型。

6）病毒的抗原性

现有研究表明，不管是鸡群还是水禽中流行的APMV-1都呈现基因型多样性，而市场销售的疫苗主要是基因Ⅲ型的Mukteswar株（Ⅰ系苗），Hitchner B1株（Ⅱ系苗），F株（Ⅲ系苗），基因Ⅱ型的La Sota株(Ⅳ系苗)及V4弱毒苗等。因此,现有疫苗能否为家禽抵抗不同基因型病毒的攻击提供有效保护，以及不同基因型间毒株的抗原性差异就成为关注的焦点。

在疫苗的免疫保护效果方面，Liu等于2001年的研究表明现有疫苗（La Sota活疫苗或灭活苗）可以有效保护家禽抵抗基因Ⅵg、Ⅵb、Ⅶd亚型及基因Ⅸ型强毒株的攻击；Jeon等也证实在家禽中使用商品化疫苗可以有效预防基因Ⅶ型毒株引起疫病流行。然而近来Qin等研究发现，用La Sota活疫苗不能有效保护家禽抵抗变异株的攻击，Kilany等2015年也证实La Sota灭活疫苗不能完全保护家禽抵抗家禽中流行的基因Ⅶ型强毒分离株的攻击，而且存活家禽自攻毒后维持向外排毒6天以上。

在不同基因型毒株间的抗原差异性方面，邱玉玉等研究发现，基因Ⅶ型的Y98F9株与基因Ⅱ型La Sota株间的抗原同源性为90.0%, 而与基因Ⅵ型的鸽源PB9601株的同源性仅为74. 2%, PB9601株与La Sota株间的同源性更低至65. 2%。彭春香等研究发现基因Ⅶ型鸭源APMV-1强毒株FP1/02与鸡源基因Ⅸ型强毒代表株F48E9之间存在明显的抗原性差异，二者的抗原相关值R仅为0.35。吴伟等通过交叉血凝抑制对23株不同禽源的APMV-1抗原性进行分析表明，Class Ⅰ系各毒株之间的抗原性差异很小，Class Ⅱ系的毒株间，同一基因型内的毒株之间抗原性抗原差异较小，且与宿主来源无关；而不同基因型之间的毒株，其抗原性存在着较大差异。由此可见APMV-1不同基因型的病毒分离株之间的抗原性及遗传特性差异较大，其抗原差异可能与基因型有关，而与宿主无关。

7）水禽中APMV-1流行的基因型

水禽是APMV-1的自然贮存宿主，水禽中流行的APMV-1呈现基因型多样性，其中Class Ⅰ系的有基因1-9型以及Class Ⅱ系的基因Ⅰ、Ⅱ、Ⅴ、Ⅶ和基因Ⅸ型等，其中以基因Ⅶ型为优势基因型，后者又存在不同的基因亚型。

在亚洲，Lee等对2006—2007年间在韩国健康鸭中分离到Class Ⅰ系基因Ⅱ型，Class Ⅱ系基因Ⅰ型和基因Ⅶ型的毒株，其中基因Ⅶ型分离株为强毒株，与亚洲地区主要流行毒株的基因型相似。Ruenphet等对2006—2009年间在日本尖尾鸭中分离到Class Ⅱ系的2种基因型的病毒，其中基因Ⅱ型为主要基因型毒株。Ebrahimi等分析了2008—2011年间在亚洲多个国家分离获得的51株APMV-1表明，Ⅶ型仍然是亚洲APMV-1流行的主要基因型。

在美洲，Kim等1986—2005年间在美国健康海鸟和水禽中分离到249株APMV-1，2005年至2006年间在活禽市场分离到19株病毒。系统发育进行分析表明，268株病毒中class Ⅰ类病毒192株，分属基因1-9型，class Ⅱ类病毒76株，其中低毒力的class Ⅱ类毒株与早前分离的基因Ⅰ型和Ⅱ型毒株遗传差异较大，暂定为Ⅰa和Ⅱa亚型。

在我国，Liu XF等分析表明，1985—2001年间在我国鹅和鸡群中流行的毒株有3种基因型，分别为基因型Ⅴ型（Ⅵf、Ⅵg),基因型Ⅶ型（Ⅶc、Ⅶd、Ⅶe）及基因Ⅸ型,其中基因Ⅶ型的3种亚型（Ⅶc、Ⅶd和Ⅶe亚型）毒株是近年来在中国鸡群和鹅群中流行的主要基因型；而Ⅸ型毒株仅在部分地区呈零星发生。Liu HL 等研究发现，1997 年以来，水禽中流行的 APMV-1 出了有基因Ⅰ型和Ⅸ型外，主要以基因Ⅶ为主，且均为强毒株，遗传进化分析表明这些毒株以基因Ⅶ d 亚型占优势，另外还有Ⅶ c 亚型，与当时鸡和鹅流行的基因型一致。Xiaowen Liu 等调查发现，我国活禽市场的鸭群中流行的病毒均为低毒力毒株，其中 41%（30/73）的病毒为 Class Ⅰ系的基因 2、3 型，其余分离株均属于 Class Ⅱ系基因Ⅰ型，与Ⅴ 4 疫苗株同源性低，与流行于远东地区野生水禽中基因Ⅰ b 亚型病毒亲缘关系最近，可见这些野生水禽可能在我国水禽 APMV-1 的病原生态循环中扮演着十分重要的角色。

8）实验宿主系统

鸭副黏病毒可在鸭胚、鸡胚、鸭胚原代成纤维细胞以及 BHK-21 细胞及 DF-1 细胞等传代细胞系中繁殖。

病毒在鸭胚和鸡胚中生长良好，鸭胚或鸡胚经尿囊腔途径接种后 3 天开始出现死亡，胚体会出现水肿，体表充血和出血明显，肝脏出血坏死。病毒在细胞培养物上增殖能力相对较差，单层细胞感染鸭副黏病毒强毒株后会出现明显的细胞病变，多形成合胞体，随后细胞圆缩和脱落，低毒力毒株感染细胞培养物一般不形成细胞病变（图 15.3）。

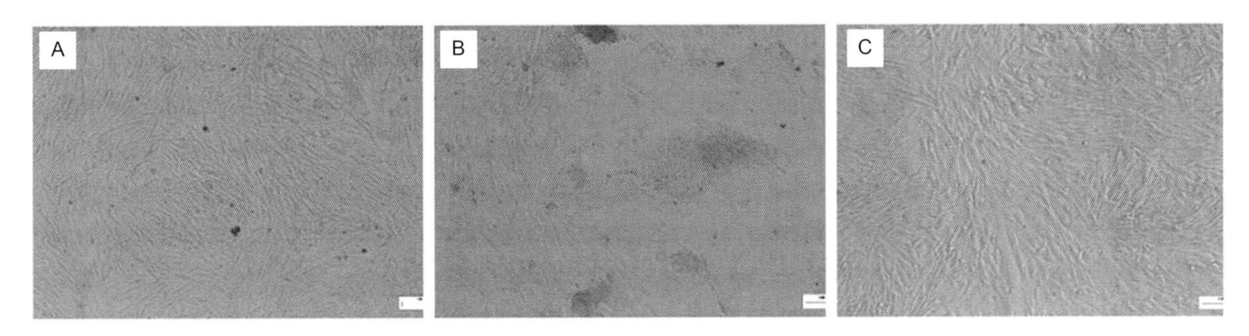

图 15.3　鸭副黏病毒感染 DF-1 细胞系。A. 为正常细胞对照；B. 为病毒感染基因 VII 型强毒株后 72 h 出现的细胞病变；C. 为细胞感染基因 II 型毒株后 72 h 细胞形态

SPF 鸡已被作为评价不同分离株毒力的模式动物。国际兽医局将引起 1 日龄 SPF 鸡脑内接种致病指数大于 0.7 以上的毒株或病毒 F 蛋白裂解位点 113 ～ 116 之间的氨基酸序列含有 3 个碱性氨基酸且第 117 个氨基酸为脯氨酸的分离毒株均被归为强毒力毒株。

人工感染试验中，鸭副黏病毒可感染多种动物，其中鸡、鸭和鹅是其敏感动物。尽管强毒力毒株感染鸡和鸭等均可引起明显的神经症状及产蛋禽的产蛋量下降，但鸡等陆生禽类感染病毒后的剖检病理变化与水禽差异较大，比如鸡感染强毒力毒株后可出现典型的腺胃或腺胃乳头出血，内脏、肌肉等出血严重，鸭感染强毒力毒株后主要的眼观病变是胰腺的透明样或针尖状白色坏死，有的散布大量出血点（临床症状及剖检病变见后面）。有研究报道不同源、不同基因型的 APMV-1 强毒株对不同品种鸭、同一品种不同日龄鸭的致病性存在差异，其中以雏番鸭最易感，且发现 F48E9 强毒可致死鸭；不同基因型水禽源 APMV-1 对鸭的致病性也存在差异，其中以基因Ⅶ型的致病性最强。

9）抵抗力

该病毒对理化因素的抵抗力较强，影响其在宿主体外生存的主要因素包括病毒的数量、毒株的种类、温度、湿度、阳光照射、贮存条件及是否存在有机物等。一般在 4℃可存活几周，在－20℃可保存几个月，在－70℃经几年仍能保持感染力。大多数去污剂能迅速将其灭活，Na_2CO_3 和 NaOH 的灭活效果不稳定。该病毒对酸、碱的耐受性较强，在 pH 2 和 pH 10 的条件下可存活数小时。

【流行病学】

水禽包括鸭、鹅及野生水禽是 APMV-1 的贮存宿主，发病鸭、病死鸭和带毒鸭粪便及口腔黏液是主要的传染源。这些带毒水禽在接触水源或其他易感家禽时，可将病毒传播给其他健康家禽。用于竞赛、观赏和肉用的斑鸠和家鸽是一类容易被忽视的病毒传播源，这类家禽在许多国家有大量养殖，通过国际贸易、竞赛及展览方式将携带的病毒传播给其他未免疫的家禽。此外，迁徙鸟类、禽粗加工产品、疫苗、被污染的饲料和车辆设备等都会成为该病的传染源。

该病可通过多种方式在不同禽中传播，传播途径包括口粪途径传播及垂直传播。大多数禽类在感染副黏病毒的过程中，可排出含病毒的唾液、粪便等，这些被病毒污染的排泄物被未免疫的禽吸入或接触后侵袭黏膜，即可引起感染发病。当然，病毒在这些排泄物中能否维持足够的传染性与时间及诸多环境因素有关，如果存在有机物质，且温度和环境湿度适宜，病毒能生存数天甚至数月。该病也可通过病毒污染的水、土壤、垫料、用具和人员衣服、鞋子等，从一个饲养场散布到另外一个饲养场。口粪传播模式是该病发生并快速在禽类中流行的原因。

现有文献资料表明，包括家禽在内的 27 目中 241 种鸟类可以自然或实验感染该病毒，尽管特定的分离株感染宿主后的临床症状随宿主的不同存在较大差异，但绝大多数鸟类（如鸡、火鸡、鸭、鹅、企鹅等）对该病毒易感。

对于鸭，不同品种鸭均可感染发病，但以雏番鸭最易感。各日龄鸭均可感染发病，但以 5~35 日龄雏鸭更易感，其发病率多为 15%~53% 不等，病死率多为 10%~35% 不等，且发病鸭日龄愈小，其发病率、病死率愈高，严重者均高达 90%。种（蛋）鸭也有发病，主要表现为产蛋下降。

【临床症状】

临床上，火鸡、鸡等陆生家禽感染 APMV-1 病后的临床症状主要表现为神经和呼吸道症状，而水禽尤其是鸭自然感染 APMV-1 多不发病，呈无症状的隐性感染，但若感染基因Ⅶ型或（和）基因Ⅸ型 APMV-1，其临床症状随感染鸭品种及其日龄不同存在一定差异，主要表现为精神委顿、食欲下降或废绝、腹泻（排灰白色稀粪）、站立不稳，趴卧或不愿行走，部分病例会出现类角弓反张（图 15.4A、B）、头颈偏转（图 15.5）、头顶地（图 15.6）以及偏瘫或共济失调。种（蛋）鸭感染后发病率和死亡率不高，多表现为食欲减退及产蛋下降，或产软壳蛋、沙壳蛋等产蛋异常现象。

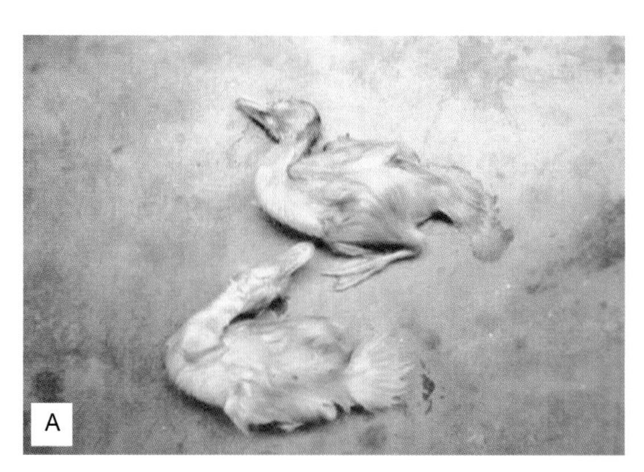

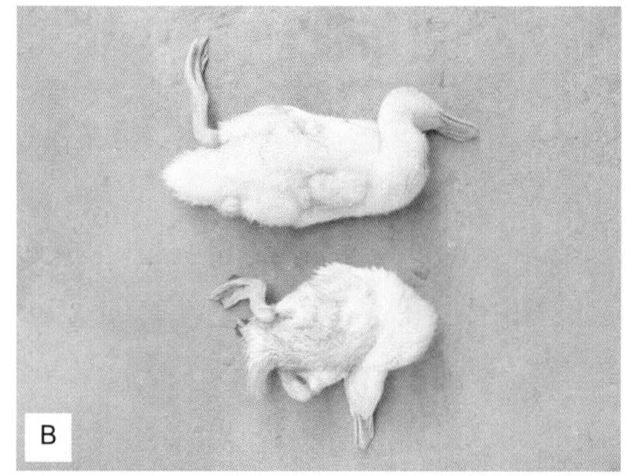

图 15.4　病死鸭类角弓反张

图 15.5　患病鸭头颈偏转

图 15.6　病死鸭头顶地

【病理变化】

鸭感染 APMV-1 所致的剖检病变与陆生家禽感染后的临床剖检病变特征差异较大，主要表现为胰腺散布大量的针尖状白色坏死点（图 15.7）或出血点（图 15.8）；十二指肠和直肠黏膜出血（图 15.9）；腺胃黏膜脱落、腺胃乳头出血、腺胃与食道交界处出血（图 15.10）；肝脏稍肿大、出血或瘀血；肺轻度出血；脑膜充血、出血，脑水肿、充血；脾脏肿大或萎缩。

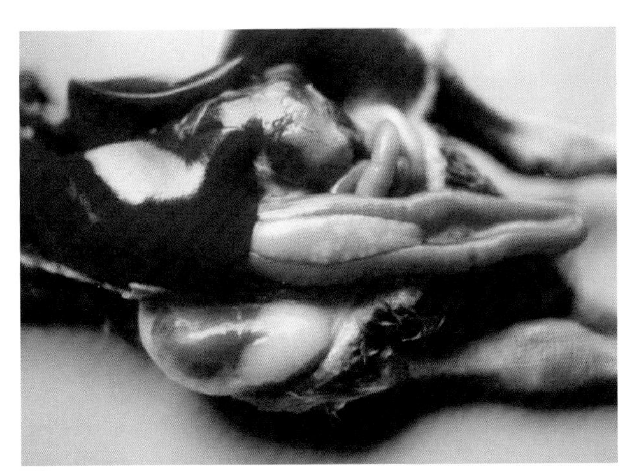

图 15.7　胰腺针尖状白色坏死点

图 15.8　胰腺出血点

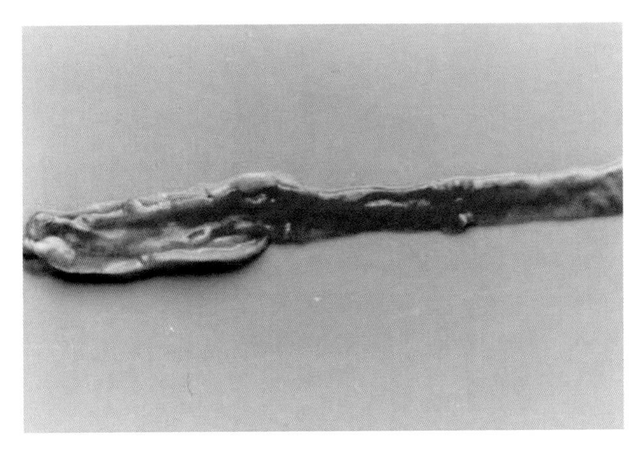

图 15.9　十二指肠黏膜出血

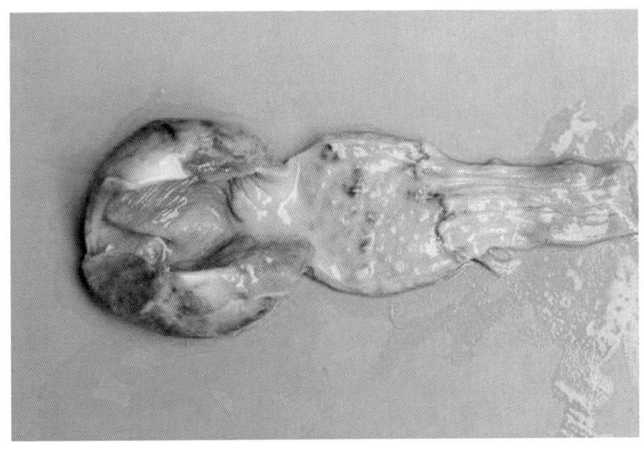

图 15.10　腺胃乳头出血、腺胃与食道交界处出血

组织学检查可见胰腺腺泡上皮大部分变性坏死，腺泡结构出现异常，还可见局灶性细胞坏死（图 15.11）；肝局灶性出血、坏死（图 15.12）；脾脏、胸腺等器官的实质细胞也见不同程度的变性坏死；小肠肠绒毛上皮出现局灶性出血、坏死，肠腺结构破坏严重。

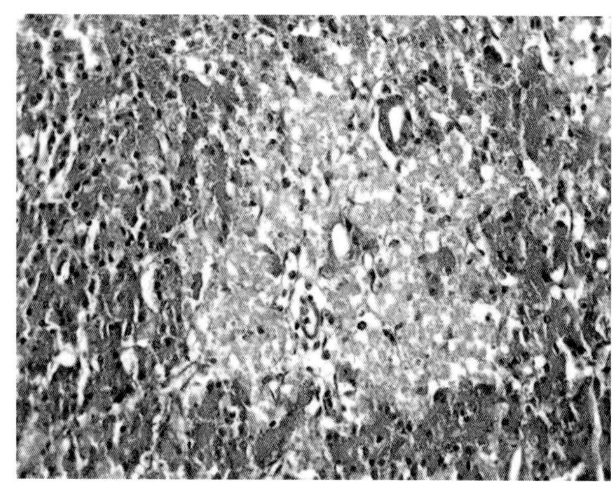

图 15.11　胰腺坏死

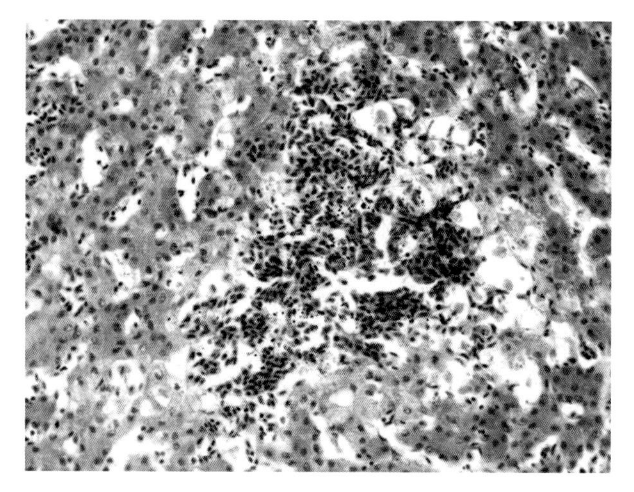

图 15.12　肝坏死、出血

【诊　　断】

1）临床诊断

一般可根据该病的临床表现做出初步诊断，确诊需进行实验室诊断。

2）实验室诊断

（1）病原分离与鉴定　一般多采用鸭胚或 SPF 鸡胚进行鸭副黏病毒的分离培养。

采集发病鸭只咽喉棉拭子和泄殖腔棉拭子或新鲜粪便，棉拭子则置于 2 mL 含抗生素的 PBS 中充分振荡，对于病死鸭，则采集胰腺、脾脏及脑组织置于样品保存液中，采集的组织或粪便与含抗生素的 PBS 按 1∶4 的比例制成悬浮液。上述样品在 37℃作用 60 min 或 4℃作用 12 h，棉拭子在反复挤压后弃去，研磨并冻融 2 次后，4℃，5 000 ～ 8 000 r/min 离心 20 min，上清液经尿囊腔或绒毛尿囊膜途径接种 10~12 日龄鸭胚或 8~10 日龄 SPF 鸡胚分离病毒。通常在 2 ～ 5 天内可致死鸭胚，死亡胚体有明显的出血，部分胚体出现水肿。收集死亡或濒死胚的尿囊液，采用血凝试验（HA）检测收集的尿囊液中是否有具血凝活性的病毒，无血凝活性的尿囊液在鸭胚中在传 2 代，有血凝活性的病毒保存。

（2）免疫学诊断　未免疫鸭群的血清中出现抗 APMV-1 特异性抗体可以证实鸭群已经发生副黏病毒感染，而免疫鸭群进行血清学检查则可判断免疫是否成功及鸭群是否产生足够的免疫反应。目前已建立的用于检测鸭群血清中特异性抗体的方法较多，如血凝抑制试验（HI）、琼脂扩散试验、单向辐射免疫扩散试验、鸭胚中和试验、蚀斑中和试验及酶联免疫吸附试验（ELISA）等。临床上较多使用 HI 方法测定动物血清中抗体的效价。值得注意的是，不同动物的血清中可能存在引起鸡红细胞非特异性凝集的因子，干扰检测结果，因此试验前用鸡红细胞吸附可消除非特异性凝集。有报道表明，不同实验室 HI 试验结果之间的重复性不是很好，这可能是操作程序的差异（包括使用抗原的不同）引起的。因此，必须参照世界卫生组织或我国相关部门已颁布的标准程序来操作。

（3）分子生物学诊断　随着对病毒基因组分子特征的了解深入，研究人员已建立了多种针对该病毒核酸的检测方法，用于检测鸭副黏病毒感染疑似病例组织样品或泄殖腔（咽喉）棉拭子中的病毒特异性的基因片段，如常规的反转录酶 - 聚合酶链式反应（RT-PCR）检测技术，实时荧光定量 PCR 检测技术、环介导等温扩增技术等，该方法特异性强、敏感性好，是目前快速诊断该病的主要手段之一。我国现行的新城疫诊断技术国家标准中提供的方法是常规 RT-PCR 方法，设计一对针对该病毒 F 基因保守区域的特异性引物（上游引物 P1：5′ -ATGGGCYCCARAYCTTCTAC-3′ ；下游引物 P2：5′ -CTGCCACTGMTAGTTGTGATAATCC-3′ ）进行核酸扩增，该方法可以检测不同毒力、不同基因型的 APMV-1，具有很好的敏感性及准确率，检测试剂短。2011 年国家质量监督检验检疫总局颁布的关于新城疫检验检疫的行业标准增加了针对病毒核酸检测的实时荧光反转录 - 聚合酶链反应方法，该方法主要是针对在家禽流行的中强毒力毒株，建立了快速、敏感的检测方法。

在临诊中，对于雏番鸭发病，该病极易与经典型雏番鸭细小病毒病、鸭流感相混淆，可根据各自的发病特点及实验室诊断加以鉴别。

【防　　治】

1）管理措施

鸭是 APMV-1 的贮存宿主，一些低致病性的副黏病毒可经常在野鸭及家鸭中检测到，副黏病毒强毒株一旦在鸭群中出现可迅速引起疫病的暴发。因此鸭场必须采取严格的生物安全措施预防该病传入，各养殖场在平时应制定完善的消毒和卫生管理措施，有效控制进出人员和车辆的卫生消毒及养殖场内环境卫生，密切关注周边鸭群的疫病发生情况。在出现该病的流行时，应严格控制人员和物流的流动，并执行严格的消毒措施，特别是运输工具，杜绝与发病鸭场来往。

2）免疫防治

免疫预防接种是减少易感禽群、预防该病流行的有效措施。对于鸡新城疫，生产中常用的疫苗包括灭活疫苗和减毒活疫苗，单独使用灭活疫苗获得的免疫效果不好，常与减毒活疫苗（如 B1 和 La Sota 活疫苗等）联合使用，采用滴鼻点眼、翅种、气雾或饮水免疫等途径进行预防接种可取得良好免疫效果。尽管这些疫苗能够产生良好的免疫应答，但有报道表明由于这些疫苗的基因型与在家禽中的优势流行毒株的基因型不同，二者在基因组和抗原性等方面存在较大差异，而免疫后家禽后不能提供完全保护，而且免疫家禽在受到致病性副黏病毒攻击后，仍可以通过粪便或口腔向外排毒。

由于水禽 APMV-1 在抗原性上与鸡新城疫病毒存在较明显的差异，目前国内已有学者研制出了与水禽中呈优势流行的毒株相同基因型的疫苗，该疫苗有望在水禽中推广应用。

鸭群一旦发生该病时，应加强鸭场内消毒，并及时使用抗病毒药物，可有效减少鸭的发病和死亡。

【公共卫生】

该病毒可感染人，一般仅引起结膜炎，感染为一过性。人感染禽副黏病毒多为接触性感染，如在实验室接触到感染性材料或以被污染的手擦眼睛引起的感染。因此，在处理疑似禽副黏病毒感染病例时，须采取基本的生物安全防护措施，如戴手套、穿防护服等以减少直接接触。人偶尔接触发病家禽而感染该病的概率较低，迄今尚无人传人的报道。

【参考文献】

[1] 殷震，刘景华．动物病毒学 .2 版．北京：科学出版社，1997.

[2] 甘孟侯．中国禽病学．北京：中国农业出版社，1999.

[3] 陈伯伦．鸭病．北京：中国农业出版社，2008.

[4] Saif Y M．禽病学．12 版．苏敬良，高福，索勋，主译．北京：中国农业出版社，2012.

[5] 辛朝安，任涛，罗开健，等．疑似鹅副黏病毒感染诊断初报．养禽与禽病防治，1997(1):5-5.

[6] 王永坤，陆杏梅．鹅副黏病毒病的研究．江苏农学院学报，1998(1)：59-62.

[7] 万洪全，吴艳涛，刘秀梵，等．鹅源新城疫病毒血凝素 - 神经氨酸酶基因的序列分析．江苏农学院学报，1997, 19(3):59-62.

[8] 苏敬良，王双山，黄瑜．企鹅新城疫强毒的分离鉴定．中国预防兽医学报，2000, 22(03):186-188.

[9] 黄瑜，苏敬良．企鹅新城疫强毒人工感染北京雏鸭的研究．中国预防兽医学报，2000, 22(03):177-179.

[10] 刘华雷，王永坤，严维巍，等．鹅副黏病毒 F 蛋白基因的克隆和序列分析．中国预防兽医学报，2000,(6)：404-408.

[11] 张训海，朱鸿飞，陈溥言，等．鸭副黏病毒强毒株的分离和鉴定．中国动物检疫，2001, 18(10):24-26.

[12] 陈少莺，胡奇林，陈仕龙，等．鸭副黏病毒的分离与初步鉴定．中国预防兽医学报，2004, 26(02):118-120.

[13] 黄瑜，李文杨，程龙飞，等．番鸭副黏病毒 1 型的分离鉴定．中国预防兽医学报 ,2005, 27(2):148-151.

[14] 程龙飞，黄瑜，傅光华，等．番鸭源新城疫病毒 F 蛋白基因的克隆及序列分析．中国兽医学报，2005,(6)：20-22.

[15] 程龙飞，傅光华，黄瑜，等．半番鸭源禽 1 型副黏病毒 FM01 株的分离鉴定与 F 蛋白基因分析．中国预防兽医学报，2006, 28(5):499-502.

[16] 孙杰，刁有祥，李建侠，等 .10 株鸭源新城疫病毒的分离鉴定及 F 基因遗传进化分析．畜牧兽医学报，2010,(8)：1054-1060.

[17] 刘梅，韦玉勇，戴亚斌，等．一株鸭源新城疫病毒强毒株的分离与初步鉴定．中国动物传染病学报，2010, 18(2):67-71.

[18] 孙淑红，崔治中．鸡胚中新城疫强毒的分离、鉴定与生物学特性研究．畜牧兽医学报，2007, 38(07):741-743.

[19] 纪巍，刁有祥，王明亮，等．一株经鸭胚传递的鸭副黏病毒的分离鉴定及生物学特性．中国兽医学报，2010, 30(4):456-461.

[20] 傅光华，刘友生，黄瑜，等．不同基因型禽 1 型副黏病毒致病性及全基因组序列分析．福建农业学报，2011, 26(5):691-696.

[21] 傅光华，程龙飞，温名根，等．雏番鸭基因 IX 型禽 1 型副黏病毒分离鉴定及 F 基因序列分析．中国兽医杂志，2016,52（5）:6-9.

[22] 傅光华，傅秋玲，黄瑜，等．蛋鸭感染禽 1 型副黏病毒的调查及致病性测定与分析．福建农业学报，2016, 31(5): 445-448

[23] 邱玉玉，孙淑红，李晓霞，崔治中.3 个不同基因型新城疫病毒间的抗原同源性比较．中国兽医学报，2006，26 (2): 114-116.

[24] 彭春香 . FP1 株番鸭源禽Ⅰ型副黏病毒抗原性分析 . 中国动物传染病学报 , 2012, 20(03):27-30.

[25] 王忠田,王泽霖,陈溥言,等．新城疫病毒分子生物学最新研究进展．动物医学进展,2002,23(2): 33-36

[26] 王永，葛金英，丁玉林，等．置换 HN 基因对新城疫病毒 LaSota 株致病力的影响．微生物学报，2008，48(5)：638-643.

[27] 刘玉良，刘秀梵．新城疫病毒 P 基因的 RNA 编辑及其抗干扰素作用．动物医学进展，2004，25 (6):1-3.

[28] 黄勤楼，黄瑜，郑嫩珠，等．优质肉鸭健康养殖技术．北京：中国农业科学技术出版社，2014.

[29] DB35/7 1500-2015, 水禽禽 1 型副黏病毒病诊断技术．2015.

[30] GBT 16550-2008, 新城疫诊断技术．2008.

[31] Abolnik C, Horner R F, Bisschop S P R, et al. A phylogenetic study of South African Newcastle disease virus strains isolated between 1990 and 2002 suggests epidemiological origins in the Far East. Archives of Virology, 2004, 149(3): 603-619.

[32] Ballagi-Pordany A, Wehmann E, Herczeg J, et al. Identification and grouping of Newcastle disease virus strains by restriction site analysis of a region from the F gene. Archives of Virology, 1996, 141(2): 243-261.

[33] Czeglédi A, Herczeg J, Hadjiev G, et al. The occurrence of five major Newcastle disease virus genotypes (Ⅱ , Ⅳ , Ⅴ , Ⅵ and Ⅶ b) in Bulgaria between 1959 and 1996. Epidemiology and Infection, 2002, 129(03): 679-688.

[34] Conzelmann K K. Transcriptional activation of Alpha/Beta interferon genes interference by nonsegmented negative strand RNA viruses. Journal of Virology, 2005, 79 (9):5241-5248.

[35] Chen J, Liao M, Ren T, et al. A goose-sourced paramyxovirus isolated from southern China. Avian Diseases. 2009, 49(1):170-173.

[36] de Leeuw O, Peeters B. Complete nucleotide sequence of Newcastle disease virus: evidence for the existence of a new genus within the subfamily Paramyxovirinae. Journal of General Virology, 1999, 80(1): 131-136.

[37] de Leeuw O S, Hartog L, Koch G, et al. Effect of fusion protein cleavage site mutations on virulence of Newcastle disease virus: non-virulent cleavage site mutants revert to virulence after one passage in chicken brain. Journal of General Virology, 2003, 84(2): 475-484.

[38] Dortmans J, Rottier P J M, Koch G, et al. The viral replication complex is associated with the virulence of Newcastle disease virus. Journal of Virology, 2010, 84(19): 10113-10120.

[39] Dortmans Jc, Koch G, Rottier Pj, et al. Virulence of Newcastle disease virus: What is known so far?. Veterinary Research. 2011, 42(1):1-11.

[40] Diel D G, da Silva L H A, Liu H, et al. Genetic diversity of avian paramyxovirus type 1: proposal for a unified nomenclature and classification system of Newcastle disease virus genotypes. Infection, Genetics and Evolution, 2012, 12(8): 1770-1779.

[41] Errington W, Emmerson P T. Assembly of recombinant Newcastle disease virus nucleocapsid protein into nucleocapsid-like structures is inhibited by the phosphoprotein. Journal of General Virology, 1997, 78(9):

2335-2339.

[42] Ebrahimi M M, Shahsavandi S, Moazenijula G, et al. Phylogeny and evolution of Newcastle disease virus genotypes isolated in Asia during 2008—2011. Virus Genes, 2012, 45(1): 63-68.

[43] Hu X L, Ray R, Compans R W. Functional interactions between the fusion protein and hemagglutinin-neuraminidase of human parainfluenza viruses. Journal of Virology, 1992, 66(3): 1528-1534.

[44] Herczeg J, Pascucci S, Massi P, et al. A longitudinal study of velogenic Newcastle disease virus genotypes isolated in Italy between 1960 and 2000. Avian Pathology, 2001, 30(2): 163-168.

[45] Huang Z H, Krishnamurthy S, Panda A, et al. Newcastle disease virus V protein is associated with viral pathogenesis and functions as an alpha interferon antagonist.Journal of Virology, 2003, 77: 8676-8685.

[46] Huang Z, Panda A, Elankumaran S, et al. The hemagglutinin-neuraminidase protein of Newcastle disease virus determines tropism and virulence. Journal of Virology, 2004, 78(8): 4176-4184.

[47] Iorio R M, Glickman R L, Riel A M, et al. Functional and neutralization profile of seven overlapping antigenic sites on the HN glycoprotein of Newcastle disease virus: monoclonal antibodies to some sites prevent viral attachment. Virus Research, 1989, 13(3): 245-261.

[48] Jahanshiri F, Eshaghi M, Yusoff K. Identification of phosphoprotein: phosphoprotein and phosphoprotein: nucleocapsid protein interaction domains of the Newcastle disease virus. Archives of Virology, 2005, 150(3): 611-618.

[49] Jinding C, Ming L, Tao R, et al. A goose-sourced paramyxovirus isolated from southern China. Avian Diseases, 2005, 49(1): 170-173.

[50] Jeon W J, Lee E K, Lee Y J, et al. Protective efficacy of commercial inactivated Newcastle disease virus vaccines in chickens against a recent Korean epizootic strain. Journal of Veterinary Science, 2008, 9(3):295-300.

[51] Jindal N, Chander Y, Chockalingam A K, et al. Phylogenetic analysis of Newcastle disease viruses isolated from waterfowl in the upper midwest region of the United States. Virology Journal, 2009, 6(1): 1-9.

[52] Kwon H J, Cho S H, Ahn Y J, et al. Molecular epidemiology of Newcastle disease in Republic of Korea. Veterinary Microbiology, 2003, 95(1): 39-48.

[53] Kim L M, King D J, Curry PE, et al. Phylogenetic diversity among low-virulence Newcastle disease viruses from waterfowl and shorebirds and comparison of genotype distributions to those of poultry-origin isolates. Journal of Virology, 2007, 81(22): 12641-12653.

[54] Kim L M, King D J, Suarez D L, et al. Characterization of class I Newcastle disease virus isolates from Hong Kong live bird markets and detection using real-time reverse transcription-PCR. Journal of Clinical Microbiology, 2007, 45(4): 1310-1314.

[55] Khan T A, Rue C A, Rehmani S F, et al. Phylogenetic and biological characterization of Newcastle disease virus isolates from Pakistan. Journal of Clinical Microbiology, 2010, 48(5): 1892-1894.

[56] Kim B Y, Lee D H, Kim M S, et al. Exchange of Newcastle disease viruses in Korea: the relatedness of isolates between wild birds, live bird markets, poultry farms and neighboring countries. Infection, Genetics and Evolution, 2012, 12(2): 478-482.

[57] Kilany W H, Ali A, Bazid A H I, et al. Evaluation of two inactivated Newcastle disease virus vaccines (Genotype Ⅱ and Ⅶ) against challenge of Newcastle disease genotype Ⅶ infection in chicken. Journal of

Animal & Veterinary Advances, 2015, 14(7):211-218.

[58] Kang Y, Li Y, Yuan R, et al. Phylogenetic relationships and pathogenicity variation of two Newcastle disease viruses isolated from domestic ducks in southern China. Virology Journal. 2014,11(1):1-13.

[59] Liang R, Cao D J, Li J Q, et al. Newcastle disease outbreaks in western China were caused by the genotypes Ⅶ a and Ⅷ . Veterinary Microbiology, 2002, 87(3): 193-203.

[60] Liu X F, Wan H Q, Ni X X, et al. Pathotypical and genotypical characterization of strains of Newcastle disease virus isolated from outbreaks in chicken and goose flocks in some regions of China during 1985—2001. Archives of Virology. 2003,148(7):1387-1403.

[61] Liu H, Wang Z, Wang Y, et al. Characterization of Newcastle disease virus isolated from waterfowl in China. Avian diseases, 2008, 52(1): 150-155.

[62] Liu X, Wang X, Wu S, et al. Surveillance for avirulent Newcastle disease viruses in domestic ducks (Anas platyrhynchos and Cairina moschata) at live bird markets in Eastern China and characterization of the viruses isolated. Avian Pathology, 2009, 38(5): 377-391.

[63] Lee E K, Jeon W J, Kwon J H, et al. Molecular epidemiological investigation of Newcastle disease virus from domestic ducks in Korea. Veterinary Microbiology, 2009, 134(3): 241-248.

[64] Mebatsion T, Verstegen S, de Vaan L T C, et al. A recombinant Newcastle disease virus with low-level V protein expression is Immunogenic and lacks pathogenicity for chicken embryos.Journal of Virology, 2001,75,420-428.

[65] McGinnes, L W and T G Morrison. Inhibition of Receptor Binding Stabilizes Newcastle Disease Virus HN and F Protein-Containing Complexes. Journal of Virology, 2006, 80(6): 2894-2903.

[66] Miller P J, King D J, Afonso C L, et al. Antigenic differences among Newcastle disease virus strains of different genotypes used in vaccine formulation affect viral shedding after a virulent challenge. Vaccine, 2007,25:7238 -7246.

[67] Mase M, Murayama K, Karino A, et al. Analysis of the fusion protein gene of Newcastle disease viruses isolated in Japan. Journal of Veterinary Medical Science, 2011, 73(1): 47-54.

[68] Nishio M, Tsurudome M, Ito M. Identification of paramyxovirus V protein residues essential for STAT protein degradation and promotion of virus replication. Journal of Virology, 2005, 79: 8591-8601.

[69] OIE World Organization For Animal Health E. Manual of diagnostic tests and vaccines for terrestrial animals. Paris, France: OIE; 2012. http://www.Oie.Int/International Standard Setting/Terrestrial Manual/Access Online.

[70] Peeters B P H, de Leeuw O S, Koch G, et al. Rescue of Newcastle disease virus from cloned cDNA: evidence that cleavability of the fusion protein is a major determinant for virulence. Journal of Virology, 1999, 73(6): 5001-5009.

[71] Park M S, Shaw M L, Munoz-Jordan J, et al. Newcastle disease virus (NDV)-based assay demonstrates interferon-antagonist activity for the NDV V protein and the Nipah virus V, W, and C proteins.Journal of Virology, 2003, 77:1501-1511.

[72] Park MS, García-Sastre A, Cros J F, et al. Newcastle disease virus v protein is a determinant of host range restriction.Journal of Virology, 2003, 77: 9522-9532.

[73] Panda A, Huang Z, Elankumaran S, et al. Role of fusion protein cleavage site in the virulence of

Newcastle disease virus. Microbial Pathogenesis, 2004, 36(1): 1-10.

[74] Qin Z M, Tan L T, Xu H Y, et al. Pathotypical characterization and molecular epidemiology of Newcastle disease virus isolates from different hosts in China from 1996 to 2005. Journal of Clinical Microbiology, 2008, 46(2):601-611.

[75] Rout S N, Samal S K. The large polymerase protein is associated with the virulence of Newcastle disease virus. Journal of Virology, 2008, 82(16): 7828-7836.

[76] Rout S N. and Siba K. Samal. The Large Polymerase Protein Is Associated with the Virulence of Newcastle Disease Virus. Journal of Virology, 2008, 82(16): 7828-7836.

[77] Spalatin J, Hanson R P. Epizootiology of newcastle disease in waterfowl. Avian Diseases, 1975, 19(3): 573-582.

[78] Steward M, Vipond IB, Millar NS, et al. RNA editing in Newcastle disease virus. Journal of General Virology, 1993, 74(12): 2539-2548.

[79] Stone-Hulslander J, Morrison T G. Detection of an interaction between the HN and F proteins in Newcastle disease virus-infected cells. Journal of Virology, 1997, 71(9): 6287-6295.

[80] Shi S H, Huang Y, Cui S J, et al. Genomic sequence of an avian paramyxovirus type 1 strain isolated from muscovy duck (cairina moschata) in China. Archives of Virology. 2011, 156(3):405-412.

[81] Snocck C J, Owoade A A, Couacy-Hymann E, et al. High genetic diversity of Newcastle disease virus in poultry in West and Central Africa: cocirculation of genotype XIV and newly defined genotypes XVII and XVIII. Journal of Clinical Microbiology, 2013, 51(7): 2250-2260.

[82] Toyoda T, Sakaguchi T, Imai K, et al. Structural comparison of the cleavage-activation site of the fusion glycoprotein between virulent and avirulent strains of Newcastle disease virus. Virology, 1987, 158(1): 242-247.

[83] Tan L T, Xu H Y, Wang Y L, et al. Molecular Characterization of Three New Virulent Newcastle Disease Virus Variants Isolated in China. Journal of Clinical Microbiology, 2008, 46(2): 750-753.

[84] Tsunekuni R, Ito H, Otsuki K, et al. Genetic comparisons between lentogenic Newcastle disease virus isolated from waterfowl and velogenic variants. Virus Genes, 2010, 40(2): 252-255.

[85] Vickers M L, Hanson R P. Newcastle Disease Virus In Waterfowl In Wisconsin. Journal of Wildlife Diseases, 1982, 18(2): 149-158.

[86] Wan H, Chen L, Wu L, et al. Newcastle disease in geese: natural occurrence and experimental infection. Avian Pathology. 2004, 33(2):216-221.

[87] Wu S, Wang W, Yao C, et al. Genetic diversity of Newcastle disease viruses isolated from domestic poultry species in Eastern China during 2005—2008. Archives of Virology, 2011,156(2): 253-261.

[88] Yu L, Wang Z, Jiang Y, et al. Characterization of newly emerging Newcastle disease virus isolates from the People's Republic of China and Taiwan. Journal of Clinical Microbiology, 2001, 39(10): 3512-3519.

[89] Yan Yongqi and Siba K. Samal. Role of intergenic sequences in newcastle disease virus rna transcription and pathogenesis.Journal of Virology, 2008, 82(3): 1323-1331.

[90] Zhu W, Dong J, Xie Z, et al. Phylogenetic and pathogenic analysis of Newcastle disease virus isolated from house sparrow (Passer domesticus) living around poultry farm in southern China. Virus Genes, 2010, 40(2): 231-235.

[91] Zhang S, Wang X, Zhao C, et al. Phylogenetic and pathotypical analysis of two virulent newcastle disease viruses isolated from domestic ducks in China. PLoS One. 2011; 6(9):E25000.

第16章　鸭偏肺病毒病

Chapter 16　Duck Metapneumovirus Infection

引　言

家禽偏肺病毒（avian metapneumovirus infection）感染，亦称禽肺病毒感染（avian pneumovirus infection)，最早于1978年发生于南非的火鸡群，随后英国、法国等欧洲国家及亚洲地区均有报道，感染毒株主要以A和B亚型肺病毒为主。美国于1997年从科罗拉多的火鸡中分离到C亚型的禽肺病毒，之后几乎世界各地都有家禽肺病毒感染的报道，而且主要发生于火鸡和鸡。肺病毒感染禽临床上主要以呼吸道症状为主，表现咳嗽、流鼻液和肿头，以及产蛋下降等，因此被称为“火鸡鼻气管炎(turkey rhinotracheitis，TRT)、肿头综合征（swollen head syndrome，SHS）和禽鼻气管炎（avian rhinotracheitis, ART）等。沈瑞忠等于1999年首次报道了在我国黑龙江某肉种鸡场发生肿头并有呼吸道症状的病鸡中分离到禽肺病毒APV/Chicken/China/1/98株。韦莉等于2013年报道了从我国东南地区的一个有呼吸道疾患的商品肉鸡群中分离到C亚型禽偏肺病毒。

有关家养水禽感染肺病毒的报道最早见于番鸭。Toquin等于1999年首次报道从番鸭中分离到肺病毒。Sun等于2014年报道了我国南方的种番鸭暴发C亚型禽偏肺病毒感染引起严重的产蛋下降，之后陆续有从水禽中检出禽偏肺病毒的报道。除火鸡、鸡和鸭等家禽外，雉鸡、鹅、珍珠鸡和鸵鸟等也可感染肺病毒。虽然大部分家禽肺病毒感染的临床表现不明显，但其引发的种禽产蛋下降和共感染则有可能造成很大的经济损失。

【病原学】

1）分类地位

禽偏肺病毒在分类学上属副黏病毒科（*Paramyxoviridae*）、肺病毒亚科（*Pneumovirinae*）的偏肺病毒属（*Metapneumovirus*）。

2）形态特征

禽偏肺病毒粒子呈典型的多形态性，包括球形和丝状。球形粒子直径大小多为80 ~200 nm，少数达500 nm，而丝状病毒粒子直径为80~100 nm，长度甚至超过1 000 nm。病毒核衣壳呈螺旋状，囊膜表面有清晰的纤突，长13~14 nm。

3）基因组结构

禽偏肺病毒基因组为单股负链RNA，长13~14 kb，含有8~10个不同转录单元，编码至少9种蛋白。

基因结构从 3' 端开始依次为：3' 端非编码区 (NCR)、N、P、M、F、M2、SH、G 和 L 共 8 个开放读码区，以及 5' -NCR，编码 9 个蛋白（图 16.1）。每一个基因两端都有转录起始和终止序列，基因之间有非转录间隔区。第一个开放读码区编码核衣壳蛋白 N 构成病毒的核衣壳，与病毒基因组紧密相连，并与磷蛋白 P 和聚合酶 L 构成核糖核蛋白复合体，呈典型的螺旋结构。基质蛋白 M 位于病毒的囊膜的内表面，锚定在核衣壳和脂质膜上。M2 基因编码两个不同的核衣壳相关蛋白：M2-1 可能担当转录延长因子的功能，而 M2-2 为一种 RNA 调节蛋白，可能有转录抑制特性，能改变转录与复制的平衡。小疏水蛋白 SH 是一种小的Ⅱ型跨膜糖蛋白，主要位于内质网膜、高尔基体和细胞表面，为膜内在蛋白，其功能目前尚不清楚。融合蛋白 F 和黏附蛋白 G 位于囊膜外，是病毒的主要抗原蛋白。

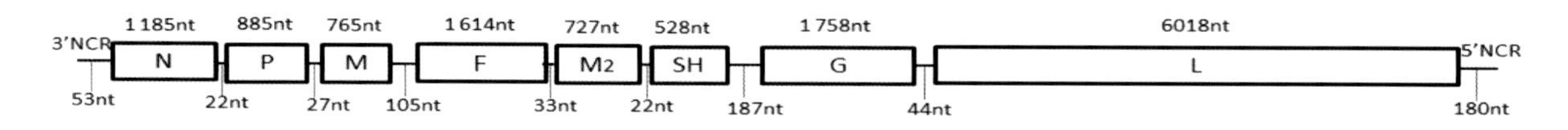

图 16.1　禽偏肺病毒 C 亚型基因组结构示意图

4）抗原性和血清型

禽肺病毒分为 A、B、C 和 D 四个亚型。早期的研究通过交叉中和试验发现欧洲的分离株存在一定的差异，利用针对不同毒株的一系列单克隆抗体对这些毒株进行分析也确证了毒株之间抗原性的差异，并根据编码病毒 G 蛋白的基因序列不同，将禽偏肺病毒分为 A 和 B 两个亚型，这两个亚型主要感染鸡和火鸡。1997 年美国学者报道了从火鸡中分离到 C 亚型禽肺病毒，该分离株的血清学特性和基因序列均与之前报道的亚型有明显的差异。利用特异性多抗和单克隆抗体进行中和试验表明，美国 C 亚型分离株与欧洲的 A 和 B 亚型毒株没有明显的血清学关系。对编码 N、P、M、F 和 M2 蛋白的基因序列分析表明，C 亚型毒株之间的核苷酸同源性为 89% ～ 94%，但美国 C 亚型分离株与欧洲 A 和 B 亚型毒株的同源性在 41% 到 77% 之间。法国 1985 年分离的 2 个毒株的 G 蛋白基因序列与 A、B 和 C 亚型均不同，被分为 D 亚型。遗传演化分析结果显示，A、B 和 D 三个亚型之间的关系要比 C 亚型更近。有意思的是，C 亚型与人偏肺病毒的关系比与 A、B 和 D 的关系更近。因此，偏肺病毒属基本上可划归为 3 个聚簇（cluster）。人偏肺病毒构成第一簇，禽偏肺病毒 C 亚型组成第二簇，而禽偏肺病毒 A、B 和 D 亚型共同组成第三簇。

法国 1999 年番鸭源 C 亚型禽肺病毒分离株 Fr-AMPV-C 的基因组全长为 14 152 bp。我国番鸭源 C 亚型偏肺病毒 S-01 的基因组全长约 14 079 bp，与国外报道的 C 亚型禽偏肺病毒全基因组序列同源性为 92.3% ～ 94.3%，编码结构与非结构蛋白氨基酸的同源性也远高于其他三个亚型。

5）实验室宿主系统

禽偏肺病毒可以在鸡胚、火鸡胚及鸭胚中繁殖，经过 4 ～ 5 次连续传代可致死胚，但病毒滴度较低。病毒接种气管环培养可引起纤毛运动停滞。经过胚或气管环培养适应的毒株可以在鸡胚原代细胞或者部分传代细胞培养，如 Vero 细胞（非洲绿猴肾细胞）、BGM（幼黑尾猴肾细胞）、MA104（猴胚胎肾细胞）、McCoy（小鼠成纤维细胞）、BHK-21（幼仓鼠肾细胞）和 DF-1（鸡胚成纤维细胞）等细胞中繁殖，但引起细胞病变不一，大部分分离株在 Vero 细胞中繁殖滴度较高，且引起明显的细胞病变（图 16.2）

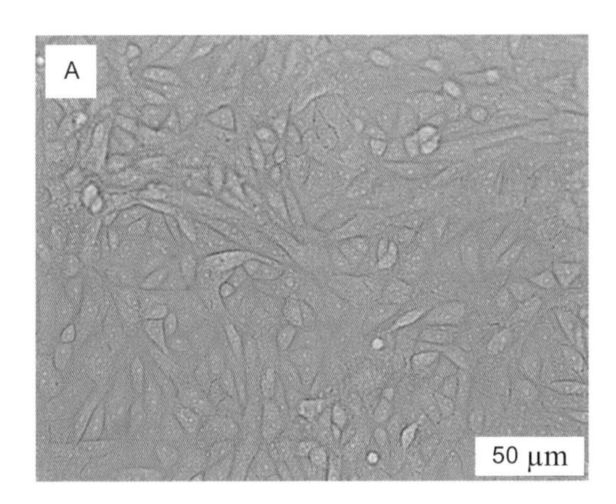

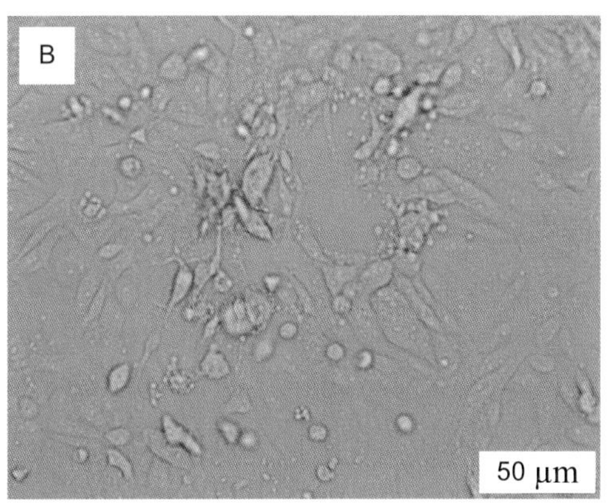

图 16.2　正常 Vero 细胞单层（A）及 C 亚型偏肺病毒感染后 48 h 引起的细胞病变（B）

6）抵抗力

禽偏肺病毒在 pH 3.0~9.0 之间比较稳定，对脂溶剂敏感。56℃作用 30 min 可杀灭病毒。大多数消毒剂，如乙醇、碘伏和次氯酸盐等均可杀灭该病毒。但该病毒在室温条件下，在干燥的环境中可存活 7 天左右。火鸡垫料中的病毒在零下 12℃到 8℃可存活 60 天，甚至更长。

【流行病学】

除了大洋洲外，其他地区均有禽偏肺病毒感染的报道。A 和 B 亚型病毒分布范围较广，除了北美洲外，其他地区均有报道。美国仅发现有 C 亚型。法国也发现有类似于 C 亚型病毒感染。D 亚型只是 1985 年在法国分离到。

鸡和火鸡是偏肺病毒的自然宿主，鸭、鹅、珍珠鸡、雉鸡、鸽和鸵鸟也可被感染。美国学者曾从鹅、麻雀、燕子、椋鸟和野鸭种检测到禽肺病毒核酸，表明野鸟可作为病毒宿主参与病毒的自然循环。虽然对迁徙性水禽的偏肺病毒感染情况不是很了解，但其在家禽，特别是火鸡禽偏肺病毒感染的暴发中的作用不可忽视。例如，在美国，家禽偏肺病毒感染有明显的季节性，大多数爆发于春季（3~4 月）和深秋（10~12 月），与大量迁徙性水鸟的到达吻合，这些鸟类可能是病毒的重要贮存宿主。

在自然条件下，被感染的火鸡可将病毒传染给野鸭。Shin 等将 1 日龄鸭在实验室隔离饲养至 8 周龄后作为哨兵动物圈养于距离一个正暴发禽偏肺病毒感染火鸡群 200 m 远的水塘中进行病毒传播研究，结果在试验期内鸭群临床表现正常，但 2 周后从哨兵鸭的鼻拭子中分离到 1 株禽偏肺病毒。第 3 周血清抗体阳性率为 60%。该分离株与发病火鸡群分离株主要基因核酸序列同源性为 94% ~ 99%。将哨兵鸭分离株实验感染火鸡，虽然未能引起临床疾病，但在感染后 3 天以内采集的火鸡鼻甲骨样品病毒核酸检测为阳性，而且在感染后 28 天从感染火鸡血清中检测到病毒特异性抗体（4/20）。这一结果表明，火鸡和鸭的偏肺病毒感染可以相互传播。

对火鸡和鸡偏肺病毒感染的调查和研究表明，病毒主要通过空气媒介传播。Sun 等报道用 C 亚型禽偏肺病毒经滴鼻和泄殖腔感染番鸭可引起鸭生殖系统感染和产蛋下降，表明成年番鸭对呼吸道感染敏感。Shin 等利用火鸡源偏肺病毒分别经眼鼻途径和口服感染 2 周龄北京鸭，结果虽然没有观察到明显的临床症状，但在感染后 21 天的时间里，感染鸭的血液、肺脏、气管和鼻甲骨样品病毒 RNA 检测为阳性，进一步证明禽偏肺病毒在易感鸭群中可通过呼吸道和消化道途径水平传播。

被感染成年鸭的卵巢和输卵管中可检测到病毒，表明该病毒可能发生垂直传播。

【临床症状】

家禽偏肺病毒感染的引起的临床症状和疾病的严重程度差异很大，可能与感染毒株、感染禽的机体状态及继发、并发感染有关。大多数鸭群感染后临床症状并不明显，不易被察觉。但在我国种番鸭群曾爆发过偏肺病毒严重感染，鸭群除了有明显的呼吸道症状外，主要是产蛋率急剧下降。在发病的1周左右，鸭群产蛋下降40%～85%，产软壳蛋和薄壳蛋等。大多数临床症状持续9～12天后消失，部分鸭群后期出现继发感染，死淘率略有增加。

【病理变化】

爆发严重产蛋下降的番鸭在剖检时可见卵泡出血和变性，输卵管内有大量黄白色的分泌物或干酪样物质，黏膜严重充血等。然而，2周龄北京鸭经呼吸道或消化道感染后均无明显的肉眼病变，而且感染后3天和6天进行组织学检查也未发现有明显的病理变化，但感染后9天和15天组织病理学检查可见气管黏膜有少量淋巴细胞和巨噬细胞浸润，鼻腔和鼻窦黏膜基底层有轻度淋巴细胞和巨噬细胞浸润，肺脏充血和水肿。在感染后21天的组织样本中，这些炎性反应已消失。

【诊　断】

1）临床诊断

由于临床上鸭群偏肺病毒感染的症状不明显或者没有特异性，因此，临床上很难进行判定，怀疑鸭群感染时需要进行实验室检测。

2）实验室诊断

虽然有关鸭偏肺病毒感染诊断研究比较少，但其他禽类，如火鸡和鸡感染的诊断方法值得借鉴。例如，火鸡鼻气管炎的常规诊断方法是在急性感染阶段和康复期检测到病毒特异性抗体。从感染禽的气管、肺脏以及内脏等可分离到病毒，但更多的报道是从鼻腔渗出液、鼻窦组织刮取物分离到病毒，而且在发生疾病的早期采集病料极为重要。

（1）病毒的分离　对鸡和火鸡感染的研究表明，禽偏肺病毒主要存在于鼻气管组织，特别是鼻甲骨中，其他组织的病毒含量较低，采集病料时应加以注意。Shin等认为感染火鸡的鼻甲骨是病毒分离的最好材料。可将采集的鼻腔渗出物、鼻腔和鼻窦黏膜刮取物等匀浆后用无菌的磷酸盐缓冲液（PBS, pH 7.0～7.4）制成20%（*V/V*），低速离心，取上清经450 nm孔径的滤器过滤除菌后经卵黄囊途径接种8日龄左右鸭胚，或7日龄左右的SPF鸡胚，收集尿囊液和卵黄膜制备匀浆后在鸭胚或鸡胚上连续传3～4代后可引起胚死亡。经胚体传代的分离株比较容易适应细胞培养，也可将处理过的病料直接接种细胞培养进行病毒分离，但病毒分离效率低于鸡胚和鸭胚接种。

虽然病毒分离培养比较费时和费力，而且受感染禽及采样时间的影响，但病毒分离是进一步开展病原致病性、流行病学及防控研究的重要基础。

（2）免疫学诊断

① 病毒抗原检测：有多种方法可用于检测样品中的病毒抗原。利用免疫过氧化物酶染色、免疫胶体金标记，以及免疫荧光抗体技术可检测感染禽呼吸道组织中的病毒抗原，并且可以与组织病理学结合进行诊断。

② 血清抗体检测：偏肺病毒感染可刺激机体产生特异性的抗体反应。免疫荧光抗体技术、血清中

和试验和ELISA等均可用于病毒抗体检测和疫苗免疫效果评价，其中ELISA方法具有操作简单、敏感性，而且适用于大量样品的抗体筛查，因此应用最为广泛，并且有一系列的商品化试剂盒可供选择。

已建立的ELISA方法包括间接ELISA、阻断ELISA和竞争ELISA等。大多数间接ELISA使用酶标二抗因家禽种属的不同，结合力有很大的差异，可能影响其检测效果。竞争或阻断ELISA方法则在一定程度上克服了这一缺点，适合于不同品种家禽血清样本的检测。此外，由于不同亚型的禽肺病毒的抗原性有明显的差异，因而，ELISA方法使用的包被抗原也对检测效果有一定的影响。

（3）分子生物学诊断　RT-PCR技术已广泛应用于禽偏肺病毒的检测和流行病学研究，该方法可直接检测感染禽的鼻咽分泌物或拭子样品中的病毒RNA，在很大程度上弥补了偏肺病毒难于分离培养的不足。已有大量关于RT-PCR和实时荧光RT-PCR检测禽偏肺病毒的报道，特别是A和B亚型毒株。但应注意的是，由于不同亚型的禽偏肺病毒基因序列有明显的差异，利用针对某个亚型病毒的特异性PCR技术进行检测很容易漏检其他亚型病毒，所以有学者们建议在检测禽偏肺病毒感染时，首先以各亚型病毒的保守基因，如N蛋白基因作为靶标进行扩增，然后再进行亚型特异性片段检测，以提高诊断效率。在设计引物时，尽量以偏肺病毒保守的片段为靶标，合成不同引物或简并引物。而大量的研究表明，巢式PCR（nested RT-PCR）可提高检出率，但操作时应注意交叉污染，尤其是第一轮PCR产物污染造成的假阳性。

【防　治】

1）管理措施

饲养管理条件的完善是预防鸭群感染禽偏肺病毒的先决条件。野生和迁徙鸟类可能是病毒的储存宿主，必须防止野生禽类与鸭群的接触，避免鸭群接触开放的公共水域，预防病原的传入。其次，要做好鸭场的卫生消毒，一旦发生感染应改善鸭舍通风，降低饲养密度，减少应激和做好消毒工作。发病鸭群使用抗生素可减少继发细菌感染。

2）免疫防治

虽然尚未见有关鸭偏肺病毒感染的免疫预防的报道，但火鸡和鸡的疫苗免疫和免疫研究值得借鉴。国外已有商品化的禽偏肺病毒弱毒疫苗和灭活疫苗，可用于鸡和火鸡的免疫接种。弱毒疫苗经气雾、饮水和点眼免疫后可刺激机体产生局部和全身免疫，而且A亚型和B亚型弱毒疫苗之间有较好的交叉保护作用，甚至A和B亚型对C亚型有交叉保护。

为了获得更好的免疫效果，成年家禽免疫接种弱毒疫苗后需要再接种油佐剂疫苗。

【参考文献】

[1] 沈瑞忠，曲立新，于康震，等．禽肺病毒的分离鉴定．中国预防兽医学报，1999,21（1）：76-77.

[2] Bayon-Auboyer M H, Jestin, V. Toquin, D. et al. Comparison of F-, G- and N-based RT-PCR protocols with conventional virological procedures for the detection and typing of turkey rhinotracheitis virus. Archives of Virology, 1999, 144:1091-1109.

[3] Bennett R S1, McComb B, Shin H J, et al. Detection of avian pneumovirus in wild Canada (Branta canadensis) and blue-winged teal (Anas discors) geese. Avian Diseases, 2002,46(4):1025-1029.

[4] Cook J, Cavanagh D. Detection and differentiation of avian pneumoviruses (metapneumovirus). Avian Pathology. 2002, 31: 117-132.

[5] Cook J K. Avian pneumovirus infections of turkeys and chickens. Veterinary Journal, 2000, 160(2):118-125.

[6] Gulati B R, Patnayak D P, Sheikh A M, et al. Protective efficacy of high-passage avian pneumovirus (APV/MN/turkey/1-a/97) in turkeys. Avian Diseases. 2001, 45(3):593-597.

[7] Jirjis F F, Noll S L, Martin F, et al. Vaccination of turkeys with an avian pneumovirus isolate from the United States. Avian Diseases, 2001, 45(4):1006-1013.

[8] Jones R C , Rautenschlein S. Avian metapneumovirus. In: Diseases of Poultry, 13th ed, Swayne D E ed, Wiley-Blackwell, 2013, p112-119.

[9] Maherchandani S L, Patnayak D P, Muñoz-Zanzi C A, et al. Evaluation of five different antigens in enzyme-linked immunosorbent assay for the detection of avian pneumovirus antibodies. Journal of Veterinary Diagnostic Investigation. 2005, 17(1):16-22.

[10] Patnayak D P, Goyal S M. Duration of immunity produced by a live attenuated vaccine against avian pneumovirus type C. Avian Pathology, 2004, 33(5):465-469.

[11] Patnayak D P, Sheikh A M, Gulati B R, et al. Experimental and field evaluation of a live vaccine against avian pneumovirus. Avian Pathology, 2002, 31(4):377-382.

[12] Shin H J, McComb A, Back D, et al. Susceptibility of broiler chicks to infection by avian pneumovirus of turkey origin. Avian Diseases, 2000,44:797-802.

[13] Shin H J, Nagaraja K V, McComb B, et al. Isolation of avian pneumovirus from mallard ducks that is genetically similar to viruses isolated from neighboring commercial turkeys. Virus Research. 2002, 83(1-2):207-212.

[14] Shin H J, Njenga M K, Halvorson D A, et al. Susceptibility of ducks to avian pneumovirus of turkey origin. American Journal of Veterinary Research. 2001, 62(7):991-994.

[15] Shin H J, Rajashekara G, Jirjis F F, et al. Specific detection of avian pneumovirus (APV) US isolates by RT-PCR. Archives of Virology, 2000, 145(6):1239-1246.

[16] Shin H J M K, Njenga, B. McComb, D, A, et al. Avian pneumovirus (APV) RNA from wild and sentinel birds in the United States has genetic homology with RNA from APV isolates from domestic turkeys. Journal of Clinical Microbiology, 38:4282-4284.

[17] Sun S, Chen F, Cao S, et al. Isolation and characterization of a subtype C avian metapneumovirus circulating in Muscovy ducks in China. Veterinary Research, 2014, 45:74. doi: 10.1186/s13567-014-0074-y.

[18] Tiwari A, Patnayak D P, Goyal S M. Attempts to improve on a challenge model for subtype C avian pneumovirus. Avian Pathology. 2006, 35(2):117-121.

[19] Toquin D, Bayon-Auboyer M H, Senne D A, et al. Lack of antigenic relationship between French and recent North American non-A/non-B turkey rhinotracheitis viruses. Avian Diseases, 2000, 44:977-982.

[20] Toquin D, Bayon-Auboyer M H, Eterradossi N, et al. Isolation of a pneumovirus from a Muscovy duck. Veterinary Record, 1999: 680.

[21] Wei L, Zhu S, Yan X, Wang J, Zhang C, Liu S, She R, Hu F, Quan R, Liu J. Avian metapneumovirus subgroup C infection in chickens, China. Emerging Infectious Diseases, 2013, 19(7):1092-1094.

第三部分

细菌病

第17章　鸭传染性浆膜炎
Chapter 17　Duck Infectious Serositis

引　言

鸭传染性浆膜炎（duck infectious serositis），又称为鸭疫里默氏菌感染，是家鸭、鹅、火鸡及其他家禽和野禽的一种接触传染性疾病，其特征是感染鸭有明显的纤维素性心包炎、肝周炎、气囊炎和脑膜炎等病变，偶尔出现关节炎及输卵管炎等。1904 年 Riemer 首次报道了鹅发生该病，并称之为“septicemia anserum exsudative”（鹅渗出性败血症）。Hendrickson 和 Hilbert 于 1932 年报道美国纽约长岛地区鸭场发生该病，随后其他州也陆续有鸭感染的报道。当时称之为“新鸭病”和“鸭疫综合征”。Dougherty 等研究该病的病理学后建议使用“鸭传染性浆膜炎”来命名该病。由于该病的病原曾被命名为鸭疫巴氏杆菌，Leibovitz 曾建议使用“鸭疫巴氏杆菌感染”这一名称。

郭玉璞教授等于 1982 年首次确诊报道了我国北京某养鸭场发生鸭传染性浆膜炎，随后其他地区的鸭群也陆续发现该病。到目前为止，几乎所有的商品肉鸭场都发生过，或者正在发生鸭疫里默氏菌感染。该病流行范围广，感染率和死亡率高，加之药物治疗费用等，给养鸭业造成巨大经济损失，是目前危害肉鸭养殖最常见的疾病之一。

【病原学】

1）分类地位

鸭疫里默氏菌（*Riemerella anatipestifer*, RA）最早命名为鸭疫斐佛氏菌 (*Pfeifferella anatipestifer*)，后又改为鸭疫莫拉氏菌 (*Moraxella anatipestifer*) 和鸭疫巴氏杆菌（*Pasteurella anatipestifer*）。1993 年，Segers 等通过对该菌 16S rRNA 基因序列的分析和比较，将其归属到黄杆菌科（Flavobacteriaceae），但该菌与黄杆菌科中基因型相近的几种黄杆菌的生化特性又明显不同，如嗜二氧化碳、不产生色素，细胞脂肪酸及蛋白构成等均有明显的差异，因此，建议将该菌单列为里默氏菌属（*Riemerella*），并命名为鸭疫里默氏菌，以纪念于 1904 年首次报道了鹅感染该菌引起鹅渗出性败血症的学者 Riemer。

2）形态特征

鸭疫里默氏菌为革兰氏阴性杆菌，无运动性、不形成芽孢。单个、成双，偶尔呈链状排列（图 17.1）。菌体宽 0.3~0.5 μm，长 1~2.5 μm。瑞氏染色时，许多菌体呈两极着染，印度墨汁染色时可见有荚膜。电镜下观察细菌超薄切片可见菌体外膜层之外有一层稀疏的荚膜样结构 (图 17.2)。

3）基因组结构

近年来，国内外已完成了近 10 株鸭疫里默氏菌染色体基因组测序，如代表菌株 ATCC11845T 的染色体大小为 2 155 121 bp，G+C 含量为 35.0%，预测含有 2 052 个基因，其中 2 001 个蛋白编码基因（占 97.51%），51 个 RNA（占 2.49%），3 个 rRNA 操纵子。根据现有的生物信息学资料，该菌的大部分（64.1%）蛋白编码基因可进行功能预测和归类，其余为功能未知基因。虽然在已测序的菌株中未发现染色体外 DNA，但有报道发现部分鸭疫里默氏菌分离株携带有质粒。其中，一个 3.9 kb 的质粒含有与其他细菌毒力基因类似的蛋白基因，另一质粒含有插入序列。质粒的存在对细菌的致病性及流行病学研究可能具有一定的意义。

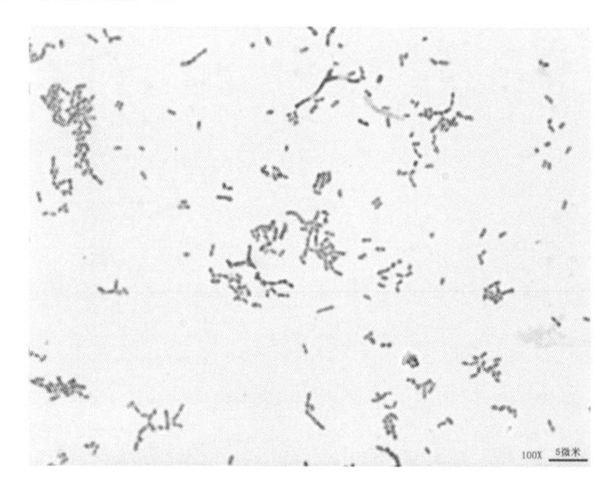

图 17.1 光学显微镜下鸭疫里默氏菌形态（革兰氏染色）

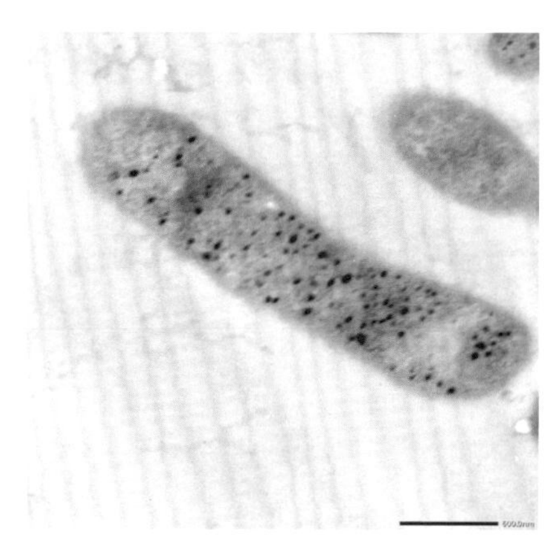

图 17.2 电子显微镜下鸭疫里默氏菌形态（超薄切片）

4）培养特性

鸭疫里默氏菌对营养要求相对较高，可在巧克力琼脂、血液琼脂或添加 2% 的胎牛血清的胰酶大豆琼脂上生长。最适生长温度为 37℃，部分菌株在 45℃仍可生长。培养环境中 5%~10% 的二氧化碳浓度有利于细菌的生长。在烛罐中，37℃培养 24~48 h 可形成边缘整齐、有光泽、凸起的乳白色菌落（图 17.3）。在清亮的培养基上，用斜射光观察时有虹光。该菌在麦康凯琼脂上不生长，在血液琼脂上生长但无溶血现象。

图 17.3 鸭疫里默氏菌在添加了 2% 小牛血清的胰酶大豆琼脂平板上生长 24 h 后形成的菌落

鸭疫里默氏菌氧化酶和触酶阳性，可产生酸性磷酸酶、碱性磷酸酶、C8 酯酶、亮氨酸芳基酰胺酶、缬氨酸芳基酰胺酶、胱氨酸芳基酰胺酶、磷酸酰胺酶、α-葡糖苷酶、C4 酯酶，不产生 α-和 β-半乳糖苷酶、β-葡糖醛酸酶、β-葡糖苷酶、α-甘露糖酶、β-葡糖胺酶、脂酶 C14、岩藻糖酶、鸟氨酸脱羧酶、赖氨酸脱羧酶及苯丙氨酸脱羧酶。该菌对大多数糖的发酵能力较弱。

5）抗原性及血清学分型

不同血清型的鸭疫里默氏菌的抗原性有很大的区别，应用凝集试验和琼脂凝胶扩散试验（AGP）可将鸭疫里默氏菌分离株分为不同的血清型。早期，英国学者 Harry 采用凝集试验将鸭疫巴氏杆菌分为 16 个血清型，即 A~P 型，其中 E、F、J、K 四个血清型在后期保存过程中丢失，而 G 型和 N 型分别与 I 型和 O 型相同。1982 年，美国学者 Brogden 等采用琼脂扩散试验鉴定了 7 个鸭疫巴氏杆菌血清型，即 1~7 型。Bisgaard 随后证实该分型方法中 1、2、3、4、5、6 和 7 型分别与 Harry 鉴定的 A、I/G、L、H、M、B 和 O/N 相对应，并建议用阿拉伯数字代替字母来表示不同的血清型。1991 年，Sandhu 和 Leister 排除了不属于鸭疫巴氏杆菌的血清 4 型菌株，同时增加了一些新的血清型，并且对鸭疫巴氏杆菌血清型重新进行了排序，分别为 1~17 型。1992 年，Loh 等将 13 型（11693）和 17 型（K1499）合并，提出另一个 17 型（977/83），并增加了 18 型和 19 型两个新血清型。1995 年，Pathanasophon 等又再增加了 20 型和 21 型两个血清型，但 Ryll 和 Hinz 在 2000 年指出 20 型参考菌株（670/89）不是鸭疫里默氏菌，于是 Pathanasophon 等于 2002 年提出将另一个菌株（698/95）作为 20 型的参考菌株，所以到目前为止，文献已报道并且得到一定程度认可的至少有 21 个鸭疫里默氏菌血清型，而且仍然有一些未鉴定的血清型。不同实验室的血清分型见表 17.1。

表 17.1　不同学者建议的鸭疫里默氏菌血清分型及其使用的参考菌株

Pathanasophon 等分型		Loh 等分型		Sandhu 等分型		Bisgaard 分型		Heddleston 分型		Harry 分型	
血清型	参考菌株及来源	血清型	参考菌株及来源	血清型	参考菌株及来源	血清型	参考菌株及来源	血清型	参考菌株及来源	血清型	参考菌株及来源
1	D-24105(DRL)	1	HPRS1795(HPRS)	1	D-24105	1	HPRS1795	1	P-1050 (NADC)	A	HPRS1795(HPRS)
2	D-24046(DRL)	2	HPRS2527(HPRS)	2	D-24046	2	HPRS2591	2	P-1645 (NADC)	I+G	HPRS2591
3	D-26338(DRL)	3	HPRS2554(HPRS)	3	D-26338	3	HPRS2212	3	P-1667 (NADC)	L	HPRS2212
4	P-1785 (NADC)	4	HPRS2565(HPRS)			4	HPRS2429	4	P-1785(NADC)	H	HPRS2429
	/H-2565(HPRS)										
5	D-24123 (DRL)	5	HPRS2550(HPRS)	5	D-24123	5	HPRS2514	5	P-1641(NADC)	M	HPRS2514
6	P-2123 (NADC)	6	389/82（CVL)	6	P-2123	6	HPRS2336	6	P-2123(NADC)	B	HPRS2336
7	D-27179(DRL)	7	D-27179(DRL)	7	D-27179	7	HPRS1785			N+O	HPRS2528
					HPRS2564					P	HPRS2564
8	D-26220(DRL)	8	D-26220(DRL)	8	D-26220	8	HPRS2174			E	
9	HPRS1785(HPRS)	9	HPRS1785(DRL)	9	HPRS1785	9	HPRS2528			C	HPRS1785
10	HPRS2199(HPRS)	10	HPRS2199(DRL)	10	HPRS2199	10	HPRS2564			D	HPRS2174
11	D-28020(DRL)	11	D-28020(DRL)	11	D-28020	11	HPRS2560				
12	8755(CCUG)	12	8755(CCUG)	12	8755	12	8755				
13	11693(CCUG)	13	K-1499(DRL)	13	11.693	13	11.693				
14	D-664/83(CVL)	14	D-664/83(CVL)	14	D-664						
15	D-743/85(CVL)	15	D-743/85(CVL)	15	D-743						
16	S-4801(DRL)	16	S-4801(DRL)	16	S-4801						
17	977/83(CVL)	17	977/83(CVL)	17	K-1499						
18	540/86(CVL)	18	540/86(CVL)								
19	30/90(CVL)	19	30/90(CVL)								
20	670/89(NIAHT)#										
21	1062/91(NIAHT)										

a DRL, Duck Research Laboratory, New York, USA; HPRS, Houghton Poultry Research Station, Houghton, UK; NADC, National Animal Disease Center, Ames, IA, USA; CCUG, Culture Collection, University of Goteborg, Sweden; CVL, Central Veterinary Laboratory, Singapore; NIAHT, National Institute of Animal Health, Thailand.

#Ryll 和 Hinz 对该菌株的表性特征和细胞脂肪酸分析结果表明该菌株并非鸭疫里默氏菌。

高福和郭玉璞于 1987 年报道我国鸭群中主要为血清 1 型鸭疫巴氏杆菌感染，但近年来各地分离报道了血清 2、3、4、5、6、7、8、9、10、11、12 和 14 型，这表明我国商品鸭群中鸭疫里默氏菌的血清型较为复杂。

鸭疫里默氏菌在自然状态下的存活及其抵抗力目前尚不清楚。曾报道过鸭疫里默氏菌在自来水和火鸡垫料中可分别存活 13 天和 27 天。然而，该菌的纯培养物在实验条件下的抵抗力似乎并不强，在 37℃或室温条件下，大多数鸭疫里默氏菌菌株在固体培养基中存活不超过 3 ～ 4 天。肉汤培养物在 4℃可以存活 1 周以上。55℃作用 12 ～ 16 h，细菌全部失活。该菌对卡那霉素和多黏菌素 B 不敏感。

【流行病学】

鸭疫里默氏菌感染广泛存在于世界各地的集约化养鸭地区，但不同地区或不同鸭场的感染率、菌株毒力和血清型有很大差异。在一个鸭场，甚至同一鸭群中可能同时有多个血清型菌株感染。由于饲养环境及管理条件的不同，鸭群感染的发病率和死亡率从 5% 到 75% 不等。饲养密度低、环境干燥和通风条件好的鸭群发病率低。

感染鸭是该病的主要传染源。病鸭可通过呼吸道和消化道排菌，污染环境、饮水和饲料等造成疾病的传播和扩散。外表健康的成年鸭也可携带该菌，并传染给雏鸭。作者实验室曾从运送 1 日龄雏鸭的车辆中采集样品并分离到 1 株鸭疫里默氏菌，该分离株与引起相关联的几个鸭场幼雏暴发传染性浆膜炎的菌株血清型相同，表明鸭疫里默氏菌可通过运输工具污染而机械性传播。

鸭疫里默氏菌可经呼吸道和皮肤伤口，特别是足部皮肤伤口感染，其他途径也可引起雏鸭感染，但不同感染途径引起的死亡率差异较大。在实验条件下，经静脉、皮下、腹腔、肌肉、脚蹼和眶下窦接种均可复制出与临床感染相似的病例，口服或滴鼻感染引起的发病率和死亡率相对较低。Sarver 等比较了不同感染途径和剂量对 21 日龄鸭的致死率，结果表明皮下和静脉注射均可引起明显的死亡，但不同感染剂量的死亡率差异显著，感染剂量为 5×10^5CFU/ 只时，死亡率分别为 91% 和 82%；感染剂量为 50 CFU/ 只的死亡率分别为 27% 和 45%。口服和鼻内感染的死亡率相对较低，仅高剂量（5×10^5 CFU/ 只）出现死亡，死亡率分别为 9% 和 18%。

鸭疫里默氏菌感染主要发生于鸭和鹅，1~5 周龄鸭高度易感，种鸭偶尔也可能被感染。在生产实际中，1 周龄以内的雏鸭和 7 周龄以上的鸭发病较少，或者很少有明显的临床表现，但在后备种鸭和商品代番鸭生产中，7 周龄以后仍有可能被感染。除水禽外，北美地区还经常有火鸡暴发鸭疫里默氏菌感染的报道。

【临床症状】

鸭疫里默氏菌感染的潜伏期一般为 2 ～ 5 天。雏鸭经皮下注射鸭疫里默氏菌强毒，最早在感染后 12 h 即观察到明显症状，感染鸭首先表现为精神沉郁和采食量减少、流眼泪、打喷嚏、流鼻液、排绿色稀粪，随后出现共济失调和头颈震颤等（图 17.4）。感染鸭行动迟缓，跟不上群，或趴窝，不愿走动，甚至仰翻卧地，两腿呈划水状，后期有神经症状的鸭的数量明显增多。发病率和死亡率为 5%～ 75% 不等。耐过感染而幸存的鸭生长迟缓，体重明显小于同群的正常鸭，部分鸭有明显的脑炎后遗症，如颈脖侧歪（“歪脖”），成为“僵鸭”或“残鸭”。

临床上，鸭群的饲养管理及鸭舍的环境条件是影响该病的重要因素。通风不良、饲养密度过高、潮湿、饲料品质差（营养不平衡、毒性物质超标等），以及并发其他疾病，如鸭呼肠孤病毒感染等常常促进该病的爆发，导致商品肉鸭在饲养中、后期死亡率明显增加。

种鸭输卵管感染很难观察到明显的临床症状，但感染鸭群产蛋率始终低于预期的正常指标，并且在到达一定值后不再继续升高，始终维持在一个较低的水平上。部分感染鸭从泄殖腔用手指探查可触摸到坚硬的输卵管（栓塞）。

关节感染主要表现为跛行，通常为一侧跗关节肿大、发热，触摸有明显的波动感，用注射器可从关节腔中抽出黄色或血染的液体，病程较长的病例关节变硬。

局部皮下感染的临床表现不明显，通常在屠宰车间拔除羽毛后才被发现。

图 17.4　鸭疫里默氏菌感染临床表现。A. 自然感染病例；B、C. 为实验感染鸭

【病理变化】

1）大体病变

鸭疫里默氏菌感染最明显的病变是脏器的浆膜面有纤维素性渗出，以心脏和肝脏表面最为明显。病程稍短的急性病例可见心外膜表面有大量的乳黄色纤维素性渗出和心肌出血，但大部分病鸭心脏和心包粘连，甚至与胸骨粘连，心包内充填有大量的干酪性渗出物（图 17.5A）。感染鸭肝脏肿大，表面

覆盖一层乳白色或乳黄色的纤维素性膜 (图 17.5B)。气囊有干酪性的渗出物,以自然感染病例比较明显。脾脏肿大，表面斑驳呈大理石样（图 17.5C）。鼻窦内有黏液脓性渗出物。

输卵管感染的病例可见输卵管中有大量积液或者有干酪性渗出物。感染严重和病程较长病例的输卵管外观呈腊肠样（图 17.5D），切开可见有乳白色的栓塞。脑部皮下有时可见有出血和胶冻样渗出。暴露脑组织可见脑膜和脑组织充血和出血(图 17.5E)。局部感染的皮肤病变通常在屠宰去毛后才被发觉，主要表现为局部颜色变深或发黄（图 17.5F），切开后在皮肤和脂肪层之间有黄色渗出液。

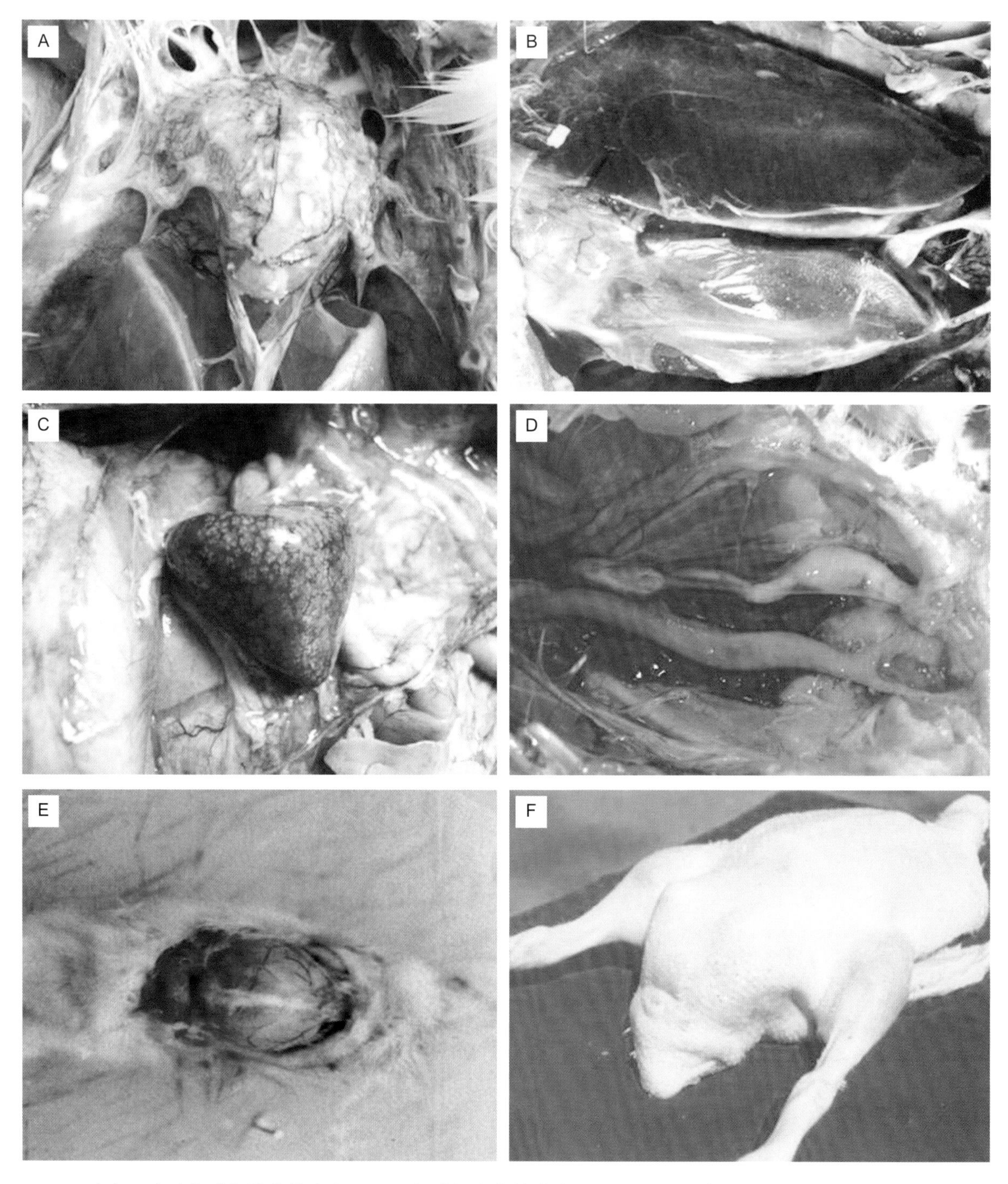

图 17.5　鸭疫里默氏菌感染的大体病变。A. 心包膜纤维素性渗出；B. 肝表面形成纤维素性膜；C. 脾脏肿大，表面呈斑驳的大理石样；D. 后备鸭输卵管栓塞；E. 脑膜及脑膜下充血；F. 皮下感染引起的蜂窝织炎

2）组织学病变

鸭疫里默氏菌可感染呼吸道而不一定表现临床症状。邻近副支气管的淋巴集结出现间质性细胞浸润和增生，或发生急性纤维素脓性肺炎（图 17.6A、B）。心脏纤维素性渗出物含有少量的炎性细胞，主要是单核细胞和异嗜细胞。急性期肝脏可见肝门周围轻度单核白细胞浸润、浊肿、实质细胞水肿变性（图 17.6C）。亚急性病例，可见肝门周围中度淋巴细胞浸润（图 17.6D）。气囊渗出物中的细胞以单核细胞为主。慢性病例可见多核巨细胞和成纤维细胞。中枢神经系统感染可出现纤维素性脑膜炎，表现为弥散性、纤维素性脑膜炎，在脑膜血管壁及其周围有白细胞浸润，脑室系统有广泛性渗出、软膜下和脑室周围的脑组织有轻度到中度的白细胞和小神经胶质细胞浸润（图 17.6E、F）。脾脏和法氏囊可见淋巴细胞的坏死和凋亡。

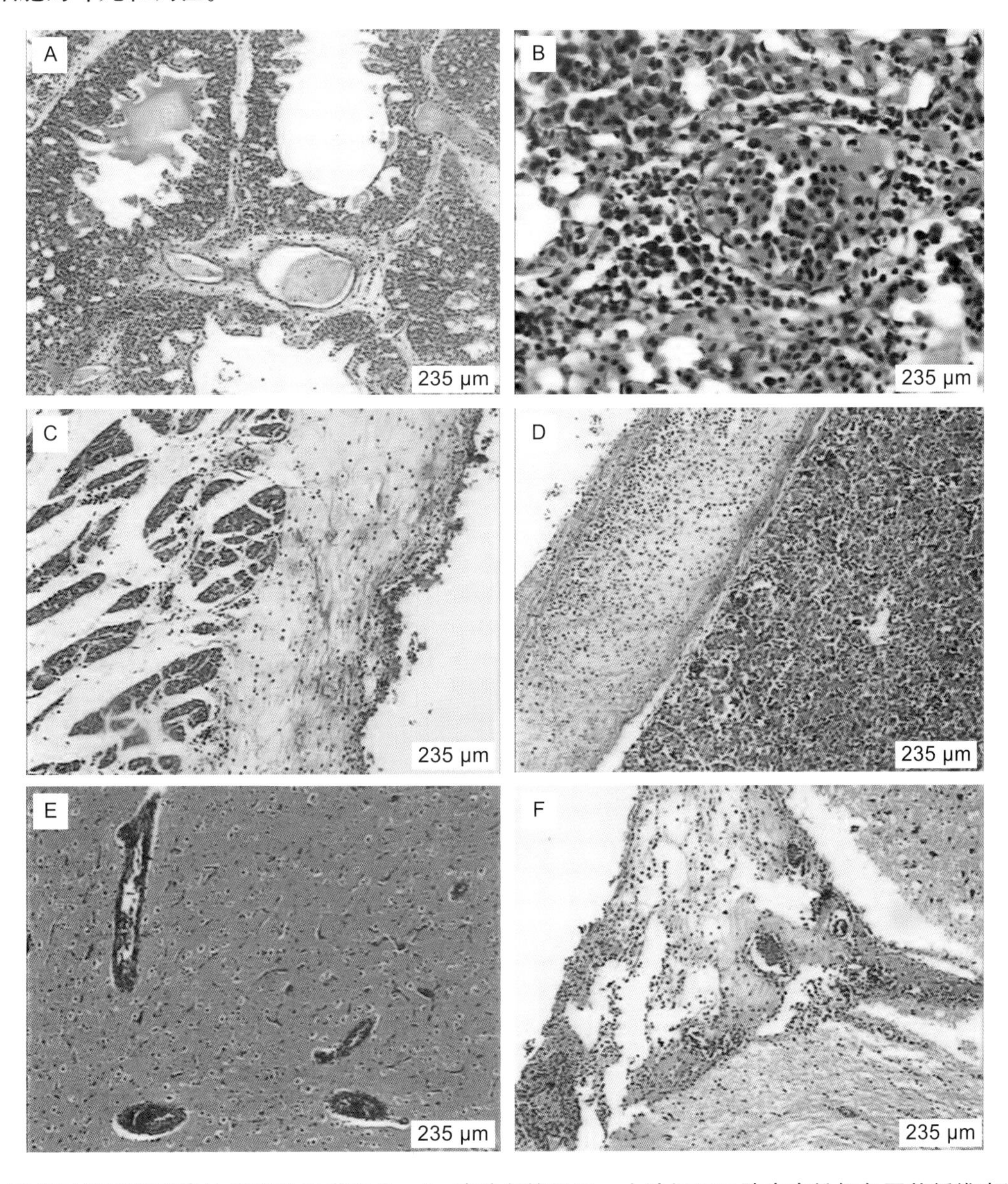

图 17.6　鸭疫里默氏菌感染的病理组织学变化。A. 肺脏血管周围、小叶间隔及肺房内粉红色网状纤维素渗出，纤维素性肺炎；B. 肺脏血管周围有炎性细胞形成围管性浸润；C. 心包膜有粉红色网状纤维素渗出，纤维素性心包炎；D. 肝被膜表面有粉红色网状纤维素渗出，纤维素性肝被膜炎；E. 脑血管扩张、充血；F. 脑膜充血，水肿，有粉红色网状纤维素渗出，纤维素性脑膜炎（HE 染色）

鸭疫里默氏菌感染引起的种鸭关节炎病例临床上比较少见，或者容易被漏诊。感染鸭主要出现一侧跗关节肿大（图 17.7A），剖检可见跗关节腔有黄色或血染的液体，或者干酪样渗出物（图 17.7 B）。若触摸关节有明显的波动感，用注射器可从关节腔中抽出 1~3 mL 不等的黄色或血染的液体（图 17.7C）。部分鸭有腹膜炎和腹腔积液，心包炎和心包积液，肝脏被膜增厚、肿大、质硬，脾脏肿大。

组织病理学变化主要表现为关节附近肌肉间有大量浆细胞和异嗜性粒细胞浸润，关节腔扩张（图 17.7D），内含有多量浆细胞、异嗜性粒细胞浸润及纤维素性渗出物（图 17.7E）。检查其他脏器可见心外膜增厚，表面附有大量的纤维素性渗出物及异嗜性粒细胞和单核细胞浸润（17.7F）；肝中央静脉周围炎性细胞浸润，肝细胞坏死（图 17.7G）；脾红髓有异嗜性粒细胞及巨噬细胞浸润，白髓淋巴细胞严重减少、排空（图 17.7H）及间质性肾炎等（图 17.7I）。

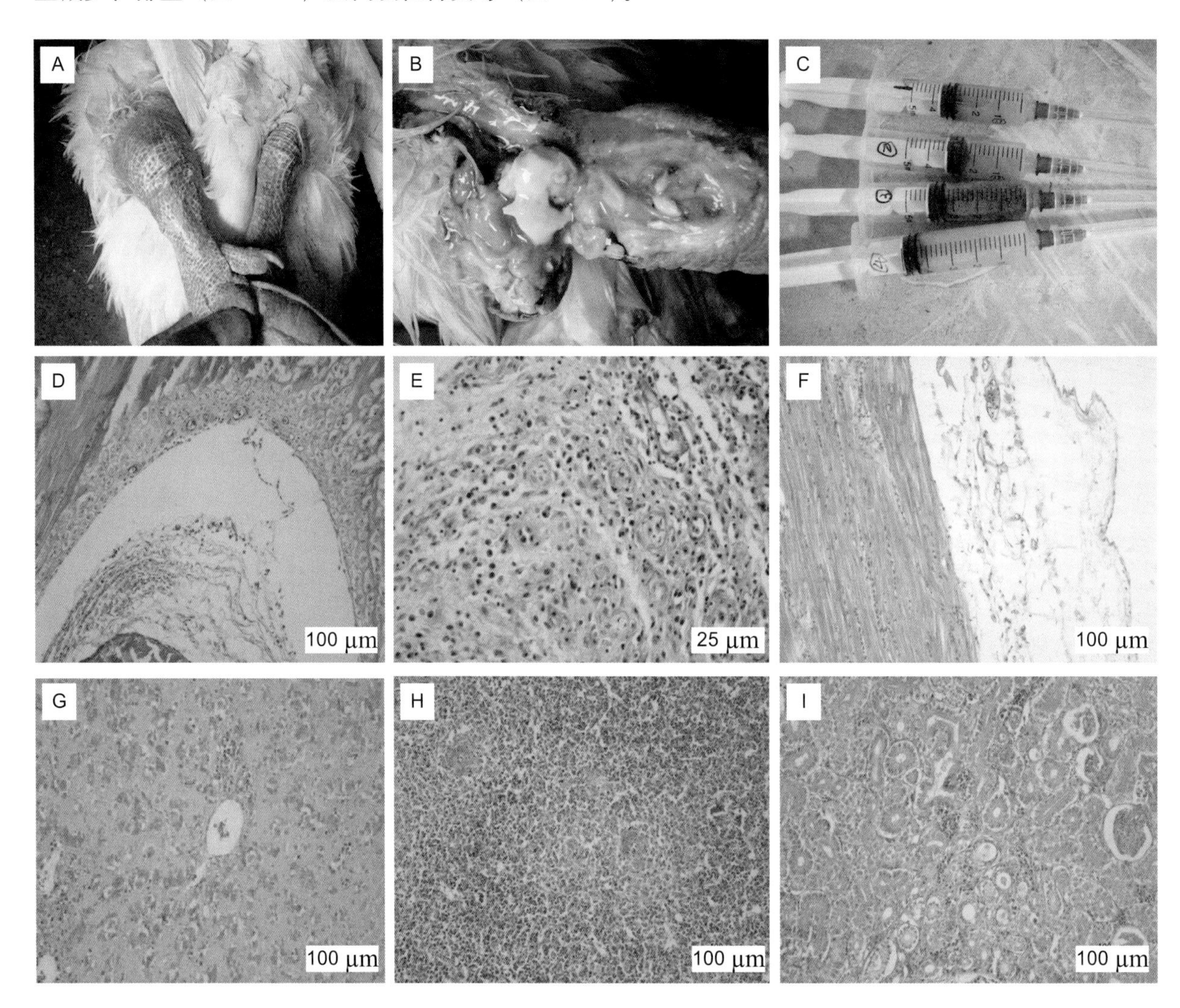

图 17.7　种鸭鸭疫里默氏菌关节感染的大体及组织学病变。A. 感染鸭左侧附关节肿大；B. 感染关节腔的病理损伤，可见有少量干酪性渗出物；C. 跗关节关节腔内抽取的渗出物；D. 关节腔扩张，内含有多量渗出物（H.E 染色）；E. 关节腔内炎性物质，主要为浆细胞、异嗜性粒细胞浸润及纤维素性渗出物（HE 染色）；F. 心外膜附着大量渗出物（HE 染色）；G. 肝中央静脉周围炎性细胞浸润，肝细胞坏死（HE 染色）；H. 脾白髓淋巴细胞严重减少，异嗜性粒细胞浸润（HE 染色）；I. 间质性肾炎（HE 染色）

【诊　断】

1）临床诊断

鸭疫里默氏菌感染是商品鸭最常见的传染病之一，我国绝大部分商品肉鸭群及部分鹅群均有不同程度的感染，疾病多见于2~5周龄的鸭群，但1周龄以内感染死亡也时有发生。临床感染鸭主要表现为采食量减少、不愿走动、排绿色稀粪等，随着病程的发展，神经症状逐渐明显，表现为抽搐、头颈歪斜和运动障碍，通常在出现明显症状后2~3天死亡。剖检可见有明显的心包炎、肝周炎，脾脏肿大并呈斑驳状。根据临床症状和剖检病变初步怀疑为鸭疫里默氏菌感染时，可通过细菌分离鉴定进行确诊。

2）实验室诊断

（1）病原分离与鉴定　细菌分离培养和鉴定是确诊鸭传染性浆膜炎最有效和最可靠的方法。败血性感染病例可以采集肝脏、脾脏、心血、脑、肾脏、肺脏组织以及气囊渗出物等样品进行细菌分离，其中，以脑、肝脏和脾脏组织为首选。

可将采集的样本接种到添加2%胎牛血清的胰酶大豆琼脂或血液琼脂平板，置于烛缸中37℃培养18~36 h。对被污染的病料，在培养基中再添加适量的抗生素，如卡那霉素或和低剂量的庆大霉素可在一定程度上抑制某些杂菌的生长，有助于鸭疫里默氏菌的分离。鸭疫里默氏菌通常在24 h左右可形成直径1~2 mm的湿润的乳白色菌落，可挑选单个菌落进行纯化培养并做进一步鉴定。

由于鸭疫里默氏菌糖发酵活性较低，多种生化反应结果呈阴性，仅根据生化反应结果不能鉴定该菌。

（2）免疫学诊断　免疫荧光抗体染色除了可用于分离菌株的鉴定外，也可用于直接检查病鸭组织或渗出物中的鸭疫里默氏菌。取感染鸭组织或鼻腔渗出物触片，自然干燥和火焰固定，滴加适当稀释的兔抗鸭疫里默氏菌阳性血清，置于湿盒中37℃作用30~60 min，以PBS冲洗3次，去除未结合血清，然后滴加工作浓度的荧光素标记羊抗兔IgG，置于湿盒中37℃作用30~60 min，以PBS冲洗3次，在荧光显微镜下观察可见荧光着染的鸭疫里默氏菌菌体。

应用特异性抗血清进行凝集试验或琼扩试验是鉴定鸭疫里默氏菌的经典方法之一，也是确定细菌血清型最为有效的手段。进行玻片凝集试验时，先用接种环挑取菌落于灭菌缓冲液中混匀制备悬液，取50~100μL悬液与等量抗血清（根据抗体效价不同可适当稀释）于洁净的载玻片上充分混合，2 min之内形成明显的颗粒，混悬液变清亮，即判为阳性，否则判为阴性。在进行凝集试验鉴定时，应设立盐水或缓冲液对照以排除个别细菌出现自凝。

由于该菌的血清型复杂，标准血清尚未商品化，仅少数实验室能够进行血清型鉴定，严重地制约了其应用和推广。有条件的诊断室或鸭场可用自己的细菌分离株免疫家兔制备抗血清用于临床诊断和分离株血清型的初步鉴定，这样可以及时了解和监控某个鸭场或地区不同血清型鸭疫里默氏菌的流行情况和变化动态，为疫苗的免疫预防提供科学指导。

ELISA方法可用于检测血清抗体，比凝集试验敏感性好，但不能区分不同血清型细菌感染。

（3）分子生物学检测

① PCR检测：PCR诊断技术已广泛用于鸭疫里默氏菌分离株的鉴定以及临床样本中细菌的检测，主要是针对细菌16S rRNA基因、外膜蛋白基因（*omp*A）和螺旋酶基因等，但这些方法均存在一定的局限性。针对16S rRNA基因PCR检测方法的特异性不强，不能够区分与鸭疫里默氏菌同属的鸽里默氏菌（*R. columbina*）和鸽咽里默氏菌（*R. columbipharyngis*），而针对外膜蛋白基因的PCR会造成部分分离株漏检。Rubbenstroth等根据已有的鸭疫里默氏菌基因共有序列设计了一对引物（RA L-17: 5' -

TAG CAT CTC TTG GAT TCC CTT C-3' / RA R-5' : CCA GTT TTT AAC CAC CAT TAC CC-3')，分别位于代表株 ATCC11845 的 Riean_0072 和 Riean_0073 位点。PCR 反应条件：94℃变性 2 min，94℃，30 s，54℃退火 30 s，72℃延伸 30 s，共 35 个循环，最后 72℃延伸 10 min。该反应扩增产物长度为 338 bp，可特异性地检测出所有被检的鸭疫里默氏菌菌株。

② 基质辅助激光解吸电离飞行时间质谱鉴定（MALDI-TOF-MS）：MALDI-TOF-MS (Matrix-Assisted Laser Desorption/Ionization Time of Flight Mass Spectrometry）是近年来发展起来的一种新型软电离生物质谱。仪器主要由两部分组成：基质辅助激光解吸电离离子源（MALDI）和飞行时间质量分析器（TOF）。MALDI 的原理是用激光照射样品与基质形成的共结晶薄膜，基质从激光中吸收能量传递给生物分子，而电离过程中将质子转移到生物分子或从生物分子得到质子，使生物分子电离的过程。因此，这是一种软电离技术，适用于混合物及生物大分子的测定。TOF 的原理由离子源产生的离子加速后进入无场漂移管，并以恒定速度飞向离子接收器。离子质量越大，到达接收器所用时间越长，离子质量越小，到达接收器所用时间越短。根据这一原理，可以把不同质量的离子按质荷比值（M/Z）大小进行分离。

MALDI-TOF-MS 能完成细菌多种成分的分析，包括蛋白质、脂类、脂多糖、DNA、多肽及其他能够被离子化的分子。将微生物样品与基质分别点加在样品板上，溶剂挥发后形成样品与基质的共结晶；通过激光轰击，基质从激光中吸收能量使样品解吸，基质与样品之间发生电荷转移使得样品分子电离，经过飞行时间检测器，采集数据并获得图谱，从而通过软件分析得到鉴定结果。该方法具有灵敏度高、准确度高及分辨率高等特点。Rubbenstroth 等利用此技术对鸭疫里默氏菌的菌体蛋白指纹图谱进行了分析和比较。聚类分析结果表明，鸭疫里默氏菌菌株具有非常相似的图谱，与黄杆菌科其他成员，包括鸽里默氏菌和鸭考诺尼亚菌（*Coenonia anatina*）有明显的差异。

此外，科研人员在不断地探索更为简便和准确的分型方法，如基因分型方法，包括：Rep-PCR（repetitive sequence based-PCR）、RAE（restriction endonuclease analysis）、ERIC-PCR、PFGE、BOX-PCR、SERE-PCR、PCR-RFLP 以及质粒多态性等方法。

临床上进行鸭传染性浆膜炎诊断时应注意与大肠杆菌、链球菌和沙门氏菌等细菌感染引起的败血性疾病相区别，这些疾病的大体病变与鸭疫里默氏菌感染相似，需要进行病原的分离和鉴定才能确诊。此外，还应注意区别鸭衣原体病，特别是火鸡及鸭衣原体感染严重的地区。

【防　治】

1）管理措施

鸭群传染性浆膜炎的发生与鸭场的饲养管理密切相关，认真做好鸭群的饲养和管理是预防鸭疫里默氏菌感染的关键。首先，商品肉鸭应尽可能采用高网床饲养，地面定期冲洗和消毒，避免粪便过度堆积，减少污染；其次，根据不同日龄，适时调整饲养密度，避免过度拥挤，保证雏鸭饲料的质量安全，全程饲喂营养均衡与日龄相适配的全价料；第三，鸭舍要保证足够的通风，避免舍内氨气等有害气体的蓄积对呼吸道黏膜的刺激和伤害，并通过高效合理的通风降低舍内环境湿度。

2）免疫防治

免疫接种实验和临床应用研究表明，雏鸭接种鸭疫里默氏菌灭活疫苗或弱毒疫苗对同一血清型强毒感染具有很好的保护作用，但不同血清型之间交叉保护作用较低，或者无交叉保护，因此，需要根据疫区流行的细菌血清型选择合适的疫苗，或者应用多价疫苗。

应强调的是，不同佐剂的灭活疫苗保护力及持续时间差异很大。雏鸭接种矿物油佐剂灭活疫苗产生的免疫力持续时间长。商品肉鸭在5~7日龄经颈部皮下免疫接种一次油佐剂疫苗后1周即可检测到特异性的抗体反应，2周左右达到高峰，免疫保护作用可维持至上市日龄。但矿物油佐剂疫苗的缺点是在注射部位容易引起很强的炎性反应，甚至形成炎性结节。所以，商品肉鸭免疫接种时应避免注射到腿肌或胸部肌肉内。相比较而言，不加任何佐剂的菌素苗、加铝胶或者蜂胶佐剂的灭活苗接种雏鸭后引起的不良反应比较轻微，并能较快地刺激机体产生免疫反应，免疫后2周抗体水平达到高峰，但缺点是抗体高峰维持时间较短，通常需要免疫接种2次才能使商品肉鸭在整个易感期内得到很好的保护。

美国康奈尔大学Sandhu博士等成功地选育出抗1、2和5型鸭疫里默氏菌的活疫苗，疫苗株可在鸭上呼吸道增殖，并刺激机体产生保护性免疫反应。经气雾或眶下窦内感染证明，疫苗株对1日龄雏鸭无致病性，通过接触感染返传10代仍然安全。1日龄雏鸭气雾或饮水免疫该疫苗后对强毒感染有明显的保护作用。免疫一次的保护作用至少可持续到42日龄。近年来，国内外许多科研人员对鸭疫里默氏菌的免疫原性成分进行了深入的研究并发现一些具有良好免疫原性和保护原性的菌体成分，如OmpA和GroEL等，这些蛋白作为亚单位疫苗的候选成分具有良好免疫原性。此外，基因缺失突变株的成功构建等为进一步研制新型疫苗奠定了良好的基础。

3）药物防治

抗菌药物对鸭疫里默氏菌感染的治疗效果不一。据报道，在鸭疫里默氏菌感染试验中，饮水或饲料中添加0.2%～0.25%的磺胺二甲基嘧啶可以预防鸭出现临床症状。人工感染开始前3天，在饲料中添加新生霉素（0.03%～0.036 8%）或林可霉素（0.011%～0.022%）可显著降低感染鸭的死亡率。在实验条件下，饲料中联合使用周效磺胺和二甲氧甲苄氨嘧啶（剂量为0.02%~0.12%）可预防或减少死亡。皮下注射林可霉素 / 壮观霉素、青霉素或青霉素与双脱氢链霉素可有效地降低人工感染鸭的死亡率。恩诺沙星可有效地防止雏鸭的死亡。在雏鸭人工感染鸭疫里默氏菌5 h后，以2 mg/kg的单一剂量皮下注射广谱的头孢噻呋可以降低雏鸭的死亡率。

近年来的研究表明，我国大部分地区鸭疫里默氏菌分离株均有不同程度的耐药性，耐药谱介于5~13种药物之间，可见鸭疫里默氏菌的耐药性已经变得越来越普遍。耐药菌株的出现和扩散给该病的药物防治增加了难度，因此，在使用抗生素进行预防和治疗时应对所分离的细菌进行药物敏感性试验，选择使用合适的药物以达到最佳的效果。Zhong等用K-B法检测分析了224株临床分离菌株对36种抗生素的耐药性，结果发现半数菌株对氨苄西林、头孢他啶等10种抗生素具有耐药性，并且对头孢他啶、氨曲南、头孢吡肟、苯唑西林、青霉素G、甲氧苄啶、磺胺甲噁唑等有极高的抗性。Sun等对2008—2010年间从中国南方分离到的103株鸭疫里默氏菌的耐药性进行了分析，发现其对链霉素、卡那霉素、庆大霉素、安普霉素、丁胺卡那霉素、新霉素、萘啶酸、磺胺二甲嘧啶的耐药性很高，但对氨苄西林和氟苯尼考的耐药性较低。

对商品肉鸭要严格控制用药，应根据不同药物的休药期，合理安排给药，保证肉鸭在上市时药物残留符合相关法规的要求，保障食品安全并避免不必要的经济损失。

【参考文献】

[1] 郭玉璞，陈德威，范国雄，等 . 北京鸭小鸭传染性浆膜炎的调查研究 . 畜牧兽医学报，1982, 13（2）: 107-113.

[2] 高福，郭玉璞 . 小鸭传染性浆膜炎疫苗的研究 I 、鸭疫巴氏杆菌的血清型鉴定 . 中国兽医杂志，1987, 12（4）: 47-48.

[3] 高福，郭玉璞 . 小鸭传染性浆膜炎疫苗的研究 II 、鸭疫巴氏杆菌灭活疫苗的研究 . 中国兽医杂志，1987, 12（4）: 47-48.

[4] 郭玉璞 . 我国对鸭传染性浆膜炎研究概况 . 中国兽医杂志，1997, 23（12）: 37-38.

[5] 苏敬良，郭玉璞，吕艳丽 . 鸭疫里默氏杆菌免疫原性研究 . 中国兽医杂志，1998, 24（8）: 3-4.

[6] 张鹤晓，郭玉璞 . 间接 ELISA 检测鸭疫里氏杆菌抗体的研究 . 中国畜禽传染病，1998, 20（3）: 183-186.

[7] 苏敬良，吕艳丽，郭玉璞，等 . 2 型鸭疫里默氏杆菌的分离 . 中国预防兽医学报，1999, 21（1）:9-10.

[8] 苏敬良，黄瑜，吕艳丽，等 . 间接荧光抗体技术检测鸭疫里氏杆菌 . 中国兽医杂志，1999, 25（2）: 12-13.

[9] 苏敬良，郭玉璞，吕艳丽 . 鸭疫里氏杆菌外膜蛋白免疫原性研究 . 畜牧兽医学报，1999,30（5）: 444-448.

[10] 张大丙，郭玉璞 . 我国鸭疫里氏杆菌血清型的鉴定 . 畜牧兽医学报，1999,30（6）:536-542.

[11] 苏敬良，黄瑜，吕艳丽，等 . 鸭传染性浆膜炎油佐剂灭活疫苗的研究 . 中国兽医科技，2000,30(6)12-14.

[12] Bisgaard M. Antigenic studies on Pasteurella anatipestifer, species incertaesedis, using slide and tube agglutination. Avian Pathology, 1982, 11(3):341-350.

[13] Brogden K A, Rhoades K R, Rimler R B. Serologic types and physiologic characteristics of 46 avian Pasteurella anatipestifer cultures. Avian Diseases, 1982, 26(4):891-896.

[14] Christensen H, Bisgaard M.Phylogenetic relationships of Riemerella anatipestifer serovars and related taxa and an evaluation of specific PCR tests reported for R. anatipestifer. Journal of Applied Microbiology, 2010, 108(5):1612-1619.

[15] Frommer A, Bock R, Inbar A, et al.Muscovy ducks as a source of Pasteurellaanatipestifer infection in turkey flocks. Avian Pathology, 1990, 9(1):161-163.

[16] Hatfield R M, Morris B A, Henry R R. Development of an enzyme-linked immunosorbent assay for the detection of humoral antibody to Pasteurella anatipestifer.Avian Pathology, 1987, 16(1):123-140.

[17] Hatfield R M, Morris B A. Influence of the route of infection of Pasteurellaanatipestifer on the clinical and immune responses of white Pekin ducks. Research in Veterinary Science, 1988, 44(2):208-214.

[18] Layton H W, Sandhu T S. Protection of ducklings with a broth-grown Pasteurella anatipestifer bacterin. Arian Diseases, 28(3):718-726.

[19] Loh H, Teo T P, Tan H C.Serotypes of 'Pasteurella' anatipestifer isolates from ducks in Singapore: a proposal of new serotypes.Avian Pathology, 1992, 21(3):453-459.

[20] Mavromatis K, Lu M, Misra Metal, et al. Complete genome sequence of Riemerella anatipestifer type

strain (ATCC 11845). Standards in Genomic Sciences, 2011, 4(2):144-153.

[21] Piechulla K, Pohl S, Mannheim W. Phenotypic and genetic relationships of so-called Moraxella (Pasteurella) anatipestifer to the Flavobacterium/Cytophaga group.Veterinary Microbiology, 1986,11(3):261-270.

[22] Rubbenstroth D, Ryll M, Knobloch J K, et al.Evaluation of different diagnostic tools for the detection and identification of Riemerellaanatipestifer.Avian Pathology, 2013, 42(1):17-26.

[23] Sandhu T, Harry E G.Serotypes of Pasteurellaanatipestifer isolated from commercial White Pekin ducks in the United States. Avian Diseases, 1981, 25(2):497-502.

[24] Sandhu T. Immunization of White Pekin ducklings against Pasteurella anatipestifer infection.Avian Diseases, 1979, 23(3):662-669.

[25] Sandhu T S, Layton H W. Laboratory and field trials with formalin-inactivated Escherichia coli (O78)-Pasteurella anatipestifer bacterin in white pekin ducks. Avian Diseases. 1985 ,29(1):128-35.

[26] Sandhu T S, Leister M L. Serotypes of ‘Pasteurella’ anatipestifer isolates from poultry in different countries. Avian Pathology, 1991 20(2):233-239.

[27] Sarver C F, Morishita T Y, Nersessian B. The effect of route of inoculation and challenge dosage on Riemerellaanatipestifer infection in Pekin ducks (Anasplatyrhynchos). Avian Diseases, 2005, 49(1):104-107.

[28] Segers P, Mannheim W, Vancanneyt M, et al. *Riemerella anatipestifer* gen. nov., comb. nov., the causative agent of septicemia anserum exsudativa, and its phylogenetic affiliation within the *Flavobacterium-Cytophaga* rRNA homology group. International Journal of Systematic Bacteriology, 1993, 43(4): 768-776.

[29] Sun N, Liu J H, Yang F, et al. Molecular characterization of the antimicrobial resistance of Riemerella anatipestifer isolated from ducks. Veterinary Microbiology, 2012, 158(3-4):376-383.

[30] Turbahn A, De Jackel S C, Greuel E, et al. Dose response study of enrofloxacin against Riemerella anatipestifer septicaemia in Muscovy and Pekin ducklings.Avian Pathology, 1997, 26(4):791-802.

[31] Vandamme P, Vancanneyt M, Segers P, et al. Coenonia anatina gen. nov., sp. nov., a novel bacterium associated with respiratory disease in ducks and geese. International Journal of Systematic Bacteriology, 1999, 49 (2) :867-774.

[32] Wang X, Ding C, Wang S, et al. Whole-Genome Sequence Analysis and Genome-Wide Virulence Gene Identification of Riemerella anatipestifer Strain Yb2. Applied and Environmental Microbiology, 2015, 81(15):5093-5102.

[33] Wang X, Liu W, Zhu D, et al.Comparative genomics of Riemerella anatipestifer reveals genetic diversity. BMC Genomics. 2014, 15:479. doi: 10.1186/1471-2164-15-479.

[34] Zhong C Y, Cheng A C, Wang M S, et al. Antibiotic susceptibility of Riemerella anatipestifer field isolates. Avian Diseases, 2009, 53(4):601-607.

第18章　鸭巴氏杆菌病
Chapter 18　Duck Pasteurellosis

引　　言

鸭巴氏杆菌病（duck pasteurellosis），又称鸭多杀性巴氏杆菌感染、鸭霍乱、鸭出血性败血症等，是危害我国养鸭业的一种重要的接触性传染病。该病可侵害各种日龄的鸭，临床上多发生败血性感染，以发病急、发病率和病死率高为特点，病理特征主要为心冠脂肪和心肌出血、肝脏表面有大量针尖大小的白色坏死点，以及肠道黏膜出血等。

【病原学】

1）分类地位

多杀性巴氏杆菌（*Pasteurella multocida*）属巴氏杆菌科（Pasteurellaceae）的巴氏杆菌属 (*Pasteurella*)。

2）形态特征

多杀性巴氏杆菌为革兰氏阴性、无鞭毛、无芽孢的小杆菌，单个或成对存在，偶尔呈链状或纤丝状，老龄培养物往往呈多形性。正常菌体大小为（0.3~0.4）μm ×（1.0~2.0）μm（图 18.1A）。在感染组织中的菌体用姬姆萨染色或瑞氏染色通常可见明显的两极浓染（图 18.1B）。部分菌株经印度墨汁负染可见明显的荚膜结构，有报道该菌可形成菌毛。

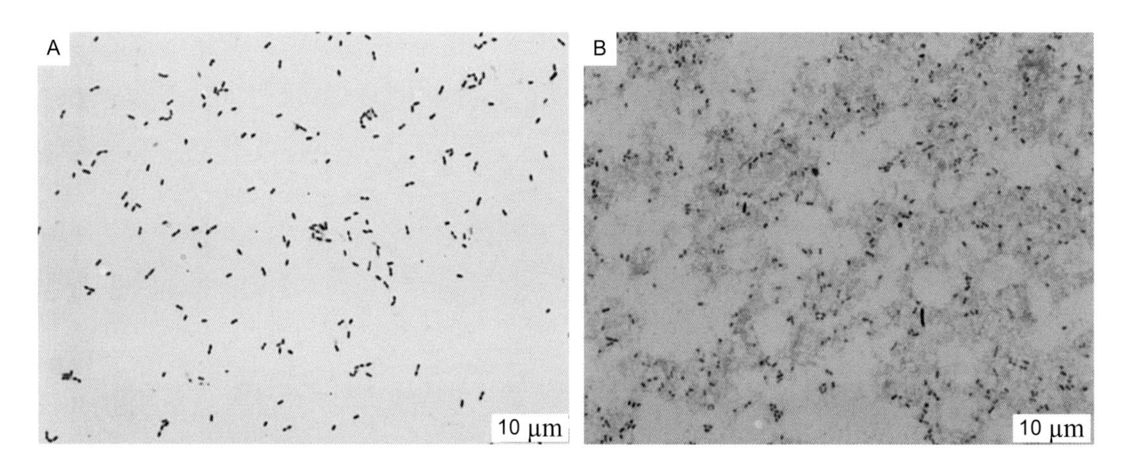

图 18.1　光镜下多杀性巴氏杆菌形态。A. 多杀性巴氏杆菌纯培养物形态（革兰氏染色）；B. 实验感染小鼠肝组织触片中多杀性巴氏杆菌，呈明显两极浓染（瑞氏染色）

3）培养特性

多杀性巴氏杆菌为需氧或兼性厌氧菌，最适生长温度是35~37℃，最适pH为7.2~7.8。该菌在苛营养革兰氏阴性菌标准培养基，如巧克力琼脂和哥伦比亚血液琼脂中生长良好。37℃培养24 h左右的菌落直径0.5~2 mm，菌落表面光滑凸起、边缘整齐。在牛或羊血液琼脂上无明显的β-溶血，但随着培养时间的延长会出现变绿现象。

从病例组织脏器中分离到的初代菌落在斜射光下观察可能有虹光，这是研究多杀性巴氏杆菌很有价值的特征之一，可能与细菌荚膜有关。在一定程度上，培养基的成分决定虹光的强度和类型。培养基中加入血清，菌落有时呈现扇形虹光或者虹光。虹光型常与急性禽霍乱的暴发相关，属于高致病力菌株；蓝光型属于低毒力菌株，一般分自禽霍乱地方流行性禽群；第三型为中间型，其虹光特征和毒力介于前两者之间。

细菌在液体培养基中呈混浊生长，也可能呈颗粒状，培养16~24 h生长最佳。

多杀性巴氏杆菌氧化酶、过氧化氢酶和鸟氨酸脱羧酶试验阳性，尿素酶试验阴性；大部分菌株发酵碳水化合物产酸不产气。

4）基因组结构

禽源多杀性巴氏杆菌Pm70株的基因组序列全长为2 257 487 bp，G+C%含量为41%，预测有2 140个编码区，约占基因组的89%，其中约200个编码区为多杀性巴氏杆菌所特有，其余11%的基因序列包括6个完整的rRNA操纵子（16S-23S-5S），57个tRNA基因和少量非编码区。预测该菌至少含有104个毒力相关基因。

已报道过从该菌分离到大小1.3~100 kb的质粒，这些质粒可能与细菌抗链霉素、磺胺类、四环素、青霉素、卡那霉素和氯霉素等有关，但并非所有的多杀性巴氏杆菌都携带有质粒。此外，也发现转座单元，如Tn5706等。

根据细菌染色体基因组DNA同源性可将多杀性巴氏杆菌分为3个亚种：多杀性巴氏杆菌多杀亚种（*Pasteurella multocida* subsp. *multocida*）、败血亚种（*P. multocida* subsp. *septica*）、杀鸡亚种（*P. multocida* subsp. *gallicida*）。三者的鉴别性生化特性见表18.1。从暴发禽霍乱的鸡群可分离到3个亚种，但是从鸡和火鸡中分离到的最多的是多杀亚种；在猛禽和鹦鹉体内分离到的菌株也以多杀亚种为主，而有蹼水禽中以杀鸡亚种为主。

表18.1　用于多杀性巴氏杆菌亚种鉴定的生化特征

项目	多杀性巴氏杆菌		
	多杀亚种	杀鸡亚种	败血亚种
卫矛醇	−	+	−
D (-) 山梨醇	+	+	−
L (-) 岩藻糖	d	−	d
海藻糖	d	−	+
α-葡糖苷酶（PNPG）	d	−	+

+：90%以上的菌株呈阳性；−：90%以上的菌株呈阴性；d：11%~89%的菌株呈阳性。

5）抗原性及血清型

多杀性巴氏杆菌的抗原结构及血清学检测方法比较复杂，其中部分血清学分型方法被广泛接受。

早在 1947 年，Roberts 根据小鼠血清学被动保护试验将该菌分为 4 个血清型（Ⅰ、Ⅱ、Ⅲ和Ⅳ型）。大多数多杀性巴氏杆菌表面有多糖荚膜，但不同菌株的荚膜多糖的化学成分不同。荚膜抗原分型技术在多杀性巴氏杆菌分型中得到最为广泛的认可和应用。1955 年，Carter 等根据荚膜成分和结构的不同，采用荚膜抗原致敏的红细胞进行被动血凝试验将多杀性巴氏杆菌分为 A、B、D、E 和 F 五个荚膜血清型，其中 A 型荚膜多糖主要由透明质酸构成，是由→(1，4) -*β*-*D*- 葡糖醛酸 -(1，3)-*β*-*D*-N- 乙酰葡糖胺 -(1 →重复单位构成的多聚体；F 型荚膜多糖主要由未经修饰的肝素构成，是由→ 4) -*β*-*D*- 葡糖醛酸 -(1，4)-*α*-*D*-N- 乙酰葡糖胺 -(1 →重复单位构成的多聚体；而 D 型荚膜多糖主要成分是未经修饰的软骨素，是由→ 4) -*β*-*D*- 葡糖醛酸 -(1,3)-*β*-*D*-N- 乙酰半乳糖胺 -(1 →重复单位构成的多聚体。这些荚膜多糖均为糖胺聚糖（GAGs)，其一级结构与真核细胞胞外基质相同，但细菌的肝素和软骨素未硫酸酯化。B 和 E 型荚膜多糖的确切结构目前尚不完全清楚，但已知 B 型荚膜的分子组成包括甘露糖、阿拉伯糖和半乳糖。

Townsend 等于 2001 年根据参与多杀性巴氏杆菌荚膜合成的基因簇结构和核苷酸的差异，建立了检测和鉴别不同荚膜抗原型的特异性多重 PCR 技术，该方法可以直接检测多杀性巴氏杆菌基因片段并进行荚膜分型。

Heddleston 等于 1972 年报道了菌体抗原的分型方法。该方法利用甲醛 - 生理盐水抽提的菌体热稳定抗原进行琼脂扩散试验将多杀性巴氏杆菌分为 16 种菌体血清型（分别为 1~16 型）。到目前为止，这些菌体血清型均已从禽类分离到，而且琼脂扩散试验结果与鸡和火鸡体内的免疫反应有很好的相关性。

菌体抗原的特异性可能是由细菌脂多糖（lipopolysaccharide, LPS）成分决定的，但多杀性巴氏杆菌与大多数革兰氏阴性肠道菌 LPS 不同，细菌脂多糖缺乏 O- 抗原重复单位，又称为脂寡糖(lipooligosaccharide, LOS)。大多数多杀性巴氏杆菌可同时产生 2 种脂多糖糖型（LPS glycoform），分别为糖型 A 和 B，二者核心外层相同，但核心内层不同。糖型 B 的核心内层含有脂质 A 和 2 个 2- 酮基 -3- 脱氧 - 辛酸（Kdo）残基，而糖型 A 主要由脂质 A 和一个磷酸化的 Kdo 残基构成，该残基通常被磷酸乙醇胺替代。糖型 A 在第一个庚糖的 6 位还附有一个葡萄糖分子。部分多杀性巴氏杆菌还表达脂多糖糖型 C，其结构是在保守的糖型 A 核心内层附有一个新的四糖 [*β*- 半乳糖 -(1-4)-*β*-N- 乙酰葡糖胺 -(1-3)-*β*- 半乳糖 -(1-3)-*β*-N- 乙酰葡糖胺] 核心外层。虽然糖型 C 的表达量极低，但其表面的四糖结构含有真核细胞的新乳糖系列鞘糖脂的关键结构信号，这种类似于宿主细胞的糖分子结构有利于细菌逃避宿主的天然免疫。研究结果表明，1、3 和 14 血清型的代表菌株的 LPS 结构差异显著，与 Heddleston 血清分型高度一致。然而，血清 2 型和 5 型代表株的 LPS 基本结构相同，因此，常规的 Heddleston 血清分型很难区分 2 型和 5 型。但 5 型菌株 LPS 在糖型 A 核心内层庚糖Ⅱ的第 3 位有一个磷酸乙醇胺，正是这一结构差异导致其血清学反应的不同。抗 2 型菌株 LPS 的特异性单克隆抗体与 5 型菌株 LPS 不发生反应。

菌体抗原的血清学分型为进一步了解禽多杀性巴氏杆菌菌株的多样性提供了可靠的信息，而且方法简便，因此琼脂扩散沉淀试验已成为常规的检测方法，但可能出现某个菌株的菌体抗原与多个菌体型抗血清发生反应的现象。

多杀性巴氏杆菌分离株有明显的遗传多样性。采用多位点酶电泳分析（MLEE）可将该菌分为不同的克隆。多种核酸分型方法可用于禽多杀性巴氏杆菌的鉴别。限制性内切酶分析（REA）和限制性内切酶片段长度多态性分析（RELP）方法已广泛用于疾病暴发时菌株的多样性和传播途径的调查研究。脉冲场凝胶电泳 (PFGE) 则利用了稀有的限制性内切酶对细菌基因组进行酶切，通过电泳分析可以分辨较大的 DNA 片段，在很大程度上反映了全基因组限制性片段长度的多态性，对禽源多杀性巴氏杆菌分离株的染色体基因组差异具有很好的分辨力。

引起禽霍乱的多杀性巴氏杆菌的毒力比较复杂，与菌株、宿主的品种、宿主生理状态及二者之间接触的条件等因素密切相关。

荚膜和脂多糖是多杀性巴氏杆菌抵抗和逃逸宿主天然免疫的重要因素。无荚膜菌株和荚膜缺失突变株的毒力均明显降低。研究结果表明，A 型荚膜缺失突变株对含有活性补体的鸡血清高度敏感，注射到鸡体后在肌肉组织中很快被杀灭（4 h 内下降约 60 倍），而野生型菌株在鸡体的肌肉组织中能快速繁殖。巨噬细胞体外吞噬试验表明，B 型荚膜突变株被吞噬量比野生型高 4~6 倍。小鼠感染结果显示，无荚膜突变株很快从血液、肝脏和脾脏中被清除，感染后 4 h 就很难检出。

与其他革兰氏阴性菌一样，多杀性巴氏杆菌脂多糖具有内毒素活性，但对不同宿主动物的毒性似乎有很大的差异。水牛静脉注射纯化的 B 型菌株脂多糖可引起典型的牛出血性败血症，而火鸡对 A 型菌株脂多糖具有一定的抗性。此外，LPS 结构及宿主动物不同，所引起的体液免疫反应有很大的差异。早期的研究发现血清 1 型菌株脂多糖可诱导鸡产生很强的保护性免疫反应，但对小鼠或兔体的免疫作用并不显著。近几年对基因突变株的深入研究表明，LPS 结构的改变可显著降低细菌致病力。如 LPS 末端磷酸胆碱的缺失可导致细菌对抗菌肽 fowlicidin 1 的抗性显著下降。

外膜蛋白（包括铁结合蛋白）和黏附素等也是多杀性巴氏杆菌的重要毒力因子。

多杀性巴氏杆菌可长时间存在于健康动物的咽喉部，但其侵入肺脏和其他组织的机制目前尚不完全清楚。应激因素导致健康带菌动物生理状态的改变，可能是促进细菌侵入组织并导致局部或全身感染的关键。正常情况下，多杀性巴氏杆菌不能穿越禽类的消化道上皮细胞或黏膜层，但气管内接种的细菌很容易在下呼吸道定植并很快进入血管系统。

呼吸道可能是禽多杀性巴氏杆菌感染的主要途径。对禽类而言，少量的细菌进入下呼吸道即很容易引发感染，而且巨噬细胞可能促发细菌的入侵。细菌一旦进入组织或血液，即可在局部（肺脏、肝脏、脾脏或者伤口部位）中繁殖，之后再进入血液。在组织脏器中，即使是低毒力的菌株也能大量繁殖，引起明显的局部坏死。感染菌株毒力和宿主的免疫反应是影响细菌是否从感染局部扩散的关键。尽管体外试验表明，多杀性巴氏杆菌在含有活性补体的血清中生长迅速，但尚无确切的证据表明该菌在感染禽血液中繁殖。实际上，细菌在感染禽组织（如肝脏）中快速繁殖期间，血液中的细菌量却很低。菌血症的形成是细菌在组织脏器中繁殖后扩散至血液的结果。细菌脂多糖在疾病早期的作用尚不清楚，但死于败血性感染的病例在浆膜或心包表面往往有大量出血斑，这是很多内毒素血症常见的消耗性凝血病的指征。

6）抵抗力

多杀性巴氏杆菌在湿度低于 40%的土壤中很快失活。在湿度为 50%，温度为 20℃的条件下，该菌在 pH 5.0 的环境中能存活 5 ～ 6 天，pH 7.0 时能存活 15 ～ 100 天，pH 8.0 时能存活 24 ～ 85 天。在 3℃，pH 7.15，湿度为 50%的土壤中能存活 113 天而不失去致病力。然而，多杀性巴氏杆菌极易被普通的消毒剂、阳光、干燥和热灭活。56℃ 15 min，60℃ 10 min 即可杀死该菌。室温条件下，福尔马林、戊二醛溶液，氢氧化钠溶液、新洁尔灭等清毒剂很快可将细菌杀灭。

【流行病学】

多杀性巴氏杆菌的宿主范围非常广泛，几乎所有的鸟类都易感。已报道至少有 100 多种野生鸟类可自然感染该病，但感染多暴发于鸡、火鸡、鸭和鹅。

家禽中以火鸡最易感，且多发生于性成熟早期的火鸡群，但所有日龄均易感。鸡霍乱常发生于产蛋鸡群，引起产蛋下降和局部持续性感染。自然感染的死亡率通常为0~20%，甚至更高。

鸭和鹅对多杀性巴氏杆菌高度易感，且多呈急性流行性经过。商品代肉鸭和成年鸭均易感，感染鸭群的死亡率通常在10%~30%，个别鸭场死亡率高达50%，甚至更高。国内外已有大量野生水禽爆发禽霍乱的报道。

带菌动物（包括野生鸟类、家禽和哺乳动物）可能是感染的最初来源，这在鸡和火鸡霍乱的爆发和流行中已得到证实。有多篇报道从临床健康的水禽中分离到多杀性巴氏杆菌，而且已证实带菌鹅可引起鸡群感染。死于急性禽霍乱的死禽尸体可作为感染源散播细菌，尤其当健禽啄食这些尸体时。

在多杀性巴氏杆菌病流行地区，慢性感染和疾病流行后的幸存者被认为是感染的主要来源。实验证实，与禽霍乱病鸡有接触的麻雀、鸽子和大鼠可被多杀性巴氏杆菌感染，随之，它们又可感染易感鸡。麻雀和鸽子常常带菌而无任何临床表现，但约10%的感染大鼠会发生急性型巴氏杆菌病。

该病在禽群内最主要是通过禽与禽之间直接接触、污染饮水和饲料等传播。经口腔、鼻腔和眼结膜接触含有细菌的气溶胶、摄食被细菌污染的饮水和饲料是造成禽多杀性巴氏杆菌感染和流行的最主要途径。

鸭场或者鸭群中一旦发生多杀性巴氏杆菌感染，场舍环境，特别是饮水即可能被细菌严重污染，并通过呼吸和摄食等途径在高密度饲养的鸭群中扩散。

波斯锐缘蜱 (*Argas persicus*) 可传播多杀性巴氏杆菌。室温条件下，多杀性巴氏杆菌可在蜱体内存活31天，而且细菌可在该蜱体内繁殖。从死于禽霍乱的鸭体表收集的鸡皮刺螨（*Dermanyssus gallinae*）中也分离到多杀性巴氏杆菌，并有实验证明吸食感染家禽血的鸡皮刺螨携带多杀性巴氏杆菌长达42~64天。在自然条件下，苍蝇也可能将禽霍乱传入禽群，但苍蝇传播病原的可能性很小。

各年龄段的鸭对多杀性巴氏杆菌都易感。饲养环境和饲养方式可能是影响该病流行和发生的重要因素之一。在我国长江以南地区，许多鸭场靠近或利用天然的水环境（水塘、水库和河流等），开放和半开放式饲养的鸭群可频繁接触野生鸟类，生物安全措施差，使得水禽霍乱频发。近些年来，每年的5月至10月，由于天气炎热，高温高湿天气增多，鸭霍乱病例的发生明显增多，已成为南方数省养鸭业的重要细菌病。华北地区鸭霍乱多发生于夏秋季天气闷热，而且雨水较多的时段。

【临床症状】

该病的潜伏期为十几个小时到数天不等，按病程的长短分为：

1）急性型

多见于该病的流行初期，前期症状不明显，或者在死前几小时才能观察到症状。常见的症状包括厌食、羽毛粗乱、咳嗽、打喷嚏和呼吸加快，将病鸭倒提时口腔流出大量污秽液体。病鸭最初排白色水样粪便，之后为绿色并含有黏液的稀粪，并可能混有血液。通常在出现症状后1~3天内死亡。耐过初期急性败血期的幸存鸭则可能死于恶病质和脱水，也可能转为慢性感染，或者康复。

2）慢性型

慢性禽霍乱可由急性病例转化而来，也可由低毒力菌株的感染而致。病鸭消瘦，关节感染者则可出现局部关节肿胀、发热和行走困难等。产蛋鸭群多表现为生产性能异常，产蛋率上升缓慢，甚至维持在较低的水平状态，鸭群死淘率明显偏高。

【病理变化】

1）剖检病变

急性多杀性巴氏杆菌感染死亡鸭剖检可见多脏器浆膜有出血点或出血斑。心包积液（图 18.2A）；心肌及其冠状脂肪出血（图 18.2B）。肝脏肿胀，表面有弥散性针尖或小米粒大小的白色坏死点（图 18.2C）。偶尔可见肝表面有一层纤维素性包膜。脾脏肿大，外观呈斑驳状（图 18.2D）。肺脏严重瘀血和水肿（图 18.2E）。肠道，尤其是十二指肠和空肠出血，外观可见出血点和出血斑（图 18.2F），甚至有肿胀和出血环（图 18.2G），剖开肠道可见黏膜出血、内容物呈胶冻样（图 18.2H）等。少数病程稍长或慢性感染病例则可能出现关节感染，表现为一侧或两侧关节肿大，有纤维素坏死性腱鞘炎，甚至有大量干酪样渗出。眶下窦感染病例则在窦内形成囊状硬块，切开后可见黄白色干酪样凝固物。

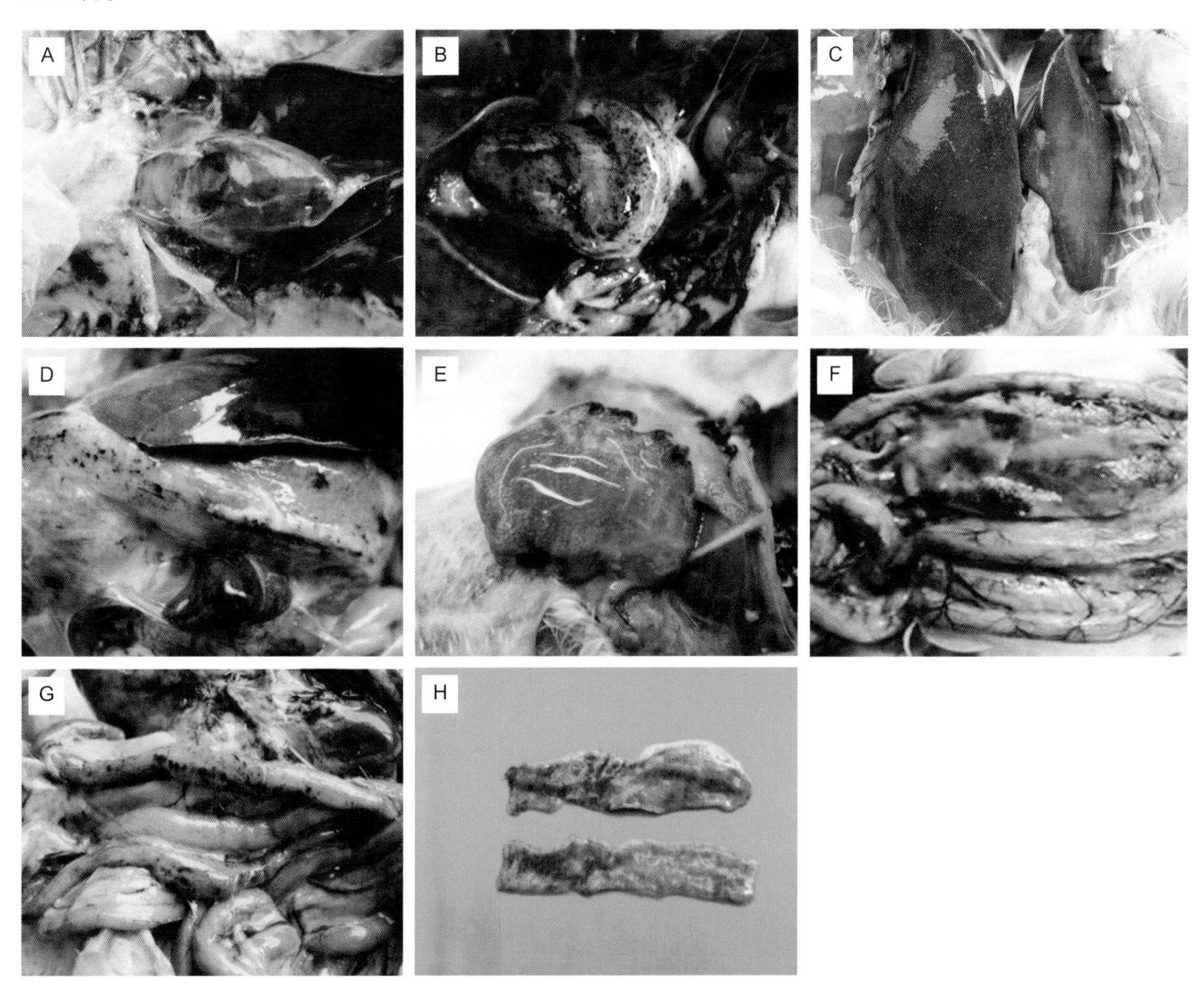

图 18.2　鸭多杀性巴氏杆菌感染的大体病变。A. 心包内有大量黄色透明积液；B. 心肌和心冠脂肪出血严重，有大量出血点和出血斑；C. 肝脏表面有大量针尖大小的灰白色坏死点；D. 脾脏肿大，表面花斑状；E. 肺脏出血和水肿；F. 腹腔脂肪出血；G. 肠道浆膜面可见有大量的出血斑；H. 肠道黏膜出血

2）组织学病变

Hunter 和 Wobeser 通过气囊接种实验感染鸭并对主要脏器的组织学变化进行了详细的研究，其组织变化如下：

（1）心脏　感染后 48 h 死亡鸭主要表现为急性纤维素坏死性心包炎，血管内有大量细菌，而 96 h 死亡鸭则以浆液性心肌炎为主。心肌纤维水肿，肌纤维间有组织细胞。局灶性心肌坏死区可见血管炎和细菌繁殖。大部分耐过鸭心肌没有明显的变化，但少数鸭可见正在机化的纤维素性心外膜炎。

（2）肝脏　感染后 24 h 死亡鸭肝细胞肿胀和坏死（图 18.3），整个肝组织内有弥散性的急性凝固性坏死区，坏死区内有大量的细菌，但炎性反应并不明显。肝窦扩张，内含纤维素和细胞碎片等。感染后 48 h 死亡鸭肝细胞局灶性坏死，有炎性细胞浸润。部分耐过鸭可见有充分机化的纤维素性肝周炎。

（3）脾脏　感染后 48 h 死亡鸭可见大量淋巴滤泡坏死以及环鞘动脉坏死，小动脉脉管炎和栓塞。网状内皮细胞内含有大量的细菌。耐过鸭淋巴滤泡清晰，鞘动脉血管淋巴袖套明显。

（4）肺脏　气囊接种感染后 48 h 死亡鸭组可见肺脏充血，血管内有大量细菌。48 ～ 96 h 死亡鸭则可见二级和三级支气管固有层水肿，部分鸭可见上皮细胞坏死性脱落（图 18.4）。支气管周围淋巴组织水肿和坏死。偶尔可见多灶性坏死性肺炎，伴有小血管细菌栓塞。小动脉管均有纤维素性栓塞。实验感染耐过鸭可见支气管周围淋巴组织增生，部分鸭可见机化的纤维素性胸膜炎。

（5）脑　感染后 48 h 死亡鸭脑膜血管内可见有细菌，小脑可见有多个出血灶，但未见有明显的炎性反应。这可能与鸭急性死亡而病程终结有关。部分鸭可见有弥散性纤维素性脑膜炎。

（6）消化道　所有死亡鸭肠道血管充血并有菌血症，淋巴集结水肿。小肠绒毛固有层水肿，乳糜管扩张，但炎性反应轻微。耐过鸭肠道未见有明显的病变。

（7）肾脏　感染鸭肾脏病变不明显。偶尔可见细菌出现在肾小球丛内引起的局灶性肾小球坏死。

（8）眼　感染鸭眼前房有血液、异嗜细胞和细菌，晶状体被压迫至前房，紧挨角膜。部分鸭角膜有溃疡，虹膜和变性的晶状体物质被压迫至溃疡区。眼后房内含有异嗜细胞和纤维素。虽然视网膜未受损伤，但脉络膜充血和水肿，并且有出血区。

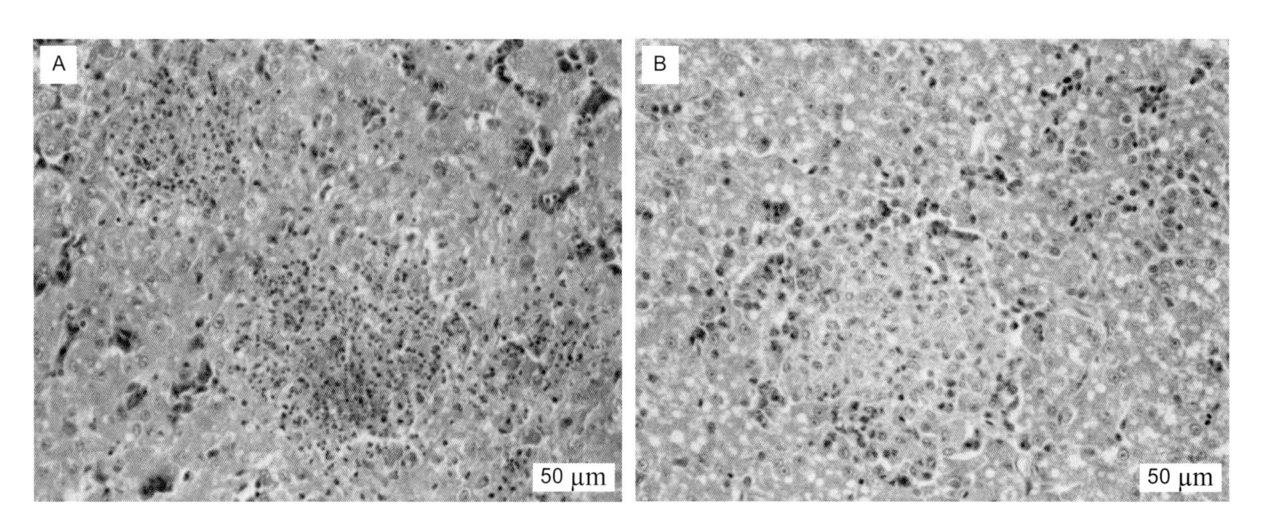

图 18.3　多杀性巴氏杆菌感染鸭肝脏的组织病理学变化。A. 感染后 24 h 死亡鸭肝脏局灶性坏死。B. 感染后 48 h 死亡鸭肝脏坏死，炎性细胞浸润（HE 染色）

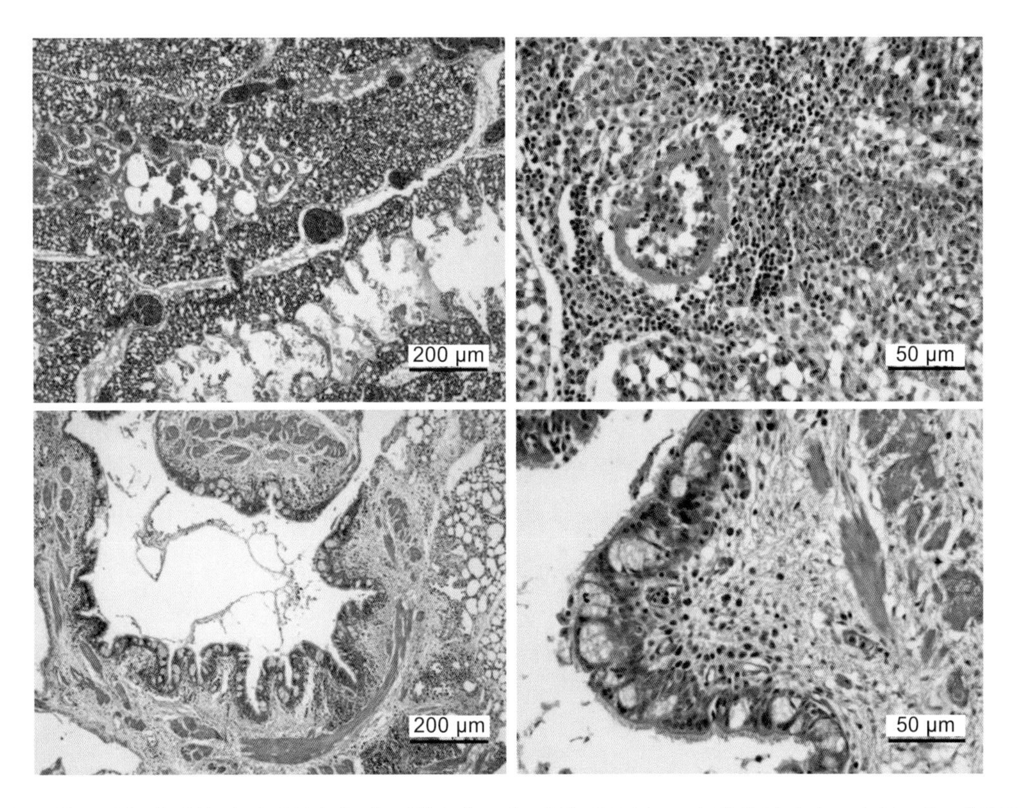

图 18.4　多杀性巴氏杆菌感染鸭肺脏的组织病理学变化。A. 感染后 24 h 死亡鸭肺脏瘀血、水肿。B. 感染后 48 h 死亡鸭肺脏血管周围炎性细胞浸润及局灶性坏死。C. 感染后 36 h 死亡鸭肺脏支气管固有膜水肿、炎性细胞浸润。D. 感染后 36 h 死亡鸭肺脏支气管固有膜水肿、异嗜性粒细胞浸润（HE 染色）

【诊　断】

1）临床诊断

临床上不同日龄的鸭均可被多杀性巴氏杆菌感染，一旦鸭群出现急性死亡应尽快根据临床表现和剖检变化做出初步诊断。主要依据死亡鸭的多脏器出血性病变（见病理变化部分），有条件时尽快取死亡鸭肝组织进行触片检查。怀疑多杀性巴氏杆菌感染时可直接取病禽的肝组织进行触片，自然干燥后进行瑞氏染色或姬姆萨染色，在显微镜（油镜）下观察见细胞间有大量两极着色较深的细菌（参见图 18.1B），即可对禽霍乱做出初步诊断。也可利用免疫荧光技术来检查组织或渗出物中的多杀性巴氏杆菌。确诊则需要进行细菌的分离和鉴定。

2）实验室诊断

（1）病原分离和鉴定　从感染鸭或鹅的脏器，如肝脏、脾脏，甚至脑组织中很容易分离到多杀性巴氏杆菌。肝脏、脾脏、脑或者骨髓、心血、局部病变组织是病原分离的优选器官。为了减少杂菌污染，需要用刀片先烧烙组织表面，然后将接种环从烧烙处插入组织内取样。将样本接种到含有 2%小牛血清的胰酶大豆琼脂上培养，也可选用其他适宜的培养基，如含 5% 绵羊血的琼脂或巧克力琼脂等，然后置于含有 5% CO_2 的培养箱或烛缸中，37℃培养 18~24 h。建议以上样本同时接种到麦康凯琼脂培养基上，排除肠道菌感染。多杀性巴氏杆菌在血琼脂平板上生长良好，但不引起溶血现象，该菌在麦康凯琼脂上生长不良。

活禽可通过挤出鼻孔黏液，或将棉拭子插入鼻裂取样，但样本中往往含有大量的杂菌，在分离培养过程中,杂菌的快速繁殖往往将目的菌掩盖,不利于诊断和检测,处理这类样本时应加以小心。必要时，应使用选择性培养基，或在培养基中加入某种多杀性巴氏杆菌不敏感的抗生素，尽可能减少和抑制其他细菌的繁殖。

动物接种有助于从污染样品中分离多杀性巴氏杆菌。以 0.2 mL 渗出物或研碎组织腹腔内接种小鼠或 SPF 鸡可引起动物明显的死亡和病变（图 18.5）。如果有多杀性巴氏杆菌存在，接种动物通常在 24~48 h 内死亡，从其血液或肝脏中即可分离到纯的细菌培养物。

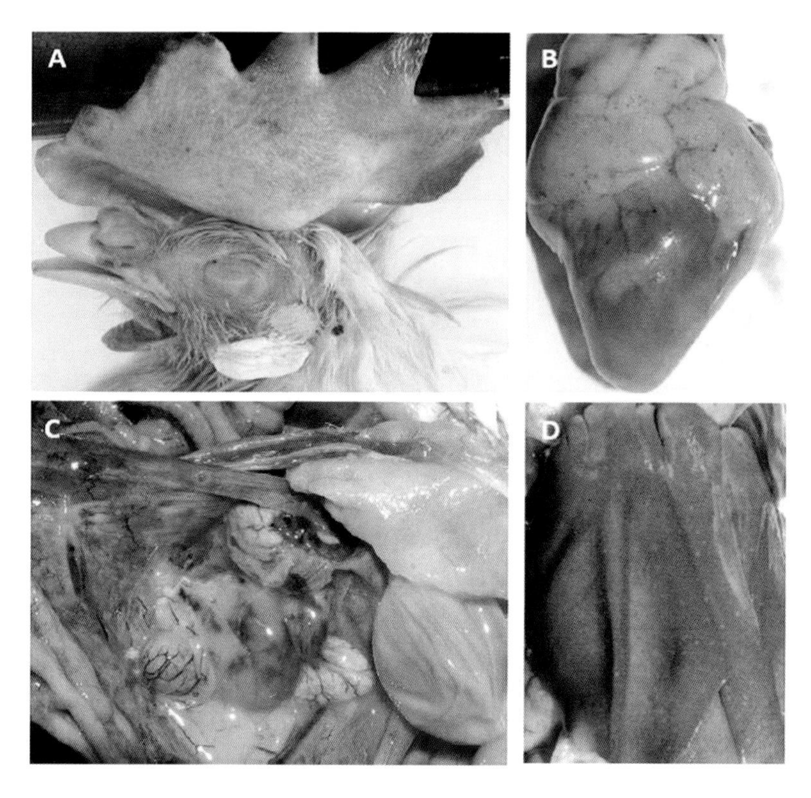

图 18.5 SPF 鸡感染鸭源多杀性巴氏杆菌引起的大体病变。A. 鸡冠明显肿胀；B. 心脏冠状脂肪有出血点；C. 卵泡破裂，大量卵黄液渗入腹腔；D. 肝脏表面有大量白色坏死点

细菌鉴定时应挑取特征性的多杀性巴氏杆菌菌落进行传代纯化，然后对纯培养的细菌进行形态学和生化鉴定。分别接种到含有 1%葡萄糖、乳糖、蔗糖、甘露醇或麦芽糖的酚红肉汤中。发酵葡萄糖、蔗糖和甘露醇而不产气是多杀性巴氏杆菌的特征。该菌通常不发酵乳糖，但某些禽源分离株可发酵乳糖。在 0.85%盐溶液中加入 2%胰蛋白胨，37℃培养 24 h 以检测吲哚（Kovac 氏试验）。多杀性巴氏杆菌可产生吲哚。

分子检测技术已广泛应用于多杀性巴氏杆菌的鉴定。利用细菌 16S rRNA 通用引物（P0：5' -GAGTTTGATCMTGGCTCAG-3' /5' -CTAHAGGGTATCTAATCCT-3' ），以分离株的染色体 DNA 为模板，通过 PCR 扩增 16S rRNA 基因片段并进行核酸序列测定，然后通过 NCBI 数据库进行 BLAST 比对分析可迅速确定分离株的种属。

（2）分子生物学诊断　Townsend 等于 2001 年报道了多杀性巴氏杆菌 PCR 鉴定和分型技术。该研究根据多杀性巴氏杆菌种特异性基因和 5 个血清型特异性的荚膜基因片段设计了 6 对特异性的引物（表 18.2），以移液器吸头蘸取单个菌落加入到 PCR 反应混合物体系中，首先经 95℃加热 5 min，然后 95℃

变性 30 s、55℃退火 30 s、72℃延伸 30 s，共 30 个循环，最后，72℃延伸 5 min。PCR 产物经 2% 琼脂糖凝胶电泳检查分析。所有多杀性巴氏杆菌均出现一条种特异性条带（460 bp）。另外，不同的血清型产生一条相应大小的特异性片段（表 18.2）。该方法可直接检测菌落样本、方法简便快速、特异性强，克服了普通实验室缺乏标准阳性血清的不足，对于多杀性巴氏杆菌感染的诊断和流行病学调查具有很高的应用价值。

表 18.2　多杀性巴氏杆菌荚膜分型多重 PCR 特异性引物及片段大小 *

血清型	靶基因	引物名称	核酸序列	产物大小	参考 GenBank 登录号
	KMT1	KMT1T7 KMT1SP6	ATCCGCTATTTACCCAGTGG GCTGTAAACGAACTCGCCAC	460	
A	*hyaD-hyaC*	CAPA-FWD CAPA-REV	TGCCAAAATCGCAGTCAG TTGCCATCATTGTCAGTG	1 044	AF067175
B	*bcbD*	CAPB-FWD CAPB-REV	CATTTATCCAAGCTCCACC GCCCGAGAGTTTCAATCC	760	AF169324.
D	*dcbF*	CAPD-FWD CAPD-REV	TTACAAAAGAAAGACTAGGAGCCC TTACAAAAGAAAGACTAGGAGCCC	657	AF302465
E	*ecbJ*	CAPE-FWD	CATCTACCCACTCAACCATATCAG	511	AF302466
		CAPE-REV	GCTTGCTGCTTGATTTTGTC		
F	*fcbD*	CAPF-FWD	TCCGCAGAAAATTATTGACTC	851	AF302466
		CAPF-REV	TTCCGCCGTCAATTACTCTG		

. * 本表引自参考文献 [11]

3）鉴别诊断

临床上，根据发病和死亡鸭剖检的变化特点，如心脏冠状脂肪和心肌出血、肝脏有弥散性的小坏死点以及十二指肠出血等，加上组织触片染色观察到两极着色的小杆菌，基本上可以做出诊断。但要注意区分鸭瘟病毒感染、沙门氏菌感染的病理变化。鸭瘟病例除了肝脏坏死外，食道、泄殖腔黏膜有明显的出血或坏死，此外，其他组织脏器也可能有明显的出血性病变。雏鸭沙门氏菌引起的肝脏坏死点在肉眼上与霍乱难于区分，通常需要借助细菌的分离培养来进行鉴别。例如沙门氏菌在麦康凯琼脂上生长良好，而多杀性巴氏杆菌在该培养基中，生长不良。

【防　　治】

1）管理措施

严格的管理，加上对卫生制度的重视，是预防禽霍乱的最佳措施。必须采取各种措施防止病原体传入鸭群。清除多杀性巴氏杆菌的贮存宿主，或者防止它们接近鸭群，可以收到一定的预防效果。

自由飞翔的鸟类可能是家禽感染多杀性巴氏杆菌的最初来源，应采取相应的措施来防止它们与鸭群接触。要杜绝家畜（特别是猪、狗和猫）接近养禽区。为了尽可能地防止污染，应该使用自净的饮水，饲料槽应该加盖。

在疾病流行地区，病禽或康复带菌的家禽是感染的最主要来源。新引入雏鸭应饲养在与其他禽群隔离的清洁环境中。不同种类的鸭群不应养在同一房舍中。不同种鸭群混合饲养的危险性很大，应绝对禁止。如果发生了禽霍乱，只要经济合算，应对鸭群隔离封锁并处理掉。在重新建群前，应将所有房舍和设备清洗干净，并进行彻底消毒。

2）免疫接种

机体的天然免疫，如吞噬、产生抗菌肽以及补体等非特异性杀菌因素在预防感染中发挥着重要作用。然而，多杀性巴氏杆菌已具备了多种天然免疫逃逸机制，荚膜的形成大大增强了细菌抵抗宿主细胞吞噬和补体的杀灭作用；完整的 LPS 则有利于细菌抵抗家禽抗菌肽的杀灭作用。

大量的研究表明，对多杀性巴氏杆菌的免疫力主要来自于体液免疫，因为免疫血清对小鼠、兔、鸡、火鸡和牛均有被动免疫保护作用，而且免疫血清具有良好的免疫调理和杀菌活性。但家禽的细胞免疫作用也不能忽视，输入免疫脾细胞后可使鸡产生免疫保护力。

禽霍乱疫苗是最早用于免疫接种预防细菌感染的疫苗之一。巴斯德等通过体外培养连续传代致弱获得一株无毒菌株，可刺激鸡产生免疫力，对禽霍乱感染有保护作用。但该菌的致弱机制尚不清楚，临床应用会出现毒力返强现象。从巴斯德的经典试验开始，许多人一直试图生产有效的疫苗来预防禽霍乱，但获得的结果很不一致。

通常选择免疫原性良好的多杀性巴氏杆菌菌株在适宜的培养基中进行培养，再把培养物悬浮于福尔马林盐溶液中灭活，然后加入佐剂后制成灭活疫苗，进行皮下免疫注射。致弱的活疫苗亦可用于家禽的免疫预防，火鸡饮水免疫后可产生良好的体液和细胞免疫反应，但对鸡的效果似乎不太理想，在鸭的应用极少有报道。

在禽霍乱流行地区，应当考虑免疫接种。目前，我国商品化禽霍乱疫苗既用于鸡，也用于鸭。目前生产使用的禽多杀性巴氏杆菌灭活疫苗有三类：矿物油佐剂疫苗、蜂胶佐剂疫苗和氢氧化铝胶佐剂疫苗，主要以荚膜 A 型强毒株制备。根据《中华人民共和国兽用生物制品的质量标准》，2~4 月龄健康鸭肌肉注射 2 mL 氢氧化铝胶佐剂疫苗后对强毒攻击的保护率在 50% 以上，免疫期为 3 个月；接种 0.5 ~ 1 mL 矿物油佐剂疫苗后对强毒攻击的保护率在 60% 以上，免疫期为 6 个月；接种 1 mL 蜂胶佐剂疫苗后对强毒攻击的保护率在 75% 以上，免疫期为 6 个月。

禽多杀性巴氏杆菌活疫苗主要有 $G_{190}E_{40}$ 株、B_{26}-T_{1200} 株和 731 株弱毒疫苗。前者用于 3 月龄以上的鸭，每只经肌肉注射接种 6 000 万个活菌，免疫保护率达 75% 以上，免疫期为 3.5 个月；B_{26}-T_{1200} 株弱毒疫苗可用于 1 月龄以上的鸭，每只经肌肉注射接种 9 000 万个活菌，免疫期为 4 个月；731 株弱毒疫苗对鸭的免疫剂量为皮下注射接种 5 亿个活菌，免疫期为 3.5 个月。

临床上，免疫过的家禽有时也会发生禽霍乱。感染禽多杀性巴氏杆菌的血清型与疫苗株不同是造成免疫失败的主要原因之一。疫苗制备或免疫程序不当，或家禽本身有免疫损伤，饲料中含有黄曲霉毒素等也影响免疫效果。

多杀性巴氏杆菌疫苗对不同血清型细菌感染没有交叉保护作用，在有条件的情况下使用自家灭活苗是一种较好的选择。自家疫苗佐剂的选择可以是油乳剂、氢氧化铝或蜂胶。由于含有全菌体细胞的油佐剂苗注射后会使机体产生强烈的组织反应，这种反应会导致产蛋量显著下降，氢氧化铝或蜂胶佐剂全菌体细胞疫苗对产蛋量的影响较小，因而对于正在产蛋鸭和种鸭免疫较为合适。然而，已证实氢氧化铝佐剂菌苗没有油佐剂菌苗的免疫效果好，所以，如果使用氢氧化铝佐剂菌苗，为了维持鸭群整个产蛋期的免疫水平，需要进行重复免疫。

制定免疫程序时应该考虑如下因素：该地区禽霍乱的流行情况、该地区最主要的多杀性巴氏杆菌血清型、所免疫鸭群的年龄、所免疫鸭群的用途（如种鸭、蛋鸭和商品代肉鸭等）。可以使用灭活苗、活疫苗或者两者均用。种鸭群通常需要免疫两次以上。

3）治疗

及时对感染发病群使用抗生素治疗在很大程度上可控制疫情的发展。由于不同的多杀性巴氏杆菌菌株对药物的敏感性不同，特别是在长期使用相同药物的情况下，很容易出现耐药菌株，因此，在用药前应先进行药敏试验筛选有效药物。

磺胺类药物对禽霍乱有很好的治疗和控制作用，但必须在发病的早期进行治疗。青霉素、链霉素、青霉素和链霉素联合应用，以及土霉素都具有治疗作用。氟喹诺酮类药物治疗禽霍乱有效。

【参考文献】

[1] 郭玉璞，蒋金书．鸭病．北京：中国农业大学出版社，1988.

[2] 宁宜宝．兽用疫苗学．北京：中国农业出版社，2008.

[3] Boyce J D, Harper M, Wilkie I W, Adler B. Pasteurella. In: Pathogensis of bacterial infections in animals . 4_{th} ed. Gyles C L, Prescott JF, Songer G, Thoen CO (eds), 2010 ,Blackwell Publishing pp325-346.

[4] Botzieer R G.Epizootiology of avian cholera in wildfowl. Journal of Wildlife Diseases, 1991, 27(3): 367-395.

[5] Harper M, Boyce J D, Adler B. Pasteurella multocida pathogenesis: 125 years after Pasteur. FEMS Microbiology Letters, 2006, 265(1):1-10.

[6] Harper M, Cox A D, Adler B, et al. Pasteurella multocida lipopolysaccharide: the long and the short of it. Veterinary Microbiology, 2011, 153(1-2):109-115.

[7] Hunter B and Wobeser. Pathology of experimental avian cholera in Mallard ducks. Avian Diseases, 1980, 20(2) 403-414.

[8] May B J, Zhang Q, Li L L, et al, V. Complete genomic sequence of Pasteurella multocida, Pm70. Proceedings of the National Academy of Sciences. 2001, 98(6):3460-3465.

[9] Mbuthia P G, Njagi L W, Nyaga P N, et al. Pasteurella multocida in scavenging family chickens and ducks: carrier status, age susceptibility and transmission between species. Avian Pathology, 2008, 37(1):51-57.

[10] Tohamy M A. Comparative pharmacokinetics of orbifloxacin in healthy and Pasteurella multocida infected ducks. British Poultry Science. 2011, 52(5):639-644.

[11] Townsend K M, Boyce J D, Chung J Y, et al. Genetic organization of Pasteurella multocida cap Loci and development of a multiplex capsular PCR typing system. Journal of Clinical Microbiology, 2001, 39(3):924-929.

[12] Wilson K H, Blitchington R B, Greene R C. Amplification of bacterial 16S ribosomal DNA with polymerase chain reaction. Journal of Clinical Microbiology, 1990, 28(9):1942-1946.

第19章　鸭大肠杆菌病

Chapter 19　Duck Colibacillosis

引　　言

鸭大肠杆菌病（duck colibacillosis）是指由致病性大肠杆菌引起鸭全身或局部感染的疾病，在临床上有大肠杆菌性败血症、脐炎、呼吸道型大肠杆菌病、输卵管炎、腹膜炎、大肠杆菌性肉芽肿、肿头综合征、全眼球炎、滑膜炎、蜂窝织炎、腹水症、鼻窦炎等多种病型。大肠杆菌在哺乳动物主要引起肠道疫病，在禽类当宿主防御能力下降时，常引起继发性局部或全身性感染。大肠杆菌的血清型较多，大多数血清型的大肠杆菌在正常条件下是不致病的，只有少数血清型的大肠杆菌与人和动物的疾病密切相关，不同动物及不同类型的大肠杆菌感染中大肠杆菌的血清型具有较大的差异。

从禽类分离到的大多数致病性大肠杆菌只对禽类有致病作用，而对人和其他动物表现较低的致病性，但禽源致病性大肠杆菌具有重要的公共卫生学意义。由于抗生素的不规范使用，禽源致病性大肠杆菌会发生耐药性，其中一部分耐药性是由质粒基因编码的蛋白引起的。质粒中某些基因编码的蛋白也可能是毒力因子。禽类和其他动物的致病性大肠杆菌具有共同的特性，编码耐药性和毒力的质粒有可能从禽源致病性大肠杆菌传递到其他动物源或人源大肠杆菌，从而对其他动物和人类的健康构成威胁。

【病原学】

1）分类地位

大肠杆菌（*Escherichia coli*）属肠杆菌科（Enterobacteriaceae）埃希氏菌属（*Escherichia*）。

2）形态特征

该菌为革兰氏阴性菌，通常为（2 ~ 3）μm×0.6 μm，两端钝圆，散在或成对，大多数菌株以周生鞭毛运动，也有无鞭毛菌株。除少数菌株外，通常无可见荚膜（图 19.1）。

3）培养特性

大肠杆菌为兼性厌氧菌，在 18 ~ 44℃或更低的温度下均可在普通培养基上生长良好。在营养琼脂上生长 24 h 后形成圆形凸起、光滑、湿润的灰白色菌落；在麦康凯琼脂上形成的菌落呈亮红色；在伊红美蓝琼脂上形成黑色带金属光泽的菌落。大肠杆菌能在肉汤中迅速生长产生混浊。一些致病菌株在绵羊血平板上呈 β 溶血。

大肠杆菌能发酵多种糖类，产酸产气。大多数菌株能迅速发酵乳糖，仅极少数迟发酵或不发酵，这可与沙门氏菌相区别。约半数菌株不分解蔗糖。几乎均不产生硫化氢，不分解尿素，不液化明胶。吲哚和甲基红试验均为阳性，VP 试验和枸橼酸盐利用试验均为阴性。

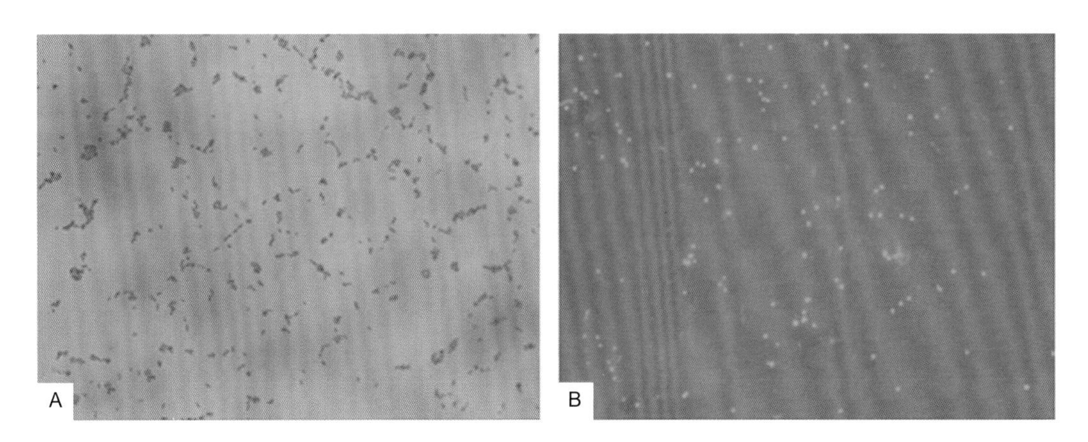

图 19.1　光镜下大肠杆菌形态。A. 纯培养大肠杆菌革兰氏染色形态； B. 纯培养大肠杆菌荧光染色形态

4）细菌抗原结构和分型

大肠杆菌根据主要的两种抗原（O、H）来进行血清分型，用 O：H 排列来表示其血清型。粗糙型菌自凝，无法确定血清型。O 抗原是一种耐热菌体抗原，是细菌溶解后释放出的内毒素，其化学组成是多糖 - 磷脂复合物，121℃加热 2 h 不破坏其抗原性，其种类以阿拉伯数字表示，至 2006 年已确定的 O 抗原有 180 种。H 抗原是一类不耐热的鞭毛蛋白抗原，加热至 80℃或经乙醇处理后即可破坏其抗原性。每一有动力的菌株仅含有一种 H 抗原，且无两相变异，H 抗原能刺激机体产生高效价凝集抗体，已确定的 H 抗原有 60 种。K 抗原是菌体表面的一种热不稳定抗原，多存在于被膜或荚膜中，个别位于菌毛中，一个菌株可含 1 ～ 2 种不同的抗原，也有无 K 抗原的菌株，已确定的 K 抗原有 80 种。大肠杆菌还有菌毛抗原，又称为 F 抗原，与细菌的黏附作用相关，在哺乳动物源大肠杆菌中，F 抗原常与细菌的毒力相关，而在家禽源大肠杆菌中，F 抗原的作用还不清楚。

大肠杆菌 O 血清型是对大肠杆菌进行分类的主要依据之一，世界上许多地方都已开展了禽大肠杆菌血清型的调查工作，主要集中于鸡源大肠杆菌，最常见的血清型为 O1、O2、O35 及 O78。国内公布的鸭源致病性大肠杆菌的血清型越来越多。李玲等报道了 29 个血清型的鸭源大肠杆菌，以 O76、O78、O92、O93、O149、O142 为主要血清型；菅永峰等分离了 19 株鸭大肠杆菌，分属于 O141、O138、O78、O101 和 O154 血清型；金文杰等鉴定了 23 株鸭大肠杆菌，分属于 11 个血清型，其中 12 株为 O78 血清型；于学辉等鉴定了 210 株鸭致病性大肠杆菌，O93、O78、O92、O76 合计占 43.8%，为优势血清型；陈文静等鉴定了 65 株鸭致病性大肠杆菌，O78、O2、O1 合计占了 91%；程龙飞等鉴定鸭大肠杆菌强毒分离株中，O78 血清型占 52.5%。这表明 O78 血清型为鸭源致病性大肠杆菌的主要血清型。

5）抵抗力

大肠杆菌无特殊的抵抗力，对理化因素敏感，60 ～ 70℃，2 ～ 3 min 内即可灭活大多数菌株。大肠杆菌耐冷冻并可在低温条件下长期存活。禽舍灰尘中的大肠杆菌于干燥条件下可长期存活，饲料、垫料、粪便、绒毛、蛋壳等上附着的大肠杆菌可存活数周或数月之久。黏液和粪便的存在，可降低消毒剂对大肠杆菌的作用效果。当 pH 低于 4.5 或高于 9 时，可以抑制大多数菌株的繁殖，但不能杀死细菌。

有机酸比无机酸更有效地抑制其生长。

6）发病机理

大肠杆菌的染色体基因组由一条环状双链 DNA 分子组成，包含的碱基约为 5×10^6 bp，编码约 4 000 个基因。其中约 49.7% 的基因为核心基因，即在所有大肠杆菌中都存在的基因，与细菌的基本生物学功能和主要表型特征相关。

禽致病性大肠杆菌有多种毒力因子，如黏附素（I 型、P 型和 Curli 菌毛等，亲密素等非菌毛黏附素）、毒素（热稳定毒素、细胞毒素、空泡形成毒素和鞭毛毒素）、摄铁系统（气杆菌素、耶尔森素、sit 以及 iro 系统等）、抵抗补体的保护素（外膜蛋白、iss 蛋白、脂多糖、K 荚膜和大肠杆菌素等）、溶血素（溶血素 E、温度敏感性血凝素等）、侵袭素及其他等。单一的毒力因子无法区分致病性和非致病性大肠杆菌。编码这些毒力因子的基因可能位于染色体上，也可能位于质粒或毒力岛上。

黏附素是细菌表面一类具有黏附作用的蛋白的统称，分为菌毛和非菌毛黏附素。借助于菌毛对宿主黏膜上皮细胞的黏附作用，细菌得以定居，以便进一步获得侵入血液进入器官的通道。禽致病性大肠杆菌菌毛研究得比较多的有 I 型菌毛和 P 型菌毛，二者均已被公认为大肠杆菌重要的毒力因子。*fimC* 和 *papC* 是大肠杆菌 I 型菌毛和 P 型菌毛的主要编码基因，也是检测的靶基因。恽时锋等研究了国内鸡大肠杆菌分离株的黏附特性，结果是他们都可表达 I 型菌毛，可在鸡体内、体外黏附于鸡的气管黏膜上，而 P 型菌毛分布很少。于学辉等报道，鸭大肠杆菌病分离株 P 型菌毛和 I 型菌毛基因的携带率分别为 97.6% 和 92.9%。程龙飞等报道，O78 血清型鸭大肠杆菌强毒菌株 P 型菌毛和 I 型菌毛基因的携带率分别为 100% 和 92.5%。由此说明，P 型菌毛在鸭大肠杆菌中的分布大大超过了鸡大肠杆菌，该基因在鸭大肠杆菌的致病过程中起的作用值得深入探讨。多种细菌具有主动从宿主获取铁的能力，该能力也很大程度上决定了细菌的致病性。大肠杆菌能产生铁结合性复合物（羟偶基 产气杆菌素和酚盐 肠杆菌素），还有另一种摄铁系统，即耶尔森菌素，研究表明，几乎所有的 O78 和 O2 型禽致病性大肠杆菌都含有耶尔森菌素的关键基因 *irp*2 和 *fyu*A。温度敏感性血凝素可能与摄铁能力有关，也可能起到黏附作用。溶血素 E 使得大肠杆菌具有溶血活性。外膜蛋白有助于细菌对宿主细胞的吸附，有助于细菌逃逸机体的免疫防御，还可作为运铁产气杆菌素的受体协助将铁摄入细胞内，有利于细菌在低铁环境中生长和繁殖，也是一种重要的毒力因子。Iss 基因存在于质粒上，与细菌抗补体作用有关，可增强大肠杆菌的血清抗性。脂多糖是大肠杆菌 O 抗原即内毒素的组成成分，内毒素通过诱导细胞合成和分泌多种细胞因子，导致组织和血管的损伤和引起败血症状。荚膜多糖是大肠杆菌引起家禽肠道外感染的重要因素，荚膜的缺失能降低细菌在感染过程中的潜在增殖能力，荚膜通过与补体系统的作用，能增强对血清杀菌作用的抑制能力。毒素有内毒素及外毒素（包括肠毒素、Vero 细胞毒素、大肠杆菌素）等。禽致病性大肠杆菌的毒力很可能是多种毒力因子协同作用的结果。

【流行病学】

大肠杆菌的宿主范围非常广泛，大多数禽类均对致病性大肠杆菌病易感，鸡、火鸡、鸭、鹅、鹌鹑、野鸡、野鸭、鸽子、珍珠鸡、鸵鸟、鸸鹋及各种野生水禽的感染均有报道。各日龄鸭均可感染发病。

大肠杆菌大量存在于动物肠道和粪便内，禽场内的工具、饲料、饮水、空气、粉尘、工作人员、鼠类均能成为传播媒介。该病最主要的传播途径是通过呼吸道，特别是别的疾病使呼吸道黏膜受损之后更易发生，还可通过消化道、伤口、生殖道、种蛋污染等途径感染和传播。种蛋污染可造成孵化期胚胎死亡和雏鸭早期感染死亡。病鸭和带菌鸭是最大的传染源。

【临床症状】

大肠杆菌病表现的临床症状多种多样。

1）大肠杆菌性败血症

多发生于 10 ～ 80 日龄鸭，病鸭精神不振，呆立一隅，食欲减退，两翅下垂，被毛蓬松，排绿色或白色稀粪，后期多有神经症状。

2）脐炎

多发生于出壳后数天的雏鸭，在胚胎期感染大肠杆菌，孵化过程中死胚增加，出壳雏鸭中弱雏增多，育雏期卵黄吸收不良，病鸭精神沉郁，行动迟缓和呆滞，拉稀，泄殖腔周围粪便沾染，脐部肿大。

3）呼吸道型大肠杆菌病

主要表现为呼吸困难、咳嗽，人为驱赶后呼吸尤为困难。

4）输卵管炎

多发生于成年鸭，交配或人工授精时感染，也可能是产蛋后输卵管脱出感染，病程发展比较缓慢，表现为精神沉郁、喜卧、消瘦、不愿走动，站立或行走时腹部有明显的下垂，产蛋率下降，出现产软壳蛋、薄壳蛋、小蛋、粗壳蛋、无壳蛋等各种畸形蛋。

5）腹水症

多见于北京种鸭、北京樱桃谷种鸭、台湾白改种鸭等，患病鸭腹部下垂，不愿走动或行走困难。

6）鼻窦炎

多见于北京肉鸭、北京樱桃谷肉鸭，表现为单侧或双侧鼻窦隆肿（图 19.2）、张口呼吸（图 19.3）。

图 19.2　双侧鼻窦隆肿

图 19.3　鼻窦隆肿、张口呼吸

【病理变化】

1）大体病变

由于鸭大肠杆菌病的临床病型多种多样，不同病型之间的剖检病变也有所不同，按肉鸭和种（蛋）鸭分述如下：

（1）肉鸭　在肉鸭大肠杆菌病，主要表现为心包炎、肝周炎和气囊炎（图 19.4 至图 19.6），即心脏、肝脏和气囊表面附着一层纤维素性分泌物；有的还表现为单侧或双侧鼻窦炎，鼻腔内积有黄色干酪样物（图 19.7）。

（2）种（蛋）鸭　种鸭、蛋鸭大肠杆菌病多表现为卵泡出血和（或）破裂、弥漫于腹腔中；输卵管内膜出血、水肿、充满卵黄；严重出血性腹膜炎、卵黄性腹膜炎或积有多量血色样物（图 19.8 至图 19.16），剖检时有恶臭味；有的种鸭表现为腹水症，腹部隆起、触压有波动感，腹腔内积有多量浑浊或血色液体，肝脏硬化、萎缩（图 19.17、图 19.18）。

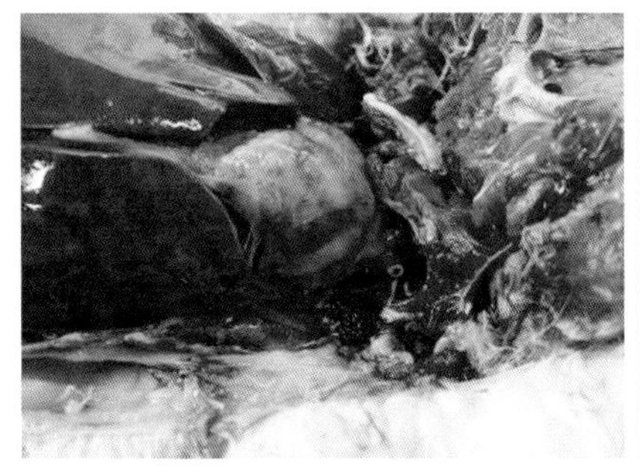

图 19.4　心包炎，包膜增厚

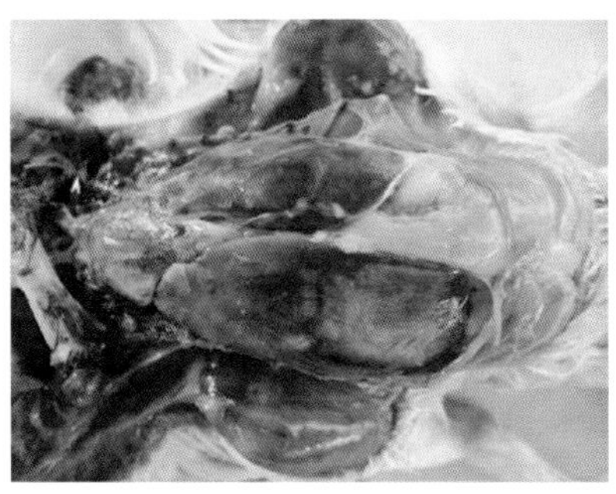

图 19.5　肝周炎，肝脏表面覆盖有纤维素性渗出物

图 19.6　气囊炎，气囊上积聚纤维素性渗出物、混浊、增厚

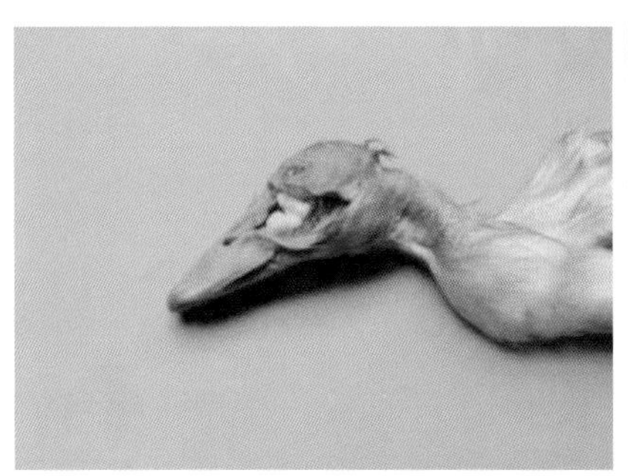

图 19.7　鼻腔内积有黄色干酪样物

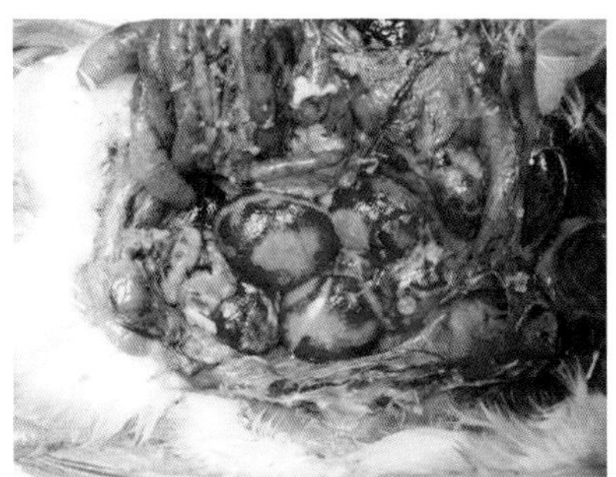

图 19.8　卵泡出血

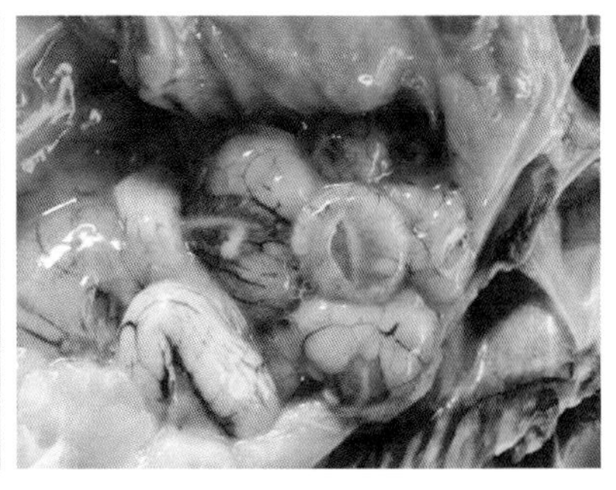

图 19.9　卵泡破裂

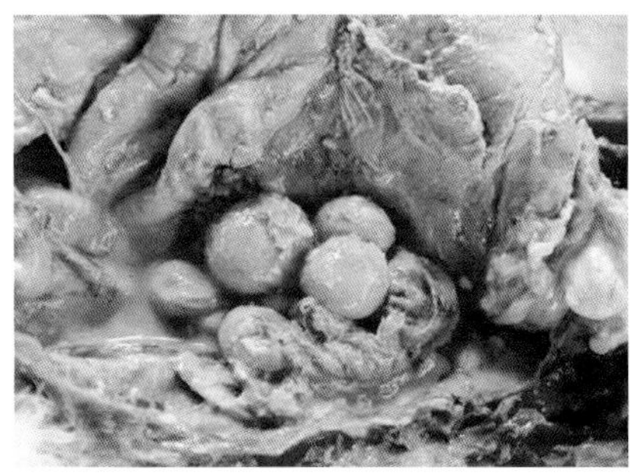

图 19.10　卵泡破裂，弥漫于腹腔

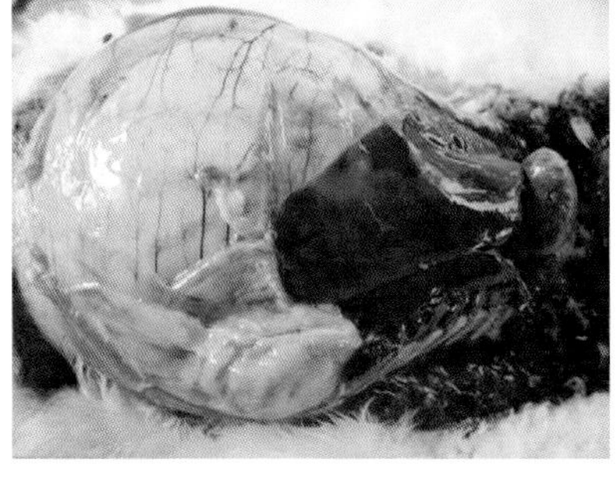

图 19.11　卵泡破裂，卵黄充盈腹腔

图 19.12　输卵管腔内充满卵黄

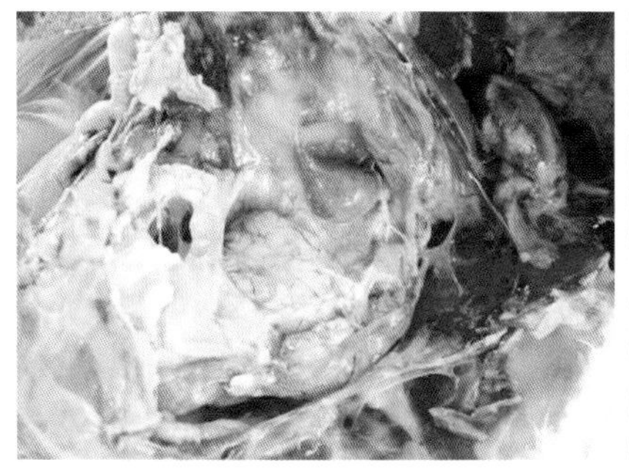

图 19.13　严重卵黄性腹膜炎

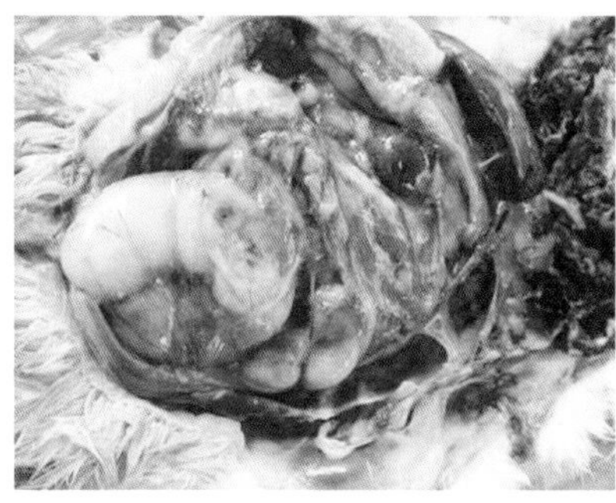

图 19.14　严重出血性腹膜炎

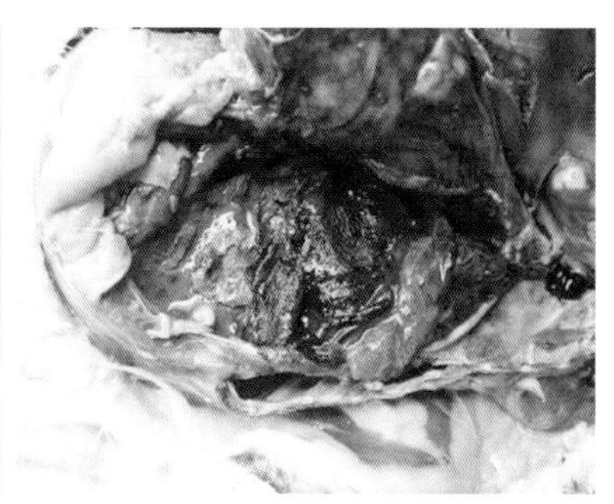

图 19.15　腹腔内多量血色样物

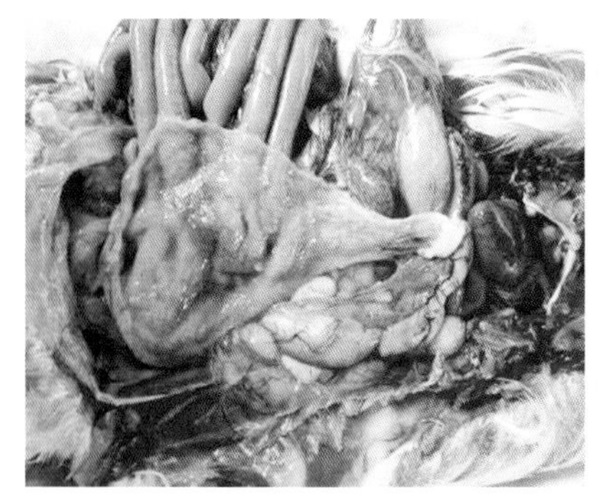

图 19.16　输卵管内膜出血、水肿

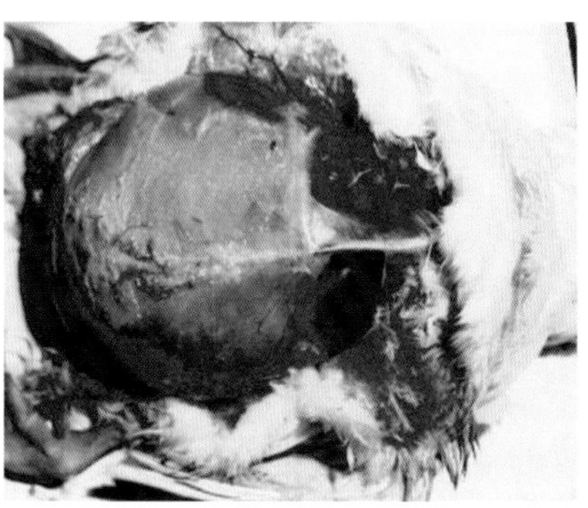

图 19.17　腹部隆起，触压有波动感

图 19.18　腹腔积液，呈血色

2）组织学病变

致病性大肠杆菌感染鸭后，很快会出现急性炎性反应。由于内毒素或大肠杆菌的直接作用，肝脏产生急性期蛋白，IL-1、IL-6 和肿瘤坏死因子等细胞因子迅速增多。随后，血管的通透性增加，使组织内渗出液及蛋白质蓄积，浆膜潮湿和水肿，并有液体在体腔内积聚。渗出物继续积聚，最终转变成黄色坚硬、干燥、不规则、奶酪样的坏死团块。显微镜下观察干酪样渗出物由异嗜性肉芽肿包裹数目不等的细胞组成，渗出物的外层由栅栏状排列的多核巨细胞和巨噬细胞包围。

【诊　　断】

1）临床诊断

据以上临床表现和剖检病变可做出该病的临床诊断，其确诊有赖于以下实验室诊断。

2）实验室诊断

（1）病原分离和鉴定

可取病料（对于使用过抗生素的病例，可先使用液体培养基进行增菌培养以提高细菌的分离率）接种于麦康凯琼脂平板上，37℃培养 16~24 h 可见平板上形成红色菌落（图 19.19），将单菌落接种于伊红美蓝琼脂上，37℃培养 16~24 h 可见平板上形成黑色带金属光泽的菌落。必要时可进一步做生化测定、血清学定型和 PCR 鉴定。

（2）免疫学诊断

取细菌的纯培养物约 10 mL，8 000*g* 离心 5 min，弃上清，加入 10 mL 生理盐水重悬，8 000*g* 离心 5 min，弃上清，加入 5 mL 生理盐水重悬，121℃高压 2 h，自然冷却后即为 O 抗原。采用大肠杆菌

O 血清型鉴定用多因子和单因子血清（购自中国兽医药品监察所）对 O 抗原进行鉴定，先用玻板凝集试验筛选出可能的血清型，再通过试管凝集试验确定血清型。

（3）分子生物学诊断

① PCR 鉴定方法：挑取纯培养物约 5 个菌落于 50 μL ddH_2O 中，吹打混匀，沸水浴 5 min，自然冷却后 5 000*g* 离心 5 min，取上清作为模板进行 PCR 反应。

根据大肠杆菌 ATCC8739 株的 glyceraldehyde-3-phosphate dehydrogenase A（gapA）（GenBank CP000946）基因保守序列设计引物：ECTF：5' - GTCGCTGAAGCAACTGGT -3'；ECTR：5' - TGAGCGATCAGGTCCAGA -3'。PCR 的反应程序：94℃ 5 min；94℃ 45 s，54℃ 30 s，72 ℃ 60 s，30 个循环；最后 72℃延伸 10 min。同时以双蒸水为空白对照，以大肠杆菌 ATCC25922 株作为阳性对照，扩增产物通过 10 g/L 琼脂糖凝胶电泳，应用凝胶成像系统进行观察阳性样品应该在 700 bp 左右有一特异性条带（图 19.20）。

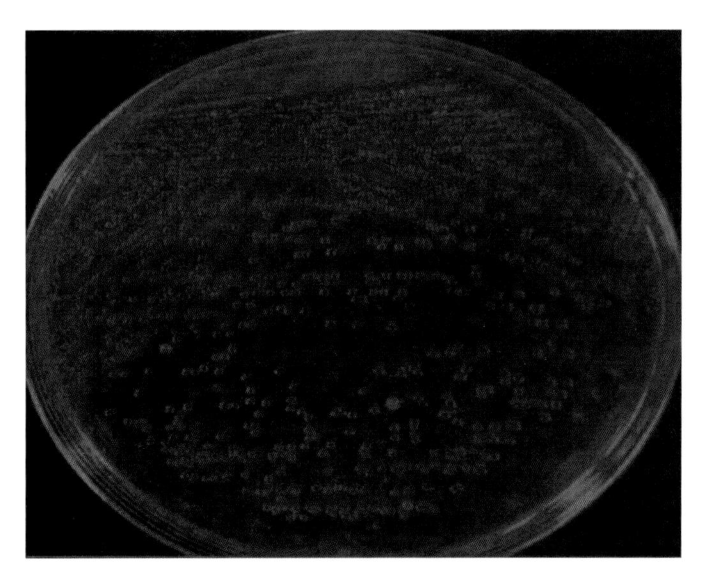

图 19.19　红色菌落

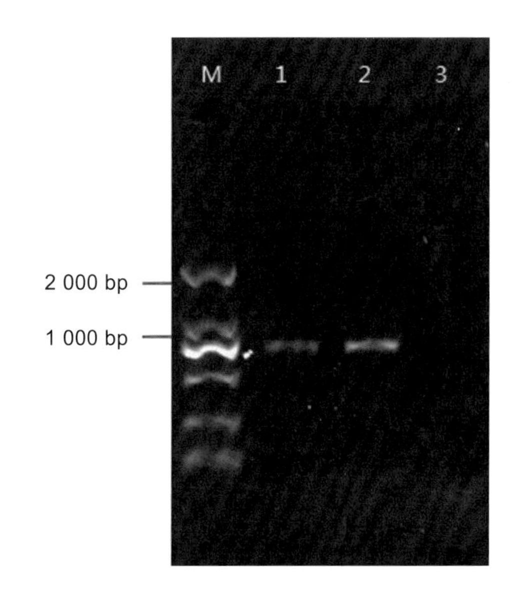

图 19.20　PCR 鉴定

②环介导等温扩增技术：基于大肠杆菌 *malB* 基因设计一套针对 LAMP 方法所需要的引物（表 19.1），建立的快速检测鸭大肠杆菌的环介导等温扩增方法（LAMP）。该方法的反应体系于 65℃作用 1 h，80℃ 2 min 终止反应，电泳结果见图 19.21。该方法检测速度快、灵敏度高、特异性强、重复性好，能在 80 min 内对鸭大肠杆菌的 DNA 进行有效扩增，其检测最低限为 200 fg DNA，肉眼可见以鸭大肠杆菌 DNA 为模板的反应体系呈绿色，阴性对照呈橘黄色（图 19.22）。

表 19.1　鸭大肠杆菌 LAMP 法检测引物

F3	5' -GCCATCTCCTGATGACGC-3'
B3	5' -ATTTACCGCAGCCAGACG-3'
FIP	5' -CATTTTGCAGCTGTACGCTCGCAGCCCATCATGAATGTTGCT-3'
BIP	5' -CTGGGGCGAGGTCGTGGTATTCCGACAAACACCACGAATT-3'

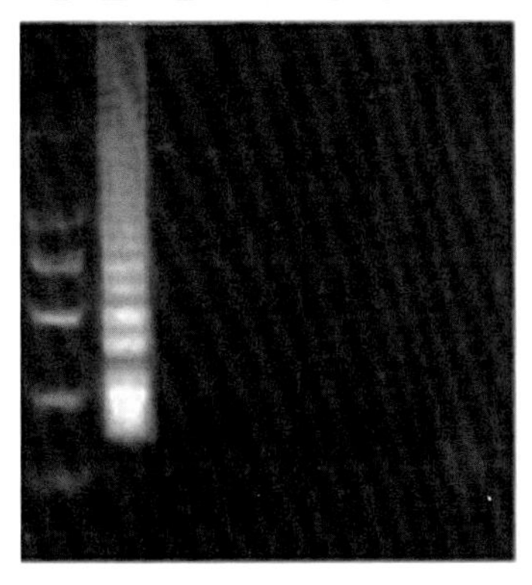

图 19.21　LAMP 法检测鸭大肠杆菌。1. Marker(DL2000)；2. 鸭大肠杆菌；3. 金黄色葡萄球菌；4. 禽多杀性巴氏杆菌；5. 沙门氏菌；6. 鸭疫里默氏菌；7. 空白对照

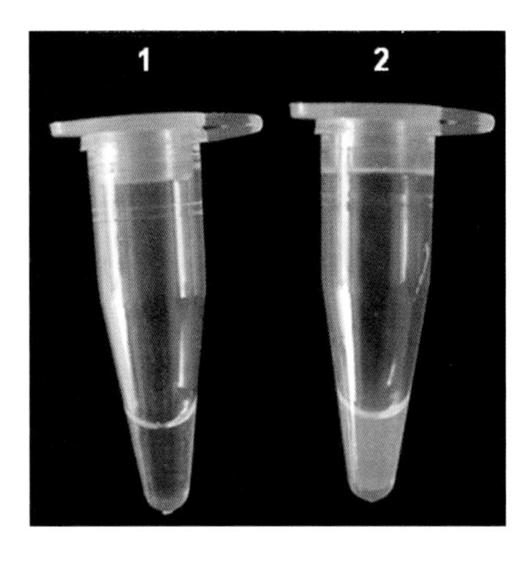

图 19.22　LAMP 法检测鸭大肠杆菌肉眼观察结果。1. 空白对照；2. 鸭致病性大肠杆菌

在临诊中，雏鸭或中鸭大肠杆菌败血症，与鸭传染性浆膜炎极为相似，可根据各自的临床特点和细菌的分离培养特性加以鉴别。种（蛋）鸭生殖道型大肠杆菌病，易与种（蛋）鸭流感、坦布苏病毒病、产蛋下降综合征、沙门氏菌病等相混淆，也可根据各病的临床特点和病原的分离鉴定进行区别。鸭呼吸道型大肠杆菌病与鸭流感相混淆，也可根据各病的流行病学特点、其他临床特点和病原的分离鉴定加以区分。

【防　　治】

1）管理措施

保持合适的饲养密度和改善鸭舍的卫生条件对该病的预防至关重要，特别是育雏舍应注意通风、保持鸭舍干燥、及时清粪，地面育雏时要勤换垫料，采取“全进全出”的饲养方式，以便能够进行彻底的空舍和消毒。有水池的鸭场应保持水体清洁，勤换水和消毒，避免种鸭交配过程中发生生殖道感染。采用人工授精的种鸭群，要特别加强人工授精器具的消毒并注意操作，以免因人工授精导致母鸭感染该病。及时收集种蛋并进行表面清洁消毒，入孵前应进行熏蒸或浸泡消毒。

微生态制剂如益生菌制剂能迅速补充有益菌群，使致病菌成为劣势菌，建立完整的微生物保护屏障，降低鸭大肠杆菌病的发病率。目前，用于益生菌制剂的菌种主要有芽孢杆菌、双歧杆菌和乳酸杆菌等。

2）免疫防治

免疫接种大肠杆菌灭活疫苗可有效地预防鸭大肠杆菌病的发生，减少死亡和防制种（蛋）鸭产蛋下降及产软壳蛋、薄壳蛋、粗壳蛋、无壳蛋等各种畸形蛋，但由于鸭致病性大肠杆菌的血清型多而复杂，因此应选择同血清型的鸭大肠杆菌灭活疫苗（0.5~1.0 mL/ 羽）。

3）药物治疗

由于大肠杆菌极易产生耐药性，因此在临床治疗时，应根据所分离细菌的药敏试验结果选择高敏药物，并要定期更换用药或几种药物交替使用，目前可供选择的药物有丁胺卡那霉素、先锋类抗生素、洛美沙星、壮观霉素和磺胺类药物等。中药也可应用于大肠杆菌病的防治，如刘玉庆等通过平板稀释法和管碟法，观察到诃子、黄连等单味中药和三黄汤等复方制剂均能有效地抑制大肠杆菌。

【参考文献】

[1] 陈伯伦. 鸭病. 北京：中国农业出版社，2008.

[2] 陈文静，韩先干，何亮，等.鸭致病性大肠杆菌的分离鉴定及其生物学特性分析.中国动物传染病学报，2010, 18(2):34-40.

[3] 程龙飞，陈红梅，李宋钰，等.鸭大肠杆菌强毒株的血清型及生物学特性分析.中国生物制品学杂志，2011,24(12):1437-1441.

[4] 付静，恽时锋，等.鸡大肠埃希氏菌菌毛表达、血凝谱及黏附特性研究.畜牧兽医学报，2000, 31 (1) : 56-62.

[5] 付静，秦启伟.30 株大肠杆菌的泛基因组学特征分析.遗传，2012,34(6):765-772.

[6] 菅永峰，王瑞，徐昌领，等.鸭致病性大肠杆菌的分离与鉴定.广东畜牧兽医科技，2006, 31(2):44-46.

[7] 金文杰.禽致病性大肠杆菌耐药基因和毒力因子的分子流行病学及 HPI Irp1 细胞表位作用的研究.扬州大学，2006.

[8] 李玲，汪铭书，程安春，等.规模化养鸭场雏鸭致病性大肠杆菌的分离、血清型鉴定和药物敏感性检测及耐药性研究.第三届第八次全国学术研讨会暨动物微生态企业发展战略论坛论文集，2006:296-302.

[9] 刘玉庆，李晔，车程川，等.大肠杆菌对中草药敏感性试验及其方法研究.中兽医医药杂志，2003, (1): 3-5.

[10] 陆承平.兽医微生物学.4 版.北京：中国农业出版社，2009.

[11] 路淑婷.脑膜炎大肠杆菌 CE10 的基因组学研究.中国医学科学院北京协和医学院硕士研究生毕业论文.2012.

[12] Saif YM. 禽病学.12 版.苏敬良，高福，索勋主译.北京：中国农业出版社，2012.

[13] 于学辉，程安春，汪铭书，等.鸭源致病性大肠杆菌的血清型鉴定及其相关毒力基因分析.畜牧兽医学报，2008, 39(1):53-59.

[14] 赵阳，王君伟.黑龙江省部分地区鹅大肠杆菌的分离鉴定.东北农业大学硕士学位论文，2011.

[15] Sabat G, Rose P, Hickey W J, et al. Selective and sensitive method for PCR amplification of Escherichia coli 16S rRNA genes in soil. Applied and Environmental Microbiology, 2000,66(2):844-849.

[16] Stenutz R, Weintraub A, Widmalm G. The structures of Escherichia coli O-polysaccharide antigens. FEMS Microbiology Reviews, 2006,30(3):382-403.

第20章　鸭沙门氏菌病

Chapter 20　Duck Salmonellosis

引　言

沙门氏菌病（salmonellosis），又称沙门氏菌食物中毒、沙门氏菌性小肠结肠炎等，是由沙门氏菌感染引起的人和各种动物疾病的总称。沙门氏菌感染在世界各地均有不同程度的发生，是现阶段主要的公共卫生问题之一。全世界每年因沙门氏菌引起的伤寒病例有 1 600 万，胃肠炎病例 1.3 亿，死亡约 300 万人。人类沙门氏菌感染很大程度上与动物源性食品，如猪肉、鸡肉、蛋和奶等的污染有关。另外，沙门氏菌也是新鲜蔬菜和水果中最常见的食源性病菌之一。近年来，发达国家因新鲜水果和蔬菜引发的食源性传染病暴发呈明显增多的趋势。

人感染沙门氏菌临床上主要有两种表现形式：细菌侵入血液循环引起的伤寒，以及急性胃肠炎，亦称为非伤寒性沙门氏菌病。消化道感染的主要症状是在感染后 12 ～ 72 h 出现发热、腹痛、腹泻、恶心和呕吐。动物沙门氏菌感染主要表现为败血症、肠炎和慢性肠炎，也可引起怀孕母畜流产等。

【病原学】

1）分类地位

沙门氏菌属于肠杆菌科 (Enterobacteriaceae) 的沙门氏菌属（*Salmonella*）。国际原核生物分类仲裁委员会（Judicial Commission of the International Committee on Systematics of Prokaryotes）于 2005 年将沙门氏菌分为 3 个种：肠道沙门氏菌（*Salmonella enterica*）、邦戈沙门氏菌（*S. bongori*）和地下沙门氏菌（*S. subterranea*）。

肠道沙门氏菌又分为 6 个亚种，并按罗马数字排序：肠道沙门氏菌肠道亚种（*S. enterica* subsp. *entericia*，即 I 亚种）、萨拉姆亚种（subsp. *salamae*，即 II 亚种）、亚利桑那亚种（subsp. *arizonae*，即 IIIa 亚种）、双亚利桑那亚种（subsp. *diarizonae*，即 IIIb 亚种）、豪顿亚种（subsp. *houtenae*，即 IV 亚种）、印度亚种（subsp. *indica*，即 V 亚种），其鉴别性生化特征见表 20.1。该系统已经被世界卫生组织 (WHO)、美国 CDC 和许多相关的组织机构采用。

2）形态及特征

沙门氏菌为革兰氏阴性胞内寄生菌，大小为 (0.7~1.5) μm ×(2.0~5.0) μm。除了鸡白痢沙门氏菌和鸡伤寒沙门氏菌外，都有周身鞭毛，能运动。

表 20.1　沙门氏菌种和亚种的鉴别特征

项目	肠道沙门氏菌						邦戈沙门氏菌
	肠道亚种	亚利桑那亚种	双亚利桑那亚种	豪顿亚种	印度亚种	萨拉姆亚种	
卫茅醇	+	−	−	−	d	+	+
ONPG（2h）	−	+	+	−	d	−	+
丙二醇	−	+	+	−	−	+	−
明胶酶	−	+	+	+	+	−	−
山梨醇	+	+	+	+	−	+	+
KCN 培养基	−	−	−	+	−	−	+
L (+)- 酒石酸盐	+	−	−	−	−	−	−
半乳糖醛酸酯盐	−	−	+	+	+	+	+
γ - 谷氨酰转移酶	+	−	+	+	+	+	+
β - 葡萄糖醛酸酶	d	−	+	−	d	d	−
黏酸盐	+	+	-(70%)	−	+	+	+
水杨苷	−	−	−	+	−	−	−
乳糖	−	-(75%)	-(75%)	−	d	−	−
O1 噬菌体裂解	+	−	+	−	+	+	d
生境							
温血动物	+						
冷血动物		+	+	+	+	+	+

+: 90% 以上在 1~2 天内呈阳性；d: 11%~89% 的菌株在 1~2 天内为阳性；−：0~10% 的菌株在 1~2 天内呈阳性；反应温度均为 37℃。

3）培养特性

沙门氏菌为兼性厌氧菌，对营养要求不高，在普通营养琼脂上即可生长，菌落为圆形、光滑、半透明，大小 2 ～ 4 mm。不发酵乳糖，大部分菌株可分解含硫氨基酸产生硫化氢（H_2S），并可利用枸橼酸盐作为唯一的碳源。最适生长温度为 35~37℃。

4）抗原性及血清型

沙门氏菌抗原构成极其复杂。利用特异性抗血清进行凝集试验可将沙门氏菌分为不同的血清型，英文为“serotype”或“serovar”。国际原核生物分类仲裁委员会偏向于用“serovar”。此外，还有根据分离地点来命名，如伦敦沙门氏菌和印第安纳沙门氏菌等，或根据疾病命名，如伤寒沙门氏菌等。

沙门氏菌血清分型主要是依据 Kauffmann-White-Le Minor 体系，该体系由位于法国巴黎巴斯德研究所的世界卫生组织（WHO）沙门氏菌研究参考实验室负责更新。主要是针对细菌的 O（菌体）和 H（鞭毛）抗原，采用特异性的抗血清进行玻片凝集试验进行分型。

O 抗原由细菌表面脂多糖（LPS）中的糖类构成，耐热、耐酒精和稀酸。脂多糖末端基团的特异性及其在多糖链重复单位中的序列决定各种 O 抗原的特异性，因此沙门氏菌 O 抗原具有高度的变异性。O 抗原与特异性抗血清的反应也是沙门氏菌血清学分型的基础。不同 O 抗原用阿拉伯数字表示，从 1 到 67。由于各种原因，删去了其中的 9 种，所以实际上有 58 种 O 抗原。同一个细菌细胞表面可同时表达多种 O 抗原。

H 抗原为热敏感鞭毛蛋白，其氨基酸组成决定了各种 H 抗原的特异性。沙门氏菌基因组中含有 2 个不同的鞭毛蛋白编码基因拷贝，所以大多数沙门氏菌鞭毛蛋白抗原具有双相性（I 相和 II 相，或称为 H1 和 H2)，但某个细菌在一个时间点仅表达一种鞭毛蛋白。在沙门氏菌的纯培养物中通常可检测到 H1 和 H2 抗原，这是因为在同一培养物中存在非连性的菌群，这些非连续性的菌群可分别表达 H1 或 H2 抗原，使得二者同时存在于同一培养物或菌落中。I 相抗原用小写英文字母表示，从 a 到 z，以后则从 z1、z2……继续编号。II 相抗原以阿拉伯数字表示。

部分菌株还包括 Vi（荚膜或被膜）抗原，存在于荚膜或被膜中，为热敏感碳水化合物。荚膜抗原的存在对 O 抗原的血清学凝集反应有干扰作用。

因此，沙门氏菌抗原组成包括 O 抗原因子、荚膜（Vi）抗原（如果有）、第 1 相（或特异相）H 抗原和第 2 相 H 抗原，如 6,7,[Vi]:c:1,5。在沙门氏菌的抗原归类中，将具有相同的主要 O 抗原的细菌进一步归类为一个 O 抗原群，过去用大写英文字母编号，从 A 到 Z。现在统一以群特征性 O 抗原编号，如 O:2 群代替过去的 A 群，O:4 群为过去的 B 群，目前编排到 O:67 群。

肠道沙门氏菌肠道亚种的各血清型通常按照细菌引起的相关疾病、分离地点或生境来命名。其他亚种，包括邦戈种中未命名的血清型，主要根据 Kauffmann -White 体系的抗原构成来命名。如果在 1966 年以前已经命名，则保留已有命名并与 I 亚种一样使用。

为避免混乱，血清型名称不用斜体，第一个字母大写。在报告中第一次引用时，属名后面应加“serotype”或缩写“ser.”，随后是血清型名称，如：*Salmonella* serotype Choleraesuis 或 *Salmonella* ser. Choleraesuis，之后再引用时即可缩写，如 *S.* Choleraesuis。如果是采用 Kauffmann-White 体系的抗原构成命名的菌株，亚种用正体罗马字表示，之后是抗原构成，包括 O 抗原、H1 抗原和 H2 抗原（如果有），之间用冒号分开，如 *Salmonella* serotype II 39:z_{10}:6。

美国微生物学会杂志的文章对沙门氏菌属、种和亚种的名称要求用标准的形式。种名在文章中第一次出现用标准的形式，如“*Salmonella enterica*”，之后可用“*S. enterica*；亚种第一次出现用标准的形式，如“*Salmonella enterica* subsp. *arizonae*”，之后用“*S. enterica* subsp. *arizonae*”；血清型用罗马正体，第一个字母大写，如“*Salmonella enterica* subsp. *enterica* serovar Typhimurium”，之后再出现可以不用种名，如“*Salmonella* Typhimurium”、“*S.* Typhimurium”，或“*Salmonella* serovar Typhimurium”。

全世界已发现的沙门氏菌的血清型已超过 2 540 种。10 多年来，各国正式报道从鸭体、鸭产品及鸭舍环境中分离的沙门氏菌血清型有 40 多种，其中以鼠伤寒沙门氏菌（*S.* Typhimurium）、波茨坦沙门氏菌（*S.* Potsdam）和圣保罗沙门氏菌（*S.* Sanintpaul）的分离率最高，偶尔也分离到鸡白痢沙门氏菌（*S.* Pullorum）和鸡伤寒沙门氏菌（*S.* Gallinarum），但尚无证据表明后 2 种血清型沙门氏菌对鸭有致病性。

地下沙门氏菌由美国马萨诸塞大学的学者 Shelobolina 等于 2004 年首次报道。该菌分自田纳西州橡树岭地区一处被硝酸盐和铀污染的地下蓄水层的沉积物中。菌体呈杆状，两端钝圆，大小为（2.0~3.4）μm×（0.7~0.9）μm，有鞭毛。最佳生长温度为 30~37℃，高于 42℃或低于 10℃不生长；最适生长 pH 为 6.5~9.0，低于 4.0 和高于 9.5 均不生长。吲哚试验、甲基红试验及鸟氨酸脱羧酶试验为阳性，V-P 试验、苯丙氨酸脱氨酶试验、赖氨酸脱羧酶试验、精氨酸水解酶、尿素水解酶、明胶水解酶及产硫化氢试验阴性。细菌悬液可还原铀。

【流行病学】

动物是沙门氏菌的贮存宿主，除伤寒沙门氏菌仅存在于人的血液和肠道外，其他沙门氏菌可存在于多种哺乳动物、鸟类、爬行动物，甚至昆虫的肠道中。带菌或发病动物是沙门氏菌病的传染源。

Adzitey 等对 1990 年以来各国有关鸭业生产过程中沙门氏菌污染的报道进行了统计分析，发现养鸭和加工环境，包括鸭场、孵化场、水塘、冲洗用水、土壤、地板、运送箱、饲料、饮水和桌面等污染率最高，平均为 32.5%；其次为鸭肉及其产品，包括胴体、胴体清洗液、零售胴体、心脏、肝脏、鸭胗和脾脏，平均为 28.4%；第三位是活鸭体，包括泄殖腔、盲肠、粪便、肠道、脏器、产蛋鸭和雏鸭，平均为 19.9%；最低的是鸭蛋、蛋壳及内容物，包括蛋壳、蛋内容物、卵黄和死胚，平均为 17.5%。总体感染率从 0~82.6% 不等，平均为 24.3%。

沙门氏菌既可水平传播，又可垂直感染，两条途径在沙门氏菌感染和流行中均具有重要作用。实际生产中，该病主要通过口腔摄入感染。动物感染主要来源于环境和饲料等。

饲料源性感染是鸭沙门氏菌传播的重要途径之一。生产实践中经常可以发现饲料中分离的菌株与鸭体内分离的菌株一致或密切相关。饲料原料中动物源性成分，如肉骨粉、鱼粉等是沙门氏菌的重要来源。虽然饲料加工过程中经过加热或加入有机酸处理过程可显著降低饲料源性沙门氏菌污染率，但后期处理，包括储存和运输仍有可能被污染，从而将沙门氏菌传入鸭场和鸭群中。

垫料是养鸭生产过程中不可或缺的材料之一，而且在肉鸭和种鸭生产过程中不断地添加或更新。用于养鸭生产的垫料主要有木屑（刨花）、麦秸、稻草和稻壳等。这些原料在生产、储存和运输过程中的许多环节均有可能被污染，如稻草在生产、打垛或储运过程中有可能成为鸟类、啮齿动物（包括家鼠），甚至猫觅食和筑巢（窝）的场所，而这些动物往往就是沙门氏菌的携带者，其排泄物可随时随地造成污染。鸭具有啄食和吞食新鲜垫料的行为习惯，极易通过消化道感染。

污水和被污染的地表水中可能存在有大量的沙门氏菌。卫生条件差、污水处理不当和缺乏干净的水供应等均可造成沙门氏菌的传播。鸭舍不洁的储水箱极易被沙门氏菌污染并传播疾病。

沙门氏菌在潮湿、温暖的畜舍环境中可以存活数月，期间可传染给老鼠、苍蝇和鸟类等，而这些动物又可持续数周或数月经粪便排菌，导致循环传播。此外，鸭场环境和鸭舍垫料中的节肢动物携带沙门氏菌也可能造成鸭群持续发生沙门氏菌感染。

垂直传播是指沙门氏菌通过种蛋传播。种蛋在形成过程中，细菌从卵巢和输卵管进入蛋中引起种蛋污染是真正意义上的垂直传染。种鸭经消化道，甚至呼吸道途径感染沙门氏菌后，细菌诱导肠道免疫细胞浸润并侵入到免疫细胞内，随免疫细胞扩散至机体其他脏器中。沙门氏菌可以在被感染禽类的生殖器官中定植，胞内寄生特性有助于其逃避宿主的免疫清除作用，使得细菌能够在生殖道组织中持续存在。寄生在种鸭生殖系统不同解剖部位的细菌对种蛋造成的污染也不尽相同。如卵巢内的细菌容易造成卵黄污染，而输卵管中的沙门氏菌则更容易造成卵清、蛋壳膜和蛋壳的污染。

另一条“垂直感染”途径是种蛋被细菌污染。正常情况下，鸭蛋表面有一层保护膜，可阻止沙门氏菌通过蛋壳孔进入蛋壳，但这层膜厚度差异很大。刚产出的蛋保护膜比较软，很容易被产蛋鸭或其他鸭划破，使细菌易于侵入。

已确证鼠伤寒沙门氏菌感染种鸭可引起真正的垂直传播。实验表明，成年产蛋鸭经饮水感染 10^3CFU 的鼠伤寒沙门氏菌后 8 天即可发生垂直传播。饲料中添加新霉素（640 g/t）也未能防止经蛋传染，但整个产蛋期粪便细菌学检查为阴性。在自然条件下可发生经蛋传染的沙门氏菌还有肠炎沙门氏菌 (*S.* Enteritidis)、哈德尔沙门氏菌 (*S.* Hardar)、利文斯通沙门氏菌 (*S.* Livingstone) 和名古屋沙门氏菌（*S.* Nagoya）等，但是否属于真正的经卵垂直传染尚有待进一步验证。

无论沙门氏菌是真正的垂直传播，还是穿过蛋壳进入，拟或污染蛋表面，其后果是该种蛋孵出的雏鸭首先被感染，然后排菌，引起同时出孵的其他雏鸭感染，继而污染孵化环境，使得后续出孵的雏鸭持续性地被感染。

【临床症状】

鸭沙门氏菌病的发病情况与感染鸭日龄和饲养管理条件密切相关，以雏鸭发病和死亡多见。临床上，许多病例是在出壳后很快出现，有些可持续到 3 周，甚至更大日龄。

种蛋感染或被污染可造成胚胎在孵化过程中死亡。在孵化过程中或刚出壳时被感染的幼雏主要表现为不愿活动、胎毛松乱、腹部膨大（卵黄吸收不良）和脐炎，俗称“大肚脐”。急性感染雏鸭拉稀粪，泄殖腔周围有粪便黏结，通常在 2~3 天内因脱水或被践踏而死亡。在一些饲养管理较好的鸭场，这类弱雏往往在育雏的早期即被挑选淘汰。

3 周龄内雏鸭感染主要表现为精神沉郁、缩脖、采食减少、拉稀粪(图 20.1)、脱水，甚至表现神经症状，如共济失调等，最后出现抽搐、休克和死亡。病程可持续 4~5 天。康复鸭消瘦，有的出现关节炎或腱鞘炎。

4 周龄以上的鸭沙门氏菌感染很少出现急性发病，往往是并发其他病毒或细菌感染时才出现明显的症状或死亡。如近年来，发生于我国的商品肉鸭坦布苏病毒感染中，许多病例并发沙门氏菌感染，发病鸭群死亡率明显升高。

成年鸭感染沙门氏菌极少有明显的临床表现，对种鸭的产蛋率也没有明显的影响，但感染鸭可长时间带菌并有可能影响蛋壳的完整性，进而影响种蛋的受精率和孵化率。

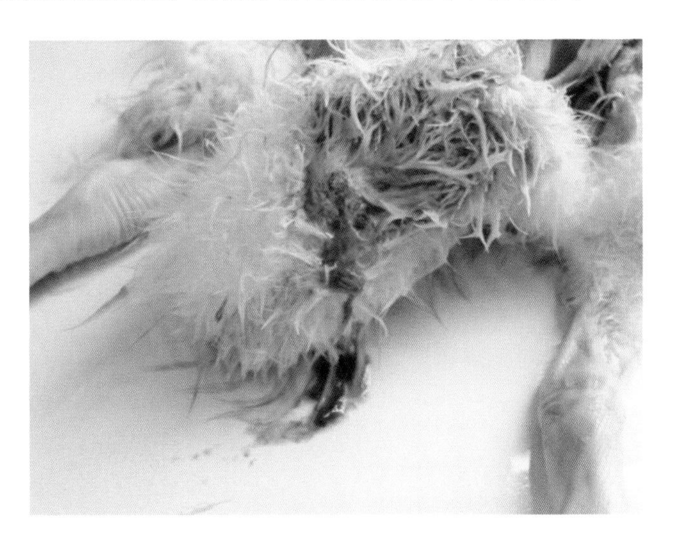

图 20.1　沙门氏菌实验感染鸭排绿色稀粪

【病理变化】

虽然家养或野生鸭群均可被沙门氏菌感染，但相对而言，沙门氏菌对鸭群的伤害似乎并不大。临床上，鸭沙门氏菌感染所引起的病变表现差异较大。

1）大体病变

因种蛋垂直感染或孵化过程感染而死亡的幼雏剖检时通常可见卵黄吸收不全，残留有大量卵黄液；肝脏肿大，表面斑驳或有小的坏死点。日龄稍大的雏鸭败血性感染则可引起严重的心包炎和肝周炎，剖检可见心肌出血（图 20.2A），心肌表面有大量纤维素性渗出物，心包粘连等（图 20.2B）。肝脏表面可见大量针尖大小的白色坏死点（图 20.3A），表面覆盖有一层纤维素性膜（图 20.3B）；脾脏肿大，表面暗红色网格状，布满白色斑块，呈花斑状（图 20.4A），或覆盖有一层乳白色的纤维素膜（图 20.4B），或者有大小不一的坏死点。部分临床病例（多为慢性感染）可见盲肠肿胀如腊肠样，外观呈乳白色，触摸坚硬，剖开可见干酪样的内容物（图 20.5A），有时可见盲肠内侧呈糠麸样（图 20.5B）。成年鸭感染几乎不出现明显的肉眼病变。

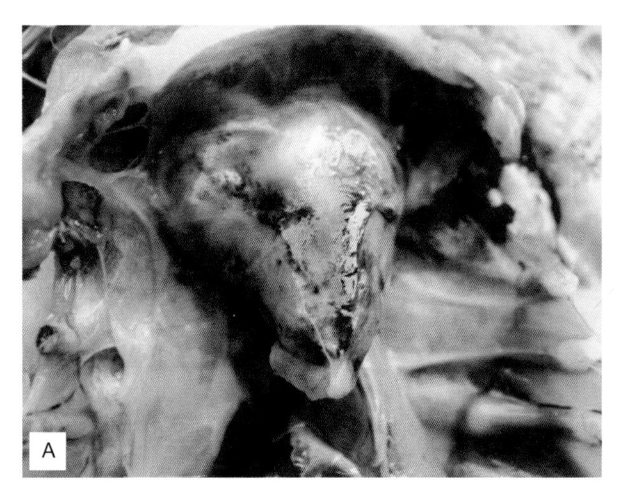
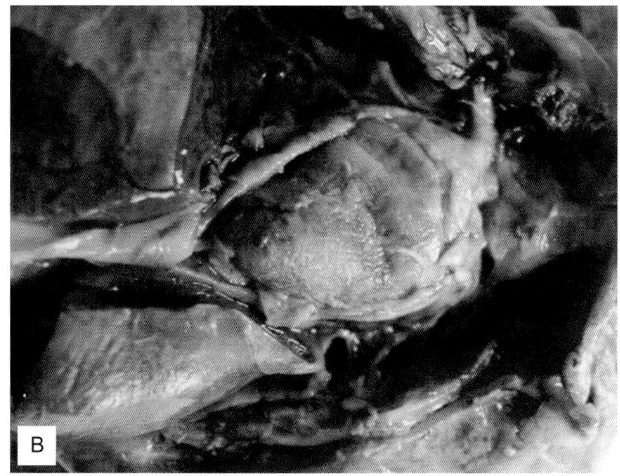

图 20.2　沙门氏菌感染鸭心肌出血（A）和心包炎（B）

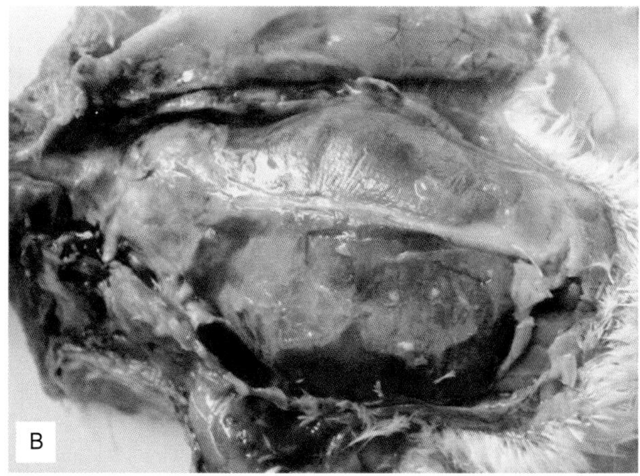

图 20.3　沙门氏菌感染鸭肝脏白色坏死点（A）和肝周炎（B）

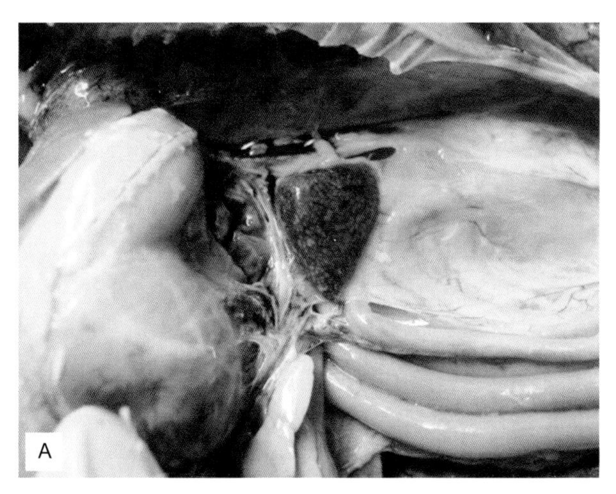
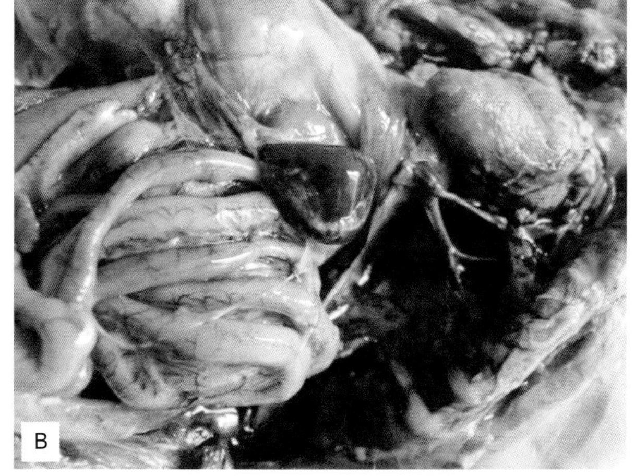

图 20.4　沙门氏菌感染鸭肝脾脏肿大，并大量的白色坏死点，呈斑驳状（A），以及脾脏表面一层纤维素膜（B）

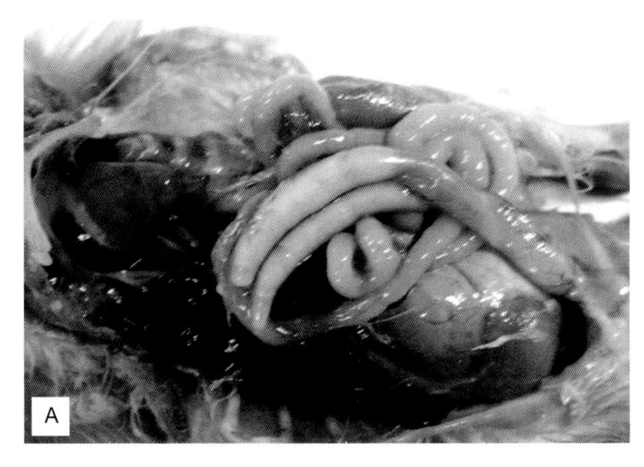

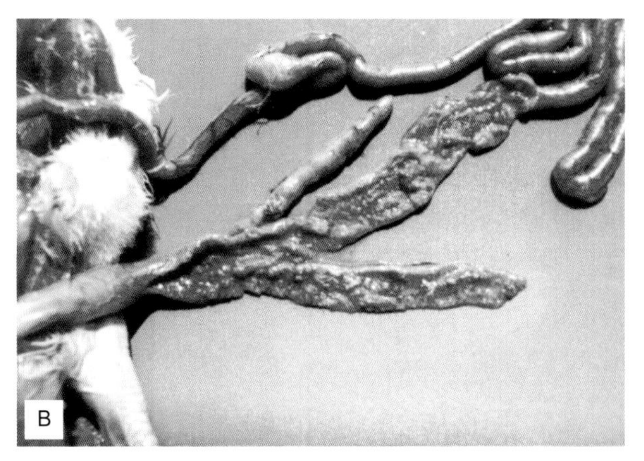

图 20.5　沙门氏菌感染鸭盲肠栓塞（A），以及肠道黏膜糠麸样病变（B）

2）组织学病变

感染雏鸭心外膜增厚，可见多量异嗜性粒细胞浸润，有纤维素性渗出，还可见肉芽肿结构（图 20.6）；肝被膜增厚，呈浆液纤维素性渗出，肝组织有局灶性坏死，坏死处呈均质无清晰结构；血管周围间隙增宽，有炎性细胞浸润；肺脏被膜增厚，呈浆液纤维素性渗出，有多量异嗜性粒细胞浸润（图 20.7），肺组织明显瘀血，血管周围组织间隙增宽，血管周围有炎性细胞围绕；肾脏的肾小叶边缘可见多量异嗜性粒细胞浸润和聚集（图 20.8），间质有轻微瘀血。

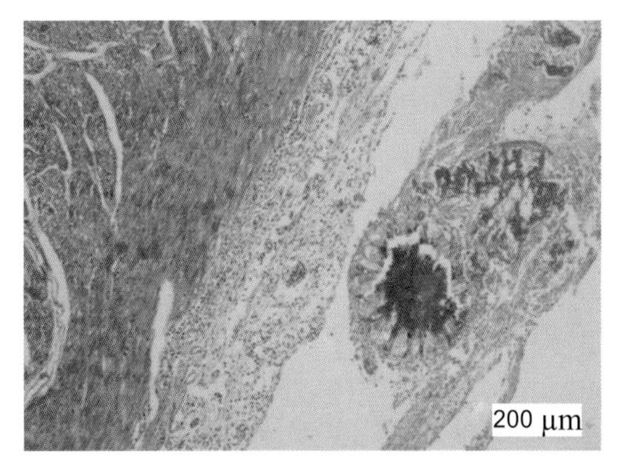

图 20.6　沙门氏菌感染鸭心脏心外膜纤维素渗出，异嗜性粒细胞浸润，形成肉芽肿（HE 染色）

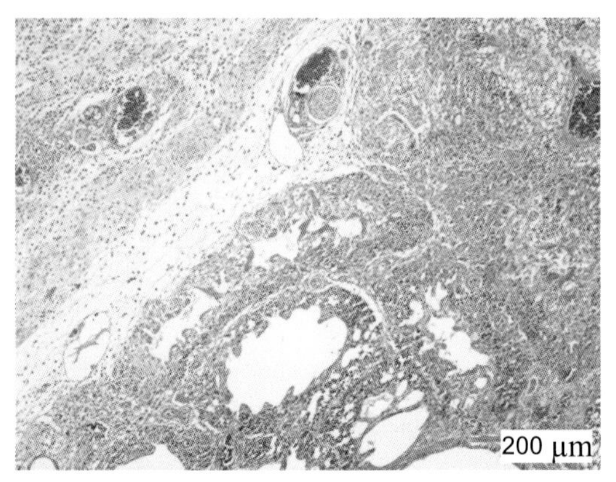

图 20.7　沙门氏菌感染鸭肺脏被膜纤维素渗出，异嗜性粒细胞浸润（HE 染色）

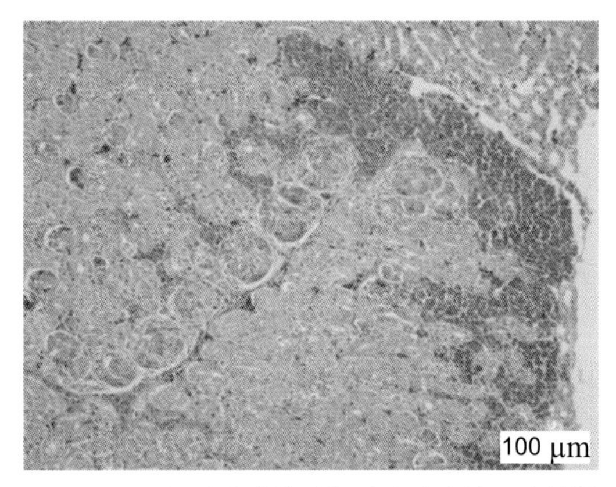

图 20.8　沙门氏菌感染鸭肾脏小叶边缘异嗜性粒细胞浸润（HE 染色）

【诊　　断】

1）临床诊断

在养鸭生产中，有两种情况需要进行沙门氏菌感染的诊断：一种是临床发病和死亡，剖检病例有明显的出现败血性感染病变，或者肝脏有明显的坏死点等可怀疑有沙门氏菌等细菌感染，但需要进一步细菌分离鉴定才能确诊；另一种情况是为防止沙门氏菌垂直感染，保证正常生产和食品卫生安全，对产蛋鸭或种鸭群的带菌状态进行检测，淘汰沙门氏菌携带者。

2）实验室诊断

（1）沙门氏菌分离培养　沙门氏菌广泛存在于动物体内和环境中，不同样本中沙门氏菌的含量、纯度及细菌的活力有很大的差异，针对不同的样品应采取相适应的分离方法。鸭场沙门氏菌分离鉴定的总体流程见图 20.9。

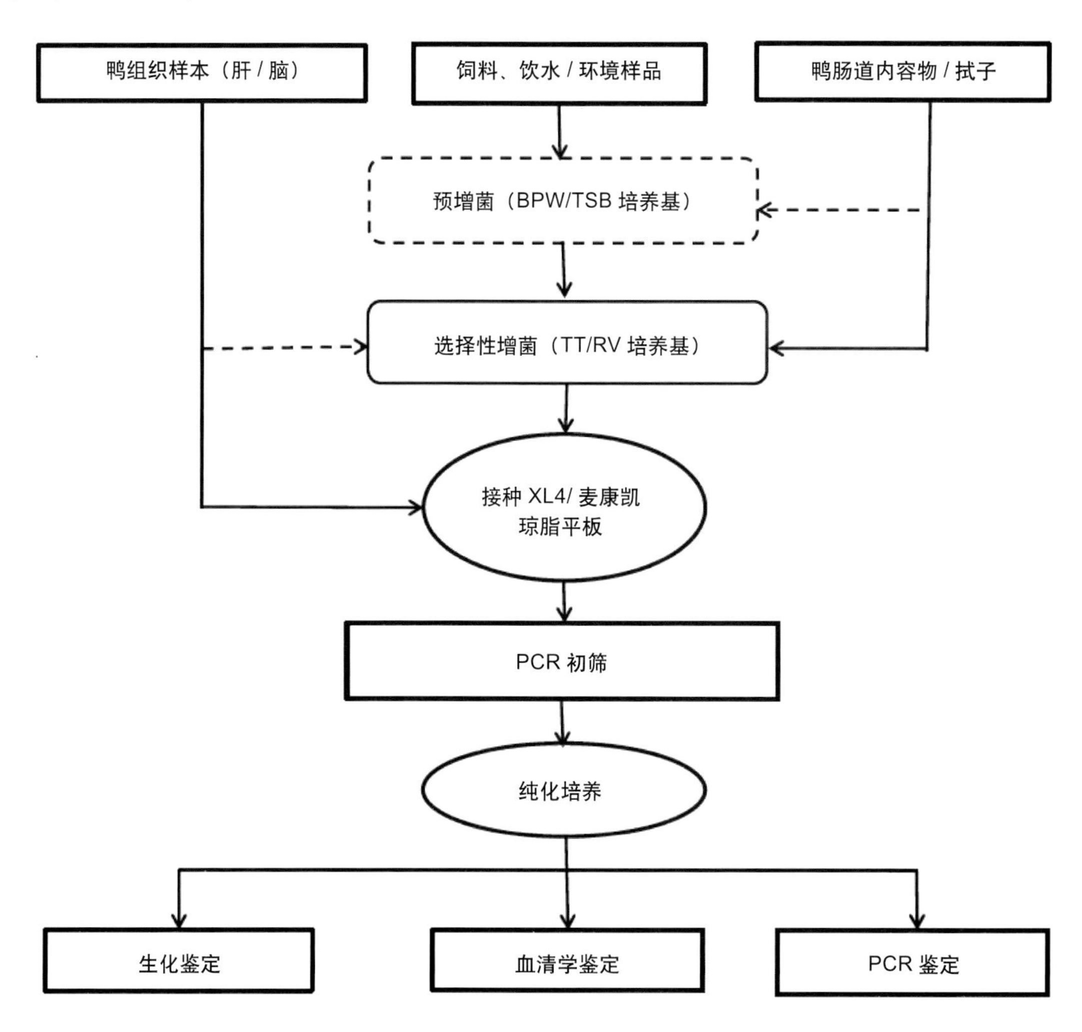

图 20.9　不同样品沙门氏菌分离鉴定操作流程

急性感染病例的新鲜组织样品通常能够获得较纯的细菌培养物。对于临床败血性感染并且没有大量或长时间使用抗菌药物治疗的病例，可以直接取组织样品接种于血液琼脂平板和麦康凯琼脂平板，放置于 37℃培养 18~24 h。如果感染病例有明显的神经症状，由于脑组织的污染比肝脏和脾脏少，而且受抗菌药物的影响也小，取脑组织样本进行培养则容易获得更纯细菌培养物。

慢性感染病例、携带者以及环境样品中沙门氏菌的含量相对较少，而且多数样品混杂有其他细菌，若直接将样品接种到琼脂平板，快速生长的杂菌则可能掩盖或抑制沙门氏菌的生长，大大降低沙门氏菌的分离率。对于这类样品的检测通常要求先利用选择性培养基进行增菌培养，富集和增加样品中沙门氏菌的量，进而提高分离效率。

① 非选择性培养基预增菌：许多样品中含沙门氏菌的数量较低，或者由于干燥、热、辐射以及其他因素的作用使得部分沙门氏菌处于“损伤”或“亚致死性损伤”状态，但这些细菌仍然存活，在合适的条件下仍可引起感染。如果将样品直接接种到选择性很强的培养基中，这些沙门氏菌很可能失活，应将这类样品先接种到非选择性的预增菌液体培养基，如缓冲蛋白胨水（Buffered Peptone Water，BPW）中培养使细菌能从“损伤”状态中恢复，然后再接种到选择性增菌培养基中（参见②）进行分离培养。缓冲蛋白胨水是沙门氏菌预增菌的首选培养基。也有研究表明，用胰酶大豆肉汤（Tryptic Soy Broth，TSB）替代 BPW，结果显著地提高某些样品沙门氏菌的分离率。样品非选择性培养预增菌通常在 35~37℃培养 18~24 h，然后取 1 mL 接种到 10 mL（1∶10）选择性增菌液中，RV 增菌液 (Rappaport-Vassiliadis enrichment medium) 的比例为 1∶100。这一过程有利于粪便和环境样品中沙门氏菌的分离。

② 选择性培养基增菌培养：选择性培养基中加入了特定的化学成分，该化学成分可抑制样品中大部分杂菌，但不影响沙门氏菌的生长，当沙门氏菌在选择性培养基中繁殖到一定浓度后再接种到琼脂平板进行培养鉴定，这种培养方法具有明确的细菌导向性，可大大提高目标菌的分离效率，缩短检测时间。常用于沙门氏菌分离的选择性培养基有四硫磺酸盐增菌培养基 (tetrathionate enrichment medium, TT)、亚硒酸盐增菌培养基 (selenite enrichment medium, SE) 和 RV 增菌培养基。

内脏器官和组织样本中杂菌含量较少，一般在 35~37℃培养，而肠道和环境样品的杂菌较多，建议培养温度为 40~42℃，因为大多数沙门氏菌对高温具有相对较强的耐受力。选择性增菌的培养时间是 24~48 h。一些研究人员建议 24 h 做一次接种传代，如果没有细菌生长，48 h 再传一代。

③ 接种选择性琼脂平板分离细菌：增菌培养过程主要使沙门氏菌的数量增加到接种平板就能检测到的水平。有多种选择性鉴别培养基可用于沙门氏菌的分离培养。这些培养基中加入了某种选择性抑制剂和指示剂，可选择性地抑制其他细菌生长，但不影响沙门氏菌的繁殖，并能衬托出沙门氏菌菌落的某些特征，有益于沙门氏菌的纯化和鉴定。已报道可用于畜禽和环境样本沙门氏菌检测的培养基至少有 14 种。建议至少选用 2 种具有不同选择性和指示特征的培养基，如添加新生霉素的亮绿胆盐培养基（BGN）与木糖 - 赖氨酸 - 硫酸四癸钠琼脂（XLT4）组合分离沙门氏菌非常有效。

接种琼脂培养基后不仅要判断对沙门氏菌生长的选择性，还要能够有效地鉴别菌落。如果不能鉴别出沙门氏菌菌落，往往会出现假阳性，增加了工作量和成本。临床样本中遇到最多的就是变形杆菌，加入新生霉素可抑制其过度生长，可增强培养基的选择作用。

对某些非典型沙门氏菌应加以注意。据报道，约 13% 的家禽及其环境中沙门氏菌分离株在琼脂培养基中不产生 H_2S，鸡白痢沙门氏菌、鸡伤寒沙门氏菌以及某些猪霍乱沙门氏菌菌株在大多数培养基中都不产 H_2S，其他非典型反应包括某些菌株赖氨酸脱羧酶阴性，发酵乳糖或蔗糖等。

④ 细菌的鉴定：细菌接种到琼脂培养基后，一般在 35~37℃培养 20~24 h。根据沙门氏菌在培养基上的生长特征，挑选 3~5 个典型菌落进行血清学和生化鉴定。对某些宿主特异性沙门氏菌，如鸡白痢沙门氏菌和羊流产沙门氏菌生长较慢，应延长培养 24 h，结果阴性再放弃。

由于沙门氏菌血清型复杂，生化特性各异，诊断耗时长，往往需要 4~7 天，甚至更长时间才可得到准确的检测结果。

（2） 沙门氏菌监测

① 细菌分离：沙门氏菌携带者、蛋传沙门氏菌、鸭产品沙门氏菌的检测比较复杂，目前尚无标准的操作指南。最理想的是种鸭群从 1 日龄开始定期采集足够量粪便样本进行检测，有条件鸭场或实验室应结合血清学方法进行检测。

种鸭群经咽喉途径感染后，短期内可经泄殖腔排菌，但排菌时间长短不一。实践经验表明，如果鸭群带菌率不高，泄殖腔拭子采样检查可能导致一些阳性个体漏检，因此，进行鸭粪便排菌情况监测时，取垫料样本比泄殖腔拭子的效果更好。水槽中的饮水也可用于沙门氏菌的监测，但单位样品中细菌数量比垫料低。每隔 1 个月或 40 天采样一次进行检测，从经济成本和工作量与监测效果的折算比较合适，但鸭群用药期间不宜采样。

根据鸭群背景和日龄情况，也可采用适当的血清学方法进行检测，或者对种蛋作细菌学检查，但检测种蛋的数量很重要。未做过监测的可疑鸭群可以在刚开产阶段挑选尚未用于孵化的种蛋进行检测。最好是检查开产早期所有的种蛋以获得比较可靠的数据。直接检测新鲜的种蛋效果并不好，应孵化 10 天以上再进行细菌学检查。在孵化早期，通常会将“白蛋”（即未受精蛋）淘汰掉。虽然沙门氏菌不一定是引起早期胚胎死亡的原因，但孵化 10 天以上的鸭胚最适于沙门氏菌检测，此时，感染种蛋每克样品沙门氏菌数量可达到 10^6 CFU。

② 免疫学检测：酶联免疫吸附试验 (enzyme-linked immunosorbent assays, ELISA) 基本原理是采用双抗体夹心法，将抗体预先包被在微量反应孔表面，待检样品中的沙门氏菌抗原与结合在固相载体上的抗体反应形成抗原抗体复合物，加入酶标抗体与复合物中的抗原结合，经洗涤去除未结合的其他物质，再加入酶反应底物，底物被酶催化变为有色产物。如果酶标抗体没有结合，则无颜色反应。该方法对沙门氏菌检测的灵敏度为 10^3~10^6 CFU/mL，待检样品需要进行预增菌或选择性增菌培养 16~24 h。该方法对检测饲料、环境样品家禽胴体的假阳性率为 2.3%~5.8%，假阴性率为 0.4%~22% 不等。

酶荧光分析技术 (enzyme-linked immunofluorescent assays, ELFA) 基本原理与 ELISA 类似。首先将用于捕捉沙门氏菌特异性抗体包被滴管样固相容器 (pipette-tip-like solid-phase receptacle, SPR) 的内表面，样品中的沙门氏菌在通过时与抗体结合形成抗原抗体复合物，以带荧光的酶联抗体再次结合，经充分冲洗后，通过检测仪激发光源检测出发光的阳性标本。该方法对沙门氏菌检测的灵敏度为 10^3 ～ 10^5 CFU/mL，待检样品需进行预增菌培养。

免疫磁性分离法 (immunomagnetic separation, IMS) 的基本原理是对样品先进行预增菌培养，然后加入偶联了沙门氏菌特异性抗体的磁性颗粒，混合作用 20 min 使沙门氏菌结合到磁性颗粒表面，通过外加磁场的作用，去除上清，富集到磁性颗粒上的细菌可用于进一步鉴定，如接种培养、ELISA 检测、PCR 扩增等。IMS 技术直接检测细菌特异性好，但灵敏度低。

（3）分子生物学诊断

① 聚合酶链式反应技术 (PCR)：PCR 技术具有简便、快速、敏感性好、特异性强等优点，近年来得到迅速的发展，针对沙门氏菌多个特异性靶基因，如 *invA* 基因、*fimA* 基因、*hilA* 基因和 16S rRNA 等设计出多种检测方法，包括多重 PCR（multiplex PCR）、套式 PCR（nested PCR）、荧光 PCR（real-time PCR）等。有些方法的灵敏度甚至可达到 30 CFU/ 份样品。其中，针对 *invA* 基因的 PCR 检测技术得到比较广泛的认可，该基因位于沙门氏菌毒力岛 1 中，与细菌入侵宿主上皮细胞密切相关，在几乎所有血清型沙门氏菌中高度保守。Rahn 等报道的 *invA* 基因 PCR 检测可供参考。其引物为：5' -GTGAAATTATCGCCACGTTCGGGCAA-3'（正向）/5' -TCATCGCACCGTCAAAGGAACC-3'（反向），工作浓度为 5 μmol/L。PCR 反应条件是先经过 94℃ 加热变性 3 min，然后进入热循环：94℃ 加热 30 s，

60℃退火 45 s，72℃延伸反应 30 s，共 35 个循环，循环结束后，72℃继续反应 7 min。PCR 产物经 2% 琼脂糖电泳，EB 染色可见有长度在 284 bp 的目的条带。

针对沙门氏菌特异性毒力基因设计的 PCR- 血清分型技术特异性很强，但每个 PCR 反应所检测沙门氏菌血清型非常有限。如果在一个反应中加入 5~6 对针对不同血清型沙门氏菌的引物就可能出现交叉反应。该技术发展的趋势是能够同时检测出多种血清型的沙门氏菌，并替代常规的血清学分型。

环介导等温扩增技术（loop-mediated isothermal amplification, LAMP）LAMP 的技术原理是针对靶基因的 6 个区域按照规定的顺序设计 4 种特异的引物，利用一种链置换 DNA 聚合酶 (Bst DNA polymerase) 在恒温 (65℃左右) 保温约 1 h 即可完成反应。LAMP 技术扩增的特异性很高，产物经凝胶电泳后出现梯形条带。同时，在 DNA 延伸合成过程中，从 dNTP 中析出的焦磷酸离子与反应溶液中的镁离子结合，会产生白色的焦磷酸镁沉淀，肉眼能观察白色混浊沉淀。具备操作简单、特异性强、反应快速、灵敏度高的特点。

（4）生物传感器检测　生物传感器（biosensor）是由固定化的生物活性材料作识别元件（包括酶、抗体、抗原、微生物、细胞、组织、核酸等生物活性物质）与适当的理化换能器（如氧电极、光敏管、场效应管、压电晶体等）及信号放大装置构成的分析工具或系统，具有接收器与转换器的功能的一种先进的检测方法与监控方法，也是物质分子水平的快速、微量分析方法。在临床诊断、工业控制、食品和药物分析、环境保护以及生物技术、生物芯片等研究中有着广泛的应用前景。已报道用于沙门氏菌检测的过多种类型的生物传感器，包括光学生物传感器、电阻抗生物传感器及 DNA 芯片等。

【防　　治】

1）管理措施

沙门氏菌可通过多种来源和途径传入鸭群或鸭舍，在整个生产流程中，必须采取综合有效的防制措施：

① 鸭舍建造与管理中应考虑有效防止啮齿动物和昆虫，并定期检验。鸭场的老鼠是沙门氏菌的带菌者之一，其排泄物污染饲料和垫料极易造成疾病的传播，必须定期灭鼠。

② 制定严格的生物安全措施，限制外来人员和车辆进入鸭场或鸭舍，严格控制鸭场人员和物流的路线。鸭沙门氏菌感染和发病多呈散发性，不易引起饲养管理人员的高度重视，但人作为沙门氏菌的携带者，以及运输和生产工具的污染均可造成该病的传播。

③ 应从确认无沙门氏菌的种群引进种蛋和雏鸭。垂直传播和孵化过程中感染的雏鸭均可将该病带入，所以在进雏前应了解种鸭的健康状况。

④ 饲喂颗粒料或不含动物蛋白的饲料，把饲料污染的可能性降至最小，并确保饮水清洁卫生。怀疑饲料或饮水被沙门氏菌污染时，应立即进行检测，及时采取应对措施。

⑤ 种蛋应进行合理的消毒并按严格的卫生标准进行孵化。首先应防止种蛋生产环节的沙门氏菌污染。种鸭舍应在一侧设置足够量的产蛋箱，箱内应勤换干垫料，保证蛋的清洁，表面不被粪便污染；增加捡蛋次数，减少蛋被其他种鸭践踏和污染的机会，对表面污染严重的种蛋应及时剔除；种蛋应及时入库保存，以减少表面细菌的繁殖。做好孵化环节的消毒工作。种蛋入孵前清洗消毒、孵化器和出雏器消毒是防止交叉传染的重要环节。

⑥ 采取“全进 / 全出”的饲养方式，空舍后应立即对鸭舍及周边环境进行彻底清洗和消毒。育雏期间应保证鸭舍合适的温度，避免潮湿的环境，尽可能使用高层网上饲养。

⑦ 有条件的养殖企业应该对鸭群及环境的沙门氏菌状况定期进行监测，降低养殖风险。

在养鸡和火鸡生产中，饲喂益生菌对沙门氏菌感染有保护作用。刚孵出的雏鸡或雏火鸡对沙门氏菌高度易感，但随年龄增长对沙门氏菌的易感性下降，这在很大程度上是由于家禽从环境中获得了肠道保护性菌群。肠道正常菌群对沙门氏菌和其他病原菌的定植具有抑制作用，这是各种益生菌预防和治疗作用的基础。益生菌治疗的益处在于能直接干扰沙门氏菌对肠上皮的黏附，降低肠道 pH 并增加未离解的挥发性脂肪酸水平而抑制沙门氏菌的生长。不同的饲料添加剂，有的能直接抑制病原的定植，有的能支持保护性微生物菌群的生长。在鸡的饲料或饮水中添加不同的碳水化合物（包括乳糖、甘露糖、葡萄糖和低聚果糖），有时能降低沙门氏菌在嗉囊或盲肠内的定植。饲料中添加甲酸、丙酸或己酸时，也能减少沙门氏菌的定植。肉鸡饮水中添加氯酸盐、乳酸或蔗糖时能减少屠宰前禁食时的沙门氏菌分离率。然而，益生菌在养鸭业中应用的研究较少，其预防和治疗效果有待于进一步研究。

值得注意的是，益生菌能减少沙门氏菌在肠道的定植，但不能完全防止感染，更不能抵抗沙门氏菌的严重感染。幼雏感染病原之前使用的保护效果最好，而孵化过程中感染沙门氏菌时，治疗效果则大打折扣。

2）免疫防治

家禽生产中，疫苗免疫作为预防和减少沙门氏菌感染的措施之一，在国内外已有一系列的研究，包括弱毒疫苗、灭活疫苗和亚单位疫苗。

沙门氏菌弱毒疫苗主要是某些与细菌代谢、毒力或存活的有关基因突变或缺失的菌株。其优势是不同日龄的家禽可通过口服进行免疫接种，可刺激机体产生体液和细胞免疫。缺点是这些菌株可以在家禽体内和环境中长时间存活，对公共卫生安全构成潜在的威胁，另外还可能干扰沙门氏菌监测和出现毒力返强。

死疫苗主要是用不同方法，包括加热、福尔马林、丙酮或其他方法灭活的细菌全菌苗。大部分是通过肌肉或皮下注射免疫，而且至少需要免疫 2 次。这类疫苗的优点是无活菌，对人和环境安全。疫苗可刺激机体产生很强的体液免疫反应，但抗原在机体存留时间短，需要使用合适的佐剂才能产生比较好的效果。

亚单位疫苗包含有一个或多个一致的细菌抗原成分（主要是蛋白质），与灭活疫苗相似，需要通过肌肉或皮下注射免疫，而且免疫原性较差，必须有很好的佐剂来增强其免疫保护作用。

有关家禽沙门氏菌疫苗已有许多报道，但主要应用于鸡，实验或田间应用结果表明，疫苗免疫具有一定的保护效果（表 20.2），可供鸭业生产者参考。

表 20.2　已报道的沙门氏菌弱毒疫苗及其保护效果

疫苗	免疫途径	免疫次数	攻毒	免疫保护效果
弱毒活疫苗				
肠炎沙门氏菌 *aroA* 基因缺失株	口服	1 日龄免疫 1 次	口服肠炎沙门氏菌（10^8CFU）	减少沙门氏菌定植
鼠伤寒沙门氏菌 *cya/crp* 基因缺失株	口服	1 和 14 日龄免疫 2 次	口服肠炎沙门氏菌（10^6CFU）	仅减少脾脏沙门氏菌定植
肠炎沙门氏菌温度敏感突变株	口服	1 和 14 日龄免疫 2 次	口服肠炎沙门氏菌（10^9CFU）	减少沙门氏菌定植
Nobilis SG 9R（鸡伤寒沙门氏菌）	皮下注射	6、14～16 周龄免疫 2 次	田间试验	免疫组 2.5% 鸡群为阳性，对照组为 11.5%

续表 20.2

疫苗	免疫途径	免疫次数	攻毒	免疫保护效果
TAD *Salmonella* Vac E	口服	1 日龄、6 和 16 周龄免疫 3 次	静注肠炎沙门氏菌（10^7 CFU）	免疫组沙门氏菌阳性率：肝（12/28）、输卵管（6/28）、蛋（9/35），对照组：肝（23/28）、输卵管（15/29）、蛋（15/35）
Megan Vac 1	口服	1 日龄、2 和 5 周龄免疫 3 次	田间试验	免疫组沙门氏菌阳性率：盲肠为 38%、生殖系统 14%，对照组分别为 68% 和 52%
肠炎沙门氏菌 *phoP*/*fliC* 基因缺失株	口服	1 和 21 日龄免疫 2 次	口服肠炎沙门氏菌（10^8 CFU）	减少沙门氏菌定植
肠炎沙门氏菌 *lon*/*cpxR* 基因缺失株	口服	1 日龄免疫	口服肠炎沙门氏菌（10^9 CFU）	减少沙门氏菌定植
鸡伤寒沙门氏菌 *cobS*/*cbiA* 基因缺失株	口服	5 和 25 日龄免疫 2 次	口服肠炎沙门氏菌（10^8 CFU）	减少沙门氏菌定植
肠炎沙门氏菌 SPI-1 和 SP1-2 缺失株	口服	1 和 21 日龄免疫 2 次	口服 / 静注肠炎沙门氏菌（10^7 CFU）	减少沙门氏菌定植
灭活疫苗				
Salenvac	肌注	1 日龄和 4 周龄免疫 2 次	口服鼠伤寒沙门氏菌	不排菌并减少沙门氏菌定植
Layermune SE	皮下注射	5 和 9 周龄免疫 2 次	口服肠炎沙门氏菌（10^8 CFU）	仅减少产蛋鸡沙门氏菌定植
Poulvac SE	皮下注射	12 和 20 周龄免疫 2 次	口服肠炎沙门氏菌	1 日龄雏鸡检测阳性为 7/25，对照组为 5/25；对沙门氏菌定植无影响
Corymune 4K and 7K	肌注	5 和 9 周龄免疫 2 次	口服鼠伤寒沙门氏菌（10^8 CFU）	对沙门氏菌定植略有影响
亚单位疫苗				
肠炎沙门氏菌蛋白提取物	口服或皮下注射	8 和 11 周龄免疫 2 次	口服肠炎沙门氏菌（10^7 CFU）	不排菌
肠炎沙门氏菌蛋白	皮下注射	9 和 11 周龄免疫 2 次	口服肠炎沙门氏菌（10^8 CFU）	减少盲肠细菌定植
FliC	皮下注射	3 和 5 周龄免疫 2 次	口服肠炎沙门氏菌（10^7 CFU）	减少盲肠细菌定植
I 型菌毛	皮下注射	18 和 21 周龄免疫 2 次	静注肠炎沙门氏菌（10^7 CFU）	对蛋壳和生殖道有保护作用，但对细菌定植无影响
SPI-1 和 SPI-2 蛋白	皮下注射	2 和 4 周龄免疫 2 次	口服肠炎沙门氏菌（10^{10} CFU）	对细菌定植略有影响

（引自 Desin et al., 2013）

【参考文献】

[1] Adzitey F, Huda N, Ali G R. 2012 Prevalence and antibiotic resistance of *Campylobacter, Salmonella*, and *L. monocytogenes* in ducks: a review. Foodborne Pathogens and Disease, 9(6):498-505.

[2] Arnold M E, Mueller-Doblies D, Gosling R J, et al. Estimation of the sensitivity of various environmental sampling methods for detection of Salmonella in duck flocks. Avian Pathology, 2015, 44(6):423-429.

[3] Barrow P A, Lovell M A, Murphy C K, et al. Salmonella infection in a commercial line of ducks; experimental studies on virulence, intestinal colonization and immune protection. Epidemiology and Infection, 1999, 123(1):121-132.

[4] Buchholz P S, Fairbrother A. Pathogenicity of Salmonella pullorum in northern bobwhite quail and

mallard ducks. Avian Diseases, 1992, 36(2):304-312.

[5] Desin T, Koster W and Potter, A. *Salmonella* vaccines in poultry: past, present and future. Expert Review of Vaccines, 2013, 12(1):87-96.

[6] Henry R. Salmonella infection in ducks. In: Salmonella in Domestic Animals, Wray, C and Wray A. (Eds.), CABI Publishing, Wallingford, Oxon OX10 8DE, UK, 2000.

[7] Popoff M Y and Le Minor L E. Genus XXXIII. Salmonella In: Bergey's manual of Systematic Bacteriology, Vol.2 second ed. Garrity GM. (Ed), Springer, 2005.

[8] Shelobolina E S, Sullivan S A, O' Neill K R, et al. Isolation, characterization, and U(VI)-reducing potential of a facultatively anaerobic, acid-resistant Bacterium from Low-pH, nitrate- and U(VI)-contaminated subsurface sediment and description of *Salmonella subterranea* sp. *nov*. Applied and Environmental Microbiology, 2004, 70(5): 2959-2965.

[9] Su L H, Chiu C H. Salmonella: clinical importance and evolution of nomenclature. Chang Gung Medical Journal. 2007, 30(3) : 210-219.

[10] Tsai H J, Hsiang P H. The prevalence and antimicrobial susceptibilities of Salmonella and Campylobacter in ducks in Taiwan. The Journal of Veterinary Medical Science, 2005, 67(1):7-12.

第21章　鸭链球菌病

Chapter 21　Duck Streptococcicosis

引　　言

禽类链球菌病（streptococcicosis）是由多种链球菌引起的急性、亚急性败血性感染，或慢性局部感染。该病广泛分布于世界各地，引起的死亡率从 0.5% ~ 50%。链球菌广泛存在于环境中和动物消化道内，作为病原菌或条件性致病菌对商品化水禽的饲养构成一定的威胁。

【病原学】

1）分类地位

链球菌属（*Streptococcus*）与乳球菌属（*Lactococcus*）和乳卵形菌属（*Lactovum*）成员一起构成链球菌科（Streptococcaceae）。链球菌属既包括多种对人和动物具有致病作用的病原菌，也包括许多无害的共生菌和食品级菌种，如嗜热链球菌（*S. thermophilus* ）。

2）形态特征

菌体革兰氏染色阳性，呈球形或卵圆形（图 21.1），直径小于 2 μm。由于该菌的生长繁殖是在一条轴线上延伸并且在同一个平面上分裂，易呈链状排列，尤其是液体培养物的链状排列最为明显。形成链的长短与菌种和培养基成分有关，而肺炎链球菌（*S. pneumoniae*）则成对排列。部分链球菌如变异链球菌(*S. mutans*) 在特定的培养条件下呈短杆状。有些口腔链球菌在初代分离时呈多形性，个别链球菌，如较小链球菌（*S. minor*）则多排列成团。大多数链球菌在适当的生长条件下可形成荚膜。

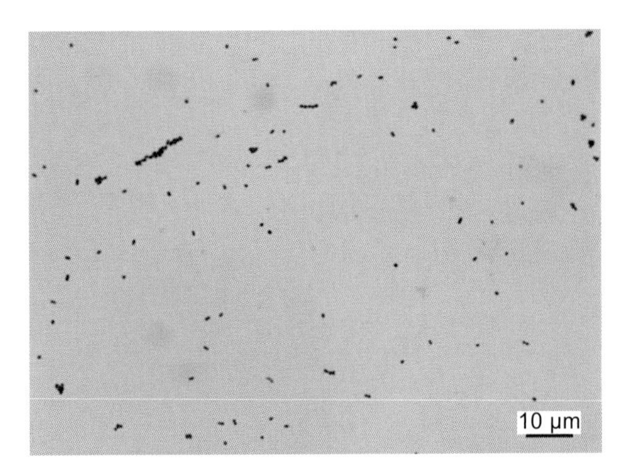

图 21.1　解没食子酸盐链球菌巴斯德亚种菌体形态、呈双球或短链状排列（革兰氏染色）

3）培养特性

大多数链球菌为兼性厌氧菌，少数为专性厌氧。营养要求较高，普通培养基上生长不良，固体培养基补充血液、血清和葡萄糖等可促进其生长。37℃培养 24 h 后菌落大小为 0.5~1 mm，除少数停乳链球菌可能产生黄色、橙色或砖红色色素外，其他链球菌不产生色素。某些菌种，如肺炎链球菌等在 5% 的 CO_2 环境中培养可促进其生长。液体培养基添加葡萄糖可促进其生长，但细菌代谢产酸可引起 pH 迅速降低而抑制其繁殖。

链球菌在血液琼脂平板（通常使用 5% 绵羊和马血液）上生长繁殖后，按溶血与否及其溶血现象分为：① 甲型溶血性链球菌（α -hemolytic *Streptococcus*），即在菌落周围有 1~3 mm 宽的草绿色的溶血环；② 乙型溶血性链球菌（β -hemolytic *Streptococcus*），即在菌落周围有 2~4 mm 宽的完全透明的无色溶血环；③ 非溶血性链球菌（non-hemolytic *Streptococcus*），亦称丙型（γ -hemolytic *Streptococcus*），即不产生溶血素，在菌落周围无溶血环。

4）抗原性和血清型

链球菌具有典型的革兰氏阳性菌细胞壁结构，以肽聚糖层为主，附着有多种碳水化合物、胞壁酸和表面蛋白抗原，其表面多糖抗原（又称 C 物质）是链球菌兰氏血清分群的基础。根据链球菌表面的群特异性多糖抗原成分不同，将链球菌分为 A、B、C、D、E、F、G……群等，其中，D 和 N 群的部分菌株被重新划归为肠球菌和乳球菌属。兰氏分群对于鉴别人和动物源性 β - 溶血性链球菌具有很重要的应用价值，但非溶血链球菌和 α 溶血链球菌可能不含有兰氏分群抗原，或者同一菌种的不同菌株的群抗原有明显的异质性，不适用于兰氏血清学分群。

链球菌的基因组大小为 1.85~2.21 Mbp，不同种间的基因组有很大的差异。基因组 DNA 杂交和 16S rRNA 基因序列分析较深入地揭示了链球菌自然“种群”(species groups)之间及其他菌属的进化关系，是现阶段链球菌分类鉴定的基础。因此，随着基因序列分析技术的广泛应用，在传统的生化反应和血清学技术分型的基础上，链球菌的分类和鉴定发生了较大的变化。根据细菌 16S rRNA 基因序列的同源性，将链球菌属的 60 多个种划分为不同的种群，包括：化脓链球菌群（Pyogenic group）、变异链球菌群（Mutans group）、咽峡炎链球菌群（Anginosus group）、唾液链球菌群（Salivarius group）、缓症链球菌群（Mitis group）、牛链球菌群（Bovis group），以及一些尚未归类的链球菌种。

成年鸡的链球菌病的报道主要以化脓链球菌群的马链球菌兽疫亚种（*S. equi* subsp. *zooepidemicus*）感染为主。近年来国内外发生解没食子酸盐链球菌引起鸡、火鸡以及水禽感染的病例逐渐增多。该菌属于牛链球菌群，亦称牛链球菌 / 马肠链球菌复合群（*S. bovis/S. equinus* complex, SBSEC），主要由一些来源于人和动物，特别是牛和马的非溶血性链球菌组成，包括 7 个种或亚种：解没食子酸盐链球菌解没食子酸亚种（*S. gallolyticus* subsp. *gallolyticus*）、解没食子酸盐链球菌巴斯德亚种（*S. gallolyticus* subsp. *pasteurianus*）、解没食子酸盐链球菌马其顿亚种（*S. gallolyticus* subsp. *macedonicus*）、新生儿链球菌新生儿亚种（*S. infantarius* subsp. *infantarius*）、卢特斯链球菌（*S. lutetiensis*）、非解乳糖链球菌（*S. alactolyticus*）和马肠链球菌（*S. equinus*），其鉴别特征见表 21.1 。

表 21.1 牛链球菌 / 马肠链球菌复合群的链球菌的鉴别特征

项目	解没食子酸盐链球菌解没食子酸亚种	解没食子酸盐链球菌巴斯德亚种	解没食子酸盐链球菌马其顿亚种	新生儿链球菌新生儿亚种	非解乳糖链球菌	马肠链球菌	卢特斯链球菌
产 酸							
糖原	+	−	−	d	−	d	−
菊糖	d	−	−	−	−	d	ND
乳糖	+	+	+	+	−	d	+
甘露醇	+	−	−	−	d(−)	−	−
蜜二糖	d(−)	+	ND	d	d	d^{c}(−)	−
松三糖	−	−	−	−	d	−	−
普兰糖	d	−	−	d	−	−	−
棉籽糖	d	+	+	d	+	d	+
淀粉	+	−	d	d	d	d	D
己酮糖	−	d	−	−	−	−	−
海藻糖	+	+	−	−	d	d	−
水 解							
七叶苷	+	+	−	d	+	+	+
淀粉	+	−	−	+	ND	−	d
产 物							
乙酰甲基甲醇 (V-P)	+	+	+	+	+	+	+
N- 乙酰 -*β* -*D*- 氨基葡萄糖苷酶	ND	−	−	−	−	−	−
胞外多糖	+	−	−	−	−	−	−
α -*D*- 半乳糖苷酶	d	+	d	+	+	d	+
β -*D*- 半乳糖苷酶	d	+	d	−	−	−	−
β -*D*- 葡糖苷酶	+	+	−	d	d	+	−
β -*D*- 葡糖醛酸酶	−	+	−	−	−	−	−
β - 甘露糖苷酶	d	+	−	−	−	d	−
吡咯烷基芳基酰胺酶	−	−	−	−	−	−	−
兰氏抗原群	D, NG	D	D, NG	NG, D	D(G)	D	NG, D
主要宿主				人	动物	动物	人

注：+，>85% 为阳性；d，不同菌株反应结果不同（16% ～ 84% 为阳性）；−，0 ～ 15% 为阳性；ND，未确定。

【流行病学】

链球菌存在的环境主要与温血动物和禽类密切相关。该菌具有极强的黏附能力，能够黏附在几乎所有物体的表面上，并充分利用环境中的营养物质，对宿主免疫系统的防御具有很强的抵抗和破坏作用。大部分链球菌作为共生菌，存在于人和动物口腔、上呼吸道和胃肠道的黏膜表面，在一定条件下引起局部或全身性感染。如化脓链球菌可定植于咽喉和皮肤，引起一系列的化脓性和非化脓性感染。

链球菌可存在于多种环境条件下的不同生境中。牛链球菌 / 马肠链球菌复合群菌株被认为是大多数反刍动物，如牛、羊、鹿和骆驼等胃肠道正常寄生菌。正常情况下瘤胃内容物和粪便中含有大量的链球菌，如瘤胃液的含量为 10^{6} ～ 10^{7} CFU/mL，在动物的饲料消化和营养利用过程中发挥着重要作用。

部分链球菌成员也是条件性致病菌，在某些疾病，如瘤胃乳酸性酸中毒、奶牛乳房炎、细菌性败血症以及马急性蹄叶炎等的发生和发展过程中起着重要作用。

禽类是牛链球菌 / 马肠链球菌复合群的另一个主要寄主。De Herdt 等（1994）对健康赛鸽群的检测结果发现鸽嗉囊和泄殖腔拭子样本牛链球菌（*S. bovis*）带菌率为 40% 左右，而混合粪便的检出率为 80%。对 1 056 份剖检有肉眼可见病变的鸽脏器和关节进行细菌培养，结果 106 份为牛链球菌分离阳性，表明该菌是引起鸽感染的主要病原之一。Sekizak 等（2008）从日本两个屠宰场宰后检出有心内膜炎，心脏、肝脏和脾脏有局灶性坏死的肉鸡脏器中分离到解没食子酸盐链球菌解没食子酸盐亚种，认为该菌是存在于鸡体内的条件性致病菌，可引起亚临床型心内膜炎。这些鸡临床上无症状，屠宰前群体死亡率处于正常水平。Saumya 等（2014）报道美国宾夕法尼亚州 2010—2013 年间 11 个火鸡群的 2 ～ 3 周龄火鸡发生解没食子酸盐链球菌巴士德亚种引起的急性败血性感染。

Kurzak 等（1998）利用 Rogosa 琼脂对 3 ~ 34 日龄鸭食道膨大部和肠道产乳酸菌进行分离培养并采用 PCR-RAPD 和 16S rRNA 基因分析进行归类和鉴定，结果在所鉴定的 72 种球菌中，非解乳糖链球菌约占 55%。Murphy 等（2005）利用血液琼脂对野鸭新鲜粪便细菌进行分离鉴定，结果粪便链球菌检出结果分别是：非解乳糖链球菌高于 10^6 CFU/g、猪链球菌为 10^5 CFU/g、牛链球菌为 10^3 CFU/g。这些结果充分表明，链球菌作为共生菌或条件性致病菌广泛存在于鸭消化道，并通过粪便等排泄到外界环境中。

鸭链球菌感染的正式报道较少。Devriese 等（1994）报道从一例死于急性败血症的散养鸭肺脏和肾脏分离到血清 9 型猪链球菌。Hogg 和 Pearson（2009）报道美国一室内饲养的商品鸭群发生解没食子酸盐链球菌解没食子酸盐亚种感染，该鸭群为 6 000 只，至 11 日龄死亡 80 只，许多鸭在死前有神经症状，表现为颤抖，角弓反张等。李美霞等（2012）首先报道我国商品肉鸭发生解没食子酸盐链球菌巴士德亚种引起的败血性感染和脑膜炎，分离菌株对雏鸭具有很强毒力，实验感染雏鸭死亡率可达到 70% 左右。此外，Barnett 等（2008）曾报道英国发生解没食子酸盐链球菌巴士德亚种引起的雏鹅败血症，90 只 2~3 周龄的鹅在 1 周左右死亡 26 只，死前无明显的前驱症状，或表现呼吸紊乱。

应注意的是，马肠链球菌、新生儿链球菌和解没食子酸盐链球菌巴士德亚种在奶牛中最常见，也有从其他动物和人体分离的报道。例如作为牛瘤胃中的链球菌之一的解没食子酸盐链球菌解没食子酸盐亚种引起人类临床感染的报道越来越多，而亚洲地区则以解没食子酸盐链球菌巴士德亚种多见，主要引起新生儿败血症、脑膜炎以及成年人的心内膜炎和脑膜炎等。

鸭链球菌病自然感染途径尚不清楚，但可能主要通过口、气溶胶以及皮肤伤口感染。在实验条件下经皮下和腹腔等途径接种可引起明显的发病和死亡。饮水污染和垫料太差是该病的促发因素。临床上，疑似呼肠孤病毒感染致死的雏鸭常分离到链球菌，但在实验室条件下，将两种病原体分别感染雏鸭引起的死亡率极低，而二者共同感染死亡率则显著增加。

【临床症状】

该病的潜伏期为 1 至数周不等，急性感染的潜伏期为 1~7 天。感染鸭表现为精神沉郁、采食减少、消瘦和死亡，病程稍长的病例可能出现中枢神经系统症状，表现为运动失衡、颤抖、抽搐和角弓反张等。部分病例可出现呼吸紊乱症状。局部感染主要表现为关节肿大和行动迟缓，或者屠宰后胴体检查有局部皮下感染。解没食子酸链球菌巴氏亚种感染多发生于 2~3 周龄雏鸭，对雏鸭的致死率很高。病鸭表现腹泻，排黄绿色稀粪。病程略长的病鸭表现头颈震颤，头向后背，不能站立等神经症状，有流泪现象（图 21.2）。

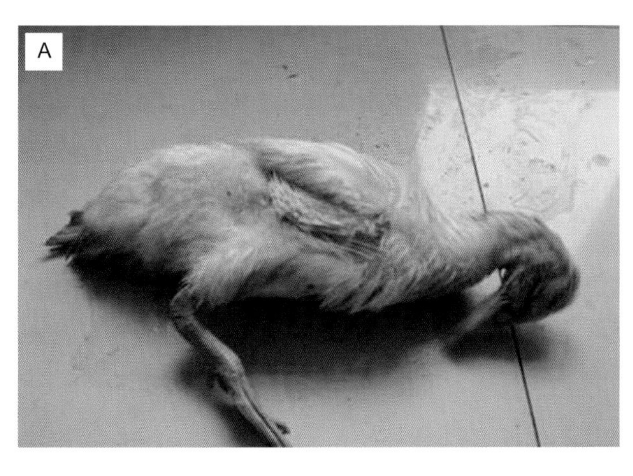

图 21.2　解没食子酸盐链球菌巴氏亚种感染雏鸭临床表现。A. 感染雏鸭瘫痪，头颈扭转；B. 感染雏鸭眼流泪，头颈后背，不能站立

【病理变化】

1）大体病变

链球菌感染严重鸭剖检可见心包增厚，心包液增多，严重的心包膜与心肌粘连（图 21.3A）；肝脏表面有坏死灶或一层纤维素性膜（图 21.3B）；脾脏肿大，表面有白色形状不规则的病灶（图 21.3C）；脑表面血管扩张，有明显充血（图 21.3D）。

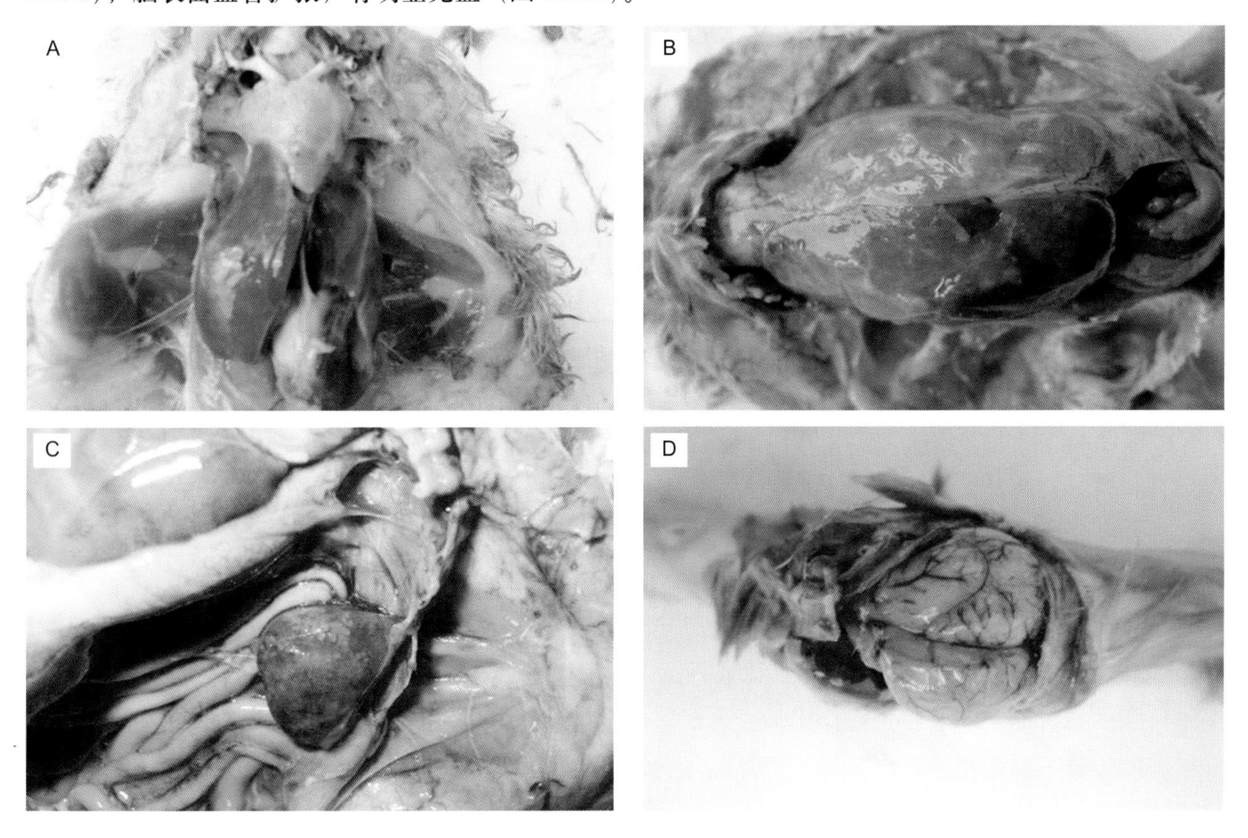

图 21.3　解没食子酸盐链球菌巴氏亚种感染鸭大体病变。A. 感染雏鸭心包增厚，呈纤维素性心包炎；B. 肝脏表面有白色纤维素性膜状物覆盖；C. 脾脏肿大，表面可见有多个白色坏死灶；D. 雏鸭脑表面血管充血，扩张

2）组织学病变

李美霞等对解没食子酸盐链球菌巴氏亚种自然感染鸭脏器进行组织学检查发现脾脏白髓区淋巴细胞减少，并可见成团的坏死细胞，在坏死的细胞周围可见细菌团块；肺脏严重瘀血；心肌纤维坏死溶解，炎性细胞浸润；法氏囊皮质区与髓质区淋巴细胞显著减少，大的巨噬细胞增多，上皮细胞脱落。

实验感染鸭各脏器的组织病理学变化如下：

（1）肝脏　解没食子酸盐链球菌巴氏亚种感染雏鸭后 1 天，肝细胞肿胀变性，异嗜性粒细胞浸润；感染后 3 天，血管周有大量的炎性细胞渗出，形成“血管袖套”；感染后 7 天，肝组织血管周弥散有大量的单核巨噬细胞和异嗜性粒细胞浸润（图 21.4A）。感染鸭肝窦内可见有细菌团块（图 21.4B）

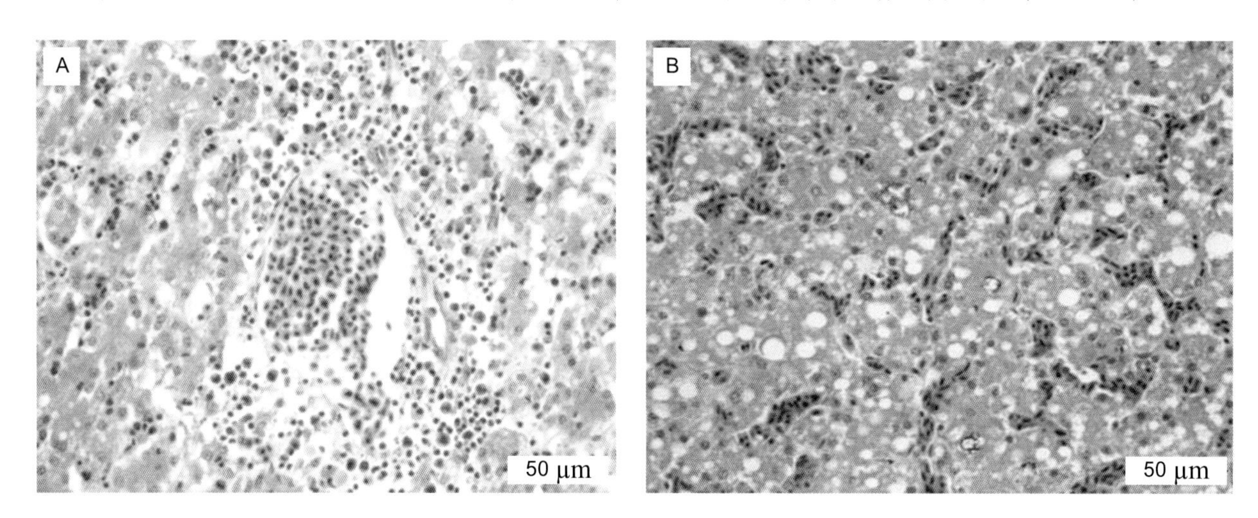

图 21.4　解没食子酸盐链球菌巴氏亚种感染雏鸭肝脏组织学病变（HE 染色）。A. 肝血管周大量的单核巨噬细胞浸润；B. 肝窦可见细菌团块

（2）脾脏　雏鸭感染解没食子酸盐链球菌巴氏亚种后 1 天，脾脏的白髓区与红髓区的界限模糊，白髓区的淋巴细胞轻度减少，可见大量的异嗜性粒细胞浸润（图 21.5A）；感染后 3 天，白髓区的淋巴细胞明显减少（图 21.5B），异嗜性粒细胞浸润减少，实质细胞的坏死，脾小梁坏死，坏死细胞呈匀质红染无结构；感染后 5 天，脾脏的基本结构消失（图 21.5C），红细胞开始崩解；感染后 7 天，脾组织中出现大量的空洞状细胞（21.5D），并且在这些空洞里还残留有一些细胞碎片，单核巨噬细胞浸润；感染后 9 天，脾脏的基本结构恢复，红髓区与白髓区界限清晰，白髓区可见大量的异嗜性粒细胞浸润（图 21.5E、F）。对照组雏鸭的脾脏组织结构清楚，未见有异常的病理变化。

（3）肾脏　解没食子酸盐链球菌巴氏亚种感染雏鸭后 3 天，肾小管上皮细胞肿胀变性，静脉内血栓形成，被膜处有炎性细胞浸润；感染后 5 天，肾皮质区有大量的异嗜性粒细胞浸润（图 21.6），纤维素性物质渗出；感染后 7 天，肾小管上皮细胞变性肿胀最严重；感染后 9 天、14 天，仍然可见肾皮质区大量异嗜性粒细胞浸润及肾小管上皮细胞的肿胀变性。

（4）心脏　解没食子酸盐链球菌巴氏亚种感染雏鸭后 5 天，心肌纤维间有大量的异嗜性粒细胞和单核巨噬细胞浸润（图 21.7A）；感染后 7 天，肌纤维细胞核固缩、碎裂，肌纤维细胞浆嗜酸性增强，心肌纤维坏死（图 21.7B），周围有炎性细胞浸润；感染后 9 天，心包膜处可见大量的浆细胞；感染后 14 天未见组织学病理变化。

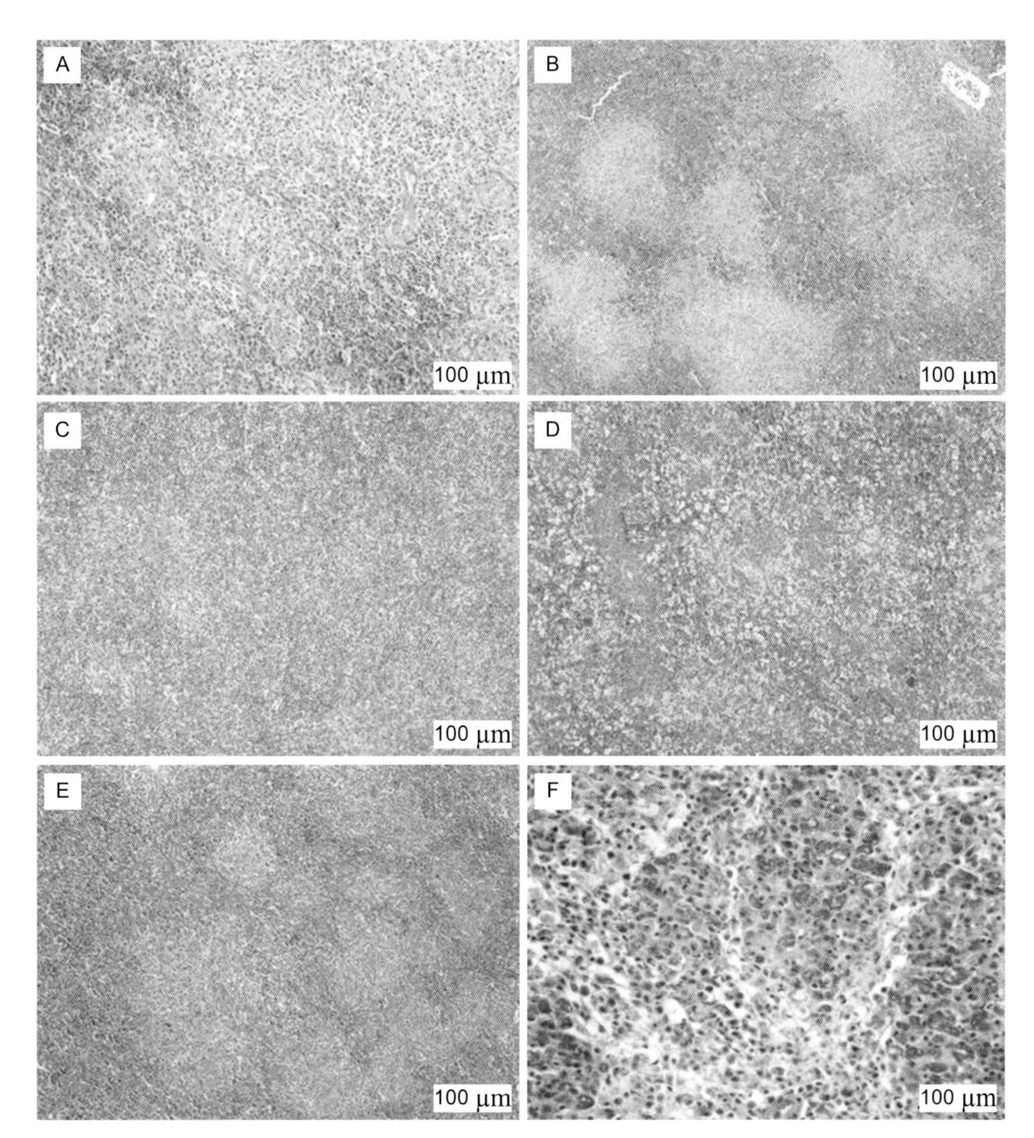

图 21.5　解没食子酸盐链球菌巴氏亚种感染鸭脾脏组织病理学动态变化 .A. 感染后 1 天脾脏白髓区淋巴细胞减少，异嗜性粒细胞浸润；B. 感染后 3 天脾脏白髓区淋巴细胞显著减少；C. 感染后 5 天脾脏的基本结构消失 (HE)；D. 感染后 7 天脾脏出现大量空洞状细胞；E. 感染后 9 天脾脏大量异嗜性粒细胞浸润；F. 脾脏白髓区巨噬细胞吞噬大量细菌团块（HE 染色）

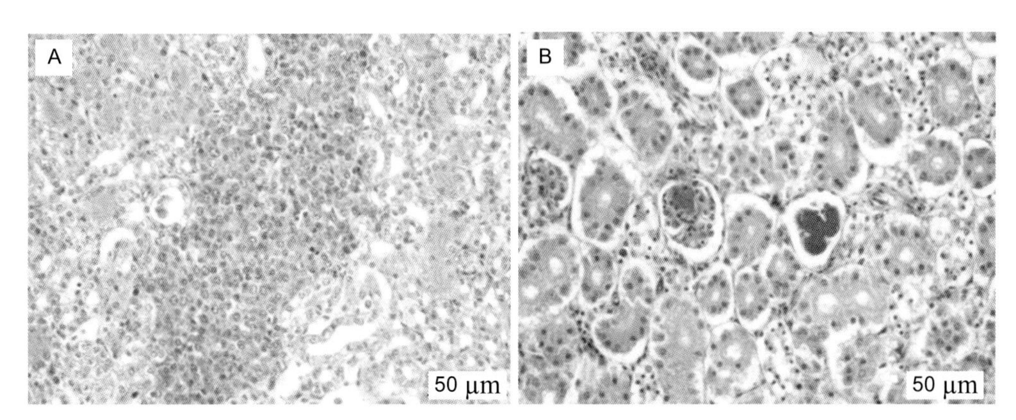

图 21.6　解没食子酸盐链球菌巴氏亚种感染鸭肾脏组织病理学变化。A. 感染后 7 天肾脏大量异嗜性粒细胞浸润; B. 肾脏肾小球有细菌团块

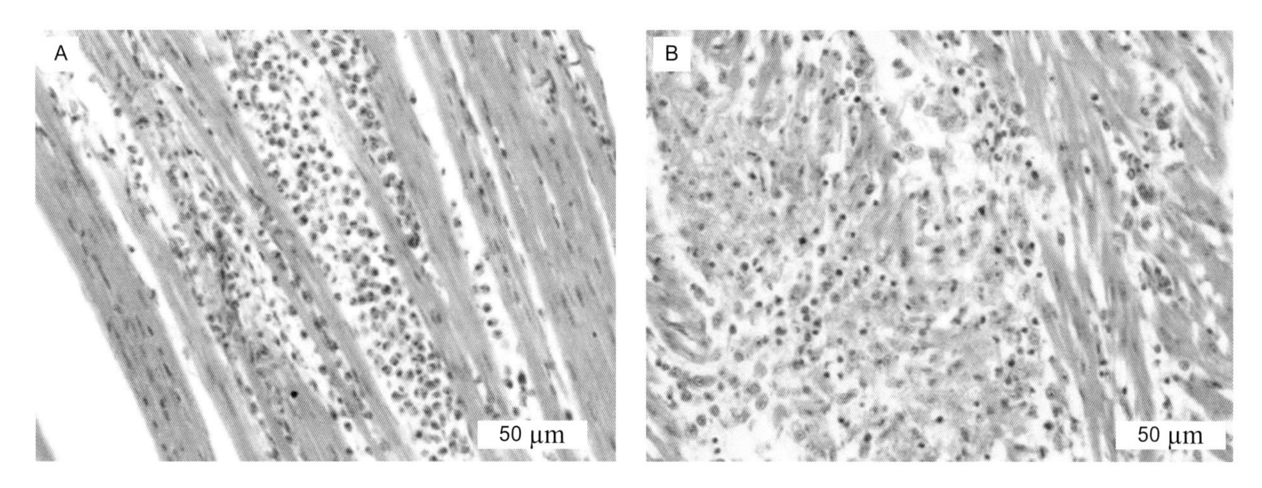

图 21.7 解没食子酸盐链球菌巴氏亚种感染鸭心脏组织病理学变化。A. 感染后 5 天心肌纤维间异嗜性粒细胞浸润；B. 感染后 5 天 心肌纤维坏死，单核巨噬细胞浸润

（5）法氏囊 解没食子酸盐链球菌巴氏亚种感染雏鸭后 1 天，法氏囊结构完整，固有层内淋巴滤泡排列整齐，淋巴滤泡内可见有淋巴细胞的轻微减少及未分化层的增厚；感染后 3 天，法氏囊的淋巴滤泡整体排列整齐，淋巴滤泡内可见有淋巴细胞的减少及异嗜性粒细胞的浸润，皮质区变薄，未分化层明显增厚；感染后 5 天，在淋巴滤泡内可见大量的异嗜性粒细胞浸润，淋巴细胞明显减少；感染后 7 天，法氏囊固有层淋巴滤泡数量减少，淋巴滤泡内的淋巴细胞减少，皮质区和髓质区均变薄，呈明显的“星空状”,未分化层增厚,整个固有层可见有浆液性物质渗出,异嗜性粒细胞呈广泛性浸润（图 21.8A）；感染后 14 天，法氏囊固有层内的淋巴滤泡数量增多，排列整齐，结构完整。对照组雏鸭法氏囊未见有组织学病理变化（图 21.8B）。

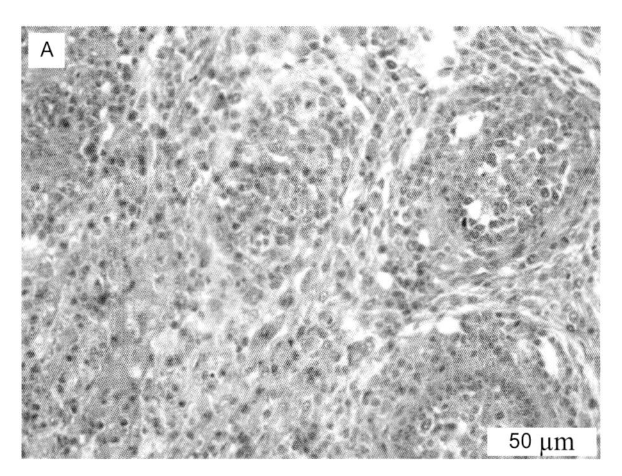

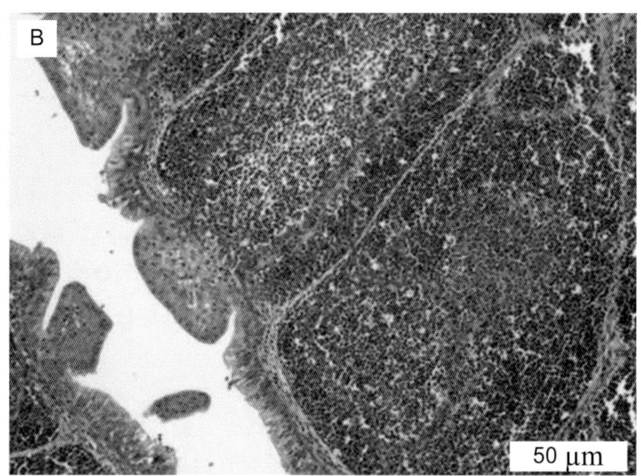

图 21.8 解没食子酸盐链球菌巴氏亚种感染鸭法氏囊组织病理学变化。A. 感染后 7 天法氏囊淋巴细胞减少，皮质区变薄，未分化层增厚，异嗜性粒细胞广泛性浸润；B. 对照组法氏囊

（6）胸腺 解没食子酸盐链球菌巴氏亚种感染雏鸭后 1 天，胸腺皮质区有少量的异嗜性粒细胞浸润，且皮质区淋巴细胞排列疏松；感染后 3 天，皮质区异嗜性粒细胞呈广泛性浸润，皮质区变薄，呈明显的“星空状”髓质区明显扩张（图 21.9A），大面积的胸腺小体坏死；感染后 5 天，皮质区仍然变薄；感染后 7 天，异嗜性粒细胞浸润广泛，皮质区“星空状”明显，胸腺小体坏死；但是在感染后的 9 天、14 天胸腺的组织结构趋于正常，仍可见大量的胸腺小体坏死。

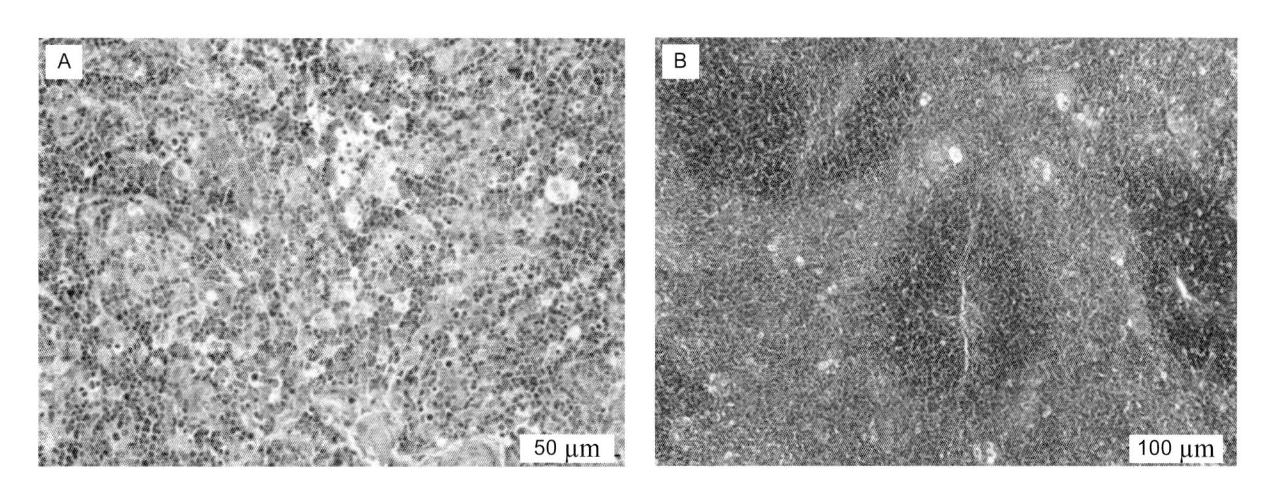

图 21.9　解没食子酸盐链球菌巴氏亚种感染鸭胸腺组织病理学变化。A. 感染后 3 天胸腺皮质区呈“星空状”；B. 感染后 3 天对照组胸腺

（7）脑　雏鸭感染解没食子酸盐链球菌巴氏亚种后 1 天，大脑脑膜轻度增厚，有少量的炎性细胞浸润，血管扩张，并可见红细胞；感染后 3 天，脑膜明显增厚（图 21.10A）；感染后 5 天，脑膜增厚，血管扩张，炎性细胞浸润；感染后 7 天、9 天，轻微的血管袖套和噬神经元现象，个别雏鸭表现出严重的脑膜炎（图 21.10B）；感染后 14 天，脑膜轻度增厚，少量的炎性细胞浸润，噬神经元现象严重。感染雏鸭后 3 天，小脑表现出明显的脑膜炎（图 21.10C），软脑膜增厚，在增厚的脑膜处可见有蓝色粉末状的细菌团块，小脑分子层有出血（图 21.10D）；感染后 5 天，软脑膜增厚，炎性细胞浸润，并在这些细胞内可见蓝色粉末状的细菌团块，感染后 7 天，小脑的组织结构恢复正常。

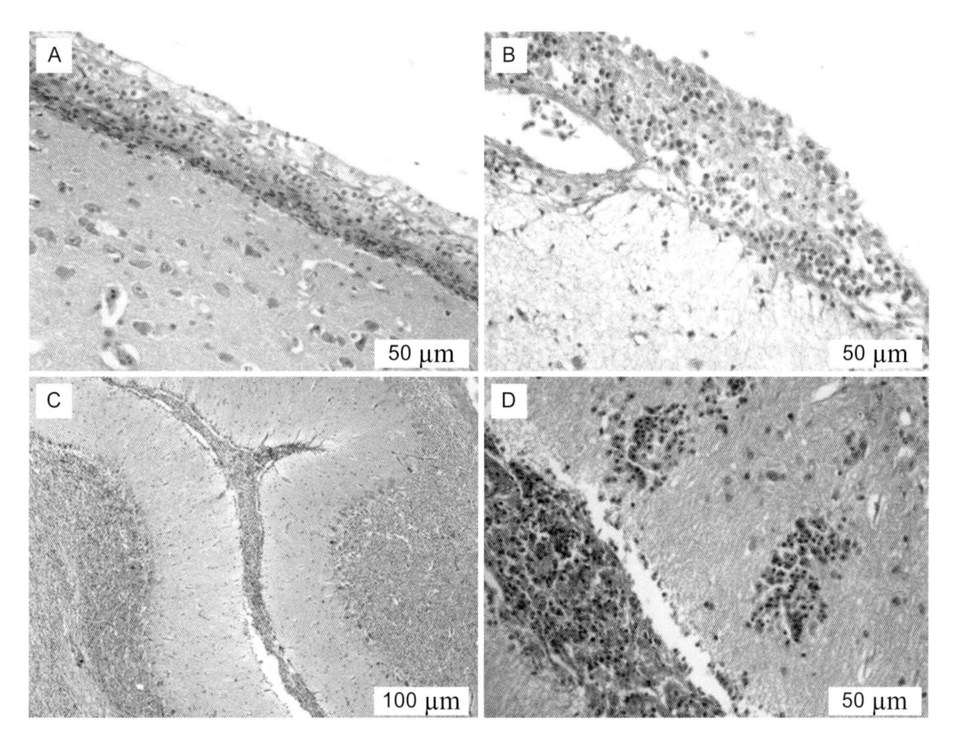

图 21.10　解没食子酸盐链球菌巴氏亚种感染鸭脑组织病理学变化。A. 感染后 3 天脑膜增厚；B. 感染后 9 天脑膜严重增厚，大量炎性细胞浸润；C. 感染后 3 天小脑软脑膜增厚，大量炎性细胞浸润；D. 感染后 3 天分子层有出血，脑膜渗出物可见细菌团块（HE）

【诊　断】

1）临床诊断

鸭链球菌感染在临床上主要表现为败血型感染或局部感染。严重的败血性感染可能伴发有明显的神经症状，剖检可见肝脏和脾脏肿大，有坏死灶，甚至纤维素性渗出等。局部感染则多见于成年鸭的关节和皮肤等部位。根据临床表现和剖检特征，结合血液或组织触片染色镜检观察到典型的革兰氏阳性小球菌时可做出初步的推断，确诊则需要进行病原的分离和鉴定。

2）实验室诊断

（1）细菌分离和鉴定

禽类致病性链球菌在含5%血液和加2%小牛血清的胰酶大豆琼脂平板上生长良好，而在麦康凯琼脂培养基中不生长。可采集肝脏、脾脏、血液或其他病变组织材料接种于上述平板，于37℃和5%的CO_2环境中培养24~48 h，挑选典型的菌落进行传代纯化后进行生化或分子生物学鉴定。进行溶血性检测时，可在平皿中先铺上一层营养琼脂，之后再加上一层含5%脱纤维绵羊或马血液的营养琼脂，划线接种细菌，或者将细菌刺种到培养基中。37℃厌氧培养有利于溶血环的形成，烛缸或5%CO_2环境不适合于链球菌溶血特性的检测。也可将营养琼脂冷却至50~55℃，然后将细菌加入到该营养琼脂中，迅速混合并加入0.6 mL脱纤维绵羊血，混匀倒入平皿中进行培养。对于β-溶血性链球菌，在菌落周围形成明显的透明溶血圈，而α-溶血细菌则可将平皿置于显微镜下（60×）观察，溶血带内侧可见有未裂解的红细胞。

细菌生理生化试验可用于链球菌的鉴定，包括糖发酵试验，V-P试验中利用葡萄糖产生乙酰甲基甲醇，分解精氨酸产生氨气，水解七叶苷、马尿酸盐和淀粉，还原石蕊牛奶，产生过氧化氢，对NaCl和胆盐的耐受，以及利用蔗糖产生胞外多糖的能力等。这些试验通常在加有适当添加剂的肉浸液或血清肉汤培养基中进行，或者采用商品化的链球菌生化特性检测试剂盒进行检测。此外，一些显色和产荧光底物也可用于链球菌酶活性的检测。由于链球菌的生化反应比较复杂，单纯依靠生化指标进行鉴定，特别是新菌种的鉴定仍然有一定的困难。

（2）免疫学诊断

采用血清学方法检测细菌细胞壁中的群特异性多糖抗原对于β-溶血性链球菌具有较高的诊断意义和实用价值。已有可用于链球菌的血清学分型的商品化乳胶凝集试剂盒，该方法是将兰氏群特异性抗血清包被乳胶颗粒，与提取的兰氏抗原反应后，形成肉眼可见的颗粒团块。兰氏分型对于动物感染的流行病学和防控具有较高的实用价值，但该分型方法只适用于含有C物质链球菌，对不含该抗原或抗原均质性较差的分离株则不适用。

（3）分子生物学诊断

随着分子生物学技术的广泛应用以及链球菌基因组序列的信息资源的极大丰富，PCR技术及核酸序列分析在链球菌的鉴定中作用越来越明显。16S rRNA基因序列分析具有相对简便、快速和准确的特点，结合部分生化特性的检测，通常作为链球菌鉴定的首选。一些保守基因的序列分析，如*recN*、*sodA*、*ropB*、*groEL*以及*gyrB*等均被广泛用于链球菌的鉴定或分子流行病学分析。此外，菌体蛋白或其他成分的质谱分析也逐渐应用于该菌的鉴定。

【防 治】

1）管理措施

鸭链球菌感染在生产实践中发病率相对较低，目前无疫苗可用。预防该病主要是采取适当的卫生和消毒措施减少环境中细菌污染。孵化器的定时熏蒸消毒和出雏过程中卫生消毒可大大降低环境中的细菌数量，减少雏鸭接触和感染细菌的机会。临床上，该病的发生多见于地面饲养或鸭舍环境较差的幼龄鸭群，一旦发生感染，应及时进行消毒和更换垫料，改善通风和降低环境湿度。有条件的鸭场，可将鸭群转移到附近的已消毒过的鸭舍并适当降低饲养密度。

2）药物防治

早期抗生素治疗是控制急性和亚急性链球菌感染的有效措施之一，随着病程的发展，治疗效果越来越差。临床上常用的药物有青霉素、红霉素、新生霉素、土霉素、金霉素和四环素等。具体的病例最好是根据细菌分离和体外药敏试验结果针对性地选用敏感药物。体外药敏试验表明，牛群链球菌对青霉素、大环内酯类、林可霉素、四环素、氯霉素和呋喃敏感。

【参考文献】

[1] Barnett J, Ainsworth H, Boon J D, et al. Streptococcus gallolyticus subsp. pasteurianus septicaemia in goslings. The Veterinary Journal, 2008,176(2):251-253.

[2] Bisgaard M, Bojesen A M, Petersen M R, et al. A major outbreak of *Streptococcus equi* subsp. *zooepidemicus* infections in free-range chickens is linked to horses. Avian Diseases, 2012, 56(3):561-566.

[3] Chadfield M S, Bojesen A M, Christensen J P, et al. Reproduction of sepsis and endocarditis by experimental infection of chickens with Streptococcus gallinaceus and Enterococcus hirae. Avian Pathology, 2005, 34(3):238-247.

[4] Chadfield M S, Christensen J P, Decostere A, et al. Geno- and phenotypic diversity of avian isolates of Streptococcus gallolyticus subsp. gallolyticus (Streptococcus bovis) and associated diagnostic problems. Journal of Clinical Microbiology, 2007, 45(3):822-827.

[5] De Herdt P, Haesebrouck F, Devriese L A, et al. Prevalence of Streptococcus bovis in racing pigeons. Veterinary Quartery, 1994, 16(2):71-74.

[6] Devriese L A, Haesebrouck F, de Herdt P, et al, Streptococcus suis infections in birds. Avian Pathology, 1994, 23(4):721-724.

[7] Dumke J, Hinse D, Vollmer T, et al. Development and application of a multilocus sequence typing scheme for Streptococcus gallolyticus subsp. gallolyticus. Journal of Clinical Microbiology, 2014, 52(7):2472-2478.

[8] Hogg R, Pearson A. Streptococcus gallolyticus subspecies gallolyticus infection in ducklings. Veterinary Research, 2009, 165(10):297-298.

[9] Jans C, Meile L, Lacroix C, et al. Genomics, evolution, and molecular epidemiology of the Streptococcus bovis/Streptococcus equinus complex (SBSEC), Infection Genetics and Evolution. 2014.09.017.

[10] Kurzak P, Ehrmann M A, Vogel R F. Diversity of lactic acid bacteria associated with ducks. Systematic and Applied Microbiology, 1998, 21(4):588-592.

[11] Li M, Gu C, Zhang W, et al. Isolation and characterization of Streptococcus gallolyticus subsp. pasteurianus causing meningitis in ducklings. Veterinary Microbiology, 2013, 162(2-4):930-936.

[12] Murphy J, Devane M L, Robson B, et al. Genotypic characterization of bacteria cultured from duck faeces. Journal of Applied Microbiology, 2005, 99(2):301-309.

[13] Roy K, Bisgaard M, Kyvsgaard N C, et al. Pathogenicity of wild-type and small-colony variants of Streptococcus equi subsp. zooepidemicus in layer chickens. Avian Pathology, 2013, 42(4):316-322.

[14] Sandhu T S. Fecal streptococcal infection of commercial white pekin ducklings. Avian Diseases, 32(3):570-573.

[15] Saumya D, Wijetunge S, Dunn P, et al. Acute septicemia caused by Streptococcus gallolyticus subsp. pasteurianus in turkey poults. Avian Diseases, 2014, 58(2):318-322.

[16] Sekizaki T, Nishiya H, Nakajima S, et al. Endocarditis in chickens caused by subclinical infection of Streptococcus gallolyticus subsp. gallolyticus. Avian Diseases, 2008,52(1):183-186.

[17] Whiley R A, Hardie J M, Genus I. Streptoccoccus. In: De Vos, Garrity, Jones, Krieg, Ludwig, Rainey, Schleifer, Whitman (Eds.), Bergey's Mannual of Systematic Bacteriology. The firmicutes. 2nd ed., Vol.3 Springer, New York, NY, USA, pp.655-711.

第22章　鸭葡萄球菌病

Chapter 22　Duck Staphylococcosis

引　言

鸭葡萄球菌病（duck staphylococcosis）是由致病性金黄色葡萄球菌引起的鸭的一种急性或慢性多种临床表现的条件性传染病，是鸭群中很常见的一种细菌病，特别是饲养条件、管理水平差的鸭场多有发生。临床上有多种病型：急性败血症、化脓关节炎、雏鸭脐炎、眼炎、幼鸭肺炎、成年鸭（尤其是种鸭）趾瘤病（脚垫肿）、皮下脓肿、心内膜炎等。幼鸭感染该病，多呈败血症，成年鸭感染该病可引起增重减缓、产蛋下降和屠宰加工淘汰等，其中造成大批发病和死亡的主要是急性败血症，给养鸭业造成很大的经济损失。该病在多数养鸭国家、地区均有存在。

【病原学】

1）分类地位

葡萄球菌属（*Staphylococcus*）属于微球菌科（Micrococcaceae），《伯吉氏系统细菌学手册》将葡萄球菌属细菌分为20多种，其中常见的动物致病菌有金黄色葡萄球菌、金黄色葡萄球菌厌氧亚种、中间葡萄球菌及猪葡萄球菌等。从鸭中常能分离到的葡萄球菌包括金黄色葡萄球菌（*Staphylococcus aureus*）和表皮葡萄球菌（*Staphylococcus epidermidis*），从加工的家禽中还分离到鸡葡萄球菌（*Staphylococcus gallinarum*）。其中金黄色葡萄球菌是常见的有致病性的葡萄球菌菌种。

2）形态特征

该菌为圆形或卵圆形，直径0.7～1.0 μm，不形成芽孢，无鞭毛，一般不形成荚膜。革兰氏染色阳性，显微镜下呈堆状或葡萄串状排列，但在脓汁中或生长在液体培养基中的球菌常呈双球或短链排列。

3）培养特性

该菌需氧或兼性厌氧，对营养要求不高，高耐盐，可在7.5%～15%氯化钠的LB液体培养基中生长，最适生长温度为37℃，最适生长pH为7.4。在固体培养基上形成的菌落厚，有光泽，圆形凸起，产生脂溶性的黄色或柠檬色色素；在血平板上呈 β 溶血。

该菌能分解葡萄糖、麦芽糖、乳糖、甘露醇，产酸不产气，靛基质试验阴性，MR试验阳性，VP试验弱阳性，分解尿素，过氧化氢酶阳性，可将美蓝、石蕊还原为无色，硝酸盐还原为亚硝酸盐。一般认为凝固酶阳性的分离菌株才有致病性。

4）抗原结构及致病因子

金黄色葡萄球菌的抗原很复杂，分为蛋白质抗原和多糖类抗原两种。蛋白质抗原主要为葡萄球菌A蛋白（SPA），是一种完全抗原，具有种的特异性，无型特异性，可与人及多种动物的免疫球蛋白分子中的Fc段发生非特异性结合，结合后的IgG仍能与相应抗原进行特异性反应，这一现象已广泛用于免疫学及诊断技术。多糖类抗原为半抗原，具有型特异性，可用于葡萄球菌的分型。

金黄色葡萄球菌能产生多种毒素和酶，主要有溶血毒素、血浆凝固酶、脱氧核糖核酸酶、杀白细胞素、肠毒素等。这些毒素和酶均与菌株的毒力和致病性有关。

溶血毒素能损伤多种细胞和血小板，使小血管收缩，破坏溶酶体，引起局部缺血、坏死。血浆凝固酶可使血液或血浆中的纤维蛋白沉积于菌体表面或凝固，阻碍吞噬细胞的吞噬作用，凝固酶耐热，100℃ 30 min或高压后仍有活力。脱氧核糖核酸酶也能耐受高温，能迅速分解感染部位的组织细胞和白细胞崩解时释放出的核酸，有利于细菌在组织中的扩散。杀白细胞素可破坏白细胞和巨噬细胞，使其失去活力。肠毒素可引起急性胃肠炎。

5）抵抗力

该菌抵抗力极强，在干燥的脓汁或血液中可存活2~3个月，80℃ 30 min才能被杀死，煮沸可迅速使它死亡，3%~5%石炭酸3~15 min即可致死，70%乙醇在数分钟内杀死该菌。对碱性染料敏感，临床上常用1%~3%龙胆紫溶液治疗该菌引起的化脓症。

【流行病学】

金黄色葡萄球菌无处不在，环境、发病鸭、病愈鸭和健康带菌鸭都可能是传染源。

北京鸭、北京樱桃谷鸭、番鸭、半番鸭母本等品种（系）鸭都对金黄色葡萄球菌易感，发病日龄从10日龄到60日龄不等，一般在40日龄以上。

伤口（皮肤、黏膜损伤）的接触性感染是该病传播的主要途径。由于葡萄球菌广泛地存在于周围环境中，当机械损伤使皮肤破溃后，葡萄球菌侵入机体而造成感染发病。另外，被该病原体严重污染的种蛋和孵化器，会造成脐带受感染而发病，也可因呼吸道感染发生。

【临床症状】

由于该病原菌侵害的部位不同，在临床上表现为多种病型。

1）急性败血症型

病鸭表现精神不振，食欲废绝，两翅下垂，缩颈，嗜眠，下痢，羽毛松乱，排出灰白色或黄绿色稀粪。典型症状为胸腹部以及大腿内侧皮下浮肿，有血样流体渗出。严重者破溃后，流紫红色液体，周围羽毛沾污。

2）慢性型

慢性病例主要表现为关节炎、脐炎、趾瘤病型、眼型和肺炎型。

3）关节炎

多发生在中鸭和成鸭，发病的关节可能是胫跖关节、跗关节或趾关节。病鸭关节肿大（图22.1、

图 22.2)，不愿走动，站立时频频抬脚，驱赶行走时表现跛行或跳跃式步行，多俯卧。跖枕部流出大量血液和脓性分泌物。早期触摸感染关节有热痛感，肿胀部位发软，后期变硬。跖趾、跗关节肿胀变形，破溃，关节面粗糙。

4）脐炎

多发生于出壳后不久的小鸭（尤其以 1~3 日龄多见），患病雏鸭表现脐孔发炎而肿胀，腹部膨胀，局部呈紫黑色或黄红色，有暗红色液体流出，病程长者形成脓样干固坏死物，俗称“大肚脐”。一般在 2 ～ 5 天内死亡。

5）趾瘤病型

多发生于成年或重型种鸭。由于体重负担过大，脚部皮肤龟裂，感染本菌后表现趾部或脚垫发炎、增生，导致趾部及其周围肿胀、化脓和变坚硬。

6）眼型

表现为上、下眼睑肿胀，早期半开半闭，后期由于分泌物的增多而使眼睛完全黏闭。眼内有大量分泌物。眼结膜红肿，有时还可发现肉芽肿。随着病情的发展，眼球出现下陷，最后失眠，病鸭多因为采食不到而衰竭而死。

7）肺炎型

主要表现为呼吸困难等全身性症状，患此型的鸭死亡率较高。

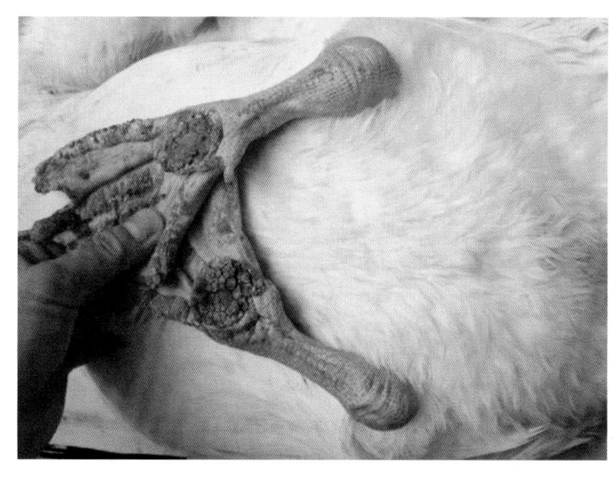

图 22.1　种鸭右侧关节肿大

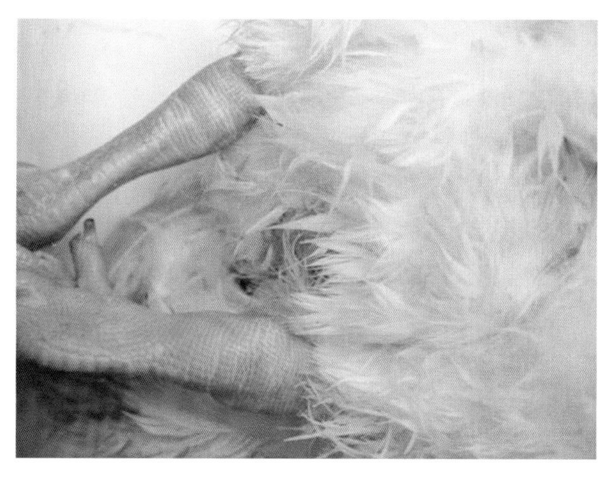

图 22.2　种鸭左侧关节肿大

【病理变化】

1）大体病变

急性败血症型大肠杆菌病死鸭剖检可见全身肌肉呈点状或条纹状出血，皮下浮肿充血、溶血呈黑紫色。肝肿大（图 22.3），表面呈斑驳状，病程稍长者，可见数量不等的灰白色坏死点、腹水增多（图 22.4），质脆，呈黄绿色；脾肿大、瘀血并有白色坏死点。心包腔积液，呈黄红色半透明状，心外膜偶有出血点。死鸭的胸部、前腹部羽毛稀少或脱毛，皮肤浮肿，剖开皮肤可见整个胸、腹部皮下充血、溶血，呈弥漫性紫红色或黑红色。

但也有些病例在发病过程中，无明显病变，只见肺呈紫黑色，却能分离出病原体。

关节炎型等慢性感染病鸭可见感染关节部位明显肿大，切开常可见关节腔内有白色或淡黄色的脓性分泌物或淡黄色干酪样物，关节附近的肌腱、腱鞘也发生肿胀，甚至变形。脐炎型多见于雏鸭，病鸭脐部肿大，呈紫黑色或紫红色，切开可见积液或肉芽组织增生。

2）组织学病变

鸭葡萄球菌病的组织学病变包括坏死，大量革兰氏阳性球菌集落和异嗜细胞。陈旧病变主要为肉芽肿。

图 22.3　种鸭肝肿大

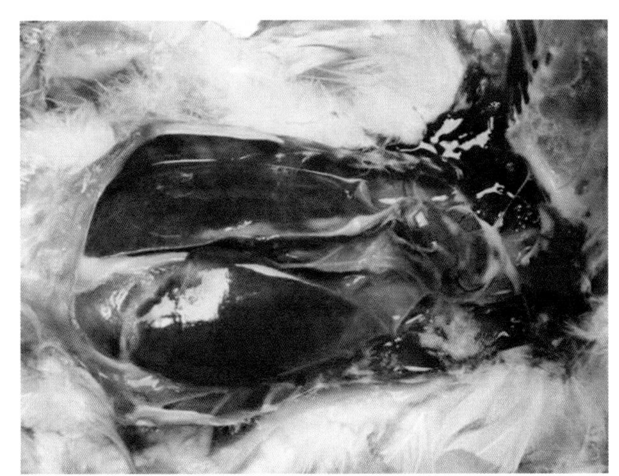

图 22.4　种鸭腹水

【诊　　断】

1）临床诊断

根据临床症状和病理变化可对该病做出诊断，但要确定其病原则需要进行细菌的分离鉴定。由于健康鸭的正常菌群中亦有少量的金黄色葡萄球菌，所以单纯地分离到凝固酶阳性的葡萄球菌不能做出诊断，必须根据流行病学和鸭群发病情况综合判断。

2）实验室诊断

葡萄球菌感染病例的实验室诊断主要是进行病原分离和鉴定，对可疑临床病料（关节渗出物等）穿刺拭子进行培养，培养基选择血液琼脂平板，金黄色葡萄球菌在 18~24 h 内可形成 1~3 mm 的菌落。大多数金黄色葡萄球菌具有 β 溶血特征，并且其他葡萄球菌通常不溶血。涂片经革兰氏染色镜检，可见革兰氏阳性、圆形或卵圆，形成葡萄串状或呈短链状球菌。对污染严重的病料，先在选择性培养基（如高盐甘露醇或苯乙基乙醇琼脂）上划线，再挑取菌落进行鉴定。大多数金黄色葡萄球菌菌落会产生色素，进一步鉴定还有凝固酶试验和甘露醇发酵实验，致病型金黄色葡萄球菌的两项实验均为阳性，不能使木糖、阿拉伯糖产酸。最后可对家兔静脉接种 0.1~0.5 mL 肉汤培养物，若为致病型金黄色葡萄球菌于注射后 24~28 h 内，家兔死亡，且剖检时可见浆膜出血，肾、心肌及其他器官出现大小不一的脓肿病变。或者对家兔皮下接种 1 mL 24 h 肉汤培养物，若为致病型金黄色葡萄球菌可引起局部皮肤溃疡、坏死。

凝固酶试验：取新鲜配制兔血浆 0.5 mL，放入小试管中，加入待检菌的脑心浸出液肉汤过夜培养物 0.2 mL，振荡摇匀，37℃温箱或水浴箱内放置，每 0.5 h 观察一次，在 6 h 内如出现凝固或凝固体积大于原体积的一半，则视为凝固酶阳性。试验时应设置凝固酶阳性和阴性的葡萄球菌的培养物作为对照。

引起鸭跛行及腿部疾病的病因较多，其中包括致病性大肠杆菌、多杀性巴氏杆菌及链球菌、滑液支原体等引起的关节炎，还有病毒性关节炎、腱破裂及营养缺乏等，均应注意区别。

【防　　治】

1）管理措施

鸭葡萄球菌病是一种环境性疫病。因此，做好鸭舍及鸭群周围环境的消毒工作，对减少环境中含菌量，降低感染机会，防止该病的发生有重要意义，尽量避免和减少外伤的发生，如雏鸭网育的铁丝网结构合理，防止铁丝等刺伤皮肤，种鸭运动场平整，防止鸭掌磨损或刺伤而感染，以堵截该菌的侵入和感染门户。

加强科学的饲养管理，喂给必要的营养物质，特别是供给足够的维生素制剂和矿物质；鸭舍要适时通风，保持干燥；饲养密度不宜过大，避免拥挤。这样，可以增强鸭的体质，提高抵抗力。

消毒是以贯彻预防为主的综合防制措施中的一项主要措施，结合平时的饲养管理，做好鸭舍、用具和饲养环境的清洁、卫生及消毒工作，以减少或消除传染源，降低感染机会，对防止该病的发生，有重要的实际意义。特别要注意种蛋、孵化器及孵化过程和工作人员的清洁、卫生和消毒工作，防止污染葡萄球菌，引起鸭胚、雏鸭感染或发病。

2）免疫防治

针对发病率较高的鸭场可考虑使用金黄色葡萄球菌自家油佐剂灭活苗进行免疫预防，如在种鸭开产前 2 周左右每只接种鸭葡萄球菌油佐剂灭活疫苗 1.2~1.5 mL，可大大地降低该病的发生。

3）药物治疗

由于该菌对抗生素的普遍耐受性，所以该病的治疗应首先采集病料分离出病原菌，经药敏试验后，选择最敏感药物进行治疗。有效的治疗药物包括青霉素、链霉素、四环素、红霉素、林肯霉素和壮观霉素等。种鸭发病早期，可针对发病个体切开感染部位，清创治疗或局部注射庆大霉素等敏感药物有一定的疗效，但费时、费力。

鸭场一旦发生鸭葡萄球菌病，在治疗的同时，要立即对鸭舍、饲养管理用具进行严格的消毒，以杀灭散播在环境中的病原体，从而达到防止疫病的发展和蔓延的作用。

【参考文献】

[1] 陈伯伦. 鸭病. 北京：中国农业出版社, 2008.

[2] 郭玉璞，王惠民. 鸭病防治. 4 版. 北京：金盾出版社, 2009.

[3] GB 4789.10—2010. 食品安全国家标准　食品微生物学检验金黄色葡萄球菌检验.

[4] 黄瑜，苏敬良. 鸭病诊治彩色图谱. 北京：中国农业大学出版社, 2001.

[5] 陆承平. 兽医微生物学. 4 版. 北京：中国农业出版社, 2009.

[6] 马万欣，高原，董国军. 鹅葡萄球菌病研究进展. 内蒙古民族大学学报（自然科学版），2012, 27(3): 329-332.

[7] Saif Y M. 禽病学 . 12 版 . 苏敬良，高福，索勋主译 . 北京：中国农业出版社，2012.

[8] 杨军 . 鸭源葡萄球菌分离鉴定、毒力基因检测及与致病性相关性研究 . 华中农业大学 , 2014.

[9] 周立平 , 刘杰标 . 樱桃谷鸭感染葡萄球菌病的诊治 . 中国家禽 , 2003, 25(5): 18.

[10] Carolan M G. Staphylococcosis in rabbits. Veterinary Record, 1986, 119(16): 412.

[11] Huber H, Koller S, Giezendanner N, et al. Prevalence and characteristics of meticillin-resistant Staphylococcus aureus in humans in contact with farm animals, in livestock, and in food of animal origin. Eurosurveillance, 2010, 15(16):195-202.

[12] Ireland J J, Roberts R M, Palmer G H, et al. A commentary on domestic animals as dual-purpose models that benefit agricultural and biomedical research. Journal of Animal Science, 2008, 86(10):2797-2805.

[13] Lowder B V, Guinane C M, Ben Zakour N L, et al. Recent human-to-poultry host jump, adaptation, and pandemic spread of Staphylococcus aureus. Proceedings of the National Academy of Sciences USA, 2009, 106(46):1945-1950.

第23章　鸭红斑丹毒丝菌病

Chapter 23　*Erysipelothrix rhusiopathiae* Infection in Ducks

引　言

红斑丹毒丝菌（*Erysipelothrix rhusiopathiae*）可感染多种动物和人类，感染病例广泛分布于与世界各地。兽医临床上主要以猪感染红斑丹毒丝菌最为常见，并造成较为严重的经济损失，所以该细菌也被直接称为猪丹毒丝菌。虽然家禽丹毒丝菌感染多为散发，但由于该菌广泛存在于自然环境中，国内外已有大量有关家禽类感染红斑丹毒丝菌的报道，包括肉种鸡、肉鸡、鸭、鹅、雉鸡、鹌鹑和火鸡等，少数地区呈地方流行性，主要引起种禽产蛋率和受精率下降，并有少量感染禽死亡。

【病原学】

1）分类地位

红斑丹毒丝菌为兼性细胞内寄生菌，在分类学上归属于硬壁菌门（Phylum Firmicutes），丹毒丝菌纲（Erysipelotrichia），丹毒丝菌科（Erysipelotrichaceae），与扁桃体丹毒丝菌（*E. tonsillarum*）和意外丹毒丝菌（*E. inopinata*）共同构成丹毒丝菌属（*Erysipelothrix*）。

2）形态特征

红斑丹毒丝菌是一种革兰阳性，微弯曲、纤细的杆菌（图 23.1A），直径 0.2~0.5 μm，长 1.5~3 μm，两端钝圆，呈单个或短链状排列，易形成长丝状（图 23.1B）。不产生芽孢，无运动性。

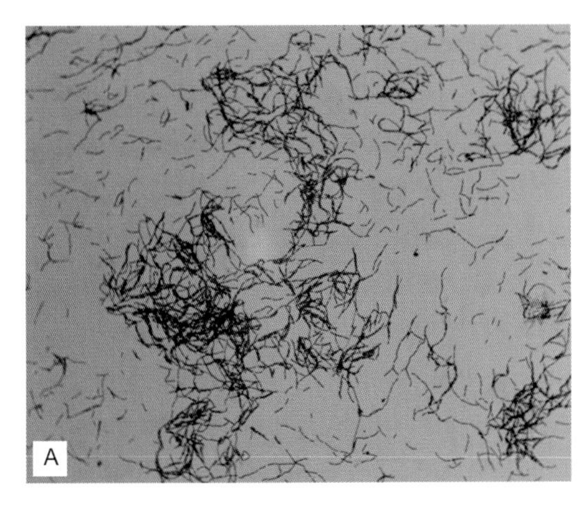

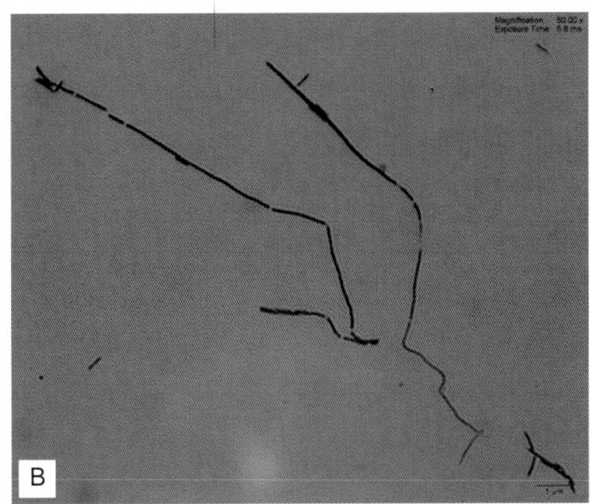

图 23.1　鸭源红斑丹毒丝菌革兰氏染色图

3）基因组结构

已报道的 2 株红斑丹毒丝菌的全基因组大小分别为 1 752 910 bp 和 187 941 bp，是硬壁菌门中基因组最小的成员之一。有意思的是，16S rRNA 及 31 个保守蛋白家族基因比对分析结果发现该菌在遗传进化上与柔膜菌更为亲近，但该菌基因组结构的总体特征与其他革兰氏阳性菌相似，具有一组完整的肽聚糖生物合成基因、二元调控系统（two-component regulatory system）、多种细胞壁相关毒力因子，如荚膜和黏附素编码基因等。然而，该菌缺乏一些与细胞壁磷壁酸和脂磷壁酸合成相关的基因，以及将 *D*- 丙氨酸加入到细胞壁磷壁酸和脂磷壁酸的 *dltABCD* 操纵子。此外，该细菌缺乏一些与脂肪酸、多种氨基酸、协同因子及维生素生物合成相关的基因，但含有 9 个编码抗氧化因子和 9 个磷脂酶基因，表明该菌在进化过程中适应了细胞内寄生和存活。

4）培养特性

红斑丹毒丝菌为兼性厌氧菌，在 5~42℃的温度范围内均可生长，但最适生长温度为 30~37℃，在血液琼脂平板上生长的菌落周围可能会出现较窄的 α - 溶血带。在固体培养基上，红斑丹毒丝菌可形成光滑性（S-form）和粗糙型（R-form）菌落，而且菌体的形态与此密切相关。培养 24~48 h 的光滑型菌落较小，直径 0.3~1.5 mm，边缘整齐，表面隆起、有光泽，较老龄的培养物菌落稍大，中央颜色变深，不透明；菌体为杆状，小而直，或略微弯曲，革兰氏染色阳性。粗糙型菌落则较大、扁平、颜色更深，表面无光泽、凹凸不平，边缘不整齐。菌体呈长丝状，多数达 60 μm 以上。无论是杆状还是丝状菌，在革兰氏染色过程中很容易脱色染成革兰氏阴性，但含有革兰氏阳性颗粒，因此呈串珠样。急性感染，尤其是败血性感染的血液和组织中的细菌多为光滑型，而关节炎和心内膜炎等慢性感染病例常分离到粗糙型，但常常也伴有光滑型菌。此外，菌落和菌体形态在一定程度上与培养基营养和培养条件有关。pH 在 7.6~8.2 有利于光滑型细菌的形成，低于 7.0 则以粗糙型为主；光滑型菌落在 33℃生长更好，而粗糙型细菌则为 37℃。应注意，粗糙型和光滑型菌落之间还可能出现中间型，部分光滑型菌落可能发生变化，形成中间型和粗糙型菌落，而粗糙型也可能形成光滑型菌落。

红斑丹毒丝菌和扁桃体丹毒丝菌的一个重要特征是在明胶穿刺培养基中呈试管刷状生长（22℃）。细菌在前 24 h 仅在穿刺的表面下呈微弱的薄雾状生长，之后几天呈柱状生长并延伸至试管底部，光滑型菌通常沿穿刺线向周围扩展 2~3 mm，而粗糙型菌则可扩展生长至试管壁。无论是 22℃、30℃还是 37℃条件下生长菌均不液化明胶。

5）抗原性及血清型

红斑丹毒丝菌含有耐热和耐酸的型特异性抗原，以及热敏感的种特异性抗原，所以用煮沸和未煮过的细菌制备的抗血清有所差异。大多数菌株可以与用未煮沸抗原制备，且未经吸附的抗血清发生凝集反应。型特异性抗原成分为多糖复合物。目前比较认可的主要的血清学分型方法是利用高压处理的抗原与型特异性抗血清进行琼脂扩散试验，据此可将该属成员分为至少 23 个血清型（serovar 1-23）及 N 型，其中红斑丹毒丝菌包括血清型 1a、1b、2、4、5、6、8、9、11、12、15、16、17、19、21 和 N 型，扁桃体丹毒丝菌包括血清型 3、7、10、14、20、22 和 23，血清型 13 和 18 则可能为意外丹毒丝菌。

【流行病学】

猪是红斑丹毒丝菌最主要的贮存宿主。猪红斑丹毒丝菌感染（简称猪丹毒）的流行范围最广，所造成的经济损失最大。早期有报道估计有 30%~50% 的健康猪的扁桃体和淋巴组织带有红斑丹毒丝菌，这些细菌携带者可通过粪便、尿液、唾液和鼻分泌物排菌污染土壤、垫料和水，引起细菌的间接传播。除了从猪和牛场的粪便中检出该菌外，在感染猪场的饮水器、墙壁、风扇、饲料和中央水线等均分离到该菌。红斑丹毒丝菌在海洋环境中可以长时间存活，并且可以在鱼体表的黏液中繁殖和存活。鱼类体表黏液可能是人类感染的重要来源之一，被污染的鱼粉作为饲料原料也可能造成细菌的传播。中国学者徐克勤等（1984）曾对南京市场和玄武湖的22种共计532份海鱼、淡水鱼、蟹和龟等体表样品进行红斑丹毒丝菌分离，结果326份样品（涵盖19种水生动物）携带有红斑丹毒丝菌，平均带菌率为61%（326/532），其中海鱼带菌率为93.99% (297/316)。这些学者们采用增菌选择肉肝胃膜汤从133羽外观健康的鸡、鸭和鹅的咽部分离到65株丹毒丝菌，其中鸡的带菌率为10.96%（8/73）、鸭的带菌率为81.82%（9/11）、鹅的带菌率为97.96%（48/49），细菌分离株分别归属于11种不同的血清型和1个亚型。笔者的实验室曾从2个发生产蛋轻度下降的种鸭脑组织样品中分离到红斑丹毒丝菌，利用生长凝集试验对该场3个鸭群进行血清学调查，结果发现鸭群抗体阳性率分别为20%、35%和82%。另外，我们也从病鸭的肝脏、肿胀的跖关节中分离到该菌，以上这些结果表明我国的商品鸭群存在不同程度的红斑丹毒丝菌感染。国外研究人员从临床健康鸡的喉头样品分离到红斑丹毒丝菌（4/45)。这些研究结果表明，红斑丹毒丝菌可能作为共生菌存在于家禽黏膜表面。

红斑丹毒丝菌感染的宿主范围极其广泛，包括多种脊椎动物和无脊椎动物。除了如猪、马、牛、羊、犬、火鸡、鸡、鸭、鹅、珍珠鸡、鸽等家养动物之外，还有熊、袋鼠、驯鹿、小鼠、啮齿动物、海豹、海狮、鲸鱼、水貂、花栗鼠、麻雀、椋鸟、鹰、鹦鹉、雉鸡、孔雀、鹌鹑、金丝雀、画眉、乌鸦、斑鸠以及白鹳等50多种野生哺乳动物和30多种野鸟。另外，甲壳动物、海水和淡水鱼、鳄鱼、厩蝇、家蝇、蜱、螨、鼠虱等也可被感染。野生动物和鸟类的感染和携带细菌使得病原菌能够大范围地扩散。

鸭自然感染的途径尚不十分清楚，但从家禽咽部样品分离到细菌表明该细菌完全可通过呼吸道和消化道途径感染。Eriksson等对瑞典的几个有机农场产蛋鸡群红斑丹毒丝菌污染情况调查研究表明，发病鸡群的病死鸡的脾脏细菌分离率最高，其次为空肠，表明消化道可能是该病的感染途径之一。Dhillon等经腹腔注射红斑丹毒丝菌可复制出与自然病例类似的急性病例。另外，皮肤伤口可能是引起关节感染的途径之一。

虽然红斑丹毒丝菌可广泛分布于有腐烂含氮物质的环境中，而且从环境样品中可以分离到该菌，但其在疾病传播中的作用低于动物贮存宿主。研究表明，湿热加温至55℃作用15 min可杀死该菌，但细菌可耐受食品加工过程中的盐渍、腌渍和熏制。

红斑丹毒丝菌可感染人类，是一种人畜共患病病原，主要有局部皮肤感染、类丹毒（一种全身性皮肤感染）和与心内膜炎相关的败血症等3种病型，通常是因为接触被污染的动物、动物性产品及排泄物而感染，多与所从事的职业有关。最易被感染的人群有屠宰人员、兽医、农民、渔民等，主要通过皮肤伤口感染。

【临床症状】

在所有的红斑丹毒丝菌感染中，猪丹毒的流行范围最广，并造成巨大的经济损失。近年来，家禽丹毒丝菌感染已有过不少的报道，其中以火鸡感染造成的损失最为严重。各日龄的火鸡均易感，感染后主要表现为虚弱、精神沉郁、腹泻和猝死，产蛋鸡的产蛋量下降。Nakazawa曾报道其所检查的所有鸡群均有不同程度的红斑丹毒丝菌感染。Kurian等对新西兰鸡群进行血清学调查发现，55个鸡群中有46个为阳性（83%），检查的545份血清的阳性率为39.8%，其中12周龄以上鸡的阳性率明显高于12周龄以内的鸡。红斑丹毒丝菌不仅可造成雏火鸡和雏鸭死亡，也可引起成年鸡的受精能力和产蛋下降。

Eriksson 等报道瑞典一蛋鸡场发生丹毒丝菌感染引起死亡和产蛋下降，6 030 只鸡从 60 到 66 周之间死亡 1861 只。

鸭和鹅自然感染也可引起严重的经济损失。鸭红斑丹毒丝菌感染偶尔可引起鸭暴发急性败血性感染的爆发，但大多数为零星发病或慢性局灶性感染。Dhillon 等报道过美国一鸭场北京鸭发生丹毒丝菌感染的情况，一个有 2 000 只的雏鸭的鸭群在 15 ～ 21 日龄死亡约 700 只，同时一个 2 400 只鸭的种鸭群每天死亡 4 ～ 5 只。

【病理变化】

1）大体病变

Dhillon 等对 6 只自然感染的 18 日龄鸭和 4 只成年种鸭进行剖检可见肝脏肿大、质脆、中度充血、浆膜下有针头大小出血点，脾脏肿大、变硬，并呈斑驳样。

2）组织学病变

肝组织切片可见弥散性肝细胞缺失、细胞胞浆空泡化，肝窦扩张和充血，偶尔可见肝门脉周围有纤维蛋白样坏死灶，网状内皮细胞增生。脾脏出现广泛性的细胞坏死，并且被网状内皮细胞和巨噬细胞取代，正常的脾结构被破坏，并有中度充血。脾脏淋巴中心虽然仍然可见，但比正常脾脏少而小。苏木素-伊红染色可见肝脏和脾脏的巨噬细胞和网状内皮细胞中有染成深蓝色的细菌，用 Brown & Brenn 染色确定革兰氏阳性杆菌。

【诊　　断】

1）临床诊断

临床上，鸭红斑丹毒丝菌感染没有特征性的临床表现和肉眼病变，确诊需要依据实验室的病原分离和检测。对于急性败血性感染病例可取肝脏、脾脏、心血或骨髓进行触片检查发现有成簇、分隔的纤细或者多形态的革兰氏阳性杆菌则可做出初步的诊断。

2）实验室诊断

（1）细菌分离　死亡的家禽可采集肝脏、脾脏和骨髓进行细菌的分离。对细菌携带者的检测则可能需要采集多个不同的组织样本，而心内膜炎病例则需要将组织研磨后接种到增菌肉汤中进行培养。常用于红斑丹毒丝菌分离的选择性增菌培养基有：①丹毒丝菌选择性培养基（*Erysipelothrix* selective broth, ESB）该培养基的成分为添加 5% 马血清、卡那霉素、新霉素、万古霉素和新生霉素的胨胨磷酸盐肉汤。② 改良血液叠氮钠琼脂（modified blood-azide, MBA）该培养基的基础成分为脑心浸液琼脂，添加叠氮钠（0.4 g/1 000 mL）后高压灭菌，冷却后加入 20 mL 脱纤维牛血和 50 mL 马血清。红斑丹毒丝菌在该培养基上生长明显快于叠氮钠 - 结晶紫培养基，但其选择性可能不如后者。③日本学者 Shimoji 等报道的选择性增菌培养基 - 该培养基以胰酶大豆肉汤为基础（pH 7.6），添加 0.1% 的吐温 -80、0.3% 三羟甲基氨基甲烷、结晶紫（5 μg/mL）和 0.03% 的叠氮钠。④ 中国学者徐克勤等报道（1984）所用的增菌选择培养基配方中含肉肝胃膜汤 (90 mL)、新生犊牛血清（7 mL）、万古霉素（5 000 单位 / mL）、卡那霉素（20 000 单位 / mL）、10% 叠氮钠（1 mL）。这些培养基的优点是在很大程度上可抑制样品，特别是肠道样品杂菌的生长，但对大部分红斑丹毒丝菌菌株的生长影响很小。

初代分离时可将样本同时接种到添加了5%绵羊血的琼脂和叠氮钠-结晶紫培养基中，然后置于含有5%~10% CO_2 的环境中培养，然后挑选革兰氏阳性杆菌的典型菌落进行纯化培养和鉴定。红斑丹毒丝菌的接触酶和氧化酶试验为阴性，接种三糖铁或克氏双糖铁培养基，37℃培养24 h培养基变黑（产 H_2S）可作为一个很好的判断指标。

（2）免疫学诊断　细菌生长凝集试验（growth agglutination, GA）可用于定量评价动物对红斑丹毒丝菌的免疫反应。基本操作过程是将待检动物血清用添加有0.1% Tween-80, 25 μg/mL庆大霉素，250 μg /mL卡那霉素的无菌际胨磷酸盐肉汤（pH 7.6）做2倍递进稀释，加入到无菌的96孔微型板中（100 μL/孔）；以红斑丹毒丝菌Marienfelde株（用于GA试验的国际标准株，1a血清型）新培养液作为活抗原，每孔加5 μL，37℃孵育24 h。结果判定：若血清样本中有抗体存在，在V形孔底部则出现菌体凝集，上清澄清，且倾斜V形板不流动；若为阴性，则培养液浑浊，V形孔底部有菌体沉淀，无凝集，倾斜V形板可见菌体沉淀流动。能够引起菌体生长凝集的血清的最高稀释倍数即为其抗体效价，抗体效价达到或者高于1∶16即判断为阳性。Takahashi等曾利用细菌生长凝集试验对日本东京某屠宰场淘汰鸡抗红斑丹毒丝菌抗体进行检测，结果发现5.5%（11/200）抗体效价为1∶16~1∶128。笔者实验室采用该方法对3群种鸭进行了检测，结果抗体效价为1∶（8~64）。

Kurian等采用灭活的红斑丹毒丝菌作为包被抗原建立了间接ELISA方法检测产蛋鸡对接种猪丹毒灭活疫苗后的抗体反应动态，结果发现鸡群接种疫苗后21天抗体水平明显升高，高剂量疫苗免疫组抗体水平维持到42天左右开始下降，而低剂量免疫组抗体水平始终处于相对较低的状态。

（3）分子生物学诊断　Makino等建立的PCR方法可用于直接检测组织样品中的丹毒丝菌DNA。研究人员设计了1对丹毒丝菌16S rRNA基因特异性引物（MO101:5' -AGATGCCATAGAAACTGGTA-3' /M0102:5' -CTGTATCCGCCATAACTA-3' ），以感染组织样本中提取的细菌DNA为模板进行PCR检测，可扩增出一段长度为407 bp的丹毒丝菌的基因片段，但不能区分红斑丹毒丝菌和扁桃体丹毒丝菌。

Shimoji等建立了一个选择性增菌培养和PCR相结合的检测方法用于猪丹毒的快速诊断。首先将猪关节液样品接种于选择性增菌培养基中培养24 h，之后提取培养细菌的基因组DNA作为模板，利用红斑丹毒丝菌基因特异性引物（ER1:5' -CGATTATATTCTTAGCACGCA ACG-3' /ER2:5' -TGCTTGTGTT GTGATTTCTTGACG-3' ）进行PCR扩增，结果可获得一条937 bp的特异性片段。

选择性增菌培养结合PCR扩增是一种比较好的检测红斑丹毒丝菌的方法。Eriksson等利用该方法对瑞典的几个有机农场感染或健康鸡群及其环境样品进行了检测，结果表明发生感染的鸡舍环境中细菌分布广泛，而无感染病例的临床健康鸡群的圈舍环境样品阳性率及鸡带菌率极低。

【防　　治】

1）管理措施

家禽红斑丹毒丝菌感染的发生与环境因素密切相关。被病原菌污染的饲料、垫料、土壤，带菌的禽类和啮齿动物等均可能是疾病的传染来源，这些污染源直接威胁着半开放鸭场和地面饲养的鸭群，因此，环境消毒和管理是控制本病发生和传播的关键。鸭群转群或出栏后应及时清理垫料，并做好设施的消毒。一旦发生感染，应及时将感染和死亡鸭清除出去，并用消毒剂彻底消毒鸭舍设施。

猪是红斑丹毒丝菌最主要的携带者和传染源，鸭群应远离养猪环境。

2）免疫防治

目前尚无免疫预防鸭红斑丹毒丝菌感染的研究和应用。对于严重感染或受威胁的鸭场，火鸡的疫苗免疫程序也许有一定的参考价值。在火鸡生产实践中，常用红斑丹毒丝菌铝胶灭活疫苗。肉用火鸡可以通过颈部背侧皮下注射一次疫苗，而种火鸡在开产前间隔 4 周免疫 2 次，第一次免疫通常为 16~20 周龄，邻近开产时进行第 2 次免疫。

3）药物防治

鸭群一旦诊断为红斑丹毒丝菌感染，可立即使用速效青霉素类抗生素进行治疗。发病个体可采取皮下或肌肉注射青霉素钾（2 万单位 /kg 体重），并通过饮水给药控制群体感染。应注意的是，抗生素治疗只能控制疾病的发展，不能完全消除病菌的携带状态。红霉素和一些广谱抗生素对红斑丹毒丝菌有效，但磺胺类和口服土霉素效果可能不佳。

【参考文献】

[1] 刘文华，苏敬良，刘颖，等 . 鸭源丹毒菌的分离与鉴定 . 中国兽医杂志 , 2008，44（5）：43-45.

[2] 王腾，靳换，纪丽丽，等 . 种鸭源猪丹毒丝菌分离及血清学调查 . 中国兽医杂志，2014，50（8）：13-16.

[3] 徐克勤，胡秀芳，高成华，等 . 猪、禽丹毒杆菌的血清型及其致病力研究 . 中国兽医杂志，1984, 10（9）: 9-11.

[4] 徐克勤，胡秀芳，高成华，等 . 从水生动物分离的猪丹毒杆菌的血清型及其致病力研究 . 中国兽医杂志，1984, 10（10）: 2-6.

[5] Saif Y M. 禽病学 . 12 版 . 苏敬良，高福，索勋，主译 . 北京：中国农业出版社，2012.

[6] Brooke C, Riley T. *Erysipelothrix rhusiopathiae*: bacteriology, epidemiology and clinical manifestations of an occupational pathogen. Journal of Medical Microbiology, 1999, 48: 789-799.

[7] Dhillon A, Winterfield R, Thacker H, et al. Erysipelas in domestic white Pekin ducks. Avian Disease, 1980, 24:784-787.

[8] Eriksson H, Brännström S, Skarin H, et al. Characterization of Erysipelothrix rhusiopathiae isolates from laying hens and poultry red mites (*Dermanyssus gallinae*) from an outbreak of erysipelas. Avian Pathology, 2010, 39:505-509.

[9] Eriksson H, Jansson D S, Johansson K E, et al. Characterization of Erysipelothrix rhusiopathiae isolates from poultry, pigs, emus, the poultry red mite and other animals. Veterinary Microbiology, 2009, 137(1-2): 98-104.

[10] Kurian A, Neumann E J, Hall W F, et al. Serological survey of exposure to Erysipelothrix rhusiopathiae in poultryin New Zealand. New Zealand Veterinary Journal, 2012:106-109.

[11] Nakazawa H, Hayashidani H, Higashi J, et al. Occurrence of *Erysipelothrix* spp. in chicken meat parts from a processing plant. Journal of Food Protection, 1998, 61: 1207-1209.

[12] Shen H, Bender J, Opriessnig T. Identification of surface protective antigen (spa) types in *Erysipelothrix* reference strains and diagnostic samples by spa multiplex real-time and conventional PCR assays. Journal of Applied Microbiology, 2010, 109: 1227-1233.

[13] Shimazaki Y, Gamoh K, Imada Y, et al. Detection of Antibodies to Erysipelothrix in stray dogs in Japan. Acta Veterinaria Scandinavica , 2005, 46:159-161.

[14] Stackebrandt E, Family I. Erysipelotrichaceae Family I. In: Bergey's Manual of Systematic Bacteriology, 2nd ed, vol. 3 Vos P, G Garrity, D Jones, et al., eds. , Springer, New York, 2009, 1299-1306.

[15] Takahashi T, Fujisawa T, Umeno A, et al. A taxonomic study on erysipelothrix by DNA-DNA hybridization experiments with numerous strains isolated from extensive origins. Microbiology and Immunology, 2008, 52(10):469-478.

[16] Verbarg S, Rheims H, Emus S, et al. Erysipelothrix inopinata sp. *nov*., isolated in the course of sterile filtration of vegetable peptone broth, and description of *Erysipelotrichaceae* fam. *nov*. International Journal of Systematic and Evolutionary Microbiology. 2004, 54(Pt 1): 221-225.

[17] Wang Q, Chang B, Riley T. Erysipelothrix rhusiopathiae. Veterinary Microbiology, 2010, 140: 405-417.

[18] Wilson K H, Blitchington R B, Greene R C. Amplification of bacterial 16S ribosomal DNA with polymerase chain reaction. Journal of Clinical Microbiology, 1990, 28(9):1942-1946.

第24章　鸭衣原体病
Chapter 24　Duck Chlamydiosis

引　言

衣原体病（chlamydiosis），又称衣原体感染、鹦鹉热 (psttaciosis) 或鸟疫（ornithosis）等，是由鹦鹉热衣原体 (*Chlamydia psittaci*) 引起的鸟类和人类共患的一种接触性传染病。多种禽类，如火鸡、鸡、鸽、鸭、鹅，以及野禽在自然条件下都能感染该病并互相传染，但临床表现随禽类的品种、大小以及衣原体菌株的毒力不同而有很大差异，主要引起嗜睡、高热、异常分泌物、鼻腔和眼睛分泌物以及产蛋量下降，偶尔致死。观赏鸟感染的临床症状通常表现食欲减退、体重减轻、腹泻、排黄色粪便、窦炎以及呼吸道症状等。然而，大多数野鸟和家禽为潜伏感染，但不断向外界排出衣原体，在某些应激因素的作用下才表现临床症状。人类多因接触鸟类或羽毛制品而感染，临床表现多样，但以非典型肺炎多见。

有关鹦鹉热的报道始于 100 多年前。早在 1879 年，瑞士医生 Ritter 首先发现了一起因接触热带宠物鸟而发生的非典型肺炎。1895 年， Morange 发现一种病原可从鹦鹉传染给人并引起流感样症状，称之为“鹦鹉热”（psittacosis）。美国和欧洲在 1929~1930 年冬天曾发生过一次人类鹦鹉热大流行，此次流行的发生与从阿根廷进口的绿色亚马逊鹦鹉有关。随后的 1930~1938 年间在法罗群岛报道了 174 例人类鹦鹉热，死亡率为 20%，孕妇的死亡率高达 80%，主要是因为捕食暴风鹱（*Fulmarus glacialis*）而感染。

为了区分家禽和野禽的衣原体病与鹦鹉的衣原体病，Meyer 于 1941 年提出“鸟疫”这一术语。将各种家禽和非鹦鹉科鸟类感染称鸟疫或衣原体病，而将鹦鹉科鸟类感染或者因接触鹦鹉而发生的感染称为鹦鹉热。实际上，这两种病症是相同的。

【病原学】

1）分类地位

衣原体是最古老的革兰氏阴性细胞内专性寄生菌，属于衣原体目（Chlamydiales）的衣原体科 (Chlamydiaceae)。1999 年，Everett 等根据细菌 16S rRNA 基因序列的同源性将衣原体科成员分为 2 个属：衣原体属 (*Chlamydia*) 和亲衣原体属 (*Chlamydophila*)，其中衣原体属包括 3 个种，亲衣原体属包括 6 个种。随着衣原体科成员的不断增加，对病原基因组序列分析逐渐深入，许多研究人员对衣原体属的划分提出异议。国际原核生物分类委员会衣原体分会于 2009 年建议将衣原体科的所有成员重新划归为一个属，即衣原体属，因此本章对衣原体分类参照后者的分类。衣原体属各成员及其致病性见表 24.1。

表 24.1　衣原体属各成员及其致病性

种名	自然宿主	其他宿主	感染部位	致病性
流产衣原体（*C. abortus*）	羊	牛、猪	生殖道、呼吸道	引起反刍动物流产和死胎，可能引起人的流产和呼吸道疾病
鸟衣原体（*C. avium*）	鸽、鹦鹉		呼吸道	
豚鼠衣原体（*C. caviae*）	豚鼠	马	眼、生殖道	豚鼠结膜炎
猫衣原体（*C. felis*）	猫		眼、呼吸道	猫结膜炎、人非典型性肺炎
鸡衣原体（*C. gallinacean*）	鸡	其他家禽	呼吸道	
鼠衣原体（*C. muridarum*）	啮齿动物		胃肠道	鼠生殖道 / 消化道感染
家畜衣原体（*C. pecorum*）	牛、考拉	羊、猪	胃肠道、呼吸道及泌尿生殖系统	牛脑脊髓炎和子宫内膜炎、绵羊肺炎和结膜炎、反刍动物多发性关节炎、考拉泌尿生殖道感染
肺炎衣原体（*C. pneumoniae*）	人、马、考拉	两栖动物、爬行动物	呼吸道、心血管	人肺炎、动物肺炎、支气管炎和窦炎
鹦鹉热衣原体（*C. psittaci*）	鸟类	哺乳动物	呼吸道	人流感样疾病、鸟类呼吸道疾病、腹泻等
猪衣原体（*C. suis*）	猪	反刍动物	胃肠道 / 生殖道	猪肺炎、结膜炎和多发性关节炎
沙眼衣原体（*C. trachomatis*）	人		眼	引起人的眼或生殖道感染

2）形态特征

衣原体有 3 种不同的形态，分别为原体（elementary body, EB）、网状体（reticulate body, RB）和中间体（intermediate body, IB）。EB 是一种直径 0.2 ~ 0.3 μm 的电子致密的小球形体，其特征是在细胞质边缘有一个高度电子致密的拟核，与电子致密的胞质有明显的差异。EB 是衣原体的感染形态，可黏附并侵入靶细胞。鹦鹉热衣原体感染的起始阶段是由感染性 EB 黏附到易感细胞，通过内吞侵入宿主细胞。含鹦鹉热衣原体的细胞内吞小体可避开与溶酶体作用，并在进入宿主细胞后，体积增大形成 RB。RB 是细胞内的代谢旺盛形态，体积比 EB 大，为 0.5 ~ 1.0 μm，并通过二分裂方式增殖，然后成熟形成新的 EB。在 EB 成熟的过程中，宿主细胞内可看到形态学上的中间体（IB），直径 0.3 ~ 1.0 μm。IB 有一个电子致密的核芯，周围有辐射状排列的拟核纤维。

衣原体为严格的胞内寄生菌，主要在宿主细胞内非酸化的液泡，亦称包涵体内繁殖。与其他细胞内寄生菌不同，衣原体在包涵体中经历一个独特的双相性发育周期，即感染性 EB 与繁殖性 RB 之间的交替。EB 可在胞外存活并对宿主细胞具有感染作用，而 RB 主要是其胞内繁殖形式，为感染性细菌的前体。

在整个细胞内发育阶段，鹦鹉热衣原体并不总在包涵体内。在有些情况下，高致病力菌株包涵体膜在增殖活跃期降解，将菌体释放到宿主细胞的胞质内。对大多数鹦鹉热衣原体菌株来说，感染后宿主细胞常被严重损坏，通过细胞溶解作用释放衣原体。当 EB 一直存在于宿主细胞胞质内时，可发生持续感染。

衣原体为革兰氏阴性菌，经特定的染色后，在光镜下可观察到。用姬姆萨染色呈深紫色，Castaneda

染色呈蓝色，Machiavello、Gimenez 和 Stamp 染色呈红色，与背景形成对照。感染鸡胚的卵黄囊触片应首选 Gimenez 染色，自然感染禽类的病变气囊、脾和心包触片采用该染色方法对衣原体感染的初步诊断非常有用。

3）培养特性

衣原体不能在人工合成培养基中繁殖。在实验条件下可以通过细胞培养感染鸡胚接种等方法进行繁殖和扩增（参见本章“诊断”部分）

4）抗原性和血清型

利用血清型特异性单克隆抗体进行微量免疫荧光试验可将鹦鹉热衣原体分为 8 个血清型（serovar），即 A ～ F，M56 和 WC。每种血清型似乎有一定的宿主特异性，如血清型 A 主要在鹦鹉中流行，并引起观赏鸟主人散发性感染。血清型 B 主要在鸽子中流行，但也从其他种类的鸟中分离到，对信鸽爱好者具有潜在威胁。血清型 C 多来源于鸭和鹅，但也从火鸡和鹧鸪中分离到。血清型 D 主要来源于火鸡，但是从白鹭和海鸥中也分离到。对兽医和养禽工作者威胁最大的是血清型 C 和 D 菌株。血清型 E 首次于 20 世纪 30 年代早期分自人类肺炎病例，后来，从很多种禽类，包括鸭、鸽子、鸵鸟和美洲鸵中分离出血清型 E。血清型 F 的代表株是 VS225，从一只美洲鹦鹉中分离到。M56 血清型分自暴发衣原体病的麝鼠和野兔。WC 则分自一次牛流行性肠炎病例。由于普通的实验室一般不具备这些抗体，所以血清学分型在常规的诊断中很难得到推广应用。

相比较而言，采用分子生物学技术对鹦鹉热衣原体进行基因分型具有灵敏度高、简便和容易操作的特点，越来越广泛地用于鹦鹉热衣原体的检测和诊断。最早采用 PCR 扩增鹦鹉热衣原体 *ompA* 基因，再利用限制性内切酶，如 *Alu* I 进行酶切和电泳分析，根据 *ompA* 基因限制性内切酶片段长度多态性（RFLP）分为 A~F 6 个不同的基因型（genotype），之后通过基因序列分析发现了一个源于鸭的新基因型（E/B），加上 M56 和 WC 两个非禽源基因型，共 9 个基因型。应注意，RFLP 分型与血清学分型并不完全一致，所以分型时应结合 *ompA* 基因序列分析结果。通常情况下，很难直接从临床样本中扩增出完整的 *ompA* 基因，往往需要先进行病原的分离培养，再提取核酸和进行基因扩增。近年来，已有许多采用实时荧光 PCR 检测衣原体的报道，其中基因型特异性荧光 PCR 可直接区分不同的基因型菌株。

衣原体对能影响其脂类成分或细胞壁完整的化学因子非常敏感。即使在组织碎片中，衣原体也很快被表面活性剂，如季胺类化合物和脂溶剂等灭活。普通消毒液，如氯化苯甲烃铵、碘酊溶液、70% 酒精和 3% 双氧水几分钟内即能破坏衣原体的感染性。

衣原体对四环素、氯霉素和红霉素等敏感。某些抗生素对衣原体的生长影响很小或没有影响，故可以加入到被污染的样品悬液中抑杀其他细菌而不影响衣原体的存活。链霉素、万古霉素和卡那霉素可以用作此用途。衣原体对杆菌肽、庆大霉素和新霉素也不敏感。

【流行病学】

衣原体感染呈世界性分布。野生和家养禽类是鹦鹉热衣原体的自然贮存宿主，也是人类感染的主要来源。

鸟类衣原体感染不仅仅局限于鹦鹉，已从 30 多个目的 465 种鸟类中检测到鹦鹉热衣原体感染。感染率最高的为鹦鹉目（Psittacine）和鸽形目（Columbiformes）的鸟类。鹦鹉目鸟类的感染率为 16%~81%，死亡率为 50%，甚至更高，是衣原体最主要的贮存宿主。研究资料显示，赛鸽的血清阳性率为 35.9%~60%。野鸽鹦鹉热衣原体的血清阳性率为 12.5%~95.6%。生活在海滨和其他水域的鸟类，如鹅、鸭、鸥、企鹅比鸡、雉和鹌鹑等更易被感染。衣原体常见的贮存宿主还有野鸟，如海鸥、鹭、鸽、乌鸦、鹩哥、家雀和喧鸻等，这些鸟类均能够自由混迹于家禽中。海鸥和白鹭可携带并传播强毒力鹦鹉热衣原体，但其自身并无任何明显的症状或病理损伤。从其他动物，包括豚鼠、小鼠、绵羊、山羊、牛和马中也分离到鹦鹉热衣原体。

近年来，在比利时和法国等欧洲国家禽类衣原体感染大多数呈亚临床、亚急性或慢性疾病，隐性感染较普遍。Dickx 等对比利时捕捉的 81 只野生加拿大黑雁（*Branta canadensis*）进行鹦鹉热衣原体抗体和病原学检查发现 ELISA 抗体阳性率为 93.8%（76/81），而且抗体平均效价高于 1/400；咽喉拭子衣原体培养结果阳性率为 58%（47/81），表明这些外表健康或者无明显临床症状的动物的持续感染率极高。所分离的鹦鹉热衣原体包括 E、B 和 E/B 基因型，推测 E 和 B 基因型感染可能主要来源于与野鸽的直接接触，E/B 基因型则可能来源于水禽。

我国目前对家禽鹦鹉热衣原体感染尚缺乏比较全面和系统的诊断和监测。Cong 等对我国兰州市场销售的成年鸡、鸭和鸽的血清学调查显示，鹦鹉热衣原体抗体阳性率分别为 13.32%（55/413）、38.92%（130/334）和 31.09%（97/312），如此高的感染率应引起业界的高度关注。

感染禽可通过鼻腔分泌液和粪便排出大量的鹦鹉热衣原体，排菌时间的长短主要与机体的免疫状态及菌株的毒力有关，可持续数月。呼吸道分泌物含有大量的病菌，在传播过程中起着重要作用，含菌的分泌物可形成气溶胶直接传播。粪便排菌毒多为间歇性，营养缺乏、长途运输、拥挤、寒冷、繁殖、产蛋、治疗和捕捉等应激等均可能激发机体排菌。易感家禽主要通过吸入和摄食被污染的材料而感染。与野禽共享水域或湿地的家禽可通过被污染的水或土壤被感染。吸血的体表寄生虫，如虱、螨和蝇等可引发衣原体在鸟类之间的传播。此外，衣原体可通过种蛋发生垂直传播。

不同年龄的鸭对鹦鹉热衣原体的易感性不同，幼龄鸭通常较成年鸭易感。

【临床症状】

鸭衣原体病是一种严重的消耗性疾病。临床疾病多发生于雏鸭，以刚孵出的雏鸭和 3 周龄以内的小鸭多见，而较大日龄和成年鸭多为病原携带者或血清学阳性。

幼龄的雏鸭可发生致死性感染，主要表现为颤抖、姿态失衡和恶病质。感染鸭采食减少，排绿色水样稀便，眼和鼻孔有黏液性和脓性分泌物，眼眶周围羽毛粘连结痂或脱落。感染群的发病率 10%~80% 不等，因为年龄不同和是否有并发感染，死亡率通常为 0 到 30% 不等。并发鸭肝炎病毒、沙门氏菌、大肠杆菌和鸭疫里默氏菌等感染时死亡率会显著增加。营养不良、过度拥挤和生理应激等，发病率则明显升高。

Arzey 等详细报道了澳大利亚某商品鸭场发生衣原体病。该鸭场为半开放式，有 600 只北京鸭种鸭及 6 000 只从几日龄至 8 周龄的不同日龄的商品鸭。商品雏鸭长期存在有鸭疫里默氏菌和大肠杆菌感染的情况，偶尔还引起很高的死亡率。1986 年 10 月，种鸭突然出现死亡率增加，感染鸭侧卧在地，50% 在 4~6 h 死亡，其余在 3~4 天内康复，种鸭群发病持续约 4 周，总发病率为 25%，死亡率为 13%。3 周之后雏鸭出现严重死亡，1 周多的时间内损失高达 40%。感染雏鸭出现轻度或剧烈头震颤、姿态不稳、结膜炎、鼻腔有黏液性和脓性分泌物，病鸭精神沉郁并侧卧在地。

【病理变化】

1）大体病变

剖检死亡鸭可见有纤维素性心包炎、肝周炎，脾脏不同程度肿大并有瘀血斑，少数病例肝脏有局灶性坏死。有报道采取未给药治疗的 3 周龄鸭脾脏触片做 Gimenez 染色观察到衣原体 EB。而用过阿莫西林治疗的鸭肝脏、脾脏和结膜触片经 Machiavello、Gimenez 和改良的萋 - 尼（Modified Ziehl Neelsen，MZN）染色未见有 EB，但利用衣原体群特异性抗体进行荧光抗体染色，结果为阳性。感染鸭未检测到其他细菌，禽流感抗体为阴性。采用补体结合试验检测了 35 份血清，结果衣原体抗体为阴性。

2）组织学病变

病理组织学主要表现为局灶型肝炎，有单核细胞及少量异嗜细胞浸润。脾脏和法氏囊淋巴组织出现纤维蛋白样坏死。

【诊　　断】

1）临床诊断

鸭衣原体病通常无特征性的临床表现和病理变化，而且易和其他病原并发感染，需要在实验室条件下，从宿主体内分离和检测到病原才能确诊。

2）实验室诊断

（1）衣原体的分离和鉴定　鹦鹉热衣原体为严格的胞内寄生菌，具有特殊的发育史，病原分离与常规细菌完全不同，但与病毒的分离过程类似，可通过接种鸡胚或细胞培养来分离鹦鹉热衣原体。

① 病料的采集和处理：衣原体对某些抗生素敏感，其体积比病毒大，病毒分离过程中采用的抗生素和过滤除菌方法不完全适用于衣原体病料的处理，因此在采集和处理病料的过程中应尽可能做到无菌操作，避免其他细菌污染对实验的干扰。

死亡病例可采集肺脏、脾脏、肝脏和有渗出物覆盖的气囊等。活禽主要采集咽喉和鼻裂拭子。因为感染鸭的粪便排毒为间歇性，泄殖腔拭子和新鲜粪便通常不能作为病原分离检测的首选材料。如果采集的病料不能立即接种鸡胚或细胞培养，需要运输或储存时，应置于专用的蔗糖 - 磷酸盐 - 谷氨酸（SPG）缓冲液中。缓冲液的配方为：蔗糖（74.6 g/L）、KH_2PO_4（0.512 g/L）、K_2HPO_4（1.237 g/L）、*L*-谷氨酸（0.721 g/L），过滤除菌后加入胎牛血清（10%，*V/V*）、万古霉素和链霉素（100 μg/mL）、制霉菌素和庆大霉素（50 μg/mL）。如需长时间保存的病料应冻存于 -80℃。

组织样品剪碎和研磨后利用 SPG 缓冲液制成 20% 悬液，4℃离心 20 min（500×*g*），弃掉最表层和沉淀物，取上清，加入链霉素（200 μg/mL）、万古霉素（75 μg/mL）和两性霉素（25 单位 /mL），室温作用 1 h，按上述方法离心，取上清用于接种或冻存于 −80℃。拭子样本可将其置于 4℃，振摇 1 h 后，离心取上清，加抗生素处理后用于接种和冻存。衣原体对青霉素、四环素和氯霉素敏感，在病料处理过程中应避免使用。

采集用于衣原体抗原、PCR 或其他分子生物学检测的病料时，可加入适当的核酸稳定剂。

② 细胞培养分离病原：接种细胞培养是分离鹦鹉热衣原体常用的方法之一，常用的细胞系有 BGM 细胞、McCoy 细胞、Vero 细胞、L-929 和 Hela 细胞等。按常规方法制备细胞单层（注意不要添

加对衣原体有抑制作用的抗生素），将处理过的样品病料接种到细胞单层后，可将培养板置于合适的离心机中，室温或37℃低速（500~1500）×*g* 离心 1 h 促进黏附，之后弃上清，加入含有细胞分裂抑制剂（如放线菌酮，0.5~2.0 μg/mL）的细胞培养液，37~39℃培养 3~5 天后检查衣原体生长情况。若衣原体检查阴性，直接收集细胞和上清（冻融对衣原体有损伤作用）进行再传代。检查衣原体时，根据细胞培养器皿的不同，弃细胞单层上清，用磷酸盐缓冲液冲洗后，再加入适量的丙酮 / 甲醇（1∶1）固定 2~10 min，之后进行免疫荧光抗体染色和观察。冻存细胞培养繁殖的衣原体时，应直接将上清液去除，加入无菌的 SPG。

③ 鸡胚接种分离病原：最好选用 6~7 日龄无特定病原体（SPF）鸡胚，取 0.3~0.5 mL 处理好的病料样本经卵黄囊途径接种后，于 39℃孵化 3~10 天，衣原体在胚体内繁殖可引起鸡胚死亡。若鸡胚未出现死亡，取卵黄囊膜用 SPG 缓冲液制成 20% 悬液在鸡胚上连续传 2 代。之后取感染胚的卵黄囊膜制成触片，直接染色，或者用特异性血清进行免疫荧光和免疫组化染色检查衣原体抗原。典型的衣原体感染可在胞浆内观察到圆形包涵体。

（2）免疫学诊断　由于禽类感染比较普遍，而且抗体持续时间可长达数月，大多数禽群背景抗体阳性率可能就很高，所以单纯的抗体阳性只能表示家禽被感染过，并不能确定正被感染，对个体感染的判定需要结合细菌学检测或分子检测结果加以判定，或者采取急性发病期和康复期双份血清，其抗体效价升高 4 倍以上可以判定感染。

已建立的检测衣原体抗体的方法有补体结合试验（CF）、间接微量免疫荧光试验（MIF）和 ELISA 方法等。其中许多商品化 ELISA 试剂盒主要是利用衣原体的脂多糖（LPS）或外膜蛋白作为包被抗原，检测针对所有衣原体种的抗体，也有用于家禽血清抗体检测的报道。间接血凝试验检测抗体具有操作简便、快速的特点，可用于禽类血清抗体的筛选和监测。

（3）分子生物学诊断　PCR 技术已广泛用于衣原体基因组 DNA 检测和诊断，且可直接鉴定出衣原体种，所检测的基因主要是核糖体基因（如 16~23S rRNA 基因间隔序列）、主要外膜蛋白基因（*ompA*）等。衣原体 *ompA* 基因包含有 4 个可变区（VDⅠ-Ⅳ）和 5 个保守区（图 24.1），保守区编码属和种特异性抗原决定簇，而血清型特异性决定簇的编码区位于 VDⅠ和 VDⅡ区。这种结构特点使得该基因可作为 PCR 诊断的理想靶标。Sachse 和 Hotzel 详细介绍了一种检测衣原体的巢式 PCR 方法。该方法首先利用一对位于保守区的针对衣原体科所有成员 *ompA* 基因的通用引物（191CHOMP/CHOMP371）（表 24.2）进行第一轮扩增，产生一个 576 ~ 597 bp 片段，然后以此片段为模板，一端利用衣原体 *ompA* 基因的通用引物，另一端为种特异性引物进行第二轮 PCR 扩增，针对不同的衣原体种扩增出相应大小的片段（图 24.1）。近年来，已建立了多种检测鹦鹉热衣原体的荧光 PCR 方法，具有很高的敏感性，缺点是仪器和试剂成本相对较高。在进行临床检测时，获得足够浓度的病原基因组 DNA，去除样本中 PCR 反应抑制因子是该方法成功的关键。

临床上，鸭衣原体病可能与禽流感病毒、多杀性巴氏杆菌、沙门氏菌、鸭疫里默氏菌及大肠杆菌等感染混淆，或者并发感染，仅根据临床观察和剖检难于区分，应通过病原分离和检测加以鉴别和确诊。

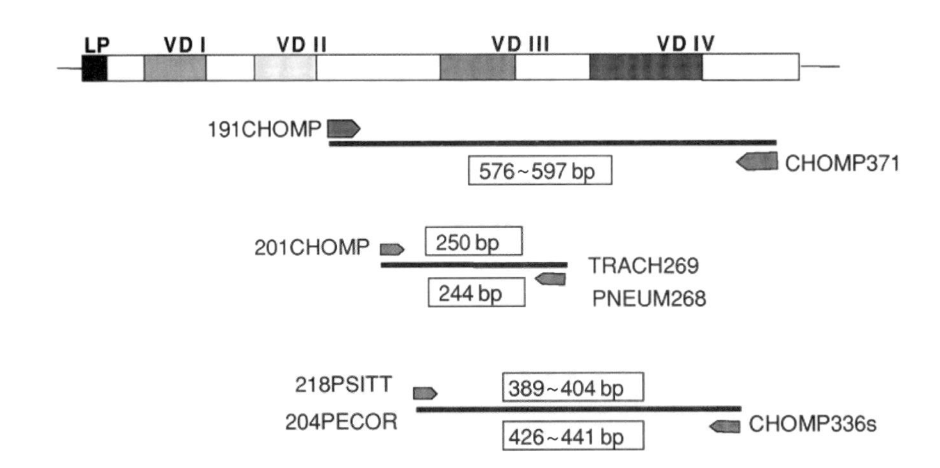

图 24.1 衣原体主要外膜蛋白 *ompA* 的基因组结构及其鉴别诊断巢式 PCR 检测原理示意图。(引自参考文献 [8])

表 24.2 衣原体主要外膜蛋白 *ompA* 的基因鉴别诊断巢式 PCR 检测引物

引物	核酸序列 (5' -3')
191CHOMP	GCI YTI TGG GAR TGY GGI TGY GCI AC
CHOMP371	TTA GAA ICK GAA TTG IGC RTT IAY GTG IGC IGC
201CHOMP	GGI GCW GMI TTC CAA TAY GCI CAR TC
CHOMP336s	CCR CAA GMT TTT CTR GAY TTC AWY TTG TTR AT
218PSITT	GTA ATT TCI AGC CCA GCA CAA TTY GTG
TRACH269	ACC ATT TAA CTC CAA TGT ARG GAG TG
PNEUM268	GTA CTC CAA TGT ATG GCA CTA AAG
204PECOR	CCA ATA YGC ACA ATC KAA ACC TCG C

注：简并核苷酸：K=G，T; M=A,C;R=A,G;W=A,T;Y=C,T; I= inosine (肌苷)

【防　　治】

1）管理措施

目前尚无适合于养鸭生产的商品化疫苗可用，采取适当的管理和生物安全措施是预防该病的首选。鸭群尽可能饲养于封闭和隔离条件较好的环境中，避免与宠物鸟、啮齿动物和野鸟等接触。采用全进 / 全出的饲养方式，并定期进行卫生消毒。

2）药物防治

抗生素治疗往往以四环素类药物为首选，通常使用金霉素和土霉素等，也可使用恩诺沙星等。

【公共卫生】

禽类衣原体可感染人类，因此畜牧兽医工作者在处理感染禽时应采取适当的个人防护措施。进行病原学诊断应遵循相应的生物安全管理规程。人主要是经呼吸道吸入被感染禽粪便、尿液和分泌物污染的雾滴和尘埃而被感染，也可能因为与鸽子和宠物鸟，如鹦鹉等的密切接触感染。疾病的潜伏期

5～14天，或者更长。疾病表现差异很大，从无症状感染到全身系统性感染不等，主要发生间质性肺炎，偶尔引起脑炎。临床主要表现为头痛、畏寒、乏力和肌肉痛，有些病例有呼吸道症状，而有些病例则没有。近年来，也有一些严重的病例报道。通常情况下，经过及时的诊断和治疗能很快康复。

【参考文献】

[1] 邱昌庆，高双娣，周继章，杨学礼．中华人民共和国农业行业标准 NY/T 562—2002—动物衣原体病诊断技术．中国农业标准汇编．动物防疫卷（上）．中国标准出版社，2010.

[2] Arzey KE, Arzey GG, Reece R L. Chlamydiosis in commercial ducks. Australian Veterinary Journal, 1990, 67(9): 333-334.

[3] Dickx V, Kalmar I D, Tavernier P, et al. Prevalence and genotype distribution of Chlamydia psittaci in feral Canada geese (*Branta canadensis*) in Belgium. Vector Borne Zoonotic Diseases, 2013,13:382-384.

[4] Greub G. International Committee on Systematics of Prokaryotes. Subcommittee on the taxonomy of the Chlamydiae: minutes of the inaugural closed meeting, 21 March 2009, Little Rock, AR, USA. International Journal of Systematic and Evolutionary Microbiology, 2010, 60(Pt 11):2691-2693.

[5] Lienard J, Croxatto A, Aeby S, et al. Development of a new chlamydiales-specific real-time PCR and its application to respiratory clinical samples. Journal of Clinical Microbiology, 2011, 49(7):2637-2642.

[6] Pannekoek Y, Dickx V, Beeckman D S, et al. Multi locus sequence typing of Chlamydia reveals an association between Chlamydia psittaci genotypes and host species. PLoS One, 2010, 5(12):e14179.

[7] Sachse K, Bavoil P M, Kaltenboeck B, et al. Emendation of the family Chlamydiaceae: proposal of a single genus, Chlamydia, to include all currently recognized species. Systematic and Applied Microbiology, 2015, 38(2):99-103.

[8] Sachse K, Hotzel H. Detection and differentiation of Chlamydiae by nested PCR. Methods in Molecular Biology, 2003, 216:123-136.

[9] Sachse K, Laroucau K, Riege K, et al. Evidence for the existence of two new members of the family Chlamydiaceae and proposal of *Chlamydia avium* sp. *nov*. and *Chlamydia gallinacea* sp. *nov*. Systematic and Applied Microbiology, 2014, 37(2):79-88.

[10] Sachse K, Laroucau K. Two more species of Chlamydia-does it make a difference? Pathogens and Disease, 2015 , 73(1):1-3.

[11] Sachse K1, Vretou E, Livingstone M, et al. Recent developments in the laboratory diagnosis of chlamydial infections. Veterinary Microbiology, 2009, 135 : 2-21.

[12] Thierry S, Vorimore F, Rossignol C, et al. Oral Uptake of Chlamydia psittaci by Ducklings Results in Systemic Dissemination. PLoS One, 2016, 11(5):e0154860.

[13] Vanrompay D, Butaye P, Sayada C, et al. Characterization of avian Chlamydia psittaci strains using omp1 restriction mapping and serovar-specific monoclonal antibodies. Research in Microbiology, 1997, 148 (4): 327-333.

[14] Vorimore F, Thébault A, Poisson S, et al. K. Chlamydia psittaci in ducks: a hidden health risk for poultry workers. Pathogens and Disease, 2015, 73(1):1-9.

第25章　鸭支原体病
Chapter 25　Duck Mycoplasmosis

引　言

鸭支原体病（duck mycoplasmosis），又称鸭慢性呼吸道病（duck chronic respiratory disease）或鸭传染性窦炎（duck infectious sinusitis），是一种主要侵害雏鸭的急性或慢性传染病。感染鸭主要表现为精神沉郁、打喷嚏、鼻窦炎等，耐过鸭生长缓慢。此外，也有种鸭感染引起产蛋下降和孵化率降低等的报道。早在 1952 年，加拿大学者 Walker 和 Bannister 报道了在 Manitoba 一个农场的鸭群发生该病，并对该病的病原进行了研究。通过鸡胚和鸭胚连续传代分离到可滤过性病原，感染胚的绒毛尿囊膜和卵黄囊膜触片经姬姆萨染色和 Macchiavelli 染色可见杆状、球状和梨形菌体，认为是类胸膜肺炎(pleuropneumonia-like organism)。Fahey 于 1955 年报道了加拿大安大略一个 2 周龄鸭群发生慢性呼吸道疾病，并发现有两种病原，即病毒和支原体。Roberts 于 1964 年报道了从一鸭场的病例中分离到 A 型流感病毒和支原体，并将该支原体命名为鸭支原体（*Mycoplasma anatis*）。1956 年，我国学者罗仲愚和郭玉璞报道了北京某农场的雏鸭发生“传染性鼻炎”，并且以 7~14 日龄雏鸭最敏感，病鸭开始表现精神委顿、呼吸增快，呼吸道有大量分泌物，部分病例眶下窦显著增大，内部积有分泌物等。采用病鸭呼吸道分泌物经鼻窦内接种 3 羽 7 日龄健康鸭，经 3 天的潜伏期后鸭发病，而同样接种的 7 日龄鸡却未见发病。之后，田克恭和郭玉璞于 1980 s 对北京地区部分肉鸭场鸭传染性窦炎病例进行了系统的流行病学调查和病原学研究，确定该病为鸭支原体感染，并发现部分病例有流感病毒和大肠杆菌并发感染。

【病原学】

1）分类地位

引起鸭支原体感染的病原为鸭支原体(*Mycoplasma anatis*),在分类学上属支原体目(Mycoplasmatales),支原体科（Mycoplasmataceae）, 支原体属 (*Mycoplasma*)。

2）形态特征

鸭支原体在 PPLO 琼脂培养基上可生长，菌落呈现光滑、圆形、稍平，具有一个较致密的中央突起，如“煎蛋”状。菌体革兰氏染色呈阴性。支原体是能在人工合成的无生命培养基中生长繁殖的最小原核型微生物，因其缺乏细胞壁，取而代之的是三层结构的单位膜，故而呈多形态，常见的有球状、棒状、丝状和螺旋状等。球状菌的直径为 100~800 nm，丝状菌直径为 100~400 nm，而螺旋状菌直径为

100~250 nm。因其直径较小，而且缺乏细胞壁，所以支原体能通过常规的细菌滤器。

3）培养特性

支原体对营养成分要求苛刻。由于基因组很小，合成和代谢能力非常有限，因此支原体主要从外界摄取生存和生长繁殖所需的营养成分，如胆固醇和脂肪酸、核酸前体、能量来源、生长因子等。除了无胆甾原体外，其他支原体培养均需人为加入猪血清或马血清，以此提供外源胆固醇和脂肪酸帮助支原体合成生物膜等。可通过加入酵母浸出液或酵母浸出粉为支原体提供嘌呤和嘧啶。葡萄糖、精氨酸、丙酮酸、乳酸和尿素等能作为大多数支原体能量来源物质，支原体也需要从外界摄取。辅酶 I（NAD）、还原型辅酶 I（NADH）等生长因子也靠外源提供。支原体在固体培养基中可形成“油煎蛋”状典型菌落，及乳头状、脐状等其他形态菌落，菌落较小，为 50~250 nm，一般最大不超过 1~2 mm。鸭支原体能发酵麦芽糖、果糖、淀粉和糊精，只产酸；对蔗糖和乳糖发酵不产酸。

郭子晟等对鸭支原体 1340 株的全基因组序列分析结果显示该菌株基因组大小为 928 687 bp，G+C 含量为 26.64%，预测有 778 个蛋白编码区。

【流行病学】

早在 20 世纪 50~60 年代，加拿大和英国学者对自然感染病例的病原学研究发现临床上有明显鼻窦炎症状的病鸭通常为鸭支原体和流感病毒共感染。我国学者田克恭和郭玉璞教授于 20 世纪 80 年代初期对北京的几个鸭场北京鸭传染性窦炎的病原学进行了详细的研究，采集 40 份病鸭眶下窦分泌物接种固体和液体培养基，结果分离出 18 株支原体，其中 16 株鉴定为鸭支原体；对其中 36 份病料经过处理后接种鸡胚进行病毒分离，结果分离到 16 株 H11N9 亚型禽流感病毒；另外，40 份病料中分离到 31 株大肠杆菌。这一结果表明临床上鸭传染性窦炎病原主要有鸭支原体、流感病毒和大肠杆菌并发感染。随后用鸭支原体经眶下窦接种 1 日龄雏鸭成功地复制出与自然感染相似的病例，但以 H11N9 亚型禽流感病毒感染 40 羽 1 日龄雏鸭，仅 3 羽出现轻度的呼吸道症状，剖检病变不明显，证明鸭支原体是引起雏鸭发生窦炎的主要病原体。

Tiong 对 263 例不同日龄临床发病鸭进行支原体检查，结果从 68 例中分离到支原体和无胆甾原体（*Acholeplasmas*），其中 12 株为鸭支原体、1 株为鸽鼻支原体（*M. columbinasale*）、2 株为家禽支原体（*M. gallinaceum*）、2 株为鸡支原体、9 株为滑液支原体（*M. synoviae*）、3 株为支原体未鉴定种、37 株为莱氏无胆甾原体（*A. laidlawii*）和 2 株无胆甾原体未鉴定种。其中只有 9 个分离株（13.2%）属于单纯感染，33.8% 的分离株是与鸭疫里默氏菌共感染，32.4% 的分离株是与多杀性巴氏杆菌共感染，与这两种细菌共感染的为 11.8%，另外 8.8% 的分离株与其他细菌共感染。在支原体分离阴性的病例中，33.3% 为鸭疫里默氏菌感染，25.1% 为多杀性巴氏杆菌感染，以及 14.4% 病例为这两种细菌共感染。此外，有报道从鸭的气管和泄殖腔拭子样品中分离到鸡毒支原体（*M. gallisepticum*）、泄殖腔支原体（*M. cloacale*）以及模仿支原体（*M. imitans*）等，但这些支原体对鸭的致病性很弱，甚至无致病性。

鸭支原体可感染各种日龄的鸭，但在商品鸭场，临床病例多见于 2~3 周龄鸭，其发病率一般较高，但病死率较低，若并发其他细菌（如大肠杆菌或多杀性巴氏杆菌等）或病毒（如禽流感病毒）感染时，病死率增高；成年鸭较少发生。Samuel 等采用 ELISA 方法对美国野生水禽鸭支原体感染情况调查发现，1988~1990 年夏季在明尼苏达州和北达科达州繁殖的成年绿头野鸭抗体阳性率平均为 78%（69%~100%），而 1990~1992 年在俄亥俄州和田纳西州过冬的绿嘴黑鸭和绿头野鸭（包括成年和未成年鸭）的抗体阳性率为 17%~74% 不等，五年总体平均阳性率为 68%，表明在自然条件下，野鸭的鸭支原体感染普遍存在，但对野鸭的繁殖和生长的影响尚不清楚。

该病的传染来源主要为带菌鸭和发病鸭，病原菌经过呼吸道分泌物污染空气和环境，带菌的气溶胶和尘埃等可通过呼吸道进入易感鸭而引起水平传播。支原体感染的另一条重要的途径是经过种蛋垂直传播给下一代。

该病的发生与环境因素密切相关，雏鸭舍内温度低、空气污浊、饲养密度过大时，易发生本病。该病一年四季均可发生，但以春季和冬季多发。

【临床症状】

雏鸭发病最早可见于 5 日龄，7~15 日龄雏鸭易感性最高，发病率可高达 60%，甚至 100%，但病死率较低，一般在 1%~2%。病鸭打喷嚏，鼻孔流出浆液性分泌物，一侧或两侧的眶下窦肿大（图 25.1、图 25.2），形成明显的鼓包，发病初期触摸柔软，有波动感。随病情的加重，窦内分泌物变成黏性或脓性，甚至干酪样，鼓包变硬，鼻孔周围出现干痂。病鸭食欲减退，表现不安、易惊恐，时有甩头动作，用爪踢抓鼻窦部，暴露出红色皮肤。严重病例表现结膜炎或失明。病程可持续 20~30 天，多数病鸭可以自愈，耐过鸭眶下窦肿胀慢慢消失，但增重减缓，较正常鸭出栏推迟 1 周左右。

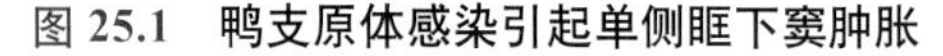

图 25.1 鸭支原体感染引起单侧眶下窦肿胀

图 25.2 鸭支原体感染引起双侧眶下窦肿胀

Ivanics 曾报道某大型养鸭场的两群 3 周龄鸭发生神经系统感染，主要表现为瘸腿、呼吸困难和拉稀等，许多感染鸭运动失调、抽搐和歪脖。用鸭支原体分离株人工感染鸭未引起临床发病和死亡，但气囊或脑内感染引起与临床上病例类似的轻度病变。产蛋鸭感染后不仅表现上述症状，还出现产蛋量下降。

虽然对成年鸭支原体感染的研究较少，但匈牙利学者 Stipkovits 等对成年鹅支原体感染的研究和报道值得参考。鹅支原体病主要有支原体 1220（*Mycoplasma* sp.1220）和鹅支原体（*M. anseris*）。感染鹅群通常在开产时出现临床症状，表现为精神沉郁，采食下降（可高达 50%）并有呼吸道症状。开产延迟 2~3 周，蛋壳畸形明显增多等。开产的头 2 个月未受精蛋为 8%~10%，胚死亡率为 5%~10%，死亡主要发生于入孵后 3~4 周。产蛋后期的胚死亡率可高达 60%~80%，而且死亡多发生于入孵后的头 10~15 天。感染鹅群整个产蛋期产蛋率也比正常鹅群低 25%~30%。大多数感染鹅群中，从开产后第 3 周公鹅阴茎炎迅速增加，到开产后第二个月可高达 50%，再经过 2 个月可高达 80%，甚至 100%。如果将感染公鹅淘汰并引进未感染的公鹅，这些公鹅很快也被感染。实验感染鹅虽然没有明显的临床症状，但出现产蛋下降或停产的症状。

【病理变化】

1）大体病变

鸭传染性窦炎的主要病理变化为眶下窦肿大，剖开可见窦内充满浆液性或者脓性渗出物或干酪样物，窦黏膜充血水肿。气管黏膜充血，并有一层浆液-黏液性分泌物附着，气囊混浊，增厚。

2）组织学检查

轻型病例可见眶下窦黏膜上皮增厚，黏液腺增生，杯状细胞增多、空泡化。固有层充血、出血，有大量淋巴细胞和单核细胞浸润，局部散在淋巴细胞增生性结节（淋巴滤泡反应）。严重病例除上述病变外，可见眶下窦黏膜变性、坏死和脱落。鼻黏膜黏液腺增生，有大量淋巴细胞和单核细胞浸润。

气管黏膜上皮黏液腺增生。固有层结缔组织有大量淋巴细胞和单核细胞浸润。严重病例的黏膜固有层可见出血。气囊可见大量淋巴细胞和单核细胞浸润，有的可见淋巴滤泡反应。

在 Ivanics 报道的神经系统感染病例中，病理组织学检查发现有淋巴-组织细胞脑膜炎，脑室炎，气囊炎并有中度的纤维素性渗出，支气管炎伴有淋巴滤泡的形成，局灶性或间质性肺炎，部分病例有纤维素性浆膜炎和脾脏肿大等。电镜检查感染脑膜和心包发现有大量的支原体。

成年鹅支原体感染死亡或捕杀后剖检主要表现为阴道炎、浆液-纤维素性气囊炎、腹膜炎和输卵管炎。

以支原体 1220 实验感染鹅虽然没有明显的临床症状，但出现产蛋下降或停产。实验结束后剖检子宫部有浆液-纤维素性渗出，部分鹅在膨大部和伞部也有渗出。输卵管黏膜为粉色并有水肿。渗出物从伞部进入腹腔引起不同程度的浆液-纤维素性-脓性腹膜炎，部分病例可见卵泡变性。在 32 只感染产蛋鹅中，有 17 只输卵管有肉眼病变（输卵管炎）。组织学检查主要是输卵管子宫部有浆液性渗出以及固有层有异嗜性粒细胞浸润。大部分的上皮层可见有异嗜性粒细胞。部分感染鹅在输卵管峡部和膨大部黏膜亦有粒细胞浸润。输卵管黏膜皱褶有脓性渗出和异嗜性粒细胞。所有感染鹅肝门血管周围均有异嗜性粒细胞和淋巴细胞浸润。

【诊　　断】

1）临床诊断

根据其鼻窦肿胀及相关的临床表现对鸭支原体感染（窦炎）可做出初步诊断。

2）实验室诊断

（1）病原分离与鉴定

无菌取病鸭眶下窦内分泌物及干酪样物接种于 PPLO 琼脂培养基上培养，菌落呈现光滑、圆形、稍平，具有一个较致密的中央突起。挑取菌落涂片，瑞氏染色，镜检，可见细杆状、球状或环状等多种形态，可做出诊断。必要时可进一步作 PCR 鉴定。目前有检测支原体的商品化试剂盒，如 LookOut Mycoplasma PCR Detection Kit，具体检测步骤参见说明书。

（2）免疫学诊断

先取两滴结晶紫染色的支原体抗原置一块干净的载玻片上，再吸一滴采自病鸭翅下静脉的鲜血混入抗原中，左右摇动载玻片将抗原与血滴搅拌均匀，2 min 后出现蓝紫色的凝块，即可做出诊断。

在临床诊断中，该病易与窦炎型大肠杆菌性病相混淆，应通过病原的分离鉴定进行鉴别。

【防　　治】

1）管理措施

由于该病的发生与饲养环境有密切关系，因此首先要加强饲养管理，改善饲养环境，注意改善鸭舍卫生，及时通风换气，密度不宜过大，做好雏鸭的防寒保温工作。实行“全进 / 全出”制度，发生过该病的鸭舍、鸭场应进行彻底消毒，空舍 2 周后再进雏鸭。

2）药物防治

鸭群一旦发生该病，应及时淘汰病重鸭，同时以泰乐菌素、环丙沙星或恩诺沙星等药物治疗均可取得较好的疗效。具体方法为泰乐菌素饮水，每千克水加 1~2 g 泰乐菌素，连续饮用 3~5 天；恩诺沙星（或环丙沙星）饮水或混料，每 10 kg 饲料加 1 g 原粉，连用 3~5 天，或每 10 kg 水加 0.75~1.0 g 原粉，饮用 3~5 天。如病鸭眼睛下方出现皮肤隆起，可用已消毒的剪刀将皮肤剪开，去除干酪样的物质，洗净后用抗生素类消炎膏填充，以防继发感染。

【参考文献】

[1] 陈伯伦．鸭病．北京：中国农业出版社，2008．

[2] 黄瑜，苏敬良．鸭病诊治彩色图谱．北京：中国农业大学出版社，2001.

[3] 惠庆亮，牛书玉，邢润红，等．一例蛋鸭支原体病的诊治．水禽世界，2011, 4: 52．

[4] 李长梅，程红利．一例樱桃谷肉鸭支原体并发大肠杆菌病的诊治．农村养殖技术，2007, 10：20-21．

[5] 刘颖．春季鸭传染性窦炎的诊断与防治．中国畜禽种业，2012, 7: 152．

[6] 罗仲愚，郭玉璞．北京鸭的“传染性鼻炎”．中国畜牧兽医杂志，1956, 3: 14-125.

[7] Saif Y M．禽病学．苏敬良，高福，索勋，主译．12 版．北京：中国农业出版社，2012．

[8] 田克恭，郭玉璞．北京鸭传染性窦炎的调查研究．I. 流行病学调查与病理学研究．畜牧兽医学报，1990, 21（4）：327-331.

[9] 田克恭，郭玉璞．北京鸭传染性窦炎的调查研究．I. 病原学与人工感染试验．畜牧兽医学报，1991, 22（4）：49-56.

[10] 王芳．雏鸭传染性窦炎的诊疗报告．福建畜牧兽医，2006, 28（1）: 39-40．

[11] 吴清明．兽医传染病学．北京：中国农业大学出版社，2002．

[12] 邢兰君．鸭支原体并发大肠杆菌病的诊断与治疗．兽医导刊，2010, 5: 57-58．

[13] 曾育鲜，黄永志，覃玉忠，等．一起肉鸭支原体病的诊治报告．养殖与饲料，2009, 11: 46-47．

[14] 张剑，李德洋，吉平，等．浅述雏鸭慢性呼吸道病的防控措施．现代农业研究，2009, 14: 88．

[15] Dobrovolny P L, Bess D. Optimized PCR-based detection of Mycoplasma. Journal of Visualized Experiments, 2011, (52): 3057.

[16] Ivanics E, Glávits R, Takács G, et al. An outbreak of Mycoplasma anatis infection associated with nervous symptoms in large-scale duck flocks. Zentralbl Veterinarmed B, 1988, 35(5):368-378.

[17] Razin S. DNA probes and PCR in diagnosis of mycoplasma infections. Molecular and Cellular Probes,

1994, 8(6):497-511.

[18] Stipkovits L, Szathmary S. Mycoplasma infection of duck and geese. Poultry Science, 2012, 91:2812-2819.

[19] Sung H, Kang S H, Bae Y J, et al. PCR-based detection of Mycoplasma species. Journal of Microbiology, 2006, 44(1): 42-49.

[20] Tion S K. Mycoplasmas and acholeplasmas isolated from ducks and their possible associated with pasteurellas. Veterinary Record, 1990, 127(3): 64-66.

[21] Walker R V, Bannister G L. A Filterable agent in ducks. Canadian Journal of Comparative Medicine and Veterinary Science, 1953,17(6):248-250.

[22] Yamada S, Matsuo K. Experimental infection of ducks with Mycoplasma synoviae. Avian Diseases, 1983, 27(3):762-765.

第四部分

第26章 鸭曲霉菌病

Chapter 26 Duck Aspergillosis

引 言

鸭曲霉菌病（aspergillosis）是由曲霉菌属的多种曲霉所引起的一系列疾病的总称。临床上以曲霉菌侵害呼吸器道引起的肺曲霉菌病最为常见，以气喘、咳嗽等呼吸道症状为主要特征。一般以雏鸭多发，呈急性、群发性暴发，出壳后4~20日龄雏鸭最易感，发病率高，病死率高达50%。而成年鸭多为散发，呈慢性经过，死亡率低。种蛋在孵化过程中霉菌也可穿透蛋壳，进入气室等使胚胎感染，孵出的雏鸭即出现病症。

【病原学】

1）分类地位

曲霉菌属（*Aspergillus* sp.）广泛存在于自然界，几乎是无处不在，种类很多，分为18个群。其中，具有有性生殖，能产生子囊孢子的曲霉菌属于子囊菌门（Ascomycota）、散囊菌纲（Eurotiomycetes）、散囊菌目（Eurotiales）、散囊菌科（Eurotiaceae）；仅有无性生殖的曲霉菌属于半知菌亚门（Deuteromycotina）、丝孢菌纲（Hyphomycetes）、丝孢菌目（Hyphomycetales）、丛梗孢科（Moniliaceae）。引起侵袭性曲霉菌病的曲霉主要有烟曲霉、黄曲霉、黑曲霉、土曲霉和构巢曲霉等，其中以烟曲霉最为常见。

2）形态特征

曲霉菌属具有特征性结构，由分生孢子头和足细胞两部分组成（图26.1）。分生孢子头由顶囊、瓶梗、梗基和分生孢子链组成，为曲霉的特征结构。顶囊为分生孢子梗顶端膨大的部分。在顶囊表面只有瓶梗称为单层小梗，或者先产生梗基，再由梗基上生出瓶梗称为双层小梗。瓶梗成熟后在其顶端形成孢子并逐个外推，形成不分枝的孢子链。足细胞为特化的厚壁膨大的菌丝细胞。一侧垂直向上延长形成分生孢子孢梗。有些曲霉，如构巢曲霉能产生壳细胞（Hüller cell），为一种具厚壁的顶生或间生的囊状细胞，有球形、长形、弯曲或其他不规则形状。具有有性生殖的曲霉能产生闭囊壳，为封闭式的薄壁子囊果，含子囊和子囊孢子。有些曲霉能产生菌核。

3）培养特性

曲霉菌在马铃薯葡萄糖琼脂与沙堡弱葡萄糖琼脂上（25~37℃）生长迅速，开始菌落表面呈白色，随着分生孢子逐渐成熟，菌落呈现蓝绿色，特别是菌落中心。随着菌落的成熟，分生孢子团变为灰绿色，菌落边缘仍为白色。培养 7 天后其菌落直径为 3~4 cm（图 26.2）。不同分离株的菌落表面略有差异，有的可见皱褶，有的表面光滑，有的呈绒毛状，有的呈柔毛状。

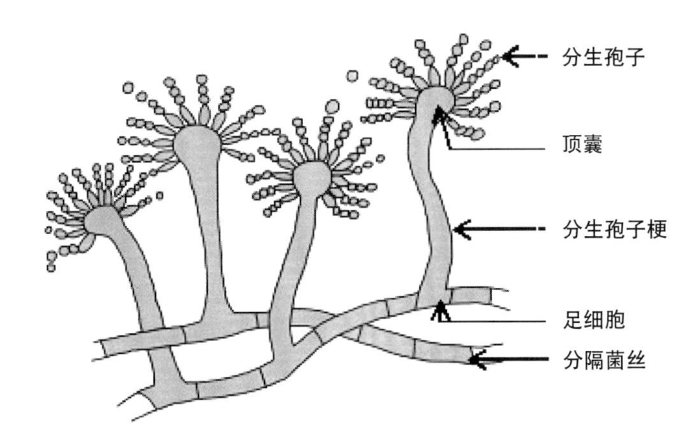

图 26.1　曲霉菌结构示意图

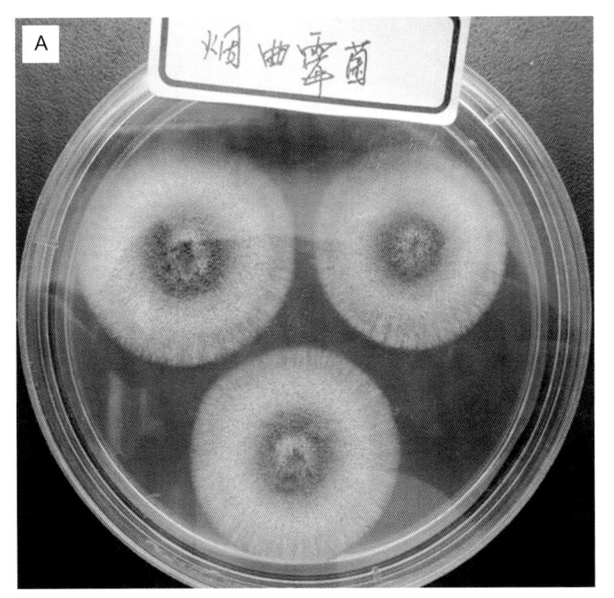

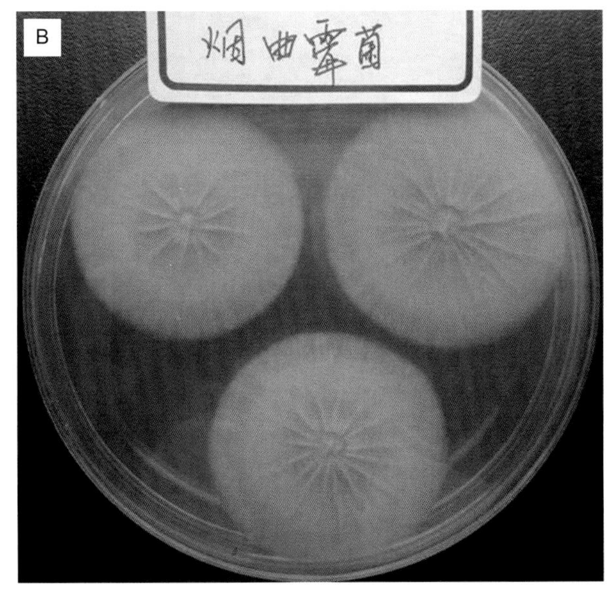

图 26.2　烟曲霉菌菌落形态。A. 菌落正面图；B. 菌落反面图

4）抵抗力

曲霉菌对自然条件变化的适应能力很强，尤其是其孢子，一般气候条件的冷热和干湿均不能破坏其活性。曲霉菌对许多化学药物具有很强的抵抗力，0.1% 氯胺、0.1% 甲醛和 0.1% 石炭酸抑菌。1% 氯胺 30 min、5% 氯胺 10 min、2% 甲醛 60 min、5% 甲醛 5 min、5% 石炭酸 10 min 杀菌。酚类消毒剂常用作杀真菌剂，商品化的恩康唑已用于控制禽舍环境中的曲霉菌。

【流行病学】

曲霉菌的孢子广泛分布在自然界中，鸭场的土壤、垫料和发霉的饲料中有大量的霉菌及其孢子的存在，鸭经呼吸道和消化道接触到一定量的孢子后即可被感染。在生产实际中，发霉的垫料是引起鸭群，尤其是商品鸭爆发曲霉菌病的最主要传染来源。在我国南方地区，稻草被广泛用于商品鸭舍的垫料，由于稻草的保存和存放不当，导致曲霉菌大量繁殖，一旦用做垫料，大量的霉菌孢子经呼吸道进入鸭体，极易导致鸭群被感染并引起疾病的暴发。另一种常见的传染来源为种蛋蛋壳表面，或孵化场污染曲霉菌，种蛋在孵化过程中霉菌侵入蛋内，造成鸭胚感染死亡，或者幼雏出壳后进入污染霉菌的育雏室被感染。

应注意的是，随着我国养鸭业中发酵床的逐渐推广，生产过程中由于通风和湿度控制不当，也可能造成霉菌的过度繁殖和污染并引起鸭群的感染。

【临床症状】

1）急性型

病鸭精神沉郁，缩颈呆立，两眼半闭状，翅膀直垂，羽毛粗乱，不爱走动，有的病鸭张口呼吸（图 26.3），咳嗽，后腹起伏明显，有时出现间歇强力咳嗽和出现喘鸣声，气囊破裂时发出特殊的沙哑声。后期出现麻痹症状，有时发生痉挛或阵发性抽搐。病鸭在 3~5 天死亡。

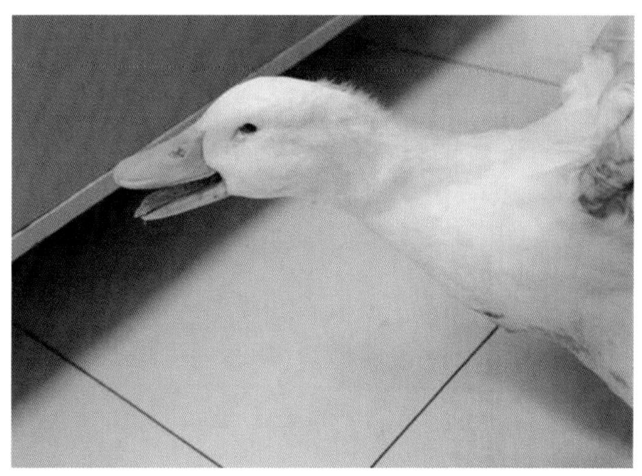

图 26.3　曲霉菌感染鸭表现典型的呼吸困难（张口呼吸）

幼雏出壳后进入污染霉菌的育雏室被感染通常在 2 天后开始发病并出现死亡，4~20 日龄雏鸭对本病最为易感，常呈急性和群发性，随着日龄的增大发病鸭逐渐减少，成年鸭多为慢性和散发。

2）慢性型

慢性病例多见于成年种鸭或蛋鸭，临床症状并不明显，随着病程的发展，感染鸭主要表现为行走困难，喘气，下痢，逐渐消瘦而死亡。

【病理变化】

1）大体病变

霉菌感染病例剖检可见喉头和气管黏膜充血，有淡黄色渗出物或霉菌结节。肺脏瘀血，有典型的霉菌结节，从小米粒到绿豆大小不等，结节呈灰白色、黄白色或淡黄色，散在或均匀分布在整个肺脏（图 26.4A、B），肺脏严重瘀血和水肿（图 26.4C）。气囊混浊，变厚，有炎性渗出物覆盖，气囊膜上布满数量和大小不一的霉菌结节（图 26.4D、E）。严重感染病例，霉菌结节可扩散至身体其他部位，如腹腔浆膜上也可见相似的霉菌结节（图 26.4F），胸骨内表面（图 26.4G）和肾脏（图 26.4H）等。

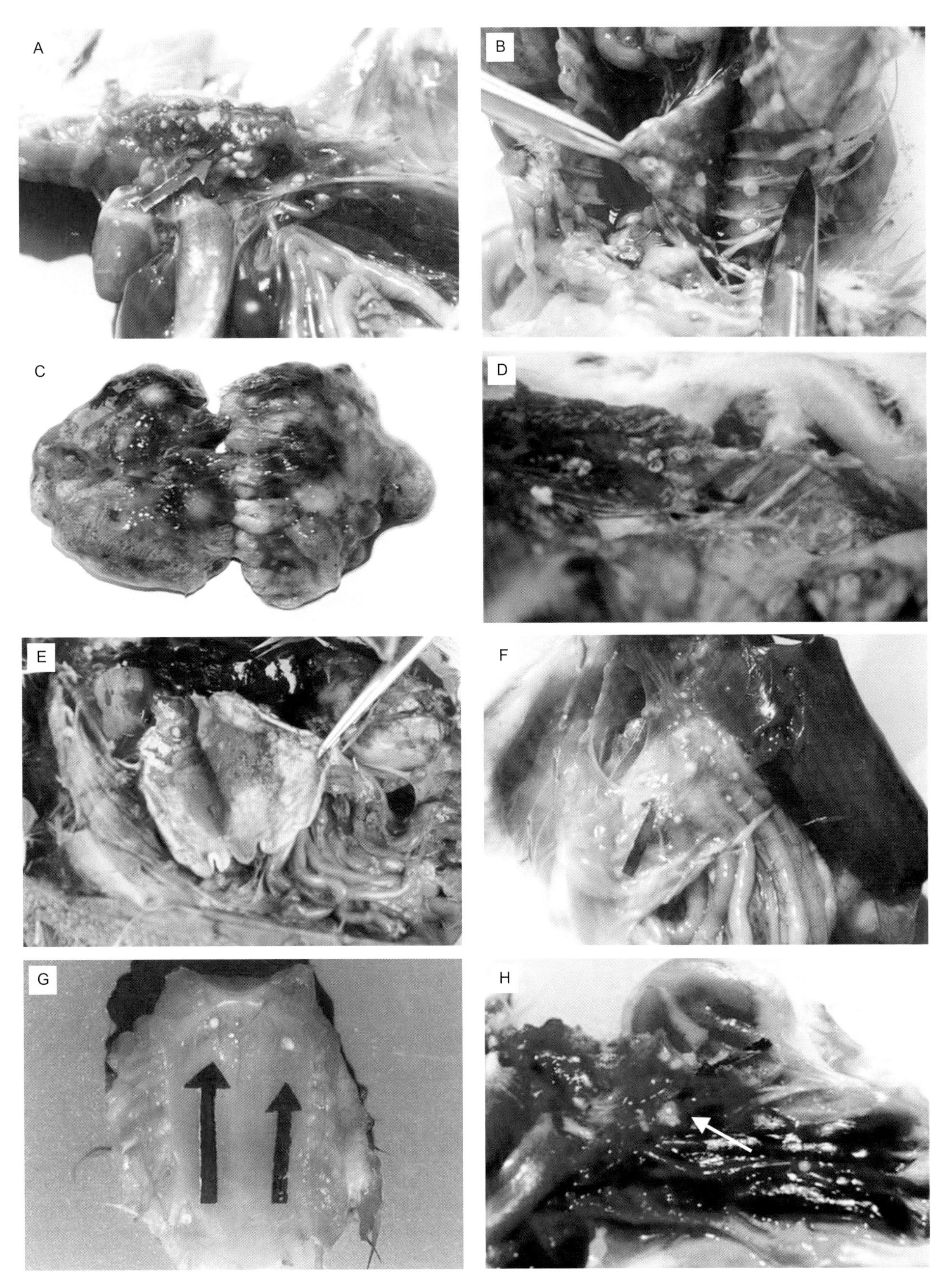

图 26.4 鸭霉菌感染剖检病变。A-C. 肺脏瘀血、水肿，并有大量大小不等的黄白色结节；D-E. 感染鸭气囊霉菌结节和病灶；F. 感染鸭腹膜上可见有霉菌结节；G. 感染鸭胸骨内表面霉菌结节；H. 感染鸭肾脏霉菌结节（白色箭头所指）

2）组织学病变

病理组织学检查可见肺脏出血（图 26.5），结节中心坏死（图 26.6），周围有炎性细胞浸润，坏死灶周边可能有纤维细胞增生并形成纤维素包囊等，也可见有肉芽肿结构（图 26.7）。感染肺组织内可见有大量的霉菌菌丝和孢子（图 26.8），部分病例气管内有霉菌菌丝等。

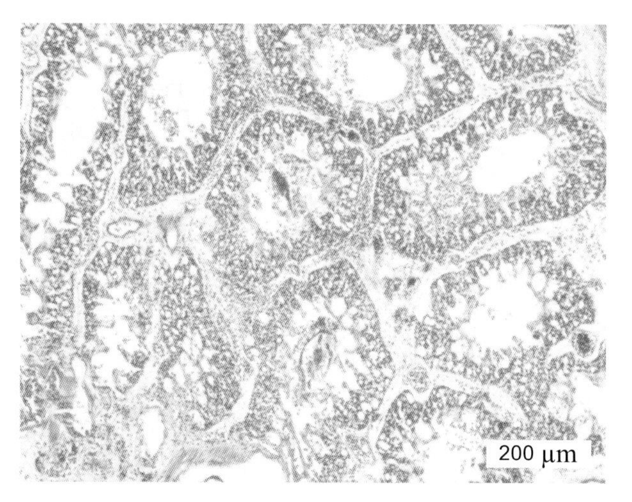

图 26.5 霉菌感染鸭肺脏组织出血

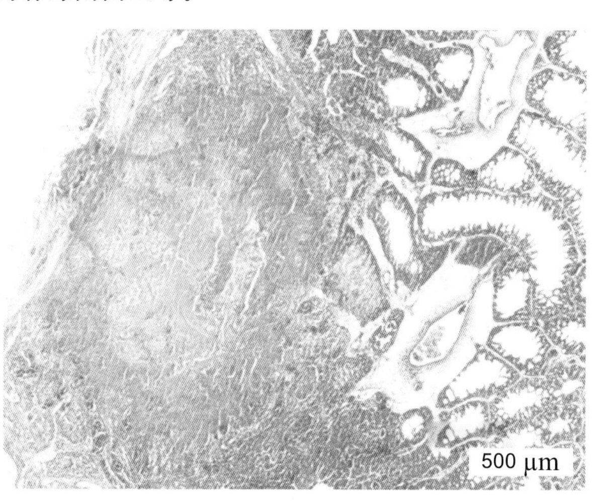

图 26.6 霉菌感染鸭肺脏组织坏死灶

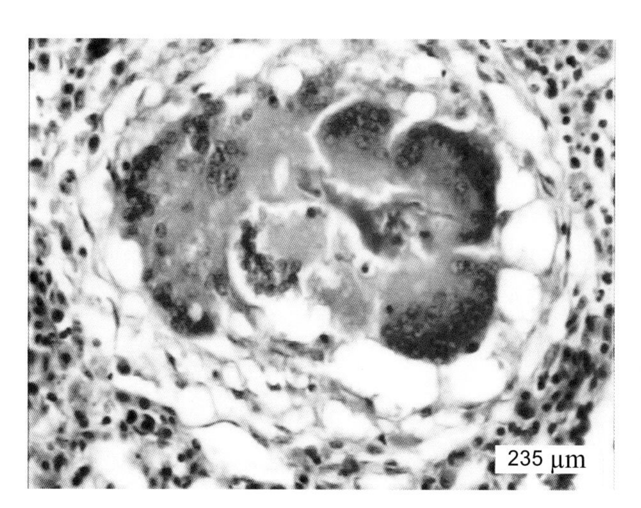

图 26.7 霉菌感染鸭肺脏组织肉芽肿

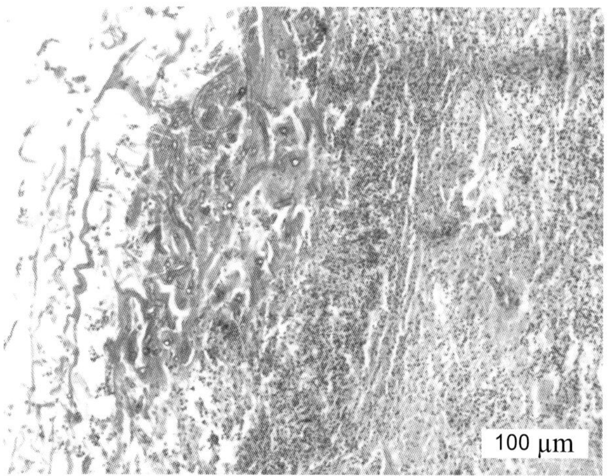

图 26.8 感染鸭肺脏组织切片中可见有大量霉菌菌丝和孢子

【诊　断】

1）临床诊断

严重的急性呼吸道鸭曲霉菌感染病例多见于商品鸭群，根据流行病学资料，病鸭张口呼吸等症状，结合剖检见肺和气囊中的灰黄色结节或气囊上病斑，以及有无接触发霉垫料和饲喂霉变饲料等情况，可做出初步临床诊断。

2）实验室诊断

（1）直接显微镜检查　无菌采取肺和气囊中的灰黄色结节或气囊上病斑，取小块病料剪碎，置洁净载玻片上，用针划破病料加 10%~20% 的氢氧化钾少许，作用 10 min 左右，加盖玻片后在显微镜下观察。在视野中看到大量无色透明或微绿色具有分枝的菌丝或分生孢子（图 26.9）。必要时，可在盖玻片一端加乳酸酚棉蓝液，另一端用吸水纸缓缓地将乳酸酚棉蓝液吸去，直至真菌染色。

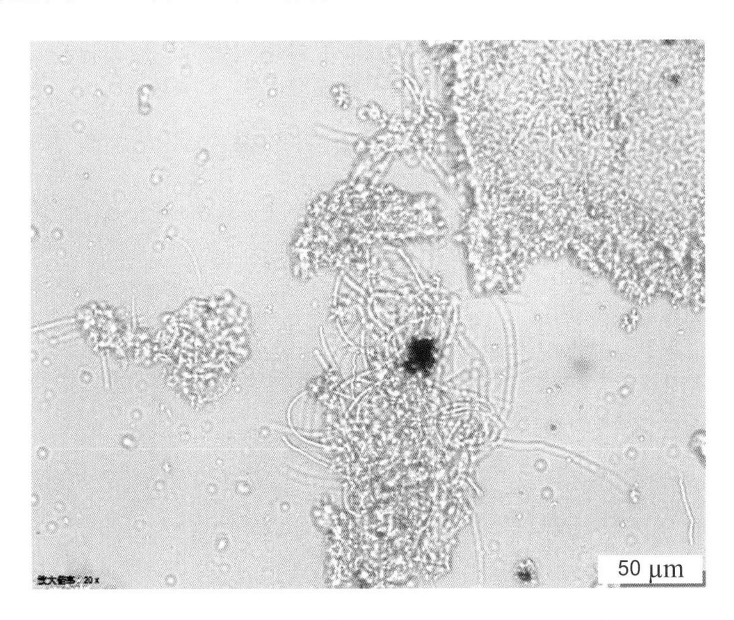

图 26.9　感染鸭肺脏结节中霉菌菌丝（20%KOH 处理）

（2）分离培养　取小块病料接种于 2 个沙堡弱葡萄糖琼脂平板上，分别于室温（28℃）和 37℃培养 1 周或更长时间观察，部分曲霉菌可能需要培养 2 周以上。次代培养可接种察氏培养基或 PDA 培养基。曲霉菌室温培养菌落形成快，呈毛状。将菌落涂片镜检可见特征性的分生孢子和足细胞，根据菌落、菌丝和分生孢子等的形态特征可初步确定曲霉菌的菌种，但要求有一定的真菌鉴定经验。

（3）分子生物学诊断　构成真核生物核糖体的 RNA (rRNA) 共有 4 种，即 5S、5.8S、18S 和 28S 的 rRNA。核 rRNA 基因群的一个重复单位(rDNA)包括以下几个区段(5' → 3'): ① 非转录区(nontranscribed sequence,NTS)；②外转录间隔区（external transcribed spacer, ETS）；③ 18S rRNA 基因（18S rDNA）；④内转录间隔区 1（internal transcribed spacer 1, ITS1）；⑤ 5.8S rRNA 基因（5.8S rDNA）；⑥内转录间隔区 2（internal transcribed spacer 2, ITS2)；⑦ 28S rRNA 基因（28S rDNA）。真菌核糖体基因由小的亚单元 (18 S) 、ITS1 区、5.8 S 区、ITS2 区和大的亚单元 (28 S) 构成，头尾串联形成重复序列，一个基因组内有 60~200 个拷贝。rDNA 上的 18 S 、5.8 S 和 28 S 基因相对保守，可以根据这些基因上高度保守区段设计出通用引物，借助 PCR 技术扩增 rDNA 上的目的片段。例如 White (1990) 设计的通用引物（PrITS1:5' -TCCGTAGGTGAACCTGCGG-3' / PrITS4:5' -TCCTCCGCTTATTGATATGC-3' ）（图 26.10A）可以扩增出多种真菌的 ITS 区域，长度一般在 650~750 bp（图 26.10B），而 ITS 序列在种属内、近缘属间乃至科内系统进化关系研究中有一定的价值。通过序列分析和比对，可对所分离真菌进行类群分析和鉴定。

在临床上，鸭曲霉菌病易与鸭结核病和鸭伪结核病相混淆，具体区别在于鸭结核病主要是种鸭多发，而鸭曲霉菌病多发于雏鸭；鸭结核和伪结核病由细菌引起，而鸭曲霉菌病是由真菌引起，镜检可见分枝状的菌丝。

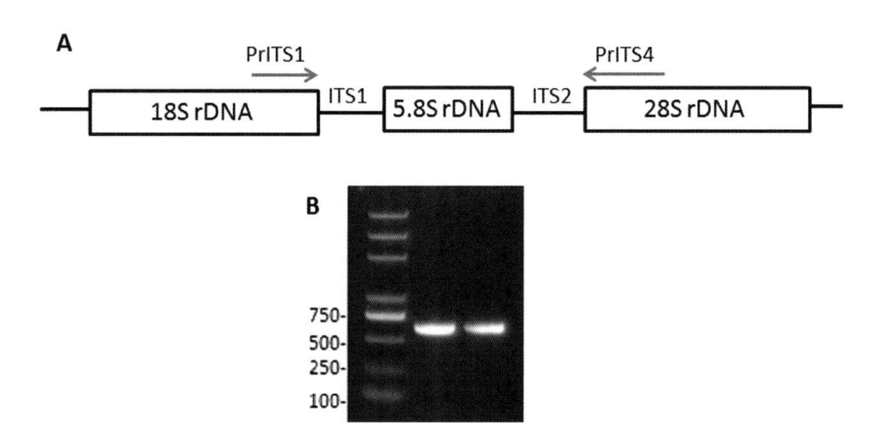

图 26.10　真菌核糖体基因结构示意图（A）及其 PCR 检测产物片段凝胶电泳图（B）

【防　　治】

1）　管理措施

该病的发生主要是由于饲料和垫料被霉菌污染，因此加强饲养管理，禁用发霉的垫料和禁喂发霉饲料是预防该病的重要措施。此外注意鸭舍的通风换气，还有鸭舍和孵化器用具的定期消毒等。鸭群一旦爆发霉菌感染，要及时将鸭群转移到无霉菌污染的鸭舍，彻底清除被污染的垫料并对鸭舍进行清洗消毒。

2）药物防治

发病后应及时将未感染的鸭转移到干净和通风良好的鸭舍。该病无特效的治疗方法，但用以下几种方法有一定效果：

① 以 1∶（2 000 ～ 3 000）硫酸铜溶液饮水 4 ～ 5 天；

② 用 0.5% ～ 1.0% 的碘化钾溶液饮水 4 ～ 5 天；

③ 用制霉菌素拌料，每天每只用量 2 ～ 3 mg，连用 5 天。

【参考文献】

[1] 陈伯伦．鸭病．北京：中国农业出版社，2008．

[2] 甘孟侯．中国禽病学．北京：中国农业出版社，1999.

[3] 郭玉璞，王惠民．鸭病防治．4 版．北京：金盾出版社，2009.

[4] 黄瑜，苏敬良．鸭病诊治彩色图谱．北京：中国农业大学出版社，2001.

[5] 林芬．鸭曲霉菌病的诊治．福建农业，2010，11：31．

[6] Saif Y M．禽病学．12 版．苏敬良，高福，索勋，主译．北京：中国农业出版社，2012：1175-1189．

[7] 史玉颖，刘玉山，郎冬梅．一例雏鸭病毒性肝炎与黄曲霉菌病混合感染的诊治与体会．水禽世界，2013, 1: 20-21．

[8] 孙红霞，高献波，李 刚．垫料引发的曲霉菌病继发鸭传染性肝炎的诊治．中国动物检疫，2013，30(3)：57-58．

[9] 王家俊．临床真菌检验．上海：上海医科大学出版社，1995，p214-227.

[10 王林清，刘宏．一起鸭曲霉菌病的诊治．养殖技术顾问，2012，9：157．

[11] 吴迁夫，诸明涛，许怀正，等．雏番鸭曲霉菌病的鉴别诊断与药敏试验．浙江畜牧兽医，2010，1：26-27．

[12] 熊忙利，窦宝棠，马亮，等．一起鸭曲霉菌病的诊治体会．陕西农业科学，2012，4：262-263．

[13] 张建龙，孔新荣．雏鸭曲霉菌与沙门氏菌混合感染．水禽世界，2011，4：32-33．

[14] Rao M, Choudary C. Aspergillosis in ducks. Poultry Adviser Bangalore India, 1980:59-60.

第27章　鸭白色念珠菌病
Chapter 27　Duck Candidiasis

引　言

白色念珠菌病 (candidiasis)，又称为鹅口疮 (soor)，是由念珠菌属（*Candidia*）的假丝酵母菌，主要是白色念珠菌引起鸭的一种上消化道真菌性传染病。该病的主要特征是在口腔、咽喉、食道和食道膨大部等消化道黏膜上形成乳白色斑片（假膜）并导致黏膜发炎，引起溃疡或鳞屑状病变、呼吸困难等。白色念珠菌也可以感染雏鸡、鸽和人等，引起皮肤、黏膜、内脏及中枢神经念珠菌病。历史上曾用 Moniliasis 表示该病，而用 *Monilia* 表示念珠菌属。1939 年第三届国际微生物学会决定改用 *Candidia* 作为念珠菌属的属名。

【病原学】

1）分类地位

念珠菌属（*Candidia*）真菌在分类上属于子囊菌门（Ascomycota）、酵母菌纲（Saccharomycetes）、酵母菌目（Saccharomycetales）、酵母菌科（Saccharomycetaceae）。已报道有 20 多种念珠菌对人或动物具有致病性，其中白色念珠菌（*C. albicans*）、热带念珠菌 (*C. tropicalis*)、星形念珠菌（*C. stellatoidae*）、克柔念珠菌（*C. krusei*）、科菲念珠菌（*C. kefyr*）和吉力蒙念珠菌（*C. guilliermondi*）等较为常见。

2）形态特征

白色念珠菌呈圆形或卵圆形，直径 3~6 μm。革兰氏染色阳性，但着色不均匀。以出芽方式繁殖，在组织内可见芽生孢子、假菌丝，在玉米粉培养基中可产生假菌丝和厚膜孢子。

3）培养特性

白色念珠菌在葡萄糖蛋白胨琼脂上，室温或 37℃均能生长。若将菌种接种于普通琼脂培养基上，经 37℃恒温培养 24 h，无细菌生长，继续培养 5 天后发现培养基上出现边缘整齐、表面光滑、乳白色隆起的大菌落，镜检可发现酵母状的菌体和菌丝。若接种在含有氯霉素和放线菌酮的沙堡弱葡萄糖琼脂平板上，菌落呈白色金属光泽；若菌种接种在玉米 - 吐温 80 琼脂培养基上，于 25℃或 37℃温度下培养 2~3 天，镜检观察呈束状卵圆形芽生孢子和圆形厚膜孢子及假菌丝，以鉴别白色念珠菌与其他非致病念珠菌。白色念珠菌在菌丝顶端有厚膜孢子生长，非致病性念珠菌并不产生厚膜孢子。用乳酸酚棉蓝真菌染色法，芽生孢子和厚膜孢子为深天蓝色，厚膜孢子的膜和菌丝不着色，老菌丝有隔，这是鉴别是否为致病性菌株的方法之一。

4）生化特性

从各地不同禽类分离的菌株生化特性有较大差别。该菌能发酵葡萄糖、果糖、麦芽糖和甘露醇，产酸产气；有的能在半乳糖和蔗糖中轻度产酸；但不发酵糊精、菊糖、乳糖、棉籽糖和山梨醇。明胶穿刺出现短绒毛状或树枝状旁枝而不液化明胶。

【流行病学】

我国主要有鸭、鹅、鸡、火鸡、鸽发病的报道。该病以幼龄禽多发，成年禽亦有发生。鸽以青年鸽易发且病情严重。该病多发生在夏秋炎热多雨季节。病禽和带菌禽是主要传染来源。病原通过分泌物、排泄物污染饲料和饮水，经消化道传染。该菌也可能存在于健康鸭的消化道中，在正常的情况下，由于其他微生物的拮抗而不引起发病。当滥用抗菌药物破坏了体内微生物平衡或由于饲养管理不善或饲料配合不当而降低鸭只的抵抗力时，加大了该病的发生。该病还可通过被病菌污染的蛋壳而传播。

【临床症状】

病鸭初期偶见气喘，易被忽视。随着病程的进展，病鸭呼吸急促，频频张口伸颈，呈喘气状，有时发出咕噜声，叫声嘶哑。精神委顿，羽毛松乱，不愿走动，离群独处。若在口腔、喉头和食道黏膜处出现坏死、溃疡或黄白色假膜。病鸭由于吞咽困难导致食欲减少或不愿采食，从而造成生长受阻，严重者逐渐消瘦甚至衰竭死亡。有的病鸭流泪、流涕，粪便稀薄带黄白色。

【病理变化】

剖检可见机体消瘦，咽喉口至气管入口黏附一层环状粗糙伪膜，食道内壁上段黏附条状伪膜，易剥离，剥离后见大小不一的溃疡病灶，呈红色及不规则点状。嗉囊病变较明显，皱褶增粗、加深和水肿，表面有灰白色条纹状黏稠渗出物，呈糜烂或有假膜形成。胸腹部气囊混浊，有大小不等的淡黄色或灰白色粟粒状结节。腺胃黏膜糜烂，肌胃角质膜易剥落，肠壁变薄，肠内容物呈稀粥样，剪开可见十二指肠延至小肠段有白色凸起排列式微粒状病灶。肾脏充血，肾管有白色尿酸盐沉积，其他脏器未见有明显病变。

组织学检查消化道黏膜角质化的层叠鳞状上皮感染往往局限在角质层或其棘突上。黏膜表面常被一层由坏死组织、脱落的上皮细胞、细菌菌落及念珠菌假菌丝混合物的痂皮覆盖。也常出现表皮水肿、角质化不全或角质化过度。表皮炎常以巨噬细胞、淋巴细胞的混合渗出物为特征。在病变组织中，通常发现成菌丝体和酵母样两种形态的念珠菌。酵母样细胞呈卵圆形，菌丝体由菌丝和假菌丝构成。假菌丝是有成链状排列的长酵母样细胞组成，形态类似菌丝，但两个相邻细胞间存在明显的结构。菌丝两边平行，有隔膜。过碘酸希夫高莫利乌洛托品银染法有助于观察组织内的形态学结构。

【诊　　断】

1）临床诊断

该病无特征临诊症状，主要根据剖检病死鸭的消化道黏膜上的白色假膜和溃疡及气囊混浊来作出初诊。若需进一步确诊，需要进行实验室的病原分离和鉴定。

2）实验室诊断

可采取病变组织进行抹片、革兰氏染色、真菌培养、生化试验及动物回归试验。

（1）显微镜检查 取病死鸭的消化道及气囊病料，置载玻片上，压碎后加入15%氢氧化钾溶液数滴，组织细胞溶解呈透明状态时再作镜检，观察是否存在白色裂殖子的孢子和菌丝。

（2）病原分离培养和鉴定 取上述样品接种在沙堡弱葡萄糖琼脂培养基上，置于室温或37℃温箱培养1~4天后，培养基表面可出现奶油色类酵母型菌落，挑取菌落稀释、涂片和镜检可见假菌丝和芽生孢子。选择有芽生酵母样细胞的菌落接种在含有玉米-吐温80琼脂培养基上，在37℃温箱中培养3天，用低倍目镜可看到菌丝顶端和两边有典型的细胞壁很厚的圆形厚膜孢子，两边还有成串的芽。

将念珠菌悬液经静脉注射家兔或小鼠，观察5~7天，注意动物是否死亡。剖检时如发现脏器有多种小脓肿，即极有可能是白色念珠菌感染，其他念珠菌对动物无明显的致病性。

（3）分子生物学诊断技术 PCR技术已广泛应用于念珠菌的鉴定（参见第26章）及种的区分。

在临诊中，食道黏膜表面附有易剥离的条状伪膜，除该病外，鸭瘟也有类似的剖检病变，因此可结合各自的剖检病变或通过实验室诊断要加以鉴别。

【防 治】

1）管理措施

首先隔离疑似病鸭或带菌鸭，改善鸭舍屋内潮湿状况，及时清除粪便，同时以2%甲醛溶液或1%氢氧化钠溶液对整个鸭舍每天两次的喷雾消毒。

2）药物防治

一旦鸭群发生该病，可口服制霉菌素，剂量按每千克饲料添加50~100 IU，每天3次，连用7天，严重的配成混悬液灌服，每天3次，连用7天。经采取上述措施2周后，鸭群逐渐恢复健康。

【公共卫生】

白色念珠菌可定殖于人体的口腔，上呼吸道，肠道及生殖道，一般因数量较少而不引起疾病，当机体免疫功能或防御力下降时该菌可大量繁殖而发病。

【参考文献】

[1] 陈伯伦．鸭病．北京：中国农业出版社，2008.
[2] 卜春华，王丽娟．禽白色念珠菌病的诊断与治疗．黑龙江畜牧兽医，2009,11: 80-81.
[3] 方祥福．樱桃谷种鸭念珠菌病的诊治．福建畜牧兽医，2004, 4（26）:28.
[4] 付金香．肉雏鸭念珠菌病并发大肠杆菌病的诊治．中国禽业导刊，2007,24（19）:32-33.
[5] 甘孟侯．中国禽病学．北京：中国农业出版社，1999.
[6] 郭玉璞，王惠民．鸭病防治.4版．金盾出版社，2009.
[7] 贺业中，戚鸣，刘玉梅，等．雏鸭念珠菌病的诊治．中国动物检疫，2003,10（20）:35.
[8] 贾春晖，孙世奇．雏鸭念珠菌病的诊治．畜牧兽医科技，2006,8:32.

[9] 姜文丽，于江，王国松 . 鸭念珠菌病的诊治 . 辽宁畜牧兽医，2004,7:10.

[10] 蒋世廷. 肉雏鸭念珠菌病的诊断与防治 . 中国家禽，1997,7:42.

[11] 李兰英，王琳 . 白色念珠菌形态学分型方法及临床应用 . 诊断与分析，2010,13:127-128.

[12] 罗一发. 雏鸭念珠菌病的诊治报告 . 当代畜牧，2000,2:25.

[13] 塞夫. 禽病学 .12 版 . 苏敬良，高福，索勋主译. 北京：中国农业出版社，2012.

[14] 王建清，刘玉峰 . 肉鸽白色念珠菌病的诊治 . 山东畜牧兽医，2010,10: 99.

[15] 杨惠黎，薛春娥，赵伯荣，等. 雏鸭念珠菌病的诊断 . 辽宁畜牧兽医，2004,7: 40.

[16] 张峻峰，董长安，赵晓春，等. 鸭念珠菌病的诊断与防治 . 黑龙江畜牧兽医，1997,10: 20.

[17] Lin M Y, Huang K J，Kleven S H. In vitro comparison of the activity of various antifungal drugs against new yeast isolates causing thrush in poultry. Avian Diseases, 1989, 33：416-421.

[18] Mayeda B. Cadidiasis in turkeys and chicken in the Sacramento Valley of California. Avian Diseases，1961, 3: 232-243.

[19] Ramani R, Gromadzki S, Pincus D H, et al. Efficacy of API 20C and ID 32C systems for identification of common and rare clinical yeast isolates. Journal of Clinical Microbiology. 1998, 36(11): 3396-3398.

[20] Tsai S S, Park J H, Hirai K, et al. Aspergillosis and candidiasis in psittacine and passeriforme birds with particular reference to nasal lesions. Avian Pathology, 1992, 21(4): 699-709.

[21] Wind S, Yacowitz H. Use of mycostatin in the drinking water, for the treatment of crop mycosis in Turkeys. Poultry Science, 1960, 39 (4): 904-905.

[22] Wyatt R D, Hamilton P B. Candida species and crop mycosis in broiler chickens. Poultry Science, 1975, 54(5):1663-1666.

[23] Yacowitz H S, Wind W P, Jambor N P, et al. Use of mycostatin for the prevention of moniliasis(crop mycosis)in chicks and turkeys. Poultry Science, 1959, 3: 653-660.

第五部分

寄 生 虫 病

第28章　鸭球虫病

Chapter 28　Duck Coccidiosis

引　　言

鸭球虫病是由艾美耳科（Eimeriidae）中的艾美耳属（*Eimeria*）、温扬属（*Wenyonella*）、泰泽属（*Tyzzeria*）和等孢属（*Isospora*）球虫寄生于鸭肠道（极个别寄生于肾脏）引起的以卡他性、出血性肠炎为特征的一类寄生虫疾病。该病呈世界性分布，在美国、荷兰、英国、德国、匈牙利、日本和俄罗斯等国均有报道。在我国最早于 1982 年报道北京郊区饲养的 1 月龄雏鸭暴发鸭球虫病（殷佩云，1982）。随后许多学者对各地的鸭球虫病进行感染率调查或进行相关的病例报道。我国是水禽养殖大国，鸭的出栏量和屠宰量分别占世界的 67.3% 和 74.7%，随着养殖的规模化和集约化，鸭球虫病对养鸭业的危害日益显现。

【病原学】

鸭球虫隶属于顶复器门（Apicomplexa）孢子虫纲（Sporzoea）真球虫目（Eucoccidiida）艾美耳科中的 4 个属，即艾美耳属、泰泽属、温扬属、等孢属。目前全世界已记载的鸭球虫有 22 种，其中我国记录的家鸭球虫有 20 种，分布于 14 个省市区。其中常见的种类有巴氏艾美耳球虫（*E.battakhi*）、毁灭泰泽球虫（*T.permiciosa*）、菲莱温扬球虫（*W.philiplevinei*）、裴氏温扬球虫（*W.pellerdyi*）、鸳鸯等孢球虫（*I.mandari*）等。

1）巴氏艾美耳球虫

卵囊呈球形或卵圆形，壳有两层，厚度为 1 μm，黄绿色，壁光滑，无卵膜孔（图 28.1A）。大小为（17.6 ~ 20.9）μm×（14.5 ~ 17.1）μm，平均为 19.8 μm×16.6 μm，形状指数为 1.2，卵囊内有 1 个较大的极粒，无孢子囊残体。成熟的卵囊内含 4 个孢子囊，孢子囊呈长椭圆形，大小为 10.5 μm×7.8 μm，有斯氏体和孢子囊残体。每个孢子囊内含有 2 个子孢子（图 28.1B）。

2）毁灭泰泽球虫

卵囊呈卵圆形，囊壁光滑，淡蓝色，卵壳厚度 0.7 μm。无卵膜孔（图 28.2A）。大小为（9.2 ~ 13.2）μm×（7.2 ~ 9.9）μm，卵囊形状指数为 1.2。卵囊内无极粒，有 2 个大的卵囊残体，由大小不同的颗粒组成，平均大小为 4.47 μm×5.3 μm。不形成孢子囊，8 个子孢子游离于卵囊中，子孢子呈香蕉状，一端宽钝，另一端较尖，平均大小为 7.28 μm×2.73 μm（图 28.2B）。

3）菲莱温扬球虫

卵囊呈卵圆形，淡蓝绿色，大小为（13.3 ~ 22）μm×（10 ~ 12）μm，卵囊形状指数为 1.5，囊壁有 3 层，外层薄而透明，中层黄褐色，内层浅蓝色。有卵膜孔（图 28.3A），平均宽度为 2.8 μm。卵囊内有 1 ~ 3 个极粒，内含 4 个瓜子状的孢子囊，平均大小为 7.2 μm×4.78 μm。窄端有 1 个斯氏体，无卵囊残体，每个孢子囊内又含有 4 个子孢子，同时有 1 个孢子囊残体（图 28.3B）。

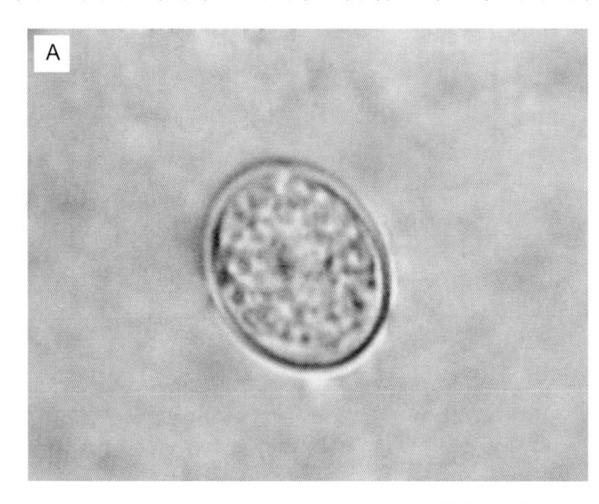

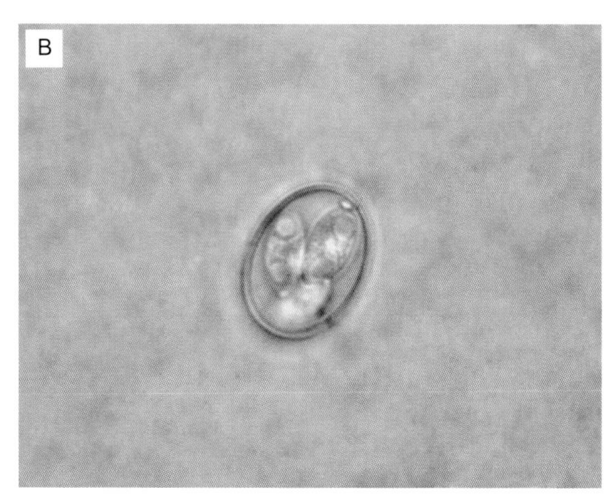

图 28.1　鸭巴氏艾美耳球虫的卵囊（A）及孢子化卵囊形态（B）

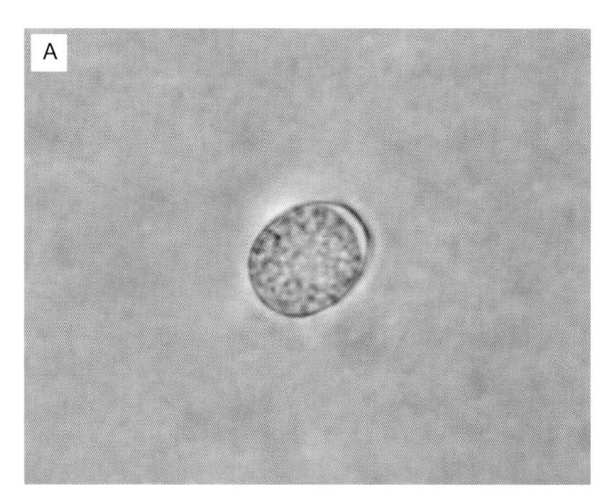

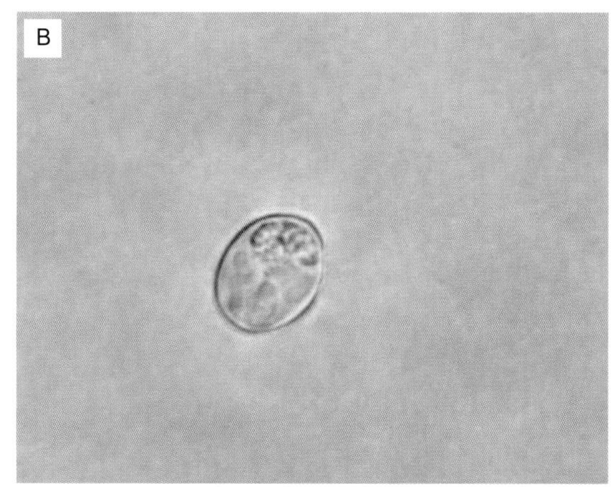

图 28.2　毁灭泰泽球虫的卵囊（A）和孢子化卵囊（B）形态

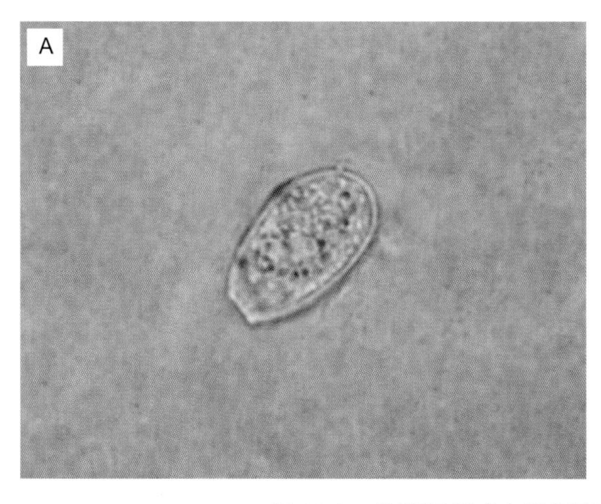

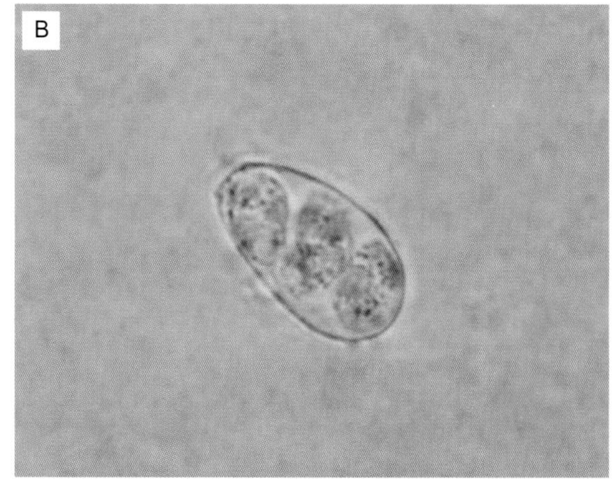

图 28.3　菲莱温扬球虫的卵囊（A）和孢子化卵囊（B）形态

4）裴氏温扬球虫

卵囊呈卵圆形，两层壁光滑，无色，卵壳厚度 1 μm，有 1 个宽 2.5 μm 的卵膜孔（图 28.4A）。卵囊大小为（15.4～19.1）μm×（10.9～12.2）μm，平均为 18.3 μm×12.4 μm，卵囊形状指数为 1.6，有一个极粒，无孢子囊残体。内含 4 个孢子囊，大小为 8 μm×6 μm，并有孢子囊残体。每个孢子囊内含有 4 个子孢子（图 28.4B）。

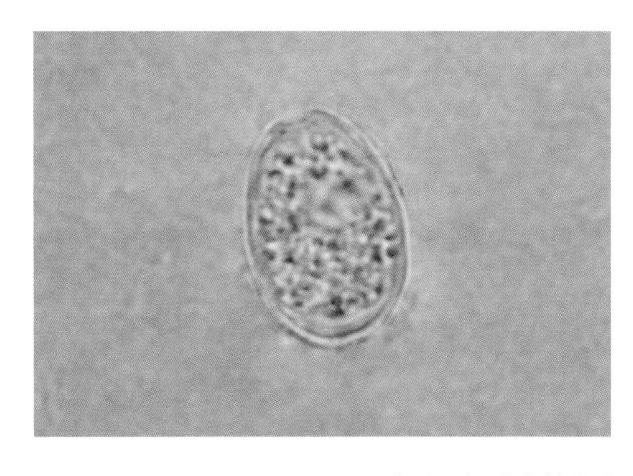
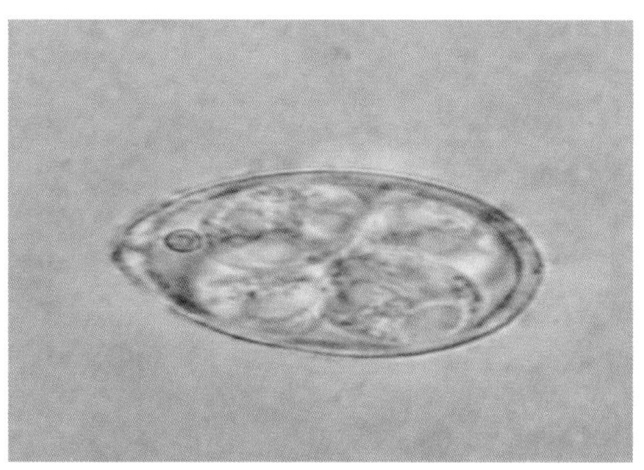

图 28.4　裴氏温扬球虫的卵囊（A）和孢子化卵囊（B）形态

5）鸳鸯等孢球虫

卵囊呈球形或亚球形，两层壁，厚度为 1 μm，淡褐色，壁光滑，无卵膜孔（图 28.5A）。大小为（10.4～12.8）μm×（9.6～11.6）μm，平均为 10.8 μm×11.9 μm，形状指数为 1.1，有 1 个大极粒，无孢子囊残体。成熟的卵囊内含 2 个孢子囊，孢子囊呈仙桃形，有明显的斯氏体和孢子囊残体。每个孢子囊内含有 4 个子孢子（图 28.5B）。

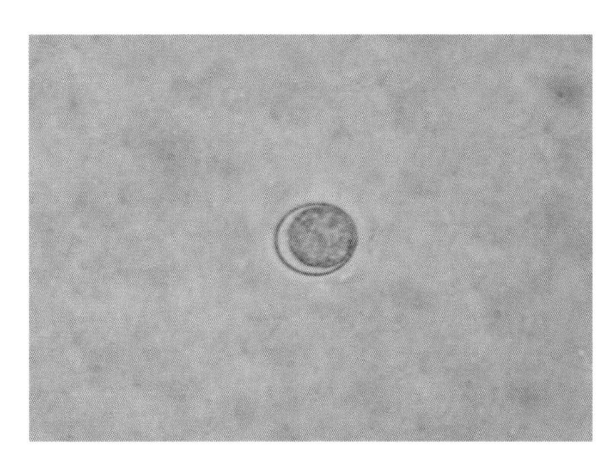
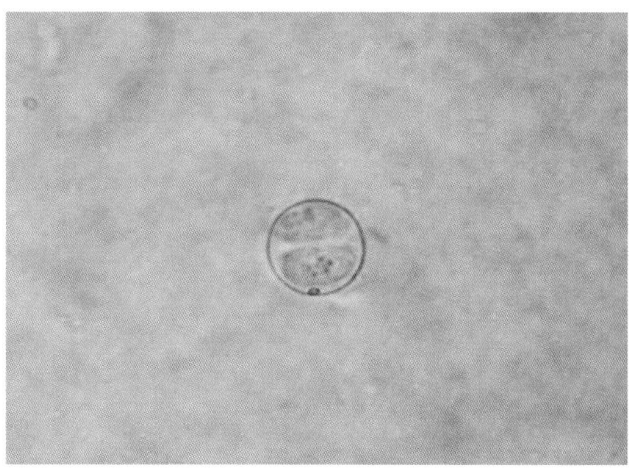

图 28.5　鸳鸯等孢球虫的卵囊（A）和孢子化卵囊（B）形态

【流行病学】

鸭球虫的生活史同其他动物球虫的生活史基本相似，都要经历孢子生殖（在鸭体外完成）、裂殖生殖（在鸭小肠壁完成）和配子生殖（在鸭小肠内完成）三个阶段。鸭球虫的卵囊随粪便排到外界，在适宜的温度（25～35℃）和湿度条件下经过 3～5 天即发育为孢子化卵囊，当鸭吃料或饮水时吞食了孢子化卵囊，进入肌胃中的卵囊在机械和酶作用下，卵囊壁和孢子囊壁破裂，释放出子孢子。子孢子在小肠内进入肠上皮细胞进行裂殖生殖，并形成裂殖体（1 个裂殖体约含 900 个第一世代裂殖子），大量裂殖子进入肠腔后，可再次进入新的肠上皮细胞发育为第 2 代裂殖体（每个裂殖体含 200~350 个第 2 代裂殖子）。有时第 2 代裂殖子可再次进入上皮细胞进行第 3 次裂殖生殖（每个裂殖体含 4~30 个第 3 代裂殖子）。大多数第 2 代裂殖子和少数第 3 代裂殖子在肠上皮细胞内发育为大配子体和小配子体，两者结合后形成合子（即配子生殖），合子周围形成一厚壁即变为卵囊，卵囊排出宿主体外的时间大约在感染后第 7 天。

鸭球虫病在世界范围内分布广泛，在美国、荷兰、英国、德国、匈牙利、日本和俄罗斯等国均有报道。在我国，早在 1982 年殷佩云等报道北京郊区饲养的 1 月龄雏鸭爆发鸭球虫病，发病率为 25% ~ 30%，死亡率达 5%~15.7%。随后许多省市都开展了鸭球虫的调查，如左仰贤等于 1986 年调查了云南省 17 个县市的 505 只家鸭，其中鸭球虫的感染率为 60%；符敖奇等于 1987 年对江苏省扬州市 15 个鸭场进行调查，鸭群的球虫阳性率为 90.9%；路光于 1989 年至 1990 年对安徽巢湖地区 32 个鸭群进行调查，鸭群球虫的检出率为 94%；姚倩等于 2009 年对上海市家鸭进行球虫感染情况调查，所调查的 10 个鸭场球虫阳性率为 100%，其中，3 月龄以内鸭球虫感染率为 100%，3~6 月龄鸭球虫感染率为 82%，6~9 月龄鸭球虫感染率为 70%，9~12 月龄鸭球虫感染率为 47%。每克粪便卵囊数（OPG）为 300~112 200，平均 OPG 为 4 841。由此可见，鸭球虫在我国普遍存在，对养鸭业构成重大威胁。

目前，全世界记载的鸭球虫有 22 种，其中我国记录的种类有 20 种。从以往的资料来看，对鸭危害较大的球虫有毁灭泰泽球虫、菲莱温扬球虫、裴氏温扬球虫。近年来，一些资料表明，原来致病性不强的巴氏艾美耳球虫和鸳鸯等孢球虫也表现较强的致病性，发病率高达 20%~50%，死亡率可达 20%~40%。不同种类鸭球虫危害鸭的日龄有所不同，其中毁灭泰泽球虫多见于 1~2 月龄小鸭；温扬球虫多见于中鸭和大鸭；鸳鸯等孢球虫多见于 1 月龄内的雏鸭；巴氏艾美耳球虫多见于中大鸭。在临床上可见 1 种鸭球虫单独发病，也可见 2 种或 2 种以上球虫混合感染。一年四季均可感染发病，其中以春、夏、秋较多见，而冬季相对较少。各品种鸭对鸭球虫均易感。

【临床症状】

急性病例鸭群往往出现突然发病，病鸭精神委顿，减料，排出巧克力样或黄白色稀粪，有些粪便中还带血（图 28.6A、B）。病程短，发病急，1~2 天后死亡数量就急剧增加，用一般抗生素治疗均无效，发病率可达 30%~90%，死亡率达 29%~70%。耐过病鸭逐渐恢复食欲，死亡减少，但生长速度相对会减缓。慢性病例则出现病鸭消瘦，拉稀，排出巧克力样稀粪，死亡率相对较低。

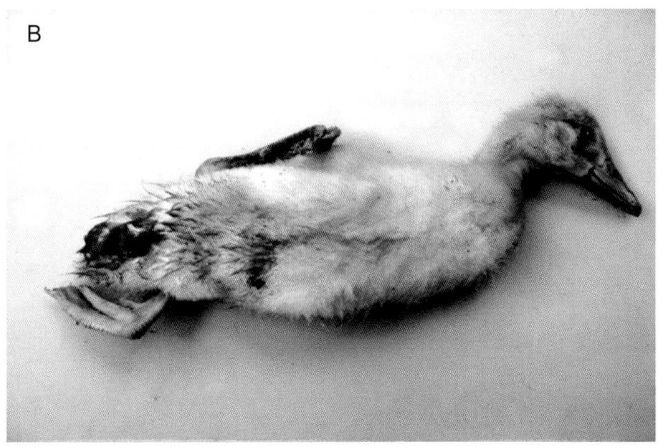

图 28.6　鸭球虫感染临床表现。A. 感染鸭排带血粪便；B. 死亡鸭泄殖腔周边血染

【病理变化】

病死鸭脱水明显。剖检可见小肠肿大明显，小肠壁可见病死鸭的小肠和盲肠外壁有许多白色小坏死点，少数也有小出血点（图 28.7A），切开肠道可见内容物为白色糊状物（图 28.7B），有时带粉红色，肠壁有不同程度的出血点或出血斑（图 28.7C）。个别盲肠也肿大，盲肠内容物为“巧克力”样稀粪。不同种类的球虫，其肠道病变有所不同，其中泰泽球虫主要病变在小肠的前段和中段，肠壁出血点和坏死点明显；温扬球虫主要病变在小肠的中后段及盲肠，以出血性肠炎为主，可见肠黏膜出血明显；等孢球虫主要病变也在小肠的中后段，以卡他性肠炎为主；巴氏艾美耳球虫的主要病变也在小肠的中后段，也是以卡他性肠炎为主。其他内脏器官病变不明显。

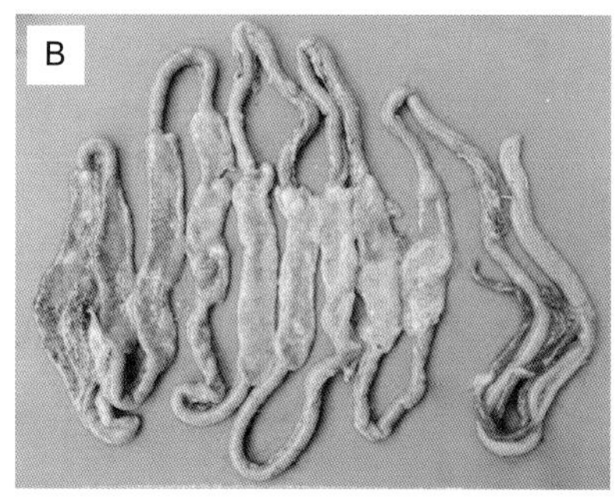

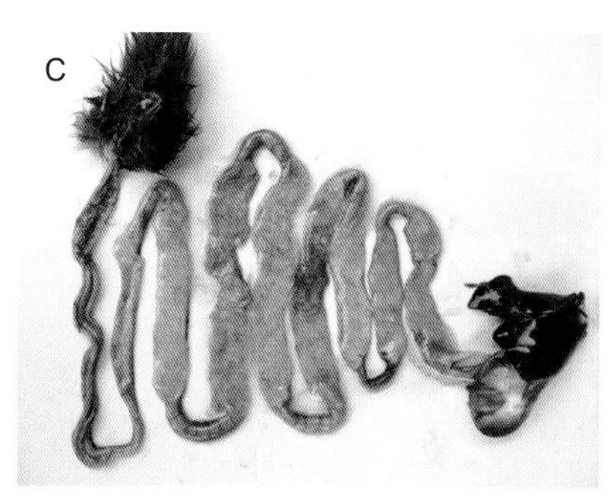

图 28.7　鸭球虫感染病理变化。A. 感染鸭小肠肿胀，肠壁浆膜面有出血或坏死点；B-C. 肠壁黏膜面有出血点和出血斑

【诊　　断】

1）临床诊断

通过该病的流行病学、临床症状和剖检病理变化可做出初步诊断。在临床上需与禽巴氏杆菌病、大肠杆菌病、禽流感以及中毒性疾病进行鉴别诊断。

2）实验室诊断

该病的确诊，有赖于对小肠内容物或肠壁刮取物进行涂片镜检，检出大量卵囊、裂殖体、裂殖子即可确诊（图 28.8）。在急性病例中往往只能检出大量香蕉型的裂殖子，而检不到卵囊。至于是哪一种鸭球虫以及是否有 2 种或 2 种以上的球虫混合感染，需对病鸭后段肠内容物和粪便进行盐水漂浮集卵后加 2.5% 重铬酸钾溶液，在 27℃培养箱中培养 2~5 天后，根据卵囊的大小、形态、孵化时间以及孢子囊、子孢子的数量、形态结构来进行判断球虫种类。

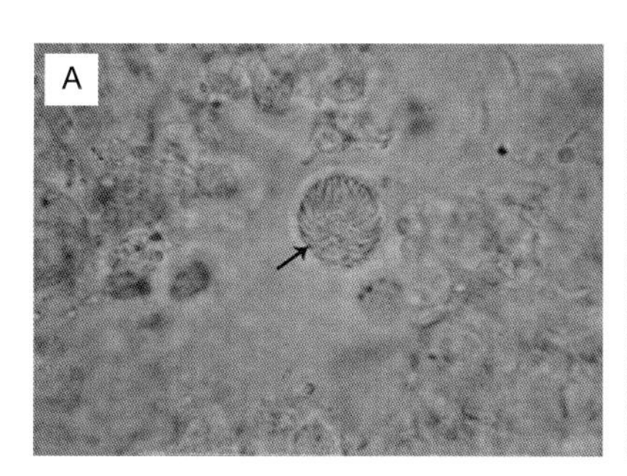

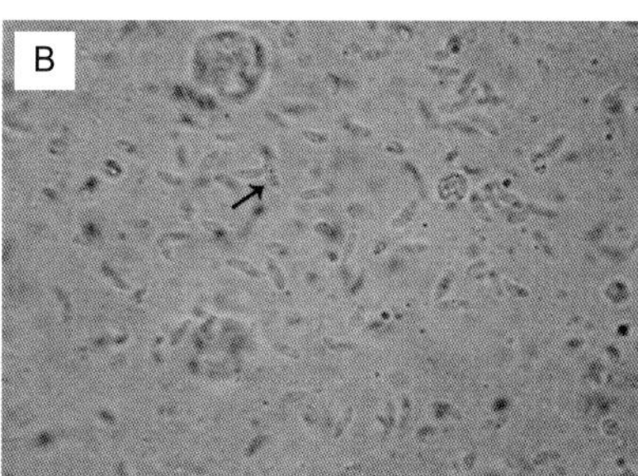

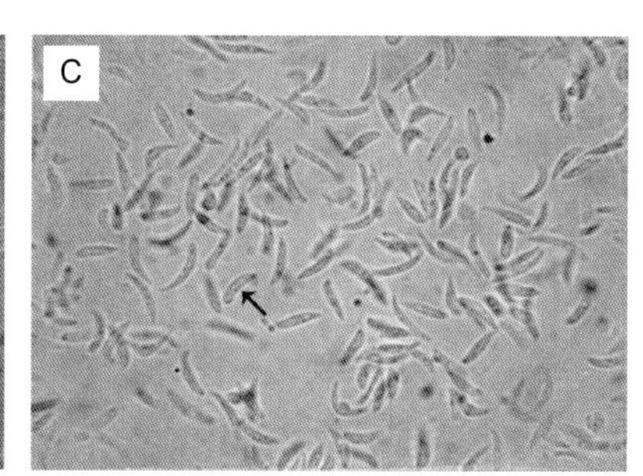

图 28.8　感染鸭肠道内容物涂片镜检结果。A. 鸭球虫裂殖体形态；B-C. 鸭球虫裂殖子形态

【防　治】

1）管理措施

在预防上，要改善饲养管理条件，保持鸭场内环境卫生干净和干燥，有条件的鸭场可采用网上饲养，可减少该病的发生。值得一提的是，有发生过鸭球虫病的鸭场易形成疫源地，以后每批鸭子都易患鸭球虫病，要提早定期预防。

2）药物防治

该病的治疗可选用磺胺间甲氧嘧啶（按 0.02% 拌料，连用 3 天）或磺胺喹噁啉（按 0.05% 拌料，连用 3 天）或地克珠利（拌料按 0.000 1% 拌料，连用 3 天）或磺胺氯吡嗪钠（按 0.025% 拌料，连用 3 天）均有较好效果。对于严重病例（不吃料），可采用全群肌肉注射 10% 磺胺间甲氧嘧啶钠注射液（按每千克体重 0.3 ～ 0.4 mL），可获得较好效果。为了提高治疗效果，在临床上可同时使用 2 种抗球虫药（如磺胺类药物配合使用地克珠利）进行治疗。

【参考文献】

[1] 符敖齐，吴启发．扬州市郊家鸭球虫种类初步调查．中国家禽，1989,（1）:32-35.

[2] 黄兵，沈杰．中国畜禽寄生虫形态分类图谱．北京：中国农业科学技术出版社，2006.

[3] 江斌，吴胜会，林琳，等.38 例鸭鸳鸯等孢球虫病的流行病学调查．福建畜牧兽医，2013,（3):23-25.

[4] 孔繁瑶．家畜寄生虫学．北京：中国农业大学出版社，1997, 347-354.

[5] 路光．巢湖地区家鸭球虫种类调查．中国兽医寄生虫病，1994，2（4）:28-32.

[6] 姚倩，韩红玉，黄兵，等．上海地区家鸭球虫种类初步调查．中国动物传染病学报，2009, 17（1）：58-60.

[7] 姚倩，韩红玉，黄兵，等．上海市郊家鸭球虫感染情况调查研究．中国家禽，2009，（10）:23-26.

[8] 殷佩云，蒋金书，林昆华，等．北京地区家鸭球虫种类的初步研究．畜牧兽医学报，1982,13（2）：119-122.

[9] 张龙现，宁长申，李继壮．河南省部分地区家鸭球虫种类调查．畜牧兽医杂志，1999,18（1）：8-10.

[10] 朱模忠．兽药手册．北京：化学工业出版社，2002, 7, 194-208.

[11] 左仰贤，宋学林，林一玉，等．云南省家鸭球虫种类的调查．中国兽医科技，1990,（9）:13-16.

第29章　鸭棘口吸虫病

Chapter 29　Duck Echinostomiasis

引　言

鸭棘口吸虫病是由棘口科（Echinostomatidae）中多种属内的吸虫寄生于鸭体内的一类寄生虫疾病之总称。其中常见的病原有棘口属（*Echinostoma*）中的卷棘口吸虫（*E.revolutum*）、宫川棘口吸虫（*E.miyagawai*）和接睾棘口吸虫（*E.paraulum*），棘缘属（*Echinoparyphium*）中的曲领棘缘吸虫（*E.recurvatum*），低颈属（*Hypoderaeum*）中的似锥低颈吸虫（*H.conoideum*）等。这些棘口科吸虫主要寄生于家禽和野禽的大小肠中，有的也寄生于鱼类、爬行类和哺乳类等脊椎动物体内，有的甚至还会寄生于人体内。该病历史悠久，在世界范围内分布广泛，在放牧鸭中多呈现隐性感染，严重时也可导致感染鸭发病死亡。

【病原学】

1）卷棘口吸虫

虫体呈长叶形，比较厚（图 29.1），大小为（7.2~16.2）mm ×（1.15~1.82）mm。头领呈肾状，宽为 0.52~0.96 mm，头棘有 37 枚，前后交错排列。体表棘从头领开始由密变疏向后分布至睾丸处。口吸盘位于虫体顶端，圆形，大小为（0.31~0.55）mm×（0.32~0.44）mm。腹吸盘为圆盘状，位于体前 1/5 处，大小为（1.08~1.88）mm×（1.80~2.22）mm。前咽长，食道也长，两肠支沿体两侧伸至虫体亚末端。睾丸 2 个，长椭圆形，前后排列，位于虫体后 1/2 处，前睾大小为（0.80~2.20）mm×（0.72~1.32）mm，后睾大小为（0.55~0.75）mm×（0.95~1.22）mm。卵黄腺呈滤泡状，自腹吸盘后方开始沿两侧向后分布至虫体亚末端。子宫长，内含有大量虫卵，虫卵大小为（106~126）μm×（64~72）μm。可寄生于鸭的直肠、盲肠和小肠。

2）宫川棘口吸虫

虫体呈长叶形，大小为（10.20~17.80）mm×（1.88~2.64）mm。头领发达，头棘有 37 枚，前后排列为两列。体表棘从头冠开始分布至前睾丸处，由前向后逐渐变疏。口吸盘位于顶端，大小为（0.33~0.41）mm×（0.35~0.45）mm。腹吸盘呈球状，位于体前 1/5 处，大小为（0.95~1.12）mm×（0.98~1.21）mm。前咽短，食道长，两肠支沿体两侧伸至虫体亚末端。睾丸位于虫体后 1/2 处，前后排列，边缘有 2~5 个分叶（图 29.2），前睾大小为（0.88~1.08）mm×（0.87~1.12）mm，后睾大小为（0.98~1.22）mm×（0.92~1.18）mm。雄茎囊呈椭圆形，位于肠分叉与腹吸盘之间。卵巢呈椭圆形，位于前睾之前，大小为（0.42~0.53）mm×（0.53~0.75）mm。卵黄腺自腹吸盘后缘开始沿体两侧向后延伸至虫体亚末端，一侧卵黄腺在后睾之后发生间断。子宫发达，内含有大量虫卵，虫卵大小为（92~104）μm×（62~68）μm。可寄生于鸭的直肠、盲肠和小肠。

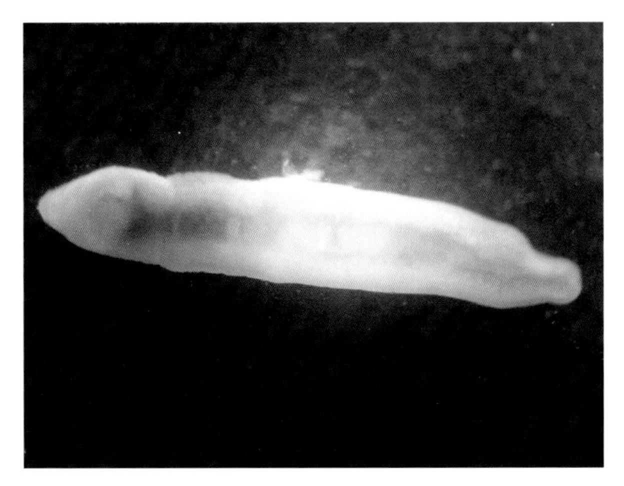

图 29.1　鸭卷棘口吸虫的虫体形态

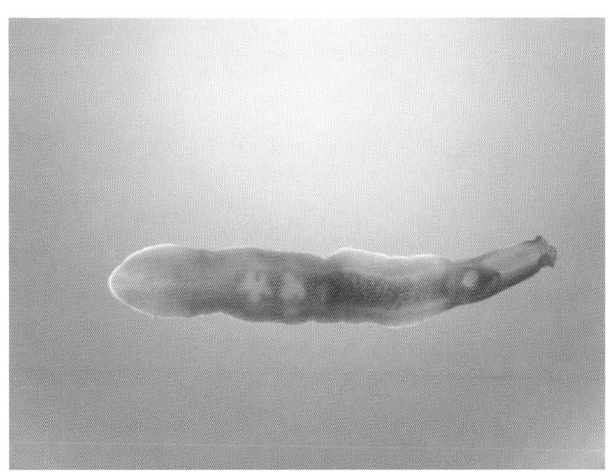

图 29.2　鸭宫川棘口吸虫的虫体形态

3）接睾棘口吸虫

虫体呈长叶形，大小为（5.60~7.40）mm×（1.80~1.90）mm。头领宽，头棘有 37 枚，体表小棘自头领分布到腹吸盘后缘。口吸盘大小为（0.16~0.18）mm×（0.22~0.27）mm。腹吸盘位于虫体前 1/4 处，大小为（0.79~0.86）mm×（0.81~0.83）mm。食道长，两肠支沿体两侧伸至虫体后端。睾丸 2 个，前后排列于虫体中后部，形状呈“工”字形（图 29.3），前睾大小为（0.55~0.63）mm×（0.81~1.02）mm，后睾大小为（0.69~0.70）mm×（0.71~0.80）mm。卵巢位于前睾丸的前方中央，大小为（0.25~0.27）mm×（0.48~0.51）mm。卵黄腺分布于虫体两侧。虫卵大小为（103~108）μm×（58~61）μm。主要寄生于鸭的小肠。

4）曲领棘缘吸虫

虫体呈长叶形，体前部通常向腹面弯曲（图 29.4），大小为（4.10~5.25）mm×（0.68~0.90）mm，腹吸盘处最宽。头领发达，头棘有 45 枚。体表棘从头领后开始止于腹吸盘与卵巢之间，也是前密后疏。口吸盘位于虫体的亚顶端，大小为（0.132~0.16）mm×（0.12~0.15）mm。腹吸盘位于体前部 1/4 处，大小为（0.44~0.50）mm×（0.40~0.48）mm。食道长，两肠支沿体两侧伸至虫体亚末端。睾丸位于虫体后半部，呈长椭圆形，前后相接或略有重叠，前睾大小为（0.45~0.66）mm×（0.21~0.38）mm，后睾大小为（0.25~0.45）mm×（0.25~0.38）mm。卵巢呈球形，位于虫体中央，直径为 0.18~0.22 mm。卵黄腺自腹吸盘后缘开始沿两侧分布至虫体亚末端。子宫不发达，虫卵少，虫卵大小为（94~106）μm×（58~68）μm。主要寄生于鸭的小肠，有时也可见于直肠和盲肠。

5）似锥低颈吸虫

虫体肥厚，腹吸盘处最宽，腹吸盘之后虫体逐渐狭小如锥状（图 29.5），大小为（5.20~11.80）mm×（0.83~1.79）mm。头领呈半圆形，头棘有 49 枚，体表棘自头领之后分布到卵巢处终止。口吸盘位于虫体亚前端，大小为（0.13~0.24）mm×（0.30~0.40）mm。腹吸盘发达，大小为（0.62~1.20）mm×（1.16~1.20）mm，比口吸盘大 6 倍。食道短，两肠支伸虫体的亚末端。睾丸 2 个，位于虫体中部或后 1/2 处，呈腊肠状，前后排列，前睾大小为（0.51~1.14）mm×（0.23~0.46）mm，后睾大小为（0.55~1.30）mm×（0.21~0.48）mm。卵巢呈类圆形，位于前睾之前的中央，大小为（0.26~0.28）mm×(0.40~0.44）mm。卵黄腺自腹吸盘后缘开始延伸至虫体亚末端。子宫发达,内有大量虫卵,虫卵大小为（86~99）μm×（52~66）μm。主要寄生于鸭小肠中下部，偶见于盲肠。

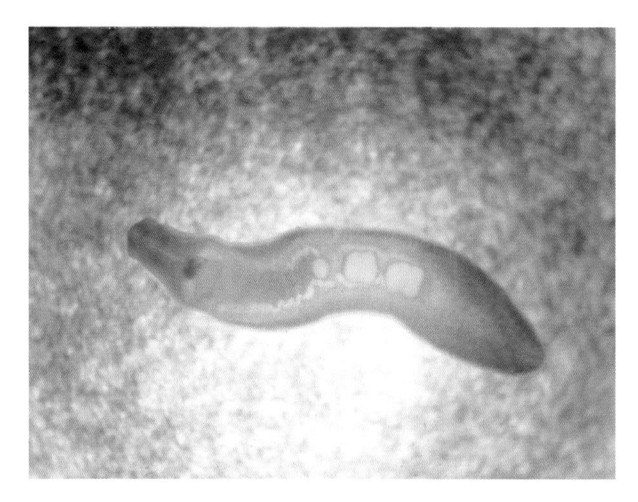

图 29.3　鸭接睾棘口吸虫的虫体形态

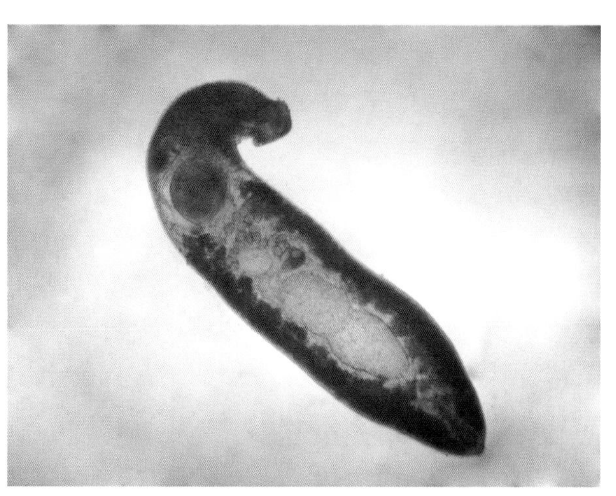

图 29.4　鸭曲领棘缘吸虫的虫体形态

图 29.5　鸭似锥低颈吸虫的虫体形态

【流行病学】

棘口类吸虫的发育一般需要 2 个中间宿主，第一中间宿主为淡水螺，第二中间宿主为淡水螺、蛙类及淡水鱼。不同种类棘口吸虫的中间宿主略有不同。其中卷棘口吸虫的中间宿主的种类在世界各地报道有多达 59 种（第一中间宿主有小土窝螺、凸旋螺、沼泽椎实螺、折叠萝卜螺、斯氏萝卜螺等 18 种；第二中间宿主有小土窝螺、凸旋螺、尖口圆扁螺、角扁卷螺、折叠萝卜螺、斯氏萝卜螺等 58 种）；宫川棘口吸虫的中间宿主的种类共有 12 种（第一中间宿主有小土窝螺、凸旋螺、尖口圆扁螺、沼泽椎实螺、扁卷螺等 7 种；第二中间宿主有小土窝螺、凸旋螺、尖口圆扁螺、耳萝卜螺、折叠萝卜螺等 12 种）；曲领棘缘吸虫的中间宿主的种类共有 33 种（第一中间宿主有小土窝螺、尖口圆扁螺、沼泽椎实螺、折叠萝卜螺、斯氏萝卜螺等 9 种；第二中间宿主有小土窝螺、河蚬、中国田螺、凸旋螺、尖口圆扁螺、纹沼螺、折叠萝卜螺、斯氏萝卜螺等 32 种）；似锥低颈吸虫的中间宿主的种类共有 14 种（第一中间宿主有小土窝螺、折叠萝卜螺、斯氏萝卜螺等 8 种；第二中间宿主有小土窝螺、姬蛙、折叠萝卜螺、斯氏萝卜螺、隔扁螺、田螺等 14 种）。

棘口类吸虫的虫卵随鸭（或其他禽类）粪便排至体外，在 30~32℃的环境温度下在水中经 8~10 天孵出毛蚴。毛蚴在水中游动，遇到适宜的淡水螺类，即钻进其体内，脱去纤毛，经 32~50 天相继发育为胞蚴、母雷蚴、子雷蚴及尾蚴。尾蚴从螺体内逸出后，游动于水中，遇到第二中间宿主（如淡水螺、蝌蚪或鱼类），即侵入其体内经 10~15 天发育为囊蚴。鸭等终末宿主因吞食含囊蚴的第二中间宿主而受感染，在终末宿主体内经 20 天左右发育为成虫并向外排出虫卵。

棘口类吸虫在世界范围内分布广泛，在我国各地也普遍流行，其中南方各省更为多见。据报道：福州市家鸭中棘口吸虫感染率为 26.41%，感染强度为 1~40；昆明市家鸭卷棘口吸虫感染率为 57.41%，感染强度为 1~20；广东省家鸭中棘口吸虫感染率为 62%，感染强度为 1~48；安徽淮南地区家鸭中似锥低颈吸虫感染率为 10.5%，曲领棘缘吸虫感染率为 23.3%，感染强度为 15~77；宫川棘口吸虫感染率为 21.67%，感染强度为 9~15。造成放牧鸭广泛感染棘口类吸虫的主要原因是这些鸭在放牧过程中经常采食到淡水螺、鱼类等传播媒介。除鸭能感染棘口类吸虫外，鸡、鹅、犬、猫、人等若采食到含囊蚴的生螺肉、贝类（或未煮熟）也可能被感染棘口类吸虫。

【临床症状】

在少量感染时，鸭一般无明显的症状表现。严重感染时，可导致病鸭出现食欲不振、消化不良、下痢、粪便中混有黏液。此外病鸭还有贫血、消瘦、发育不良等一般性症状。个别严重的病鸭可因衰竭而死亡。

【病理变化】

剖检可见寄生部位的小肠或盲肠、直肠轻度肿大，切开肠内呈卡他性炎症，肠内黏膜有不同程度的充血、出血病变，并可见有粉红色的棘口类吸虫吸附在肠内壁上（图 29.6）。

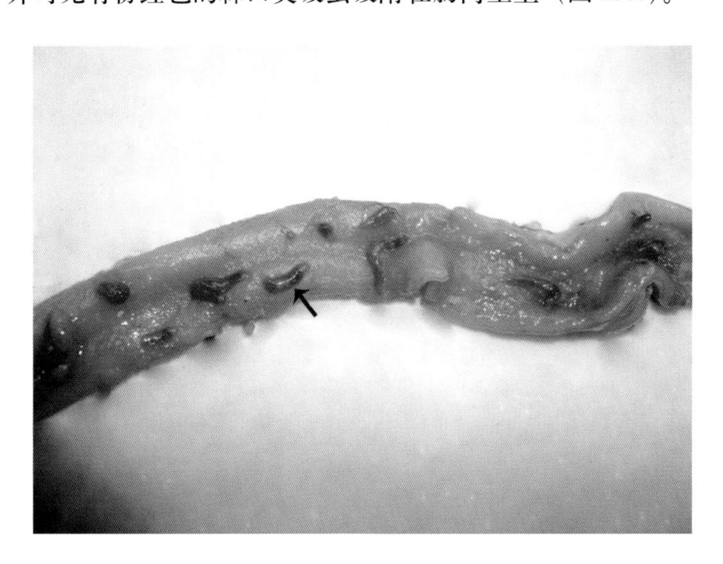

图 29.6　鸭棘口类吸虫寄生在小肠内引起的病变

【诊　　断】

由于鸭棘口类吸虫病的症状缺少特异性，因此仅仅依靠临床症状很难对该吸虫做出肯定的诊断。所以，对该病的诊断，在很大程度上需依赖于实验室的检查。一方面，按照寄生虫学完全剖检法对病死鸭按器官系统进行全面检查，对检出的吸虫及其虫卵经固定处理后观测虫体形态及大小，并用卡红染色或苏木素染色后观测虫体形态结构及其大小，对照相关吸虫图谱后确定是哪一种棘口类吸虫以及是否有其他寄生虫的并发感染。另一方面，采集相关病料进行有关细菌性、病毒性疾病的检查，以确定棘口类吸虫是主要病原或次要病原（并发感染）。病原的确诊可为该病的防治提供科学依据。

【防　　治】

1）管理措施

在预防上，要转变鸭饲养方式，改放牧为舍饲，不让鸭在饲养过程中接触到中间宿主（淡水螺、鱼类、蝌蚪等），在平常舍饲过程中，也不要饲喂生鱼、蝌蚪、贝类以及含有中间宿主的浮萍、水草等。在该病流行地区，对放牧鸭要定期使用广谱抗蠕虫药物（如阿苯达唑、芬苯达唑、硫双二氯酚、氯硝柳胺）等进行预防性驱虫，每隔 20 ～ 30 天驱 1 次。必要时可施用化学药物消灭中间宿主来达到预防和控制该病的发生。

2）药物防治

本病的治疗可选用阿苯达唑（按每千克体重 10 ～ 25 mg，连用 2 ～ 3 天）；或芬苯达唑（按每千克体重 10 ～ 50 mg 拌料，连用 2 ～ 3 天）；或硫双二氯酚（按每千克体重 30 ～ 50 mg 拌料，连用 2 ～ 3 天）；或氯硝柳胺（按每千克体重 50 ～ 60 mg 拌料，连用 2 ～ 3 天）等药物进行治疗，均有效果。治疗后排出的虫体及粪便应采取堆积发酵处理，以达到消灭虫卵的目的。

【参考文献】

[1] 黄兵，沈杰 . 中国畜禽寄生虫形态分类图谱 . 北京：中国农业科学技术出版社，2006.

[2] 江斌，吴胜会，林琳，等 . 畜禽寄生虫病诊治图谱 . 福州：福建科学技术出版社，2012.

[3] 孔繁瑶 . 家畜寄生虫学 . 北京：中国农业大学出版社，1997.

[4] 李祥瑞 . 动物寄生虫彩色图谱 . 北京：中国农业出版社，2004.

[5] 沈杰，黄兵 . 中国家畜家禽寄生虫目录 . 北京：中国农业科学技术出版社，2004.

[6] 孙恩涛，王克霞 . 淮南市焦岗湖地区家鸭感染曲领棘缘吸虫新纪录 . 国际医学寄生虫病杂志，2012（5）：296-298.

[7] 唐崇惕，唐仲璋 . 中国吸虫学 . 福州：福建科学技术出版社，2005.

[8] 王克霞，孙恩涛 . 淮南地区宫川棘口吸虫自然疫源地调查 . 中华疾病控制杂志，2011（12）：1065-1067.

[9] 王克霞，孙恩涛 . 安徽淮南地区家鸭感染似锥低颈吸虫 . 热带病与寄生虫学，2011（3）：165-167.

[10] 朱模忠 . 兽药手册 . 北京：化学工业出版社，2002.

第30章　鸭杯叶吸虫病

Chapter 30　Duck Clonorchiasis

引　言

鸭杯叶吸虫病是由杯叶科（Cyathocotylidae）中某些杯叶吸虫寄生于鸭体内的一类寄生虫病之总称。其中常见的病原有杯叶属（*Cyathocotyle*）中的东方杯叶吸虫（*C.orientalis*）、普鲁氏杯叶吸虫（*C.prussica*）、盲肠杯叶吸虫（*C.caecumalis*）、印度杯叶吸虫（*C.india*）、崇夔杯叶吸虫（*C. chungkee*）、塞氏杯叶吸虫（*C.szidatiana*）以及纺锤杯叶吸虫（*C.fusa*）和全冠属（*Holostephanus curonensis*）中的库宁全冠吸虫（*H.curonensis*）等。这些杯叶科吸虫主要寄生于家禽和食鱼鸟类的大小肠内，对放牧鸭危害性很大，危害面广，可导致大量放牧鸭发病死亡。

【病原学】

根据 Yamaguti（1971）的分类系统，杯叶科可分为 6 个亚科共 16 个属，其中寄生于鸟类的有 8 个属计 68 种；寄生于爬虫类的有 6 个属计 58 种；寄生于哺乳类的有 7 个属计 12 种。寄生于鸭体内的最常见的有 3 种：即东方杯叶吸虫、普鲁士杯叶吸虫和盲肠杯叶吸虫。

1）东方杯叶吸虫

东方杯叶吸虫寄生于鸭、鸡等禽类小肠、盲肠、直肠内。虫体呈梨形（图 30.1），大小为（0.72~1.33）mm ×（0.51~0.89）mm。口吸盘呈球形，大小为（0.09~0.12）mm ×（0.09~0.11）mm。腹吸盘位于肠叉之后，大小为（0.06~0.08）mm ×（0.09~0.10）mm。黏附器发达，几乎占满整个虫体。睾丸呈卵圆形，并列或斜列于虫体的中部，左睾丸大小为（0.32~0.38）mm ×（0.22~0.26）mm，右睾丸大小为（0.38~0.52）mm ×（0.22~0.30）mm，卵巢呈卵圆形，位于睾丸前方，大小为（0.069~0.080）mm×（0.081~0.092）mm，卵黄腺分布于虫体侧缘。虫卵大小为（92~115）μm ×（60~71）μm。

2）普鲁氏杯叶吸虫

普鲁氏杯叶吸虫寄生在鸭、鹅、野鸭等禽类小肠内。虫体呈梨形，体表有小刺，大小为（0.8~1.0）mm ×（0.6~0.65）mm。口吸盘位于前端，大小为 0.12~0.13 mm。腹吸盘常被黏附器覆盖，不易看到。咽呈圆形，直径为 0.07~0.08 mm，两肠支不到达虫体后缘，虫体腹面有一个非常发达的黏附器，直径 0.315~0.550 mm，常凸出腹面边缘。睾丸圆形或卵圆形，左右斜列于虫体的中部，大小为（0.20~0.25）mm×0.15 mm，雄茎囊十分发达，呈棍棒状，大小为（0.27~0.50）mm×（0.07~0.140）mm，常为虫体长度的 1/2 ～ 3/5, 生殖孔开口于虫体末端，常可见雄茎伸到体外（图 30.2）。卵巢位于睾丸下缘，常与睾丸重叠，大小为（0.11~0.12）mm×0.08 mm，卵黄腺呈大囊泡状，分布于虫体四周，子宫内虫卵不多，相对较大，大小为（98 ~ 103）μm×（65~68）μm（图 30.3）。

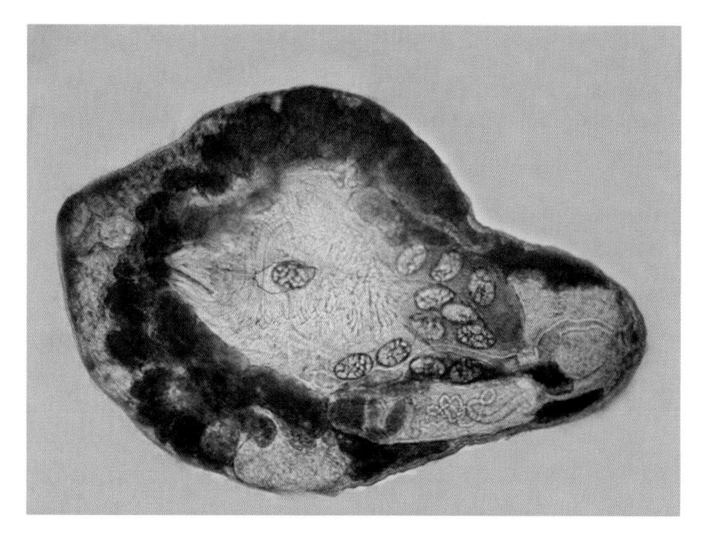

图 30.1　鸭东方杯叶吸虫虫体形态

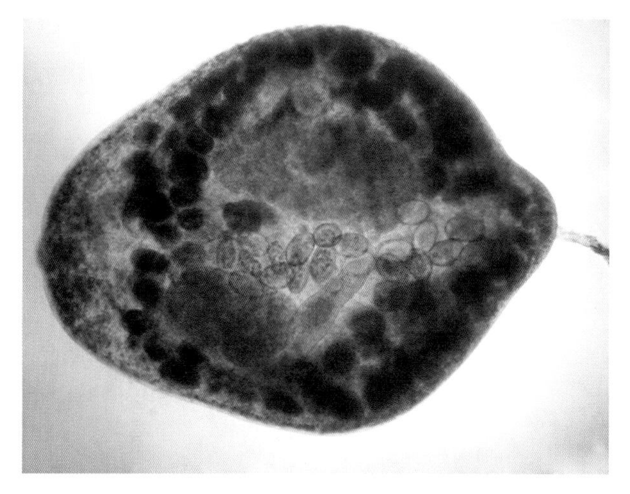

图 30.2　鸭普鲁氏杯叶吸虫虫体形态

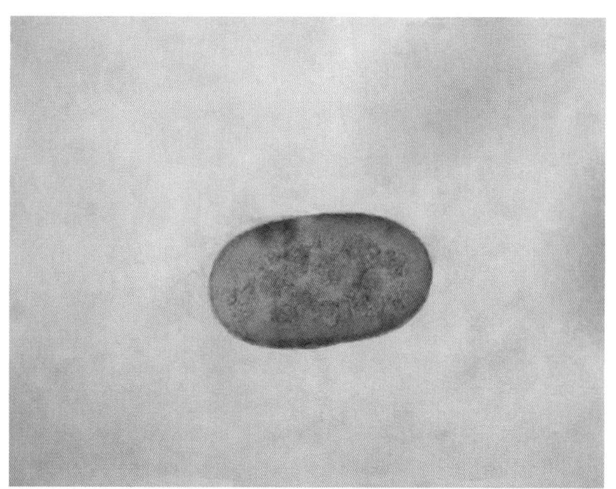

图 30.3　鸭普鲁氏杯叶吸虫虫卵形态

3）盲肠杯叶吸虫

盲肠杯叶吸虫寄生于鸭盲肠内。虫体呈卵圆形（图 30.4），大小为（1.175~2.375）mm×（0.950~1.875）mm，在虫体腹面有一个很大的黏附器（图 30.5）。口吸盘位于虫体的顶端或亚顶端，大小为（0.125~0.160）mm×（0.130~0.170）mm；咽呈球状，大小为（0.120~0.150）mm×（0.110~0.145）mm。食道短。2 个肠支盲端伸达虫体的亚末端。腹吸盘位于黏附器前缘中部（多数被卵黄腺覆盖，不易见到）。黏附器很大，大小为（1.150~1.800）mm×（1.050~1.750）mm。睾丸 2 个，呈椭圆形、短棒状、长棒状、三角形、钩形、纺锤形、锥形等多种形态（图 30.6）；排列无规律，多为左右排列，大小为（0.280~1.300）mm×（0.130~0.375）mm。卵巢形态近圆形，位于虫体腹面的中部偏左侧，大小为（0.135~0.250）mm×（0.140~0.260）mm。雄茎囊呈长袋状，位于虫体的后端，偏向虫体的右侧。卵黄腺比较发达，分布于虫体四周。虫卵大小为（0.075~0.098）mm×（0.055~0.075）mm。

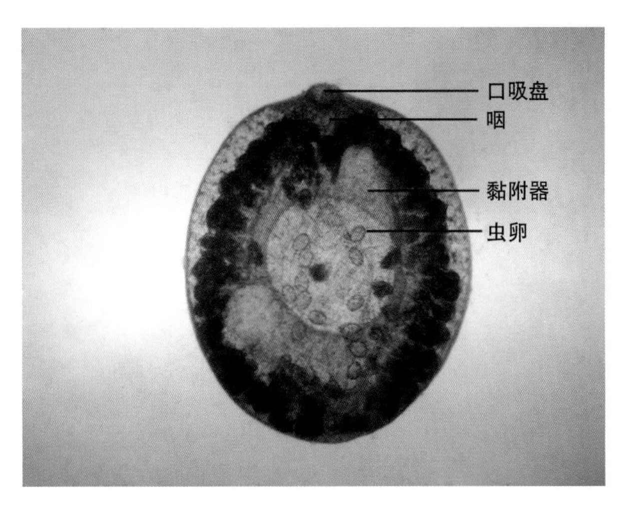

图 30.4 鸭盲肠杯叶吸虫虫体形态

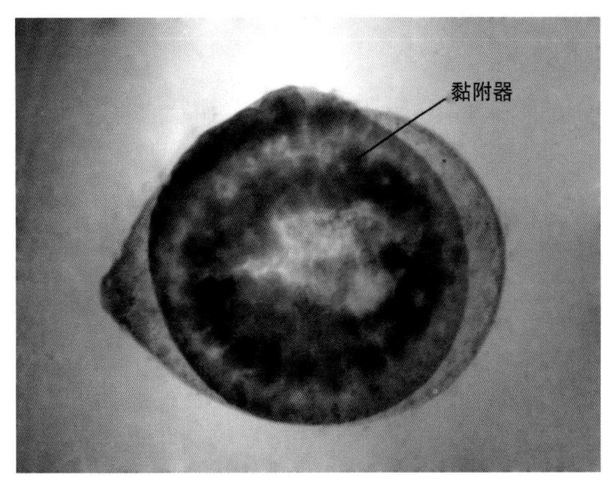

图 30.5 鸭盲肠杯叶吸虫虫体黏附器形态

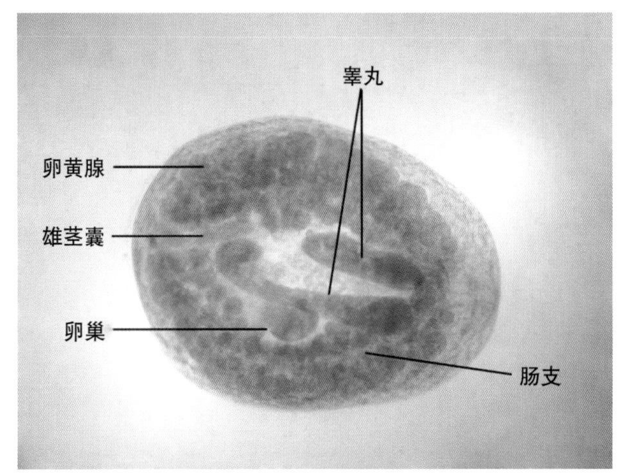

图 30.6 鸭盲肠杯叶吸虫的内部结构形态

【流行病学】

杯叶科吸虫的发育过程一般需要 2 个中间宿主，第一中间宿主为淡水螺（如纹沼螺），第二中间宿主为鱼类（如麦穗鱼、鲫鱼、鲤鱼、鲩鱼、鲢鱼、鳙鱼、泥鳅等）。杯叶科吸虫的虫卵随鸭（或食鱼鸟类）的粪便排出体外，在 30℃左右的环境温度下在水中经 21 天发育为毛蚴；毛蚴感染了池塘、湖泊、溪流或水田内的纹沼螺，在螺体内经 62 天相继发育为胞蚴和尾蚴（无雷蚴期）；尾蚴自螺体内逸出后游于水中，遇到第二中间宿主——鱼类，即侵入其体表或肌肉内经 10~20 天发育为囊蚴。当鸭等终末宿主吞食到含有成熟囊蚴的第二中间宿主而受到感染，在终末宿主体内经过 3 天时间由童虫发育为成虫，并向外排出虫卵。整个发育周期需 90~100 天。

杯叶科吸虫的品种繁多，在世界范围内分布广泛，在我国也有广泛分布。其中不同种类杯叶吸虫，其分布地域有所不同，如东方杯叶吸虫分布在我国的陕西省、四川省、重庆市、江苏省、安徽省、上海市、浙江省、江西省、湖南省、福建省、广东省等地；普鲁氏杯叶吸虫分布在我国的浙江省、江西省、福建省等地；盲肠杯叶吸虫主要分布在我国的福建省及其周边地区。在南方各省，广大养殖户都有放牧饲养鸭的传统习惯，这些放牧鸭极易在池塘、湖泊、溪流或水田等地采食到麦穗鱼、鲫鱼、泥鳅等鱼类而感染杯叶科吸虫。由于杯叶科吸虫的发育周期需3个月左右，所以该病的发病季节多在每年的夏、秋季节或初冬季节。除了鸭以外，有饲喂鱼类的其他禽类（如鸡、鹅和野鸟）也有可能感染杯叶科吸虫。

【临床症状】

急性病例表现为鸭到野外放牧后2~3天即出现典型病例，主要表现为精神沉郁，吃食减少或废绝，拉黄白色稀粪，羽毛无光泽，病鸭死亡快。发病率和死亡率日趋升高，总发病率可达20%~50%，死亡率可达10%~50%，病程可持续7~15天。慢性病例表现为鸭到野外放牧10天后才出现病症，发病率和死亡率相对较低。用一般抗生素和磺胺类药物治疗均无效果。

【病理变化】

不同种类的鸭杯叶吸虫病，其病理变化有所不同。鸭东方杯叶吸虫病的主要病变是鸭小肠、盲肠、直肠均有不同程度的肿大（图30.7A），切开肠壁可见肠内充满黄褐色或黑褐色内容物，肠壁有不同程度的局灶性坏死。慢性病例在结肠内可见干酪样阻塞物。鸭普鲁氏杯叶吸虫病的病变主要在小肠，可见小肠肿大明显（图30.7B），切开肠壁可见肠内充满黄褐色或黑褐色内容物，仔细查看在肠内容物中可见一些黄白色小虫体，小肠壁也有不同程度的局灶性坏死（图30.7C）。鸭盲肠杯叶吸虫的病变主要在盲肠，可见两根盲肠肿大异常（图30.7D），盲肠表面有不同程度的坏死点或坏死斑，切开盲肠可见内容物为黄褐色糊状物，并有一股难闻的恶臭味，盲肠内壁坏死严重并呈糠麸样病变，仔细查看在肠黏膜上可见一些卵圆形的虫体（图30.7E）。慢性病例在盲肠也可见到干酪样阻塞物。病变肠管做病理切片，可见肠黏膜脱离严重，肠壁严重坏死。

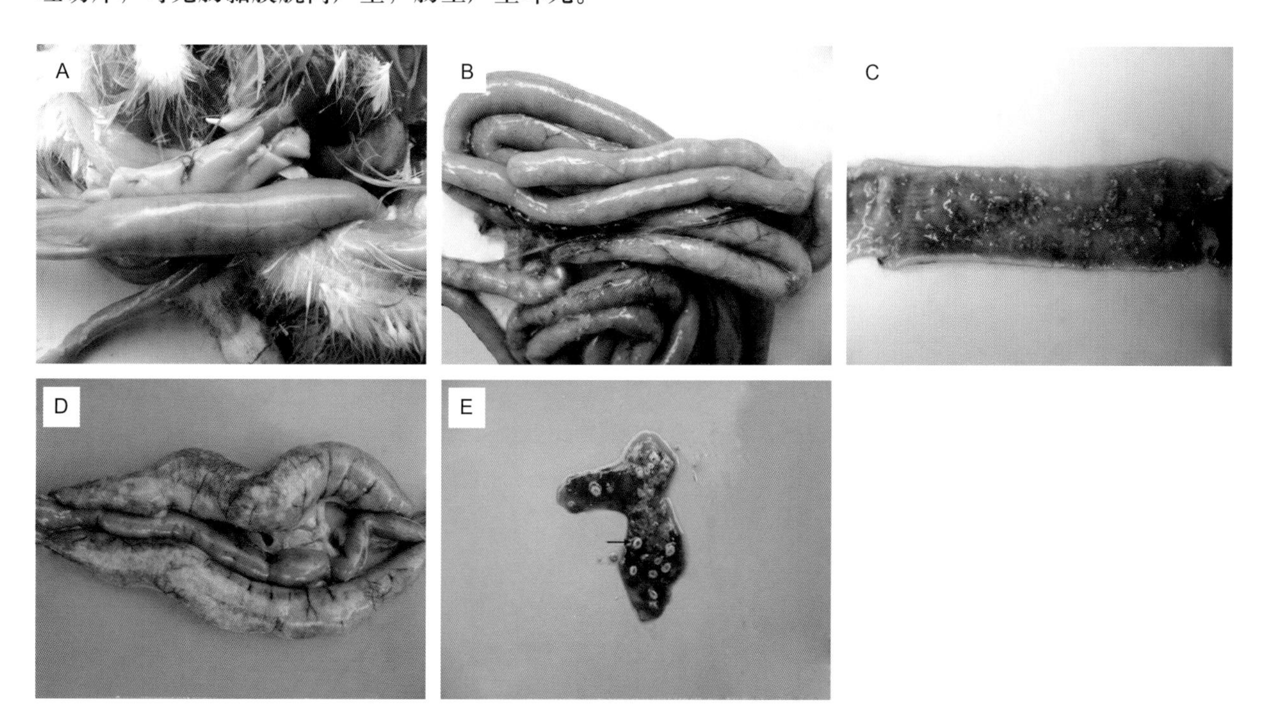

图30.7 鸭杯叶吸虫感染引起的病理变化。A. 鸭东方杯叶吸虫感染引起的直肠肿胀；B. 鸭普氏杯叶吸虫感染引起的小肠肿胀；C. 鸭普氏杯叶吸虫感染引起的小肠局灶性坏死；D. 鸭盲肠杯叶吸虫感染引起的盲肠肿胀；E. 鸭盲肠杯叶吸虫寄生于盲肠壁上的形态

【诊　断】

1）临床诊断

根据鸭杯叶吸虫病潜伏期短（只有 3 天），并出现严重的肠炎病变以及发病率高和死亡率高的特点，可做出初步诊断。

2）实验室诊断

该病的确诊有赖于对病变肠管内容物进行镜检，并对所检出的吸虫进行固定、染色或透明处理后进一步观测吸虫形态和内部结构，以确定杯叶科吸虫的种类。

在临床上，该病易与鸭球虫病、鸭坏死性肠炎、鸭肉毒梭菌中毒等疾病相混淆，需鉴别诊断。鸭球虫病也可导致小肠肿大明显，但内容物以白色糊状物为主，通过对内容物镜检可检出大量月牙形的裂殖子和卵圆形或近圆形的虫卵。鸭坏死性肠炎是一种慢性病，小肠坏死病变一般为弥漫性坏死，而不是局灶性坏死，内容物镜检未能检出吸虫虫体和虫卵。鸭肉毒梭菌中毒会导致鸭出现软颈和软脚症状，发病急，多见于采食到腐败动物尸体或蛆后半天内发病死亡。

【防　治】

1）管理措施

在预防上，要改放牧饲养为舍饲，不让鸭在饲养过程中接触到相关中间宿主（如麦穗鱼、鲫鱼、鲤鱼、鲢鱼以及泥鳅等）。

2）药物防治

在该病流行地区，对放牧鸭要定期使用广谱抗蠕虫药或抗吸虫药物进行驱虫（放牧后 2~3 天就要驱虫）。若鸭群转移到新的地方放牧，2~3 天后也要驱虫 1 次。

该病的治疗可选择阿苯达唑、芬苯达唑、硫双二氯酚、吡喹酮等药物。具体用法、用量参见鸭卷棘口吸虫。

【参考文献】

[1] 黄兵，沈杰 . 中国畜禽寄生虫形态分类图谱 . 北京：中国农业科学技术出版社，2006.

[2] 江斌，林琳，吴胜会，等 . 鸭盲肠杯叶吸虫新种（*Cyathocotyle caecumalis* sp. *nov*）的生活史研究 . 福建农业学报 ,2013,（08）:731-735.

[3] 江斌，吴胜会，林琳，等 . 鸭普鲁氏杯叶吸虫的病例报告 . 福建畜牧兽医，2013（4）：48-49.

[4] 林琳，江斌，吴胜会，等 . 杯叶吸虫属一新种—盲肠杯叶吸虫（*Cyathocotyle caecumalis* sp.*nov*）研究初报 . 福建农业学报，2011（2）：184-188.

[5] 林琳，江斌，吴胜会，等 . 鸭盲肠杯叶吸虫病的人工感染试验 . 福建农业学报 ,2012,（3）:237-240.

[6] 沈杰，黄兵 . 中国家畜家禽寄生虫目录 . 北京：中国农业科学技术出版社，2004.

[7] 徐泉方，王峥明 . 鸭东方杯叶吸虫病的诊疗 . 中国兽医杂志，1995（3）：33.

[8] 尧国荣 . 蛋鸭东方杯叶吸虫病诊治报告 . 江西畜牧兽医，2008（5）：48.

[9] 张砀生，陈志国 . 淮纺鸭东方杯叶吸虫病的流行情况调查及诊治报告 . 畜牧与兽医，1994（2）：77.

[10] 张全成 . 洪泽地区鸭鹅肠道中首次发现东方杯叶吸虫 . 畜牧与兽医，1994（2）：77.

第31章　鸭背孔吸虫病

Chapter 31　Duck Notocotylidiasis

引　　言

鸭背孔吸虫病是由背孔科（Notocotylidae）、背孔属（*Notocotylus*）中多种背孔吸虫寄生于鸭体内的一类寄生虫疾病的总称。根据黄兵、沈杰主编的《中国畜禽寄生虫形态分类图谱》和《中国家畜家禽寄生虫目录》记载，背孔属中有纤细背孔吸虫（*N. attenuatus*）、雪白背孔吸虫（*N.chionis*）、徐氏背孔吸虫（*N.hsui*）、鳞叠背孔吸虫（*N.imbricatus*）、肠背孔吸虫（*N.intestinalis*）、舟形背孔吸虫（*N.naviformis*）、锥实螺背孔吸虫（*N.stagnicolae*）、巴氏背孔吸虫（*N.babai*）、线样背孔吸虫（*N.linearis*）、勒克瑙背孔吸虫（*N.lucknowensis*）、大卵圆背孔吸虫（*N.magniovatus*）、波氏背孔吸虫（*N.porzanae*）、塞氏背孔吸虫（*N.seineti*）、斯氏背孔吸虫（*N.skrjabini*）、喜氏背孔吸虫（*N.thienemanni*）、乌尔斑背孔吸虫（*N.urbanensis*）等 10 多种可寄生在鸭体内的盲肠、直肠、小肠以及泄殖腔内。其中常见的有纤细背孔吸虫、鳞叠背孔吸虫、肠背孔吸虫以及锥实螺背孔吸虫等。

这些背孔吸虫寄生在鸭肠管内导致鸭出现肠炎症状，严重时可导致肠管出现糜烂，最终衰竭死亡。该病在农村放牧鸭中感染率比较高，在雏鸭可导致急性发病死亡。

【病原学】

1）纤细背孔吸虫

虫体活时为粉红色，呈叶片状或鸭舌状，前端稍窄且薄，后端钝圆稍厚（图 31.1），大小为（2.22~5.68）mm×（0.82~1.85）mm。口吸盘位于顶端，近球形，大小为（0.11~0.28）mm×（0.12~0.26）mm。食道长 0.22~0.35 mm，两肠支沿虫体两侧向后延伸，盲端接近虫体末端。虫体腹面具 3 列腹腺，成纵行排列，中列腹腺有 14~15 个，两侧腹腺各 14~17 个，自肠分叉之后不远处开始，各列最后一个腹腺接近虫体末端。睾丸类长方形，内外侧均呈深浅不等的分瓣状，位于虫体后 1/5 处两肠管外侧，大小为（0.35~0.88）mm×（0.22~0.48）mm。雄茎囊呈长袋状或棍棒状，位于虫体前 1/2 处中部，长 0.82~1.83 mm，生殖孔开口于肠分叉之后的一定距离，雄茎常伸出生殖孔之外。卵巢呈浅分叶状，位于两睾丸的中部之间。卵黄腺呈不规则的粗颗粒状，位于肠支的外侧，自虫体后 1/3 处向后延伸至睾丸前缘或稍后。子宫环褶左右盘曲于两肠支之间，至虫体中部或稍前方则伸直或呈微波状，子宫末端与雄茎囊并行，开口于雄性生殖孔之旁。虫卵小型，大小为（15~21）μm×（9~12）μm，两端各有一根长为 260 μm 的卵丝。可寄生在鸡、鸭、鹅的小肠、直肠、盲肠和泄殖腔。

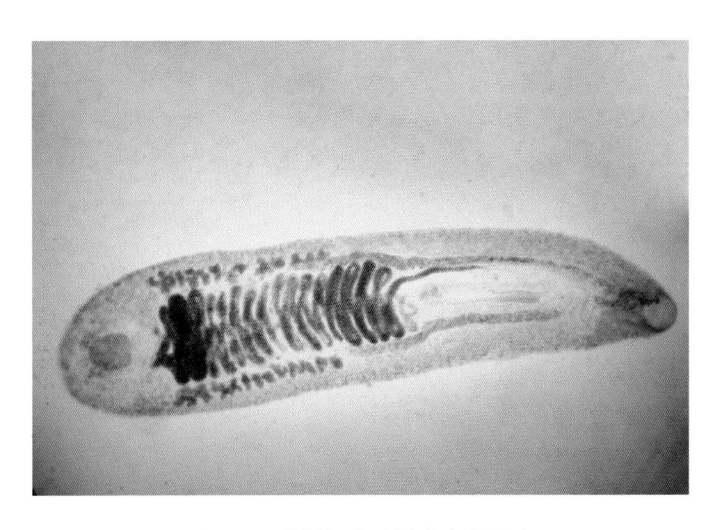

图 31.1　鸭纤细背孔吸虫虫体形态

2）鳞叠背孔吸虫

虫体细小呈扁叶形，两端钝圆，大小为（1.92~2.82）mm×（0.43 ~0.52）mm。体前部腹面角皮有小棘，分布至雄茎囊后缘。体腹面有三纵列腹腺，中列 15 个，两侧列各有 16 个，各腹腺呈乳头状突起。口吸盘位于体前端腹面，大小（0.098~0.12）mm×（0.12~0.14）mm。口吸盘下接食道，两肠支伸至虫体亚末端。睾丸位于虫体亚末端两侧，左右睾丸大小相等，大小（0.32~0.34）mm×（0.12~0.16）mm。边缘分为 18 ～ 20 个小瓣，具内、外贮精囊。卵巢位于两睾丸之间，大小（0.11~0.12）mm×（0.24~0.32）mm。边缘分为 8~9 瓣，卵黄腺分布在虫体后部的两侧，自虫体中横线后侧开始至睾丸的前缘。子宫经 15~16 个回旋弯曲，沿雄茎囊上升通至生殖孔，子宫内充满虫卵。虫卵大小为（18~20）μm×（11~12）μm，两端具卵丝。可寄生在鸡、鸭、鹅的盲肠和泄殖腔。

3）肠背孔吸虫

虫体小型，呈叶片状，前端稍窄，后部钝圆，大小为（2.27~3.74）mm×（0.67~0.88）mm。体表披有小棘，前密后稀。口吸盘端位，大小为（0.10~0.15）mm×（0.11~0.15）mm。缺腹吸盘。食道长 0.05~0.13 mm，两肠支细而略带弯曲。体表腹面具有 3 列纵行的腹腺，类球形，各列腹腺大小几乎相等，侧列为 15~18 个，中列为 14~16 个。睾丸 2 枚，外周呈多数的深裂，位于虫体后 1/6 处两肠支的外侧，左睾丸大小为（0.35~0.52）mm×（0.16~0.26）mm，右睾丸为（0.36~0.52）mm×（0.17~0.29）mm。雄茎囊呈棒状，位于虫体前 1/2 处两肠支之间。卵巢 4~5 个，深叶状，位于睾丸之间的前半部，大小为（0.17~0.26）mm×（0.16~0.26）mm。卵黄腺滤泡由不规则的大小不等的团块组成，起于虫体后 1/2 处，沿肠支外侧向后延伸至睾丸前缘水平处。子宫环褶横行弯曲于梅氏腺与雄茎囊之间，开口于雄性生殖孔之旁。虫卵椭圆形，大小为（13~19）μm×（8~11）μm，两端各有一根很长的卵丝。可寄生在鸡、鸭、鹅的盲肠。

4）锥实螺背孔吸虫

虫体扁平，前端稍尖，后端钝圆，大小为（2.67~3.40）mm×（0.720~0.940）mm。腹腺三纵列，中列 13~14 个，侧列 14~17 个。口吸盘大小为（0.130~0.180）mm×（0.180~0.130）mm。食道长 0.090~0.180 mm。睾丸 2 个，并列虫体后端，大小为（0.340~0.560）mm×（0.170~0.300）mm，在两肠支外侧，各分 8~12 叶。卵巢分叶，位于两睾丸之间，大小为（0.200~0.300）mm×（0.210~

0.300）mm（图 31.2）。卵黄腺分布在虫体两侧，起自虫体中部伸延到睾丸前缘。子宫横向盘绕于雄茎囊后部到卵巢的前方。虫卵椭圆形，大小（21~25）μm×（14~17）μm，两端各附有一根细长的卵丝（图 31.3）。可寄生在鸡、鸭、鹅的盲肠。

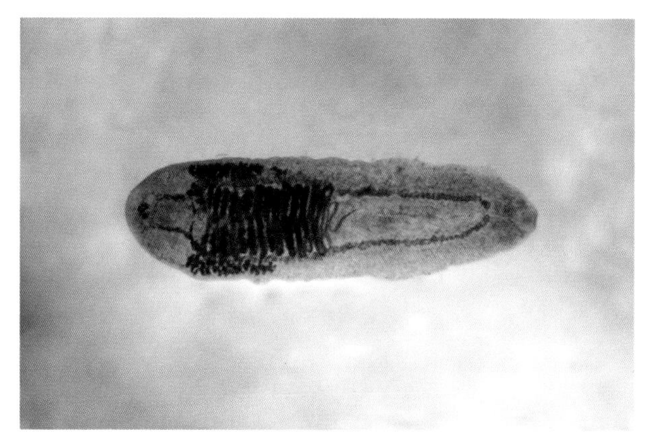

图 31.2　鸭锥实螺背孔吸虫虫体形态

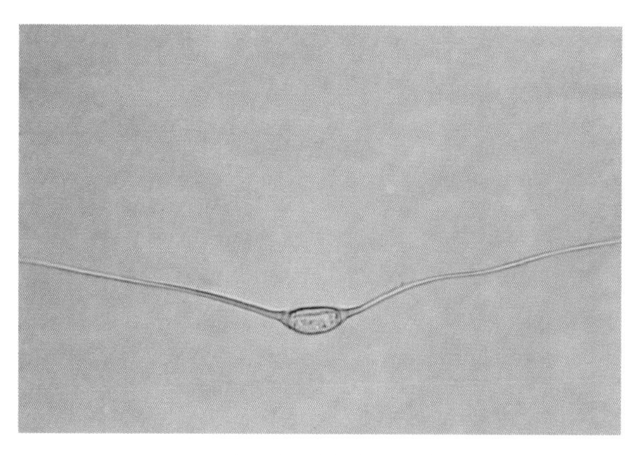

图 31.3　鸭锥实螺背孔吸虫虫卵形态

【流行病学】

背孔吸虫的发育只需要 1 个中间宿主。该吸虫的虫卵随着禽类粪便排出体外，在外界适宜的温度下，经过 4 天可孵化出毛蚴。毛蚴侵入中间宿主淡水螺（如折叠萝卜螺、扁卷螺、泥锥实螺、泥泽锥实螺、静水锥实螺、纹沼螺以及小土窝螺等，不同种类的背孔吸虫，其中间宿主淡水螺有所不同）后，经 11 天发育成胞蚴，接着又继续发育为雷蚴和尾蚴。尾蚴自螺体内逸出后 2~5 天，多数尾蚴在附近的水草或其他物体上形成囊蚴（如浮萍、蕹菜、青萍等），部分尾蚴也可在淡水螺体内形成囊蚴。当禽类吞食了含囊蚴的水草或淡水螺等而受感染，经 21 天寄生在家禽的靶器官上发育为童虫和成虫。

背孔吸虫的种类繁多，有些品种（如纤细背孔吸虫、鳞叠背孔吸虫、肠背孔吸虫、舟形背孔吸虫、锥实螺背孔吸虫等）可感染鸭、鸡、鹅；有些品种（如雪白背孔吸虫、徐氏背孔吸虫、线样背孔吸虫、大卵圆背孔吸虫、喜氏背孔吸虫、乌尔斑背孔吸虫）只感染鸭和鹅；有些品种（如巴氏背孔吸虫、波氏背孔吸虫、塞氏背孔吸虫）只感染鸭；有些品种（如莲花背孔吸虫、小卵圆背孔吸虫、多腺背孔吸虫、秧鸡背孔吸虫）只感染鹅；有些品种（如囊凸背孔吸虫）只感染鹅、鸡；有些品种（如勒克瑙背孔吸虫）只感染鸡、鸭。其中以纤细背孔吸虫的分布最广，在我国多数省份都有记录；其次为鳞叠背孔吸虫、肠背孔吸虫、锥实螺背孔吸虫，其他品种只有少数省份有记录。在不同地区，禽类背孔吸虫的感染种类和感染率与当地家禽饲养方式（放牧、舍饲或半放牧半舍饲）、所饲养家禽品种以及中间宿主分布情况有关。黄永康（2011）对龙岩市家养水禽寄生虫蠕虫调查表明，龙岩市家养水禽纤细背孔吸虫感染率为 0.32%；林琳等（2011）对福州地区家鸭寄生虫感染调查表明，福州地区纤细背孔吸虫感染率为 0.19%，感染强度为 4~26 条；锥实螺背孔吸虫感染率为 0.38%，感染强度为 22~55 条；李琼璋（1998）对江西莲花县 55 只家鸭体内吸虫进行调查，其中 17 只鸭检出纤细背孔吸虫，检出率为 30.91%，感染强度为 1~44 条；20 只鸭检出肠背孔吸虫，检出率为 36.36%。

【临床症状】

轻度感染的病鸭，一般无明显的症状，只表现为消瘦，贫血，背毛粗乱，生长缓慢以及轻微的拉稀症状。严重感染时（特别是雏鸭）表现精神沉郁，离群呆立，闭目嗜睡，饮欲增加，食欲减少或废绝，双脚站立不稳，行走蹒跚，软脚或偏向一侧，拉稀明显，粪便呈淡绿色或黄绿色，恶臭，个别可见粪中带血。急性病例的病程多为2~6天，最后因贫血衰竭而死亡。该病在成鸭多为隐性带虫，在雏鸭可急性发病死亡，发病率和死亡率因感染虫体数量而异。

【病理变化】

该病因不同的虫种所寄生的部位不同而产生各自的病变。其中纤细背孔吸虫可寄生在鸭的小肠、盲肠、直肠以及泄殖腔，可见小肠肿大，肠管肥厚，肠内充满粉红色小叶样虫体及黄褐色内容物（图31.4），肠黏膜充血、出血；盲肠轻度肿大（图31.5），肠壁糜烂坏死，内容物为黄褐色、恶臭，肠壁及内容物中夹带大量粉红色小叶样虫体；直肠及泄殖腔也有不同程度的肿胀，直肠黏膜充血、出血；泄殖腔炎症坏死。鳞叠背孔吸虫、肠背孔吸虫、锥实螺背孔吸虫等只寄生在禽类盲肠内，所产生的病变也基本都在盲肠，可见盲肠轻度或中度肿大，肠壁出现糠麸样坏死，内容物为灰褐色、恶臭。其他内脏器官病变不明显。

图31.4　鸭背孔吸虫寄生于肠壁及其引起的肠道病变

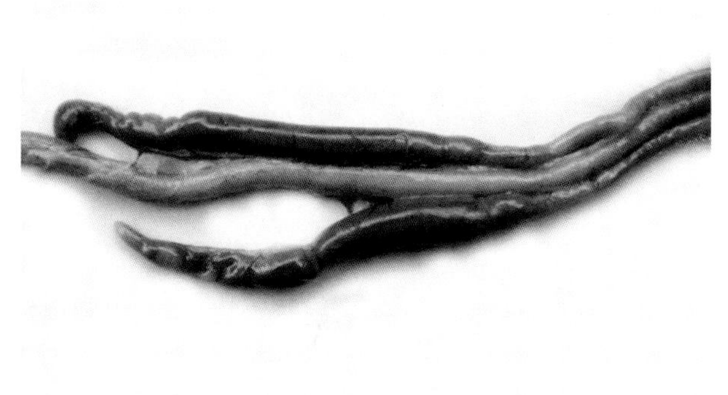

图31.5　鸭背孔吸虫感染引起盲肠轻度肿胀

【诊　断】

1）临床诊断

根据该病的临床症状和病理变化不易做出诊断。

2）实验室诊断

该病的确诊可通过尸体剖检在肠道内检出背孔吸虫，以及在肠道内容物或粪便中检出特征性虫卵（虫卵两端各有一根细长卵丝），并对所检出的虫体的形态大小、内部结构进行观测，以确定是哪一种背孔吸虫。在诊断过程中要仔细查看和甄别，一个病例中有可能存在多种背孔吸虫，也有可能存在背孔吸虫与其他寄生虫或传染病并发感染。对并发感染病例还要进行综合分析和诊断，判断发病主因，以便采取相应的防治措施。

【防　　治】

1）管理措施

预防上要改变鸭饲养方式，改放牧饲养为舍饲，不让鸭在饲养过程中接触到中间宿主及含有该虫囊蚴的青萍、浮萍等水生植物。

2）药物防治

在该病流行地区，要定期使用广谱抗蠕虫药物（如阿苯达唑、芬苯达唑、硫双二氯酚、氯硝柳胺等）对放牧鸭进行驱虫。必要时可施用化学药物来消灭中间宿主来达到预防和控制该病的目的。

该病的治疗方法可参考鸭卷棘口吸虫的治疗方法。

【参考文献】

[1] 黄兵，沈杰．中国畜禽寄生虫形态分类图谱．北京：中国农业科学技术出版社，2006.

[2] 孔繁瑶．家畜寄生虫学．北京：中国农业大学出版社，1997.

[3] 唐崇惕，唐仲璋．中国吸虫学．福州：福建科学技术出版社，2005.

[4] 沈杰，黄兵．中国家畜家禽寄生虫目录．北京：中国农业科学技术出版社，2004.

[5] 江斌，吴胜会，林琳，等．畜禽寄生虫病诊治图谱．福州：福建科学技术出版社，2012.59.

[6] 黄永康．龙岩市家养水禽寄生蠕虫的群落生态分析．中国农学通报，2011（20）：58-62.

[7] 李琼璋．莲花白鹅和家鸭体内吸虫类的研究．畜牧兽医学报，1988（2）：138-145.

[8] 汪溥钦．细背孔吸虫和折叠背孔吸虫的生活史研究．福建师大学报自然科学版，1980（2）：89-99.

[9] 廖家斌．肉鸭细背孔吸虫病的诊治．当代畜牧，2011（11）：18-19.

[10] 林善正，兰永东，黄建亮．雏鸭发生细背孔吸虫病（初报）．中国兽医杂志，1989（9）：31-32.

[11] 林琳，江斌，吴胜会，等．福州地区家鸭寄生虫病的病例统计报告．福建畜牧兽医，2011（6）：33-34.

第32章　鸭次睾吸虫病

Chapter 32　Duck Metorchis Disease

引　言

鸭次睾吸虫病是由后睾科（Opisthorchiidae）、次睾属（*Metorchis*）中的多种次睾吸虫寄生于鸭胆囊、胆管内的一类寄生虫病的总称。病原包括鸭次睾吸虫（*M.anatinus*）、东方次睾吸虫（*M.orientalis*）、企鹅次睾吸虫（*M.pinguiniaola*）、台湾次睾吸虫（*Metorchis taiwanensis*）、黄体次睾吸虫（*M.xuathosomus*）等，其中以东方次睾吸虫和台湾次睾吸虫比较常见。这些次睾吸虫寄生在鸭的胆囊和胆管内，导致病鸭出现贫血、下痢、衰竭，甚至死亡，尤其以放牧的产蛋鸭多见。

【病原学】

1）东方次睾吸虫

虫体呈叶状，大小为（2.4~4.7）mm×（0.5~1.2）mm，体表有小棘，口吸盘位于虫体前端，腹吸盘位于虫体前1/4中央，睾丸大，2个，稍分叶，前后排列于虫体后端。生殖孔位于腹吸盘前方。卵巢呈椭圆形，位于睾丸前方。受精囊位于卵巢右侧，卵黄腺分布于虫体两侧，始于肠分叉稍后方，终于前睾丸前缘。子宫弯曲于卵巢前方，伸达腹吸盘上方，后端止于前睾丸前缘，子宫内充满虫卵。虫卵呈浅黄色，椭圆形，大小为（28~31）μm×（12~15）μm，有卵盖，内含毛蚴。

2）台湾次睾吸虫

虫体呈香肠状或棍棒状（图32.1A），大小为（2.52~4.55）mm×（0.32~0.42）mm，虫体表皮有棘，起于体前端，止于睾丸。口吸盘位于虫体前端，大小为（0.16~0.24）mm×（0.18~0.28）mm，腹吸盘呈圆盘状，位于虫体前1/3后的后部中央，大小为（0.15~0.23）mm×（0.16~0.22）mm（图32.1B）。咽呈球形，食道短，两肠支沿虫体两侧向后延伸，终止于后睾之后。睾丸2个，位于虫体后1/6处，前后排列或稍斜列，呈不规则的方形，边缘有凹陷或浅分叶状。卵巢呈球状，位于前睾丸的前缘。卵黄腺呈簇状，分布于虫体两侧，前缘起自肠叉与腹吸盘之间，向后延伸至前睾丸前缘为止，每侧6~8簇（图32.1C）。子宫弯曲于两肠支之间，从卵巢开始到腹吸盘前（图32.1D）。虫卵为淡黄色，前端具有盖，后端有一小突起，大小为（23~29）μm×（14~16）μm（图32.1E）。

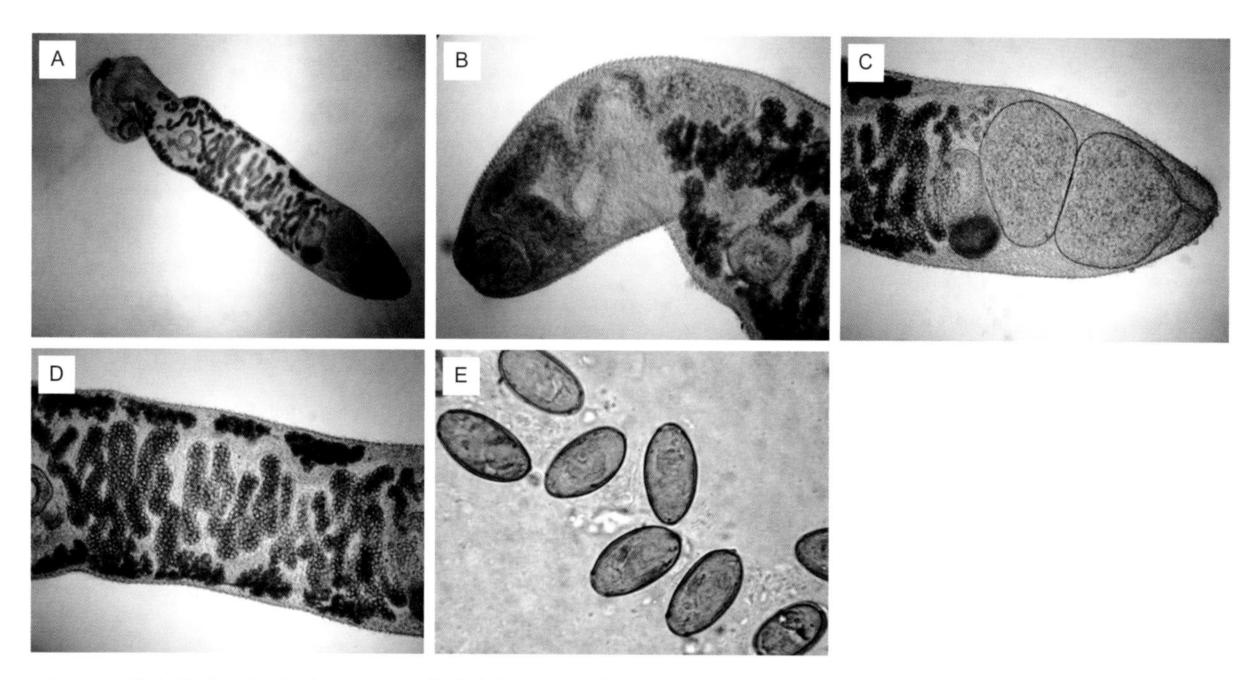

图 32.1　鸭台湾次睾吸虫形态。A. 鸭台湾次睾吸虫虫体形态；B. 鸭台湾次睾吸虫虫体前半部形态；C. 鸭台湾次睾吸虫睾丸、卵巢形态；D. 鸭台湾次睾吸虫的子宫及虫卵形态；E. 鸭台湾次睾吸虫虫卵形态

【流行病学】

次睾属吸虫的发育一般都需 2 个中间宿主，第一中间宿主为纹沼螺，第二中间宿主为麦穗鱼。但也有一些学者认为次睾属吸虫的第一个中间宿主为赤豆螺（陶炽孙，1984；杨光友，1997）。此外，一些学者研究表明，东方次睾吸虫的第二中间宿主除了麦穗鱼外，还有棒花鱼、山东细鲫鱼、花斑次鲍等；台湾次睾吸虫的第二中间宿主除了麦穗鱼外，还有棒花鱼（王寿昆，1992），鲤鱼、黄鳝、泥鳅、美国青蛙、蝌蚪等（杨光友，1997）。

次睾吸虫的发育过程包括虫卵、毛蚴、胞蚴、雷蚴、尾蚴、囊蚴和成虫几个阶段。在水温 17~26℃条件下，纹沼螺食入次睾吸虫虫卵后，虫卵在纹沼螺的肠管内孵化出毛蚴，毛蚴穿过肠壁后寄生在纹沼螺肝脏附近的肠壁外侧，继续发育为胞蚴。从虫卵到胞蚴的发育时间需 38 天，在水温 16~33℃条件下，胞蚴再经 50 天进一步发育为成熟的雷蚴，内含尾蚴和胚团。尾蚴从纹沼螺体内逸出后，在水中遇到适宜的鱼类时，以口吸盘吸附在鱼体上，接着体部不断地蠕动而钻入鱼鳞下，并进入肌肉层形成囊蚴。在鱼体内需 30 天时间才能发育成熟的感染性囊蚴。鸭等终末宿主吞食了含有成熟囊蚴的鱼类后经 16~21 天发育为成虫。整个发育周期至少需要 133 天。

次睾吸虫的终末宿主范围较广，家禽中除鸭外，其他禽类如鸡、鹅、鹌鹑等也可作为终末宿主。现已报道可作为东方次睾吸虫的自然终末宿主还有林鸮、黑耳鸢、小鸊鷉、凤头鸊鷉、牛背鹭、环颈雉、三宝鸟、绿头鸭以及其他野鸭类；作为台湾次睾吸虫的自然终末宿主还有绿头鸭、秧鸡等。此外，通过人工感染试验表明，犬、猫、豚鼠、小白鼠、大白鼠等哺乳动物和人体也可感染东方次睾吸虫（张鸿满，2009）。东方次睾吸虫和台湾次睾吸虫在我国分布都很广泛，许多省份均有这两种吸虫的感染记录。据张鸿满等报道（2009），广西家鸭、家猫中东方次睾吸虫感染率分别为 1.7% 和 2.4%；李朝品等报道（2003），淮河地区家鸭粪便中东方次睾吸虫虫卵阳性率为 17.17%，家鸭剖检东方次睾吸虫检出率为 18.33%，其附近水系内麦穗鱼中东方次睾吸虫囊蚴的检出率为 6.67%；王寿昆报道（1992），福州地区家鸭中东方次睾吸虫感染率为9.3%，台湾次睾吸虫感染率为11.7%，两者混合感染的比例为1.4%。此外，洪黎民等（1964）报道，上海佘山地区麦穗鱼中东方次睾吸虫和台湾次睾吸虫的囊蚴阳性率分别为60%和90%；徐锡藩等报道（1938）江苏清江浦的麦穗鱼中东方次睾吸虫和台湾次睾吸虫囊蚴的阳性率分别为46%和77%，棒花鱼中两种吸虫囊蚴阳性率分别为14%和23%。

鸭次睾吸虫病基本上都发生于长期放牧的鸭群，产蛋麻鸭感染率高于肉鸭。一年四季均可发病，但以每年的8—9月份的感染率最高。感染率高低与鸭群饲养模式、当地河流中中间宿主分布情况关系比较大。

【临床症状】

轻度感染鸭一般不表现临床症状。严重感染时可见患鸭有精神萎靡，食欲不振，羽毛松乱，两脚无力，消瘦，贫血，下痢，粪便呈水样。个别可因衰竭而死亡。产蛋鸭可见产蛋率逐渐下降。放牧鸭隐性感染率较高，但死亡率相对较低。发病潜伏期15~25天。

【病理变化】

剖检患鸭可见肝脏肿大，出现脂肪变性，有时肝脏表面会出现坏死结节。胆囊肿大，表面可见一些白色斑点（图32.2），胆管增生变粗。切开胆囊，可见胆汁变质或消失，在胆汁中可见一些细小的白色虫体在蠕动。小肠有轻度卡他性炎症。其他内脏器官无明显病变。

图32.2　鸭台湾次睾吸虫感染引起胆囊肿大

【诊　　断】

1）临床诊断

单凭临床症状和病理变化很难对该病做出诊断。

2）实验室诊断

该病的诊断一方面可通过粪便检查法检出次睾吸虫的虫卵，另一方面可通过剖检患鸭的胆囊和胆管，检出次睾吸虫。要确定是哪一种次睾吸虫，需对虫体进行卡红染色后观测虫体外观形态和内部器官的形态结构后才能确定。此外，还要分析判断次睾吸虫是主要病原还是次要病原，以便采取相应的处理措施。

【防　　治】

1）管理措施

鸭次睾吸虫病是一种被认为严重危害家鸭的重要寄生虫病。在预防上，首先要改变饲养方式，提倡圈养，减少放牧饲养，同时要杜绝使用新鲜淡水鱼饲喂家鸭。

2）药物防治

对于有经常在河流、池塘放牧的家鸭，可定期选择广谱抗蠕虫药物进行预防性驱虫。

该病的治疗也是采用广谱抗蠕虫药（如阿苯达唑，按每千克体重 25 mg，连用 3 天）或抗吸虫药（如吡喹酮，按每千克体重 10~25 mg，一次性内服）均有较好效果。此外，对于体质较差的鸭群可在饲料中适当地添加一些多种维生素，提高家鸭的抵抗力，对加速病鸭康复有帮助。

【参考文献】

[1] 陈诚，张鸿满，江河，等．东方次睾吸虫的实验动物易感性研究．应用预防医学，2008（2）：80-83.

[2] 陈佩惠，唐仲璋．台湾次睾吸虫和东方次睾吸虫形态比较的研究．畜牧兽医学报，1981（1）：53-60.

[3] 黄兵，沈杰．中国畜禽寄生虫形态分类图谱．北京：中国农业科学技术出版社，2006.

[4] 李朝品，王健．淮河水系东方次睾吸虫生态学初步研究．中国寄生虫病防治杂志，2003（2）：108-110.

[5] 唐崇惕，唐仲璋．中国吸虫学．福州：福建科学技术出版社，2005.

[6] 王克霞，李朝品，郭家，等．淮河水系台湾次睾吸虫自然疫源地调查报告．中国人兽共患病杂志，2005（10）：917-919.

[7] 王寿昆．福州地区家鸭次睾吸虫流行病学的调查研究．福建农学院学报，1992（3）：328-334.

[8] 杨光友，赖为民．台湾次睾吸虫生活史的研究．中国兽医学报，1997（5）：475-478.

[9] 张鸿满，江河，吴惠芳，等．广西东方次睾吸虫疫源地调查．海峡预防医学杂志，2009（5）：7-8.

[11] 朱玉霞，孙恩涛．淮南地区发现东方次睾吸虫．皖南医学院学报，2012（2）：143-144.

第33章　鸭毛毕吸虫病

Chapter 33　Duck Trichobilharzia Disease

引　　言

鸭毛毕吸虫病是由裂体科（Schistosomatida）毛毕属（*Trichobilharzia*）中的多种吸虫寄生在鸭门静脉和肠系膜静脉内的一类寄生虫病，又称为鸭血吸虫病。其中在我国已有记录的病原有包氏毛毕吸虫（*T.paoi*），横川毛毕吸虫（*T.yokagawai*）、瓶螺毛毕吸虫（*T.physelae*）、中山毛毕吸虫（*T.zongslani*）、集安毛毕吸虫（*T. jianensis*）、眼点毛毕吸虫（*T.ocellata*）、平南毛毕吸虫（*T. pingnan*）等。该病分布广泛，流行严重，受到鸟类迁徙影响，防治难度较大。一方面该病可导致患鸭生长障碍，生产性能低下，个别严重患鸭可导致死亡；另一方面由于该吸虫的尾蚴会侵入人体皮肤可引起受感染者出现尾蚴性皮炎，给人们的生产和生活造成很大不便。

【病原学】

毛毕属吸虫呈世界性分布，在欧洲、美洲、亚洲、非洲、大洋洲均有报道。该属中的吸虫种类随着研究的不断深入而日益增多，迄今为止国内外报道的毛毕属吸虫已超过 40 多种。其中最常见的为包氏毛毕吸虫。该虫的雄虫大小为（5.21~8.23）mm×（0.078~0.095）mm，有口吸盘和腹吸盘，上有小刺。抱雌沟简单，沟的边缘有小刺。睾丸呈球形，有 70~90 个，单行纵列，始于抱雌沟之后，直到虫体后端。雄茎囊位于腹吸盘之后，居于抱雌沟与腹吸盘之间。雌虫较雄虫纤细，大小为（3.39~4.89）mm×（0.008~0.012）mm，卵巢位于腹吸盘后不远处，呈 3~4 个螺旋状扭曲。子宫极短，介于卵巢与腹吸盘之间，内仅含一个虫卵。卵黄腺呈颗粒状，布满虫体，从受精囊后面延至虫体后端。虫卵呈纺锤形，中部膨大，两端较长，其一端有一小沟，大小为（23.6~31.6）μm×（6.8~11.2）μm，内含毛蚴。可寄生在鸭、鹅的肠系膜静脉、门静脉。

【流行病学】

毛毕属吸虫生活史需要 1 个中间宿主，大多数的中间宿主都为椎实螺，包括静水椎实螺、耳萝卜螺、折叠萝卜螺、椭圆萝卜螺、卵萝卜螺、狭萝卜螺、青海萝卜螺、小土蜗螺、截口土蜗螺等。多数毛毕属吸虫具有中间宿主特异性。该吸虫的生活史包括虫卵、毛蚴、胞蚴、尾蚴和成虫阶段，无囊蚴阶段。虫卵随着鸭（或鸟类）粪便排到外界环境中，在适宜的温度和光照下，虫卵在水中不久即孵出毛蚴，毛蚴在水中自由游动，不摄食，一般可存活 24 h。当毛蚴在水中遇到适宜的中间宿主，即侵入螺体内经 4 周时间相继发育为母胞蚴、子胞蚴和尾蚴。成熟尾蚴离开螺体后游于水中，当遇到鸭子或其他水禽或野鸟，即钻入其体内并随血液循环到达肝脏门静脉和肠系膜静脉内再经 3~4 周时间发育为成虫。整个发育周期大约需要 2 个月。

毛毕属吸虫有一定的寄主专一性，即某一种毛毕属吸虫有其特定的中间宿主和终末宿主。在国外报道的终末宿主有野鸭、天鹅、红翅山鸟、加拿大鹅、秋沙鸭等；国内报道的终末宿主有家鸭、野鸭、斑嘴鸭、罗纹鸭、绿翅鸭、白眉鸭、赤颈鸭、青头潜鸭等。此外毛毕吸虫的尾蚴也会侵入人体皮肤，导致人们出现尾蚴性皮炎，但不会在人体内发育为成虫。这种情况在我国许多地方都有记录，有的地区称“稻田皮炎”，四川省称“鸭屎疯”，福建省称“鸭怪”等，使人手足有痒感，并出现丘疹和丘痘疹，严重的可出现溃烂，影响农民的生产劳动。

该病多见于每年的 4—10 月份，其中以 6—8 月份感染率最高。感染率高低与各地鸭群的饲养方式（圈养、放牧、半圈养半放牧）有关，也与当地稻田中的中间宿主分布情况以及是否存在毛毕吸虫病原有关，在我国已报道的 10 多种毛毕吸虫中以包氏毛毕吸虫分布最广，已有十几个省份有记录。据调查，淮河水系中椭圆萝卜螺和耳萝卜螺的本虫自然感染率分别为 0.51% 和 0.65%（盛似春，2005）；江西部分地区中的耳萝卜螺、折叠萝卜螺、椭圆萝卜螺、小土蜗的感染率分别为 3.51%、3.74%、1.25% 和 0.79%；江西高安市水禽毛毕吸虫感染率为 43.29%，新建县为 28.21%，南昌市为 24.26%。水禽中产蛋麻鸭的感染率可高达 39.70%（许宝华，2007）；浙江省平原地区椎实螺中毛毕吸虫阳性率高达 24.25%（黄文德，2004）。由此可见，鸭毛毕吸虫病在我国广泛存在。

【临床症状】

鸭毛毕吸虫病在临床上无特征性症状，主要表现为精神沉郁，食欲不振，腹泻，贫血，渐进性消瘦。个别呼吸急迫，体温升高，食欲废绝，极少数可导致死亡。此外，对产蛋麻鸭可导致不同程度的减蛋表现。

【病理变化】

剖检可见病鸭尸体消瘦，贫血，腹水多，肠黏膜发炎，肠壁上有虫卵小结节，肝脏表面凸凹不平，肝脏表面和切面有多个灰白色虫卵结节，肠系膜静脉和肝脏门静脉管管壁增厚。剖开静脉管，可见大量长度 5~10 mm，乳白色或淡红色的细小的线状虫体。

【诊　　断】

该病的确诊需采用粪便水洗沉淀法检出毛毕吸虫的虫卵，并采用鸭门静脉和肠系膜静脉灌注法收集成虫。此外，对病死鸭的肝脏、心脏、肺脏、肠壁内虫体和虫卵结节进行病理切片观察也可诊断。

【防　　治】

1）管理措施

该病分布广泛，流行严重，受到鸟类迁徙影响，总的来说，预防难度很大。毛毕吸虫的中间宿主为锥实螺，每年春夏两季时会大量繁殖产卵，我们可以考虑结合农业生产，施用农药或化肥（如氨水、氯化铵、碳酸氢铵）等杀灭椎实螺等中间宿主，减少或阻断本吸虫的幼虫发育过程。在该病的流行地区，应建议养殖户对饲养鸭实行圈养或尽量减少到水沟、稻田放养鸭子。

2）药物防治

到目前为止，对该病治疗暂无理想药物。可试用吡喹酮（按每千克体重 30 mg，连用 3 天）或硝硫氰胺（按每千克体重 60 mg，连用 3 天）有一定效果。此外，选用青蒿琥酯（按每千克体重 60 mg，肌内注射，连用 3 天），也有一定的防治效果。

【参考文献】

[1] 郭家，王克霞，李朝品，等．淮南地区毛毕吸虫自然疫源地调查．中国人兽共患病杂志，2006 (15)：1849-1850.

[2] 黄兵，沈杰．中国畜禽寄生虫形态分类图谱．北京：中国农业科学技术出版社，2006.

[3] 黄文德，黄蓉蓉，张峰山，等．浙江鸭血吸虫病流行学及诊断防治的实验研究．中国兽医杂志，2004 (1)：20-22.

[4] 孔繁瑶．家畜寄生虫学．北京：中国农业大学出版社，1997.

[5] 盛似春，张明群，秦志辉，等．毛毕吸虫中间宿主椎实螺的种类、感染情况及繁殖节律研究．中国媒介生物学及控制杂志，2005 (1)：49-51.

[6] 盛似春，张明群，王梅．淮河水系毛毕吸虫中间宿主椎实螺的研究．中国寄生虫病防治杂志，2005 (2)：129-131.

[7] 孙恩涛，秦志辉，李朝品．淮南水系毛毕吸虫自然疫源地调查报告．中国病原生物学杂志，2006 (10)：374-375.

[8] 孙莉，李明．鸭群感染毛毕吸虫的诊治．中国家禽，2012 (14)：66.

[9] 唐崇惕，唐仲璋．中国吸虫学．福州：福建科学技术出版社，2005.

[10] 许宝华，刘石泉，何海翔．江西水禽毛毕吸由病的流行病学调查．黑龙江畜牧兽医，2007 (10)：79-80.

第34章　鸭凹形隐叶吸虫病

Chapter 34　Duck Cryptocotyle Concavum Disease

引　　言

鸭凹形隐叶吸虫病是由异形科（Heterophyidae）隐叶属（*Cryptocotyle*）中的凹形隐叶吸虫（*C. concavun*）寄生于鸭小肠内的一种寄生虫疾病。该吸虫与异性科中其他吸虫的生活模式及生物学特性十分相似，成虫可寄生在人体、家禽与野生的哺乳动物以及食鱼鸟类的肠管内，被寄生的宿主比较多，分布也较广。该病可导致放牧鸭出现肠炎症状，严重时出现肠壁坏死而死亡。

【病原学】

虫体很小，体表有棘，呈卵圆形或仙桃形，前端稍尖，后端底部略凹（图 34.1），大小为（0.28~0.88）mm×（0.41~1.10）mm。口吸盘呈圆形，大小为 0.08~0.11mm。腹吸盘较小，位于肠叉后方，大小为（0.030~0.036）mm×（0.031~0.035）mm。有前咽、咽和食道。两肠支发达，可伸达两睾丸后方的底部。睾丸 2 个，呈圆形或稍分叶，对称排列于虫体后部。左睾丸大小为（0.175~0.200）mm×（0.080~0.090）mm，右睾丸大小为（0.130~0.210）mm×（0.075~0.090）mm。卵巢呈圆形或稍分叶，位于两个睾丸中间之前，大小为（0.100~0.150）mm×（0.050~0.100）mm。有明显的生殖吸盘，位于腹吸盘后方。子宫短，内有大量虫卵。卵黄腺分布于虫体两侧及肠支内侧，前起于肠叉，后止于虫体末端。虫卵很小，表面粗糙，一端有卵盖，大小为（27~38）μm×（16~22）μm（图 34.2）。

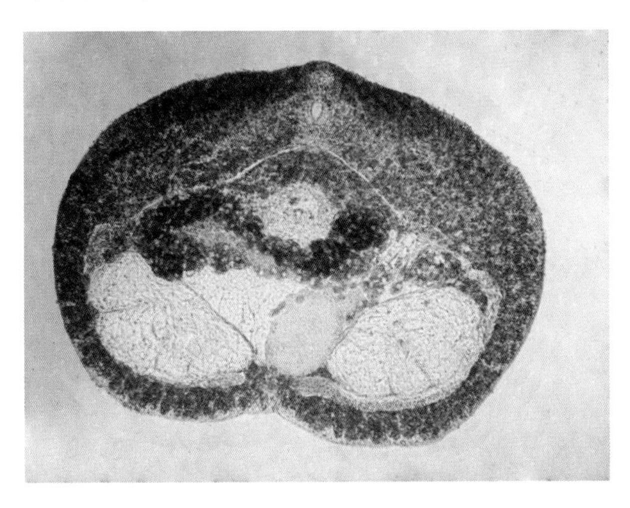

图 34.1　鸭凹形隐叶吸虫的虫体形态

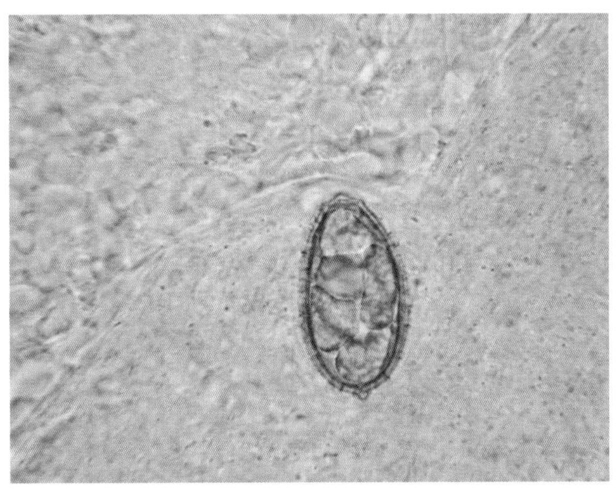

图 34.2　鸭凹形隐叶吸虫的虫卵形态

【流行病学】

鸭凹形隐叶吸虫的发育一般需要 2 个中间宿主，第一宿主为淡水螺（如赤豆螺、长溪螺、纹沼螺）。第二中间宿主为鱼类（如泥鳅、幼蝶、刺鱼、鲤鱼、银汉鱼、鰕虎鱼、羊头鱼等）。

鸭凹形隐叶吸虫在外界的发育过程还不十分明确，其中，虫卵在适宜的外界条件下孵出毛蚴；毛蚴进入第一中间宿主体内经过一段时间发育为胞蚴、雷蚴和尾蚴；尾蚴逸出螺体在水中遇到第二中间宿主——鱼类，即侵入其皮肤、鳃、肌肉内结成囊蚴。鸭吞食到含有成熟囊蚴的鱼类后经过 24 h 囊蚴在鸭小肠内发育为成虫。

鸭凹形隐叶吸虫与其他异形科吸虫一样，终末宿主比较多。除鸭以外，还可寄生于人体、家养与野生哺乳动物以及食鱼鸟类的肠管内。分布比较广，在国外，如俄罗斯、罗马尼亚、匈牙利、意大利等国家均有记载。在国内，首先由严如柳（1959）于福州家鸭小肠内发现，以后在我国的浙江、安徽、江西、福建、湖南、江苏、河南、四川、重庆、陕西等省份均有该病的记录。该病无明显的季节性，但多见于每年的下半年，以放牧鸭多见。

【临床症状】

急性病例可见家鸭放牧野外（如稻田或水沟）后第 2 ～ 3 天即可发病。表现部分鸭出现精神沉郁，拉黄白色稀粪，脱水，消瘦，鸭喙苍白，几天后部分病鸭可因脱水而死亡。慢性病例，病程可持续 10~20 天或更长，最终衰竭而死亡。

【病理变化】

剖检病死鸭可见尸体脱水明显，小肠中后段肿大异常，切开肠壁可见卡他性肠炎，肠内容物为水样，肠黏膜充血、出血（图 34.3）。病程稍长的病死鸭，可见小肠肿大异常明显，肠壁表面有不同程度的坏死病变，内含有干酪样内容物（图 34.4）。其他内脏器官病变不明显。

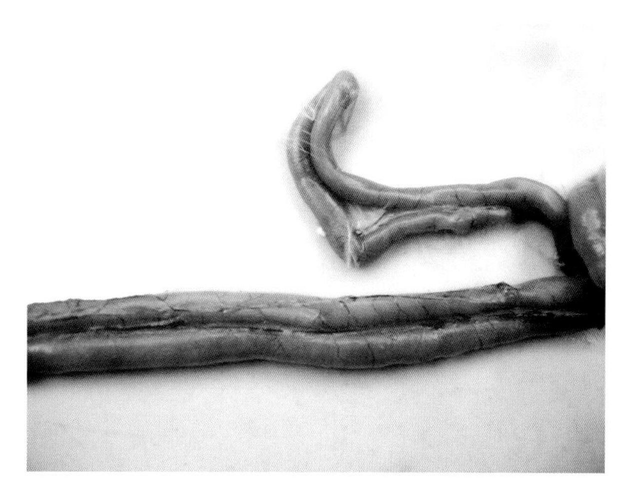

图 34.3　鸭凹形隐叶吸虫感染引起的肠炎

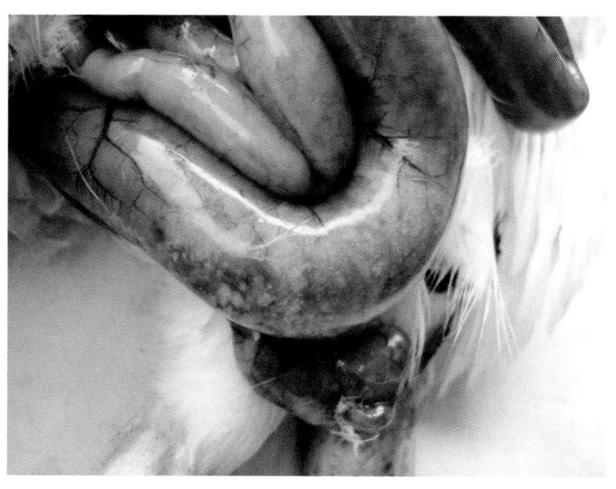

图 34.4　鸭凹形隐叶吸虫感染引起的肠道肿胀和坏死

【诊　　断】

1）临床诊断

单凭该病的临床症状和病理变化很难做出确诊。

2）实验室诊断

该病的诊断，很大程度上需依赖于实验室的检查。按照寄生虫学完全剖检法对病死鸭进行全面检查，在小肠内或肠壁上检出该虫体（由于虫体小，需借助显微镜下观测）即可诊断，严重病例每只鸭可检出 1 000 ～ 2 000 个虫体；另一方面对鸭粪便及后段肠管内容物进行虫卵检查，检出该虫特征性虫卵也可确诊。

【防　　治】

1）管理措施

在预防上，要改变鸭的饲养方式，改放牧为舍饲。

2）药物防治

在平常舍饲过程中不要喂未经过处理的新鲜鱼类，对于经常放牧的鸭群，要定期使用广谱抗蠕虫药物进行预防性驱虫。

该病的治疗可选用阿苯达唑（按每千克体重 10~25 mg，连用 2~3 天）；或芬苯达唑（按每千克体重 10~25 mg 拌料，连用 2~3 天）；或硫双二氯酚（按每千克体重 30~50 mg，连用 2~3 天），均有较好的效果。必要时配合使用肠道消炎药（如硫酸新霉素、氟苯尼考等），加快肠道炎症修复。

【参考文献】

[1] 黄兵，沈杰．中国畜禽寄生虫形态分类图谱．北京：中国农业科学技术出版社，2006.
[2] 江斌，吴胜会，林琳，等．鸭凹形隐叶吸虫的人工感染致病试验．中国兽医杂志 ,2012(10):41-42.
[3] 孔繁瑶．家畜寄生虫学．北京：中国农业大学出版社，1997.
[4] 沈杰，黄兵．中国家畜家禽寄生虫目录．北京：中国农业科学技术出版社，2004.
[5] 吴观陵．人体寄生虫学．北京：人民卫生出版社，2004.
[6] 杨光友，赖从龙，赖为民．凹形隐叶吸虫生活史各期形态的初步观察．四川动物 ,1991.10(3):22-23.

第35章　鸭膜壳绦虫病

Chapter 35　Duck Hymenolepiasis

引　言

鸭膜壳绦虫病是由膜壳科（Hymenolepididae）中膜壳属（*Hymenolepis*）、双盔属（*Dicranotaenia*）、双睾属（*Diorchis*）、剑带属（*Drepanidotaenia*）、缝缘属（*Fimbriaria fasciolaris*）、网宫属（*Retinometra*）、幼钩属（*Sobolevicanthus*）、单睾属（*Aploparaksis*）等属中众多种类绦虫寄生在鸭肠道内的一大类寄生虫病的总称。其中常见的病原有膜壳属中的美丽膜壳绦虫（*H.venusta*）、双盔属中的冠状双盔绦虫（*D.coronula*）、剑带属中的矛形剑带绦虫（*D.lanceolata*）、缝缘属中的片形缝缘绦虫（*F.fasciolaris*）、单睾属中的福建单睾绦虫（*A.fukienensis*）等。不同种类的膜壳绦虫形态差异较大，它们的生活史及流行病学也略有不同。该病在世界范围内分布广泛，在我国的许多地方都呈地方性流行，对放牧鸭危害严重，个别可导致发病死亡，

【病原学】

1）鸭美丽膜壳绦虫

虫体长度为 30~45 mm，全部节片的宽度大于长度。头节圆形，较大，吻突较短，上有吻钩 8 个。有 4 个吸盘（图 35.1），睾丸 3 个，呈圆形或椭圆形，呈直线排列于节片下边缘。卵巢呈分瓣状，位于 3 个睾丸上方。六钩蚴呈卵圆形，大小为 23 μm×16 μm（图 35.2）。可寄生在鸭等禽类小肠内。

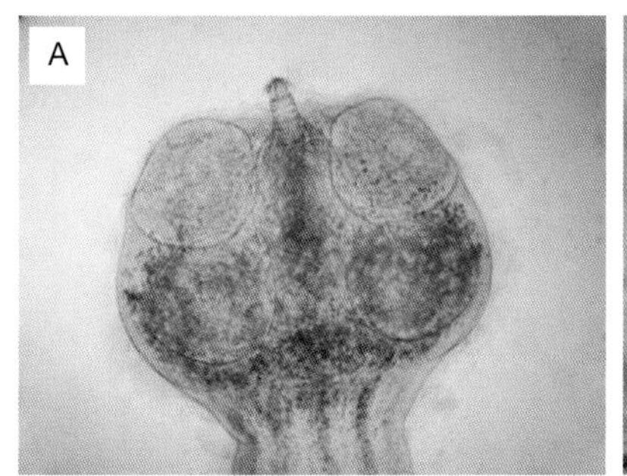

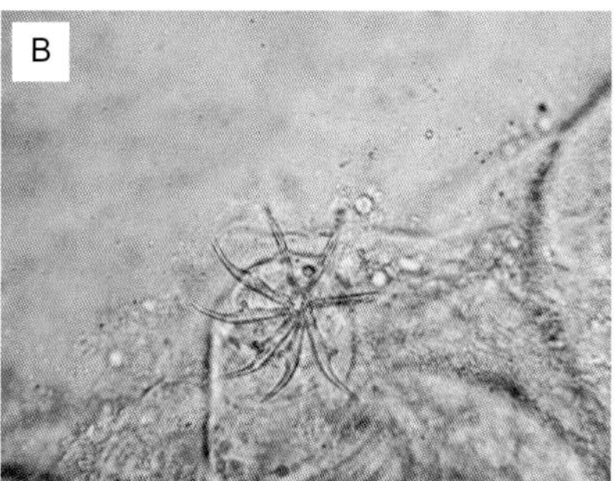

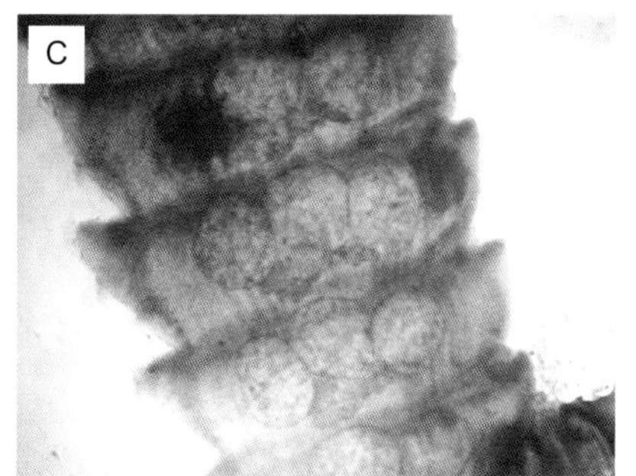

图 35.1　鸭美丽膜壳绦虫。A. 鸭美丽膜壳绦虫的头节形态；B. 鸭美丽膜壳绦虫头节上吻钩形态；C. 鸭美丽膜壳绦虫节片中睾丸形态

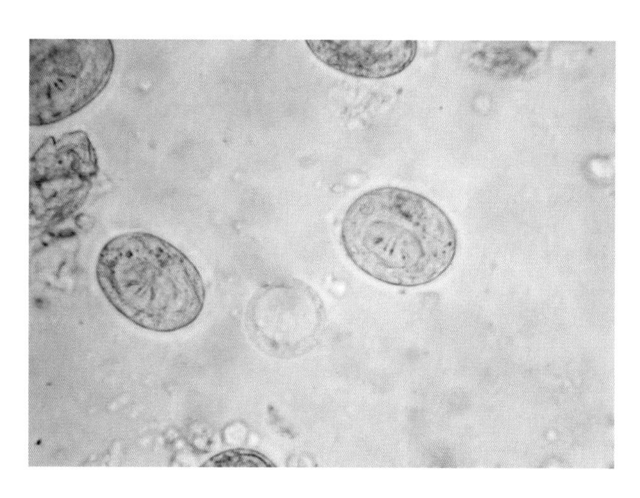

图 35.2 鸭美丽膜壳绦虫的虫卵形态

2）鸭冠状双盔绦虫

虫体长度为 85~252 mm，最大宽度为 3.5 mm（图 35.3A）。头节细小，吻突多伸出体外，吻钩有 18~22 个并形成冠状。吸盘 4 个，呈圆形或椭圆形（图 35.3B、C）。生殖孔开口于虫体一侧节片的边缘中部。睾丸 3 个，1 个位于生殖孔侧，另 2 个位于其反侧，排成三角形，大小为（0.321~0.431）mm×（0.242~0.374）mm，雄茎粗壮，有小棘。卵巢分瓣呈扇形，位于节片中央，横径 0.191~0.687 mm，长径 0.063~0.142 mm。六钩蚴呈卵圆形，大小为（16~23）μm×（14~15）μm。可寄生在鸭等禽类小肠、盲肠内。

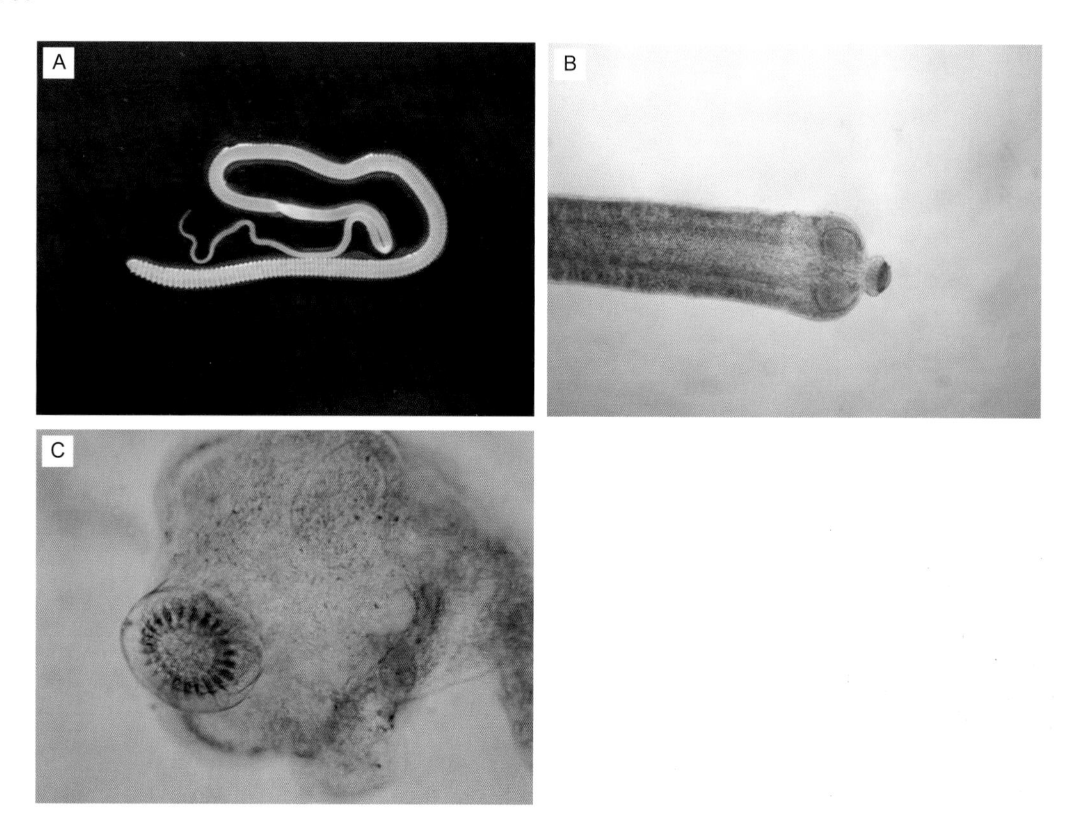

图 35.3 鸭冠状双盔绦虫。A. 鸭冠状双盔绦虫虫体形态；B. 鸭冠状双盔绦虫头部形态；C. 鸭冠状双盔绦虫头节上吻钩形态

3）鸭矛形剑带绦虫

虫体呈乳白色，前窄后宽，形似矛头（图 35.4），长达 13cm，由 20~40 个头节组成。头节小，头上有 4 个吸盘，顶突上有 8 个吻钩，颈短。睾丸 3 个，呈椭圆形，横列于卵巢内方生殖孔一侧。生殖孔位于每一节片上角的侧缘。卵巢呈棒状分支，左右两半，位于睾丸和生殖孔的对侧。虫卵呈椭圆形，大小为（101~109）μm×（82~84）μm，其中六钩蚴呈椭圆形，大小为 32μm×22μm。可寄生在鸭等禽类小肠内。

图 35.4　鸭矛形剑带绦虫的虫体形态

4）鸭片形缝缘绦虫

该虫属于大型绦虫，长度为 200~400 mm，宽 2~5 mm。真头节较小，易脱落，上有 4 个吸盘以及吻突上有 10 个吻钩。真头节后有一个很大呈皱褶状的假头（实际为附着器），大小为（1.9~6.0）mm×1.5 mm（图 35.5）。睾丸 3 个，为卵圆形。卵巢呈网状分布，串联于全部成熟节片。子宫也贯穿整个链体，孕节片内的子宫为短管状，管内充满虫卵（单个排列）。虫卵为椭圆形，两端稍尖，外有一层薄而透明的卵囊外膜，大小为 131 μm×74 μm，内含有六钩蚴（图 35.6）。可寄生在鸭等禽类小肠内。

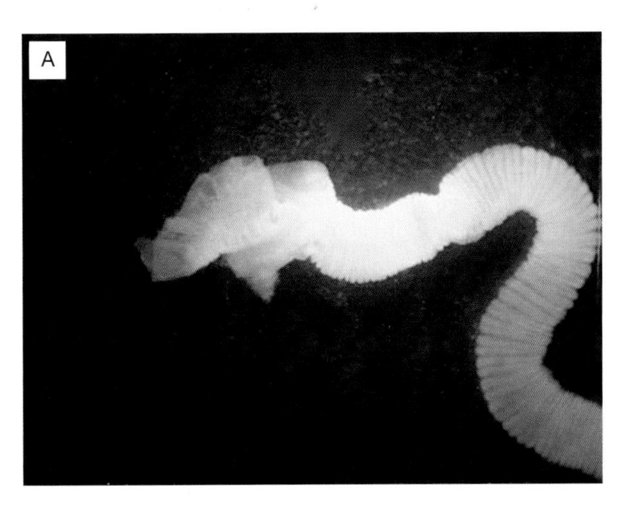

图 35.5　鸭片形缝缘绦虫。A. 鸭片形缝缘绦虫头部形态；B. 鸭片形缝缘绦虫的头节形态

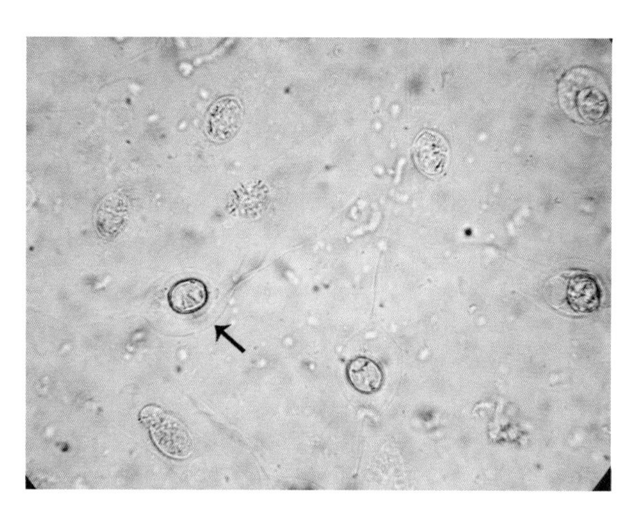

图 35.6　鸭片形缝缘绦虫的虫卵形态

5）鸭福建单睾绦虫

虫体长度为 31~110 mm，节片全部宽度大于长度。头节呈椭圆形，大小为（0.337~0.463）mm×（0.272~0.302）mm。吻突常伸出头外，也有留在头节内。吻突上有 10 个吻钩。吸盘 4 个，呈圆形或椭圆形，上有许多小棘（图 35.7）。睾丸 1 个，呈圆形或椭圆形，位于节片中央，生殖孔对侧，大小为（0.079~0.107）mm×（0.051~0.071）mm。卵巢呈囊状，分成三瓣位于节片中央，大小为（0.037~0.039）mm×（0.127~0.129）mm。孕节片内的子宫呈囊状，内含大量虫卵。虫卵呈长椭圆形，内含六钩蚴，大小为（70~81）μm×（36~41）μm（图 35.8）。可寄生在鸭、鹅的小肠内。

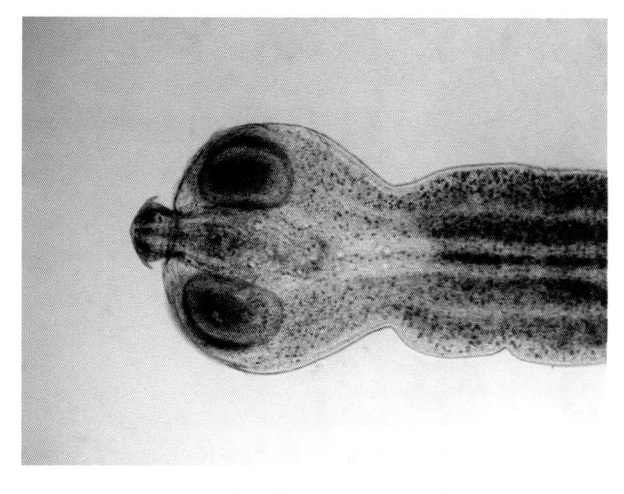

图 35.7　鸭福建单睾绦虫的头节形态

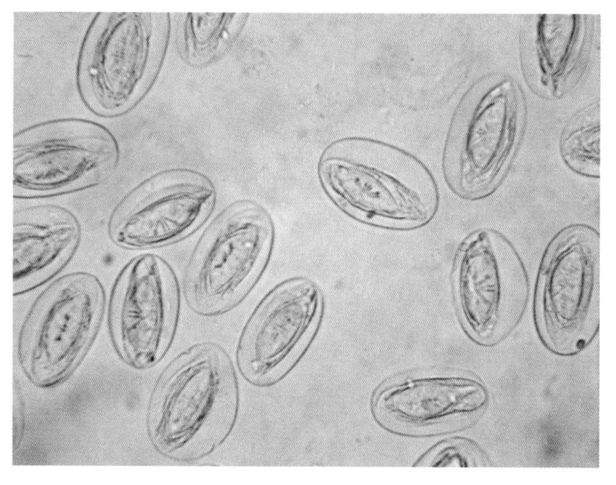

图 35.8　鸭福建单睾绦虫的虫卵形态

【流行病学】

膜壳科绦虫的发育一般只需要 1 个中间宿主。但不同属的绦虫的中间宿主及其生活史有所不同。其中膜壳属绦虫的中间宿主为食鱼的甲虫和一些小的甲壳类和螺类，虫卵在中间宿主体内，在 14~18℃下室温条件下，经 18~20 天发育为成熟的似囊尾蚴，终末宿主吞食了含似囊尾蚴的中间宿主后，经 30 天左右发育为成虫；双盔属绦虫的中间宿主为哈氏肥壮腺介虫和无偶肥壮腺介虫，虫卵在中间宿主体内，在 24~30℃（平均 27℃）室温条件下，经 9~10 天发育为成熟的似囊尾蚴，鸭吞食了含似囊尾蚴的中间宿主后，经 30 天发育为成虫，并排出成熟的孕节片；剑带属绦虫的中间宿主为剑水蚤，虫体的发育过程与膜壳属绦虫的发育过程类似；缝缘属绦虫的中间宿主为桡足类，包括普通镖水蚤和剑水蚤，虫卵在中间宿主体内，经 18 ～ 20 天发育为成熟的似囊尾蚴，家鸭吞食了含似囊尾蚴的中间宿主后，平均 16 天可发育为成虫。

膜壳科绦虫的种类繁多，分布广泛，终末宿主的种类也很多。据中国家畜家禽寄生虫名录（沈杰，2004）记载，能够寄生在家鸭体内的膜壳科绦虫有 64 种，分别隶属于膜壳属、双盔属、双睾属、剑带属、缝缘属、微吻属、网宫属、幼钩属、隐壳属、紫壳属、单睾属、那壳属、腔带属、棘壳属、黏壳属、膜钩属、变壳属等。不同品种的膜壳科绦虫，其分布范围也不同，有些种类（如冠状双盔绦虫、矛形剑带绦虫、片形缝缘绦虫等）在全国多数省份都有记录，有些种类（如秋沙鸭双睾绦虫、黑龙江缝缘绦虫）只有少数省份有记录。多数种类的膜壳科绦虫可同时感染鸭、鸡、鹅以及一些野生鸟类，少数种类只寄生在鸭体内，少数也可寄生于鼠类。该病呈世界性分布，多为散发，偶成地方流行性。

鸭感染膜壳科绦虫的种类以及感染率、感染强度与所在不同地区、不同饲养方式、不同季节有关。一般来说，放牧鸭的感染率比较高，而圈养鸭的感染率比较低；有采食到青萍、水浮莲以及夹带水生动物的青草的鸭子，其感染率高；一年四季均可感染，但夏秋两季的感染率比较高，而冬春季节感染率相对较低。此外不同种类的膜壳科绦虫可同时并发感染，也常见膜壳科绦虫与其他种类寄生虫混合感染；各种日龄鸭均可感染，其中以幼鸭最易感，发病程度比较严重，而成年鸭多为隐性带虫者。

【临床症状】

在少量感染时，鸭一般无明显的症状表现。严重感染时，可导致病鸭消瘦，贫血，食欲不振，消化不良，并有拉稀表现。粪便时常夹带白色的绦虫节片，有时可见白色带状虫体悬挂在肛门上，鸭群中其他鸭子会相互争啄这些虫体。极个别病鸭可因绦虫阻塞小肠造成急性死亡，尤其以幼鸭多见。

【病理变化】

病死鸭可视黏膜苍白，小肠肿大明显。切开小肠可见有乳白色扁平的绦虫寄生（图 35.9），有些种类的绦虫比较小或绦虫的童虫比较小，易与肠内容物相混淆，肉眼不易看见。此外，可见患鸭出现卡他性肠炎，肠壁有充血和出血病变。不同种类的膜壳科绦虫可寄生在小肠的前段、中段、后段或与大肠交界处的肠壁内侧上。

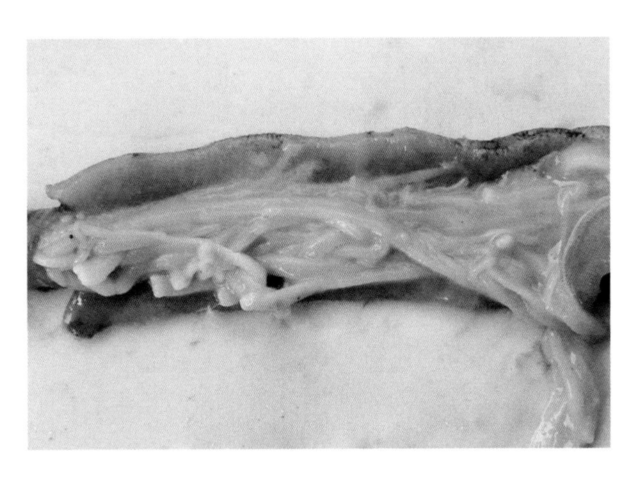

图 35.9　鸭膜壳绦虫寄生引起的肠道病变

【诊　　断】

该病的确诊有赖于对肠道内的绦虫进行采集、固定并制片后进一步观测才能完成。虫体采集时，为了保证虫体完整，勿用力猛拉，而应将附有虫体的肠段剪下，连同虫体一起浸入水中，经 5 ～ 6 h，虫体会自行脱落，体节也自行伸直。将收集到的虫体，浸入苏氏固定液或 70% 酒精或 5% 福尔马林溶液中固定后进一步测量大小和观察头节、节片。必要时还要采用染色并制片成标本后进一步观察。在观测虫体时，特别要测量虫体大小、头节形态、节片中生殖器官和虫卵形态，以确定属于哪一种绦虫。有时存在 2 种或 2 种以上膜壳科绦虫并发感染或与其他蠕虫混合感染，要加以鉴别诊断。

【防　　治】

1）管理措施

在预防上，要改变鸭饲养方式，改放牧为舍饲，不让鸭在饲养过程中接触到中间宿主或含中间宿主的青萍、浮萍等水生植物等。

2）药物防治

鸭场的饮用水或嬉戏水池不应含带中间宿主。对经常放牧的鸭群，可定期使用氯硝柳胺、硫双二氯酚、吡喹酮、阿苯达唑、氢溴酸槟榔碱等驱虫药进行驱虫。

该病的治疗也是选用氯硝柳胺（按每千克体重 50 ～ 100 mg）；硫双二氯酚（按每千克体重 100 ～ 200 mg）；吡喹酮（按每千克体重 10 ～ 25 mg）；阿苯达唑（按每千克体重 20 ～ 25 mg）；氢溴酸槟榔碱（按每千克体重 1.0 ～ 1.5 mg）等药物。驱虫后要对粪便进行堆积发酵处理，以消灭粪便中的虫卵。

【参考文献】

[1] 黄兵，沈杰．中国畜禽寄生虫形态分类图谱．北京：中国农业科学技术出版社，2006.

[2] 孔繁瑶．家畜寄生虫学．北京：中国农业大学出版社，1997.

[3] 李海云，林宇光，王忠．鸭片形缝缘绦虫生活史的研究．保山师专学报，1996（4）4-13.

[4] 李敬双，于洋．鸭剑带绦虫病的诊治．中国兽医杂志，2008（1）：71-72.

[5] 李毓兰．棘盘双睾绦虫与冠双盔绦虫在中间宿主体内发育的观察．福建师大学报，1982（1）137-144.

[6] 林琳，江斌，吴胜会，等．福州地区家鸭寄生虫病的病例统计报告．福建畜牧兽医，2011（6）：33-34.

[7] 沈杰，黄兵．中国家畜家禽寄生虫目录．北京：中国农业科学技术出版社，2004.

[8] 徐汉坤，毛振宇，孟凡胜，等．南京地区家禽寄生蠕虫的调查．南京农学院学报，1982（3）：109-116.

[9] 朱模忠．兽药手册．北京：化学工业出版社，2002.

第36章　鸭台湾鸟龙线虫病

Chapter 36　Duck Avioserpens Taiwanensis

引　言

鸭台湾鸟龙线虫病是由龙线科（Dracunculidae）鸟龙属（*Avioserpens*）中的台湾鸟龙线虫（*A.taiwana*）寄生在鸭皮下组织的一种寄生虫疾病。该病主要分布于印度、北美以及我国的台湾、福建、广东、广西、重庆、江苏、安徽、浙江、贵州、云南等地。主要侵害雏鸭，感染率较高，严重时可造成病鸭死亡，对养鸭业危害较大。

【病原学】

虫体细长，角皮光滑，有细横纹，白色（图 36.1）。头端钝圆。口周围有角质环，并有 2 个头感器和 14 个头乳突。雄虫长 6 mm，尾部弯向腹面，交合刺 1 对，引器呈三角形。雌虫长度达 100~240 mm，尾部逐渐变尖细，并向腹面弯曲，末端有一个小圆锤状突起。虫体内的大部分空间为充满幼虫的子宫所占据（雌虫）。幼虫纤细，白色，长 0.39~0.42 mm，幼虫脱离雌虫后迅速变为被囊幼虫，被囊幼虫长度为 0.51 mm，尾较长，尾端尖。

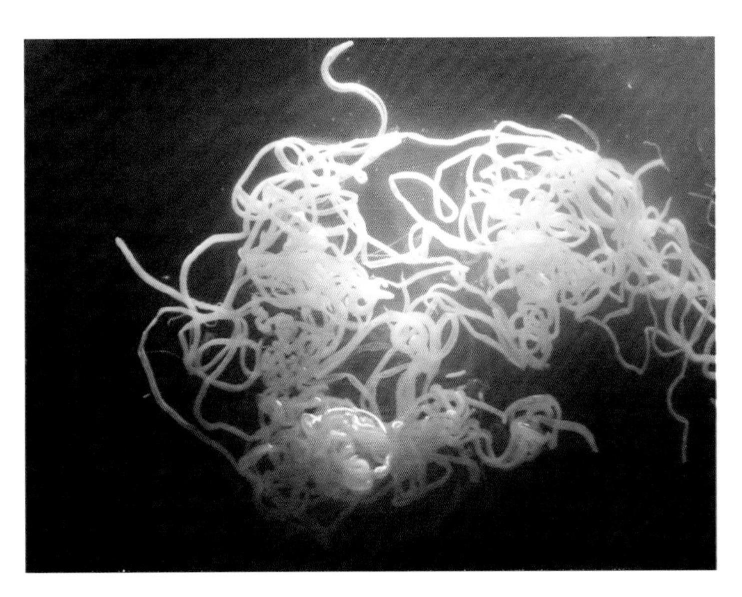

图 36.1　鸭台湾鸟龙线虫的虫体形态

【流行病学】

该虫属于胎生。成虫寄生于鸭头部等部位皮下结缔组织中，缠绕成团，并形成大小如指头的结节。随着病情发展，鸭患部皮肤变得非常薄，最终为病变组织中的雌虫头部所穿。当虫体的头部外露时，虫体断裂，雌虫腹中的幼虫流出，呈现乳白色液体（内含大量活跃的幼虫）。鸭子在水田中放牧时，大量的幼虫随破溃的创口进入水中，随即被水田中的剑水蚤吞食，并在其体内经过 20 多天、3 期幼虫发育而成为感染性幼虫。当含有感染性幼虫的剑水蚤被鸭子吞食后，感染性幼虫进入鸭肠腔，并在鸭体内移行，最终到达鸭子的腮、咽、喉、眼、腿等处的皮下，经过 20 多天再进一步发育为成虫。排出幼虫后的雌虫尸体残留在患病皮下，最后患部出现局部坏死并随宿主皮肤一起脱落。

该病的发生与地域、气候以及中间宿主有关。一年当中主要发生于 5—10 月份，其中以 7—9 月份为发病的高峰期。该病具有明显的地域性，可形成地方流行性。近年来，随着化学农药和化肥的广泛应用，中间宿主剑水蚤数量急剧下降，该病的发生也日益减少。该病多见于 3~8 周龄的雏鸭，成年鸭未见发病。各种品种鸭均可发生，多见于产蛋麻鸭，此外，野鸭、鹅、鹭类也可感染发病。

【临床症状】

该病的潜伏期约为 1 周，病鸭表现消瘦，生长缓慢。最明显的症状是在腮、咽等皮肤肿胀（图 36.2），初时变硬，为蚕豆到雀蛋大小，几天后逐渐变软，皮肤呈青紫色。若发生在腮部和咽部，局部肿胀会压迫气管、食道以及附近血管和神经导致病鸭呼吸和吞咽困难，声音嘶哑；若发生在颚下（多见），局部皮肤肿胀明显，向上可压迫眼睛导致结膜炎或瞎眼；有时发生部位也会出现在腿部，导致病鸭不能站立；有时病变还会出现在颈部、泄殖腔、翅膀等部位，随着病情发展，局部皮肤出现破溃，流出乳白色液体，肉眼可见创面有虫体活动的痕迹或虫体残留断片。感染率从 2% 至 100% 不等，个别严重病例在症状出现后 10~20 天死亡，死亡率为 10%~40%。一些病鸭耐过后发育迟滞。

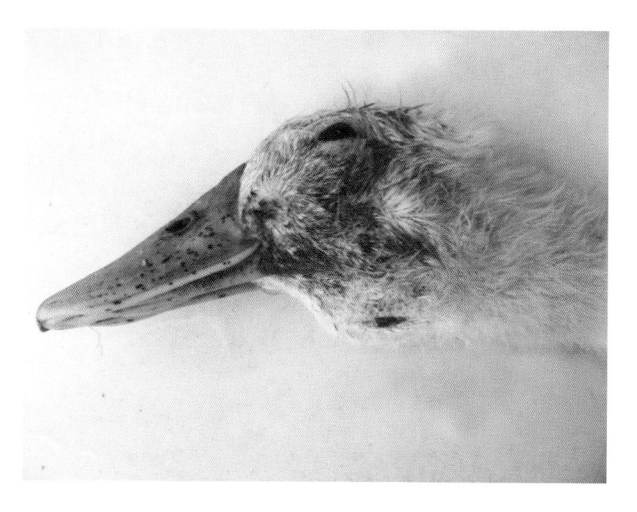

图 36.2　鸭台湾鸟龙线虫感染引起的下颌肿大

【病理变化】

病死鸭消瘦，可视黏膜苍白，患部皮肤呈青紫色，切开患部皮肤，流出凝固不全的血水和白色液体，在局部病变组织内可见缠绕成团的虫体。康复后，病变局部组织逐渐被吸收，留有黄褐色胶样浸润，有时可见局部皮肤和皮下组织发红或暗红。

【诊　断】

1）临床诊断

根据该病的流行病学、症状、病理变化可做出初步诊断。

2）实验室诊断

确诊可对局部流出的乳白色液体进行镜检，可检出大量丝状幼虫；此外在病变局部皮下组织可检出缠绕成团的成虫，数量多不胜数。至于虫体是台湾鸟龙线虫还是四川鸟龙线虫，有待于对虫体进行形态结构鉴定。

【防　治】

1）管理措施

在该病流行地区，要加强雏鸭的饲养管理，在流行季节尽可能不到水田中放牧，杜绝雏鸭接触到该病的中间宿主剑水蚤。有条件的地方可对农田施用农药或化肥（如石灰、石灰氮）来杀灭中间宿主和幼虫。

2）药物防治

个别病鸭可用1%碘溶液或0.5%的高锰酸钾溶液对患部结节进行局部注射，每个结节注射0.5~2 mL，可杀死成虫和幼虫，注射后结节在10天内可逐渐消失。此外全群鸭可口服盐酸左旋咪唑（按每千克体重15 mg）进行拌料或饮水治疗，每天1次，连用2天，也有一定效果。

【参考文献】

[1] 崔恒敏．鸭病诊疗原色图谱．北京：中国农业大学出版社，2014.

[2] 黄兵，沈杰．中国畜禽寄生虫形态分类图谱．北京：中国农业科学技术出版社，2006.

[3] 江斌，吴胜会，林琳，等．畜禽寄生虫病诊治图谱．福州：福建科学技术出版社，2012.

[4] 孔繁瑶．家畜寄生虫学．北京：中国农业大学出版社，1997.

[5] 汪溥钦，孙毓兰，赵玉如．家鸭台湾鸟龙线虫生活史和流行病学的研究．动物学报，1983（4）：350-357.

[6] 张志聪．鸭龙线虫病的诊治．中国兽医寄生虫病，2007（3）：64.

[7] 周丽华．鸭鸟蛇线虫病的防治．云南畜牧兽医，2009（6）：12.

第37章　鸭羽虱病

Chapter 37　Duck Lice Disease

引　言

鸭羽虱病是由短角羽虱科（Menoponidae）和长角羽虱科（Philopteridae）中多种羽虱寄生于鸭羽毛上的一类寄生虫疾病总称。其中常见病原有短角羽虱科鸡羽虱属（*Menopon*）中的鸡羽虱（*M.gallinae*）、巨羽虱属（*Trinoto*）中的白眉鸭巨羽虱（又称鸭羽虱，*T. querquedulae*）、胸首羽虱属（*Colpocphalum*）中的黑水鸡胸首羽虱（*C. gallimulae*）、长角羽虱科长羽虱属（*Lipeurus*）中的鸡翅长羽虱（*L. caponis*）、鹅鸭羽虱属（*Anatoecus*）中的有齿鹅鸭羽虱（*A. dentatus*）、柱虱属（*Docophorus*）中的黄色柱虱（*D. icterodes*）等。这些羽虱除了寄生在鸭羽毛上，有些也可寄生在鸡、鹅等禽类的羽毛上。在轻度感染情况下，对家禽影响不大；在严重感染时，可导致家禽全身脱毛，食欲不振，从而影响禽类的生长和生产。

【病原学】

寄生在鸭身上的羽虱种类繁多，其中最常见的有白眉鸭巨羽虱、鸡羽虱、有齿鹅鸭羽虱、鸭黄色柱虱等4种。

1）白眉鸭巨羽虱（鸭羽虱）

雄性体长4.70~5.54 mm，雌虫大小为（5.20~6.10）mm×1.69 mm。头呈三角形，眼前两侧缘稍膨大，唇基带稍突圆，两颊稍向后拓张，颊缘毛每侧3根。触角4节，柄节端部略突出，鞭节呈球状。胸部发达，几丁质化。前两侧缘阔，而后变窄，呈盘状，侧缘毛各2根，背毛小于8根。后胸背的后缘有一排刺毛。

2）鸡羽虱

体型较小，体色为淡黄色，头部后颊向两侧突出，有数根粗长毛，咀嚼式口器，头部侧面的触角不明显。前胸后缘呈圆形突出，后胸部与腹部联合一块，呈长椭圆形，有3对足，爪不甚发达。腹部由11节组成，每节交界处都有刚毛簇。雄性体长1.7 mm，尾部较突出；雌性体长2.0 mm，尾部较平（图37.1）。

3）有齿鹅鸭羽虱

雄虫长1.35~1.50 mm，雌虫长1.50~1.75 mm，唇基部膨大，内有1个铆钉状白色斑，头部两侧有指状突起。腹面的两侧有钉状刺。触角短，呈丝状。两颊缘较圆，有狭缘毛和刺。头后缘平直。前胸较短，后侧缘稍圆，后侧角有长毛1根，刺毛1根。中胸和后胸愈合呈六角形或梯形，后缘毛有

10~12 根。雄性生殖器的基板长大于宽，其“V”形结构较长，在内板透明域内 10 个齿形成支持刷，有 1 个几丁质化的无柄刀状结构。腹部呈长卵圆形，后部各节的后角均有 2~3 根长毛（图 37.2）。

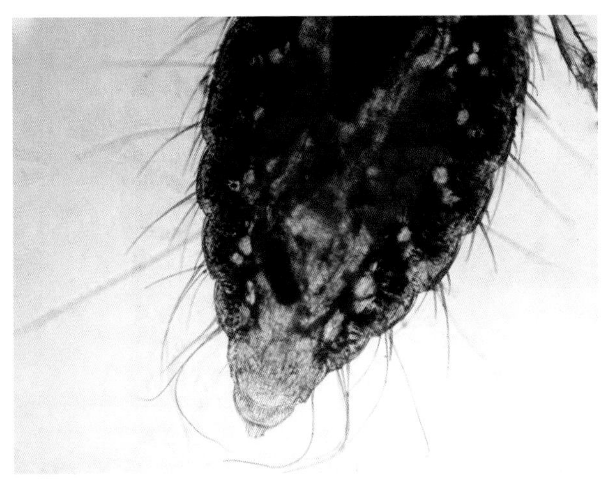

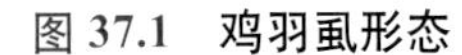

图 37.1　鸡羽虱形态

图 37.2　鸭有齿鹅鸭羽虱虫体形态

4）鸭黄色柱虱

该虫体长 1.6 mm，体侧缘呈黑色，腹部两侧各节均有斑块。头部前额突出为圆形，后部也呈圆形，左右侧各有 1 根长刚毛。前后胸较宽，后胸后缘有长缘毛。腹部呈卵圆形，各腹节的背面均有 1 对长刚毛，后部各节的后角均有 2~3 根长毛（图 37.3）。

图 37.3　鸭黄色柱虱的虫体形态

【流行病学】

鸭羽虱的发育属不完全变态，整个发育过程分为卵、若虫和成虫三个阶段。雌雄成虫交配后，雄虱即死亡，而雌虱于 2~3 天后开始产卵，每虱一昼夜产卵 1~4 枚，卵为黄白色，长椭圆形，常黏附在家禽的羽毛上，经 9~20 天发育孵出若虫，若虫经几次蜕化后变为成虫。雌虱的产卵期为 2~3 周，卵产完后即死亡。禽羽虱营终生寄生生活，整个发育过程和生活都在禽类皮肤和羽毛上，以啮食羽毛或皮屑为生。每一种羽虱具有一定的宿主，具有宿主的特异性，寄生部位也有一定的要求。在临床上可见一只鸭可同时寄生几种羽虱。某些羽虱品种，除寄生在鸭身上，也可寄生在鸡或鹅等其他禽类身上。一年四季中以冬春季较多发，夏秋季节相对较少，圈养的鸭比放牧鸭易感，陈旧的鸭舍或陈旧的垫料易导致鸭感染羽虱。不同禽类个体以及不同禽类之间可通过直接或垫料等间接接触而感染。

【临床症状】

在轻度感染情况下，鸭羽虱对鸭的生产和生长影响不大；在严重感染时，可导致家鸭全身或部分脱毛、掉毛，鸭舍和运动场所内可见大量羽毛，病鸭食欲不振，全身瘙痒，相互啄食或啄食自身羽毛，渐进性消瘦，贫血，生长发育缓慢，产蛋鸭或种鸭还会导致产蛋率逐渐下降，极个别还会导致病鸭死亡。仔细查看，在鸭羽毛上或皮肤上可见一些羽虱在爬动（图 37.4）。

图 37.4 寄生在鸭羽毛上的有齿鹅鸭羽虱

【病理变化】

病鸭出现贫血、消瘦，全身或局部皮肤掉羽，严重时可见局部皮肤炎症坏死。内脏器官无明显的病理变化。

【诊　断】

1）临床诊断

根据流行病学、症状、病变可做出初步诊断。

2）实验室诊断

寄生在鸭皮肤和羽毛上的羽虱种类较多，不同种类羽虱有其结构特征和宿主的特异性。对鸭皮肤和羽毛上收集到的羽虱要经 70% 酒精固定，并经 10% 氢氧化钠消化杂质，清洗后用霍氏液封片，在光学显微镜下进一步观察羽虱的大小和结构，最后参考相关分类图谱进行虫体鉴定而确诊。

【防　　治】

1）管理措施

要加强对鸭场的饲养管理，对陈旧的鸭舍要定期进行消毒和灭虫处理。对舍内的陈旧垫料要勤换。鸭群若经常出现掉毛和大面积换羽毛，要及时查寻病因。

2）药物防治

该病的治疗可采取 3 个方面措施：第一，对病鸭群及其活动场所用 0.01%~0.02% 的溴氰菊酯或 0.02%~0.04% 的氰戊菊酯进行喷洒，每周 2~3 次，以后还需定期喷洒。第二，在一个配有许多小孔的纸罐内装入 0.5% 敌百虫或硫黄粉，然后再均匀地喷洒在鸭羽虱寄生部位。第三，对舍内的垫料及架子也要进行杀虫处理，防止圈养鸭通过这些媒介造成鸭羽虱的相互传播。

【参考文献】

[1] 陈克强，李莎．上海地区家禽羽虱种类记述．中国兽医寄生虫病，2005（1）：10-12.

[2] 黄兵，沈杰．中国畜禽寄生虫形态分类图谱．北京：中国农业科学技术出版社，2006.

[3] 江斌，吴胜会，林琳，等．畜禽寄生虫病诊治图谱．福州：福建科学技术出版社，2012.

[4] 孔繁瑶．家畜寄生虫学．北京：中国农业大学出版社，1997.

[5] 杨清山，童中舰，孙增炜．浙江动物食毛目羽虱类八个稀有虫种的记述．浙江农村技术师专学报，1988（1）：55-62.

[6] 郑海明．水库养鸭爆发鸭羽虱的诊疗报告．福建畜牧兽医，1996，增刊：5-6.

第六部分

营养代谢病及中毒

第38章　鸭营养代谢病

Chapter 38　Duck Nutritional and Metabolic Diseases

38.1　维生素 A 缺乏症

引　　言

维生素 A 为脂溶性维生素，以动物的肝脏、蛋品、奶居多；在青绿饲料、玉米和胡萝卜中，含有丰富的 β - 胡萝卜素，通过体内酶的作用，可以转化为维生素 A。维生素 A 是保证家禽正常生长、良好视力和黏膜完整性所必不可少的营养物质。

维生素 A 缺乏症（vitamin A deficiency）是动物体内维生素 A 及胡萝卜素不足或缺乏所致的以上皮角化、夜盲、生长停滞和繁殖机能障碍为特征的营养代谢性疾病，临床上以干眼症和夜盲症为特征。由于消化系统、呼吸系统、泌尿系统、生殖系统的上皮是由黏膜组成的，所以维生素 A 缺乏时病变最易在这些组织中观察出来。

各种动物均可发生，幼禽多发。

【病　　因】

① 日粮中缺乏维生素 A 或胡萝卜素（维生素 A 原）。禽类体内没有合成维生素 A 的能力，必须进行体外供给，一旦饲料中维生素 A 来源不足时，常会引发维生素 A 缺乏症。

② 饲料加工、贮存不当。饲料加工过程中若长时间贮存、烈日暴晒、高温处理，可使其中的脂肪酸败变质，加速饲料中维生素 A 类物质的氧化分解，导致维生素 A 缺乏。

③ 继发性缺乏。饲料中维生素 A 或胡萝卜素充足，但动物采食量降低或消化、吸收功能缺陷，造成维生素 A 缺乏。维生素 A 为脂溶性维生素，需要胆汁和胰液的存在才能被肠道吸收。当胆汁或胰液分泌障碍或发生腹泻、慢性肠炎时，都可导致肠道不能吸收维生素 A。

④ 日粮中蛋白质和脂肪不足。当日粮中蛋白质不足时，鸭体内处于蛋白质缺乏的状态下，不能合成足够的视黄醛结合蛋白质去运送维生素 A；当日粮中脂肪不足时，会影响到维生素 A 类物质在肠中的溶解和吸收而造成维生素 A 缺乏。

⑤ 限制采食量时，家禽容易发生包括维生素 A 在内的多种维生素缺乏。

⑥ 应激和疾病均会影响动物对维生素 A 的吸收，如严重感染寄生虫的动物，常发生维生素 A 缺乏。

【发病机理】

维生素 A 在体内有视黄醇、视黄醛、视黄酸等多种形式。维生素 A 对维持正常的视觉有重要作用:维生素 A 是合成视紫红质的原料，当维生素 A 不足或缺乏时，视紫红质合成减少，对弱光敏感性降低，在微弱的光线下视力减弱和目盲。

维生素 A 能维持一切上皮组织结构和功能的完整性。维生素 A 缺乏时，黏膜细胞中的糖蛋白合成受阻，改变了黏膜上皮的正常结构，导致上皮细胞萎缩，具有分泌机能的黏膜上皮化生为复层鳞状上皮。食管和咽部的黏液腺及导管上皮发生化生时，化生的角化复层鳞状上皮不断脱落，与分泌物混合而阻塞管腔，使口腔、食管、咽部，嗉囊表面散布许多白色脓疱样结节。

维生素 A 在胚胎发育过程中是器官形成的一种必需物质，维生素 A 缺乏可造成胚胎先天性损害，降低了蛋的孵化率。

维生素 A 与机体的免疫功能有关，维生素 A 能增进巨噬细胞的功能。维生素 A 缺乏时不同程度地影响淋巴组织，可造成胸腺萎缩，机体对抗原的反应性下降，抗体生成减少。

维生素 A 能够维持成骨细胞和破骨细胞的正常功能，维生素 A 缺乏时，软骨内骨的生长会受到影响，使骨的生长失调，特别是骨骼细致造型上不能正常进行，形成网状骨质，从而使骨质过分增厚。由于骨骼生长迟缓及造型异常，使骨骼系统和中枢神经系统生长失调，造成神经压迫而出现共济失调等症状。

【临床症状】

雏鸭维生素 A 缺乏会引起明显的生长迟缓，消瘦，羽毛蓬乱，眼中流出白色乳状液体（图 38.1），常黏合上下眼睑。眼角膜混浊不透明，眼内乳白色干酪样渗出物蓄积。渗出物压迫眼球，严重时角膜软化和穿孔，最后双目失明，雏鸭采食困难，无目的乱撞。缺乏维生素 A 的成年蛋鸭所产种蛋孵化率下降，胚胎发育异常，雏鸭死亡率增加。产蛋率可能降低。

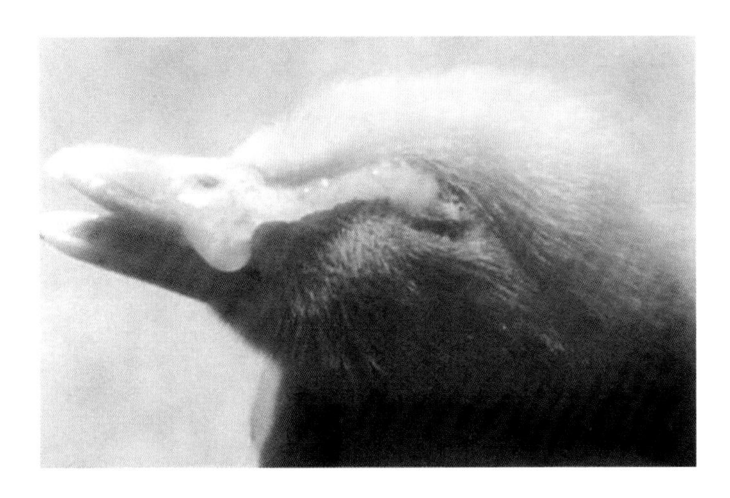

图 38.1 维生素 A 缺乏症。雏鸭上下眼睑黏合，挤压时从眼内流出白色稠糊状分泌物（引自张济培）

【病理变化】

以消化道黏膜肿胀、角化为特征。口腔、食道、咽黏膜有典型的黄白色小结节，质地较硬，数量较多。随着缺乏症的发展，结节病灶增大，突出于黏膜表面。

鼻甲内充满浆液黏液性清水样物质，挤压便会从腭裂中排出。渗出物流入并充满各处的窦，从而引起一侧或两侧颜面肿胀。在缺乏症的早期阶段，气管、支气管的病变难以观察到。随着病情的发展，黏膜被覆一层干燥无光泽和不太平滑的薄膜，黏膜及腺体萎缩，变得菲薄、粗糙和干燥。

肾呈灰白色、花斑状，肾小管和输尿管出现白色尿酸盐沉积，呈现典型的内脏型痛风。法氏囊、胸腺、脾脏器官指数降低。卵泡出血的发生率增加。

组织学病变：气管、支气管和黏膜下腺体的上皮细胞化生为复层鳞状上皮。食管黏液腺及导管的黏膜上皮鳞状化生，化生的复层鳞状上皮发生角化并不断脱落（图38.2），黏液腺导管被角化的上皮堵塞，导致黏液腺扩张，腺腔内充满分泌物和坏死物。肠绒毛萎缩，上皮细胞角质化。肾盂、输尿管、膀胱上皮发生角化及鳞状上皮化生，子宫黏膜上皮变为复层鳞状上皮。

腔上囊淋巴滤泡变小，胸腺小叶皮质变薄，脾脏白髓体积缩小，免疫器官淋巴细胞减少。雏鸭骨内膜成骨细胞减少，骨皮质变薄。骨骺骺软骨生长发育受阻，血管分布不规则且数量减少。维生素A缺乏还可影响造血功能，导致贫血。

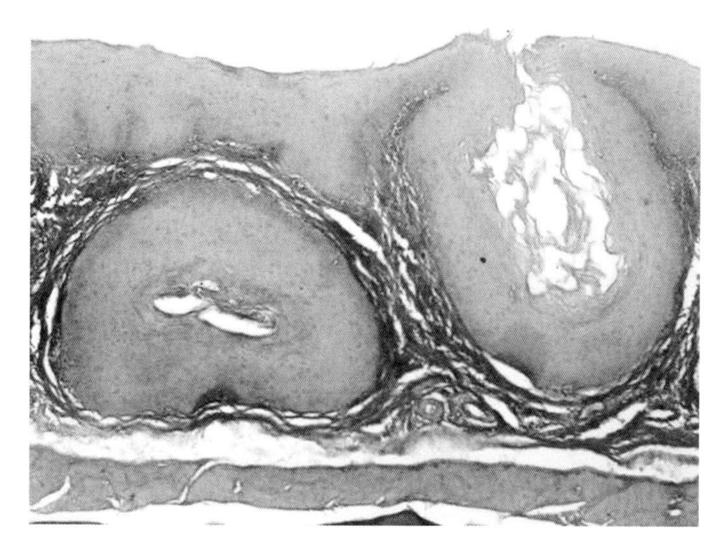

图38.2　维生素A缺乏症。食管腺体发生鳞状上皮化生，腺腔内可见脱落的角化上皮（HE，×100）

【诊　　断】

根据雏鸭生长停滞、消瘦、眼流泪，眼内有干酪样物质蓄积。口腔、食管、咽部有典型的白色小脓疱，种（蛋）鸭出现非传染性产蛋下降，蛋孵化率下降等特点可做出初步诊断。

病理组织学检查见食管黏液腺上皮、呼吸道上皮等组织发生鳞状化生可作为诊断的依据。

血浆、肝脏维生素A含量分析也是本病的诊断依据。血浆维生素A小于0.05 mg/L，肝脏维生素A小于2 mg/kg可作为诊断的指标。

【防　　治】

1）管理措施

预防维生素A缺乏的有效途径是供给青绿饲料或胡萝卜，配合日粮中添加足量的维生素A（表38.1），并要求现配现喂，避免饲料存放过久。

表 38.1　北京白鸭的营养需要（NRC, 1994）

营养成分	0~2 周龄	2~7 周龄	种鸭
代谢能 / (MJ/kg)	12.13	12.55	12.13
粗蛋白质 / %	22	16	15
精氨酸 / %	1.1	1.0	—
异亮氨酸 / %	0.63	0.46	0.38
亮氨酸 / %	1.26	0.91	0.76
赖氨酸 / %	0.90	0.65	0.60
蛋氨酸 / %	0.40	0.30	0.27
蛋氨酸 + 胱氨酸 / %	0.70	0.55	0.50
色氨酸 / %	0.23	0.17	0.14
缬氨酸 / %	0.78	0.56	0.47
钙 / %	0.65	0.60	2.75
有效磷 / %	0.40	0.30	—
钠 / %	0.15	0.15	0.15
氯 / %	0.12	0.12	0.12
镁 / (mg/kg)	500	500	500
锰 / (mg/kg)	50	—	—
硒 / (mg/kg)	0.20	—	—
锌 / (mg/kg)	60	—	—
维生素 A / (IU/kg)	2 500	2 500	4 000
维生素 D_3 / (IU/kg)	400	400	900
维生素 E / (IU/kg)	10	10	10
维生素 K / (mg/kg)	0.5	0.5	0.5
尼克酸 / (mg/kg)	55	55	40
泛酸 / (mg/kg)	11.0	11.0	11.0
吡哆醇 / (mg/kg)	2.5	2.5	3.0
核黄素 / (mg/kg)	4.0	4.0	4.0

2）药物防治

对病禽用维生素 A 治疗。治疗大群发病鸭，在每千克饲料中补充维生素 A 10 000 ~ 20 000 IU，饲喂两周左右后即可获得疗效。

对于个体病禽，可投服鱼肝油，每只每天喂 2~4 mL。短期给予大剂量的维生素 A，疗效迅速而且安全。维生素 A 是脂溶性维生素，吸收后主要储存在肝脏和脂肪组织，故长期过理使用则可发生维生素 A 中毒。

38.2　维生素 B_1 缺乏症

引　言

维生素 B_1 又称硫胺素，是家禽碳水化合物代谢所必需的物质。体内维生素 B_1 缺乏或不足可引起以神经组织和心肌代谢功能障碍为主要特征的一种营养代谢病。家禽需依靠饲料供应B族维生素，一旦供应不足较易发生维生素 B_1 缺乏症（vitamin B_1 deficiency）。

【病　因】

① 饲料中维生素 B_1 含量不足或缺乏。糠、麸、多种青绿饲料中含有丰富的维生素 B_1，如日粮过于单纯，特别是缺乏糠、麸和青绿饲料，则会发生此病。

② 饲料中的维生素 B_1 被大量破坏。新鲜鱼、虾、白蚬的心脏、脾脏等含有硫胺酶，能破坏硫胺素，鸭过多地吃这些饲料常是维生素 B_1 缺乏症发生的原因之一。蛋鸭吃大量的鱼、虾、白蚬、蟛蜞之类的动物性饲料，所产蛋在不同程度上缺乏维生素 B_1，这样的蛋在孵化过程中会出现死胚，能孵出的雏鸭也会出现维生素 B_1 缺乏症。

③ 鸭患胃肠疾病，长期腹泻，维生素 B_1 吸收减少。应激或高热时维生素消耗增多，易发生相对性供给不足或缺乏。

④ 药物副作用。抗球虫药盐酸氨丙啉是维生素 B_1 的拮抗剂，使用氨丙啉防治球虫病时，若不加大维生素 B_1 用量，则会引起维生素 B_1 缺乏。

【发病机理】

硫胺素在糖代谢中起重要作用。硫胺素在体内经过磷酸化变成焦磷酸硫胺素（TPP），焦磷酸硫胺素是 $\alpha-$酮酸脱氢酶系中的辅酶，参与糖代谢过程中 $\alpha-$酮酸（丙酮酸、$\alpha-$酮戊二酸）的氧化脱羧反应。当硫胺素缺乏时，糖代谢中的氧化脱羧作用中断，致使丙酮酸等中间产物不能在三羧酸循环中进一步氧化，结果使能量供应不足。这时，靠糖代谢供给能量的神经组织、代谢强度高的心肌首先受害，引起多发性神经炎，病禽出现进行性肌麻痹症状。心肌弛缓，引起心力衰竭。骨骼肌紧张性降低。

硫胺素能促进乙酰胆碱合成，抑制胆碱酯酶对乙酰胆碱的分解（乙酰胆碱有增加胃肠蠕动和腺体分泌作用，有助于消化）。当硫胺素缺乏时，乙酰胆碱合成减少，同时胆碱酯酶活性增高，导致乙酰胆碱分解加快，胆碱能神经兴奋传导障碍，引起胃肠蠕动缓慢，消化液分泌减少，出现消化不良症状。

【临床症状】

该病的特征为外周神经发生麻痹。

雏鸭病初表现为厌食、消瘦、消化障碍。

颈前部肌肉麻痹，头向后仰，呈“观星”姿势。

随着病程发展，出现进行性肌麻痹症状：脚软无力，步态不稳，跌撞倒地。趾部屈肌、腿部、翅部和颈部伸肌相继出现麻痹，以致双腿不能站立，挛缩于腹下，躯体压在腿上，最后倒地不起。有些病鸭歪头歪颈，头偏向一侧，团团转圈，或漫无目的地奔跑，呈阵发性发作，一天发作几次。安静休息时较少发生，受惊吓时神经症状尤其明显。后期出现强直性痉挛，呈角弓反张而死。

【病理变化】

病理剖检观察，可见脑体积缩小，皮质变薄。胃和肠壁严重萎缩，睾丸、卵巢明显萎缩，肾上腺肥大。心脏轻度萎缩，右心常扩张。

病理组织学检查：周围神经尤其是坐骨神经发生髓鞘脱失，呈多发性神经炎的变化。脑皮质水肿，血管充血，血管周围间隙有少量炎性细胞。神经元变性，星形胶质细胞增生，神经纤维网密度减小。进一步发展，皮质部出现液化性坏死，神经纤维网水肿和崩解。心肌间出血，心肌纤维变性、坏死和结缔组织增生，致使心肌萎缩，心力衰竭。

血液中硫胺素含量明显降低，丙酮酸和乳酸含量明显增加。

【诊　断】

根据典型的“观星”症状和病理变化做出诊断。

病鸭厌食、消瘦、生长停滞，两腿麻痹，缩颈，头向后仰，角弓反张。病理组织学观察见发性神经炎，大脑有坏死病灶，心肌纤维变性、坏死等作为诊断要点。

【防　治】

1）管理措施

改善饲养管理，提供富含维生素 B_1 的全价饲料。平时在饲料中添加复合维生素 B 粉或维生素 B_1 预混粉剂。当使用氨丙啉防治球虫时，加大维生素 B_1 用量。

2）药物防治

在饮水中加入复合维生素 B，每升水加 10 ～ 30 mL。或在饲料中添加维生素 B_1 制剂，每千克日粮添加 10 ～ 20 mg。严重病鸭可肌肉或皮下注射维生素 B_1 针剂，每只 2 ～ 2.5 mg，每日 1 次，连用 3 ～ 4 天。

38.3　维生素 B_2 缺乏症

引　言

维生素 B_2，又称核黄素，维生素 B_2 缺乏症（vitamin B_2 deficiency）是体内维生素 B_2 不足或缺乏所引起，禽类多发，以幼禽的趾爪向内蜷曲，两腿发生瘫痪为主要特征的营养缺乏症。

【病　因】

① 饲料中维生素 B_2 含量不足。雏鸭几乎不能合成维生素 B_2，必须由饲料供应。而维生素 B_2 广泛存在于酵母、干草、大豆及青绿饲料中，胃肠道微生物能大量合成，故在自然条件下，维生素 B_2 缺乏症不多见。然而禾谷类饲料中维生素 B_2 特别贫乏，所以以禾谷类饲料为主食的鸭群较易发生维生素 B_2 缺乏症。

② 胃肠道、肝脏、胰腺等疾病，影响维生素 B_2 的吸收、转化及利用。

③ 应激状态时机体对维生素 B_2 的需要量增加，若不补充，则容易造成缺乏。

【发病机理】

体内许多氧化还原酶类的辅基中含有核黄素。维生素 B_2 是合成黄素腺嘌呤二核苷酸（FAD）和黄素单核苷酸（FMN）的原料，FAD、FMD 是黄酶类酶的辅基，这些辅基参与体内氧化还原反应。当维生素 B_2 缺乏时，这些辅基的合成受到影响，进而使体内生物氧化、能量供给发生障碍。外周神经水肿、脱髓鞘，出现“卷趾”麻痹症状。

【临床症状】

病鸭生长缓慢，严重腹泻、消瘦。两腿麻痹、瘫痪，不能站立，以胫跖关节着地支撑躯体，两爪向内卷曲（图 38.3）。病鸭腿肌萎缩，行走困难，卧地不起，驱赶时多以胫跖关节着地而行。两侧翅膀下垂。

母鸭产蛋率和种蛋孵化率严重下降，胚胎死亡率增加。

图 38.3　雏鸭维生素 B_2 缺乏症。病鸭以飞节着地，两脚趾向内卷曲

【病理变化】

坐骨神经和臂神经常常肿胀、显著增粗，通常坐骨神经变化最为显著。中枢神经系统无明显异常。胃肠道黏膜萎缩，胃、肠壁变薄。

组织学检查可见：①外周神经纤维脱髓鞘，脱髓鞘程度与临床症状的严重程度相一致。脱髓鞘是维生素 B_2 缺乏症的特征病变。②神经轴突肿胀、呈波浪状弯曲、断裂。③雪旺氏细胞肿大、增生。④神经纤维排列紊乱、彼此分离，间质增宽充满水肿液。⑤神经纤维之间、血管周围白细胞浸润。

血液和尿液维生素 B_2 含量降低。

【诊　　断】

根据爪向内卷曲、两脚瘫痪等症状，坐骨神经和臂神经显著增粗等病变可做出初步诊断。血液和尿液维生素 B_2 含量测定有助于本病的诊断。

【防　　治】

1）管理措施

在日粮中添加足量的维生素 B_2，必要时可在饲料中添加复合维生素 B，以预防维生素 B_2 缺乏。

2）药物防治

首先调整日粮组成，每千克日粮添加维生素 B_2 10 mg，或添加复合维生素 B，连续 7 天。注意增加富含维生素 B_2 的饲料（酵母、青绿饲料等）。蛋鸭连续补饲 7 天，蛋的孵化率即可恢复正常。维生素 B_2 注射液治疗，成鸭每只 10 mg，雏鸭每只 5 mg。

38.4　维生素 D 缺乏症

引　　言

维生素 D 缺乏症（vitamin D deficiency）是由于维生素 D 缺乏或不足而引起的以钙、磷代谢障碍为主的一种营养代谢性疾病。缺乏时主要引起体内钙、磷代谢障碍，幼龄动物发生佝偻病，成年动物发生骨软病。该病在舍饲鸭多见，常发生于 1~4 周龄的雏鸭。

【病　　因】

① 饲料中维生素 D 含量不足或缺乏，不能满足家禽生长和产蛋的需要。日粮中钙、磷比例不合理时，维生素 D 的需要量增加。

② 阳光照射不足，易引起维生素 D 缺乏。

③ 胃肠道疾病影响维生素 D 的吸收，胆汁分泌不足也影响维生素 D 的吸收。

④ 肝脏疾病影响维生素 D 在肝中的羟化和贮存。

⑤ 肾脏疾病影响维生素 D 的羟化。

⑥ 饲料中维生素 A 含量过多会影响维生素 D 的吸收。

【发病机理】

维生素 D 的活性型有维生素 D_2 和维生素 D_3。对禽类而言，维生素 D_2 的活性较低，仅为维生素 D_3 的 1/30 ~ 1/20，故在饲料中添加维生素 D_3 以防治禽类维生素 D 缺乏症。

皮肤内的 7- 脱氢胆固醇在阳光中紫外线的作用下能化为维生素 D_3（胆钙化醇），维生素 D_3 在肝脏中羟化，生成 25-OH-D_3，25-OH-D_3 在肾脏中第二次羟化，生成 1, 25-$(OH)_2$-D_3。

维生素 D 能促进钙和磷在肠道内吸收，促进肾小管对钙的重吸收，影响成骨细胞和破骨细胞对活性，促进骨盐溶解以及骨骼的钙化。当维生素D缺乏时，肠道内钙、磷吸收减少，肾小管对钙的重吸收减少，血钙、血磷水平下降。幼龄动物钙、磷在骨内沉积减少，易发生佝偻病。当血钙水平降低时，甲状旁腺分泌增加，成年动物骨盐不断溶解，则发生骨软症。

维生素D与蛋壳的质量、产蛋率、孵化率有关，能维持正常的产蛋率、孵化率和蛋壳强度。缺乏时，产蛋率、孵化率下降，薄壳蛋和软壳蛋的数量增加。

【临床症状】

雏鸭生长发育缓慢，行走明显吃力，左右摇摆，不愿走动，或频频蹲卧。严重时腿软或瘫痪，病鸭不能走动，多蹲伏，以跗关节支撑身体。强迫行走则用两翅扇动拍打地面向前移动。长骨骨端肿大，骨骼硬度显著降低，脆性增加，易弯曲。鸭喙、爪和龙骨变得柔软，易弯曲。

产蛋母鸭表现为产蛋减少，产薄壳蛋或软壳蛋，破蛋率增加，蛋的孵化率明显下降。

【病理变化】

雏鸭及中雏喙和爪变得很软易弯曲，严重时喙似橡皮状。骨骼明显变软、变形。龙骨变软，弯曲成"S"状，肋骨变软、变形，向内弯曲，使胸腔容积变小。肋骨与胸椎连接处呈球状膨大（图38.4），肋骨内表面可形成串珠状结节。腿部长骨骨端增粗，骨生长变慢，使骨干比正常短，骨质变软，易折断。有些长骨变弯，形成"O"形腿。切面可见骺板增宽。成年产蛋鸭胸骨变软，骨质疏松。甲状旁腺肿大。

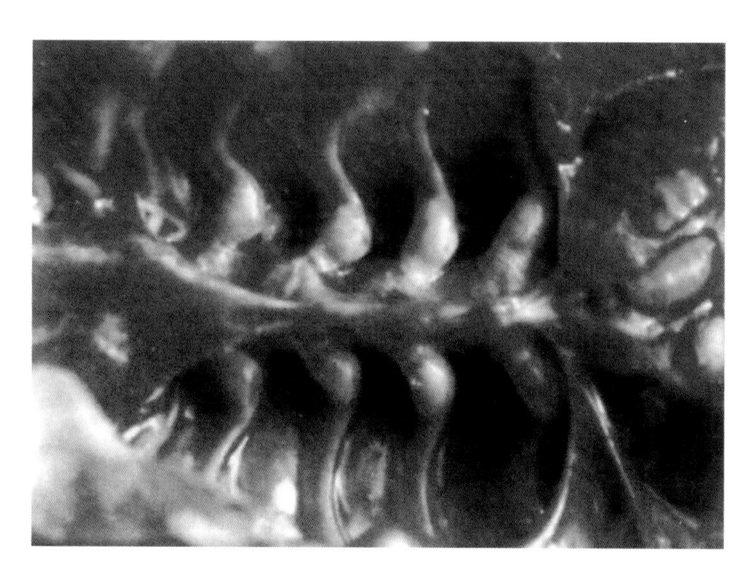

图38.4　肋骨头呈球状膨大。病雏肋骨弯曲，肋骨头呈球状膨大（引自刘晨）

病理组织学：维生素D缺乏时，未钙化的类骨组织增多，见于骨骺软骨、骨内膜、骨外膜。在长骨的两端，软骨内化骨出现障碍。骺板软骨细胞增生区、肥大区变宽，以增生区变宽最为明显，厚度超过正常数倍。软骨细胞的大小、排列都不正常。由于骨骺软骨过度增生，使该部位体积增大，故长骨骨端肿大。骨外膜下形成一层骨样组织，骨髓腔内骨小梁稀疏、变细，新生的骨小梁有较多的骨样组织。

甲状旁腺实质细胞增生及肿大。

维生素D缺乏时，25-OH-D_3、1, 25-$(OH)_2$-D_3浓度降低，血浆钙浓度下降。

【诊　断】

根据症状及病理变化可做出诊断。小鸭软喙、软腿，肋骨端结节状肿大。生长缓慢，运动障碍，骨骼特别是龙骨、肋骨变形、变软。成年母鸭产软壳蛋。病理组织学变化为未钙化的骨样组织增多。结合计算日粮中维生素 D_3 添加量是否足够等即可确诊。

【防　治】

1）管理措施

饲料中应添加足量的维生素 D_3，同时注意日粮中的钙、磷平衡。每天保证一定时间的舍外运动，使鸭多晒阳光，以促使鸭体维生素 D_3 的合成。幼禽每天照射 15~50 min 日光能够防止佝偻病的发生。患有胃肠、肝脏、肾脏疾病的动物应予及时治疗。

2）药物防治

在日粮中加大维生素 D_3 添加量。雏鸭的治疗可一次饲喂 15 000 IU 的维生素 D_3，能较快地收到疗效。亦可内服鱼肝油 1~2 mL。但应注意饲料中维生素 D_3 添加量过多会引起维生素 D 中毒。

38.5　硒和维生素 E 缺乏症

引　言

硒和维生素 E 缺乏症（selenium and vitamin E deficiency）是人和多种动物的一种因缺硒或维生素 E 而引起的营养代谢病，鸭群中以雏鸭多发，主要表现为肌营养不良（白肌病）。

硒和维生素 E 在生物学功能上有协同作用，故常将硒缺乏和维生素 E 缺乏合并论述。

【病　因】

① 饲料中维生素 E 含量不足，或饲料贮存时间过长维生素 E 减少，或饲料发霉、酸败使维生素 E 遭到破坏。

② 饲料中不饱和脂肪酸过多，易氧化成大量过氧化物，使机体对硒和维生素 E 需要量增加，更易发生维生素 E 缺乏。

③ 各种应激因素使机体对维生素 E 的需要量增加，如果未及时补充则引起缺乏。

④ 饲料中硒缺乏时机体对维生素 E 的需要量增加，维生素 E 缺乏也会造成硒缺乏。

⑤ 低硒土壤是造成硒缺乏的根本原因。土壤缺硒造成植物、作物籽实缺硒，最终造成饲料缺硒。牧草、饲料中硒含量≤ 0.05 mg/kg 的地区为硒缺乏区。我国约有 72% 的地区是硒缺乏区，北起黑龙江省、吉林省和内蒙古自治区，经过山西、陕西、四川直到云南省，形成一个连续的广阔低硒带。

⑥ 铜、锌、砷、汞和镉是硒的拮抗元素，当其含量过多时会影响硒的吸收，即使饲料中硒含量正常，也会引起硒缺乏。

【发病机理】

硒和维生素E都有抗氧化和抗自由基作用。硒的抗氧化能力比维生素E高得多。两者在体内抗氧化作用中具有协同性。

硒在体内具有多种生物学效应，其最主要的作用是抗氧化性。自由基在体内广泛存在，自由基生成过多时会造成生物膜的脂质过氧化损伤，导致DNA和RNA交联或氧化，引起蛋白质、氨基酸的氧化破坏或交联等。机体内有多种抗氧化酶，谷胱甘肽过氧化物酶（GSH-PX）即是一种抗氧化酶。谷胱甘肽过氧化物酶是一种含硒酶，硒是该酶的活性中心。GSH-PX能催化还原型谷胱甘肽（GSH）变成氧化型谷胱甘肽（GSSG），分解、清除体内产生的过氧化物，保护细胞膜，使其免受氧化物的氧化损伤。当机体缺硒时，血液和组织中GSH-PX含量和活力降低，体内自由基不能被及时清除，造成机体的氧化损伤。肌肉组织、胰腺、肝脏、淋巴器官和微血管是遭受损伤的主要组织器官。

硒还可增强机体的免疫力。机体缺硒时T淋巴细胞、B淋巴细胞的增殖分化以及对丝裂原的反应受到抑制，淋巴细胞分泌的淋巴因子减少，抗体合成减少，机体的抗病能力明显降低。

维生素E称生育酚，其主要生物学效应是抗氧化作用。能抑制和减缓体内不饱和脂肪酸的过度氧化，中和氧化过程中形成的自由基，保护细胞膜及细胞器脂质膜结构的完整性和稳定性，维持肌肉、神经和外周血管的正常功能。维生素E还具有维持生殖器官正常功能的作用等。

当维生素E缺乏时，体内不饱和脂肪酸过度氧化，细胞膜和溶酶体膜遭受损伤，表现为肌肉变性、坏死、脑软化、血管通透性增强等。

【临床症状】

病鸭不愿走动，采食量明显下降、消瘦，精神萎靡不振。运动失调，头颈左右摇摆，或向下，向后挛缩，站立不稳或不能站立。严重时侧卧或两腿痉挛性抽搐而死。腿部颜色发白。有些病鸭腹部膨大，腹部皮下蓄积大量液体。

母鸭产蛋率下降，所产种蛋孵化率降低。

【病理变化】

主要病变包括以下几个方面。

1）白肌病（肌营养不良）

腿肌、胸肌发生变性和坏死，颜色苍白，无光泽，呈蜡样。或肌肉有明显的白色条纹状坏死。胸肌、腿肌有时可见出血斑。

肌胃切面可见大小不等、形状不规则、质地较硬的白色坏死斑块。肌胃坏死是雏鸭缺硒最明显的变化。

心肌质软、扩张，心内膜下、心室壁可见灰白色条纹或斑块。

肠壁平滑肌灰白色或白垩状白色，质硬无光泽。

组织学病变为肌纤维颗粒变性、透明变性或蜡样坏死。肌纤维崩解、碎裂成团块状，嗜伊红增强，核浓缩或消失（图38.5）。坏死区有白细胞浸润。

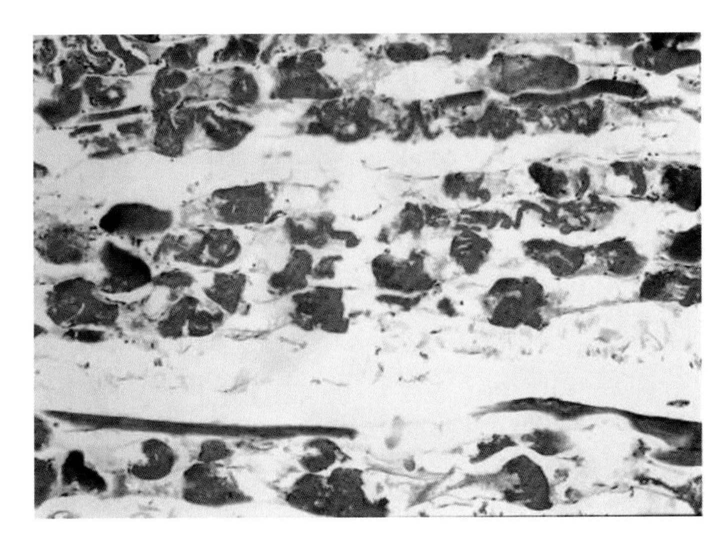

图 38.5 骨骼肌坏死。肌纤维肿胀、断裂，形成团块，肌浆均质红染（HE，×100）

2）渗出性素质

心包积液。据报道，雏鸭缺硒时主要表现为心包积液，发生率高并且显著，而皮下水肿不如雏鸡明显。

皮下组织、骨骼肌间质结缔组织水肿，由于微血管通透性增高所致。这是本病的特征。腹部、胸前、头颈部皮下积有多量蓝绿色胶样水肿液，以腹部皮下最为明显。腿部等病变部位肌肉等常有出血点或出血斑。蓝绿色的积液是因渗出的血红蛋白氧化而成。

3）胸腺、脾脏、腔上囊体积缩小，重量减轻

病理组织学变化为淋巴细胞减少，普遍发生局灶性或弥漫性坏死。

4）胰腺萎缩

体积缩小，变薄变细，可见胰腺坏死。

【诊　断】

该病可根据病史、症状、病变及饲料、血液硒含量分析等进行综合诊断。

该病主要发生在雏鸭，临床上出现运动障碍，病理特征为肌胃、骨骼肌、心肌、肠壁平滑肌坏死和心包积液，可作为诊断的依据。

实验室检查：血硒含量和全血 GSH-PX 活性可作为诊断硒缺乏的依据。

缺硒时全血 GSH-PX 活性降低。全血硒含量在 0.03 mg/kg 以下为硒缺乏，羽毛硒含量低于 0.25 mg/kg 为硒缺乏。

土壤硒含量应不低于 0.5 mg/kg，低于此含量的土壤生长的草料的硒含量不足。

【防　治】

1）管理措施

预防该病首先应注意饲料和来源。低硒土壤是硒缺乏病的根本原因，低硒饲料是硒缺乏病的直接原因。故在来自我国低硒区的饲料中应添加硒。

维生素 E 很不稳定，易被氧化，故存贮饲料时，应置于凉爽、干燥处，且存放期不宜过久，以不超过 4 周为宜。长期贮存的各种饲料，应添加适量的抗氧化剂。一般在雏鸭饲料中添加 0.1 ～ 0.2 mg/kg 的亚硒酸钠和 20 ～ 30 mg/kg 的维生素 E 以预防本病发生。

2）药物防治

发病后应及时用硒制剂和维生素 E 进行治疗。肌肉或皮下注射 0.01% 亚硒酸钠溶液 0.5 mL/ 只，注射一次即可。同时在饲料中添加维生素 E，250 mg/kg。或在饮水中添加亚硒酸钠 1 mg/L，连用 5 ～ 7 天，同时一次喂服维生素 E 100 ～ 300 mg。动物对饲料中硒含量的最大耐受量是 2 mg/kg，饲料中添加硒过多可引起硒中毒。

38.6　钙和磷缺乏症

引　言

钙和磷缺乏症（calcium and phosphorus deficiency）是一种以雏禽发生佝偻病、成禽发生骨软症为特征的营养代谢症。饲料中的钙和磷大部分用于骨骼的形成，在产蛋种禽，钙还用于蛋壳的形成。钙还参与凝血、肌肉收缩等生理功能。磷还是嘌呤核苷酸形成的必需成分，也是生物化学反应参与能量转移和贮存的其他磷酸化合物的必需成分等，故钙、磷缺乏症是一种重要的营养缺乏症。

缺钙引起佝偻病，缺磷也能引起佝偻病。但由于饲料中缺钙引起的佝偻病较少见，其常见原因是维生素 D 缺乏。钙、磷的利用取决于日粮中维生素 D 的存在，当维生素 D 缺乏时，骨中的钙、磷沉积减少，蛋壳中钙的含量也减少。

【病　因】

① 饲料中钙、磷含量不足。产蛋鸭需要大量的钙生成蛋壳，如果得不到足量的钙，则会导致骨骼脱钙，从而导致骨质软化、易于骨折和产软壳蛋。

② 饲料中钙、磷比例失调。饲料中钙、磷比例应为 2∶1。比例失调会引起钙、磷的吸收障碍。

③ 饲料中维生素 D 缺乏。维生素 D 缺乏，影响肠道对钙、磷的吸收。

【发病机理】

动物血钙水平是相对稳定的。当钙吸收减少时，出现低血钙。低血钙促使甲状旁腺分泌增加，甲状腺素可增强破骨细胞对骨盐的溶解作用，使骨组织溶解，释放出钙盐，以维持血钙的相对稳定。骨组织中钙盐释出，则造成骨质软化、骨质疏松、骨皮质变薄，且易骨折。蛋壳中钙含量也减少。

幼鸭骨骼钙盐沉积不足，未钙化的骨样组织增多。

【临床症状】

雏鸭出现佝偻病。生长发育受阻，腿软，站立不稳，跛行，步态不稳，严重者卧地不起。骨质软化，易骨折，胸骨变形。

成鸭发生骨软症。骨质疏松，骨硬度降低。腿软，卧地不起，爪、喙、龙骨变软、易弯曲。

母鸭产蛋量下降，产软壳蛋、薄壳蛋。

【病理变化】

病变与维生素 D 缺乏所造成的病变基本相同。骨骼变软、变形，易骨折。尤其是胫骨、跖骨、股骨、臂骨等长骨变软，常发生弯曲。长骨骨端膨大，骨皮质变薄。胸腔扁平狭小，肋骨、翅部长骨质地变软。肋骨质软易弯，肋骨内表面出现乳白色、绿豆大、界限清楚的、半球状佝偻病串珠，排列成平行的两列。脊柱变软，可发生弯曲。胸骨变形，喙变软。

组织学病变：胫骨、股骨等长骨的骺板软骨细胞增生，软骨增生区增宽，软骨细胞柱排列紊乱。钙化区软骨基质呈弱嗜碱性。骨松质的骨小梁增粗或粗细不等，骨小梁周围形成大量骨样组织，中心多已钙化，周围为淡红色的骨样组织。骨外膜、骨内膜未钙化的骨样组织增多。肋骨佝偻串珠为大量增生的软骨组织和骨样组织，缺乏钙化。骨干密质骨疏松，哈弗斯管扩张，形状不规则，哈弗斯骨板变薄。

【诊　　断】

病鸭不能站立，常以飞节着地，严重者瘫痪。喙、爪、胫骨、龙骨变软、变形、易弯曲。长骨干骺端膨大。成鸭骨皮质变薄易骨折，母鸭产软壳蛋、薄壳蛋等均可作为诊断该病的依据。肋骨内表面出现佝偻病串珠具有证病意义。

雏鸡、雏鸭钙磷缺乏时，血钙、血磷含量均降低，血清碱性磷酸酶活性明显升高。饲料缺钙时，血钙含量降低或正常，但对血磷无显著影响。饲料缺磷时，血磷含量降低，但对血钙无显著影响。

【防　　治】

1）管理措施

预防该病的关键是供给全价营养，根据不同生理阶段对钙、磷的需要量，及时调整饲料中钙、磷含量以及适宜的钙、磷比例，补充充足的维生素 D 并增加光照和适当运动。

2）药物防治

在供给全价饲料的基础上，补充钙、磷和维生素 D。

在饲料中添加乳酸钙、磷酸氢钙、氧化钙、磷酸钠、骨粉、鱼粉。一般添加骨粉和磷酸氢钙，可收到良好效果。同时肌肉注射维生素 D 或维生素 AD，或内服鱼肝油，以促进钙、磷的吸收和成骨作用。

应注意当日粮中钙过量，特别是钙过量而磷处于低水平时，若饲喂长时间会引起内脏痛风和尿石症。

38.7　锰缺乏症

引　　言

锰缺乏症（manganese deficiency）是动物体内锰含量不足引起的生长缓慢、骨骼发育异常和繁殖机能障碍为特征的营养代谢性疾病。锰缺乏症可发生于任何动物，以家禽最为常见，尤其是雏鸭、雏鸡，以胫跖关节肌腱滑脱和骨短粗为特征。

【病　　因】

① 饲料中锰含量不足。在缺锰地区，土壤中含锰量较低，致使饲料中锰含量不足。碱性土壤地区，由于锰以高价状态存在，植物对锰的吸收和利用降低，更易发生锰缺乏症。

② 鸭对锰的需要量高，而对锰的吸收和利用低。鸭需要量为每千克日粮 55 ～ 66 mg/kg，牛、羊、马的需要量为 20 ～ 40 mg/kg。

③ 日粮中钙、磷、铁、钴和植酸盐含量过高，影响锰的吸收、利用。肠道疾病也会妨碍锰的吸收。

④ 日粮中玉米比例过大，也可引起该病。玉米是鸭日粮中的主要成分，但其含锰量很低，如不在饲料中添加锰，则会引起鸭锰缺乏。

⑤ 饲料中胆碱、烟酸、叶酸、生物素、维生素 B6、硒缺乏、环境相对湿度过高等因素可使本病发病率升高。

【发病机理】

锰是机体的必需微量元素，其生物学功能越来越受到人们的重视。锰是动物生长、糖代谢、脂代谢、繁殖、预防胫骨短粗病所必需的。骨骼中锰含量约占体内总锰量的 25%。

锰是精氨酸酶、丙酮酸羧化酶、超氧化物歧化酶等酶的组成成分。锰缺乏时，锰超氧化物歧化酶（Mn-SOD）活性降低。锰还是多种酶的激活剂，碱性磷酸酶、脱羧酶、氧化酶、胆碱酯酶、转移酶、激酶等多种酶由锰激活。锰通过上述这些酶参与糖、脂肪、蛋白质的代谢。

锰是合成骨髓有机物质硫酸软骨素所必需的。锰缺乏时，糖基转移酶、多糖聚合酶活性下降，硫酸软骨素合成减少，长骨骨骺软骨细胞间基质减少，骺软骨细胞增殖受损，因而骨骼生长迟缓、骨骼长度缩短。锰缺乏时鸭出现骨短粗症。

锰参与了糖代谢。锰通过影响胰岛素的代谢而对糖代谢产生影响。锰缺乏时，胰腺先天性萎缩或显著发育不全，使体内胰岛素的合成和分泌量下降。补充适量的锰，有助于糖代谢恢复正常。

锰缺乏可影响动物的繁殖机能。缺锰蛋鸭产蛋率和受精蛋孵化率下降，孵化后期胚胎死亡。锰是保持高质量的蛋壳必需的，缺乏锰时蛋壳质量下降。缺锰公鸭精子数量减少。

锰还可刺激造血，影响机体的免疫功能。锰缺乏时动物特异性抗体生成减少。

【临床症状】

雏鸭缺锰时，主要表现为骨短粗症或滑腱症。胫跖关节明显肿大，胫骨、跖骨缩短变粗，病初鸭双腿弯曲或扭曲，站立时呈“O”形，或“X”形，行走困难、跛行。随着病程发展，则腿不能站立，病鸭以胫跖关节着地负重，蹲伏于胫跖关节上，两肢翘起（图 38.6）。雏鸭无法采食或饮水，生长迟缓，发育异常。

图 38.6　锰缺乏症。雏鸭不能站立，两肢翘起外翻，以胫跖关节着地（引自王新华）

蛋鸭产蛋率降低，蛋壳强度下降。蛋孵化率显著降低，孵化后期的胚胎死亡率高，胚胎翅短、腿短而粗，孵出的雏鸭下颌短，常有神经机能障碍，运动失调。

【病理变化】

病鸭腿扭转和弯曲。胫跖关节、股胫关节异常肿大，股骨、胫骨、跖骨缩短变粗，骨骺肥厚。腓肠肌腱从胫跖关节正后方向外侧或内侧滑脱，故称“滑腱症”。滑腱症可发生于一侧，也可两侧同时发生，雏鸭多发生于两侧。由于胫跖关节长期地负重，故该处皮肤增厚、粗糙。组织学观察，胫骨远端和跖骨近端骺板软骨增生区增宽，睾丸曲细精管发育障碍。

鸭锰缺乏时，胫骨、肝脏、胰腺、血清、肾脏、羽毛等组织的锰含量显著降低。心脏、肝脏、血清 Mn-SOD 活性显著降低。

【诊　断】

根据病鸭双腿弯曲，或不能站立，以胫跖关节着地负重等症状，以及跖骨、胫骨短粗，腓肠肌腱滑出等病变，结合饲料中锰含量较低，可做出初步诊断。

测定病鸭羽毛锰含量、饲料中锰含量可以做出确诊。动物被毛中的锰含量随日粮中锰含量的变化而波动较大。正常鸡、鸭羽毛中的锰含量为 11.4 mg/kg，锰缺乏时含量降低，平均仅为 1.2 mg/kg。饲料中锰含量小于 40 mg/kg。

【防　治】

1）管理措施

鸭日粮中锰含量应维持在 50~100 mg/kg。为了保证蛋壳最大的强度，日粮中锰含量需为 50~100 mg/kg，不得低于 40 mg/kg。在饲料中添加硫酸锰 150~200 mg/kg，长期饲喂，以预防本病。注意调整日粮营养水平，调整日粮中钙、磷含量及比例，使比例适当且含量不过高。日粮中保证足够的胆碱、烟酸、叶酸、生物素、维生素 B_6、硒等。

2）药物防治

在鸭日粮中添加硫酸锰，每千克日粮 200~300 mg，或 0.05% 的高锰酸钾溶液饮水。连用 2 天，停 2~3 天后，再用 2 天。以后在每吨饲料中添加硫酸锰 150~200 g，以预防本病。

38.8　禽脂肪肝综合征

引　言

家禽脂肪肝综合征（fatty liver syndrome of poultry）是由于高能低蛋白日粮引起的以肝脏发生脂肪变性为特征的家禽营养代谢性疾病。该病主要发生于产蛋鸭和笼养的产蛋鸡，产蛋高峰期易发。以病禽过度肥、产蛋减少、个别病禽发生肝破裂、出血而突然死亡为特征。由于肝脏积聚大量脂肪，出现脂肪浸润和变性，使肝细胞和血窦壁变脆，肝被膜易于发生撕裂，导致肝出血而急性死亡，故又称脂肪肝 - 出血综合征（fatty liver-hemorrhagic syndrome）。该病的发病率 50% 左右，产蛋率下降 20% ~ 30%，死亡率 2% ~ 6%。

【病　因】

① 长期饲喂高能低蛋白饲料以及采食量过大。这是造成脂肪肝综合征的主要原因。高能的碳水化合物在肝脏内转变为脂肪，导致肝脂肪变性。采食量过大，过剩的能量转化为脂肪，导致脂肪肝的发生。脂肪肝 - 出血综合征的发病率随日粮中总能量的增加而升高，与能量来源于何种饲料成分无关。

② 饲料中缺乏磷脂、胆碱、蛋氨酸（甲硫氨酸）、维生素 E、硒、维生素 B_{12} 等营养物质。据报道，如果日粮钙水平较低，可促使该病发生。可能由于缺钙时，蛋禽产蛋率下降，过剩的营养物质转化为脂肪，蓄积在肝脏内。高水平硒、维生素 E 可以减少该病的发生，日粮中添加维生素 E 可减轻肝脏出血。

③ 毒物、发霉变质饲料、药物引起。黄曲霉毒素易造成肝损害，饲料中黄曲霉毒素增加时，肝脏脂肪含量和重量明显增加。

④ 运动不足，能量消耗减少，过多的能量则转化为脂肪，可促进在肝脏内沉积。

⑤ 应激。高温、捕捉、突然停电、惊吓等应激可促使本病发生。炎热天气多发脂肪肝 - 出血综合征。

⑥ 遗传因素。在同一饲料，同一饲养管理下，鸭的品种、品系不同，肝脂肪含量有很大差异。脂肪肝综合征易发生在高产品系的鸭。

【发病机理】

肝脏是脂肪代谢的中心。甘油三酯在肝脏中合成。肝脏内能够合成大量甘油三酯，但肝脏贮存甘油三酯的能力有限，合成的甘油三酯大部分与磷脂、胆固醇和蛋白质一起形成脂蛋白，释放到血浆中去。这一脂肪合成、运转过程中某一环节出现障碍时则可引起脂肪肝。

长期饲喂高能饲料，过剩的能量转化为脂肪沉积在肝脏中，引起脂肪肝。过量的脂肪沉积导致肝脏血管受损，脂变与出血之间存在着一定联系。

肝内脂肪须形成脂蛋白才能运出肝脏。合成脂蛋白需磷脂、蛋白质，胆碱是合成磷脂的原料之一，胆碱可由饲料供给，也可由蛋氨酸等氨基酸在体内合成。当饲料中蛋白质缺乏、胆碱缺乏时，磷脂、脂蛋白在肝内合成减少，肝内合成的脂肪不能合成脂蛋白而运输出去，则脂肪在肝脏中沉积。

发霉变质饲料中的霉菌及其霉素可损伤肝细胞，某些药物（如四环素）和化学药物（CCl_4、砷、汞、银、铅等）可引起肝细胞损伤。肝脏过度的不饱和脂肪酸脂质过氧化也可导致组织损伤。肝细胞损伤后，一是肝内脂蛋白合成减少，二是脂肪在肝脏内氧化利用减少，结果脂肪在肝内蓄积。

肝脏脂肪变性时质地脆弱，易破裂，血管破裂引起肝脏出血。

【临床症状】

发病鸭大多过度肥胖，病鸭喜卧，不愿下水，腹大下垂，产蛋高峰期少数病鸭突然死亡。

鸭全群产蛋率减少，产蛋率由 80% 左右突然下降至 50% 左右。有的鸭停止产蛋。

【病理变化】

腹腔内脂肪过多沉积，肠系膜处有大量脂肪。腹腔内可见大的血凝块及血样腹水。肝脏肿大，体积是正常肝脏的几倍，重量增加，边缘钝圆，呈黄色，手触摸有油腻感，质脆易碎。肝脏破裂，凝固的血液覆盖在肝脏表面，肝被膜下可见较大的血肿，切面可见出血斑或血肿。肝破裂时可见腹腔内有多量凝血块，肾脏颜色变黄。新鲜的血肿呈暗红色，陈旧的血肿呈绿色到棕色。

组织学病变：肝细胞肿大，发生严重的脂肪变性，并可见大小不等的出血灶和机化的血肿。肝组织内并常见均一嗜伊红的不规则小团块，这些团块可能来源于血浆蛋白。

病禽肝脏脂肪含量增高，脂类物质的含量通常超过肝脏干重的 40%，甚至达到 70%。血清甘油三酯、总胆固醇、雌激素含量显著升高。

【诊　断】

根据发病时期处于产蛋高峰期，产蛋量下降，病死鸭过度肥胖，剖检病鸭见脂肪肝，以及肝破裂形成的血肿、腹腔积血等特点，一般可做出诊断。

【防　治】

1）管理措施

（1）调整日粮配方，降低日粮中的能量，增加蛋白质含量。

（2）适当限制饲料的喂量。限制饲养可控制能量的摄入量，严格控制蛋鸭体重，不使过肥。一般限饲 8%~12%。

（3）扩大活动场地，增加鸭群活动量。

（4）在饲料中添加氯化胆碱、肌醇、蛋氨酸、维生素 E、维生素 B_{12}、锰、亚硒酸钠等营养物质，对预防脂肪肝综合征有一定作用。

（5）防止饲料发霉，不喂发霉变质的饲料等。

2）药物防治

调整日粮配方，降低饲料代谢能。病情较轻的鸭群每千克日粮中补加胆碱 22~110 mg，连续饲喂一周，有一定疗效。也可在每吨日粮中补加：氯化胆碱 1 000 g，维生素 E 10 000 U，维生素 B_{12} 12 mg，肌醇 900 g，连续饲喂 10~15 天。

38.9 禽痛风

引 言

禽痛风（poultry gout）是指由于机体内蛋白质代谢障碍，禽血液中尿酸盐大量沉积，不能被迅速排出体外，形成高尿酸血症，进而尿酸盐沉积在胸腹腔、各种脏器表面、关节腔及其周围组织中的一种代谢病。痛风不是一个疾病的名称，而是高尿酸血症的一个临床症状，现在称为尿酸盐沉积或高尿酸血症。

鸡、鸭、鹅、鸽均可发生痛风。临床特征是关节肿大，跛行、厌食、腹泻。

痛风包括两种类型：内脏型痛风和关节型痛风。尿酸盐沉积在内脏的痛风为内脏型痛风。尿酸盐沉积在关节腔及其周围组织的痛风为关节型痛风。

【病 因】

① 饲喂高蛋白饲料。日粮中蛋白质比例过高，特别是饲喂富含核蛋白的蛋白质饲料，是禽痛风发生的主要原因之一。这类蛋白质饲料主要包括鱼粉、肉粉、大豆粉、豌豆、动物的内脏（胸腺、肝、肾、脑、胰腺）等。日粮中蛋白质水平增加，痛风的发生率增加，降低日粮中蛋白质水平，痛风的发生率降低。

② 饲喂高钙低磷饲料。高钙日粮可引起内脏痛风，低磷加剧高钙的影响。维生素 D 补充过多导致高钙血症，可引起肾小管营养不良性钙化，使肾脏受到损伤。

③ 药物、毒素或重金属中毒。长期大量服用磺胺、抗生素等药物或饲喂霉变饲料引起霉菌毒素中毒等均能直接损伤肾脏，造成尿酸排出减少。汞、铅、铬、镉等重金属可引起肾脏损伤，尿酸盐排泄受阻。

④ 维生素 A 缺乏。慢性维生素 A 缺乏引起集合管、输尿管上皮化生与角化，严重时引起内脏痛风。

⑤ 某些传染性疾病。肾型传染性支气管炎、传染性法氏囊病等疾病均可引起肾脏损害，导致痛风发生。

⑥ 饲养管理不善。饮水供应不足、运动不足、治疗用碳酸氢钠、长途运输、遗传因素等因素是该病发生的诱因。饮水不足导致脱水是内脏型痛风的常见原因。

【发病机理】

尿酸在肝脏中产生，是氮代谢的终末产物。动物体内蛋白质的代谢产物是氨，饲料中蛋白质含量越高，体内产生的氨就越多。家禽肝内缺乏精氨酸酶，氨基酸脱氨基产生的氨不能经鸟循环生成尿素，大部分参与合成嘌呤，嘌呤分解的最终产物是尿酸。饲喂蛋白质含量高的饲料时，尿酸生成增多。如果尿酸过多，大于肾脏的排泄能力，则引起高尿酸血症。

动物性饲料（鱼粉、肉粉、动物的内脏器官）核蛋白含量很高。核蛋白由核酸和蛋白质组成。核苷酸水解为磷酸和核苷，核苷进一步分解生成戊糖、嘌呤、嘧啶，嘌呤分解产生尿酸。尿酸在水溶液中的溶解度很低，尿酸含量过高时则以钠尿酸盐的形成沉积在关节、关节周围组织以及内脏器官表面。

肾脏损伤是痛风发生的另一机制。当肾小管和输尿管发生炎症、阻塞时，尿酸排泄受阻，尿酸盐就蓄积在血液中。维生素 A 缺乏、高钙血症、磺胺类药物、毒素、化学毒物等均能引起肾脏损伤。

禽类血清尿酸浓度正常时为 0.09~0.18 mmol/L。当血清尿酸浓度超过 0.38 mmol/L 时，尿酸即以尿酸盐的形式在内脏表面及组织中沉积下来。高尿酸血症时可达 0.595~0.952 mmol/L。

【临床症状】

1）内脏型痛风

内脏型痛风多呈慢性经过，发病初期无明显症状，主要表现为营养障碍，病禽食欲减退，精神沉郁，羽毛蓬乱，逐渐消瘦。病禽腹泻表面，排白色半黏液状稀粪。

2）关节型痛风

发病初期，发病鸭状态良好，由于尿酸盐在指关节、腕关节、肘关节及趾关节、跗关节内沉积，关节肿胀，病禽运动障碍，跛行或不能站立。

【病理变化】

临床上以内脏型痛风为主，关节型痛风一般散发，有时两者同时发生。

1）内脏型痛风

尸体剖检可见胸腔、腹腔、肠系膜、肝、脾、胃、肠等的浆膜表面布满许多白色石灰样的粉末状尿酸盐，量多时形成一层白色粉状物，覆盖在器官表面。严重病例，肌肉、关节、肝脏、脾脏等组织器官可见沉淀物。

肾脏肿大，色泽变淡，表面呈白色花纹状。输尿管扩张，管腔内充满白灰样沉淀物。有时，尿酸盐变得很坚固，形成尿结石，尿结石的成分为尿酸钙和尿酸钠。

组织学病变：在肾脏、脾脏、肺脏等组织内可见尿酸盐沉积及痛风结节（痛风石）。尿酸盐易溶于水，在 H.E 切片中尿酸盐结晶大部分丢失，但可看到蓝色或粉红色无定形物质。在 90% 或纯酒精固定、尿酸盐染色法染色的组织切片上，尿酸盐呈针状或菱形尿酸盐结晶。沉着部位的组织细胞充血、坏死，周围结缔组织增生，并有巨噬细胞、异物巨细胞及其他炎性细胞浸润，形成大小不等的痛风结节。痛风结节是一种肉芽肿，肾脏中的痛风结节在肾小管或集合管中形成，中央为尿酸盐结晶或红染物质，周围是含有巨噬细胞、多核巨细胞等炎性细胞及成纤维细胞等，肾小管上皮细胞变性、坏死，肾小管管腔扩张。

2）关节型痛风

以痛风石和关节周围尿酸盐沉积为特征。特别是足部关节肿大，足部变形。剖开肿胀关节，可见关节腔中有白色酸盐沉积，沉积的尿酸盐可形成尿酸盐结石。关节周围结缔组织、滑膜、腱鞘、韧带等部位因白色尿酸盐沉着而变白。病变部位周围结缔组织增生，并形成致密、坚硬的痛风结节。镜检，结节中央由无定形的尿酸和针状尿酸盐结晶构成，周围结缔组织增生、多核巨细胞等炎性细胞浸润。

【诊　断】

根据饲喂动物性蛋白饲料过多、关节肿大、关节腔或器官浆膜表面、肾组织内有白色尿酸盐沉积、输尿管内有白色尿酸盐结晶或尿酸盐结石形成可做出诊断。

取关节腔内容物或器官表面石灰样沉淀镜检，可见细针状或放射状结晶。血液尿酸测定，超过 0.15 mg/mL 即可确诊。

【防 治】

1）管理措施

根据禽生长发育和生产需要，合理调配饲料。不宜过多饲喂动物性蛋白饲料，日粮中粗蛋白的含量不能过高。日粮中钙的含量及钙、磷比例要适当。钙含量不宜过高。日粮中不应添加过量的维生素 D，以防维生素 D 过多给机体造成危害。日粮中添加维生素 A 对该病有一定的预防作用。不要长期过量使用对肾脏有损害的药物，如磺胺类药物，避免饲料霉变，饮水供应充足。

2）药物防治

首先找出引起痛风的病因并去除病因，可收到良好的效果。

禽发病后，要适当降低日粮中蛋白质和钙含量，同时供给新鲜青绿饲料和补充维生素 A，供给充足的饮水。

该病无特效疗法。可选用减少尿酸形成和促进尿酸排泄的药物。

别嘌呤醇（Allopurinol, 7- 碳 -8 氮次黄嘌呤），每千克饲料 0.5 g，连用 1~2 周。或阿托方（Atophanum，苯基喹啉羟酸），0.2~0.5 g/kg 体重，每天 2 次。另外，在饲料中加入 2.5%~3% $NaHCO_3$（或在饮水中加入 0.5%~2.5% $NaHCO_3$）也可促进尿酸盐的排出。

【参考文献】

[1] Saif Y M. 禽病学 . 12 版 . 苏敬良，高福，索勋，主译 . 北京：中国农业出版社，2012.

[2] 陈伯伦 . 鸭病 . 北京：中国农业出版社，2008.

[3] 陈怀涛，许乐仁 . 兽医病理学 . 北京：中国农业出版社，2013.

[4] 陈怀涛 . 鸭维生素 A 缺乏的病理变化 . 动物医学进展，1999,20(3):167.

[5] 甘孟侯 . 中国禽病学 . 北京：中国农业出版社，1999.

[6] 郭玉璞，王惠民 . 鸭病 . 北京：金盾出版社，1992.

[7] 甘孟侯，蒋金书 . 畜禽群发病防治 . 2 版 . 北京：中国农业大学出版社，1998.

[8] 赵德明 . 兽医病理学 . 3 版 . 北京：中国农业大学出版社，2012.

[7] 黄瑜，苏敬良 . 鸭病诊治彩色图谱 . 北京：中国农业大学出版社，2001.

[9] 崔恒敏 . 禽类营养代谢疾病病理学 . 成都：四川科学技术出版社，2007.

[10] 刘宗平 . 现代动物营养代谢病学 . 北京：化学工业出版社，2003.

[11] 杨志强 . 微量元素与动物疾病 . 北京：中国农业科技出版社，1998.

[12] 杨宁 . 家禽生产学 . 2 版 . 北京：中国农业出版社，2013.

[13] 甘善化 . 雏番鸭维生素 B_1 缺乏症的诊治 . 福建畜牧兽医 . 2000,22(2):26.

[14] 邝荣禄 . 维生素 B_1（硫胺素）缺乏病 . 养禽与禽病防治 . 1989, 6:29.

[15] 刘九生 . 雏鸭维生素 B_1 缺乏症的原因及对策 . 中国家禽 . 1999,21(6):34.

[16] 高齐瑜，朱晓平，曹晓东，等 . 雏鸡“卷趾”麻痹症坐骨神经病变观察 . 畜牧兽医学报，1993,20(5):469-473.

[17] 胡新岗，方希修，黄银云，等 . 蛋鸭维生素 B_2 缺乏症诊治报告 . 中国家禽，2001,23(13):29.

[18] 姜云兴，林兆京．雏鸭维生素 B_2 缺乏症的防治．福建畜牧兽医，2000,22(1):31.

[19] 王雯慧，高齐瑜．雏鸡核黄素缺乏症的病理学研究．畜牧兽医学报，1999,30(5):468-473.

[20] 戴文昌，王守诚，郭国庆，等．北京雏鸭硒和（或）维生素 E 缺乏症初报．畜牧与兽医，1989,3:113-115.

[21] 刘丽霞，沈国顺．肉鸭白肌病的诊治．养禽与禽病防治，2001,1:31.

[22] 崔恒敏．雏野鸭缺钙性佝偻病的病理学观察．中国兽医杂志，2000, 26(5): 16-17.

[23] 蔡红，冯泽光．肉鸭实验性锰缺乏症及高磷对缺锰影响的病理学研究．畜牧兽医学报，1997,28(4): 342-348.

[24] 汤海平．白羽番鸭锰缺乏症的诊治．中国家禽，2003,25(18):15-16.

[25] 王焕章．禽脂肪肝综合征．养禽与禽病防治，2002,8:22.

[26] 邹晓庭，王友明，卢建军．二氢吡啶抗蛋鸡脂肪肝的机理．中国兽医学报，2002,22(6):620-623.

[27] 马永华．禽痛风的病因及治疗．养禽与禽病防治，2001,4,23.

[28] 秦四海，殷学堂，陈洪友．种鸭痛风的诊断．中国兽医杂志，1999,25 (4):23.

[29 朱保林，张永乐，刘运才，等．青年鸭痛风．中国家禽，2003,25 (1):25.

[30] Cowen B S, Wideman R F, Rothenbacher H, et al. An outbreak of avain urolithiasis on a largecommercial egg farm. Avian Diseases, 1987, 31(2): 392 - 397.

[31] Davison S, Wideman R F. Excess sodium bicarbonate in the diet and its effect on Leghorn chickens. British Poultry Science, 1992, 33(4): 859 - 870.

[32] Dean W F, Combs G F. Influence of dietary selenium on performance, tissue selenium content, and plasma concentrations of selenium-dependent glutathione peroxidase ,vitamin E ,and ascorbic acid in ducklings. Poultry Science，1981，60: 2655 - 2663.

[33] Itakura C, Yamasaki K, Goto M. Pathology of experimental vitamin D deficiency rickets in growing chickens. 1. Bone. Avian Pathology, 1978, 7: 491 - 513.

[34] Long P H, Lee S R, Rowland G N, et al. Experimental rickets in broilers: gross, microscopic, and radiographic lesions. III . Vitamin D deficiency. Avian Diseases, 1984, 28: 933 - 943.

[35] Long P H, Lee S R, Rowland G N, et al. Experimental richets in broilers: gross, microscopic, and radiographic lesions. Ⅱ . Calcium deficiency. Avian Diseases, 1984, 28(4): 921 - 932.

[36] Liu A C H, Heinrichs B S, Leach R M. Influence of manganese deficiency on the characteristics of proteoglycans of avian epiphyseal growth plate cartilage. Poultry Science，1994，73: 663 - 669.

[37] Madan J, Bhagwat S S. Incidence of fatty liver syndrome in poultry. Indian Veterinary Journal, 1995, 72(12): 1259 -1261.

[38] Soares J H, Ottinger M A, Buss E G. Potential role of 1,25 dihydroxycholecalciferol in egg shell calcification. Poultry Science, 1988, 67: 1322 - 1328.

[39] Spurlock M E, Savage J E. Effect of dietary protein and selected antioxidants on fatty liver hemorrhagic syndrome induced in Japanese quail. Poultry Science, 72(11): 2095 - 2105.

[40] Tsang C P W. Calcitriol reduces egg breakage. Poultry Science, 1992, 71: 215 - 217.

[41] Van Vleet J F, Ferrans V J. Ultrastructural alterations in skeletal muscle of ducklings fed selenium-vitamin E deficiency diet. American Journal of Veterinary Research, 1977，38 (9): 1399 - 1405.

第39章　中毒

Chapter 39　Poisoning

39.1　肉毒中毒

引　言

肉毒中毒（botulism）也称为肉毒梭菌毒素中毒（botulismus poisoning），是指畜禽摄食含有肉毒梭菌毒素的动物尸体或饲料而发生的中毒。其主要特征为运动神经麻痹。该病人畜都能发生，但以家禽以及野生鸟类较为多发，严重时常致死亡。

肉毒梭菌（*Clostidium botulinum*）为革兰氏阳性厌氧芽孢杆菌，广泛分布于自然界。肉毒梭菌本身无致病力，也不具有传染性，但肉毒梭菌在腐败的动物尸体、腐烂饲料及罐头食品等厌氧环境中繁殖时可产生外毒素即肉毒毒素。肉毒毒素是一类毒力极强的嗜神经毒素，在分子数相同的条件下，其致死力是白喉毒素的 300 倍，蓖麻毒素的 3 万倍，A- 银环蛇毒素的 300 万倍，箭毒的 10 亿倍，是目前已知毒力最强的物质。该毒素加热至 100℃，10 ～ 30 min 才被破坏；在消化道内能耐受胃酸和消化酶。根据免疫性质的不同，肉毒毒素包括 A—G 七种血清型。人类肉毒中毒多数由 A、B、E 及 F 型引起，而动物多数由 C 及 D 型引起。

【病　因】

鸭常在干涸的池塘边采食腐败的小鱼虾尸体，或动物尸体上的蝇蛆而发生中毒。自然发病一般只见少数的鸭中毒，大批的鸭中毒则主要见于使用已腐败变质的鱼、虾、螺蛳、河蚌等，或利用屠宰丢弃的变质内脏下水、鱼肠等饲喂鸭群而引起。

肉毒中毒在夏、秋季节最易发生，病情也较严重，因为气温高，湿度大，适宜于病菌在肉类、动物尸体上生长繁殖和产生毒素，且肉类、动物尸体等在这种情况下也易被腐败分解。

【中毒机理】

肉毒毒素通常以复合物即前体毒素 (progenitor toxin) 的形式存在。毒素复合物由神经毒素 (Bont)、血凝素 (HA)、非毒素非血凝素 (NTNH) 以及 RNA 通过非共价键连接而成。前体毒素中的非毒素组分可以在动物的消化过程中保护神经毒素免受各种酶的分解以及胃酸的破坏。进入小肠后，小肠内的碱性环境导致毒素复合物解离，解离出来的神经毒素通过小肠黏膜吸收进入血液和淋巴循环，进而作用于神经肌肉接头，阻止胆碱能神经末梢乙酰胆碱的释放，从而阻碍运动神经的传导，引起肌肉麻痹，使肌肉收缩无力。

【临床症状】

肉毒中毒潜伏期的长短，主要取决于摄食的毒素量。在食入了含毒素的腐败食物之后，通常于数小时内或 1 ～ 2 天内出现中毒症状。家鸭一般是突然发病，而且具有群发性特点。病鸭主要表现为头颈软弱无力，翅部、腿部肌肉麻痹，共济失调。可见病鸭闭目，精神委顿甚至昏厥，体温下降，呼吸微弱，蹲伏，腿无力，翅下垂，头颈向前低垂触地，故该病又俗称“软颈病”。中毒严重的病鸭羽毛蓬乱，且容易拔落，因此常将此作为肉毒中毒的特征症状之一。若摄入的毒素量较少者，呈轻度共济失调，一般可以痊愈并恢复正常。常排绿色稀粪，内含有多量的尿酸盐。中毒严重的病鸭最后因心脏和呼吸衰竭而死。

【病理变化】

该病解剖无明显的特征性病变，即缺乏肉眼和组织学变化，主要为“曲颈”，口流清水，嗉囊内有较多未消化的鱼、虾、肉等腐物或饲料，腺胃壁增厚、水肿，十二指肠充血、出血，直肠有散在的出血斑。

【诊　　断】

根据病鸭采食腐烂动物性或植物性饲料病史，以及临床表现麻痹无力的特征性症状，即可做出初步诊断。如果用可疑饲料浸出液，加热煮沸 30 min 后，在同一只健康鸭的左右眼部皮下，分别注射加热浸出液与不加热浸出液 0.1 mL，可见一侧眼皮出现下垂，而另一侧正常，则可基本判定为该病。

进一步确诊须检查病鸭嗉囊、胃肠内冲洗物及血清中的毒素。因肉毒梭菌可存在于健康鸭内脏中，毒素可在其死后于内脏组织内产生，故检测血清中的毒素被公认为准确可靠的确诊方法。实验室常采用小白鼠生物分析法进行检测。

【防　　治】

1）管理措施

该病的预防重在搞好环境卫生，清除环境中肉毒梭菌及其毒素的潜在来源，特别是要及时清除禽场周围的死鸭和淘汰病鸭。干旱季节，禁止鸭群到干涸池塘放牧，以避免鸭群接触到腐败的动物尸体，这对预防和控制该病显得尤为重要。在夏秋季还要格外注意饲料质量，不喂腐败变质的鱼粉、肉类及蔬菜。在疫区要及时清除污染的垫料和粪便，用消毒剂彻底消毒，以尽量减少环境中肉毒梭菌及其芽孢的存在。平时加强灭蝇工作，减少蛆虫的数量也有利于该病的预防。

2）药物防治

该病目前尚无特效治疗药物。在发病早期，可用多价抗毒素血清进行注射，有一定疗效。当毒素的血清型明确时，则采用同型的特异性抗毒血清治疗，并用 0.1% 高锰酸钾溶液洗胃或灌肠，以破坏消化道中未被吸收的毒素，再配合盐类泻药排除毒素。

在该病的常发疫区，可用同型类毒素或氢氧化铝疫苗预防接种。对可疑患病鸭群，用中药煎汤供饮。处方为：防风 6 g，通心莲 5 g，绿豆 10 g，甘草 15 g，红糖 10 g，水煎后供 15 只鸭饮用。

39.2　黄曲霉毒素中毒

引　　言

黄曲霉毒素中毒 (aflatoxicosis) 是由鸭采食含有黄曲霉毒素的霉变饲料引起的中毒病。呈急性、亚急性或慢性经过。临床以肝脏损害、消化机能障碍、全身性出血和神经症状为特征。慢性中毒可出现“三致”。不同日龄的鸭均可致病，但以雏鸭最为敏感。营养状况差的鸭容易发病，公鸭相较母鸭而言也更易发病。

在已知的真菌毒素中，约有 25 种以上可引起畜禽中毒，但对畜禽危害最大的是黄曲霉毒素。黄曲霉毒素（aflatoxin）主要是由黄曲霉（*Aspergillus flavus*）、寄生曲霉（*A.parasiticus*）和软毛青霉（*Penicillium puberulum*）产生的有毒代谢产物。黄曲霉毒素是一类化学结构非常相似的衍生物，其基本结构是二氢呋喃环和香豆素（氧杂萘邻酮），在紫外线下可发出荧光。根据其荧光颜色、细微结构和薄层层析时 Rf 值的不同，毒素可分为 B_1、B_2、G_1、G_2、M_1、M_2 等 20 多种，其中发蓝紫色荧光的是 B 族毒素，发黄绿色荧光的是 G 族毒素。目前已发现的黄曲霉毒素中以黄曲霉毒素 B_1 的含量最多，毒性和致癌性也最强。黄曲霉毒素 B_1 的毒性是氰化钾的 10 倍、砒霜的 68 倍，致癌性是偶氮苯的 900 倍、二甲基亚硝胺的 75 倍。黄曲霉毒素耐高温，在 280℃时才发生裂解，因此黄曲霉毒素在正常的饲料和食物中是很稳定的，只是对氧化剂（如次氯酸盐）敏感。

【病　　因】

黄曲霉或寄生曲霉大多生长在未收割的农作物上及贮藏的粮食中，特别是玉米、稻谷、花生、棉籽、豆类、麦类、甘薯、酒糟、油饼类、酱油渣上。当温度、湿度适宜时，尤其是在温暖多雨季节，这些霉菌能迅速繁殖并大量产生毒素。一般来说，黄曲霉的最佳生长温度为 25 ～ 30℃，最适宜的相对湿度为 80% ～ 90%。富含脂肪的饲料，或当饲料原料，如玉米、麦类、稻谷等含水量为 17% ～ 18% 时，也最适宜黄曲霉的生长繁殖和产生毒素。当鸭群采食了含有大量黄曲霉毒素的饲料后，即可引起中毒。

【中毒机理】

黄曲霉毒素被摄食后 1 h 内在肝脏的浓度最高，是其他组织器官的 5 ～ 10 倍，所以患病动物的肝脏受损最严重，因此黄曲霉毒素有“肝脏毒”之称。黄曲霉毒素 B_1 在肝微粒体混合功能氧化酶的作用下，通过羟化、脱甲基和环氧化反应转化为相应代谢产物。如黄曲霉毒素 M_1、Q_1、P_1、黄曲霉毒醇、H_1 都是黄曲霉毒素 B_1 的代谢产物。黄曲霉毒素 B_1 代谢形成的环氧化物能与 RNA 结合，并且很可能是黄曲霉毒素 B_1 的致癌性代谢产物。

黄曲霉毒素 B_1 能抑制 DNA 的合成，使 DNA 产生损伤。有实验证实，当细胞与黄曲霉毒素接触后几小时，DNA 的合成与有丝分裂受到抑制，因而细胞不再分裂，结果形成异常的巨型细胞。毒素又可与 DNA 结合，改变 DNA 模板，干扰 DNA 转录。毒素还对 RNA 聚合酶有抑制作用，从而能明显地抑制 RNA 的合成，特别是细胞核 RNA 的合成，而 RNA 在蛋白质的生物合成中起着重要作用，因此，黄曲霉毒素必然要影响蛋白质的合成。

由于黄曲霉毒素 B_1 在细胞内能发生如上所述的一些生物化学作用，从而在组织器官水平上表现为使肝细胞变性、坏死，刺激胆小管增生，引起肝硬化，进而诱发肝癌；还可诱发胆囊癌、胰腺癌、胃腺癌、肾癌；有时在泌尿道和骨中也可形成肿瘤。毒素对血管系统也有严重的损害，引起毛细血管通透性和脆性增加，产生出血和出血瘀斑，甚至全身性出血性炎症。毒素还可通过对补体合成的干扰，使免疫系统的功能受到抑制，引起胸腺发育不良和萎缩，淋巴细胞生成减少等。

【临床症状】

幼鸭一般为急性中毒。幼鸭表现食欲废绝，羽毛脱落，常叫鸣，步态不稳，共济失调，严重者跛行、伏地不起，腿和趾部呈现淡紫色出血斑，死亡时呈角弓反张。幼鸭急性中毒死亡率极高，可达100%。成年鸭的耐受性比雏鸭强，急性中毒时和雏鸭相似，慢性中毒时症状不明显，主要表现食欲减少，消瘦和贫血，产蛋率骤然下降，可发生肝硬化或肝癌。

【病理变化】

1）大体病变

病死鸭脚和蹼呈紫红色，皮下出血。口腔有溃疡斑，肺和气囊有白色坏死灶或淡绿色霉斑。肝脏苍白肿大质脆，边缘钝圆，散布点状出血斑或灰白色斑状坏死灶。病程长的慢性病例中，可见心包积水和腹水；肝呈棕黄色，缩小、硬化，出现结节；胆囊充盈，出血。常发生原发性肝癌，呈弥漫型、结节型和巨块型恶性肿瘤。肾脏肿大苍白，胰腺有出血点。

2）组织学病变

以肝脏病变最为严重。肝脏肿大，呈弥漫性充血和出血。肝细胞变性，呈凝固性坏死。慢性中毒时，肝细胞脂肪变性，胆小管及结缔组织增生，肝纤维化和硬变，并伴有静脉炎以及胰腺和肾脏的变性病变。原发性肝癌的组织学类型，以胆管细胞性肝癌最多见，癌细胞呈腺管状排列，核分裂明显。

【诊　断】

对黄曲霉毒素中毒的疑似病例，应从病史调查入手。再对变质饲料进行检验和黄曲霉毒素的测定，结合临床症状和病理变化特点，即可做出诊断。

【防　治】

1）管理措施

在精饲料贮存过程中，用丙酸预防黄曲霉毒素的产生具有良好的效果。

对已严重霉变的饲料禁用于饲喂鸭群。对已被黄曲霉轻度污染的谷物和饲料，可用以下一些黄曲霉毒素除去法或灭活法进行去毒处理：①将轻度发霉饲料放入缸中用水浸泡，不断搅拌，清洗5～6次至水清后晒干，即可备用。②将轻度发霉饲料加水煮沸30 min～1 h，用水冲凉，即可备用。③将轻度霉变饲料放入10%鲜石灰水中（也可采用1.5%氢氧化钠水），浸泡3天后用清水洗净，即可饲用。④将轻度发霉饲料在1%蔗糖水中浸泡10～14 h，用清水冲洗后即可饲喂。⑤将轻度霉变的粉状饲料加水至含水量达50%～60%，放入缸中，自然发酵24 h，再加1倍量糠麸混合后发酵7 h，即可备用。⑥将轻度霉变谷物和饲料置于18 kg氨压、72～82℃状态下，其中的98%～100%黄曲霉毒素会被除去，这是生产实践中最常用、最有效的氨气处理法。

当饲喂受黄曲霉毒素轻度污染或已进行过去毒处理的饲料时，应添加高于 NRC 标准 30% ～ 40% 的蛋氨酸，可有效降低黄曲霉毒素的毒性效应。

2）药物防治

该病目前尚无特效疗法，对已发病动物主要采取排毒、解毒、保肝、强心及其他对症疗法。如当发现中毒后，应立即停喂发霉饲料，改喂富含碳水化合物的易于消化的饲料，减少或不喂含脂肪过多的饲料，并应加强护理，轻度病例可以得到恢复。对于重症病例，为尽快排出胃肠道内的毒素，可采用 0.1% 高锰酸钾、生理盐水或 2% 碳酸氢钠灌肠，内服 3% ～ 5% 硫酸钠。同时还要应用解毒保肝和止血药物，为此可静脉注射 25% ～ 50% 葡萄糖溶液，并混合维生素 C 制剂。心脏衰弱病例，可应用樟脑或咖啡因等强心剂。

39.3　镉中毒

引　言

鸭接触或摄入过量含镉药物，或采食被镉污染的饲料和饮水可引起镉中毒（cadmium poisoning）。鸭镉中毒主要表现为贫血、生长受阻、产蛋量下降、蛋壳品质降低、孵化率下降和死亡率增加等。线粒体是镉损伤的主要细胞器，肾脏是镉损伤的主要脏器。该病其他动物也可发生，但以雏鸭最易感。

镉（cadmium）是一种重金属元素。近年来的研究表明，单质镉本身不但没有毒性，在一定的条件下和生理剂量范围内，对某些种类的动物反而具有促进生长、提高生产性能和繁殖性能，以及促进某些酶活性的作用。然而，所有化学形式的镉对人和动物都是有毒的。镉的化学形式主要有氯化镉、硫化镉、硫酸镉、硝酸镉、碳酸镉、乙酸镉和半胱氨酸 - 镉络合物。不同形式的镉的毒性是不同的，硝酸镉和氯化镉易溶于水，故对动植物和人体的毒性较高，进食少量即有可能对动物的生产性能产生不良影响，甚至导致中毒。1972 年 FAO 和 WHO 联合专家委员会在关于食品污染的毒性报告中指出，镉中毒仅次于黄曲霉毒素和砷。在联合国环境规划署提出的具有全球意义的 12 种危险物中，镉被列为首位。因此，镉是环境中毒性最强的重金属元素之一。镉属于锌族元素，常以碳酸盐和硫化物的形式存在于锌矿中，镉污染主要是矿区、冶炼厂、电镀厂及染料厂等排出的“三废”所造成的。

【病　因】

鸭镉中毒是由于饲料富含镉和工农业镉污染及高镉的自然环境引起的。

饲料中镉的来源主要有三个方面：一是工业“三废”含镉可直接污染土壤，饲料作物从受了污染的土壤中吸收镉并把它富集于机体；二是生长于镉污染的水体中的水生饲用植物可将镉浓缩于机体；三是作物生长过程中大量使用含镉农药、磷肥等。此外，在配合饲料生产过程中，使用表面镀镉处理的饲料加工设备、饲槽、饮水器时，因酸性饲料可将镉溶出，也可造成饲料的镉污染。

因此，导致鸭镉中毒的主要原因是：①当水源和土壤受工农业镉污染后，某些水生动物和植物能富集环境中的镉，并通过食物链进入鸭体内；②矿物饲料原料含镉量高，或饲料受到镉污染；③使用镉盐药物剂量过大，如部分驱虫药、含镉杀真菌剂等。

【中毒机理】

动物机体缺乏有效的保持镉平衡的机制，容易引起蓄积性中毒。镉经消化道、呼吸道或皮肤等途径吸收进入鸭体内。镉进入机体后首先分布于红细胞和血浆中，通过与红细胞膜及血红蛋白结合，并与铜、铁、硒等微量元素拮抗，抑制造血器官的造血机能从而出现贫血。镉本身对血细胞也有一定的损伤，可造成红细胞、白细胞的变形。镉还与血液中的 γ - 球蛋白结合而降低鸭的免疫力。

进入器官组织液中的镉则与某些蛋白质结合，特别是与金属硫蛋白 (MT) 结合，这种 MT 对镉在体内的分布、代谢起着重要的作用。MT 主要在肝脏中合成，合成后经血液转移至肾脏，在肾小管被吸收而蓄积于肾。因此，虽然镉可分布于所有的组织器官中，但肝、肾却是主要蓄积器官。镉能取代锌与多种酶系统的巯基、羧基、羰基及含氮配基结合，使之失去活性，导致组织细胞变性、坏死，尤以肝、肾受损最严重。镉对肾脏亲和力大，其主要侵害的是肾近曲小管上皮细胞，表现为细胞的溶酶体增大、增多，线粒体膨大变形，肾机能紊乱，出现蛋白尿、高酸尿以及尿钙、尿磷增加的现象。

镉对睾丸的亲和力也很强。分布于睾丸和附睾的镉可损害其毛细血管内皮细胞，使血管的通透性增高，血液浓缩，血流缓慢，造成睾丸和附睾组织缺氧坏死，从而使公鸭精子生成出现障碍，影响繁殖机能。镉也抑制母鸭的排卵过程，可致其不育。

【临床症状】

急性中毒病鸭死亡时间短，多无特征性临床症状。主要表现为精神萎靡、离群蹲卧、嗜睡，临死前突然倒地、口吐白沫、全身抽搐、角弓反张。

亚急性中毒病鸭死亡前最明显的症状是呼吸困难。病鸭精神沉郁、嗜睡，用翅辅助爬行或跛行。多数病鸭严重下痢，初呈水样稀便，后转为灰白色或黄白色黏稠物。部分病鸭鼻孔流出多量脓性黏液，并可听见拉风箱似的呼吸声。大多数病鸭死前有抬头、伸颈、张口呼吸等呼吸困难症状。

多数镉中毒呈慢性和亚临床经过。病鸭主要表现为食欲下降，严重贫血，体重减轻，生长停滞，出现蛋白尿，骨代谢障碍，繁殖机能减退，产蛋量下降，蛋壳品质降低，孵化率下降，免疫机能下降和死亡率增加等。

【病理变化】

1）大体病变

急性中毒：右心扩张，肺充血或出血，肝充血，胃肠卡他，脑充血或出血，肾充血。其他器官未见明显异常。

亚急性中毒：死前呼吸困难的，以肺和气囊的病变为主，即肺紫红色实变，浆膜上被覆厚的纤维素膜；气囊壁浑浊、增厚成为灰白色，内积有淡黄色的液体。无呼吸困难的，则以心、肝、脾等病变为主，即可见心包积液，心外膜被覆黄白色的纤维素膜，右心扩张；肝脏肿大，棕褐色或土黄色，质脆，表面被覆淡黄或灰白色的纤维素膜，胆囊肿大；肾与脾肿大。尚可见胃肠黏膜充血，肠腔中充满黏稠的淡黄色粥样物；大脑与小脑充血、水肿，少数病鸭有针头大的出血点。

慢性中毒：病鸭血液稀薄，全身脂肪呈胶冻样；心肌松软，心冠脂肪小点出血；肝瘀血，有土黄色条纹，少量出血点和坏死；肾土黄色，略肿大；肺、脾、脑等器官都有变性、水肿和出血变化。

2）组织学病变

急性中毒：心肌变性，心外膜水肿。肝细胞脂变，肝包膜水肿，少数病鸭包膜上有纤维素及以异嗜性白细胞为主的炎性细胞渗出；肺浆膜及间质水肿，血管充血，肺泡及三级支气管内有红细胞渗出；肠壁充血，肠腔可见充满剥脱的上皮细胞、炎性细胞和断裂的绒毛；脑脑膜水肿，血管充血或有出血，神经元变性；肾充血、变性。

亚急性中毒：纤维素性心外膜炎、心肌变性、间质性心肌炎；纤维素性肝周围炎、肝细胞严重脂变、间质性肝炎；纤维性肺浆膜炎、支气管肺炎、肺水肿，气囊壁水肿及钙化；肾小管上皮空泡变性；脾脏轻度充血，网状结缔组织大量增生；卡他性胃肠炎；脑充血、水肿或有出血，神经元变性。

慢性中毒：心肌纤维变性，间质水肿；肝细胞变性、坏死，淋巴细胞局灶性浸润；肾小管上皮细胞颗粒变性或脂肪变性、坏死；食道、胃、肠黏膜上皮细胞变性、坏死和脱落；骨骼肌细胞坏死；脑有软化灶。

【诊　　断】

根据临床表现与病变特点，结合环境镉污染程度和病鸭肝、肾、羽毛等镉含量测定，可建立诊断。

【防　　治】

1）管理措施

切实治理工业“三废”，严格控制镉的排放量。提高鸭群日粮中蛋白质和钙含量，适当添加锌、硒、铜等元素，以限制镉在体内的沉着。

2）药物防治

该病主要采用维生素C、依地酸钙钠、锌制剂、硒制剂降低镉的毒性，促进其排泄。对症治疗，如铁制剂治疗贫血等。

39.4　铜中毒

引　　言

鸭因一次性大剂量摄入铜盐，或长期采食含铜过多的饲料和饮水，可引起铜中毒（copper poisoning）。该病临床上以胃肠炎、肝功能异常、溶血性贫血、血清铜和肝铜含量升高为特征。

铜是动物生长发育所必需的微量元素之一。铜分布于动物体内肝脏、肾脏、血液、骨骼和毛发等组织，通过构成超氧化物歧化酶、细胞色素氧化酶、血浆铜蓝蛋白、赖氨酰氧化酶、酪氨酸酶、单氨氧化酶等多种酶，参与机体氧化磷酸化、自由基解毒、黑色素合成、儿茶酚胺代谢、结缔组织交联、血液凝固及毛发形成，并能维持组织细胞的稳定性，在动物生长发育、免疫功能方面发挥重要作用。如超氧化物歧化酶和细胞色素氧化酶是最早发现的含铜酶，在清除体内自由基及维持细胞能量代谢方面具有重要作用；血浆铜蓝蛋白具有转运铜离子及氧化亚铁离子的作用，因此血浆铜蓝蛋白实际上是一种氧化酶——亚铁氧化酶，参与铁的利用，能提高血浆转铁蛋白中铁饱和作用的速度，也是合成血红素及清除体内过多自由基所必不可少的；赖氨酰氧化酶能够催化弹性蛋白及胶原的合成，在维持心血管正常的结构及骨胶原的形成中起重要作用；酪氨酸酶则能够催化黑色素的合成。

由于铜具有如上重要的生理生化功能，缺乏时即可引起动物发病。但铜制剂在畜牧业中的广泛应用，也常造成动物摄入量过多导致中毒，甚至引起死亡。

【病　　因】

饲料添加剂中常用的无机铜盐有硫酸铜、次醋酸铜、碳酸铜、氯化铜、氧化铜等，有机铜有甘氨酸铜、依地酸铜、蛋氨酸铜等。水溶性大的铜盐毒性往往较大，有机铜毒性一般较小。鸭可因误食、误饮大剂量的铜盐，或使用含铜药物剂量过大引起急性中毒，或因饲料中长期添加高铜添加剂而发生中毒。

慢性铜中毒常因矿场、铜冶炼厂、电镀厂等排放“三废”污染环境、水源而引起。饲料中铜与钼的比例不当，尤其是钼含量较少时，会增加鸭对铜的摄入而导致中毒。低钙饲料可增加铜中毒的风险。

【中毒机理】

肝脏是动物体内贮存和代谢铜的主要器官。正常情况下，肝脏吸收血铜贮存于肝细胞的溶酶体、线粒体、内质网和胞核中，机体需要时，铜从亚细胞成分中释放出来与蛋白质结合形成血浆铜蓝蛋白、红细胞铜蛋白，或以含铜巯基组氨酸三甲基内盐的形式转移到含铜酶中。铜中毒时，肝脏从血液中吸收的铜超过其贮存的限度，不仅抑制了多种含铜酶的活性，而且损伤肝细胞的亚细胞成分，使肝功能出现异常。过后在某些诱因的作用下，肝脏释放大量铜进入血液，血铜浓度迅速提高并进入红细胞内，红细胞内铜浓度不断升高，从而降低了谷胱甘肽的浓度，使红细胞脆性增加，亨利氏小体生成，促使红细胞破裂，出现血管内溶血。

如果给鸭口服大量铜盐溶液，除了对胃肠黏膜直接刺激引起急性胃肠炎外，被吸收的大量铜离子在血液里可直接与红细胞表面蛋白产生作用，引起红细胞膜的变性和溶血。溶血现象出现后，肾铜浓度急剧升高，肾小管上皮细胞遭到破坏，肾组织坏死，最终出现肾功能衰竭。

【临床症状】

急性中毒，发生严重的胃肠炎。病鸭食欲废绝，精神沉郁，卧地不起或跛行，排泄的稀粪中含有绿色、蓝色黏液。呼吸加快，心动过速，惊厥抽搐，虚脱。严重者 3 ～ 48 h 内死亡。

慢性中毒，早期无明显症状，或食欲轻度下降，生长发育缓慢，贫血，后期常常突然死亡，某些病例死前有跛行症状。有些病鸭排泄红褐色或黑褐色半流体或糊状粪便，最后消瘦、衰竭死亡。

【病理变化】

1）大体病变

发病死亡的雏鸭，肉眼变化主要见于消化系统，表现为腺胃黏膜肿胀，其上附有灰白色或淡黄色黏液；肌胃角质层增厚呈黄褐色，或见角质层龟裂、糜烂；小肠前段肠腔内有多少不等的灰黄色较稀薄的内容物，黏膜肿胀潮红，中后段肠腔内有比较干燥的铜绿色、红褐色或黑褐色的内容物，黏膜肿胀发红或有出血点；盲肠的变化类似于小肠中、后段；肝脏肿大，质脆易碎，呈淡黄色，并见有不规则之充血区，胆囊膨大充满蓝绿色胆汁；胰腺色淡灰白。胸腺、脾脏、法氏囊体积缩小，质量减轻。死亡病例还见肾脏轻度肿大、充血。

2）组织学病变

组织学病变主要见于肝脏、肾脏、消化道和免疫器官。

肝脏呈颗粒变性和空泡变性。表现为肝细胞肿大，胞浆充满红染的细微颗粒，或出现大小不等的空泡，致使胞浆呈现蜂窝状外观，严重者空泡占据整个胞浆而呈气球样变，胞核位于细胞的一侧或消失。肝索结构紊乱，肝细胞坏死。死亡病例还见中央静脉、肝窦以及间质小血管扩张充血现象。小胆管增生，汇管区周围和肝小叶中央部分有大量铜颗粒。

肾脏呈颗粒变性、空泡变性和水肿。表现为肾小管上皮细胞肿胀，胞浆充满红染的细微颗粒或出现大小不等的空泡，严重者空泡占据整个胞浆而呈气球样变甚至胞膜破裂。多数病例可见肾小球肿大。死亡病例还见水肿和充血，肾小管之间间质增宽水肿，间距增大，中央静脉、间质小静脉以及肾小管之间的毛细血管扩张充血。

消化道病变主要见肌胃角质层显著增厚，其下的黏膜上皮变性、坏死，严重者肌胃腺末端也见变性、坏死红染，结构模糊；肠道病变见于小肠和盲肠，表现为肠黏膜上皮变性、坏死、脱落，肠绒毛裸露或断裂，肠腔内有脱落的黏膜上皮和断裂的肠绒毛，直肠病变不明显。

免疫器官胸腺、脾脏和法氏囊的病变主要表现为淋巴细胞变性、坏死，数量减少。

【诊　断】

根据病鸭有采食高铜饲料或铜盐病史，同时结合临床特征症状、病理变化特点以及血液学、血清酶学测定，可以确诊。

【防　治】

1）管理措施

在高铜地带放牧的鸭群，可在日粮中补充 7.5 mg/kg 体重的钼，50 mg/kg 体重的锌及 0.2% 的硫，预防铜中毒。对鸭饲料补充铜的同时，应注意适当补充锌和铁。

2）药物防治

发现中毒，应立即停止铜的供应。同时用钼酸铵 100 mg、无水硫酸钠 1 g 或 0.2% 的硫黄粉，拌料连喂数周，直至粪便中铜排泄量降至正常值时停药。

39.5　食盐中毒

引　言

鸭摄食大量含盐量高的饲料或采食过多的食盐，在饮水不足的情况下，可引起食盐中毒（salt poisoning）。该病临床上以神经症状和胃肠炎为特征。

食盐的化学名为氯化钠，是维持鸭正常生理活动所必需的重要营养物质之一。适量的食盐可增进食欲，增强消化机能，保证机体的水盐代谢平衡。但摄入过量的食盐，如当饲料中含盐量达到3%，或每千克鸭食入3.5～4.5 g食盐时，即可导致中毒。除了食盐之外，碳酸钠、乳酸钠、硫酸钠、磷酸钠等也可引起中毒，且中毒的临床表现或病变特点都与氯化钠相同。因此，钠离子（Na^{+}）是导致这些盐中毒的主要因素，食盐中毒的实质是钠离子中毒。

【病　　因】

导致鸭食盐中毒的原因主要有：①大量添加咸鱼粉，同时又忽略了咸鱼粉本身的含盐量而造成日粮中实际含盐量超常；②食盐配比计算错误。这种情况主要发生在强制饲养时，忽略了每千克体重食盐的耐受量而引起中毒；③养鸭户自己配制饲料时，食盐颗粒过大、咸鱼粉碎不全、饲料搅拌不匀等易导致中毒；④配合饲料时，操作人员工作粗心而重复添加，或不称量而凭目测随意添加，也可导致中毒；⑤地方性高盐水源；⑥进食高盐饲料后饮水不足。

【中毒机理】

高浓度的食盐进入消化道，对胃肠道黏膜产生刺激，在引起胃肠炎的同时，由于胃肠道内容物渗透压的显著增高，大量水分从血管内流到肠腔，引起机体脱水。被吸收的食盐，使血液中钠离子浓度升高，再通过被动扩散作用，大量钠离子经血脑屏障进入脑脊髓液中。由于血钠、脑脊液中钠离子浓度升高，脑垂体后叶抗利尿激素分泌增加，尿量减少，血液中水分及某些代谢产物进入脑脊液和脑细胞，产生脑水肿，继而出现神经症状。

【临床症状】

病鸭中毒初期表现出惊恐，兴奋不安，呈现精神紊乱；食欲减少，口渴，频频饮水，腹泻；口、鼻流出大量黏性分泌物。后期精神委顿，运动失调，脚趾无力，步态蹒跚，单腿或双腿呈划船状；多数出现嗉囊扩张，呼吸困难，皮肤呈青紫色；全身抽搐痉挛，惊厥。最后虚脱死亡。

【病理变化】

1）大体病变

嗉囊、食道中充满黏液；胃肠黏膜充血、出血、水肿，胃溃疡；纤维素性肠炎，小肠黏膜充血有出血点，尤其是十二指肠呈弥漫性点状出血；腹腔积水；心包积水，心肌、心冠脂肪点状出血；肺水肿；肝脏肿大，瘀血，表面覆盖有淡黄色的纤维状渗出物；软脑膜充血、水肿，脑回变平，有的病例脑实质出血。全身性皮下组织和骨骼肌水肿。慢性中毒主要表现大脑皮层的软化性坏死。

2）组织学病变

大脑灰质和白质毛细血管瘀血及透明质栓形成。大脑灰质的血管周围有明显的嗜酸性粒细胞管套；延髓、大脑灰质呈急性层状或假层状坏死与液化。病程长时，嗜酸性粒细胞管套现象消失，而被淋巴细胞、实质细胞与血管内皮细胞所取代。

【诊　断】

先取死鸭的肝、脾、心血、心包液、腹水直接涂片染色镜检，再将上述病料分别接种于普通琼脂、血液琼脂，经 37.5℃、24 h 培养观察，以排除致病菌感染的可能性；并排除霉菌毒素或药物引起的中毒。再根据饲喂高盐饲料及限制饮水病史，结合临床特征症状，以及病理变化有脑水肿、脑软化等特点，可以初步诊断为该病。确诊则应测定肝、脑、胃肠内容物及饲料、饮水中食盐含量。

【防　治】

1）管理措施

鸭尤其是雏鸭对食盐特别敏感，饲喂量应严格控制在 0.3% 左右。平时应确保供给新鲜、清洁而充足的饮水。在用残羹、酱渣等喂鸭时，应把其中的含盐量估计进去，掌握适当的比例，切勿多喂。鸭中毒后，应配合中药进行治疗，一般病鸭会迅速康复。

2）药物防治

该病尚无特效解毒药。发现鸭中毒后应立即停饲含盐高的食物或饮水，再供给充足的 5% 多维葡萄糖水，饮水中加入 0.5% 的醋酸钾，让其充分自饮；饲料中增加维生素的用量，并另添加维生素 C，中毒轻的病鸭即可好转。对于中毒较重的病鸭应适当控制饮水，每只腹腔注射 10% 葡萄糖 25 mL，同时肌肉注射 20% 安钠咖 0.1 mL。

还可采取如下一些辅助治疗措施：①用茶叶 0.1 kg、葛根 0.5 kg，加水 2 kg，煮沸半小时后放凉自饮，连用 4 天。②喂给适量的鸡蛋清，以保护嗉囊及胃黏膜。③供给新鲜牛奶，让病鸭饮用，连用 2 天。

【参考文献】

[1] Saif Y M . 禽病学 . 12 版 . 苏敬良，高福，索勋，主译 . 北京：中国农业出版社，2012.

[2] 黄一帆 . 畜禽营养代谢病与中毒病 . 福州：福建科学技术出版社 ,2000.

[3] 孟露露，荫俊 . 肉毒神经毒素的作用机制及研究进展 . 军事医学科学院院刊 ,2005,29(6): 563-566.

[4] 吴荣富 . 家禽肉毒毒素中毒 . 禽业科技 , 1997,13(8):42-43.

[5] 章如汉 , 王进修 . 一起罕见的鸭群肉毒毒素中毒 . 江西畜牧畜医杂志 , 1992,(2): 61.

[6] 朱力 , 王恒梁 , 黄留玉 . 肉毒毒素研究进展 . 生物技术通讯 , 2005,16 (2): 186-190.

[7] 傅有丰 . 黄曲霉毒素中毒 . 饲料博览 ,1994,(2): 19-21.

[8] 宋志刚 , 朱立贤 , 林海 . 黄曲霉毒素中毒及其防治 . 山东家禽 ,2001,(2): 25-26.

[9] 余小东 , 王彦 . 黄曲霉毒素中毒的毒理作用及防控措施 . 浙江畜牧兽医 , 2011,(6): 11-13.

[10] 岳秀英 , 冯健 , 冯泽光 . 雏鸭实验性镉中毒的病理学研究 . 畜牧兽医学报 ,2001,32(2): 162-169.

[11] 张彩英 , 胡国良 , 曾志明 , 等 . 镉对畜禽的毒性作用及防制 . 江西畜牧兽医 ,2004,(4):3-4.

[12] 崔恒敏，陈怀涛 . 雏鸭铜中毒的实验观察 . 中国家禽 ,2003,25(11): 8-10.

[13] 崔恒敏，陈怀涛，邓俊良，等 . 实验性雏鸭铜中毒症的病理学研究 . 畜牧兽医学报，2005, 36(7): 715-721.

[14] 郭宝林 , 贾志海 , 张玉枝 . 畜禽铜营养研究进展 . 饲料工业 ,2005,26(10): 48-52.

[15] 刘英俊，兰方菲，吴红翔，等．微量元素铜、锌和镉对畜禽的作用及其对环境的影响．中国饲料,2012,(17): 21-24.

[16] 胡延巍，姜永良，吕伟，等．雏鸭食盐中毒．中国兽医杂志,1998,24(2):29-30.

[17] 薛志成．鸭食盐中毒的治疗．中兽医学杂志,2000,(1):45.

[18] Koizumi T, Yokota T, Shirakura H, et al. Potential mechanism of cadmium-induced cytotoxicity in rat hepatocytes: inhibitory action of cadmium on mitochondrial respiratory activity. Toxicology, 1994, 92: 115-125.

本书编著者的研究工作得到“**国家重点研发计划项目——家禽重要疫病诊断与检测新技术研究（2016YFD0500800）**”和“**国家现代农业（水禽）产业技术体系鸭病诊断与防治岗位（CARS-43-9）**”的支持